JN418717

개정판

기초해석학

강미광 · 강신민 · 김성식 · 조열제 지음

教友社

머리말

2학년에서 배우는 해석학은 응용수학, 물리학, 공학 및 수학의 전 분야에서 아주 기초가 되는 과목이며, 학부과정에서는 가장 중요한 과목이라 할 수 있다. 그러나 학문의 특성상, 해석학은 고등 수학적 사고의 하나인 극한 개념을 근간으로 하고 형식적 개념을 사용하여 이론을 엄밀하고 논리적으로 전개해야 하기 때문에 학생들이 강의와 교재만으로 혼자 공부하기에 많은 부담을 느끼는 과목인 것도 사실이다.

본 저자들도 오랫동안 2학년 해석학을 강의하면서 이러한 점을 많이 공감하고 보아 왔다. 그래서 학생들이 보다 쉽게 새로운 수학 개념에 대한 정의와 정리를 이해하고, 문제해결 능력을 갖출 수 있도록 "기초해석학"이라는 교재를 개발하게 되었다.

본 교재의 특징은 1학년 미분적분학을 공부한 학생이면 누구나 쉽게 이해할 수 있도록, 정의와 정리에 관한 다양한 예들을 난이도에 따라 적절히 제시하였으며 구체적으로 어떻게 이용되는지를 되도록 상세히 설명하였다. 그리고 각 절이 끝날 때마다 관련되는 연습문제들을 가능한 많이 소개하고 연습문제의 풀이도 상세하게 수록하여 혼자서도 해석학을 공부할 수 있도록 하였다.

본 교재는 내용의 계통성과 효율적 학습을 위해 다음과 같이 구성되어 있다.

제1장에서는 명제의 진리 값, 추론, 명제함수 등에 관한 정의와 성질들을 소개하였으며. 이러한 내용은 수학에서 나타나는 여러 가지 정리들을 논리적으로 명확하게 증명하기 위해서는 반드시 알아야 할 기초 지식이다.

제2장에서는 집합의 연산, 함수의 집합족, 집합족의 직적, 관계 및 순서, 가산집합 등의 정의와 성질들을 소개하였다.

제3장에서는 실수계의 대수적 구조를 형성하여 주는 체의 공리, 실수계의 순서구조를 형성하여 주는 순서공리, 실수계의 순서구조상 끊임없이 연속이 되도록 만들어 주는 완비성공리를 소개하였으며, 구간에 관한 정의와 성질을 다루었다.

제4장에서는 해석학에서 이론전개의 가장 기본이 되는 수열의 수렴과 발산을 다루었으며, 극한정리, 수열의 수렴성의 판정법, 수열의 상극한과 하극한의 성질들을 소개하였다.

제5장에서는 급수의 수렴과 발산의 정의 및 수렴발산 판정법, 멱급수의 성질들을 다루었다.

제6장에서는 함수에 대한 극한의 개념과 연속성, 그리고 평등연속함수들에 관한 정의와 성질들을 소개하였다.

제7장에서는 함수의 미분, 미분 가능한 함수의 성질, 로피탈 법칙, 테일러의 정리 등을 다루었으며, 롤의 정리, 평균값 정리 및 Cauchy의 평균값 정리, 부정형의 극한을 구하는데 유용한 로피탈 정리와 다항식을 이용하여 근사값을 구하는 테일러 정리 등을 다루었다.

제8장에서는 리만적분, 미적분의 기본정리, 이상 적분, 리만-스틸체스 적분, 유계변동함수에 관한 리만-스틸체스 적분을 도입하고 그들의 성질과 연계성을 조사하였다.

제9장에서는 함수열과 함수항 급수의 각 함수들이 특정한 성질을 가질 때, 극한함수도 그 성질을 보존하는지를 조사하였다.

제10장에서는 거리공간, 근방, 개집합, 폐집합 등을 정의하고, 거리공간에 정의된 사상의 극한과 연속, 거리공간의 완비성 등에 관한 성질들을 소개하였다.

본 교재를 위해서 어려운 여건 속에서도 많은 도움을 주신 도서출판 교우사 대표이신 오판근 사장님과 관계 직원 여러분께 진심으로 감사드린다.

저자 일동

차 례

제 7 장 미분 / 281

제 8 장 적분 / 331

제 9 장 함수열과 함수항급수 / 403

제 10 장 거리공간 / 445

제 1 장
논 리

제1장에서는 명제의 대수, 추론, 명제함수 등에 관한 정의와 성질들을 소개한다. 수학에서 나타나는 여러 가지 정리들을 논리적으로 명확하게 증명하기 위해서는 논리에 대한 이해가 필요하다.

1.1 명제의 대수

이 절에서는 명제를 수학적 대상으로 다루기 위해 필요한 상등관계와 대수적 구조를 정의한다. 명제들의 연산을 정의하기 위해 다섯 가지 논리기호를 사용하여 새로운 명제들을 만들고 이들의 연산법칙을 다룬다.

〈정의 1.1.1〉

어떤 사실을 나타낸 말이나 문장이 참인지, 거짓인지가 명백히 구별될 수 있을 때, 이를 명제(statement)라 한다. 이러한 명제 P가 참(true)일 때 T의 값을 갖는다고 하고, 거짓(false)일 때 F의 값을 갖는다고 한다. 이때 T, F를 명제 P의 진리값(truth value)이라고 한다.

주어진 몇 개의 명제들을 써서 새로운 명제를 만들기 위하여 다음의 논리기호

(logical symbol)를 사용한다.

$$\vee,\ \wedge,\ \sim,\ \rightarrow,\ \leftrightarrow$$

두 명제 P, Q를 기호 $\vee$로서 연결한 새로운 명제 $P \vee Q$를 P와 Q의 논리합(disjunction)이라 하고, 「P 또는 Q (P or Q)」로 읽는다.

두 명제 P, Q를 기호 $\wedge$로서 연결한 새로운 명제 $P \wedge Q$를 P와 Q의 논리곱(conjunction)이라 하고, 「P이고 Q (P and Q)」로 읽는다.

명제 P에 기호 $\sim$을 붙인 새로운 명제 $\sim P$를 P의 부정(negation)이라 하고, 「P가 아니다 (not P)」로 읽는다.

두 명제 P, Q를 기호 $\rightarrow$로서 연결한 새로운 명제 $P \rightarrow Q$를 조건명제(conditional statement)라 하고, 「P이면 Q이다 (if P, then Q)」로 읽는다.

두 명제 P, Q를 기호 $\leftrightarrow$로서 연결한 새로운 명제 $P \leftrightarrow Q$를 P와 Q의 쌍조건명제(biconditional statement)라 하고, 「P이면 Q이고, Q이면 P이다 (P if and only if Q)」라고 읽는다.

명제 P, Q에 논리기호를 사용하여 만든 명제들의 기호별 진리값은 다음과 같이 정의된다.

P	Q	$P \vee Q$	$P \wedge Q$	$P \rightarrow Q$	$P \leftrightarrow Q$
T	T	T	T	T	T
T	F	T	F	F	F
F	T	T	F	T	F
F	F	F	F	T	T

위와 같이 명제들의 진리값을 표로 만들어 놓은 것을 진리표(truth table)라 한다.

〈정의 1.1.2〉

명제 P, Q가 모든 경우의 진리값이 서로 같을 때, P와 Q는 서로 동치관계가 있다고 말하고, 동치관계가 있는 명제를 동치명제라 하며, $P \equiv Q$로 나타낸다.

[주] $P \equiv Q$이면 쌍조건 명제 $P \leftrightarrow Q$의 진리값은 항상 T이다.

다음 정리들은 진리표로서 증명되어진다.

정리 1.1.1

(1) $P \vee P = P$, $P \wedge P = P$ (멱등법칙)

(2) $P \vee Q = Q \vee P$, $P \wedge Q = Q \wedge P$ (교환법칙)

(3) $(P \vee Q) \vee R = P \vee (Q \vee R)$, $(P \wedge Q) \wedge R = P \wedge (Q \wedge R)$ (결합법칙)

정리 1.1.2 $\sim(\sim P) = P$ (거듭부정법칙)

정리 1.1.3

(1) $P \wedge (Q \vee R) = (P \wedge Q) \vee (P \wedge R)$

(2) $P \vee (Q \wedge R) = (P \vee Q) \wedge (P \vee R)$ (배분법칙)

정리 1.1.4 (De Morgan의 법칙)

(1) $\sim(P \vee Q) = \sim P \wedge \sim Q$

(2) $\sim(P \wedge Q) = \sim P \vee \sim Q$

증명 정리 1.1.4의 $\sim(P \wedge Q) = \sim P \vee \sim Q$를 진리표를 써서 증명하면 다음과 같다.

P Q	$\sim(P \wedge Q)$	$\sim P \vee \sim Q$
T T	F T	F F F
T F	T F	F T T
F T	T F	T T F
F F	T F	T T T
순 서	2 1	3 5 4

위 진리표에서 2의 자리와 5의 자리의 진리값이 일치하므로 두 명제는 동치관계이다. ■

예제 1.1 「a는 $\sqrt{2}$보다 큰 유리수이다」라는 명제의 부정을 구하여라.

풀이 P를 「a는 $\sqrt{2}$보다 크다」라 두고 Q를 「a는 유리수이다」라 두면 「a는 $\sqrt{2}$보다 큰 유리수이다」는 $P \wedge Q$이다. 정리 1.1.4 (2)에 의해 $\sim(P \wedge Q) = \sim P \vee \sim q$이므로 「$a$는 $\sqrt{2}$보다 크지 않거나 무리수이다」라는 명제이다. ■

예제 1.2 $P \rightarrow Q = \sim(P \wedge \sim Q) = \sim P \vee Q$를 진리표를 써서 증명하여라.

풀이

P Q	$P \rightarrow Q$	$\sim(P \wedge \sim Q)$
T T	T	T F
T F	F	F T
F T	T	T F
F F	T	T F
순 서	1	3 2

위 진리표에서 1의 자리와 3의 자리의 진리값이 일치하므로 $P \rightarrow Q = \sim(P \wedge \sim Q)$이다. 정리 1.1.4와 정리 1.1.2에 의해서 $\sim(P \wedge \sim Q) = \sim P \vee Q$이다. ■

예제 1.3 $P \wedge (Q \wedge \sim R) = (P \wedge Q) \wedge \sim(P \wedge R)$을 진리표를 써서 증명하여라.

풀이

P Q R	$P \wedge (Q \wedge \sim R)$	$(P \wedge Q) \wedge \sim(P \wedge R)$
T T T	F F F	T F F T
T T F	T T T	T T T F
T F T	F F F	F F F T
T F F	F F T	F F T F
F T T	F F F	F F T F
F T F	F T T	F F T F
F F T	F F F	F F T F
F F F	F F T	F F T F
순 서	3 2 1	6 7 5 4

위 진리표에서 3의 자리와 7의 자리의 진리값이 일치하므로 두 명제는 동치관계이다. ■

예제 1.4 다음 식을 앞의 정리들을 이용하여 증명하여라.

(1) $\sim(P \vee Q \vee R) = \sim P \wedge \sim Q \wedge \sim R$

(2) $\sim(P \wedge Q \wedge R) = \sim P \vee \sim Q \vee \sim R$

풀이 (1) $\sim(P \vee Q \vee R) = \sim\{(P \vee Q) \vee R\}$ (∵ 정리 1.1.1 (3))

$= \sim(P \vee Q) \wedge \sim R$ (∵ 정리 1.1.4 (1))

$= (\sim P \wedge \sim Q) \wedge \sim R$ (∵ 정리 1.1.4 (1))

$= \sim P \wedge \sim Q \wedge \sim R$ (∵ 정리 1.1.1 (3))

(2) $\sim(P \wedge Q \wedge R) = \sim\{(P \wedge Q) \wedge R\}$ (∵ 정리 1.1.1 (3))

$= \sim(P \wedge Q) \vee \sim R$ (∵ 정리 1.1.4 (2))

$= (\sim P \vee \sim Q) \vee \sim R$ (∵ 정리 1.1.4 (2))

$= \sim P \vee \sim Q \vee \sim R$ (∵ 정리 1.1.1 (3)) ■

예제 1.5 $(P \wedge Q) \vee (R \wedge S) = (P \vee R) \wedge (P \vee S) \wedge (Q \vee R) \wedge (Q \vee S)$을 증명하여라.

풀이 정리 1.1.3을 두 번 적용하면 다음과 같이 동치관계를 증명할 수 있다.

$$\begin{aligned}(P \wedge Q) \vee (R \wedge S) &= \{P \vee (R \wedge S)\} \wedge \{(Q \vee (R \wedge S)\} \\ &= \{(P \vee R) \wedge (P \vee S)\} \wedge \{(Q \vee R) \wedge (Q \vee S)\} \\ &= (P \vee R) \wedge (P \vee S) \wedge (Q \vee R) \wedge (Q \vee S)\end{aligned}$$

■

예제 1.6 명제 $P \wedge Q \leftrightarrow P \wedge R$의 부정명제를 $\rightarrow$을 사용하지 않고 나타내어라.

풀이 $\sim\{P \wedge Q \leftrightarrow P \wedge R\}$

$= \sim\{(P \wedge Q \rightarrow P \wedge R) \wedge (P \wedge R \rightarrow P \wedge Q)\}$ (∵ $\leftrightarrow$의 정의)

$= \sim(P \wedge Q \rightarrow P \wedge R) \vee \sim(P \wedge R \rightarrow P \wedge Q)$ (∵ 정리 1.1.4 (2))

$= \sim\{\sim(P \wedge Q) \vee (P \vee R)\} \vee \sim\{\sim(P \wedge R) \vee (P \wedge Q)\}$ (∵ 예제 1.2)

$= \{(P \wedge Q) \wedge \sim(P \wedge R)\} \vee \{(P \wedge R) \wedge \sim(P \wedge Q)\}$ (∵ 정리 1.1.4 (1))

$= (P \wedge Q \wedge \sim R) \vee (P \wedge R \wedge \sim Q)$ (∵ 예제 1.3) ■

연습문제 1.1

1. 다음 서술 또는 식은 명제인가? 명제인 것은 그 진리값을 말하여라.
   (1) 2는 짝수인 소수(prime number)이다.
   (2) 당신은 키는 크지만 허약하다.
   (3) $5<3$이다.
   (4) $x^2-3=0$을 만족하는 양수 x는 존재하지 않는다.
   (5) $\sqrt{3}$은 무리수이고 $\sqrt{4}$는 유리수이다.

2. 두 명제 P, Q는 다음과 같다고 하자.
   P : $\sqrt{3}$은 무리수이다.
   Q : $\sqrt{3}$은 $x^3-1=0$의 해이다.
   이때 명제 $P \vee Q$, $P \wedge Q$, $\sim Q$, $P \rightarrow Q$, $P \leftrightarrow Q$의 진리값을 말하여라.

3. 다음 명제의 진리값을 말하여라.
   (1) n이 4의 배수이면 n은 2의 배수이다.
   (2) 8은 2 또는 3의 배수이다.

4. 명제 $Q \rightarrow (P \rightarrow Q)$의 진리표를 만들어라.

5. $(P \rightarrow Q) \wedge (\sim P \vee R)$의 부정명제를 만들어라.

6. 다음 관계가 성립함을 증명하여라.
   (1) $(A \vee B) \wedge (C \vee D) = (A \wedge C) \vee (A \wedge D) \vee (B \wedge C) \vee (B \wedge D)$
   (2) $P \rightarrow (Q \vee R) = (P \rightarrow Q) \vee (P \rightarrow R)$
   (3) $(P \wedge Q) \rightarrow R = (P \rightarrow R) \vee (Q \rightarrow R)$

7. 조건명제 $P \rightarrow Q$는 명제 $\sim Q \rightarrow \sim P$와 동치임을 증명하여라.

1.2 추 론

이 절에서는 명제의 변수에 논리기호인 $\vee$, $\wedge$, $\sim$, $\rightarrow$, $\leftrightarrow$ 등을 연결한 논리식에 대한 성질을 다룬다.

〈정의 1.2.1〉

P, Q, …를 명제를 나타내는 변수라고 하자. 이들 변수에 $\vee$, $\wedge$, $\sim$, $\rightarrow$, $\leftrightarrow$ 등의 논리기호로 연결한 것을 **논리식(logical formula)** 또는 **부울(Boolean)다항식**이라 하고 $f(P, Q, \cdots)$로 나타낸다.

〈정의 1.2.2〉

(1) 명제변수의 참과 거짓에 관계없이 항상 참인 논리식을 **항진명제(tautology)**라 하고, I로 나타낸다.

(2) 명제변수의 참과 거짓에 관계없이 항상 거짓의 값을 갖는 논리식을 **모순명제(contradiction)**라 하고, C로 나타낸다.

정리 1.2.1 명제변수 A, 항진명제 I, 모순명제 C에 대해서 다음이 성립한다.

(1) $A \vee C = A$ (2) $A \wedge I = A$

(3) $A \vee \sim A = I$ (4) $A \wedge \sim A = C$

(5) $A \wedge C = C$ (6) $A \vee I = I$

(7) $\sim I = C$ (8) $\sim C = I$

[주] 논리합에 대한 항등원은 모순명제 C이고, 논리곱 $\wedge$에 대한 항등원은 항진명제 I이다.

〈정의 1.2.3〉

두 논리식 $A = f(P, Q, \cdots)$, $B = g(P, Q, \cdots)$에 있어서, 명제변수 P, Q, …의 진리값에 대해서 A와 B의 진리값이 일치할 때, A와 B는 **논리적 동치(logical equivalence)** 또는 **동치(equivalence)**라 하고 $A \Leftrightarrow B$로 나타낸다.

[주] (1) $A \Leftrightarrow B$인 것은 두 명제 A와 B의 참과 거짓인 경우가 일치할 때이므로, $A=B$와 같은 의미이다.

(2) 「두 논리식이 동치이다」라는 관계는 동치율을 만족하는 동치관계를 만족한다. 즉, A, B, C가 논리식이라고 하면 다음 성질을 만족한다.

$A=A$ (반사법칙)

$A=B$이면 $B=A$ (대칭법칙)

$A=B$이고 $B=C$이면 $A=C$ (추이법칙)

〈정의 1.2.4〉

P, Q를 두 명제라 하자. 조건명제 $P \to Q$의 역(converse), 이(converse of contraposition), 대우(contraposition)를 각각 다음과 같이 정의한다.

$$Q \to P,\quad \sim P \to \sim Q,\quad \sim Q \to \sim P$$

〈정의 1.2.5〉

두 논리식 $A=f(P, Q, \cdots)$, $B=g(P, Q, \cdots)$에 있어서, A를 참이 되게 하는 명제변수 P, Q, $\cdots$의 진리값에 대해서는 항상 B도 참이 될 때, 즉 $A \to B$가 참일 때 A에서 B가 추론(rules of inference) 또는 연역(deduction)된다고 하고 $A \Rightarrow B$로 나타낸다. 이때 A를 전제(premise) 또는 가정(hypothesis)이라 하고 B를 결론(conclusion)이라 한다. 또한 A에서 B를 유도하는 것을 연역적 추론(deductive reasoning) 또는 연역법(deductive method)이라고 한다.

[주] $A \Rightarrow B$일 때 A는 B가 되기 위한 **충분조건**(sufficient condition)이라 하고 B는 A가 되기 위한 **필요조건**(necessary condition)이라 한다. 또 $A \Rightarrow B$이고 $B \Rightarrow A$일 때 $A \Leftrightarrow B$로 나타내고, A는 B가 되기 위한 **필요충분조건**이라 하거나 또는 B는 A가 되기 위한 **필요충분조건**이라고 한다.

〈정의 1.2.6〉

정리의 가정이 되는 명제를 P, Q, $\cdots$, R이라 하고, 결론이 되는 명제를 S라 하자. 이때 정리는 다음과 같은 형식으로 표현되고, 이를 추론식이라 부른다.

$$\frac{P,\ Q,\ \cdots,\ R}{\therefore \mathrm{S}}$$

[주] 여기서 기호 ——— 는 ⇒을 의미한다.

정리 1.2.2

(1) $\dfrac{P \wedge Q}{\therefore P}$, $\dfrac{P \wedge Q}{\therefore Q}$ (단순화법칙)

(2) $\dfrac{P}{\therefore P \vee Q}$ (합법칙)

(3) $\dfrac{P \to Q}{\therefore \sim Q \to \sim P}$ (대우법칙)

(4) $\begin{array}{l} P \to Q \\ \underline{\quad P \quad} \\ \therefore Q \end{array}$ (삼단논법 긍정식)

(5) $\begin{array}{l} P \to Q \\ \underline{\quad \sim Q} \\ \therefore \sim P \end{array}$ (삼단논법 부정식)

(6) $\begin{array}{l} P \to Q \\ \underline{Q \to R} \\ \therefore P \to R \end{array}$ (추이법칙)

(7) $\begin{array}{l} P \vee Q \\ \underline{\ \sim P} \\ \therefore Q \end{array}$ (선언적 삼단논법)

〈정의 1.2.7〉

(1) 명제 $A \to B$에 대해서 A가 참이면 언제나 B도 참일 때, $A \Rightarrow B$는 타당한 추론(validity of deduction)이라고 한다.

(2) $A \Rightarrow B$의 형으로는 되어 있으나, A가 참임에도 B가 거짓으로 되는 경우가 있을 때, 이 추론은 타당하지 않다 또는 오류(fallacy)라고 한다.

예제 1.7 다음을 증명하여라.

(1) $(P \vee Q) \wedge \sim P = \sim P \wedge Q$

(2) $P \vee (P \wedge Q) = P$

(3) $\sim(P \vee Q) \vee (\sim P \wedge Q) = \sim P$

풀이 (1) $(P \vee Q) \wedge \sim P = (P \wedge \sim P) \vee (Q \wedge \sim P) = C \vee (Q \wedge \sim P) = Q \wedge \sim P = \sim P \wedge Q$

(2) $P \vee (P \wedge Q) = (P \wedge I) \vee (P \wedge Q) = P \wedge (I \vee Q) = P \wedge I = P$

(3) $\sim(P\vee Q)\vee(\sim P\wedge Q)=(\sim P\wedge\sim Q)\vee(\sim P\wedge Q)=\sim P\wedge(\sim Q\vee Q)$
$=\sim P\wedge I=\sim P$ ■

예제 1.8 $f(P,Q)=(P\vee Q)\wedge\sim(P\wedge Q)$, $g(P,Q)=(P\wedge\sim Q)\vee(Q\wedge\sim P)$일 때, $f(P,Q)=g(P,Q)$임을 증명하여라.

풀이 $f(P,Q)=(P\vee Q)\wedge\sim(P\wedge Q)$
$=(P\vee Q)\wedge(\sim P\vee\sim Q)$
$=\{P\wedge(\sim P\vee\sim Q)\}\vee\{Q\wedge(\sim P\vee\sim Q)\}$
$=\{(P\wedge\sim P)\vee(P\wedge\sim Q)\}\vee\{(Q\wedge\sim P)\vee(Q\wedge\sim Q)\}$
$=\{C\vee(P\wedge\sim Q)\}\vee\{(Q\wedge\sim P)\vee C\}$
$=(P\wedge\sim Q)\vee(Q\wedge\sim P)=g(P,Q)$ ■

예제 1.9 $(P\vee R)\wedge(Q\wedge\sim R)\rightarrow(P\vee Q)$이 항진명제임을 증명하여라.

풀이 $(P\vee R)\wedge(Q\wedge\sim R)\rightarrow(P\vee Q)=\sim\{(P\vee R)\wedge(Q\wedge\sim R)\}\vee(P\vee Q)$
$=\sim(P\vee R)\vee(\sim Q\vee R)\vee(P\vee Q)$
$=\{\sim(P\vee R)\vee(P\vee R)\}\vee(Q\vee\sim Q)$
$=I\vee I=I$ ■

예제 1.10 $(P\wedge Q\rightarrow\sim R)\leftrightarrow(P\wedge R\rightarrow\sim Q)$이 항진명제임을 진리표를 써서 증명하여라.

풀이

P	Q	R	$P\wedge Q\rightarrow\sim R$			$P\wedge R\rightarrow\sim Q$		
T	T	T	T	F	F	T	F	F
		F	T	T	T	F	T	F
	F	T	F	T	F	T	T	T
		F	F	T	T	F	T	T
F	T	T	F	T	F	F	T	F
		F	F	T	T	F	T	F
	F	T	F	T	F	F	T	T
		F	F	T	T	F	T	T
순 서			1	3	2	4	6	5

위 진리표에서 3의 자리와 6의 자리의 진리값이 일치하므로 $(P \wedge Q \rightarrow \sim R) \leftrightarrow (P \wedge R \rightarrow \sim Q)$는 항진명제이다. ■

예제 1.11 $(\sim P \rightarrow \sim Q) \rightarrow [(\sim P \rightarrow Q) \rightarrow P]$이 항진명제임을 증명하여라.

풀이

P	Q	$(\sim P$	$\rightarrow$	$\sim Q)$	$\rightarrow$	$[(\sim P \rightarrow Q)$	$\rightarrow P]$
T	T	F	T	F	T	T	T
T	F	F	T	T	T	T	T
F	T	T	F	F	T	T	F
F	F	T	T	T	T	F	T
순	서	1	3	2	6	4	5

위 진리표에서 6의 자리의 진리값이 모두 T이므로 항진명제이다. ■

예제 1.12 다음을 추론식으로 나타내어라.

민주주의 국가의 주권은 국민에게 있다.
대한민국은 민주주의 국가이다.
그러므로 대한민국의 주권은 국민에게 있다.

풀이 P : 민주주의 국가이다.
Q : 주권은 국민에게 있다.
R : 대한민국이다.
라 하면, 교환법칙과 추이법칙에 의해 $\{(P \rightarrow Q) \wedge (R \rightarrow P)\} \rightarrow (R \rightarrow Q)$이다.
즉,

$$\begin{array}{c} P \rightarrow Q \\ R \rightarrow P \\ \hline \therefore R \rightarrow Q \end{array}$$

■

예제 1.13 다음 추론이 타당함을 증명하여라.

$$\begin{array}{r} P \vee Q \\ \sim P \\ \hline \therefore Q \end{array}$$

풀이 $\{(P \vee Q) \wedge \sim P\} \rightarrow Q = \{(P \wedge \sim P) \vee (Q \wedge \sim P)\} \rightarrow Q$

$$\begin{aligned} &= (\sim P \wedge Q) \rightarrow Q \\ &= \sim(\sim P \wedge Q) \vee Q \\ &= (P \vee \sim Q) \vee Q \\ &= P \vee I \\ &= I \end{aligned}$$

■

예제 1.14 다음 추론이 타당함을 증명하여라.

$$\frac{\dfrac{P \vee Q}{R,\ S},\ \dfrac{R \wedge Q}{P}}{\therefore Q \rightarrow P}$$

풀이 $\dfrac{P \vee Q}{R, S} \wedge \dfrac{R \wedge Q}{P}$이 참일 때 $Q \rightarrow P$가 참임을 밝히면 된다. 그런데 Q가 거짓일 때 $Q \rightarrow P$는 참이므로 Q가 참일 때 P가 참임을 보이면 된다. Q가 참이면 $P \vee Q$는 참이고, 또 $\dfrac{P \vee Q}{R, S}$도 참이므로 R은 참이다. R과 Q가 참이므로 $R \wedge Q$는 참이고, 또 $\dfrac{R \wedge Q}{P}$가 참이므로 P는 참이다. 따라서 이 추론은 타당하다. ■

예제 1.15 $A \Rightarrow Q$, $C \Rightarrow \sim Q$, $R \Rightarrow A$, $\sim R \Rightarrow \sim B$가 타당한 추론이라고 하자. A, B, C 중 두 개가 참이면, 그 두 개는 어느 것인가?

풀이 A가 참이 아니라고 하면 $\sim A$가 참이다. 따라서 $R \Rightarrow A$로부터 $\sim A \Rightarrow \sim R$이므로 $\sim R$도 참이다. $\sim R \Rightarrow \sim B$에서 $\sim R$이 참이므로 $\sim B$도 참이다. 따라서 B는 거짓이 되지만 A와 B가 거짓임은 A, B, C 중 두 개가 참이라는데 모순이다. 따라서 A는 참이다. A가 참이면 $A \Rightarrow Q$, $Q \Rightarrow \sim C$으로부터 $\sim C$도 참이다. 즉, C는 거짓이다. 그러므로 A와 B가 참이다. ■

연습문제 1.2

1. 다음 식이 항진명제임을 증명하여라.
   (1) $[P \wedge (P \to Q)] \to Q$ (2) $[(P \to Q) \wedge \sim Q] \to \sim P$

2. 진리표를 사용해서 다음 식이 항진명제임을 증명하여라.
   (1) $P \leftrightarrow (P \wedge Q) \vee (P \wedge \sim Q)$ (2) $P \leftrightarrow (P \vee Q) \wedge (P \vee \sim Q)$

3. 다음 ( )에 필요 또는 충분 중 맞는 것을 써넣어라.
   (1) $x=2$는 $x^2=4$이기 위한 ( )조건이다.
   (2) $x+y>0$은 $(x>0) \wedge (y>0)$이기 위한 ( )조건이다.
   (3) 사다리꼴은 평행사변형이 되기 위한 ( )조건이다.
   (4) $\theta=\pi$는 $\sin\theta=0$이기 위한 ( )조건이다.

4. 다음 각 명제의 역, 이, 대우를 쓰고 그 진리값을 말하여라.
   (1) $x=2$이면 $x^2-5x+6=0$이다.
   (2) 두 실수 a, b의 합이 무리수이면 a, b 중 적어도 하나는 무리수이다.

5. 다음 식이 항진명제임을 증명하여라.
   (1) $(P \to Q) \wedge (Q \to R) \to (P \to R)$ (2) $(P \leftrightarrow Q) \wedge (Q \leftrightarrow R) \to (P \leftrightarrow R)$

6. 다음 추론이 타당함을 밝혀라.
   (1) $P \to (Q \wedge R) \Rightarrow P \to Q$ (2) $(P \vee R) \to Q \Rightarrow P \to Q$
   (3) $(P \to Q) \wedge (\sim P \to R) \Rightarrow Q \vee R$ (4) $(P \to R) \wedge (Q \to \sim R) \Rightarrow \sim P \vee \sim Q$

7. 다음 추론은 타당한가?
   나는 미국이나 캐나다에 간다.
   나는 미국에 가면 뉴욕에 간다.
   그러므로 나는 뉴욕에 가든지 캐나다에 간다.

8. $(P \to Q) \wedge (Q \to R) = (P \to Q) \wedge (Q \to R) \wedge (P \to R)$을 증명하여라.

9. 다음 추론이 타당함을 증명하여라.

$$\frac{P \to Q,\ R \to S,\ P \vee R}{\therefore\ Q \vee S}$$

1.3 명제함수

이 절에서는 명제함수의 전칭명제와 존재명제들을 다루고 해석학에서 기본이 되는 극한이나 연속의 정의를 한정기호를 써서 나타내는 법을 다룬다.

〈정의 1.3.1〉

(1) x가 성질 P를 가지거나 또는 조건 P를 만족할 때, $P(x)$를 「x는 성질 P를 갖는다」 또는 「x는 조건 P를 만족한다」는 것을 나타낸다고 하자. 이때 $P(x)$를 **명제함수**(propositional function)라 한다.

(2) $\forall$는 모든(for all, for every)을 뜻하며, **전칭기호**(universal quantifier)라 한다.

(3) $\exists$는 존재한다(there exist, for some)를 뜻하며, **존재기호**(existential quantifier)라고 한다.

(4) 전칭기호와 존재기호를 합쳐서 **한정기호**(quantifier)라고 한다.

[주] 명제함수 $P(x)$에 대해서 다음과 같은 명제를 생각할 수 있다.

$\forall x\, P(x)$는 모든 x에 대해서 $P(x)$가 성립한다는 명제
$\exists x\, P(x)$는 $P(x)$가 성립하는 x가 존재한다는 명제

여기서 $\forall x\, P(x)$를 **전칭명제**, $\exists x\, P(x)$를 **존재명제**라 한다.

〈정의 1.3.2〉

한정명제의 부정을 다음과 같이 정의한다.

$$\sim[\forall x\, P(x)] = \exists x \sim P(x)$$
$$\sim[\exists x\, P(x)] = \forall x \sim P(x)$$

[주] (1) 위 한정명제의 표현은 여러 가지 명제함수에 대해서도 적용된다. 예를 들면 $M(x)$가 「x는 사람이다」를 나타내고, $P(x)$가 「x는 현명하다」를 나타낸다고 할 때

$\forall x\, \{M(x) \rightarrow P(x)\}$: 모든 x에 대해서 x가 사람이면 x는 현명하다.
$\exists x\, \{M(x) \wedge P(x)\}$: 사람이면서 현명한 x가 존재한다.

(2) 위 한정명제의 부정은 다음과 같이 주어질 수 있다.

$$\sim[\forall x\ \{M(x) \rightarrow P(x)\}] = \exists x\ \{M(x) \wedge \sim P(x)\}$$
$$\sim[\exists x\ \{M(x) \wedge P(x)\}] = \forall x\ \{M(x) \rightarrow \sim P(x)\}$$

(3) x의 특정한 원소 a에 관한 명제 $P(a)$는 **단칭명제**라고 한다.

(4) $\forall x\ P(x)$가 거짓임을 보이기 위해서는, 그 부정 $\exists x\ \sim P(x)$가 참, 즉 $P(y)$가 거짓이 되는 한 원소 y가 존재함을 보이면 된다. 그러한 한 원소 y를 명제 $\forall x\ P(x)$의 **반례**(counter example)라고 한다.

〈정의 1.3.3〉

명제함수 $P(x)$에서 x의 변역을 X라 할 때, 전칭명제와 단칭명제를 관계짓는 다음 4개의 법칙을 총칭해서 **한정추론**이라 한다.

(1) $\forall x\ P(x) \Rightarrow X$의 임의의 원소 a에 대해서 $P(a)$ (전칭한정)

(2) X의 임의의 원소 a에 대해서 $P(a) \Rightarrow \forall x\ P(x)$ (전칭개괄)

(3) $\exists x\ P(x) \Rightarrow X$의 어떤 원소 a에 대해서 $P(a)$ (존재한정)

(4) X의 어떤 원소 a에 대해서 $P(a) \Rightarrow \exists x\ P(x)$ (존재개괄)

예제 1.16 $P(x)$를 유한집합 $U=\{a_1,\ a_2,\ \cdots,\ a_n\}$에서의 명제함수라 하자. 이때 전칭명제와 존재명제를 구하여라.

풀이

전칭명제 : $\forall x\ P(x) = P(a_1) \wedge P(a_2) \wedge \cdots \wedge P(a_n)$

존재명제 : $\exists x\ P(x) = P(a_1) \vee P(a_2) \vee \cdots \vee P(a_n)$ ■

예제 1.17 소수(prime number) 전체의 집합 U에서의 명제함수 $P(x)$를 「x는 홀수이다」라고 하자.

(1) 전칭, 존재명제의 진리값을 구하여라.

(2) 전칭, 존재명제의 부정을 만들고 진리값을 구하여라.

풀이 (1) 소수 중에는 짝수 2가 있으므로 전칭명제 $\forall x\ P(x)$는 거짓이다. 그리고 소수 중에는, 예를 들면, 홀수 3이 있으므로 존재명제 $\exists x\ P(x)$는 참이다.

(2) 전칭명제의 부정 : $\sim[\forall x\ P(x)] = \exists x\ \sim P(x)$이므로 「홀수가 아닌 x(소수)가

있다」이고, 이것은 참이다.

존재명제의 부정 : $\sim[\exists x\ P(x)] = \forall x\ \sim P(x)$이므로 「모든 x(소수)는 홀수가 아니다」이고, 이것은 거짓이다. ■

예제 1.18 다음 각 명제를 한정기호를 써서 나타내고, 그 부정을 만들어라.

(1) 방정식 $x^3-1=0$은 실수 해를 갖는다.

(2) 직사각형은 평행사변형이다.

풀이 (1) $\exists x\{(x$는 실수$)\wedge(x^3-1=0)\}$이고, 그 부정은 $\forall x\{(x$는 실수$)\rightarrow(x^3-1\neq 0)\}$이다.

(2) $P(x)$: x는 직사각형이다

$Q(x)$: x는 평행사변형이다

로 할 때, (2)는 $\forall x\{P(x)\rightarrow Q(x)\}$이고, 그 부정은 $\exists x\{P(x)\wedge\sim Q(x)\}$를 만족하는 「직사각형 중에는 평행사변형이 아닌 것도 있다」라는 의미이다. ■

예제 1.19 다음 논리식을 우리말의 문장으로 나타내어라.

(1) $\sim\{\forall x(x<3\rightarrow x^2<9)\}$

(2) $\mathbb{N}$을 자연수 전체의 집합이라고 할 때

$$[P(1)\wedge[\forall n\in\mathbb{N}\{P(n)\rightarrow P(n+1)\}]]\rightarrow\forall m\in\mathbb{N}\ P(m)$$

풀이 (1) $\sim\{\forall x(x<3\rightarrow x^2<9)\}=\exists x(x<3)\wedge(x^2\geq 9)$이므로 「$x<3$이고 $x^2\geq 9$ 되는 x가 존재한다」로 된다.

(2) 1이 성질 P를 만족하고, 또 임의의 자연수 n이 성질 P를 만족할 때 $n+1$도 성질 P를 만족하면, 모든 자연수 m은 성질 P를 만족한다. ■

[주] 예제 1.19의 (2)를 수학적 귀납법의 원리(Principle of Mathematical Induction)라고 한다.

예제 1.20 $\lim_{n\to\infty} x_n=a$는 「임의의 실수 $\varepsilon>0$에 대하여 적당한 자연수 N이 존재해서 $n>N$인 모든 자연수 $n\in\mathbb{N}$에 대하여 $|x_n-a|<\varepsilon$이 성립한다」는 의미이다. 이것을 논리기호를 써서 나타내고, 그 부정을 만들어라.

풀이 $\forall\varepsilon(>0)\exists N\in\mathbb{N}\ \forall n(n>N\rightarrow|x_n-a|<\varepsilon)$이고, 그 부정은

$\exists\varepsilon(>0)\forall N\in\mathbb{N}\ \exists n(n>N)\wedge(|x_n-a|\geq\varepsilon)$이다. ■

예제 1.21 $f(x)=x^2$이 $[0, 1]$상에서 **평등연속**(uniformly continuous) 또는 **균등연속**이라는 것은 「임의의 실수 $\varepsilon>0$에 대하여 적당한 실수 $\delta>0$가 존재하여 $|x-y|<\delta$인 모든 점 $x, y\in[0, 1]$에 대해서 항상 $|x^2-y^2|<\varepsilon$이 성립한다」는 것이다. 이것을 기호를 써서 나타내고, 그 부정을 만들어라.

풀이

$$\forall\varepsilon(>0)\exists\delta(>0)\forall x, y\in[0, 1]\{(|x-y|<\delta)\to(|x^2-y^2|<\varepsilon)\}$$

따라서 그 부정은 다음과 같다.

$$\exists\varepsilon(>0)\forall\delta(>0)\exists x, y\in[0, 1]\{(|x-y|<\delta)\wedge(|x^2-y^2|\geq\varepsilon)\}$$

■

예제 1.22 「$P(x)$: x는 짝수이다」, 「$Q(x)$: x는 홀수이다」라 하자. 이때 $\forall x, y\in\mathbb{N}[Q(x+y)\leftrightarrow\{P(x)\wedge Q(y)\}\vee\{Q(x)\wedge P(y)\}]$는 참인가 거짓인가?

풀이 x가 짝수이면 어떤 자연수 n에 대해서 $x=2n$이다. 또 y가 홀수이면 어떤 자연수 m에 대해서 $y=2m-1$이다. 따라서

$$x+y=2n+2m-1=2(n+m)-1$$

이다. 즉, $x+y$는 홀수이다. x가 홀수이고, y가 짝수일 때도 같은 방법으로, $x+y$는 홀수이다. 따라서

$$\{P(x)\wedge Q(y)\}\vee\{Q(x)\wedge P(y)\}\to Q(x+y)$$

는 참이다.

한편, $x+y$가 홀수이면 어떤 자연수 n에 대해서 $x+y=2n+1$로 나타낼 수 있다. x가 짝수이면 어떤 자연수 m에 대해서 $x=2m$이므로

$$y=x+y-x=2n+1-2m=2(n-m)+1 \text{ (여기서 } n\geq m)$$

이고 y는 홀수이다. 즉, $P(x)$가 참이면 $Q(y)$도 참이 되어야 한다.

마찬가지로, $Q(x)$가 참인 경우는 $P(y)$도 참이다. 따라서

$$Q(x+y)\to\{P(x)\wedge Q(y)\}\vee\{Q(x)\wedge P(y)\}$$

는 참이다. 그러므로 주어진 명제는 참이다. ■

연습문제 1.3

1. 다음 각 명제를 한정기호를 써서 나타내어라.
   (1) 모든 원소 x에 대해서 $x \le |x|$이다.
   (2) 모든 원소 x에 대해서 $x+y=x$를 만족하는 원소 y가 존재한다.
   (3) 「모든 원소 x에 대해서 $x^2=x$이다」라고 할 수 없다.
   (4) 모든 원소 x, y에 대해서 $ax+by=0$이면 $a=0$이고 $b=0$이다.

2. 다음 명제의 부정을 만들어라.
   (1) $\forall x\ P(x) \wedge \exists y\ Q(y)$
   (2) $\forall x \exists y\ \{P(x) \vee Q(y) \rightarrow R\}$

3. 다음 논리식을 우리말 문장으로 나타내어라.
   (1) $\sim\{\exists x(x+2=x)\}$
   (2) $\exists x \forall y\ P(x,\ y) \rightarrow \forall y \exists x\ P(x,\ y)$
   (3) $\forall x\ P(x) \rightarrow \forall y\ P(y)$
   (4) $\forall x \forall \varepsilon(>0) \exists \delta(>0)\{\forall y\ (|x-y|<\delta \rightarrow |f(x)-f(y)|<\varepsilon)\}$

4. 다음 각 명제를 기호로서 나타내고, 그 부정을 만들어라.
   (1) $x=y$이고 $x<z$가 성립하면, $y<z$가 성립한다.
   (2) x와 y가 서로 다른 수이면 $|x-y|>z>0$을 만족하는 z가 존재한다.

5. $f_n(x)=x^n\,(n=1,\ 2,\ \cdots)$은 $\left[0,\ \frac{1}{2}\right]$ 상에서 $n \rightarrow \infty$일 때, $f(x)=0$에 **평등수렴** (uniform convergence) 또는 **균등수렴**한다는 것은 「임의의 실수 $\varepsilon>0$에 대해 적당한 자연수 N가 존재해서 $n \ge N$인 모든 자연수 $n \in \mathbb{N}$과 모든 점 $x \in \left[0,\ \frac{1}{2}\right]$에 대해 $|f_n(x)-0|<\varepsilon$이 성립한다」는 것이다.
   (1) 이를 기호로써 나타내어라.
   (2) 그 부정을 만들어라.

6. 다음 명제 중 항진명제가 아닌 것을 고르고 그 반례를 들어라.
   (1) $\forall x\ P(x) \rightarrow P(x)$
   (2) $\forall x\ P(x,\ x) \rightarrow \forall x \forall y\ P(x,\ y)$

(3) $\exists x \forall y\, P(x,\ y) \rightarrow \forall y \exists x\, P(x,\ y)$

(4) $\exists x\{P(x) \vee Q(x)\} \leftrightarrow \{\exists x P(x)\} \vee \{\exists x Q(x)\}$

(5) $\exists x\{P(x) \wedge Q(x)\} \leftrightarrow \{\exists x P(x) \wedge \exists x Q(x)\}$

7. 다음 추론이 타당함을 증명하여라.

모든 테니스 선수는 명랑하거나 학업성적이 우수하다.
K군은 테니스 선수이다.
그러므로 K군은 명랑하거나 학업성적이 우수하다.

연습문제 풀이

연습문제 1.1

1. (1) 명제이다. (참)
   (2) 명제가 아니다.
   (3) 명제이다. (거짓)
   (4) 명제이다. (거짓)
   (5) 명제이다. (참)

2. P는 참이고 Q는 거짓인 명제이므로 $P \vee Q$는 참, $P \wedge Q$는 거짓, $\sim Q$는 참, $P \to Q$는 거짓, $P \leftrightarrow Q$는 거짓이다.

3. (1) $n=4k$(k는 정수)로 두면 $n=4k=2(2k)=2m$ $(m=2k)$이므로 n은 2의 배수이다. 그러므로 참이다.
   (2) 「P : 8은 2의 배수이다」, 「Q : 8은 3의 배수이다」라고 하자. P는 참, Q는 거짓이다. 그러므로 주어진 명제 $P \vee Q$는 참이다.

4.

P	Q	$Q \to$	$(P \to Q)$
T	T	T	T
T	F	T	F
F	T	T	T
F	F	T	T
순	서	2	1

명제 $Q \to (P \to Q)$는 모든 경우에 진리값이 참이므로 항진명제이다.

5. $\sim[(P \to Q) \wedge (\sim P \vee R)] = \sim(P \to Q) \vee \sim(\sim P \vee R)$
   $= (P \wedge \sim Q) \vee (P \wedge \sim R) = P \wedge (\sim Q \vee \sim R)$

6. (1) $(A \vee B) \wedge (C \vee D) = \{(A \vee B) \wedge C\} \vee \{(A \vee B) \wedge D\}$
   $= \{(A \wedge C) \vee (B \wedge C)\} \vee \{(A \wedge D) \vee (B \wedge D)\}$
   $= (A \wedge C) \vee (A \wedge D) \vee (B \wedge C) \vee (B \wedge D)$
   (2) $P \to (Q \vee R) = \sim P \vee (Q \vee R) = (\sim P \vee Q) \vee (\sim P \vee R) = (P \to Q) \vee (P \to R)$
   (3) $(P \wedge Q) \to R = \sim(P \wedge Q) \vee R = (\sim P \vee \sim Q) \vee R$
   $= (\sim P \vee R) \vee (\sim Q \vee R) = (P \to R) \vee (Q \to R)$

7. $P \to Q = \sim P \vee Q = Q \vee \sim P = \sim(\sim Q) \vee \sim P = \sim Q \to \sim P$

연습문제 1.2

1. (1) $[P\wedge(P\rightarrow Q)]\rightarrow Q=\sim[P\wedge(P\rightarrow Q)]\vee Q=[\sim P\vee\sim(\sim P\vee Q)]\vee Q$

$=[\sim P\vee(P\wedge\sim Q)]\vee Q=[(\sim P\vee P)\wedge(\sim P\vee\sim Q)]\vee Q$

$=[I\wedge(\sim P\vee\sim Q)]\vee Q=(\sim P\vee\sim Q)\vee Q=\sim P\vee(\sim Q\vee Q)$

$=\sim P\vee I=I$

(2) $[(P\rightarrow Q)\wedge\sim Q]\rightarrow\sim P=\sim[(P\rightarrow Q)\wedge\sim Q]\vee\sim P=[\sim(P\rightarrow Q)\vee Q]\vee\sim P$

$=[\sim(\sim P\vee Q)\vee Q]\vee\sim P=\sim(\sim P\vee Q)\vee(Q\vee\sim P)$

$=(\sim P\vee Q)\vee\sim(\sim P\vee Q)=I$

2. (1)

P Q	$(P\wedge Q)\vee(P\wedge\sim Q)$
T T	T T F F
T F	F T T T
F T	F F F F
F F	F F F T
순 서	1 4 3 2

위 진리표에서 P의 진리값이 4와 일치하므로 항진명제이다.

(2)

P Q	$(P\vee Q)\wedge(P\vee\sim Q)$
T T	T T T F
T F	T T T T
F T	T F F F
F F	F F T T
순 서	1 4 3 2

위 진리표에서 P의 진리값이 4와 일치하므로 항진명제이다.

3. (1) $x=2\Rightarrow x^2=4$이므로 $x=2$는 $x^2=4$가 되기 위한 (충분)조건

(2) $(x>0)\wedge(y>0)\Rightarrow x+y>0$이므로 $x+y>0$은 $(x>0)\wedge(y>0)$이기 위한 (필요)조건

(3) 평행사변형이면 사다리꼴이므로 사다리꼴은 평행사변형이 되기 위한 (필요)조건

(4) $\theta=\pi\Rightarrow\sin\theta=0$이므로 $\theta=\pi$는 $\sin\theta=0$이기 위한 (충분)조건

4. (1) 역 : $x^2-5x+6=0$이면 $x=2$이다. (거짓)

이 : $x\neq 2$이면 $x^2-5x+6\neq 0$이다. (거짓)

대우 : $x^2-5x+6\neq 0$이면 $x\neq 2$이다. (참)

(2) 역 : 두 실수 a, b 중에서 하나가 한쪽이 무리수이면 $a+b$는 무리수이다. (거짓)
이 : 두 실수 a, b의 합이 유리수이면 a, b 모두 유리수이다. (거짓)
대우 : 두 실수 a, b가 모두 유리수이면 $a+b$는 유리수이다. (참)

5. (1)

P	Q	R	$(P\to Q)\wedge(Q\to R)\to(P\to R)$				
T	T	T	T	T	T	T	T
		F	T	F	F	T	F
	F	T	F	F	T	T	T
		F	F	F	T	T	F
F	T	T	T	T	T	T	T
		F	T	F	F	T	T
	F	T	T	T	T	T	T
		F	T	T	T	T	T
순 서			1	3	2	5	4

위 진리표에서 5의 값이 모두 T이므로 항진명제이다.

(2)

P	Q	R	$(P\leftrightarrow Q)\wedge(Q\leftrightarrow R)\to(P\leftrightarrow R)$				
T	T	T	T	T	T	T	T
		F	T	F	F	T	F
	F	T	F	F	F	T	T
		F	F	F	T	T	F
F	T	T	F	F	T	T	F
		F	F	F	F	T	T
	F	T	T	F	F	T	F
		F	T	T	T	T	T
순 서			1	3	2	5	4

위 진리표에서 5의 값이 모두 T이므로 항진명제이다.

6. (1) $P\to(Q\wedge R)=\sim P\vee(Q\wedge R)=(\sim P\vee Q)\wedge(\sim P\vee R)$
$=(P\to Q)\wedge(P\to R)\Rightarrow P\to Q$

(2) $(P\vee R)\to Q=\sim(P\vee R)\vee Q=(\sim P\wedge\sim R)\vee Q$
$=(\sim P\vee Q)\wedge(\sim R\vee Q)=(P\to Q)\wedge(R\to Q)$
$\Rightarrow P\to Q$

(3) $(P\to Q)\wedge(\sim P\to R)=(\sim Q\to\sim P)\wedge(\sim P\to R)$
$\Rightarrow\sim Q\to R=Q\vee R$

(4) $(P \to R) \wedge (Q \to \sim R) = (P \to R) \wedge (R \to \sim Q)$

$$\Rightarrow P \to \sim Q = \sim P \vee \sim Q$$

7. 「P : 나는 미국에 간다, Q : 나는 캐나다에 간다, R : 나는 뉴욕에 간다」로 하면 문장의 추론을 추론식으로 나타내면

$$\frac{P \vee Q,\ P \to R}{\therefore\ R \vee Q}$$

$$\begin{aligned}(P \vee Q) \wedge (P \to R) &= (\sim P \to Q) \wedge (P \to R)\\ &= (\sim Q \to P) \wedge (P \to R)\\ &\Rightarrow \sim Q \to R = Q \vee R = R \vee Q\end{aligned}$$

이므로, 이 추론은 타당하다.

8. 정리 1.1.1의 멱등법칙과 문제 5 (1)에 의해 다음이 성립한다.

$$\begin{aligned}(P \to Q) \wedge (Q \to R) &= \{(P \to Q) \wedge (Q \to R)\} \wedge \{(P \to Q) \wedge (Q \to R)\}\\ &\Rightarrow (P \to Q) \wedge (Q \to R) \wedge (P \to R)\end{aligned}$$

또한 정리 1.2.2의 단순화법칙에 의해 다음이 성립한다.

$$(P \to Q) \wedge (Q \to R) \wedge (P \to R) \Rightarrow (P \to Q) \wedge (Q \to R)$$

그러므로 $(P \to Q) \wedge (Q \to R) \Longleftrightarrow (P \to Q) \wedge (Q \to R) \wedge (P \to R)$이 성립하므로 두 명제는 동치관계이다. 즉

$$(P \to Q) \wedge (Q \to R) \ = \ (P \to Q) \wedge (Q \to R) \wedge (P \to R)$$

9. 가정이 모두 참일 때 결론이 참임을 보이면 된다. $P \vee R$이 참이므로 P가 참이거나 R이 참이다. 여기서
(1) P가 참인 경우 : 가정 $P \to Q$가 참이므로 Q도 참이다.
(2) R이 참인 경우 : 가정 $R \to S$가 참이므로 S도 참이다.
따라서 (1), (2)로부터 $Q \vee S$는 참이다.

연습문제 1.3

1. (1) $\forall x(x \le |x|)$ (2) $\forall x \exists y(x+y=x)$
(3) $\sim\{\forall x(x^2=x)\}$ (4) $\forall x \forall y[(ax+by=0) \to \{(a=0) \wedge (b=0)\}]$

2. (1) $\sim\{\forall x P(x) \wedge \exists y Q(y)\} = \sim\{\forall x P(x)\} \vee \sim\{\exists y Q(y)\}$
$= \exists x \sim P(x) \vee \forall y \sim Q(y)$

(2) $\sim[\forall x \exists y\{P(x) \vee Q(y) \to R\}] = \exists x \forall y \sim\{P(x) \vee Q(y) \to R\}$
$= \exists x \forall y \sim[\sim\{P(x) \vee Q(y)\} \vee R] = \exists x \forall y[\{P(x) \vee Q(y)\} \wedge \sim R]$

3. (1) $x+2=x$를 만족하는 x가 존재하는 것은 아니다. 즉 $x+2=x$를 만족하는 원소 x는 존재하지 않는다.

(2) 어떤 원소 x가 존재해서 모든 원소 y에 대하여 $P(x, y)$이면, 모든 원소 y에 대해서 $P(x, y)$가 성립하는 원소 x가 존재한다.

(3) 모든 원소 x에 대하여 $P(x)$이면 모든 원소 y에 대해서도 $P(y)$이다.

(4) 임의의 원소 x와 임의의 실수 $\varepsilon>0$에 대해서, 적당한 실수 $\delta>0$가 존재하여 $|x-y|<\delta$인 모든 원소 y에 대하여 $|f(x)-f(y)|<\varepsilon$이 성립한다.

4. (1) $\forall x \forall y \forall z[\{(x=y) \wedge (x<z)\} \to (y<z)]$
부정 : $\exists x \exists y \exists z \sim[\{(x=y) \wedge (x<z)\} \to (y<z)]$
$= \exists x \exists y \exists z \sim[\sim\{(x=y) \wedge (x<z)\} \vee (y<z)]$
$= \exists x \exists y \exists z\{(x=y) \wedge (x<z) \wedge (y \geq z)\}$

(2) $\forall x \forall y\{(x \neq y) \to \exists z(|x-z|>z>0)\}$
부정 : $\exists x \exists y \sim[\sim(x \neq y) \vee \{\exists z(|x-y|>z>0)\}]$
$= \exists x \exists y[(x \neq y) \wedge [\forall z \sim\{|x-y|>z) \wedge (z>0)\}]]$
$= \exists x \exists y[(x \neq y) \wedge \forall z\{\sim(z>0) \vee \sim(|x-y|>z)\}]$
$= \exists x \exists y[(x \neq y) \wedge \{\forall z(z>0 \to |x-y| \leq z)\}]$

5. (1) $\forall \varepsilon>0\ \exists N \forall n\left\{n \geq N \to \forall x \in \left[0, \frac{1}{2}\right] (|f_n(x)-0|<\varepsilon)\right\}$

(2) 부정 : $\exists \varepsilon>0\ \forall n\ \exists N\left[(N \geq n) \wedge \left\{\exists x \in \left[0, \frac{1}{2}\right] (|f_N(x)-0| \geq \varepsilon)\right\}\right]$

6. (1), (3), (4)는 항진명제이다.

(2) $P(x, y)$를 「두 자연수 x와 y의 합이 짝수이다」로 하면 $\forall x P(x, x)$는 참이나 $\forall x \forall y P(x, y)$는 참이 아니다.

(5) 「$P(x)$: 자연수 x는 짝수이다, $Q(x)$: 자연수 y는 홀수이다」로 할 때 $\exists x\{P(x) \wedge Q(x)\}$는 「짝수이고, 동시에 홀수인 자연수가 존재한다」이고, $\exists x P(x) \wedge \exists x Q(x)$는 「짝수인 자연수도 있고, 홀수인 자연수도 있다」이므로 (5)는 항진명제가 아니다.

7. $P(x)$: x는 테니스 선수이다.

$Q(x)$: x는 명랑하다
$R(x)$: x는 학업성적이 우수하다
로 하면, 주어진 추론은

$$\begin{array}{c} \forall x\{P(x) \rightarrow Q(x) \vee R(x)\} \\ P(K) \\ \hline \therefore Q(K) \vee R(K) \end{array}$$

으로 나타내진다. 한정추론의 전칭한정에 의해

$$\begin{aligned} \forall x\{P(x) \rightarrow Q(x) \vee R(x)\} \wedge P(K) &\Rightarrow [P(K) \rightarrow \{Q(K) \vee R(K)\}] \wedge P(K) \\ &\Rightarrow Q(K) \vee R(K) \end{aligned}$$

이므로 「K는 명랑하거나 학업성적이 우수하다」로 되어 타당한 추론이다.

제 2 장
집 합

제2장에서는 집합의 연산, 함수의 집합족, 집합족의 직적, 관계 및 순서, 가산집합 등의 정의와 성질들을 소개한다.

2.1 집합연산

집합의 개념은 현대수학에서 가장 중요한 역할을 하고 있으며, 여러 방면에 활용되고 있다. 일반적으로 **집합**(set)이란 특정한 조건을 만족하는 사물의 모임을 말한다. 일반적으로 집합은 알파벳의 대문자로 표시한다. x가 집합 S에 속한다는 것을 $x \in S$ 또는 $S \ni x$로 쓰고, x는 S의 **원소**(element) 또는 **요소**(member)라고 말하며, S는 원소 x를 갖는다고 한다. x가 S의 원소가 아닐 때 $x \notin S$로 나타낸다. 원소를 하나도 갖지 않는 집합을 **공집합**(empty set)이라 말하고, $\varnothing$로서 나타낸다.

앞으로 자주 쓰일 수 집합의 기호는 다음과 같다.

$\mathbb{N}$: 자연수 전체 $\mathbb{Z}$: 정수 전체
$\mathbb{Q}$: 유리수 전체 $\mathbb{R}$: 실수 전체
$\mathbb{C}$: 복소수 전체

〈정의 2.1.1〉

A와 B을 두 집합이라 하자.

(1) A의 모든 원소가 B의 원소일 때, A는 B의 부분집합(subset)이라 하고, $A \subset B$ 또는 $B \supset A$로 나타낸다. 즉,

$$A \subset B \Longleftrightarrow (x \in A \Rightarrow x \in B)$$

(2) $A \subset B$이고 $B \subset A$일 때, A와 B는 상등(equal)이라고 하며, $A=B$로 나타낸다.

(3) $A \subset B$이고 $A \neq B$일 때, A는 B의 진부분집합(proper subset)이라 하며, $A \subsetneq$로 나타낸다.

[주] $A \subset B$일 때 A는 B에 **포함된다** 또는 B는 A를 **포함한다**라고 말하며, 이러한 관계를 포함관계라고 한다. 포함관계는 다음이 성립한다.

$$A \subset A \qquad \text{(반사법칙)}$$

$$A \subset B,\ B \subset A \Rightarrow A=B \qquad \text{(반대칭법칙)}$$

$$A \subset B,\ B \subset C \Rightarrow A \subset C \qquad \text{(추이법칙)}$$

〈정의 2.1.2〉

(1) 집합 A 또는 B의 적어도 한쪽에 속해 있는 원소들 전체를 $A \cup B$로 나타내고, 이것을 A와 B의 합집합(union)이라 한다. 즉,

$$A \cup B = \{x : x \in A \text{ 또는 } x \in B\}$$

(2) 집합 A와 B의 양쪽에 속해 있는 원소들 전체를 $A \cap B$로 나타내고, 이것을 A와 B의 교집합(intersection)이라 한다. 즉,

$$A \cap B = \{x : x \in A \text{ 이고 } x \in B\}$$

(3) A와 B에 공통원소가 없을 때, A와 B는 서로 소(disjoint)라 한다.

(4) 집합 A에 속하고 집합 B에 속하지 않는 원소들 전체를 A에 대한 B의 차집합(difference)이라 하고, $A-B$ 또는 $A \setminus B$로서 나타낸다. 즉,

$$A-B=\{x : x\in A\text{이고 } x\notin B\}$$

(5) 전체집합 X의 부분집합 A에 속하지 않는 원소들 전체를 A의 **여집합**(complement)이라 하고, A^c로서 나타낸다. 즉,

$$A^c=\{x : x\in X\text{이고 } x\notin A\}=\{x : x\notin A\}$$

[주] $A-B = A\cap B^c$이다.

정리 2.1.1 집합 A, B, C에 대해서 다음의 연산법칙이 성립한다.

(1) $A\cup B=B\cup A$, $A\cap B=B\cap A$ (교환법칙)

(2) $(A\cup B)\cup C=A\cup(B\cup C)$, $(A\cap B)\cap C=A\cap(B\cap C)$ (결합법칙)

(3) $A\cup(B\cap C)=(A\cup B)\cap(A\cup C)$, $A\cap(B\cup C)=(A\cap B)\cup(A\cap C)$ (배분법칙)

증명 (3)만 증명하기로 한다.

$x\in A\cup(B\cap C) \Longleftrightarrow x\in A$ 또는 $x\in B\cap C$

$\Longleftrightarrow x\in A$ 또는 $(x\in B$이고 $x\in C)$

$\Longleftrightarrow (x\in A$ 또는 $x\in B)$이고 $(x\in A$ 또는 $x\in C)$

$\Longleftrightarrow x\in A\cup B$이고 $x\in A\cup C$

$\Longleftrightarrow x\in(A\cup B)\cap(A\cup C)$

따라서 정의 2.1.1. (2) 에 의해 $A\cup(B\cap C)=(A\cup B)\cap(A\cup C)$이다. 한편,

$x\in A\cup(B\cup C) \Longleftrightarrow x\in A$ 이고 $x\in B\cup C$

$\Longleftrightarrow x\in A$ 이고 $(x\in$또는 $x\in C)$

$\Longleftrightarrow (x\in A$ 이고 $x\in B)$또는 $(x\in A$ 또는 $x\in C)$

$\Longleftrightarrow x\in A\cap B$ 또는 $x\in A\cap C$

$\Longleftrightarrow x\in(A\cap B)\cup(A\cap C)$

따라서 정의 2.1.1. (2) 에 의해 $A\cap(B\cup C)=(A\cap B)\cup(A\cap C)$이다. ■

정리 2.1.2 집합 A에 대해서 다음이 성립한다.

$$A\cup A^c=X, \qquad A\cap A^c=\varnothing$$

정리 2.1.3 (De Morgan의 법칙) 집합 A, B에 대해서 다음이 성립한다.

$$(A\cup B)^c=A^c\cap B^c, \quad (A\cap B)^c=A^c\cup B^c$$

증명 $x\in(A\cup B)^c \Longleftrightarrow x\not\in A\cup B$

$\Longleftrightarrow x\not\in A$이고 $x\not\in B$

$\Longleftrightarrow x\in A^c$이고 $x\in B^c$

$\Longleftrightarrow x\in A^c\cap B^c$

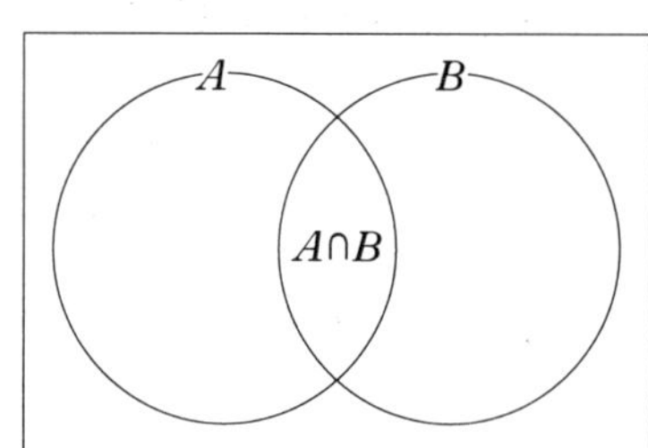

따라서 $(A\cup B)^c=A^c\cap B^c$이다. 한편,

$$x\in(A\cap B)^c \Longleftrightarrow x\not\in A\cap B \Longleftrightarrow x\not\in A \text{ 또는 } x\not\in B$$

$$\Longleftrightarrow x\in A^c \text{ 또는 } x\in B^c \Longleftrightarrow x\in A^c\cup B^c$$

따라서 $(A\cap B)^c=A^c\cup B^c$이다. ■

예제 2.1 집합 A, B에 다음을 증명하여라.

$A\cup B = A\cap B \Longleftrightarrow A = B$

풀이 $A\subset A\cup B$이고 $A\cup B = A\cap B$이므로 $A\subset A\cap B$이고 $A\subset B$이다. 또한 $A\cap B\subset A$이고 $A\cap B = A\cup B$이므로 $A\cup B\subset A$이고 $B\subset A$이다. 따라서 $A = B$이다.

역으로, $A = B$이라고 하자. 그러면 $A\cup B = B\cup B = B$이고 $A\cap B = B\cap B = B$이므로 $A\cup B = A\cap B$이다. ■

예제 2.2 집합 A, B에 대해서 다음을 증명하여라.

(1) $(A^c)^c=A$

(2) $A\subset B \Longleftrightarrow B^c\subset A^c$

풀이 (1) $x\in(A^c)^c \Longleftrightarrow x\not\in A^c \Longleftrightarrow x\in A$

(2) $A\subset B \Longleftrightarrow [x\in A\Rightarrow x\in B] \Longleftrightarrow [x\not\in B\Rightarrow x\not\in A]$

$\Longleftrightarrow [x\in B^c\Rightarrow x\in A^c] \Longleftrightarrow B^c\subset A^c$ ■

예제 2.3 집합 A, B, C에 대해서 다음을 증명하여라.

(1) $A-(B\cup C)=(A-B)\cap(A-C)$

(2) $A-(B\cap C)=(A-B)\cup(A-C)$

풀이 (1) $A-(B\cup C)=A\cap(B\cup C)^c=A\cap(B^c\cap C^c)$

$=(A\cap B^c)\cap(A\cap C^c)=(A-B)\cap(A-C)$

(2) $A-(B\cap C)=A\cap(B\cap C)^c=A\cap(B^c\cup C^c)$

$=(A\cap B^c)\cup(A\cap C^c)=(A-B)\cup(A-C)$ ■

예제 2.4 집합 A, B, C에 대해서 다음을 증명하여라.

(1) $A-(A\cap B)=(A\cup B)-B=A-B$

(2) $(A-B)-C=A-(B\cup C)$

(3) $(A\cup B)-C=(A-C)\cup(B-C)$

풀이 (1) $A-(A\cap B)=A\cap(A\cap B)^c=A\cap(A^c\cup B^c)$

$=(A\cap A^c)\cup(A\cap B^c)=A\cap B^c$

$=A-B$

한편, $(A\cup B)-B=(A\cup B)\cap B^c=(A\cap B^c)\cup(B\cap B^c)$

$=A\cap B^c=A-B$

그러므로 $A-(A\cap B)=(A\cup B)-B=A-B$이다.

(2) $(A-B)-C=(A\cap B^c)\cap C^c=A\cap(B^c\cap C^c)$

$=A\cap(B\cup C)^c=A-(B\cup C)$

(3) $(A\cup B)-C=(A\cup B)\cap C^c=(A\cap C^c)\cup(B\cap C^c)$

$=(A-C)\cup(B-C)$ ■

예제 2.5 집합 A_1, A_2, A_3에 대해서 $A_1=A$, $A_2=B-A$, $A_3=C-(A\cup B)$일 때, 다음을 증명하여라.

(1) $A_1\cup A_2\cup A_3=A\cup B\cup C$

(2) A_1, A_2, A_3는 서로 소이다.

풀이 (1) $A_1\cup A_2\cup A_3=A\cup(B-A)\cup(C-(A\cup B))$

$=A\cup(B\cap A^c)\cup(C\cap(A\cup B)^c)$

$=((A\cup B)\cap(A\cup A^c))\cup(C\cap(A\cup B)^c)$

$$= (A\cup B)\cup(C\cap(A\cup B)^c)$$
$$= ((A\cup B)\cup C))\cap((A\cup B)\cup(A\cup B)^c)$$
$$= A\cup B\cup C$$

(2) $A_1\cap A_2 = A\cap(B-A) = A\cap(B\cap A^c) = A\cap(A^c\cap B)$
$= (A\cap A^c)\cap B = \varnothing\cap B = \varnothing$

$A_2\cap A_3 = (B-A)\cap(C-(A\cup B)) = (B\cap A^c)\cap(C\cap(A\cup B)^c)$
$= (B\cap A^c)\cap(C\cap A^c\cap B^c) = (B\cap B^c)\cap(A^c\cap C) = \varnothing$

$A_1\cap A_3 = A\cap(C-(A\cup B)) = A\cap(C\cap(A\cup B)^c) = A\cap C\cap A^c\cap B^c = \varnothing$

따라서 A_1, A_2, A_3는 서로 소이다. ■

예제 2.6 $\mathbb{R}$상에서 정의된 함수 f, g와 모든 $x\in\mathbb{R}$에 대해서

$$(f\vee g)(x) = \max\{f(x),\ g(x)\}$$

로 정의할 때, a, $b\in\mathbb{R}$에 대하여 다음을 증명하여라.

(1) $\{x : (f\vee g)(x)>a\}=\{x : f(x)>a\}\cup\{x : g(x)>a\}$,

(2) $\{x : (f\vee g)(x)<b\}=\{x : f(x)<b\}\cap\{x : g(x)<b\}$

여기서, $\max\{a, b\}$는 a, b 중 큰 수를 나타낸다.

풀이 (1) $y\in\{x : (f\vee g)(x)>a\} \Longleftrightarrow (f\vee g)(y) > a$
$\Longleftrightarrow \max\{f(y),\ g(y)\}>a$
$\Longleftrightarrow f(y)>a$ 또는 $g(y)>a$
$\Longleftrightarrow y\in\{x : f(x)>a\}\cup\{x : g(x)>a\}$

(2) $y\in\{x : (f\vee g)(x)<b\} \Longleftrightarrow (f\vee g)(y)<b$
$\Longleftrightarrow \max\{f(y),\ g(y)\}<b$
$\Longleftrightarrow f(y)<b$ 또는 $g(y)<b$
$\Longleftrightarrow y\in\{x : f(x)<b\}\cap\{x : g(x)<b\}$ ■

예제 2.7 $\{x : x^2-5x+6=0\}\subset\{x : x^3-5x^2+6x=0\}$임을 증명하여라.

풀이 $y\in\{x : x^2-5x+6=0\} \Longleftrightarrow y^2-5y+6=0$
$\Longleftrightarrow (y-2)(y-3)=0$
$\Longleftrightarrow y=2$ 또는 $y=3$

$$\Longleftrightarrow y \in \{2,\ 3\}$$

즉, $\{x : x^2-5x+6=0\}=\{2,\ 3\}$이다. 또한, $\{x : x^3-5x^2+6x=0\}=\{0,\ 2,\ 3\}$이다. 따라서 $\{x : x^2-5x+6=0\} \subset \{x : x^3-5x^2+6x=0\}$이다. ■

예제 2.8 집합 A, B, C, D에 대해서 다음을 증명하여라.

(1) $(A \cup B) \cap (C \cup D) = (A \cap C) \cup (A \cap D) \cup (B \cap C) \cup (B \cap D)$

(2) $(A-(B-C)) \cap (A-(C-B)) = (A-(B \cup C)) \cup (A \cap B \cap C)$

풀이 (1) $(A \cup B) \cap (C \cup D) = ((A \cup B) \cap C) \cup ((A \cup B) \cap D)$

$$= (A \cap C) \cup (B \cap C) \cup (A \cap D) \cup (B \cap D)$$

(2) $(A-(B-C)) \cap (A-(C-B))$

$$= ((A-B) \cup (A \cap C)) \cap ((A-C) \cup (A \cap B))$$

$$= ((A-B) \cap (A-C)) \cup ((A-B) \cap (A \cap B))$$

$$\cup ((A \cap C) \cap (A-C)) \cup ((A \cap C) \cap (A \cap B))$$

$$= (A-(B \cup C)) \cup \varnothing \cup \varnothing \cup (A \cap B \cap C)$$

$$= (A-(B \cup C)) \cup (A \cap B \cap C)$$ ■

연습문제 2.1

1. 집합 A, B에 대해서 다음을 증명하여라.

   (1) $A \cup B = \varnothing$이면 $A=\varnothing$이고 $B=\varnothing$이다.

   (2) $A \cap B = \varnothing$이면 $A \cup B^c = B^c$이다.

2. 집합 A, B, C에 대해서 다음을 증명하여라.

   (1) $A \subset C$, $B \subset C$이면 $A \cup B \subset C$이다.

   (2) $A \subset B$, $A \subset C$이면 $A \subset B \cap C$이다.

   (3) $A \subset B$이면 $A \cup (B-A) = B$이다.

3. 집합 A, B, C에 대해서 $A \cap (B-C) = (A \cap B)-(A \cap C)$임을 증명하고,

$$A \cup (B-C) \neq (A \cup B)-(A \cup C)$$

인 예를 들어라.

※ 집합 A, B에 대해서 $A \triangle B = (A-B) \cup (B-A)$로 정의할 때, 다음의 문제 4, 5를 증명하여라.

4. (1) $A \triangle \varnothing = A$, $A \triangle A = \varnothing$, $A \triangle B = B \triangle A$
   (2) $A \triangle (B \triangle C) = (A \triangle B) \triangle C$

5. $A \cap (B \triangle C) = (A \cap B) \triangle (A \cap C)$

6. 집합 A, B에 대해서 다음을 증명하여라.
   (1) $A \cap (A \cup B) = A$
   (2) $(A-B) \cup B = A \Longleftrightarrow A \supset B$

7. 집합 A, B, C에 대해서 다음을 증명하여라.
   (1) $(A \cup C) \cap (B \cap C^c) \subset A \cap B$
   (2) $(A \cap C) \cup (B \cap C^c) \supset A \cap B$

8. 집합 A, B가 X의 부분집합일 때, 다음을 증명하여라.

$$A \cap B = \varnothing \Longleftrightarrow A \subset X - B \Longleftrightarrow B \subset X - A$$

9. 집합 A에 대해서

$$A \cap X = A \cap Y, \quad A \cup X = A \cup Y$$

   이 성립하면, $X = Y$임을 증명하여라.

2.2 사상의 집합족

〈정의 2.2.1〉

두 집합 X, Y가 주어지고 X의 각 원소 x에 Y의 원소 y가 일의적으로 대응될 때, 이 대응관계를 X에서 Y에로의 사상(mapping) 또는 함수(function)라 하고,

$f: X \to Y$로서 나타낸다. X를 f의 정의역(domain), Y를 f의 공역(codomain)이라 하고 $f(X)$를 f의 치역(range)이라 한다.

〈정의 2.2.2〉

f가 X에서 Y에로의 사상이고 $A \subset X$, $B \subset Y$일 때,

(1) $f(A) = \{f(x) : x \in A\}$를 집합 A의 사상 f에 의한 상(image)이라 한다.

(2) $f^{-1}(B) = \{x : f(x) \in B\}$를 사상 f에 의한 집합 B의 역상(inverse image) 또는 원상(preimage)이라 한다.

〈정의 2.2.3〉

$f, g : X \to Y$를 두 사상이라 하자. 모든 원소 $x \in X$에 대해서 $f(x) = g(x)$일 때, f와 g는 상등(equal)이라 하고, $f = g$로서 나타낸다.

정리 2.2.1 $f: X \to Y$가 사상이고, $A_1, A_2 \subset X$, $B_1, B_2 \subset Y$일 때, 다음이 성립한다.

(1) $A_1 \subset A_2 \Rightarrow f(A_1) \subset f(A_2)$, $\quad B_1 \subset B_2 \Rightarrow f^{-1}(B_1) \subset f^{-1}(B_2)$

(2) $f(A_1 \cup A_2) = f(A_1) \cup f(A_2)$, $\quad f^{-1}(B_1 \cup B_2) = f^{-1}(B_1) \cup f^{-1}(B_2)$

(3) $f(A_1 \cap A_2) \subset f(A_1) \cap f(A_2)$, $\quad f^{-1}(B_1 \cap B_2) = f^{-1}(B_1) \cap f^{-1}(B_2)$

(4) $A_1 \subset f^{-1}(f(A_1))$, $\quad f(f^{-1}(B_1)) \subset B_1$

증명 (1) $A_1 \subset A_2$이라고 하자. $y \in f(A_1)$이면, $y = f(x)$인 $x \in A_1$가 존재한다. 가정으로부터, $x \in A_2$이므로 $y = f(x) \in f(A_2)$이다. 따라서 $f(A_1) \subset f(A_2)$이다.
다음, $B_1 \subset B_2$이면, 역상의 정의에 의해 다음이 성립한다.

$$f^{-1}(B_1) = \{x : f(x) \in B_1\} \subset \{x : f(x) \in B_2\} = f^{-1}(B_2)$$

(2) 먼저, $f(A_1 \cup A_2) \subset f(A_1) \cup f(A_2)$을 증명하자. $y \in f(A_1 \cup A_2)$이면 $y = f(x)$인 $x \in A_1 \cup A_2$가 존재한다. 여기서, $x \in A_1$ 또는 $x \in A_2$이므로 $y \in f(A_1)$ 또는

$y \in f(A_2)$이다. 따라서, $y \in f(A_1) \cup f(A_2)$이므로 $f(A_1 \cup A_2) \subset f(A_1) \cup f(A_2)$이다.

다음, 역 포함관계를 증명하자. A_1, $A_2 \subset A_1 \cup A_2$이므로, (1)로부터 $f(A_1)$, $f(A_2) \subset f(A_1 \cup A_2)$이다. 따라서 연습문제 2.1의 문제 2에 의해 $f(A_1) \cup f(A_2) \subset f(A_1 \cup A_2)$이다.

두 번째 식을 증명하자.

$$\begin{aligned} x \in f^{-1}(B_1 \cup B_2) &\Longleftrightarrow f(x) \in B_1 \cup B_2 \\ &\Longleftrightarrow f(x) \in B_1 \text{ 또는 } f(x) \in B_2 \\ &\Longleftrightarrow x \in f^{-1}(B_1) \text{ 또는 } x \in f^{-1}(B_2) \\ &\Longleftrightarrow x \in f^{-1}(B_1) \cup f^{-1}(B_2) \end{aligned}$$

(3) $A_1 \cap A_2 \subset A_1$, A_2이므로 $f(A_1 \cap A_2) \subset f(A_1)$, $f(A_2)$이다. 따라서 $f(A_1 \cap A_2) \subset f(A_1) \cap f(A_2)$이다.

다음, 두 번째 식을 증명하자.

$$\begin{aligned} x \in f^{-1}(B_1 \cap B_2) &\Longleftrightarrow f(x) \in B_1 \cap B_2 \\ &\Longleftrightarrow f(x) \in B_1 \text{ 이고 } f(x) \in B_2 \\ &\Longleftrightarrow x \in f^{-1}(B_1) \text{ 이고 } x \in f^{-1}(B_2) \\ &\Longleftrightarrow x \in f^{-1}(B_1) \cap f^{-1}(B_2) \end{aligned}$$

(4) $x \in A_1$이면 $f(x) \in f(A_1)$이므로 $x \in f^{-1}(f(A_1))$이다.

$$\begin{aligned} y \in f(f^{-1}(B_1)) &\Rightarrow y = f(x) \text{인 } x\text{가 } f^{-1}(B_1)\text{에 존재한다.} \\ &\Rightarrow y = f(x) \text{인 } f(x) \in B_1\text{가 존재한다.} \\ &\Rightarrow y \in B_1 \end{aligned}$$

■

〈정의 2.2.4〉

$f: X \to Y$는 X에서 Y에로의 사상이라 하자.

(1) $f(X) = Y$을 만족할 때, f를 X에서 Y위로의(onto) 사상 또는 전사(surjection)라고 한다.

(2) $x_1 \neq x_2$ (x_1, $x_2 \in X$)이면 $f(x_1) \neq f(x_2)$가 성립할 때, f를 일대일(one-to-one) 또는 단사(injection)라고 한다.

(3) f가 X에서 Y위로의 일대일 사상(또는 전사이고 단사)일 때, 전단사(bijection) 또는 일대일 대응(one to one correspondence)이라 한다.

[주] (1) 정리 2.2.1 (4)에서 $A_1 = f^{-1}(f(A_1))$이기 위한 필요충분조건은 f가 일대일 사상인 것이다(예제 2.13 참고).

(2) 정리 2.2.1 (4)에서 $f(f^{-1}(B_1)) = B_1$이기 위한 필요충분조건은 f가 위로의 사상인 것이다(연습문제 2.2 문제 1을 참고).

(3) 정리 2.2.1 (3)에서 $f(A_1 \cap A_2) = f(A_1) \cap f(A_2)$는 일반적으로 성립하지 않는다. 예를 들면, $X = \{a, b\}$, $Y = \{c, d, e\}$, $A_1 = \{a\}$, $A_2 = \{b\}$라고 하고 사상 $f : X \to Y$가 $f(a) = f(b) = c$로 정의되어 있다고 하자. 그러면 $f(A_1 \cap A_2) = f(\varnothing) = \varnothing$이고, $f(A_1) \cap f(A_2) = \{c\}$이므로 $f(A_1 \cap A_2) = \varnothing \subsetneq \{c\} = f(A_1) \cap f(A_2)$이다. 그러므로 등호는 일반적으로 성립하지 않는다. 그러나 f가 일대일이면 등호가 성립한다(정의 2.2.4 (2)와 예제 2.12 참고).

〈정의 2.2.5〉

(1) 모든 원소 $x \in X$에 대해서 $I(x) = x$인 사상 $I : X \to X$를 항등사상(identity mapping)이라 한다.

(2) X의 모든 원소 x가 Y의 일정한 원소 y에 대응하는 $f(x) = y$인 f를 상수사상(constant mapping)이라 한다.

〈정의 2.2.6〉

두 사상 f와 g에 대해서 f의 정의역이 g의 정의역 D를 품고, 임의의 원소 $x \in D$에 대해서 $f(x) = g(x)$일 때 f를 g의 확대(extension)라 하고, g를 f의 D위로의 제한(restriction)이라 하며, $g = f|_D$로 표시한다.

〈정의 2.2.7〉

X에서 Y에로의 사상 f와 Y에서 Z에로의 사상 g가 주어졌을때,

$$(g \circ f)(x) = g(f(x))$$

로 정의되는 사상 $g \circ f : X \to Z$을 f와 g의 **합성**(composition)이라 한다.

정리 2.2.2 사상 $f : X \to Y$, $g : Y \to Z$, $h : Z \to W$에 대해 다음이 성립한다.

$$(h \circ g) \circ f = h \circ (g \circ f) \qquad \text{(결합법칙)}$$

증명 합성사상의 정의로부터, 모든 원소 $x \in X$에 대해서

$$((h \circ g) \circ f)(x) = (h \circ g)(f(x)) = h(g(f(x)))$$

이고 마찬가지로, 모든 원소 $x \in X$에 대해서

$$((h \circ (g \circ f))(x) = h((g \circ f)(x)) = h(g(f(x)))$$

이다. 따라서, 정의 2.2.3에 의해 $(h \circ g) \circ f = h \circ (g \circ f)$이다. ■

〈정의 2.2.8〉

f가 X에서 Y위로의 일대일 사상일 때, $y = f(x)$에 의해 Y에서 X위로의 일대일 사상이 존재한다. 따라서 $x = f^{-1}(y)$로 정의된 사상 $f^{-1} : Y \to X$를 $y = f(x)$의 **역사상**(inverse mapping)이라 한다.

〈정의 2.2.9〉

집합 X의 모든 부분집합 전체를 X의 **멱집합**(power set)이라 하고, 2^X 또는 $\wp(X)$로 나타낸다. 즉, $2^X = \{A : A \subset X\}$이다.

[주] 집합을 원소로 하는 집합, 즉, 집합들의 집합을 **집합족**(family)이라 한다.

예제 2.9 사상 $f : \mathbb{R} \to \mathbb{R}$를 $f(x) = x^2$로 정의할 때, 다음을 구하여라.

(1) $f(\{x : 1 \leq x < 3\})$ (2) $f([-2, 2])$

(3) $f^{-1}(\{25\})$ (4) $f^{-1}(\{-9\})$

풀이 (1) $f(\{x : 1 \leq x < 3\}) = \{f(x) : 1 \leq f(x) < 9\} = [1, 9)$

(2) $f([-2,\ 2])=\{f(x) : 0 \le f(x) \le 4\}=[0,\ 4]$

(3) $f(5)=25$, $f(-5)=25$이므로 $f^{-1}(\{25\})=\{-5,\ 5\}$이다.

(4) 어떤 실수의 제곱도 -9는 아니므로 $f^{-1}(\{-9\})=\varnothing$이다. ■

예제 2.10 f와 g를 X에서 X위로의 일대일 사상이라 하자. 이때 f와 g의 합성 $g \circ f$도 X에서 X위로의 일대일 사상이고, $(g \circ f)^{-1}=f^{-1} \circ g^{-1}$임을 증명하여라.

풀이 $f(X) = X$이고 $g(X) = X$이므로 $(g \circ f)(X)=g(f(X))=g(X)=X$이다. 그러므로 $g \circ f$는 위로의 사상이다.
다음, 일대일임을 밝히자. $x_1 \neq x_2$라 하면 f가 일대일이므로 $f(x_1) \neq f(x_2)$이고, g도 일대일이므로 $g(f(x_1)) \neq g(f(x_2))$이다. 따라서 $(g \circ f)(x_1) \neq (g \circ f)(x_2)$이므로 $g \circ f$는 일대일이다.
마지막으로, $(g \circ f)^{-1}=f^{-1} \circ g^{-1}$임을 증명하면 된다. 원소 $z \in X$라 하면 $g(y)=z$인 원소 $y \in X$가 단 하나 존재하므로 $g^{-1}(z)=y$이고, $f(x)=y$인 원소 $x \in X$도 단 하나 존재하므로 $f^{-1}(y)=x$이다. 따라서 $(g \circ f)(x)=g(f(x))=g(y)=z$이므로

$$(f^{-1} \circ g^{-1})(z)=f^{-1}(g^{-1}(z))=f^{-1}(y)=x=(g \circ f)^{-1}(z)$$

그러므로 $f^{-1} \circ g^{-1}=(g \circ f)^{-1}$이다. ■

예제 2.11 사상 f를 X에서 Y에로의 일대일이라 하자. 이때 임의의 집합 $A,\ B \subset X$에 대해서 $f(A \cap B)=f(A) \cap f(B)$가 성립함을 증명하여라.

풀이 정리 2.2.1 (3)에 의해서 $f(A \cap B) \subset f(A) \cap f(B)$이다. 한편, $y \in f(A) \cap f(B)$이라 하면 $y \in f(A)$이고 $y \in f(B)$이다. 따라서 $x_1 \in$A, $x_2 \in B$가 존재해서 $y=f(x_1), y=f(x_2)$을 만족한다. 사상 $f : X \to X$가 일대일이고, $y=f(x_1)=f(x_2)$이므로 $x_1=x_2$이다. 따라서 $x_1 = x_2 \in A \cap B$이므로 $y=f(x_1)=f(x_2) \in f(A \cap B)$이다. 즉, $f(A) \cap f(B) \subset f(A \cap B)$이다. 그러므로 $f(A \cap B)=f(A) \cap f(B)$이다. ■

[주] 예제 2.11의 역도 성립한다. 만약 $x_1 \neq x_2$이면, $\{x_1\} \cap \{x_2\}=\varnothing$이므로

$$f(\{x_1\} \cap \{x_2\})=\varnothing$$

이다. 가정에 의해 $f(\{x_1\} \cap \{x_2\})=f(\{x_1\}) \cap f(\{x_2\})=\varnothing$이므로 $f(x_1) \neq f(x_2)$이다.

예제 2.12 f를 X에서 Y에로의 사상이라 하자. 이때 X의 임의의 부분집합 A에 대하여, $f^{-1}(f(A))=A$가 성립하기 위한 필요충분조건은 f가 일대일임을 증명하여라.

풀이 정리 2.2.1 (4)로부터 $A \subset f^{-1}(f(A))$이다. f가 일대일이라 하자. $x \in f^{-1}(f(A))$이면 $f(x) \in f(A)$이다. 따라서 $f(x)=f(x')$인 $x' \in A$가 존재한다. 그런데 f가 일대일이므로 $x=x'$이고 $x \in A$이다. $f^{-1}(f(A)) \subset A$이므로, $A=f^{-1}(f(A))$이다.
역으로, $f(x_1)=f(x_2)$이라 하자.

$$\{x_1\}=f^{-1}(f(\{x_1\}))=f^{-1}(f(\{x_2\}))=\{x_2\}$$

이므로 $x_1=x_2$이다. ■

연습문제 2.2

1. f를 X에서 Y에로의 사상이라 하자. $A \subset X$, $B \subset Y$에 대해서 다음을 증명하여라. (결과적으로, $f(X) \supset B$이면 $f(f^{-1}(B))=B$이다).

$$f(A \cap f^{-1}(B))=f(A) \cap B$$

2. f가 X에서 Y에로의 사상이라 하자. A_1, $A_2 \subset X$이고 B_1, $B_2 \subset Y$일 때 다음을 증명하여라.
   (1) $f(A_1)-f(A_2) \subset f(A_1-A_2)$
   (2) $f^{-1}(B_2^c)=[f^{-1}(B_2)]^c$
   (3) $f^{-1}(B_1-B_2)=f^{-1}(B_1)-f^{-1}(B_2)$

3. m개의 원소를 갖는 집합 X에서 n개의 원소를 갖는 집합 Y에로의 사상은 모두 몇 개인가?

4. X를 유한집합이라 하고, f를 X에서 X에로의 사상이라 하자. 이때

$$f: \text{전사} \Longleftrightarrow f: \text{일대일}$$

임을 증명하여라. 또 X가 무한집합일 때는 위의 명제가 성립하지 않는다. 그 예를 들어라.

5. f를 A에서 B에로의 사상, g를 B에서 C에로의 사상, h를 C에서 D에로의 사상이라 하자. 이때 두 합성사상 $g \circ f$와 $h \circ g$가 각각 A에서 C위로의, B에서 D로의 일대일 사상이면 g는 B에서 C로의 전단사임을 증명하여라.

6. $\mathbb{R}$에서 $\mathbb{R}$에로의 사상 f_1, f_2, f_3를 $f_1(x)=x^2$, $f_2(x)=e^x$, $f_3(x)=\sin x$로 정의할 때, 각각의 치역을 구하여라. 또 각 사상에 대한 집합 $\{0\}$의 역상을 구하여라.

7. 사상 f가 X에서 Y에로의 일대일이라 하면, $\wp(X)$에서 $\wp(Y)$에로의 사상 f도 일대일임을 증명하여라.

2.3 집합족의 직적

M을 집합이라 하자. 각 원소 $\mu \in M$에 집합 A_μ를 하나씩 대응할 때, 이들 A_μ들의 집합족(family)를 M에 의해서 부여된 집합들의 **첨자집합족**(indexed family of sets)이라 하고 $\{A_\mu : \mu \in M\}$로 나타낸다. 여기서 M을 **첨자집합**(indexed set)이라 한다.

<정의 2.3.1>

전체집합을 X라 하고, 그 부분집합들의 족(family)을 $\{A_\mu : \mu \in M\}$라 하자.

(1) $$\bigcup_{\mu \in M} A_\mu = \{x : x\text{는 적당한 } A_\mu(\mu \in M)\text{에 속한다}\}$$

를 $\{A_\mu : \mu \in M\}$의 **합집합**(union)이라 한다.

(2) $$\bigcap_{\mu \in M} A_\mu = \{x : x\text{는 모든 } A_\mu(\mu \in M)\text{에 속한다}\}$$

를 $\{A_\mu : \mu \in M\}$의 **교집합**(intersection)이라 한다.

[주] $M=\varnothing$일 때 $\bigcup_{\mu\in M} A_\mu=\varnothing$이고 $\bigcap_{\mu\in M} A_\mu=X$이다.

> **정리 2.3.1** 집합족 $\{A_\mu : \mu\in M\}$에 대해서 다음이 성립한다.
>
> (1) $(\bigcup_\mu A_\mu)\cup B=\bigcup_\mu(A_\mu\cup B)$, $(\bigcap_\mu A_\mu)\cap B=\bigcap_\mu(A_\mu\cap B)$
>
> (2) $(\bigcup_\mu A_\mu)\cap B=\bigcup_\mu(A_\mu\cap B)$, $(\bigcap_\mu A_\mu)\cup B=\bigcap_\mu(A_\mu\cup B)$
>
> (3) $(\bigcup_\mu A_\mu)^c=\bigcap_\mu A_\mu^c$, $(\bigcap_\mu A_\mu)^c=\bigcup_\mu A_\mu^c$

증명 (1) $x\in(\bigcup_\mu A_\mu)\cup B \Longleftrightarrow x\in\bigcup_\mu A_\mu$ 또는 $x\in B$

$\Longleftrightarrow x$는 적당한 A_μ에 속하거나 B에 속한다.

$\Longleftrightarrow x$는 적당한 $A_\mu\cup B$에 속한다.

$\Longleftrightarrow x\in\bigcup_\mu(A_\mu\cup B)$

$x\in(\bigcap_\mu A_\mu)\cap B \Longleftrightarrow x\in\bigcap_\mu A_\mu$이고 $x\in B$

$\Longleftrightarrow x$는 모든 A_μ에 속하고 B에 속한다

$\Longleftrightarrow x$는 모든 $A_\mu\cap B$에 속한다

$\Longleftrightarrow x\in\bigcap_\mu(A_\mu\cap B)$

(2) $x\in(\bigcup_\mu A_\mu)\cap B \Longleftrightarrow x\in\bigcup_\mu A_\mu$이고 $x\in B$

$\Longleftrightarrow x$는 적당한 A_μ에 속하고 B에 속한다

$\Longleftrightarrow x$는 적당한 $A_\mu\cap B$에 속한다

$\Longleftrightarrow x\in\bigcup_\mu(A_\mu\cap B)$

$x\in(\bigcap_\mu A_\mu)\cup B \Longleftrightarrow x\in\bigcap_\mu A_\mu$ 또는 $x\in B$

$\Longleftrightarrow x$는 모든 A_μ에 속하거나 B에 속한다

$\Longleftrightarrow x$는 모든 $A_\mu\cup B$에 속한다

$\Longleftrightarrow x\in\bigcap_\mu(A_\mu\cup B)$

(3) $x\in(\bigcup_\mu A_\mu)^c \Longleftrightarrow x\notin\bigcup_\mu A_\mu$

$$\Longleftrightarrow x\text{는 어떤 } A_\mu\text{에 속하지 않는다}$$
$$\Longleftrightarrow x\text{는 모든 } A_\mu^c\text{에 속한다}$$
$$\Longleftrightarrow x \in \bigcap_\mu A_\mu^c$$

$$x \in \left(\bigcap_\mu A_\mu\right)^c \Longleftrightarrow x \notin \bigcap_\mu A_\mu$$
$$\Longleftrightarrow x\text{는 적당한 } A_\mu\text{에 속하지 않는다}$$
$$\Longleftrightarrow x\text{는 적당한 } A_\mu^c\text{에 속한다}$$
$$\Longleftrightarrow x \in \bigcup_\mu A_\mu^c$$
■

예제 2.13 A를 임의의 집합이라 하자. 각 원소 $x \in A$에 대해서 $x \in G_x \subset A$를 만족하는 A의 부분집합 G_x가 존재하면 $A = \cup\{G_x : x \in A\}$임을 증명하여라.

풀이 각 원소 $x \in A$에 대해 G_x가 A의 부분집합이므로 $\cup\{G_x : x \in A\} \subset A$이다. 한편, 각 $x \in A$에 대해 $x \in G_x$이므로

$$A = \bigcup_{x \in A} \{x\} \subset \cup\{G_x : x \in A\}$$

그러므로 $A = \cup\{G_x : x \in A\}$이다. ■

예제 2.14 집합족 $\{A_n : n \in \mathbb{N}\}$에 대하여

$$\overline{\lim_{n\to\infty}} A_n = \bigcap_{n=1}^{\infty} \bigcup_{k=n}^{\infty} A_k, \quad \underline{\lim_{n\to\infty}} A_n = \bigcup_{n=1}^{\infty} \bigcap_{k=n}^{\infty} A_k$$

라 할 때, 다음 식이 성립함을 증명하여라.

(1) $\underline{\lim_{n\to\infty}} A_n \subset \overline{\lim_{n\to\infty}} A_n$

(2) $A_1 \supset A_2 \supset \cdots$일 때 $\underline{\lim_{n\to\infty}} A_n = \overline{\lim_{n\to\infty}} A_n = \bigcap_{n=1}^{\infty} A_n$이다.

풀이 (1) $x \in \bigcup_{n=1}^{\infty} \bigcap_{k=n}^{\infty} A_k = \underline{\lim_{n\to\infty}} A_n$이라 하면, 적당한 자연수 $n_0 \in \mathbb{N}$에 대해서 $x \in \bigcap_{k=n_0}^{\infty} A_k$이다. 따라서 $n_0 \le k$인 모든 자연수 $k \in \mathbb{N}$에 대해서 $x \in A_k$이다. $n \in \mathbb{N}$을 임의의

자연수라 하면 $n \le k$로서 $n_0 \le k$인 자연수 $k \in \mathbb{N}$가 존재하므로 $x \in \bigcup_{k=n}^{\infty} A_k$이다. 그러므로 다음이 성립한다.

$$x \in \bigcap_{n=1}^{\infty} \bigcup_{k=n}^{\infty} A_k = \overline{\lim_{n \to \infty}} A_n$$

(2) $A = \bigcap_{n=1}^{\infty} A_n$이면 $A_1 \supset A_2 \supset \cdots$이므로, 임의의 자연수 $n \in \mathbb{N}$에 대해서 $\bigcap_{k=n}^{\infty} A_k = A$이다. 따라서

$$\underline{\lim_{n \to \infty}} A_n = \bigcup_{n=1}^{\infty} \bigcap_{k=n}^{\infty} A_k = \bigcup_{n=1}^{\infty} A = A$$

또, $\bigcup_{k=n}^{\infty} A_k = A_n$이므로 $\overline{\lim_{n \to \infty}} A_n = \bigcap_{n=1}^{\infty} \bigcup_{k=n}^{\infty} A_k = \bigcap_{n=1}^{\infty} A_n = A$이다. 그러므로

$$\underline{\lim_{n \to \infty}} A_n = \overline{\lim_{n \to \infty}} A_n = \bigcap_{n=1}^{\infty} A_n$$ ■

예제 2.15 집합족 $\{A_n : n \in \mathbb{N}\}$에 대하여, $\{A_n : n \in \mathbb{N}\}$의 합집합 $\bigcup_{n=1}^{\infty} A_n$는 서로 소인 집합 B_1, B_2, …의 합집합으로 나타내어짐을 증명하여라.

풀이 $B_1 = A_1$, $B_2 = A_2 - A_1$, $B_3 = A_3 - (A_1 \cup A_2)$, …, $B_n = A_n - \bigcup_{k=1}^{n-1} A_k$이라 하자. $m<n$인 자연수 $m, n \in \mathbb{N}$에 대하여

$$\begin{aligned} B_m \cap B_n &= \left(A_m - \bigcup_{k=1}^{m-1} A_k\right) \cap \left(A_n - \bigcup_{k=1}^{n-1} A_k\right) = \left(A_m \cap \left(\bigcup_{k=1}^{m-1} A_k\right)^c\right) \cap \left(A_n \cap \left(\bigcup_{k=1}^{n-1} A_k\right)^c\right) \\ &= \left(A_m \cap \left(\bigcap_{k=1}^{m-1} A_k^c\right)\right) \cap \left(A_n \cap \left(\bigcap_{k=1}^{n-1} A_k^c\right)\right) \subset (A_m \cap A_m^c) = \varnothing \end{aligned}$$

이므로, 집합 B_1, B_2, …는 서로 소이다. 또 임의의 자연수 $k \in \mathbb{N}$에 대하여 $\bigcup_{n=1}^{k} B_n = \bigcup_{n=1}^{k} A_n$임을 수학적귀납법을 써서 증명하자. $k=1$일 때, $B_1 = A_1$이 성립한다. 만약 $k=m-1$일 때, $\bigcup_{n=1}^{m-1} B_n = \bigcup_{n=1}^{m-1} A_n$이 성립한다고 가정하면

$$\bigcup_{n=1}^{m} B_n = \left(\bigcup_{n=1}^{m-1} B_n\right) \cup B_m = \left(\bigcup_{n=1}^{m-1} A_n\right) \cup \left(A_m - \bigcup_{n=1}^{m-1} A_n\right) = \left(\bigcup_{n=1}^{m-1} A_n\right) \cup \left(A_m \cap \left(\bigcup_{n=1}^{m-1} A_n\right)^c\right)$$

$$= \left(\left(\bigcup_{n=1}^{m-1} A_n\right) \cup A_m\right) \cap \left(\left(\bigcup_{n=1}^{m-1} A_n\right) \cup \left(\bigcup_{n=1}^{m-1} A_n\right)^c\right) = \left(\bigcup_{n=1}^{m} A_n\right) \cap X = \bigcup_{n=1}^{m} A_n$$

이므로 $k=m$일 때도 성립한다. 따라서 $\bigcup_{n=1}^{\infty} B_n = \bigcup_{n=1}^{\infty} A_n$이다. ■

> **정리 2.3.2** $f : X \to Y$가 사상이라 하자. X의 부분집합들의 족 $\{A_\mu : \mu \in M\}$이고, Y의 부분집합들의 족 $\{B_\mu : \mu \in M\}$이라 할 때, 다음이 성립한다.
>
> (1) $f(\bigcup_{\mu \in M} A_\mu) = \bigcup_{\mu \in M} f(A_\mu)$, $\quad f^{-1}(\bigcup_{\mu \in M} B_\mu) = \bigcup_{\mu \in M} f^{-1}(B_\mu)$
>
> (2) $f(\bigcap_{\mu \in M} A_\mu) \subset \bigcap_{\mu \in M} f(A_\mu)$, $\quad f^{-1}(\bigcap_{\mu \in M} B_\mu) = \bigcap_{\mu \in M} f^{-1}(B_\mu)$

[주] 정리 2.3.2의 증명은 정리 2.2.1의 증명방법을 참고

예제 2.16 f가 X에서 Y에로의 사상이고 $B, C \subset Y$이라 하면, 다음이 성립함을 증명하여라.

$$f^{-1}(B-C) = f^{-1}(B) - f^{-1}(C)$$

풀이 $x \in f^{-1}(B-C) \Longleftrightarrow f(x) \in B-C$

$\Longleftrightarrow f(x) \in B$이고 $f(x) \notin C$

$\Longleftrightarrow x \in f^{-1}(B)$이고 $x \notin f^{-1}(C)$

$\Longleftrightarrow x \in f^{-1}(B) - f^{-1}(C)$

그러므로 $f^{-1}(B-C) = f^{-1}(B) - f^{-1}(C)$이다. ■

[주] 공집합이 아닌 두 집합 X, Y에 대해서

$$X \times Y = \{(x, y) : x \in X, y \in Y\}$$

를 X와 Y의 직적(Cartesian product)이라 한다.

〈정의 2.3.2〉

(1) $\{X_\mu : \mu \in M\}$을 임의의 집합족이라 하고, 각 $\mu \in M$에 대해서 $X_\mu \neq \varnothing$이라 할 때,

$$\prod_{\mu \in M} X_\mu = \{(x_\mu \mid \mu \in M) : x_\mu \in X_\mu\}$$

을 $\{X_\mu : \mu \in M\}$의 직적(Cartesian product)이라 한다.

(2) 직적 $\prod X_\mu$의 한 원소를 $x = (x_\mu : \mu \in M)$이라 할 때, $P_\mu(x) = x_\mu$로 정의된 $\prod_{\mu \in M} X_\mu$에서 X_μ에로의 사상 P_μ를 μ좌표로의 사영(projection)이라 한다.

예제 2.17 $A \cap B = \varnothing$일 때 $(A \times C) \cap (B \times C) = \varnothing$임을 증명하여라.

풀이 $(A \times C) \cap (B \times C) \neq \varnothing$이라 하고 임의의 원소 $(x, y) \in (A \times C) \cap (B \times C)$라고 하자. 그러면 $(x, y) \in A \times C$이고 $(x, y) \in B \times C$이다. 따라서 $x \in A$이고 $x \in B$이므로 $A \cap B = \varnothing$에 모순된다. ■

예제 2.18 정리 2.2.1 (3) 또는 정리 2.3.2 (2)에서 등호 "="이 성립하지 않는 예를 들어라.

풀이 평면 $\mathbb{R}^2$의 부분집합

$$A = [1, 2] \times [1, 2], \quad B = [1, 2] \times [3, 4]$$

와 $\pi(A) = [1, 2]$, $\pi(B) = [1, 2]$인 사영 $\pi : \mathbb{R}^2 \to \mathbb{R}$를 생각하자. 그때 $A \cap B = \varnothing$이므로 $\pi(A \cap B) = \varnothing$이다. 따라서

$$\pi(A) \cap \pi(B) = [1, 2] \neq \varnothing = \pi(A \cap B)$$

이고, $A - B = A$이므로

$$\pi(A - B) = [1, 2] \neq \varnothing = \pi(A) - \pi(B)$$

도 성립한다. 그러므로, 등호 "="는 성립하지 않는다. ■

연습문제 2.3

1. 첨자집합 $M=\varnothing$일 때, $\bigcup_{\mu\in M} A_\mu = \varnothing$이고 $\bigcap_{\mu\in M} A_\mu = X$임을 보여라.

2. 집합 A, B, C, D에 대해서 다음을 증명하여라.
   (1) $A\times(B\cup C)=(A\times B)\cup(A\times C)$
   (2) $A\times(B\cap C)=(A\times B)\cap(A\times C)$
   (3) $(A\times B)\cap(C\times D)=(A\cap C)\times(B\cap D)$

3. 직적 $X\times X$에서 $\triangle=\{(x, x) : x\in X\}$이라 하자. X의 부분집합 A, B에 대하여 $A\times B\subset\triangle^c$이면, $A\cap B=\varnothing$임을 증명하여라.

4. 직적 $X\times Y$에서 $A\subset X$, $B\subset Y$일 때, 다음을 증명하여라.

$$(A\times B)^c=(A^c\times Y)\cup(X\times B^c)$$

5. 직적 $X\times Y$에서 A_1, $A_2\subset X$, B_1, $B_2\subset Y$일 때, 다음을 증명하여라.

$$(A_1\times B_1)-(A_2\times B_2)=((A_1-A_2)\times B_1)\cup(A_1\times(B_1-B_2))$$

6. 임의의 두 실수 a, $b\in\mathbb{R}$에 대해 $[a, b]=\{x\in\mathbb{R} : a\le x\le b\}$이고 $(a, b)=\{x\in\mathbb{R} : a<x<b\}$이라 할 때, 다음을 구하여라.
   (1) $\bigcup_{n\in\mathrm{N}}\left[\frac{1}{n}, 1\right]$
   (2) $\bigcup_{n\in\mathrm{N}}\left(\frac{1}{n}, 1\right)$
   (3) $\bigcap_{n\in\mathrm{N}}\left[0, \frac{1}{n}\right]$
   (4) $\bigcap_{n\in\mathrm{N}}\left(0, \frac{1}{n}\right)$

7. $i=1, 2, \cdots$에 대해서 f_i는 X의 부분집합 $D(f_i)$에서 Y에로의 사상이고, 각 i에 대하여 f_{i+1}은 f_i의 확대이다. 이때, $D=\bigcup_{i=1}^{\infty}D(f_i)$에서 Y에로의 사상 f를 $D(f_i)$에서는 f_i와 같은 값을 갖는 사상으로 정의하면, D의 원소 x에 대하여 $f(x)$는 일의적으로 정해짐을 증명하여라.

※ X의 두 부분집합족 $\{A_n\}_{n=1}^{\infty}$, $\{B_n\}_{n=1}^{\infty}$에 대하여, 다음 문제 8~11을 증명하여라.

8. $B \subset X$일 때, $B - \underline{\lim}_{n\to\infty} A_n = \overline{\lim}_{n\to\infty}(B - A_n)$이다.

9. $\left(\bigcup_{n=1}^{\infty} A_n\right) \cap \left(\bigcup_{m=1}^{\infty} B_m\right) = \bigcup_{n=1}^{\infty}\left(\bigcup_{m=1}^{\infty}(A_n \cap B_m)\right) = \bigcup_{m=1}^{\infty}\left(\bigcup_{n=1}^{\infty}(A_n \cap B_m)\right)$

10. $A_{2n} = A$, $A_{2n-1} = B\,(n=1, 2, \cdots)$일 때, 다음을 증명하여라.

$$\underline{\lim}_{n\to\infty} A_n = A \cap B, \quad \overline{\lim}_{n\to\infty} A_n = A \cup B$$

11. $\overline{\lim}_{n\to\infty} A_n^c = \left(\underline{\lim}_{n\to\infty} A_n\right)^c$임을 증명하여라.

2.4 관계 및 순서

〈정의 2.4.1〉

X에서의 이항관계 $\sim$가 다음의 세 법칙을 만족할 때, 관계 $\sim$를 집합 X에서의 동치관계(equivalence relation)라고 한다.

$x \sim x$ (반사법칙)

$x \sim y \;\Rightarrow\; y \sim x$ (대칭법칙)

$x \sim y,\ y \sim z \;\Rightarrow\; x \sim z$ (추이법칙)

그리고 동치관계 $\sim$에 대해 $x \sim y$일 때, x와 y는 동치(equivalence)라고 한다.

[주] 집합 X의 두 원소 x, y의 이항관계를 $x \sim y$로서 나타내고, 그 부정을 $x \nsim y$로 나타낸다.

예제 2.19 $\mathbb{R}$를 실수 전체집합, $\mathbb{Z}$를 정수 전체집합이라 하자. $\mathbb{R}$의 두 원소 x, y에 대하여 이항관계 $\sim$를

$$x \sim y \Longleftrightarrow x - y \in \mathbb{Z}$$

로 정의할 때, ~는 $\mathbb{R}$에서의 동치관계이다.

풀이 $x-x=0$이므로 $x \sim x$이다. $x \sim y$이면 $y-x=-(x-y) \in \mathbb{Z}$이므로 $y \sim x$이다. $x \sim y$, $y \sim z$이면 $x-z=(x-y)+(y-z) \in \mathbb{Z}$이다. 따라서, $x \sim z$이다. 그러므로 ~는 $\mathbb{R}$에서의 동치관계이다. ■

〈정의 2.4.2〉

집합 X에 동치관계 ~가 주어져 있을 때, X의 원소 a와 동치인 원소들의 전체 집합 C_a를 a의 동치류(equivalence class)라고 한다. 즉,

$$C_a = \{x \in X : x \sim a\}$$

정리 2.4.1 X의 원소로 이루어진 모든 동치류는 다음의 성질을 갖는다.

(1) $a \in C_a$

(2) $a \sim b \Longleftrightarrow C_a = C_b$

(3) $a \nsim b \Longleftrightarrow C_a \cap C_b = \varnothing$

증명 (1) $a \sim a$이므로 $a \in C_a$이다.

(2) $a \sim b$라 하자. $x \in C_a$이면 $x \sim a$이다. 따라서 $a \sim b$와 $x \sim a$로부터 $x \sim b$이다. 즉, $x \in C_b$이므로 $C_a \subset C_b$이다. $x \in C_b$인 경우에도 같은 방법으로 하면 $x \in C_a$이므로 $C_b \subset C_a$이다. 따라서 $C_a = C_b$이다.

역으로, $C_a = C_b$라 하자. $a \in C_a$이고 $C_a = C_b$로부터, $a \in C_b$이므로 $a \sim b$이다.

(3) 삼단논법 부정식을 사용하여 증명하자. $a \nsim b$이고 $C_a \cap C_b \neq \varnothing$라고 가정하자. $C_a \cap C_b \neq \varnothing$이므로 $x \in C_a \cap C_b$라 하면 $x \sim a$, $x \sim b$가 성립하므로 $a \sim b$이다. 이것은 가정에 모순이 된다. 따라서 $C_a \cap C_b = \varnothing$이다.

역으로, $C_a \cap C_b = \varnothing$라 하자. C_a와 C_b는 (1)에 의해서 각각 공집합이 아니므로 $C_a \neq C_b$이다. 따라서 (2)의 대우를 사용하면, $a \nsim b$를 얻는다. ■

〈정의 2.4.3〉

집합 X의 원소 사이에 동치관계 $\sim$가 주어져 있다고 하자. 동치류의 집합 $\{C_a : a \in X\}$에서 각 동치류는 서로 소이고 $X = \bigcup_{a \in X} C_a$일 때, 동치류의 집합족을 동치관계 $\sim$에 의한 X의 분할(partition)이라 한다.

예제 2.20 $\mathbb{Z}$를 정수 전체집합이라 하고, $\mathbb{Z}$의 두 원소 x, y에 대해서

$$x \sim y \Longleftrightarrow x - y = 5k \qquad (k \in \mathbb{Z})$$

로 정의할 때,

(1) $\sim$는 동치관계임을 보여라.

(2) $\sim$에 의한 $\mathbb{Z}$의 분할을 구하여라.

풀이 (1) $x \sim x$는 명백하다. $x \sim y$이면 적당한 정수 k가 존재해서 $x - y = 5k$이고 $y - x = 5(-k)$이므로 $y \sim x$이다. $x \sim y$이고 $y \sim z$이면, 적당한 정수 k, k'가 존재해서 $x - y = 5k$이고 $y - z = 5k'$이다. 그러므로 $x - z = 5(k + k')$이고 $x \sim z$이다.

(2) $C_0 = \{x : x \sim 0\}$이므로 $C_0 = \{x : x = 5k,\ k \in \mathbb{Z}\}$이고,
$C_1 = \{x : x \sim 1\} = \{x : x - 1 = 5k,\ k \in \mathbb{Z}\} = \{x : x = 5k + 1,\ k \in \mathbb{Z}\}$이다.
같은 방법으로, $C_2 = \{x : x = 5k + 2,\ k \in \mathbb{Z}\}$, $C_3 = \{x : x = 5k + 3,\ k \in \mathbb{Z}\}$, $C_4 = \{x : x = 5k + 4,\ k \in \mathbb{Z}\}$, $C_5 = \{x : x = 5k + 5,\ k \in \mathbb{Z}\}$, $\cdots$를 구할 수 있다. 여기서, $C_0 = C_5 = C_{10} = \cdots$, $C_1 = C_6 = \cdots$, $C_2 = C_7 = \cdots$, $C_3 = C_8 = \cdots$, $C_4 = C_9 = \cdots$이므로 동치관계 $\sim$에 의한 $\mathbb{Z}$의 분할은 $\{C_0, C_1, C_2, C_3, C_4\}$이다. ■

〈정의 2.4.4〉

집합 $X(\neq \varnothing)$의 원소들 사이에 다음의 세 조건을 만족하는 이항관계 $\leq$가 정의되어 있다고 하자.

$$x \leq x \qquad \text{(반사법칙)}$$

$$x \leq y,\ y \leq x \Rightarrow x = y \qquad \text{(반대칭법칙)}$$

$$x \leq y,\ y \leq z \Rightarrow x \leq z \qquad \text{(추이법칙)}$$

이러한 이항관계 $\leq$를 부분순서(partial order)라 하고, 부분순서 $\leq$를 갖고 있는

집합 X를 부분순서집합(partially ordered set) 또는 순서집합이라 한다.

〈정의 2.4.5〉

(1) 순서집합 X의 두 원소 x, y 사이에 $x \leq y$ 또는 $y \leq x$인 성질이 성립할 때, x와 y는 비교가능(comparable)하다고 한다.

(2) 순서집합 X의 부분집합을 A라 하자. 모든 $x \in A$에 대해서 $x \leq a$ $[x \geq a]$를 만족하는 A의 원소 a가 존재할 때, a를 A의 최대원소(greatest element) [최소원소(least element)]라 한다.

(3) 순서집합 X의 원소 a에 대하여 a보다 큰[작은] 원소가 없을 때, 즉, $a \leq b$ $[a \geq b]$이고 $a \neq b$인 원소 b가 없을 때, a를 극대원소(maximal element) [극소원소(minimal element)]로 정의한다.

〈정의 2.4.6〉

(1) 순서집합 X의 임의의 두 원소 x, y가 비교가능할 때, 즉, $x \leq y$ 또는 $y \leq x$가 성립할 때, 이 순서를 전순서(total order) 또는 선형순서(linear order)라 하고, X를 전순서집합(totally ordered set)이라 한다.

(2) 순서집합 X의 부분집합으로서 전순서로 되어 있는 것을 X의 연쇄(chain)라고 한다.

예제 2.21 집합 $X=\{1, 2, 3, 4, 5, 6\}$에 대해서 $m|n$을 「n이 m으로 나누어 떨어지는 것」으로 정의할 때, X는 순서집합임을 보이고, X의 극대원소와 극소원소를 구하여라.

풀이 모든 원소 $x \in X$에 대해 $x = x \times 1$이므로 $x|x$이다(반사법칙). 모든 원소 x, $y \in X$에 대해 $x|y$이고 $y|x$이면 $x = y \times n_1$이고 $y = x \times n_2$이므로 $x = x \times n_1 \times n_2$이다. 여기서 $n_1 \times n_2 = 1$이고 x와 y는 양수이므로 $n_1 = n_2 = 1$이 성립하여 $x = y$이다(비대칭법칙). 또한 모든 원소 x, y, $z \in X$에 대해 $x|y$이고 $y|z$라 하면 $x = y \times n_1$이고 $y = z \times n_2$이므로 $x = z \times n_1 \times n_2$가 성립하여 $x|z$이다(추이법칙). 따라서 「나누어 떨어지는 관계」

는 부분순서이므로 X는 순서집합이다. 4, 5, 6은 극대원소이고, 1은 극소원소(이 경우는 최소원소)이다. 이 순서관계에 의해 X의 수형도를 만들면 아래와 같다.

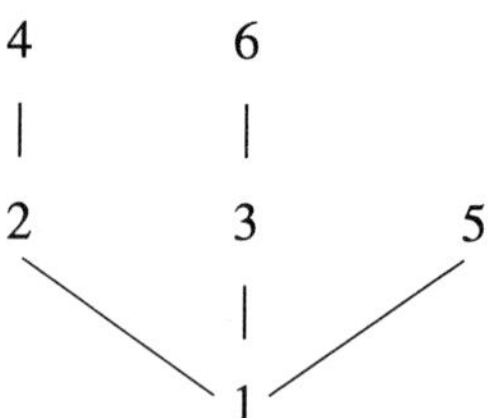

■

예제 2.22 집합 X의 부분집합족을 2^X라 하자. $A, B \in 2^X$에 대해서 「$A \leq B$를 집합의 포함관계의 의미인 $A \subset B$」으로 정의하면, $(2^X, \leq)$는 순서집합이다.

풀이 $A \subset A$이므로 $A \leq A$이다(반사법칙). $A \leq B$이고 $B \leq A$이면 $A \subset B$이고 $B \subset A$이므로 $A = B$이다(비대칭법칙). 마지막으로, $A \leq B$이고 $B \leq C$이면 $A \subset B$이고 $B \subset C$이고 $A \subset C$이다(추이법칙). 그러므로 이항관계 $\leq$는 부분순서이고 $(2^X, \leq)$는 순서집합이다. ■

예제 2.23 $\mathbb{R}^2$의 두 원소 $x = (x_1, x_2)$, $y = (y_1, y_2)$에 대하여 이항관계 $\leq$를

$$x \leq y \iff x_1 < y_1 \text{ 또는 } x_1 = y_1,\ x_2 \leq y_2$$

로 정의하면, $\mathbb{R}^2$은 전순서집합이다.

풀이 $x = (x_1, x_2)$, $y = (y_1, y_2)$, $z = (z_1, z_2) \in \mathbb{R}^2$라 하자. $x \leq x$임은 명백하다(반사법칙). $x \leq y, y \leq x$라 하면 $x_1 < y_1$이거나 $y_1 < x_1$인 경우는 일어나지 않는다. 만약 $x_1 < y_1$이면 $y \leq x$라는 사실에 모순이고 $y_1 < x_1$이면 $x \leq y$에 모순이기 때문이다. 그러므로 $x_1 = y_1$, $x_2 \leq y_2$이고 $y_1 = x_1$, $y_2 \leq x_2$이므로 $x_1 = y_1$, $x_2 = y_2$가 되어 $x = y$이다(비대칭법칙). $x \leq y$이고 $y \leq z$라 하자. $x_1 < y_1$ 일 때는 $x_1 < z_1$이므로 $x \leq z$이다. $x_1 = y_1$, $x_2 \leq y_2$일 때는 $y_1 < z_1$ 또는 $y_1 = z_1$이고, $y_2 \leq z_2$이므로 $x_1 < z_1$ 또는 $x_1 = z_1$, $x_2 \leq z_2$이다. 따라서 $x \leq z$이다(추이법칙). 그러므로 $(\mathbb{R}^2, \leq)$은 순서집합이다.
다음, 임의의 두 원소가 항상 비교가능임을 보이면 된다. 임의의 두 원소 $x, y \in \mathbb{R}^2$에 대하여 $x_1 < y_1$이고 $x_1 > y_1$ 또는 $x_1 = y_1$이다. $x_1 < y_1$이고 $x_1 > y_1$일 때는 각각 $x \leq y$이고 $x \geq y$이다. $x_1 = y_1$일 때는 $x_2 \leq y_2$ 또는 $x_2 > y_2$이므로 각각 $x \leq y$이고

$x>y$이다. 따라서 $\mathbb{R}^2$은 전순서집합이다. ■

연습문제 2.4

1. $\mathbb{R}^2=\{x=(x_1, x_2) : x_1, x_2\in\mathbb{R}\}$, $E=\{x=(x_1, 0) : x_1\in\mathbb{R}\}$라 하자. $\mathbb{R}^2$의 두 원소 $x=(x_1, x_2)$, $y=(y_1, y_2)$에 대하여 $\sim$를 다음과 같이 정의하면,

$$x\sim y \Longleftrightarrow x-y\in E$$

$\sim$는 $\mathbb{R}^2$에서 동치관계임을 증명하여라.

2. 공집합이 아닌 E상에서 모든 실수값함수의 집합을 X이라 하자. X의 두 함수 x, y에 대하여 $\leq$를 다음과 같이 정의하면,

$$x\leq y \Longleftrightarrow x(t)\leq y(t) \quad (t\in E)$$

X는 순서집합임을 증명하여라.

3. $X=\{2, 3, 4, 5, 6, 12\}$에서 $m|n$을 「n이 m으로 나누어 떨어지는 것」으로 정의하면, X는 순서집합이고, X의 극대원소 및 극소원소를 구하여라.

4. $\mathbb{R}^2$의 두 원소 x, y에 대하여 $\leq$를 다음과 같이 정의하면,

$$x\leq y \Longleftrightarrow \|x\| \leq \|y\|$$

$\mathbb{R}^2$은 순서집합이 되지 않음을 증명하여라. 여기서, $x=(x_1, x_2)\in\mathbb{R}^2$에 대해서 $\|x\|=\sqrt{x_1^2+x_2^2}$이다.

5. 정수의 쌍 (s, t)(단, $t\neq 0$)의 집합을 X라 하자. (s, t), $(s', t')\in X$에 대하여 $\sim$를 다음과 같이 정의하면,

$$(s, t)\sim(s', t') \Longleftrightarrow \frac{s}{t}=\frac{s'}{t'}$$

$\sim$는 동치관계임을 증명하고, $\sim$에 의한 X의 동치류는 어떤 것인지 보여라.

6. 집합 E에서 순서집합 $(F, \le)$에로의 사상 전체집합을 X라 하자. 사상 $f, g \in X$에 대하여 $\le$를 다음과 같이 정의하면,

$$f \le g \Longleftrightarrow f(t) \le g(t) \quad (t \in E)$$

X는 순서집합임을 증명하여라.

2.5 가산집합

〈정의 2.5.1〉

(1) 두 집합 A, B 사이에 일대일 대응이 존재할 때, A와 B는 대등(equipotent)하다고 하고 $A \sim B$로 나타낸다.
(2) A와 B가 대등할 때, A와 B는 같은 농도(cardinality)를 갖는다고 한다.

[주] 집합의 대등관계는 다음의 세 조건을 만족하므로 동치관계이다.

$$A \sim A$$
$$A \sim B \Rightarrow B \sim A$$
$$A \sim B,\ B \sim C \Rightarrow A \sim C$$

〈정의 2.5.2〉

(1) $\{1, 2, 3, \cdots, n\}$과 대등한 집합의 농도를 n으로, 공집합 $\varnothing$의 농도를 0으로 정한다. 농도 $n \in \mathbb{N}$ 또는 0을 갖는 집합을 총칭하여 유한집합(finite set)이라 하고, 유한집합이 아닌 집합을 무한집합(infinite set)이라 한다.
(2) 자연수 전체집합 $\mathbb{N} = \{1, 2, 3, \cdots\}$와 대등한 집합을 가부번집합(denumerable)이라 하고, 그 농도를 $\aleph_0$(aleph null)로서 나타낸다.
(3) 유한집합과 가부번집합을 총칭하여 가산집합(countable set)이라 한다.

정리 2.5.1 직적집합 $\mathbb{N}\times\mathbb{N}=\mathbb{N}^2$은 가부번이다.

증명 $\mathbb{N}^2$의 원소인 순서쌍 (x, y)를 아래 그림과 같이 배열하고 화살표의 순으로 1, 2, …의 번호를 부여할 수 있다. 따라서 $\mathbb{N}^2$는 $\mathbb{N}$과 대등하므로 $\mathbb{N}^2$는 가부번이다.

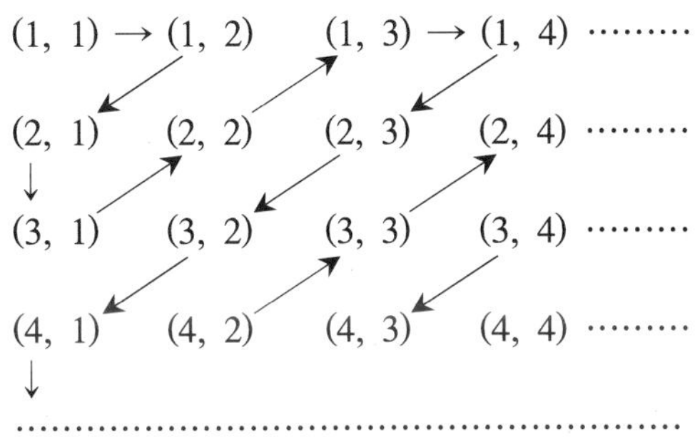

■

[주] (1) 가부번집합의 무한부분집합은 가부번집합이다(Set Theory, Y. F. Lin).

(2) 함수 $f:\mathbb{N}\times\mathbb{N}\to\mathbb{N}$을 $f(m, n)=2^m3^n$으로 정의하면 f는 일대일 함수이다. 따라서 $\mathbb{N}\times\mathbb{N}\sim f(\mathbb{N}\times\mathbb{N})\subset\mathbb{N}$이므로 가부번집합이다.

정리 2.5.2 $\{A_1, A_2, A_n, \cdots\}$를 서로 소인 가부번집합족이면, $\bigcup_{n=1}^{\infty}A_n$도 가부번이다.

증명 $n=1, 2, 3, \cdots$에 대해서 A_n가 가부번집합이므로 다음과 같이 나타낼 수 있다. 즉

$$A_1=\{a_{11}, a_{12}, a_{13}, \cdots\},$$
$$A_2=\{a_{21}, a_{22}, a_{23}, \cdots\},$$
$$\cdots\cdots\cdots\cdots$$
$$A_n=\{a_{n1}, a_{n2}, a_{n3}, \cdots\},$$
$$\cdots\cdots\cdots\cdots$$

그때 $\bigcup_{n=1}^{\infty}A_n=\{a_{ij}:(i, j)\in\mathbb{N}\times\mathbb{N}\}$이다. 함수 $f:\bigcup_{n=1}^{\infty}A_n\to\mathbb{N}\times\mathbb{N}$를 $f(a_{ij})=(i, j)$로 정의하면, f는 일대일 대응이다. 따라서 정리 2.5.1에서 $\mathbb{N}\times\mathbb{N}$이 가산이므로 $\bigcup_{n=1}^{\infty}A_n$도 가산이다. ■

[주] 집합 A와 B가 가부번집합이면, 따름정리 2.5.2로부터 $A \cup B$도 가부번집합이다.

따름정리 2.5.3 유리수 전체집합 $\mathbb{Q}$는 가부번이다.

증명 정리 2.5.1의 증명에서 순서쌍 (x, y)를 분수 $\dfrac{x}{y}$로 나타내면

$$(1, 1)=1,\ (1, 2)=\frac{1}{2},\ (2, 1)=2,\ (1, 3)=\frac{1}{3},\ (2, 2)=1,$$

$$(3, 1)=3,\ (1, 4)=\frac{1}{4},\ (2, 3)=\frac{2}{3},\ (3, 2)=\frac{3}{2},\ (4, 1)=4,\ \cdots$$

로 된다. 여기서, 같은 유리수가 반복하여 나타낼 때 그것을 제외하고 번호를 붙이면 모든 양의 유리수에 번호를 붙일 수 있다. 그것을 $\{a_1, a_2, \cdots\}$이라 하자. 유리수 전체는 $\{0, a_1, -a_1, a_2, -a_2, \cdots\}$로 나타낼 수 있으므로 $\mathbb{Q}$는 가산이다. ■

[주] $n=1, 2, \cdots$에 대해서 $A_n=\left\{\cdots, \dfrac{-2}{n}, \dfrac{-1}{n}, 0, \dfrac{1}{n}, \dfrac{2}{n}, \cdots\right\}$라 하면 A_n는 가부번집합이다. 따라서 따름정리 2.5.2로부터 $\mathbb{Q}=\bigcup_{n=1}^{\infty} A_n$도 가부번이다.

따름정리 2.5.4 $\mathbb{N}^k=\mathbb{N}\times\mathbb{N}\times\cdots\times\mathbb{N}$는 가부번이다(여기서 $k\in\mathbb{N}$).

증명 정리 2.5.1과 수학적귀납법을 이용하면 쉽게 증명되어진다. ■

예제 2.24 $(0, 1]$과 $(0, 1)$은 대등하다.

풀이 $A=(0, 1]-\left\{1, \dfrac{1}{2}, \dfrac{1}{3}, \cdots\right\}$이고 $B=(0, 1)-\left\{\dfrac{1}{2}, \dfrac{1}{3}, \dfrac{1}{4}, \cdots\right\}$이라 하면 $A=B$이다. 따라서 A와 B 사이에는 일대일 대응이 존재한다. 또, $\left\{1, \dfrac{1}{2}, \dfrac{1}{3}, \cdots\right\}$과 $\left\{\dfrac{1}{2}, \dfrac{1}{3}, \dfrac{1}{4}, \cdots\right\}$ 사이에도 일대일 대응이 존재한다. 따라서

$$A\cap\left\{1, \frac{1}{2}, \frac{1}{3}, \frac{1}{4}, \cdots\right\}=\varnothing \text{이고 } B\cap\left\{\frac{1}{2}, \frac{1}{3}, \frac{1}{4}, \cdots\right\}=\varnothing$$

이므로 $(0, 1]=A\cup\left\{1, \dfrac{1}{2}, \dfrac{1}{3}, \cdots\right\}$과 $(0, 1)=B\cup\left\{\dfrac{1}{2}, \dfrac{1}{3}, \dfrac{1}{4}, \cdots\right\}$의 사이에도 일대일

대응이 존재하므로 (0, 1]과 (0, 1)은 대등하다. ■

예제 2.25 (0, 1)과 ℝ은 대등하다.

풀이 $(0, 1) \sim (-1, 1)$과 $(-1, 1) \sim \mathbb{R}$임을 밝히면 $(0, 1) \sim \mathbb{R}$이 된다. 함수 $f : (0, -1) \to (-1, 1)$를 $f(x) = 2x - 1$로 정의하면, f는 전단사이므로 $(0, 1) \sim (-1, 1)$이다. 또한, 함수 $g : (-1, 1) \to \mathbb{R}$를 $g(x) = \tan\frac{\pi x}{2}$로 정의하면, g는 전단사이므로 $(-1, 1) \sim \mathbb{R}$이다. 그리고 대등관계 ~은 추이법칙을 만족하므로 $(0, 1) \sim \mathbb{R}$이다. ■

정리 2.5.5 실수 전체집합 ℝ은 가산이 아니다.

증명 예제 2.25에 의해서 ℝ과 $I = (0, 1)$은 대등하다. 그러므로 ℝ이 가산이 아님을 증명하는 것은 I가 가산이 아님을 증명하는 것과 같다. I에 속하는 실수를 소수로 전개한다. 이때 유한소수로 끝나는 경우, 예를들면, 0.237은

$$0.237 = 0.236999\cdots \text{ 또는 } 0.237 = 0.237000\cdots$$

와 같이 두 가지의 소수 전개방법이 있다. 여기서는 앞의 전개표현법을 사용하면, 소수 전개는 단 한 가지 방법뿐이다.

$I = (0, 1)$을 가산이라고 가정하면, I의 모든 수는 $a_1, a_2, a_3, \cdots$와 같이 번호를 부여할 수 있으므로

$$\begin{aligned} a_1 &= 0.a_{11}\ a_{12}\ a_{13}\ \cdots \\ a_2 &= 0.a_{21}\ a_{22}\ a_{23}\ \cdots \\ a_3 &= 0.a_{31}\ a_{32}\ a_{33}\ \cdots \\ &\cdots\cdots\cdots\cdots \end{aligned}$$

이라 하자. 이때 a_{ij}는 i번째의 실수 a_i의 소수점 이하 j번째 숫자로서 $\{0, 1, \cdots, 9\}$의 어느 한 숫자이다. 다음과 같이 새로운 수 $b \in I$를 만들어 보자.

$$b = 0.\ b_1\ b_2\ b_3\ \cdots\ b_n\ \cdots$$

여기서 $b_1 = \begin{cases} 1, & a_{11} : \text{짝수} \\ 2, & a_{11} : \text{홀수} \end{cases}$, $b_2 = \begin{cases} 1, & a_{22} : \text{짝수} \\ 2, & a_{22} : \text{홀수} \end{cases}$, $\cdots$. 이때 $b \neq a_1$이다. 왜냐하면, b의 소수점 첫 번째 숫자는 a_1의 소수 첫 번째 숫자와 다르기 때문이다. 또

$b \neq a_2$이다. 왜냐하면 b의 소수점 두 번째 숫자는 a_2의 소수 두 번째 숫자와 다르기 때문이다. 이와 같이 계속하면, b는 I의 어떤 실수 $a_1, a_2, \cdots$와도 다르다. 그러므로 b는 I에 속하지 않는다. 그러나 b는 명백히 0과 1 사이의 수이므로 이것은 모순이다. ■

[주] 실수 전체의 농도를 **연속체의 농도**라 하고 $\aleph$(aleph)로서 나타낸다.

정리 2.5.6 $\mathbb{R} \times \mathbb{R} = \mathbb{R}^2$은 $\mathbb{R}$과 대등하고, $\mathbb{R}^2$의 농도는 $\aleph$이다.

증명 예제 2.25에서 $\mathbb{R} \sim I = (0, 1)$이므로 $\mathbb{R} \times \mathbb{R} \sim \mathbb{R}$을 증명하는 것은 $I \times I \sim I$를 증명하면 된다. 원소 $(x, y) \in I \times I$에 대해서 다음과 같이 나타낸다.

$$x = 0.x_1\ x_2\ x_3 \cdots, \quad y = 0.y_1\ y_2\ y_3 \cdots$$

이때 소수 전개가 유한으로 끝나는 것은 9가 무한히 계속되는 표시법으로 고쳐서 나타낸다. 위와 같이 소수 전개한 x, y에서 다음과 같은 소수 z를 만든다.

$$z = 0.x_1\ y_1\ x_2\ y_2\ x_3\ y_3 \cdots$$

위와 같이, $I \times I$의 점 (x, y)와 I의 점 z를 대응시키면 일대일 대응이 존재하므로 $I \times I$와 I는 대등하고, $\mathbb{R}^2$의 농도는 $\aleph$이다. ■

예제 2.26 복소수 전체집합 $\mathbb{C}$는 $\mathbb{R}^2$와 대등함을 증명하여라.

풀이 $\mathbb{R}^2$의 점 (x, y)를 $x + yi$ $(i^2 = -1)$로 생각하면 $\mathbb{R}^2$과 $\mathbb{C}$가 대등함을 알 수 있다. ■

정리 2.5.7 무한집합 A는 언제나 가산부분집합 A_0를 갖는다.

증명 집합 A는 공집합이 아니므로 A에서 원소 a_1를 택할 수 있다. A가 무한집합이기 때문에 $A = \{a_1\}$일 수는 없다. 그러므로 $A - \{a_1\}$에서 원소 a_2를 택하면, A가 무한집합이므로 $A = \{a_1, a_2\}$일 수는 없다. 다시, $A - \{a_1, a_2\}$에서 원소 a_3를 택할 수 있다. 이와 같은 방법을 계속하면, 원소 $a_1, a_2, a_3, \cdots$를 얻을 수 있다. 얻어진 원소

$a_n (n=1, 2, \cdots)$는 모두 서로 다른 원소이다. 따라서 $A_0=\{a_1, a_2, \cdots\}$는 A의 가산부분집합이다. ■

예제 2.27 $\mathbb{N}$의 부분집합 전체의 집합을 $2^{\mathbb{N}}$이라 하자. $\mathbb{N}$에서 $\{0, 1\}$에로의 사상 전체의 집합을 M이라 하면, $2^{\mathbb{N}} \sim M$임을 증명하여라.

풀이 $f \in M$이라 하면 f의 치역은 $\{f(1), f(2), \cdots\}$이고, 각 자연수 $n \in \mathbb{N}$에 대해서 $f(n)$은 0 또는 1의 값을 갖는다. 이때 G를 다음과 같이 정의하면,

$$G(f)=\{n \in \mathbb{N} : f(n)=1\}=f^{-1}(\{1\})$$

G는 M에서 $2^{\mathbb{N}}$에로의 일대일 사상이 된다. 또 $2^{\mathbb{N}}$의 원소 A에 대하여 g를 다음과 같이 정의하면,

$$g(n)=\begin{cases} 1, & n \in A \\ 0, & n \notin A \end{cases}$$

g는 $\mathbb{N}$에서 $\{0, 1\}$에로의 사상으로 $G(g)=A$가 성립한다. 따라서 G는 M에서 $2^{\mathbb{N}}$위로의 일대일 사상이 되므로, $2^{\mathbb{N}} \sim M$임을 알 수 있다. ■

예제 2.28 집합 $X=\{1, 2, 3, \cdots, n\}$이라 하면, X에서 $\mathbb{R}$에로의 사상 전체의 집합 M과 $\mathbb{R}^n$은 대등함을 증명하여라.

풀이 $f \in M$에 대해서 $\mathbb{R}^n$의 원소 $(f(1), f(2), \cdots, f(n))$을 대응시키면, 이것은 M에서 $\mathbb{R}^n$에로의 일대일 대응이다. 따라서 M과 $\mathbb{R}^n$는 대등하다. ■

정리 2.5.8 가부번집합의 부분집합은 유한집합이거나 가부번집합이다.

증명 A를 가부번집합, B를 A의 부분집합이라 하자. 집합 A는 가부번이므로 A의 원소는

$$a_1, a_2, a_3, \cdots, a_n, \cdots$$

로서 나열된다. B의 원소를 이 중에서 뽑아내어 차례로 그 번호를 $n_1, n_2, n_3, \cdots$으로 정한다. 집합 $\{k \in \mathbb{N} : n_k \in B\}$에서 최대인 원소 $k \in \mathbb{N}$가 존재하면 B는 유한집합이고, 없으면 가부번집합이다. ■

예제 2.29 N을 자연수 전체의 집합이라 하면, N의 무한부분집합 전체의 집합 A와 (0, 1]은 대등하다.

풀이 구간 (0, 1]에 속하는 실수를 2진소수로 전개한다. 예를 들면,

$$0.011 = 0.010111\cdots$$

와 같이 유한 2진소수로 끝나는 것은 1이 무한히 계속되는 2진 소수를 써서 나타내는 것이 가능하므로, 두 가지의 2진소수 전개를 갖는다. 이때 후자의 표시법으로 통일한다. (0, 1]에 속하는 실수 a를 2진소수로 전개하여 $a = 0.a_1\ a_2\ a_3\ \cdots$로 되었다고 하자. 이것에 N의 무한부분집합 $\{n \in \mathrm{N} : a_n = 1\}$을 대응시키면, 이 대응은 (0, 1]에서 N의 무한부분집합의 전체 A에로의 일대일 대응이 된다. 따라서 (0, 1]과 A는 대등하다. ■

정리 2.5.9 N의 유한부분집합 전체의 집합은 가산집합이다.

증명 n개의 원소를 갖는 N의 부분집합 전체를 N_n이라 하면, 명백히 $\{\varnothing\} \cup \mathrm{N}_1$은 가산집합이다. N_2를

$$\{(i_1,\ i_2) : i_1 < i_2,\ i_1,\ i_2 \in \mathrm{N}\}$$

으로 표시하자. 각 i_1을 고정시켰을 때의 i_2를 택하는 것은 가산이고, i_1을 택하는 것 (i_1을 고정시키는 것)도 가산이므로 N_2는 가산이다. N_3를

$$\{(i_1,\ i_2,\ i_3) : i_1 < i_2 < i_3,\ i_1,\ i_2,\ i_3 \in \mathrm{N}\}$$

으로 표시하자. 각 $(i_1,\ i_2)$를 고정시켰을 때 i_3을 택하는 것은 가산이므로, N_2의 경우와 마찬가지로 N_3도 가산이다. 같은 방법을 계속하면, N_n도 가산이다. N의 유한부분집합 전체는

$$\{\varnothing\} \cup \mathrm{N}_1 \cup \mathrm{N}_2 \cup \cdots$$

이고, 가산이다. ■

연습문제 2.5

1. 집합 X에서 집합 Y위로의 사상을 f라 하자. X의 두 원소 x_1, x_2에 대하여

$$x_1 \sim x_2 \iff f(x_1) = f(x_2)$$

으로 정의된 동치관계 $\sim$에 의해 X를 분할할 때, 이 동치류의 집합과 Y는 대등함을 증명하여라.

2. 유리수를 계수로 갖는 다항식의 전체집합은 가부번집합임을 증명하여라.

3. $\mathbb{R}^3 = \{(x_1, x_2, x_3) : x_1, x_2, x_3 \in \mathbb{R}\}$이라 하자. $\mathbb{R}^3$에서 구(sphere)의 전체 집합은 실수의 농도, 즉, 연속체의 농도 $\aleph$를 가짐을 증명하여라.

4. 실수 전체집합 $\mathbb{R}$에서 서로 소인 개구간들을 원소로 가지는 집합이 있으면, 그것은 가산임을 증명하여라.

5. X를 실수의 농도 $\aleph$를 갖는 집합이라고 하자. 이때 다음의 (1), (2), (3)을 만족하는 X의 부분집합족 $\{X_t : t \in \mathbb{R}\}$가 존재함을 밝혀라.
   (1) 각 $t \in \mathbb{R}$에 대하여 $X_t \sim X$이다.
   (2) $X = \bigcup_{t \in \mathbb{R}} X_t$이다.
   (3) $s \neq t$이면 $X_s \cap X_t = \varnothing$이다.

6. 실수 전체집합 $\mathbb{R}$의 모든 구간은 가부번이 아님을 증명하여라. 더욱이 $\mathbb{R}$도 가부번이 아님을 보여라.

7. 무리수가 존재함을 증명하여라.

8. 무리수의 집합 $\mathbb{Q}^c$은 가부번이 아님을 증명하여라.

9. 다항함수 $p(x) = a_0 + a_1 x + a_2 x^2 + \cdots + a_m x^m$ (여기서 $a_0, a_1, \cdots, a_m$은 정수)들의 집합은 가부번임을 증명하여라.

10. 다항방정식 $a_0 + a_1 x + a_2 x^2 + \cdots + a_m x^m = 0$ (여기서 $a_0, a_1, \cdots, a_m$은 정수)의 해들의 집합은 가부번임을 증명하여라.

연습문제 풀이

연습문제 2.1

1. (1) $A \subset (A \cup B) = \varnothing$, $B \subset (A \cup B) = \varnothing$이므로 $A = \varnothing$이고 $B = \varnothing$이다.

   (2) $A \cap B = \varnothing$이면 $B^c = B^c \cup (A \cap B) = (B^c \cup A) \cap (B^c \cup B) = (A \cup B^c) \cap X = A \cup B^c$이다.

2. (1) $x \in A \cup B \Rightarrow (x \in A$ 또는 $x \in B) \Rightarrow (x \in C$ 또는 $x \in C) \Rightarrow x \in C$이다.

   (2) $x \in A \Rightarrow (x \in A$이고 $x \in A) \Rightarrow (x \in B$이고 $x \in C) \Rightarrow x \in B \cap C$이다.

   (3) $x \in A \cup (B - A) \Longleftrightarrow x \in A$ 또는 $x \in B - A$

   $\Longleftrightarrow x \in A$ 또는 $(x \in B$이고 $x \notin A)$

   $\Longleftrightarrow (x \in A$ 또는 $x \in B)$이고 $(x \in A$ 또는 $x \notin A)$

   $\Longleftrightarrow x \in A \cup B = B$ 「$\because$ $A \subset B$」

   그러므로 $A \cup (B - A) = B$이다.

3. $(A \cap B) - (A \cap C) = (A \cap B) \cap (A \cap C)^c = (A \cap B) \cap (A^c \cup C^c)$

   $= (A \cap B \cap A^c) \cup (A \cap B \cap C^c) = A \cap B \cap C^c = A \cap (B - C)$

   또 A, B, C를 각각 $A = \{1, 2, 3, 4\}$, $B = \{2, 3, 5, 6\}$, $C = \{3, 4, 6, 7\}$라 두자. $A \cup (B - C) = \{1, 2, 3, 4\} \cup \{2, 5\} = \{1, 2, 3, 4, 5\}$이고 $(A \cup B) - (A \cup C) = \{1, 2, 3, 4, 5, 6\} - \{1, 2, 3, 4, 6, 7\} = \{5\}$이므로 $A \cup (B - C) \neq (A \cup B) - (A \cup C)$이다.

4. (1) $A \triangle \varnothing = A$, $A \triangle A = \varnothing$, $A \triangle B = B \triangle A$은 명백하다.

   (2) $A \triangle (B \triangle C) = (A - (B \triangle C)) \cup ((B \triangle C) - A)$

   $= [A - ((B - C) \cup (C - B))] \cup [((B - C) \cup (C - B)) - A]$

   $= [A - (B - C)) \cap (A - (C - B))] \cup [((B - C) - A) \cup ((C - B) - A)]$

   $= [(A - (B \cup C)) \cup (A \cap B \cap C)] \cup [(B - (C \cup A)) \cup (C - (B \cup A))]$ 「$\because$ 예제 2.8」

   $= (A - (B \cup C)) \cup (B - (C \cup A)) \cup (C - (A \cup B)) \cup (A \cap B \cap C)$

   이다. 따라서 위 식의 대칭성에 의해 $A \triangle (B \triangle C) = C \triangle (A \triangle B)$이므로 (1)에 의해 $A \triangle (B \triangle C) = (\triangle (A \triangle B)) = (A \triangle B) \triangle C$이다.

5. $A \cap (B \triangle C) = A \cap ((B - C) \cup (C - B))$

   $= (A \cap (B - C)) \cup (A \cap (C - B))$

   $= ((A \cap B) - (A \cap C)) \cup ((A \cap C) - (A \cap B))$ 「$\because$ 3번문제」

   $= (A \cap B) \triangle (A \cap C)$

6. (1) $A \subset A \cup B$이므로 $A \cap (A \cup B) = A$이다.
   (2) $(A-B) \cup B = A$이면

$$x \in B \Rightarrow (x \in B \text{ 또는 } x \in A-B) \Rightarrow x \in B \cup (A-B) = A \Rightarrow x \in A$$

이므로 $B \subset A$이다.
역으로, $B \subset A$이면 $(A-B) \cup B = A \cup B = A$이다.

7. (1) $(A \cup C) \cap (B \cap C^c) = (A \cap B \cap C^c) \cup (C \cap B \cap C^c) = A \cap B \cap C^c \subset A \cap B$이다.
   (2) $A \cap B = (A \cap B) \cap X = (A \cap B) \cap (C \cup C^c)$
   $= (A \cap B \cap C) \cup (A \cap B \cap C^c) \subset (A \cap C) \cup (B \cap C^c)$

8. $A \cap B = \varnothing$이라 하자. $x \in A$이면 $x \notin B$이므로 $x \in X - B$이다. 그러므로 $A \subset X - B$이다. 역으로, $A \subset X - B$이면 $A \cap B \subset (X-B) \cap B = \varnothing$이므로 $A \cap B = \varnothing$이고 예제 2.2에 의해 $A \subset X - B \iff B \subset X - A$이다.

9. $X = (A \cup X) - (A - (A \cap X)) = (A \cup Y) - (A - (A \cap Y)) = Y$이다.

연습문제 2.2

1. $y \in f(A) \cap B \iff y \in B$이고 $f(x) = y$인 $x \in A$가 존재한다.
   $\iff x \in f^{-1}(B)$이고 $f(x) = y$인 $x \in A$가 존재한다.
   $\iff y = f(x) \in f(f^{-1}(B) \cap A)$

2. (1) $y \in f(A_1) - f(A_2) \Rightarrow y \in f(A_1)$이고 $y \notin f(A_2)$이다.
   $\Rightarrow y = f(x)$인 $x \in A_1$이 존재하고 $x \notin A_2$이다.
   $\Rightarrow y \in f(A_1 - A_2)$
   (2) $x \in f^{-1}(B_2^c) \iff f(x) \in B_2^c \iff f(x) \notin B_2$
   $\iff x \notin f^{-1}(B_2) \iff x \in [f^{-1}(B_2)]^c$
   (3) $f^{-1}(B_1 - B_2) = f^{-1}(B_1 \cap B_2^c) = f^{-1}(B_1) \cap f^{-1}(B_2^c)$
   $= f^{-1}(B_1) \cap [f^{-1}(B_2)]^c = f^{-1}(B_1) - f^{-1}(B_2)$

3. $x_i \in X$ $(i = 1, 2, \cdots, m)$에 대하여 각각 $f(x_i)$가 취할 수 있는 값이 $y_1, y_2, \cdots, y_n$과 같이 n개 있으므로 X에서 Y에로의 총 사상의 수는 n^m이다.

4. $X=\{x_1, x_2, \cdots, x_m\}$를 유한집합, f를 $f: X \to X$인 사상이라 하자. f가 일대일 사상이면 「$f(X)$의 원소 수 = X의 원소 수 = m」이다. 여기서 $f(X) \subset X$이므로 $f(X)=X$가 되어 f는 전사이다.

역으로, f가 전사이면, 모든 $x_i \in X$에 대해 $f^{-1}(\{x_i\}) \neq \varnothing$이므로 집합 $f^{-1}(\{x_i\})$의 원소 수는 1보다 크거나 같다. 한편, $\{f^{-1}(\{x_i\}) : i=1, 2, \cdots, m\}$은 X의 분할을 이루므로 「X의 원소 수 = $\sum_{i=1}^{m}(f^{-1}(\{x_i\})$의 원소 수$)= m$」이다. 그러므로 각 자연수 $i \in \mathbb{N}$에 대해 $f^{-1}(\{x_i\})$는 원소 개수가 1인 집합이 되어야 한다. 즉 f는 일대일 사상이다. X를 $X=\{1, 2, \cdots\}$인 무한집합이라 하자. 사상 f를 다음과 같이 정의하면,

$$f(n)=\begin{cases} 1, & n=1,\ 2 \\ n-1, & n=3,\ 4,\ 5,\ \cdots \end{cases}$$

f는 X위로의 사상이나 일대일 사상은 아니다. 한편, f를 다음과 같이 정의하면,

$$f(n)=2n \quad (n=1,\ 2,\ \cdots)$$

f는 일대일 사상이나, 위로의 사상은 아니다.

5. 합성사상 $g \circ f : A \to C$가 위로의 사상이므로 임의의 원소 $c \in C$에 대해서 $(g \circ f)(a) = g(f(a))=c$를 만족하는 $a \in A$가 존재한다. 따라서 $f(a)=b$라 하면 $g(b)=c$이고 $g: B \to C$는 위로의 사상이다.

다음, 사상 $g: B \to C$가 일대일임을 증명하자. $g(b_1)=g(b_2)$라 하면

$$(h \circ g)(b_1)=h(g(b_1))=h(g(b_2))=(h \circ g)(b_2)$$

이고, 합성사상 $h \circ g : B \to D$가 일대일이므로 $b_1=b_2$이다. 그러므로 $g: B \to C$는 일대일 사상이다.

6. f_1의 치역은 $[0, \infty)$, f_2의 치역은 $(0, \infty)$, f_3의 치역은 $[-1, 1]$이다. 그리고 $\{0\}$의 역상은 각각 $\{0\}$, $\varnothing$, $\{n\pi : n=0, \pm 1, \pm 2, \cdots\}$이다.

7. $X=\varnothing$이면 $\wp(X)=\varnothing$이다. 따라서 사상 $f: \wp(X) \to \wp(Y)$는 일대일이다. 왜냐하면, $\wp(X)$의 서로 다른 원소는 같은 상을 가질 수 없고, $\wp(X)$에 속하는 서로 다른 두 원소는 존재하지 않기 때문이다. $X \neq \varnothing$라고 하면, $\wp(X)$는 적어도 두 원소를 갖는다. A와 B가 서로 다른 $\wp(X)$의 원소라고 하면 적당한 원소 $x \in X$가 존재해서 $x \in A$, $x \notin B$ 혹은 $x \notin A$, $x \in B$이다. 사상 f가 일대일이므로, $f(x) \in f(A)$이고 $f(x) \notin f(B)$이거나

혹은 $f(x) \in f(B)$이고 $f(x) \notin f(A)$이다. 따라서 $f(A) \neq f(B)$이다. 즉, 사상 $f : \wp(X) \to \wp(Y)$는 일대일이다.

연습문제 2.3

1. 먼저, $\bigcup_{\mu \in M} A_\mu = \varnothing$ 임을 보이자. 모든 원소 $x \in X$에 대해서 $x \notin \bigcup_{\mu \in M} A_\mu$ 임을 보이면 된다.

$$x \notin \bigcup_{\mu \in M} A_\mu \Longleftrightarrow \sim(x \in \bigcup_{\mu \in M} A_\mu) \Longleftrightarrow \sim\{\exists \mu \in \varnothing \ (x \in A_\mu)\}$$
$$\Longleftrightarrow \forall \mu \in M \ \ (x \notin A_\mu) \Longleftrightarrow [\mu \in \varnothing \Rightarrow x \notin A_\mu]$$

여기서 조건명제 「$\mu \in \varnothing \Rightarrow x \notin A_\mu$」는 가정 「$\mu \in \varnothing$」가 거짓이므로 모든 원소 $x \in X$에 대해서 참이다. 그러므로 $\bigcup_{\mu \in M} A_\mu = \varnothing$ 이다.

다음, $\bigcap_{\mu \in M} A_\mu = X$ 임을 보이자. $\bigcap_{\mu \in M} A_\mu \subseteq X$ 임은 당연하다. 따라서 모든 원소 $x \in X$에 대해서 $x \in \bigcap_{\mu \in M} A_\mu$ 임을 보이면 된다.

$$x \in \bigcap_{\mu \in M} A_\mu \Longleftrightarrow \forall \mu \in \varnothing, \ x \in A_\mu \Longleftrightarrow [\mu \in \varnothing \Rightarrow x \in A_\mu]$$

앞의 증명처럼, 명제 $[\mu \in \varnothing \Rightarrow x \in A_\mu]$가 참이므로 모든 원소 $x \in X$에 대해서 $x \in \bigcap_{\mu \in M} A_\mu$ 이다. 그러므로 $\bigcap_{\mu \in M} A_\mu = X$ 이다.

2. (1) $(x, y) \in A \times (B \cup C)$

$\Longleftrightarrow x \in A$이고 $y \in B \cup C$이다

$\Longleftrightarrow x \in A$이고 $(y \in B$ 또는 $y \in C)$이다

$\Longleftrightarrow (x \in A$이고 $y \in B)$이다 또는 $(x \in A$이고 $y \in C)$이다

$\Longleftrightarrow (x, y) \in A \times B$ 또는 $(x, y) \in A \times C$

$\Longleftrightarrow (x, y) \in (A \times B) \cup (A \times C)$

(2) (1)과 유사한 방법으로 얻을 수 있다.

(3) $(x, y) \in (A \times B) \cap (C \times D)$

$\Longleftrightarrow (x, y) \in A \times B, \ (x, y) \in C \times D$

$\Longleftrightarrow (x \in A$이고 $y \in B)$이며 $(x \in C$이고 $y \in D)$이다

$\Longleftrightarrow x \in A \cap C$이고 $y \in B \cap D$이다

$\Longleftrightarrow (x, y) \in (A \cap C) \times (B \cap D)$이다

3. $A\cap B\neq\varnothing$이고 $x\in A\cap B$이면, $(x, x)\in A\times B$이므로 $A\times B\subset\triangle^c$이다. 따라서 $A\times B\subset\triangle^c$이면, $A\cap B=\varnothing$이다.

4. $$\begin{aligned}(x, y)\in(A\times B)^c &\Longleftrightarrow (x, y)\notin A\times B\\ &\Longleftrightarrow x\notin A \text{ 또는 } y\notin B\\ &\Longleftrightarrow x\in A^c \text{ 또는 } y\in B^c\\ &\Longleftrightarrow (x, y)\in A^c\times Y \text{ 또는 } (x, y)\in X\times B^c\\ &\Longleftrightarrow (x, y)\in(A^c\times Y)\cup(X\times B^c)\end{aligned}$$

5. $$\begin{aligned}(A_1\times B_1)-(A_2\times B_2) &= (A_1\times B_1)\cap(A_2\times B_2)^c\\ &= (A_1\times B_1)\cap((A_2^c\times Y)\cup(X\times B_2^c))\\ &= ((A_1\times B_1)\cap(A_2^c\times Y))\cup((A_1\times B_1)\cap(X\times B_2^c))\\ &= ((A_1\cap A_2^c)\times(B_1\cap Y))\cup((A_1\cap X)\times(B_1\cap B_2^c))\\ &= ((A_1-A_2)\times B_1)\cup(A_1\times(B_1-B_2))\end{aligned}$$

6. 예제 3.16과 예제 10.43 풀이를 참고하여라.
(1) $(0, 1]$ (2) $(0, 1)$ (3) $\{0\}$ (4) $\varnothing$

7. $x\in D$라고 하고 $f(x)=y_1$, $f(x)=y_2$라 하자. 그러면 f의 정의에 의해 $y_1=f_i(x)$, $y_2=f_j(x)$가 되는 i, j가 존재한다. 일반성을 잃지 않고, $i<j$라고 하자. 따라서 f_j는 f_i의 확대이다. 따라서 $f_i(x)=f_j(x)$이므로 $y_1=y_2$이다. 그러므로 $f(x)$는 일의적으로 정해진다.

8. $$\begin{aligned}B-\underline{\lim}_{n\to\infty}A_n &= B\cap\left(\bigcup_{n=1}^{\infty}\bigcap_{k=n}^{\infty}A_k\right)^c = B\cap\left(\bigcap_{n=1}^{\infty}\left(\bigcap_{k=n}^{\infty}A_k\right)^c\right)\\ &= \bigcap_{n=1}^{\infty}\left(B\cap\left(\bigcup_{k=n}^{\infty}A_k^c\right)\right) = \bigcap_{n=1}^{\infty}\left(\bigcup_{k=n}^{\infty}(B\cap A_k^c)\right)\\ &= \bigcap_{n=1}^{\infty}\left(\bigcup_{k=n}^{\infty}(B-A_k)\right) = \overline{\lim}_{n\to\infty}(B-A_n)\end{aligned}$$

9. $$\left(\bigcup_{n=1}^{\infty}A_n\right)\cap\left(\bigcup_{m=1}^{\infty}B_m\right) = \bigcup_{n=1}^{\infty}\left(A_n\cap\left(\bigcup_{m=1}^{\infty}B_m\right)\right) = \bigcup_{n=1}^{\infty}\left(\bigcup_{m=1}^{\infty}(A_n\cap B_m)\right)$$

10. $$\underline{\lim}_{n\to\infty}A_n = \bigcup_{n=1}^{\infty}\bigcap_{m=n}^{\infty}A_m = \bigcup_{n=1}^{\infty}(A\cap B) = A\cap B$$

$$\overline{\lim_{n\to\infty}} A_n = \bigcap_{n=1}^{\infty} \bigcup_{m=n}^{\infty} A_m = \bigcap_{n=1}^{\infty} (A\cup B) = A\cup B$$

11. $\left(\underline{\lim}_{n\to\infty} A_n\right)^c = \bigcap_{n=1}^{\infty} \bigcup_{k=n}^{\infty} A_k^c = \bigcap_{n=1}^{\infty}\left(\bigcap_{k=n}^{\infty} A_k\right)^c = \left(\bigcup_{n=1}^{\infty} \bigcap_{k=n}^{\infty} A_k\right)^c = \left(\underline{\lim}_{n\to\infty} A_n\right)^c$

연습문제 2.4

1. $x=(x_1, x_2)$, $y=(y_1, y_2)$, $z=(z_1, z_2)$이라 하자.
   반사법칙 : $x-x=(0, 0)\in E$이므로 $x\sim x$이다.
   대칭법칙 : $x\sim y \Rightarrow x-y=(x_1-y_1, x_2-y_2)\in E \Rightarrow x_2-y_2=0 \Rightarrow y_2-x_2=0$
   $\Rightarrow y-x\in E \Rightarrow y\sim x$ 이다.
   추이법칙 : $x\sim y,\ y\sim z \Rightarrow x-y,\ y-z\in E \Rightarrow x_2=y_2=z_2 \Rightarrow x-z\in E \Rightarrow x\sim z$이다.

2. 반사법칙 : 모든 원소 $t\in E$에 대해 $x(t)\le x(t)$이므로, $x\le x$이다.
   반대칭법칙 : $x\le y$이고 $y\le x$라 하면, 모든 원소 $t\in E$에 대해 $x(t)\le y(t)$이고
   $y(t)\le x(t)$이므로 $x(t)=y(t)$이다. 즉, $x=y$이다.
   추이법칙 : $x\le y$이고 $y\le z$이면, 모든 원소 $t\in E$에 대해 $x(t)\le y(t)\le z(t)$이므로
   $x\le z$ 이다.

3. 예제 2.21에 의해 X는 순서집합이다. 5, 12는 극대원소 2, 3, 5는 극소원소이다.

4. $x\le y,\ y\le x \Rightarrow x=y$가 성립하지 않는다. 예를 들면, $x=(1, 0)$, $y=(0, 1)$이라 하면 $\|x\|=\|y\|$ 이나 $x=y$는 아니다.

5. 반사법칙 : $\frac{s}{t}=\frac{s}{t}$이므로 $(s, t)\sim(s, t)$이다.
   대칭법칙 : $(s, t)\sim(x, y)$이면, $\frac{s}{t}=\frac{x}{y}$이고 $\frac{x}{y}=\frac{s}{t}$이므로 $(x, y)\sim(s, t)$이다.
   추이법칙 : $(s, t)\sim(u, v)$, $(u, v)\sim(x, y)$이면, $\frac{s}{t}=\frac{u}{v}$, $\frac{u}{v}=\frac{x}{y}$이므로 $\frac{s}{t}=\frac{x}{y}$이고
   $(s, t)\sim(x, y)$이다.
   (s, t)의 동치류는 $\{(x, y):(x, y)=k(s, t),\ k\in\mathbb{N}\}$이고, 유리수 $\frac{s}{t}$에 대응되는 수의 집합이다.

6. 반사법칙 : 모든 원소 $t\in E$에 대해 $f(t)\le f(t)$이므로 $f\le f$이다.

반대칭법칙 : $f \le g$, $g \le f$이면, 모든 원소 $t \in E$에 대해서 $f(t) \le g(t)$, $g(t) \le f(t)$이고 F는 순서집합이므로 $f(t)=g(t)$이다. 따라서, $f=g$이다.

추이법칙 : $f \le g$, $g \le h$이면, $f \le h$임은 명백하다.

연습문제 2.5

1. 관계 $\sim$이 동치관계임은 쉽게 알 수 있다. 이 동치관계에 의해서 만들어지는 동치류의 집합을 $X/\sim=\{C_a : a \in X\}$라 하고, $X/\sim$에서 Y에로의 사상 F를 다음과 같이 정의하면,

$$F(C_a)=f(x_a) \quad (x_a \in C_a)$$

F는 $\{X/\sim\}$에서 Y위로의 일대일 사상이 된다. 왜냐하면, F의 정의로부터 x_a, $y_a \in C_a$이면, $f(x_a)=f(y_a)$이므로 F는 잘 정의(well-defined)되어 있다.

F가 일대일임을 보이자. $C_a \ne C_b$이라 하고 $x_a \in C_a$, $x_b \in C_b$이라 하면, $f(x_a) \ne f(x_b)$이므로 $F(C_a) \ne F(C_b)$이다.

다음, F가 위로의 사상임을 보이자. f가 X에서 Y위로의 사상이기 때문에, 임의의 $y \in Y$에 대하여 $f(x_0)=y$가 되는 $x_0 \in X$가 존재한다. $C_{x_0}=\{x \in X : f(x)=f(x_0)\}$라 하면, $F(C_{x_0})=y$가 되므로 F는 Y위로의 사상이다.

2. 유리수를 계수로 갖는 n차 다항식 전체를 P_n이라 하면, $n=0, 1, 2, \cdots$에 대해서 $P_n \sim \mathbb{Q}^{n+1}$이므로, 따름정리 2.5.3에 의해 P_n는 가부번집합이다. 유리수를 계수로 하는 다항식의 전체의 집합은 $\bigcup_{n=0}^{\infty} P_n$이므로, 그것은 가부번집합이다.

3. 구의 전체 집합을 X라 하면 정리 2.5.5에 의해 $X \sim \mathbb{R} \times \mathbb{R} \times \mathbb{R} \times (0, \infty) \sim \mathbb{R}^4 \sim \mathbb{R}$이다. 따라서 X의 농도는 $\aleph$이다.

4. 각 개구간 내에서 한 유리수를 택하자. 개구간들의 집합과 각 개구간에서 택한 유리수들의 집합을 이러한 방법으로 대응하면, 일대일 대응이 된다. 따라서 서로 소인 개구간의 집합은 가산집합이다.

5. $X \sim \mathbb{R} \sim \mathbb{R} \times \mathbb{R}$이므로 $\mathbb{R} \times \mathbb{R}$에서 X위로의 일대일 사상을 f라 하자. 각 $t \in \mathbb{R}$에 대해서 $X_t=\{f(t, u) : u \in \mathbb{R}\}$라 하면, $X_t \sim \mathbb{R} \sim X$이다. 또, $X=\bigcup_{t \in \mathbb{R}} X_t$이고 $s \ne t$이면, $X_s \cap X_t=\varnothing$이다.

6. 해석학개론(조열제 외 3인, 경문사)의 39~40페이지를 참고바람.

7. 모든 실수가 유리수라 하면, 따름정리 2.5.3에 의해서 실수집합 $\mathbb{R}$은 가부번이다. 이것은 문제 6에 모순이다. 따라서 무리수가 존재한다.

8. 무리수 전체집합 $\mathbb{Q}^c$를 가부번집합이라 하면, 따름정리 2.5.3에 의해서 $\mathbb{Q}$가 가부번이므로 $\mathbb{R}=\mathbb{Q}\cup\mathbb{Q}^c$도 가부번집합이다. 이것은 문제 6에 모순이다. 따라서 $\mathbb{Q}^c$는 가부번집합이 아니다.

9. 순서쌍 $(n, m)\in\mathbb{N}\times\mathbb{N}$에 대해서 P_{nm}을 $|a_0|+|a_1|+\cdots+|a_m|=n$을 만족하는 m차 다항식 $P(x)$들의 집합이라 하자. P_{nm}은 유한집합이다. 따라서 따름정리 2.5.2에 의해서

$$P=\cup\{P_{nm} : (n, m)\in\mathbb{N}\times\mathbb{N}\}$$

은 유한집합이 아니며 가부번집합이다.

10. 문제 9에 의해서, 다항방정식의 집합

$$E=\{P_1(x)=0,\ P_2(x)=0,\ \cdots,\ P_n(x)=0,\ \cdots\}$$

는 가부번집합이다. A_i를 다음과 같은 집합이라 하면

$$A_i=\{x : P_i(x)=0\}$$

이다. n차 다항방정식은 많아야 n개의 해를 가지므로, 각 A_i는 유한집합이다. 따라서 $A=\cup\{A_i : i\in\mathbb{N}\}$는 가부번집합이다.

제 3 장
실수계

제3장에서는 실수계의 대수적 구조를 형성하여 주는 체의 공리, 실수계의 순서구조를 형성하여 주는 순서공리, 실수계의 순서구조상 틈(gap)이 없이 연속이 되도록 하여 주는 완비성공리를 소개하며 구간의 정의와 성질을 다룬다.

3.1 체의 공리

이 절에서는 집합 $\mathbb{R}$상에 정의된 덧셈과 곱셈의 두 연산에 대해 기본법칙을 부여함으로써 실수계 위에 대수적 구조를 형성하여 주는 체의 공리(field axioms)를 소개하기로 한다.

〈체의 공리 : Axiom of Field〉

집합 $\mathbb{R}$상에서 정의된 두 연산 $+$ (덧셈)와 $\cdot$ (곱셈)이 다음의 조건들을 만족할 때 $\mathbb{R}$을 실수체라 하고, $\mathbb{R}$의 원소를 실수라고 한다.

A1. 임의의 $a, b \in \mathbb{R}$이면 $a+b \in \mathbb{R}$이다. (덧셈에 대한 닫힘법칙)

A2. 임의의 $a, b \in \mathbb{R}$에 대해 $a+b=b+a$이다. (덧셈에 대한 교환법칙)

A3. 임의의 $a, b, c \in \mathbb{R}$에 대해 $(a+b)+c=a+(b+c)$이다. (덧셈에 대한 결합법칙)

A4. 특정한 $0\in\mathbb{R}$가 존재하여 임의의 $a\in\mathbb{R}$에 대해 $a+0=a$이다.
(덧셈에 대한 항등원의 존재성)

A5. 각 $a\in\mathbb{R}$에 대해 $b\in\mathbb{R}$가 존재하여 $a+b=0$이다.
(덧셈에 대한 역원의 존재성)

M1. 임의의 $a, b\in\mathbb{R}$이면 $a\cdot b\in\mathbb{R}$이다. (곱셈에 대한 닫힘법칙)

M2. 임의의 $a, b\in\mathbb{R}$에 대해 $a\cdot b=b\cdot a$이다. (곱셈에 대한 교환법칙)

M3. 임의의 $a, b, c\in\mathbb{R}$에 대해 $a\cdot(b\cdot c)=(a\cdot b)\cdot c$이다. (곱셈에 대한 결합법칙)

M4. 특정한 $1(\neq 0)\in\mathbb{R}$이 존재하여 임의의 $a\in\mathbb{R}$에 대해 $a\cdot 1=a=1\cdot a$이다.
(곱셈에 대한 항등원의 존재성)

M5. 각 $a(\neq 0)\in\mathbb{R}$에 대해 $b\in\mathbb{R}$가 존재하여 $a\cdot b=1=b\cdot a$이다.
(곱셈에 대한 역원의 존재성)

D. 임의의 $a, b, c\in\mathbb{R}$에 대해 다음이 성립한다.
$a\cdot(b+c)=a\cdot b+a\cdot c,\quad (b+c)\cdot a=b\cdot a+c\cdot a$ (배분법칙)

[주] (1) A5에서 덧셈의 역원 b를 $-a$로, M5에서 곱셈의 역원 b를 a^{-1}로 나타낸다.

(2) 임의의 두 실수 a와 b의 곱 $a\cdot b=ab$로 나타내기로 한다.

(3) $a=b$인 경우 $ab=aa=a^2$으로 나타낸다. 특히, 자연수 $n\in\mathbb{N}$에 대해 $a^n=a\cdot a\cdot \cdots \cdot a$ (n개의 곱)으로 나타내고, a^{n+1}을 $a^{n+1}=a^n a=aa^n$로 정의한다.

(4) 임의의 $a, b, c\in\mathbb{R}$에 대해 $(a+b)+c=a+(b+c)=a+b+c$, $(ab)c=a(bc)=abc$로 나타낸다.

정리 3.1.1 (1) 임의의 실수 $z, a\in\mathbb{R}$에 대해 $z+a=a$이면, $z=0$이다.
(2) 임의의 실수 u와 $b(\neq 0)\in\mathbb{R}$에 대해 $ub=b$이면, $u=1$이다.

증명 (1) 임의의 $z, a\in\mathbb{R}$에 대해 $z+a=a$라고 하자. A5, A3, A4에 의해 다음이 성립한다. A5에 의해 존재하는 $+$에 대한 a의 역원 $-a$를 양변에 더하면

$$\begin{aligned} z+a=a &\Rightarrow (z+a)+(-a)=a+(-a) \Rightarrow z+(a+(-a))=0 \\ &\Rightarrow z+0=0 \Rightarrow z=0 \end{aligned}$$

(2) 임의의 u와 $b(\neq 0)\in\mathbb{R}$에 대해 $ub=b$이라고 하자. M5에 의해 존재하는 역원

a^{-1}를 양변에 곱하면 M3, M4, M5에 의해 다음이 성립한다.

$$ub=b \Rightarrow (ub)(b^{-1})=bb^{-1} \Rightarrow u(bb^{-1})=1 \Rightarrow u\cdot 1=1 \Rightarrow u=1$$

■

정리 3.1.2 (1) 임의의 실수 a, $b\in\mathbb{R}$에 대해 $a+b=0$이면, $b=-a$이다.
(2) 임의의 실수 $a(\neq 0)$, $b\in\mathbb{R}$에 대해 $ab=1$이면, $b=a^{-1}$이다.

증명 (1) 임의의 a, $b\in\mathbb{R}$에 대해 $a+b=0$이라고 하자. 그러면 A5, A3, A4에 의해 다음이 성립한다.

$$a+b=0 \Rightarrow (-a)+(a+b)=(-a)+0 \Rightarrow ((-a)+a)+b=-a$$
$$\Rightarrow 0+b=-a \Rightarrow b=-a$$

(2) 임의의 $a(\neq 0)$, $b\in\mathbb{R}$에 대해 $ab=1$이라고 하자. 그러면 M3, M4, M5에 의해 다음이 성립한다.

$$ab=1 \Rightarrow a^{-1}(ab)=a^{-1}\cdot 1 \Rightarrow (a^{-1}a)b=a^{-1}$$
$$\Rightarrow 1\cdot b=a^{-1} \Rightarrow b=a^{-1}$$

■

정리 3.1.3 (1) 임의의 실수 a, $b\in\mathbb{R}$에 대해 $a+x=b$를 만족하는 유일한 해 $x=(-a)+b$가 존재한다.
(2) 0이 아닌 실수 $a\in\mathbb{R}$와 임의의 실수 $b\in\mathbb{R}$에 대해 $ax=b$을 만족하는 유일한 해 $x=a^{-1}b$가 존재한다.

증명 (1) 임의의 $a\in\mathbb{R}$에 대해서 A5에 의해 $a+(-a)=0=(-a)+a$을 만족하는 실수 $-a\in R$가 존재한다. 따라서 A3, A4에 의해

$$a+x=b \Rightarrow (-a)+(a+x)=(-a)+b \Rightarrow ((-a)+a)+x=(-a)+b$$
$$\Rightarrow 0+x=(-a)+b \Rightarrow x=(-a)+b$$

이다. 그러므로 $x=(-a)+b$는 $a+x=b$의 하나의 해가 된다.
다음, 해의 유일성을 보이기 위해 $a+y=b$를 만족하는 실수 $y\in\mathbb{R}$가 존재한다면 $x=y$임을 보인다.

$$a+y=b \Rightarrow (-a)+(a+y)=(-a)+b \Rightarrow ((-a)+a)+y=(-a)+b$$
$$\Rightarrow 0+y=(-a)+b \Rightarrow y=(-a)+b$$

이다. 따라서 $x=y$이므로 $x=(-a)+b$는 유일한 해이다.

(2) 0이 아닌 $a\in\mathbb{R}$에 대해 M5에 의해 실수 $a^{-1}\in\mathbb{R}$이 존재하고 $aa^{-1}=a^{-1}a=1$이고 M3, M4에 의해

$$ax=b \Rightarrow a^{-1}(ax)=a^{-1}b \Rightarrow (a^{-1}a)x=a^{-1}b$$
$$\Rightarrow 1\cdot x=a^{-1}b \Rightarrow x=a^{-1}b$$

이다. 그러므로 $x=a^{-1}b$는 $ax=b$의 하나의 해가 된다. 다음은 해의 유일성을 보이기 위해 $a\neq 0$일 때 $ax=b$의 해가 x_1, x_2라고 하면, $b=ax_1=ax_2$이므로

$$ax_1=ax_2 \Rightarrow a^{-1}(ax_1)=a^{-1}(ax_2) \Rightarrow (a^{-1}a)x_1=(a^{-1}a)x_2$$
$$\Rightarrow 1\cdot x_1=1\cdot x_2 \Rightarrow x_1=x_2$$

이다. 그러므로 $ax=b$의 해가 존재하면 그 해는 유일하다. ■

[주] (1) a, $b\in\mathbb{R}$에 대해서 $a+(-b)$를 $a-b$로, $a\neq 0$일 때 $\left(\frac{1}{a}\right)b$를 $\frac{b}{a}$로 정의한다.

정리 3.1.4 임의의 실수 a, $b\in\mathbb{R}$에 대해 다음이 성립한다.

(1) $a\cdot 0=0$

(2) $(-1)\cdot a=-a$

(3) $-(-a)=a$

(4) $(-1)\cdot(-1)=1$

(5) $(-a)+(-b)=-(a+b)$

(6) $(-a)\cdot b=-(a\cdot b)$

(7) $(-a)\cdot(-b)=a\cdot b$

증명 (1) M5, D, A4, M4에 의해

$$a+a\cdot 0=a\cdot 1+a\cdot 0=a\cdot(1+0)=a\cdot 1=a$$

이다. 그러므로 정리 3.1.1 (1)에 의해 $a+a\cdot 0=a$이면, $a\cdot 0=0$이다.

(2) M4, D, A5, (1)에 의해

$$a+(-1)\cdot a=1\cdot a+(-1)\cdot a=[1+(-1)]\cdot a=0\cdot a=0$$

이다. 그러므로 정리 3.1.2 (1)에 의해 $(-1)\cdot a=-a$이다.

(3) 체의 공리 A4와 정리 3.1.2 (1)에 의해 $-(-a)=a$이다.

(4) (2)에서 $a=-1$을 대입하고 (3)에 의해 $(-1)\cdot(-1)=-(-1)=1$이다.

(5) D와 (2)에 의해 다음이 성립한다.

$$(-a)+(-b)=(-1)\cdot a+(-1)\cdot b=(-1)\cdot(a+b)=-(a+b)$$

(6) (2)와 M3에 의해 다음이 성립한다.

$$(-a)\cdot b=\{(-1)\cdot a\}\cdot b=(-1)\cdot(a\cdot b)=-a\cdot b$$

(7) (2)와 (3)에 의해 다음이 성립한다.

$$(-a)\cdot(-b)=(-1)a\cdot(-1)b=\{(-1)\cdot(-1)\}(a\cdot b)=1\cdot(a\cdot b)=a\cdot b$$ ▩

정리 3.1.5 임의의 실수 $a(\neq 0)\in\mathbb{R}$이면, $a^{-1}\neq 0$이고 $(a^{-1})^{-1}=a$이다.

증명 $0\neq a\in\mathbb{R}$이므로 M5에 의해 실수 $a^{-1}\in\mathbb{R}$가 존재한다. 따라서 $a^{-1}\neq 0$임을 밝히기 위해 간접증명법으로 증명한다. $a^{-1}=0$이라고 하자. 그러면 $1=aa^{-1}=a0=0$이므로, 이것은 M4에 모순이다. 그러므로 $a^{-1}\neq 0$이고, 정리 3.1.2 (2)에 의해 $a^{-1}a=1$이면 $a=(a^{-1})^{-1}$이다. ▩

정리 3.1.6 임의의 실수 $a, b, c, d\in\mathbb{R}$에 대해 다음이 성립한다.
(1) $a\cdot b=a\cdot c$이면 $b=c$이고, $b\cdot a=c\cdot a$이면 $b=c$이다(여기서 $a\neq 0$).
(2) $a\cdot b=0$이면 $a=0$ 또는 $b=0$이다.

증명 (1) $0\neq a\in\mathbb{R}$이므로 실수 $a^{-1}\in\mathbb{R}$가 존재한다. 따라서 다음이 성립한다.

$$a\cdot b=a\cdot c\Rightarrow a^{-1}\cdot(a\cdot b)=a^{-1}\cdot(a\cdot c)\Rightarrow(a^{-1}\cdot a)\cdot b=(a^{-1}\cdot a)\cdot c$$
$$\Rightarrow 1\cdot b=1\cdot c\Rightarrow b=c$$

같은 방법으로, $b\cdot a=c\cdot a$이면 $b=c$임을 밝힐 수 있다.

(2) $a\cdot b=0$이고 $a\neq 0$라고 하자. $a\in\mathbb{R}$이므로 실수 $a^{-1}\in\mathbb{R}$가 존재한다. 따라서

$$b = 1 \cdot b = (a^{-1} \cdot a) \cdot b = a^{-1} \cdot (a \cdot b) = a^{-1} \cdot 0 = 0$$

이므로 $b=0$이다. 또 같은 방법으로, $a \cdot b=0$이고 $b \neq 0$이면 $a=0$이다. ■

예제 3.1 임의의 실수 $a, b, c, d \in \mathbb{R}\,(b \neq 0,\ d \neq 0)$에 대해 $\frac{a}{b}=\frac{c}{d}$이면, $ad=bc$이다.

풀이 $\frac{a}{b}=\frac{c}{d}$이면 $ab^{-1}=cd^{-1}$이다. 양변에 d를 곱하고, 우변에 M3, M4, M5에 의해

$$\begin{aligned} ab^{-1}=cd^{-1} &\Rightarrow (ab^{-1})d=(cd^{-1})d \Rightarrow (b^{-1}a)d=c(d^{-1}d) \\ &\Rightarrow (b^{-1}a)d=c \cdot 1 \Rightarrow (b^{-1}a)d=c \end{aligned}$$

을 얻을 수 있다. $(b^{-1}a)d=c$의 양변에 b를 곱하고, 좌변에 M3, M4, M5에 의해

$$\begin{aligned} (b^{-1}a)d=c &\Rightarrow b(b^{-1}a)d=bc \Rightarrow (bb^{-1})(ad)=bc \\ &\Rightarrow 1 \cdot (ad)=bc \end{aligned}$$

이므로, $ad=bc$를 얻을 수 있다. ■

예제 3.2 임의의 실수 $a, b, c, d \in \mathbb{R}\,(b \neq 0,\ d \neq 0)$에 대해 $\frac{a}{b}+\frac{c}{d}=\frac{ad+bc}{bd}$이다.

풀이 $x=\frac{a}{b}$, $y=\frac{c}{d}$라고 하자. 그러면 $a=bx$이고 $c=dy$이므로, 각각의 양변에 각각 d와 b를 곱하고 더하면 $ad+bc=bd(x+y)$이 된다. 그런데 $bd \neq 0$이므로, 정리 3.1.3 (2)에 의해 다음이 성립한다.

$$\frac{a}{b}+\frac{c}{d} = x+y = \frac{ad+bc}{bd}$$ ■

연습문제 3.1

1. 임의의 실수 $a, b, c, d \in \mathbb{R}\,(b \neq 0,\ d \neq 0)$에 대해 다음을 증명하여라.

$$\frac{a}{b} \cdot \frac{c}{d} = \frac{ac}{bd}$$

2. 임의의 실수 $a, b, c, d \in \mathbb{R}(b \neq 0,\ c \neq 0,\ d \neq 0)$에 대해 다음을 증명하여라.

$$\frac{\frac{a}{b}}{\frac{c}{d}} = \frac{ad}{bc}$$

3. 실수 $a \in \mathbb{R}$일 때 $a \cdot a = a$이면, $a = 0$ 또는 $a = 1$임을 증명하여라.

4. $a \in \mathbb{R}^+$이고 $m, n \in \mathbb{N}$일 때, 수학적귀납법을 이용하여 다음을 증명하여라.

$$a^{m+n} = a^m \cdot a^n$$

5. $x, y \in \mathbb{Q}$이면, $x+y,\ xy \in \mathbb{Q}$임을 증명하여라.

6. n^2이 짝수이면, n도 짝수임을 증명하여라.

7. 실수 $a, b \in \mathbb{R}(a \neq 0,\ b \neq 0)$이면, $(ab)^{-1} = a^{-1}b^{-1}$이다.

8. $\mathbb{R}$의 덧셈의 항등원 0과 곱셈의 항등원 1은 각각 유일함을 증명하여라.

3.2 순서공리

이 절에서는 실수 $\mathbb{R}$상의 두 원소 간에 대소관계를 줌으로써 실수계에서 순서구조(order structure)를 형성하여 주는 순서공리(order axiom)를 소개하기로 한다.

〈순서공리 : Order Axiom〉

$\mathbb{R}$상에서 다음 두 조건을 만족하는 공집합이 아닌 부분집합 $\mathbb{R}^+$가 존재한다.

O1. 임의의 실수 $a, b \in \mathbb{R}^+$에 대해 $a+b \in \mathbb{R}^+$이고 $ab \in \mathbb{R}^+$이다.

O2. 임의의 실수 $a \in \mathbb{R}$에 대해 다음 중 단 하나만 성립한다(삼일률).

$$a \in \mathbb{R}^+, \qquad a=0, \qquad -a \in \mathbb{R}^+$$

[주] (1) $\mathbb{R}^+$의 원소를 **양수**(positive real munber), $\mathbb{R}^- = \{a : -a \in \mathbb{R}^+\}$의 원소를 **음수**

(negative real number)라고 말한다.

(2) $\mathbb{R} = \mathbb{R}^- \cup \{0\} \cup \mathbb{R}^+$

〈정의 3.2.1〉

임의의 실수 $a, b \in \mathbb{R}$에 대해

(1) $a-b \in \mathbb{R}^+$이면, a는 b보다 크다 [또는 b는 a보다 작다]고 말하며, 다음과 같이 나타낸다.

$$a > b \quad [\text{또는} \quad b < a]$$

(2) $-(a-b) \in \mathbb{R}^+$이면, b는 a보다 크다 [또는 a는 b보다 작다]고 말하며, 다음과 같이 나타낸다.

$$a < b \quad [\text{또는} \quad b > a]$$

(3) $a < b$ 또는 $a = b$이면, $a \leq b$로 나타낸다.

[주] (1) $a \in \mathbb{R}$가 양수이면 $a-0 \in \mathbb{R}^+$이므로 $a > 0$이고, $a \in \mathbb{R}$가 음수이면 $a < 0$이다.
(2) $a, b, c \in \mathbb{R}$가 $a < b$, $b < c$이면 $a < b < c$ 또는 $c > b > a$로 나타낸다.

정리 3.2.1 임의의 실수 $a, b, c \in \mathbb{R}$에 대해 다음이 성립한다.

(1) 다음 중 단 하나만 성립한다(삼일률).

$$a > b, \quad a = b, \quad a < b$$

(2) $a < b$이고 $b < c$이면, $a < c$이다.

(3) $a \leq b$이고 $b \leq a$이면, $a = b$이다.

증명 (1) $a-b \in \mathbb{R}$에 대해 O2를 적용하면, 다음 중 단 하나만 성립한다.

$$a-b \in \mathbb{R}^+, \quad a-b=0, \quad -(a-b) \in \mathbb{R}^+$$

그러므로 정의 3.2.1에 의해 (1)이 성립한다.

(2) $a < b$이면 $b-a \in \mathbb{R}^+$이고, $b < c$이면 $c-b \in \mathbb{R}^+$이다. 따라서 O1에 의해

$(b-a)+(c-b)=c-a\in\mathbb{R}^+$이므로 정의 3.2.1에 의해 $a<c$이다.

(3) 간접증명법을 사용한다. $a\neq b$이라고 하자. (1)에 의해 $a>b$이거나 $a<b$이다. 그런데 $a>b$이면 $a\geq b$는 성립하지만 $a\leq b$는 성립하지 않는다. 또한 $a<b$이면 $a\leq b$는 성립하지만 $a\geq b$는 성립하지 않는다. 따라서 어떤 경우든지 주어진 가정에 모순이다. 그러므로 $a=b$이다. ▩

정리 3.2.2

(1) 임의의 실수 $a\in\mathbb{R}$에 대해 항상 $a^2\geq 0$이다.

(2) $1>0$이다.

(3) $n\in\mathbb{N}$이면 $n>0$이다.

증명 (1) $a=0$이면 $a^2=0$이므로 $a^2\geq 0$이 성립한다. 다음은, $a\neq 0$이면 O1에 의해 $a\in\mathbb{R}^+$이거나 $-a\in\mathbb{R}^+$이다. $a\in\mathbb{R}^+$이면 O1에 의해 $a^2=aa\in\mathbb{R}^+$이다. 또 $-a\in\mathbb{R}^+$이면 O1에 의해 $(-a)(-a)\in\mathbb{R}^+$이고 정리 3.1.4 (7)에 의해 $(-a)\cdot(-a)=a^2$이므로 $a^2\in\mathbb{R}^+$이다. 따라서 어떤 경우든지 $a^2\geq 0$이다.

(2) $a=1$이면, (1)에 의해 $1=(1)^2\geq 0$이다. 그런데 M4에 의해 $1\neq 0$이므로 $1>0$이다.

(3) 수학적귀납법을 이용하여 증명한다. (2)에 의해 $n=1$이면, $n=1>0$이다. 적당한 자연수 $k\in\mathbb{N}$에 대해 $k>0$이 성립한다고 가정하면, $k\in\mathbb{R}^+$이다. 따라서 O1에 의해 $1\in\mathbb{R}^+$이고 $k\in\mathbb{R}^+$이면 $k+1\in\mathbb{R}^+$이다. 그러므로 수학적귀납법에 의해 모든 자연수 $n\in\mathbb{N}$에 대해 $n\in\mathbb{R}^+$이 성립하므로 $n>0$이다. ▩

정리 3.2.3 임의의 실수 $a,\ b\in\mathbb{R}$에 대해 다음이 성립한다.

(1) $a>0$이고 $b<0$이면, $ab<0$이다.

(2) $a<0$이고 $b>0$이면, $ab<0$이다.

(3) $a>0$이면, $\dfrac{1}{a}>0$이다.

증명 (1) $a>0$이고 $b<0$이면, $-b>0$이므로 $a(-b)\in\mathbb{R}$이고 $a(-b)=-(ab)>0$이다. 따라서 정의 3.2.1 (2)에 의해서 $ab<0$이다.

(2) (1)과 유사한 방법으로 증명할 수 있다.

(3) $a>0$이면, $a\neq 0$이므로 $\frac{1}{a}\neq 0$이다. $\frac{1}{a}<0$이면, (1)에 의해서 $a\cdot\frac{1}{a}=1<0$이므로 정리 3.2.2 (2)에 모순이다. 따라서 O2에 의해 $\frac{1}{a}>0$이다. ■

정리 3.2.4 임의의 실수 $a, b, c, d\in\mathbb{R}$에 대해 다음이 성립한다.

(1) $a>b$이면, $a+c>b+c$이다.

(2) $a>b$이고 $c>d$이면, $a+c>b+d$이다.

(3) $a>b$이고 $c>0$이면, $ac>bc$이다.

(4) $a>b$이고 $c<0$이면, $ac<bc$이다.

(5) $ab>0$이면, $a>0$이고 $b>0$이거나 $a<0$이고 $b<0$이다.

(6) $a>0$이고 $b>0$이면, $a^2>b^2\Longleftrightarrow a>b$이다.

증명 (1) $(a+c)-(b+c)=a-b$이고, 가정에서 $a-b>0$이므로 $(a+c)-(b+c)>0$이다. 따라서 $a+c>b+c$이다.

(2) $(a+c)-(b+d)=(a-b)+(c-d)$, $a-b>0$이고 $c-d>0$이므로 $(a+c)-(b+d)=(a-b)+(c-d)>0$이다. 따라서 $a+c>b+d$이다.

(3) $ac-bc=(a-b)c$, $a-b>0$이고 $c>0$이므로 $ac-bc=(a-b)c>0$이다. 따라서 $ac>bc$이다.

(4) (3)과 유사한 방법으로 증명할 수 있다.

(5) $ab>0$이면, $a\neq 0$이고 $b\neq 0$이다. $a\neq 0$이므로 $a>0$이거나 $a<0$이다. $a>0$이면 $a^{-1}>0$이므로 (3)에 의해 $b=a^{-1}(ab)>a^{-1}\cdot 0=0$이다. 한편 $a<0$일 때에도 같은 방법으로 $b<0$이다. 따라서 (5)가 성립한다.

(6) $a^2-b^2=(a+b)(a-b)$, $a+b>0$이 성립하므로 $a^2-b^2>0$일 필요충분조건은 $a-b>0$이다. 따라서 (6)이 성립한다. ■

정리 3.2.5 임의의 실수 $a, b\in\mathbb{R}$에 대해 $a>b$이면, $a>\frac{1}{2}(a+b)>b$이다.

증명 $a>b$이면 정리 3.2.4 (1)에 의해 $2a=a+a>a+b$이고 $a+b>b+b=2b$이므로 $2a>a+b>2b$이다. 따라서 정리 3.2.3 (3)에 의해 $2>0$이므로 $\frac{1}{2}>0$이고, 정리 3.2.4 (3)에 의해

$$a = \frac{1}{2}(2a) > \frac{1}{2}(a+b) > \frac{1}{2}(2b) = b$$

이 성립한다. ■

예제 3.3 임의의 음수 $a, b \in \mathbb{R}^-$에 대해 $a+b \in \mathbb{R}^-$과 $ab \in \mathbb{R}^+$임을 증명하여라.

풀이 $a, b \in \mathbb{R}^-$이면 $-a \in \mathbb{R}^+$, $-b \in \mathbb{R}^+$이다. 정리 3.1.4 (5)와 O1에 의해 $(-a)+(-b) = -(a+b) \in \mathbb{R}^+$이므로, $a+b \in \mathbb{R}^-$이다. 또한 정리 3.1.4 (7)에 의해 $ab = (-a)(-b)$이므로, O1에 의해 $ab \in \mathbb{R}^+$이다. ■

예제 3.4 임의의 실수 $a, b \in \mathbb{R}$에 대해 $a > 0$이고 $b > 0$이면, 다음은 동치이다.

$$a < b \Longleftrightarrow \sqrt{a} < \sqrt{b}$$

풀이 $a > 0$이고 $b > 0$이면, $\sqrt{a} > 0$이고 $\sqrt{b} > 0$이다. 그러므로 $a = (\sqrt{a})^2$이고 $b = (\sqrt{b})^2$이므로, 정리 3.2.4 (6)에 적용하면 쉽게 주어진 결론을 얻을 수 있다. ■

[주] $\sqrt{a}$는 자신을 두 번 곱했을 때 a가 되는 음이 아닌 수로 정의한다.

예제 3.5 임의의 실수 $a, b \in \mathbb{R}$에 대해 $a > 0$이고 $b > 0$이면, 다음이 성립한다.

$$\sqrt{ab} \le \frac{a+b}{2}$$

등식이 성립할 필요충분조건은 $a = b$이다.

풀이 $a, b \in \mathbb{R}$에 대해 $a > 0$, $b > 0$이라 하자. $a \ne b$이면, $\sqrt{a} > 0$, $\sqrt{b} > 0$이고 $\sqrt{a} \ne \sqrt{b}$이므로 정리 3.2.2 (1)에 의해

$$a - 2\sqrt{ab} + b = (\sqrt{a} - \sqrt{b})^2 > 0$$

이다. 따라서 $\sqrt{ab} < \frac{a+b}{2}$이다. 만약 $a = b(>0)$이면, 주어진 부등식의 양변은 a로서 서로 같으므로 등식이 성립한다.

역으로, $a > 0$, $b > 0$이고 $\sqrt{ab} = \frac{a+b}{2}$이라 하면, $4ab = (a+b)^2 = a^2 + 2ab + b^2$이므로 $(a-b)^2 = 0$, 즉, $a = b$이다. ■

[주] $a_1, a_2, \cdots, a_n$을 양수라고 하면 다음 부등식이 성립한다.

$$(a_1 a_2 \cdots a_n)^{\frac{1}{n}} \le \frac{a_1 + a_2 + \cdots + a_n}{n}$$

주어진 부등식에서 등식이 성립할 필요충분조건은 $a_1 = a_2 = \cdots = a_n$이다.

예제 3.6 **(Bernoulli 부등식)** 실수 $x \in \mathbb{R}$이고 $x > -1$이면, 모든 자연수 $n \in \mathbb{N}$에 대해 $(1+x)^n \ge 1 + nx$이 성립한다.

풀이 수학적귀납법을 사용한다. 명제 $P(n)$를 「자연수 $n \in \mathbb{N}$에 대해 $(1+x)^n \ge 1+nx$이 성립한다」라고 하자. $n=1$인 경우에는 등식이 성립하므로 $P(1)$은 참이다. $P(k)$인 경우에 참이라고 가정하자. $n=k+1$인 경우를 생각하면, 다음이 성립한다.

$$(1+x)^{k+1} = (1+x)^k \cdot (1+x) \ge (1+kx) \cdot (1+x) \ge 1 + (k+1)x$$

따라서 $P(k+1)$인 경우도 참이 된다. 그러므로 수학적귀납법에 의해 모든 자연수 $n \in \mathbb{N}$에 대해 $(1+x)^n \ge 1+nx$이 항상 성립한다. ■

연습문제 3.2

1. 다음을 증명하여라.

   (1) $0 < a < b \Rightarrow 0 < b^{-1} < a^{-1}$ (2) $a < b < 0 \Rightarrow b^{-1} < a^{-1} < 0$

2. 양수 $a, b \in \mathbb{R}^+$이고 $a^2 > b^2$일 때, $a > b$임을 증명하여라.

3. 다음을 증명하여라.

   (1) $0 < a < 1 \Rightarrow 0 < \cdots < a^3 < a^2 < a < 1$

   (2) $1 < a \Rightarrow 1 < a < a^2 < \cdots$

4. 실수 $a, b \in \mathbb{R}$일 때, 다음을 증명하여라.

$$a^2 + b^2 = 0 \iff a = 0,\ b = 0$$

5. $0 \le a < b$일 때, $a^2 \le ab < b^2$ 임을 증명하고, $a^2 < ab < b^2$이 성립하지 않는 예들을 보여라.

6. $0 < a < b$일 때, $a < \sqrt{ab} < b$임을 증명하여라.

7. $0 < a < b$이고 $0 < c < d$일 때, $0 < ac < bd$임을 증명하여라.

8. 실수 $a \in \mathbb{R}$가 주어졌을 때, 임의의 실수 $\varepsilon > 0$에 대해 $0 \le a < \varepsilon$이면 $a=0$임을 증명하여라.

3.3 절대값

〈정의 3.3.1〉

임의의 실수 $a \in \mathbb{R}$에 대해 $|a|$를 다음과 같이 정의하고, 이것을 a의 **절대값**(absolute value)이라고 부른다.

$$|a| = \begin{cases} a, & a \ge 0 \\ -a, & a < 0 \end{cases}$$

정리 3.3.1 임의의 실수 $a \in \mathbb{R}$에 대해 $|a| = \max\{a, -a\}$이다.

증명 실수 $a \in \mathbb{R}$에 대해 O2를 적용하면 다음 중 하나만 성립한다.

(i) $a > 0$ (ii) $a = 0$ (iii) $a < 0$

(i) $a > 0$이면, 정의 3.3.1에 의해 $|a| = a$이고 또한 $a > 0$이면, $-a < 0$이므로 $-a < a$이다. 그러므로 $a = \max\{-a, a\}$이고, $|a| = \max\{a, -a\}$이다.

(ii) $a = 0$이면, 정의 3.3.1에 의해 $|a| = a$이다. $a = 0$이면, $-a = -0 = (-1) \cdot 0 = 0$이다. 그러므로 $\max\{a, -a\} = \max\{0, 0\} = 0 = a$이고, $|a| = \max\{a, -a\}$이다.

(iii) $a < 0$이면, 정의 3.3.1에 의해서 $|a| = -a$이다. 또한 $a < 0$이면, $-a > 0$이므로 $a < -a$이다. 그러므로 $\max\{a, -a\} = -a$이고, $|a| = \max\{a, -a\}$이다. ■

정리 3.3.2 임의의 실수 $a\in\mathbb{R}$에 대해 다음이 성립한다.

(1) $|a|\geq 0$

(2) $|a|=0 \Longleftrightarrow a=0$

(3) $|a|=|-a|$

(4) $a\leq |a|$, $-a\leq |a|$

증명 (1) $a\geq 0$이면, 정의 3.3.1에 의해 $|a|=a$이므로 $|a|\geq 0$이다. $a<0$이면, 정의 3.3.1에 의해 $|a|=-a$이고, $-a>0$이므로 $|a|\geq 0$이다.

(2) $a=0$이면, 정의 3.3.1에 의해 $|0|=0$이다. $a\neq 0$이면 $-a\neq 0$이므로 $|a|\neq 0$이다.

(3) $|a|=\max\{a, -a\}=\max\{-(-a), -a\}=|-a|$이다.

(4) $|a|=\max\{a, -a\}$이므로 $a\leq |a|$이고 $-a\leq |a|$이다. ■

정리 3.3.3 임의의 실수 $a, b\in\mathbb{R}$에 대해 다음이 성립한다.

(1) $|a|^2=a^2=|-a|^2$

(2) $|ab|=|a||b|$

(3) $\left|\dfrac{a}{b}\right|=\dfrac{|a|}{|b|}$ (여기서 $b\neq 0$)

증명 (1) 정리 3.1.4 (7)에 의해 $(-a)^2=a^2$이고 $|a|=\max\{a, -a\}$이므로 $|a|^2=a^2=(-a)^2$이다. 또한 정리 3.3.2 (3)에 의해 $|a|^2=|-a|^2$이 성립한다.

(2) (1)에 의해 $|ab|^2=(ab)^2=a^2b^2=|a|^2|b|^2=(|a||b|)^2$이므로

$$|ab|=\pm|a||b|$$

이다. 한편 정리 3.3.2 (1)에 의해 $|ab|\geq 0$이고 $|a||b|\geq 0$이므로 $|ab|=|a||b|$이다.

(3) $b\neq 0$라고 하자. (1)에 의해 $\left|\dfrac{a}{b}\right|^2=\left(\dfrac{a}{b}\right)^2=\dfrac{a^2}{b^2}=\dfrac{|a|^2}{|b|^2}=\left(\dfrac{|a|}{|b|}\right)^2$이고 $\left|\dfrac{a}{b}\right|$, $\dfrac{|a|}{|b|}\geq 0$이므로, $\left|\dfrac{a}{b}\right|=\dfrac{|a|}{|b|}$이다. ■

정리 3.3.4 임의의 실수 a, b, $c\in\mathbb{R}$에 대해 다음이 성립한다.

(1) $|a-b|=|b-a|$

(2) $|a+b|\le|a|+|b|$ (삼각부등식)

(3) $|a-c|\le|a-b|+|b-c|$

(4) $||a|-|b||\le|a-b|$

증명 (1) 정리 3.3.2 (3)에서 a 대신에 $a-b$를 대입하면, 다음을 얻을 수 있다.

$$|a-b|=|-(a-b)|=|(-a)+b|=|b-a|$$

(2) 3.3.2 (4)에 의해 $a\le|a|$, $b\le|b|$이므로 정리 3.2.4 (2)에 의해 $a+b\le|a|+|b|$이다. 또한 $-a\le|a|$, $-b\le|b|$이므로, $-(a+b)=(-a)+(-b)\le|a|+|b|$이다. 따라서 정리 3.3.1에 의해 다음이 성립한다.

$$|a+b|=\max\{a+b,\ -(a+b)\}\le|a|+|b|$$

(3) (2)에서 a 대신에 $a-b$, b 대신에 $b-c$를 대입하면, 다음이 성립하므로

$$|(a-b)+(b-c)|\le|a-b|+|b-c|$$

$|a-c|\le|a-b|+|b-c|$이다.

(4) (2)에 의해 $|a|=|(a-b)+b|\le|a-b|+|b|$이므로, 다음이 성립한다.

$$|a|-|b|\le|a-b|$$

위 부등식에서 a, b를 바꾸어 대입하면, 다음이 성립하므로

$$|b|-|a|\le|b-a|=|a-b|$$

$-(|a|-|b|)\le|a-b|$이다. 따라서 다음이 성립한다.

$$||a|-|b||=\max\{|a|-|b|,\ -(|a|-|b|)\}\le|a-b|$$ ■

예제 3.7 임의의 실수 a_1, a_2, $\cdots$, $a_n\in\mathbb{R}$에 대해 다음 부등식이 성립함을 보여라.

$$|a_1+a_2+\cdots+a_n|\le|a_1|+|a_2|+\cdots+|a_n|$$

풀이 정리 3.3.4 (2)와 수학적귀납법을 이용하면 쉽게 얻을 수 있다. ■

정리 3.3.5 임의의 실수 $\varepsilon>0$에 대해 다음이 성립한다.

$$|a-b| \le \varepsilon \iff b-\varepsilon \le a \le b+\varepsilon$$

증명 $|a-b|=\max\{a-b, -(a-b)\}\le \varepsilon$일 필요충분조건은 $a-b\le\varepsilon$이고 $-(a-b)\le\varepsilon$이므로 $b-\varepsilon\le a\le b+\varepsilon$이다. ■

예제 3.8 부등식 $|2a+3|<6$을 만족하는 해집합을 구하라.

풀이

$$\begin{aligned}|2a+3|<6 &\iff -3-6<2a<-3+6\\ &\iff -9<2a<3\\ &\iff -\frac{9}{2}<a<\frac{3}{2}\end{aligned}$$

이므로 해집합은 $\left\{a\in\mathbb{R} : -\frac{9}{2}<a<\frac{3}{2}\right\}$이다. ■

정리 3.3.6 양수 $k\in\mathbb{R}^+$이고 임의의 실수 $\varepsilon>0$에 대해서 $|a-b|\le k\varepsilon$이면, $a=b$이다.

증명 $a\neq b$이라고 하면, $\frac{1}{2k}|a-b|>0$이므로 $\varepsilon=\frac{1}{2k}|a-b|$로 둘 수 있다. 따라서

$$|a-b|\le k\varepsilon=k\cdot\frac{1}{2k}|a-b|=\frac{1}{2}|a-b|$$

이다. 여기서 $|a-b|>0$이므로 이 부등식은 모순이다. 그러므로 $a=b$이다. ■

연습문제 3.3

1. 임의의 실수 $a\in\mathbb{R}$에 대해 다음을 증명하여라.

(1) $|a|=\sqrt{a^2}$ (2) $|a^2|=a^2$

2. 임의의 실수 $a, b\in\mathbb{R}$에 대해 다음을 증명하여라.

$$|a+b| = |a| + |b| \iff ab \geq 0$$

3. 임의의 실수 a, b, $c \in \mathbb{R}$에 대해 $a \leq c$일 때, 다음을 증명하고 기하학적 의미를 설명하여라.

$$a < b < c \iff |a-b| + |b-c| = |a-c|$$

4. $a < x < b$, $a < y < b$일 때, 다음을 증명하고 기하학적 의미를 설명하여라.

$$|x-y| < b-a$$

5. 임의의 실수 a, $b \in \mathbb{R}$에 대해 다음을 증명하여라.

$$\max\{a, b\} = \frac{a+b+|a-b|}{2}, \quad \min\{a, b\} = \frac{a+b-|a-b|}{2}$$

3.4 완비성공리

이 절에서는 실수계의 순서구조상 틈이 없이 연속이 되도록 하여주는 완비성공리(completeness axiom)를 소개하기로 한다.

〈정의 3.4.1〉

공집합이 아닌 $\mathbb{R}$의 부분집합 S에 대해서

(1) 모든 $x \in S$에 대해 $x \leq u$인 $u \in \mathbb{R}$가 존재할 때, S를 위로 유계(bounded above)라고 한다. 이때 u를 S의 상계(upper bound)라고 한다.

(2) 모든 $x \in S$에 대해 $x \geq v$인 $v \in \mathbb{R}$가 존재할 때, S를 아래로 유계(bounded below)라고 한다. 이때 v를 S의 하계(lower bound)라고 한다.

(3) S가 위로 유계이고 동시에 아래로 유계이면, S를 유계(bounded)라고 한다.

[주] (1) 공집합 $\varnothing$는 유계집합이다. 모든 실수는 $\varnothing$의 상계이자 하계이다.

(2) $\mathbb{R}$의 상계와 하계는 존재하지 않으므로, $\mathbb{R}$는 위로 유계도, 아래로 유계도 아니다.

(3) S의 상계 u가 존재하면, $u < v$인 실수 v도 S의 상계이므로 S의 상계는 무수히

많이 존재한다.

(4) 위 정의는 정의 2.4.3에서 $X=\mathbb{R}$이고 $A=S$인 경우이다.

예제 3.9 (1) 자연수 전체집합 $\mathbb{N}=\{1, 2, 3, \cdots\}$는 아래로 유계이지만, 위로 유계는 아니다.

(2) 집합 $S=\{x\in\mathbb{R} : x<0\}$은 위로 유계이나, 아래로 유계가 아니다.

(3) 집합 $S=\left\{\dfrac{1}{n} : n\in\mathbb{N}\right\}$은 위로 유계이고 동시에 아래로 유계이다.

(4) 모든 실수의 유한집합은 유계이다.

(5) 구간 $[a, b]$, $(a, b]$, $[a, b)$, (a, b)는 유계이다.

〈정의 3.4.2〉

(1) 공집합이 아닌 $\mathbb{R}$의 부분집합 S가 위로 유계라고 하자. 다음 두 조건을 만족하는 $u\in\mathbb{R}$를 S의 상한(supremum) [또는 최소상계(least upper bound)]이라고 한다.

(i) 모든 $x\in S$에 대해서 $x\le u$이다. (즉, u는 S의 상계이다.)

(ii) 또 다른 S의 상계 v가 존재한다면, $u\le v$이다.

(2) 공집합이 아닌 $\mathbb{R}$의 부분집합 S가 아래로 유계라고 하자. 다음 두 조건을 만족하는 $w\in\mathbb{R}$를 S의 하한(infimum) [또는 최대하계(greatest lower bound)]이라고 한다.

(i) 모든 $x\in S$에 대해서 $w\le x$이다. (즉, w는 S의 하계이다.)

(ii) 또 다른 S의 하계 v가 존재한다면, $v\le w$이다.

[주] S의 상한 u를 $u=\sup S$ [또는 lub S], S의 하한 w를 $w=\inf S$ [또는 glb S]로 표시한다.

정리 3.4.1 집합 $S(\subseteq\mathbb{R})$의 상한이 존재하면, 상한은 유일하다.

증명 u_1과 u_2를 S의 상한이라 하면 u_1, u_2는 S의 상계이어야 한다. u_1가 S의 상한이므로 $u_1\le u_2$이고, 또한 u_2가 S의 상한이므로 $u_2\le u_1$이다. 그러므로 $u_2=u_1$이다. ■

[주] 집합 $S(\subseteq\mathbb{R})$의 하한이 존재하면, 하한은 유일하다.

예제 3.10 (1) 집합 $\mathbb{R}^+=\{x\in\mathbb{R} : x>0\}$은 아래로 유계이고, 위로는 유계가 아니다. $\mathbb{R}^+$의 하한은 0이다. 그러나 0은 $\mathbb{R}^+$의 원소는 아니다.

(2) 집합 $S_1=\{1, 2, 3, 4\}$라 두면, S_1의 상한은 4이고 하한은 1이다. 그리고 1과 4는 S_1의 원소이다.

(3) 집합 $S_2=\{x\in\mathbb{R} : 0\le x\le 1\}$라 두면, S_2는 유계이고 상한 1과 하한 0은 모두 S_2의 원소이다.

(4) 집합 $S_3=\left\{\frac{1}{n} : n\in\mathbb{N}\right\}$라 두면, S_3는 유계이고 상한은 $1\in S_3$이고 하한은 $0\notin S_3$이다.

정리 3.4.2 $\mathbb{R}$의 부분집합 S의 $\sup S$와 $\inf S$가 존재하면, 다음이 성립한다.

$$\inf S\le\sup S$$

증명 $\sup S$와 $\inf S$가 존재하므로 $S\neq\varnothing$이다. 그래서 $x\in S$인 x가 존재한다. $\beta=\inf S$, $\alpha=\sup S$라 두면, β는 S의 하계이므로 $\beta\le x$이고, α는 S의 상계이므로 $x\le\alpha$이다. 따라서 $\beta\le x\le\alpha$이므로 $\beta=\inf S\le\sup S=\alpha$이다. ■

예제 3.11 S, T가 공집합이 아닌 $\mathbb{R}$의 부분집합이고 $S\subseteq T$이면, 다음이 성립한다.

(1) $\sup S\le\sup T$ (2) $\inf T\le\inf S$

풀이 (1) $y_1=\sup S$, $y_2=\sup T$이라 두면, $y_1\le y_2$임을 보이면 된다. 만약 $y_1>y_2$이라면, y_2는 S의 상계가 아니다. 또한 $S\subseteq T$이므로 $y_2<x$인 $x\in T$가 존재한다. 이것은 $y_2=\sup T$에 모순이다. 그러므로 $y_1\le y_2$이다.

(2) (1)의 증명과 같은 방법으로 한다. ■

정리 3.4.3 공집합이 아닌 $\mathbb{R}$의 부분집합 S가 위로 유계이고 u가 S의 상계일 때, $u=\sup S$이기 위한 필요충분조건은 임의의 실수 $\varepsilon>0$에 대해서 $y>u-\varepsilon$을 만족하는 $y\in S$가 존재하는 것이다.

증명 $u=\sup S$라 하면, 임의의 실수 $\varepsilon>0$에 대해 $u-\varepsilon<u$이다. $u=\sup S$이므로 $u-\varepsilon$은

S의 상계가 아니다. 그러므로 $y > u-\varepsilon$을 만족하는 $y \in S$가 존재한다.

역으로, $u' < u$ 인 실수 u'에 대해 $u-u' > 0$이므로 $\varepsilon = u-u'$라고 두면, 가정으로부터 $y > u-\varepsilon = u-(u-u') = u'$이다. 따라서 u'는 S의 상계가 아니다. 그러므로 S의 상계 u보다 더 작은 상계는 없으므로 $u = \sup S$이다. ■

예제 3.12 집합 $\mathbb{R}^+$가 위로 유계가 아님을 증명하여라.

풀이 $\mathbb{R}^+$가 위로 유계라면, $\mathbb{R}^+$의 상계 u가 존재한다. $1 \in \mathbb{R}^+$이고 u가 $\mathbb{R}^+$의 상계이므로 $u \geq 1$이다. 또 $2 \in \mathbb{R}^+$이므로 $2 > 0$이다. 따라서 $u+2 > 1+0$이므로 $u+1 > 0$이다. 여기서 $u+1 \in \mathbb{R}^+$이고 $u < u+1$이므로 이것은 u가 $\mathbb{R}^+$의 상계인 것에 모순이다. 그러므로 $\mathbb{R}^+$는 위로 유계가 아니다. ■

> **<완비성공리 : Completeness Axiom>** 공집합이 아닌 $\mathbb{R}$의 부분집합 S가 위로 유계이면, 반드시 그 상한이 존재한다.

예제 3.13 자연수 전체집합 $\mathbb{N}$는 위로 유계가 아님을 보여라.

풀이 $\mathbb{N}$이 위로 유계라고 하자. $1 \in \mathbb{N}$이므로 $\mathbb{N} \neq \varnothing$이다. 따라서 $\mathbb{N}$이 위로 유계이므로 완비성공리에 의해 $\mathbb{N}$는 상한을 가지며 그 상한을 $u = \sup \mathbb{N}$라고 두면, 모든 자연수 $n \in \mathbb{N}$에 대해서 $n \leq u$이다. 그리고 $n+1 \leq u$이므로 $n \leq u-1$이고 $u-1(<u)$는 $\mathbb{N}$의 상계이다. 이것은 $u = \sup \mathbb{N}$에 모순이므로 $\mathbb{N}$는 위로 유계가 아니다. ■

> **정리 3.4.4** 공집합이 아닌 $\mathbb{R}$의 부분집합 S가 아래로 유계이면, 반드시 그 하한이 존재한다.

증명 공집합이 아닌 집합 $S(\subseteq \mathbb{R})$가 아래로 유계라고 하자. 집합

$$U = \{y \in \mathbb{R} : y\text{는 } S\text{의 하계이다}\}$$

는 S가 하계를 가지므로 공집합이 아니다. $x \in S$이고 $y \in U$이면 $y \leq x$이므로 U는 위로 유계인 $\mathbb{R}$의 부분집합이다. 따라서 완비성공리에 의해 U는 상한을 갖는다. 그 상한을 $u = \sup U$라고 두면, 상한의 정의에 의해

(i) 모든 $y \in U$에 대해 $y \le u$이고,

또한 모든 $x \in S$는 U의 상계이므로

(ii) 모든 $x \in S$에 대해 $u \le x$이다.

그런데 (ii)는 u가 S의 하계임을 의미하고, (i)은 y가 S의 임의의 하계이면, $y \le u$임을 의미한다. 그러므로 하한의 정의에 의해 $u = \inf S$이다. ■

정리 3.4.5 (아르키메디언 성질 : Archimedean Property) 임의의 실수 $x > 0$와 $y \in \mathbb{R}$에 대해 $nx > y$가 성립하는 적당한 자연수 $n \in \mathbb{N}$이 존재하다.

증명 (i) $y \le 0$이면, 모든 자연수 $n \in \mathbb{N}$에 대해 주어진 정리는 성립한다.

(ii) $y > 0$이면, 간접증명법으로 증명하기 위해 위의 명제를 부정하면, 적당한 $x > 0$와 $y \in \mathbb{R}$가 존재해 모든 자연수 $n \in \mathbb{N}$에 대해서 $nx \le y$가 성립한다고 하자. 이때 집합 $S = \{nx : n \in \mathbb{N}\}$라 두면, 모든 $z \in S$에 대해서 $z \le y$이다. 따라서 y는 S의 상계가 되므로 S는 위로 유계이고 완비성공리에 의해 S는 상한을 갖는다. 그 상한을 $u = \sup S$라고 하면, 모든 자연수 $n \in \mathbb{N}$에 대해

$$(n+1)x \le u$$

즉, $nx \le u - x$가 되므로, $u - x$는 S의 상계이다. 따라서 $u \le u - x$가 되므로, $x \le 0$이 되어 $x > 0$이라는 가정에 모순이다. ■

따름정리 3.4.6 임의의 실수 $x \in \mathbb{R}$에 대해 $n > x$인 자연수 $n \in \mathbb{N}$가 존재한다.

증명 정리 3.4.5에서 $1 > 0$이므로 x 대신에 1을, y 대신에 x를 대입하면, 정리가 성립한다. ■

따름정리 3.4.7 임의의 실수 $x > 0$에 대해 $0 < \frac{1}{n} < x$을 만족시키는 자연수 $n \in \mathbb{N}$이 존재한다.

증명 $x > 0$이므로 $\frac{1}{x} > 0$이다. 따름정리 3.4.6에 의해서 $\frac{1}{x} < n$인 자연수 $n \in \mathbb{N}$가 존재한다. 그러므로 $0 < \frac{1}{n} < x$이다. ■

따름정리 3.4.8 임의의 실수 $x>1$에 대해 $n \le x < n+1$을 만족시키는 자연수 $n \in \mathbb{N}$가 유일하게 존재한다.

증명 집합 $S=\{k\in\mathbb{N} : k<x\}$라 두자. 그러면 $S\neq\varnothing$이고 위로 유계이므로 완비성공리에 의해 S는 상한을 가진다. 그 상한을 $n=\sup S$라 두면 $n\le x$이다. 만약 $x\ge n+1$이라고 하면 $n+1\in S$이다. 이것은 $n=\sup S$에 모순이므로, $n\le x<n+1$이다. ■

정리 3.4.9 (유리수의 조밀성 : Density of $\mathbb{Q}$) 임의의 실수 $x, y\in\mathbb{R}$에 대해 $x<y$이면, $x<r<y$인 유리수 $r\in\mathbb{Q}$이 존재한다.

증명 (i) $x>0$인 경우 : $x<y$이므로 $y-x>0$이다. 따름정리 3.4.7에 의해서 $0<\frac{1}{n}<y-x$인 자연수 $n\in\mathbb{N}$이 존재하여 $ny>nx+1$을 만족한다. 또, x와 $\frac{1}{n}$에 대해 정리 3.4.5를 적용하면 $x<\frac{k}{n}$를 만족하는 자연수 $k\in\mathbb{N}$가 존재한다. $x<\frac{k}{n}$를 만족하는 자연수 $k\in\mathbb{N}$ 중 가장 작은 자연수를 m이라 하면, 따름정리 3.4.8에 의해 $\frac{m-1}{n}\le x<\frac{m}{n}$이 성립한다. 이때 $r=\frac{m}{n}$으로 두면,

$$y>x+\frac{1}{n}\ge\frac{m-1}{n}+\frac{1}{n}=\frac{m}{n}=r>x$$

이므로 $x<r<y$인 유리수 $r\in\mathbb{Q}$이 존재한다.

(ii) $x<0$인 경우 : 따름정리 3.4.6에 의해 $-x<n$을 만족하는 자연수 $n\in\mathbb{N}$이 존재한다. 그런데 $0<x+n<y+n$이므로 (i)에 의해 $x+n<r'<y+n$을 만족하는 유리수 $r'\in\mathbb{Q}$가 존재한다. 그러므로 $r=r'-n$으로 두면, $r\in\mathbb{Q}$는 유리수이고 $x<r<y$이다.

(iii) $x=0$인 경우 : 따름정리 3.4.7에 의해 분명하다. ■

예제 3.14 $\sqrt{2}$가 유리수가 아님을 증명하여라.

풀이 $\sqrt{2}$가 유리수라고 가정하자. 그러면 $\frac{p}{q}=\sqrt{2}$인 서로 소인 정수 $p, q(\neq 0)$로 표현할 수 있다. $\left(\frac{p}{q}\right)^2=2$이므로 $p^2=2q^2$이고 q가 정수이므로 q^2도 정수이다. 따라서 p^2은 2의 배수이고 p도 2의 배수이므로, 적당한 정수 m에 대해 $p=2m$라 두면 $2m^2=q^2$이다. 여기서 q도 2의 배수이므로, 이것은 p와 q가 서로 소인 정수이라는 사실에 모순

이다. 따라서 $\sqrt{2}$는 유리수가 아니다. ■

정리 3.4.10 $x^2=2$를 만족하는 양수 $x \in \mathbb{R}^+$가 유일하게 존재한다.

증명 (존재성) 집합 $S=\{s \in \mathbb{R} : 0 \le s,\ s^2 < 2\}$라고 두면, $1 \in S$이므로 $S \neq \varnothing$이고 2는 S의 상계이므로 완비성공리에 의해 S는 상한 $x=\sup S$을 가진다. 여기서 상한 x가 $x^2=2$를 만족함을 보이고자 한다.

(i) $x^2 < 2$인 경우 : $\dfrac{2-x^2}{2x+1} > 0$이고 따름정리 3.4.7에 의해서 $0 < \dfrac{1}{n} < \dfrac{2-x^2}{2x+1}$인 자연수 $n \in \mathbb{N}$이 존재한다. 따라서

$$\left(x+\frac{1}{n}\right)^2 = x^2+\frac{1}{n}\left(2x+\frac{1}{n}\right) \le x^2+\frac{1}{n}(2x+1) < 2$$

이므로 $x+\dfrac{1}{n} \in S$이다. 이것은 $x=\sup S$라는 사실에 모순이므로 $x^2 < 2$가 성립되지 않는다.

(ii) $x^2 > 2$인 경우 : $\dfrac{x^2-2}{2x} > 0$이므로, 따름정리 3.4.7에 의해 $0 < \dfrac{1}{m} < \dfrac{x^2-2}{2x}$인 자연수 $m \in \mathbb{N}$가 존재한다. 한편,

$$\left(x-\frac{1}{m}\right)^2 = x^2-\frac{2x}{m}+\frac{1}{m^2} > x^2-\frac{2x}{m} > x^2-(x^2-2)=2$$

이므로, 모든 $s \in S$에 대해서 $x-\dfrac{1}{m} > s$이다. 따라서 $x-\dfrac{1}{m}$는 S의 상계가 되므로 $x=\sup S$라는 사실에 모순이다. 그러므로 $x^2 > 2$가 될 수 없다.

따라서 (i)과 (ii)로부터 $x^2 \not< 2$이고 $x^2 \not> 2$이므로 $x^2=2$이다.

(유일성) $y^2=2$인 y가 있다고 하자. $y<x$이면 $y^2 < x^2=2$이고. 또한 $y>x$이면 $y^2 > x^2=2$이므로 모순이다. 그러므로 $x=y$이다. ■

[주] 정리 3.4.10은 S의 상한 x와 같이 유리수가 아닌 실수가 존재함을 의미한다. 이러한 유리수가 아닌 실수를 **무리수**(irrational number)라고 부른다. 예제 3.14에서 $x^2=2$를 만족하는 유리수가 아닌 수, 즉 무리수인 S의 상한 x를 $\sqrt{2}$로 표시하고, 2의 **양의 제곱근**(positive square root of 2)이라고 한다.

정리 3.4.11 (무리수의 조밀성 : Density of $\mathbb{Q}^c$) 임의의 실수 $x, y \in \mathbb{R}$에 대해 $0 < x < y$이면, 임의의 무리수 $\alpha > 0$에 대해 적당한 유리수 $r \in \mathbb{Q}$이 존재해서 다음이 성립한다.

$$x < r\alpha < y$$

증명 $0 < x < y$이고 $\alpha > 0$이므로 $\frac{x}{\alpha} < \frac{y}{\alpha}$이다. 정리 3.4.9에 의해 $\frac{x}{\alpha} < r < \frac{y}{\alpha}$인 유리수 $r \in \mathbb{Q}$이 존재한다. 따라서 $x < r\alpha < y$이다. ■

연습문제 3.4

1. 실수 전체집합 $\mathbb{R}$는 유계집합이 아님을 증명하여라.

2. 공집합이 아닌 $\mathbb{R}$의 부분집합 S가 위로 유계이고 실수 $a \in \mathbb{R}$에 대해

$$a + S = \{a + x : x \in S\}$$

라고 정의하면, 다음을 증명하여라.

$$\sup(a+S) = a + \sup S$$

3. S, T가 공집합이 아닌 $\mathbb{R}$의 유계인 부분집합이고 실수 $a \in \mathbb{R}$일 때,

$$S \pm T = \{x \pm y : x \in S,\ y \in T\},\quad aS = \{ax : x \in S\}$$

라고 정의한다. 다음을 증명하여라.

(i) $\sup(T+S) = \sup T + \sup S$

(ii) $\sup(T-S) = \sup T - \inf S$

(iii) $\sup(a \cdot S) = \begin{cases} a \cdot \sup S & a \geq 0 \\ a \cdot \inf S & a \leq 0 \end{cases}$

4. A가 공집합이 아닌 $\mathbb{R}$의 부분집합에 대해서 집합 A가 아래로 유계이면, 다음을

증명하여라.

$$-\inf A = \sup(-A)$$

5. 임의의 실수 $a, b \in \mathbb{R}$과 자연수 $n \in \mathbb{N}$에 대해 $a \leq b + \frac{1}{n}$이면, $a \leq b$임을 증명하여라.

6. 공집합이 아닌 $\mathbb{R}$의 부분집합 S가 주어졌을 때 $u = \sup S$일 필요충분조건은 각 자연수 $n \in \mathbb{N}$에 대해 $u - \frac{1}{n}$는 S의 상계가 아닌 동시에 $u + \frac{1}{n}$는 S의 상계임을 증명하여라.

7. 실수 $x, y \in \mathbb{R}$이고 $x > 1$이면, $x^n > y$인 자연수 $n \in \mathbb{N}$이 존재함을 증명하여라.

8. 양수 $x \in \mathbb{R}^+$이고 자연수 $n \in \mathbb{N}$에 대해서 $y^n = x$인 $y \in \mathbb{R}^+$가 유일하게 존재함을 증명하여라.

9. 임의의 실수 $\varepsilon > 0$에 대해서 다음을 증명하여라.

$$x = y \Longleftrightarrow |x - y| < \varepsilon$$

10. $\sqrt[3]{3}$이 무리수임을 증명하여라.

11. $\log_5 2$은 유리수가 아님을 증명하여라.

12. p가 소수이면, $\sqrt{p}$는 유리수가 아님을 증명하여라.

3.5 구 간

이 절에서는 실수계 $\mathbb{R}$의 부분집합으로 가장 많이 언급되는 구간에 대해 알아보고 완비성 공리와 동치인 축소구간정리를 다룬다.

〈정의 3.5.1〉

실수 $a, b \in \mathbb{R}$에 대해 $a < b$라고 하자.

(1) $(a, b) = \{x \in \mathbb{R} : a < x < b\}$를 a와 b에 의해 결정되는 **개구간**(open interval)이라 한다.

(2) $[a, b] = \{x \in \mathbb{R} : a \leq x \leq b\}$를 a와 b에 의해 결정되는 **폐구간**(closed interval)이라 한다.

(3) $[a, b) = \{x \in \mathbb{R} : a \leq x < b\}$를 a와 b에 의해 결정되는 **반개구간**(half-open interval)이라 한다.

(4) $(a, b] = \{x \in \mathbb{R} : a < x \leq b\}$를 a와 b에 의해 결정되는 **반개구간**(half-open interval)이라 한다.

(5) $(a, \infty) = \{x \in \mathbb{R} : a < x\}$를 a에 의해 결정되는 **무한개구간**(infinite open interval)이라 한다.

(6) $(-\infty, b) = \{x \in \mathbb{R} : x < b\}$를 b에 의해 결정되는 **무한개구간**(infinite open interval)이라 한다.

(7) $(-\infty, \infty) = \mathbb{R}$

[주] (1) 만약 $a = b$이면, 개구간은 공집합이다.

(2) 만약 $a = b$이면, 폐구간은 $[a, a] = \{a\}$이다.

〈정의 3.5.2〉

모든 자연수 $n \in \mathbb{N}$에 대해 구간 I_n이 다음을 만족할 때,

$$I_1 \supseteq I_2 \supseteq \cdots \supseteq I_n \supseteq I_{n+1} \supseteq \cdots$$

구간열 $\{I_n\}$을 **축소구간열**(sequence of nested intervals)이라 한다.

예제 3.15 (1) 자연수 $n \in \mathbb{N}$에 대해 $I_n = \left[0, \dfrac{1}{n}\right]$이면, $\{I_n\}$은 축소구간열이다.

(2) 자연수 $n \in \mathbb{N}$에 대해 $J_n = \left(0, \dfrac{1}{n}\right)$이면, $\{J_n\}$은 축소구간열이다.

(3) 자연수 $n \in \mathbb{N}$에 대해 $K_n = (0, n)$이면, $\{K_n\}$은 축소구간열이 아니다.

정리 3.5.1 (축소구간정리 : Nested Intervals Theorem) $I_n=[a_n, b_n]$이고 $\{I_n\}$가 유계축소폐구간열이면, 모든 자연수 $n\in\mathbb{N}$에 대해 $\alpha\in I_n$인 실수 $\alpha\in\mathbb{R}$가 존재한다. 여기서 I_n의 길이 b_n-a_n가 $\inf\{b_n-a_n : n\in\mathbb{N}\}=0$을 만족하면, 공통원소 α는 유일하다.

증명 각 자연수 n에 대해 $I_n=[a_n, b_n]$로 두면, $I_n\supseteq I_{n+1}$이므로

$$a_1 \le a_2 \le \cdots \le a_n \le \cdots \le b_n \le \cdots b_2 \le b_1$$

이다. 이때 집합 $S=\{a_n : n\in\mathbb{N}\}$은 b_1에 의해 위로 유계이므로, 실수의 완비성공리에 의해 $\alpha=\sup S$가 존재한다. 따라서 상한의 정의에 의해, 모든 자연수 $n\in\mathbb{N}$에 대해 $a_n\le\alpha$가 된다. 또한, 각 b_n은 S의 상계이므로 $\alpha\le b_n$이 된다. 따라서 모든 자연수 $n\in\mathbb{N}$에 대해 $a_n\le\alpha\le b_n$이 성립한다. 여기서 $\alpha\in\bigcap_{n=1}^{\infty}I_n$이므로 $\bigcap_{n=1}^{\infty}I_n\neq\varnothing$이다. 다음, $\eta=\inf\{b_n : n\in\mathbb{N}\}$이라고 두면, 모든 자연수 $n\in\mathbb{N}$에 대해 $a_n\le\eta$이므로 $\alpha\le\eta$이다. 따라서 모든 자연수 $n\in\mathbb{N}$에 대해 $x\in I_n$이면 $\alpha\le x\le\eta$이다. 즉, $\bigcap_{n=1}^{\infty}I_n=[\alpha, \eta]$이다. 가정으로부터, $\inf\{b_n-a_n : n\in\mathbb{N}\}=0$이므로, 임의의 실수 $\varepsilon>0$에 대해

$$0\le\eta-\alpha\le b_n-a_n<\varepsilon$$

인 자연수 $n\in\mathbb{N}$이 존재한다. 연습문제 3.2의 8번에 의해 $\eta=\alpha$이다. 그러므로 $\eta=\alpha$이 모든 자연수 $n\in\mathbb{N}$에 대해 I_n에 속하는 유일한 점이다. ■

예제 3.16 (1) 축소구간정리에서 각 구간이 폐구간인 조건은 필수적이다. 예를 들어 자연수 $n\in\mathbb{N}$에 대해 $I_n=\left[0, \frac{1}{n}\right]$이라 두고 $J_n=\left(0, \frac{1}{n}\right)$이라 두면 $\{I_n\}$과 $\{J_n\}$은 둘 다 축소구간열이지만 $\bigcap_{n=1}^{\infty}I_n=\{0\}\neq\varnothing$이고 $\bigcap_{n=1}^{\infty}J_n=\varnothing$이다.

(2) 자연수 $n\in\mathbb{N}$에 대해서 $Y_n=[n, \infty)$이라 하면, Y_n은 폐집합이지만 유계가 아니다. 따라서 $Y_1\supset Y_2\supset\cdots\supset Y_n\supset\cdots$이지만 $\bigcap_{n=1}^{\infty}Y_n=\varnothing$이다.

연습문제 3.5

1. 완비성공리가 성립하면, 축소구간정리가 성립함을 보여라.

2. 축소구간정리가 성립하면, 완비성공리가 성립함을 보여라.

3. $\bigcap_{n=1} [a_n, b_n) = \varnothing$ 되는 반개구간으로 이루어진 축소구간열 $\{[a_n, b_n)\}$의 예를 들어라.

4. 다음을 증명하여라.

   (1) $\bigcap_{n=1}^{\infty} \left(-\frac{1}{n}, \frac{1}{n}\right) = \{0\}$

   (2) $\bigcup_{n=3}^{\infty} \left[\frac{1}{n}, 1-\frac{1}{n}\right] = (0, 1)$

연습문제 풀이

연습문제 3.1

1. $\dfrac{a}{b}\cdot\dfrac{c}{d}=(ab^{-1})(cd^{-1})=a(b^{-1}c)d^{-1}=a(cb^{-1})d^{-1}=(ac)(b^{-1}d^{-1})$

$$=(ac)(bd)^{-1}=\frac{ac}{bd}$$

2. $\dfrac{\frac{a}{b}}{\frac{c}{d}}=\left(\dfrac{a}{b}\right)\cdot\left(\dfrac{c}{d}\right)^{-1}=(ab^{-1})\cdot(cd^{-1})^{-1}=(ab^{-1})\cdot(c^{-1}(d^{-1})^{-1})$

$$=(ab^{-1})(c^{-1}d)=(ad)(b^{-1}c^{-1})=(ad)(bc)^{-1}=\frac{ad}{bc}$$

3. (i) $a\neq 0$일 때, $a\cdot a=a$이면 $a\cdot a=a\cdot 1$이므로 $a=1$이다.
   (ii) $a\neq 1$일 때, $a\cdot(a-1)=a\cdot a-a$이고 $a\cdot a=a$이므로 $a\cdot(a-1)=a-a=0$이다.
   따라서 $a-1\neq 0$이므로 정리 3.1.6 (2)에 의해 $a=0$이다.

4. $P(m)$을 「모든 자연수 $n\in\mathbb{N}$에 대해서 $a^{n+m}=a^n\cdot a^m$」인 명제라 하자.
   $P(1)$: $a^{n+1}=a^n\cdot a^1$ $(n\in\mathbb{N})$ 「∵ 지수의 정의에 의해 성립한다」
   $P(k)$: $a^{n+k}=a^n\cdot a^k$ $(n\in\mathbb{N})$가 성립한다고 가정하면, 다음이 성립한다.

$$a^{n+(k+1)}=a^{(n+k)+1}=a^{n+k}\cdot a^1=a^n\cdot a^k\cdot a^1=a^n\cdot a^{k+1}$$

   따라서, $P(k+1)$도 성립하므로, 수학적귀납법에 의해 모든 자연수 $m\in\mathbb{N}$에 대해 명제 $P(m)$은 항상 성립한다.

5. $x,\ y\in\mathbb{Q}$이라고 하면 $x=\dfrac{p}{q}$, $y=\dfrac{r}{s}$ $(q\neq 0,\ s\neq 0,\ p,\ q,\ r,\ s$가 정수)이라고 둘 수 있다. 그러면 $q\neq 0,\ s\neq 0$에 대해 $x+y=\dfrac{p}{q}+\dfrac{r}{s}=\dfrac{ps+qr}{qs}$이다. 여기서 $qs\neq 0$이고 $ps+qr$은 정수이므로 $\dfrac{ps+qr}{qs}\in\mathbb{Q}$이다.

6. $p\Rightarrow q$와 $\sim q\Rightarrow\sim p$는 동치조건이므로, 「n이 홀수이면 n^2도 홀수」임을 보이면 된다. 정수 $n\in\mathbb{Z}$이 홀수라 가정하면 적당한 정수 $m\in\mathbb{Z}$에 대해 $n=2m+1$로 나타낼 수 있다. 따라서 $n^2=4m^2+4m+1=2(2m^2+2m)+1$이므로 $n^2=2p+1\,(p=2m^2+2m\in\mathbb{Z})$로 나타낼 수 있다. 그러므로 n^2도 홀수이다.

7. M3, M2, M5, M4를 적용하면, 다음이 성립한다.

$$\begin{aligned}(ab)(a^{-1}b^{-1}) &= [(ab)a^{-1}]b^{-1} = [a(ba^{-1})]b^{-1} = [a(a^{-1}b)]b^{-1} \\ &= [(aa^{-1})b]b^{-1} = (1\cdot b)b^{-1} = b\cdot b^{-1} = 1\end{aligned}$$

같은 방법으로, $(a^{-1}b^{-1})(ab)=1$이 성립함을 보일 수 있다. 여기서 $(a^{-1}b^{-1})(ab)=(ab)(a^{-1}b^{-1})=1$이므로, $a^{-1}b^{-1}$는 ab의 곱셈에 대한 역원이고 $(ab)^{-1}=a^{-1}b^{-1}$이다.

8. 0과 $0'$이 $\mathbb{R}$의 덧셈의 항등원이라고 하자. 그러면 A4에 의해 $0+0'=0$이고, 또한 $0'$가 $\mathbb{R}$의 덧셈의 항등원이므로 $0'+0=0'$이다. 그런데 A2에 의해 $0+0'=0'+0$이므로 $0'=0'+0=0+0'=0$이다. 따라서 $0=0'$이다. 다음으로, 1과 $1'$가 $\mathbb{R}$의 곱셈의 항등원이라고 하면, M4에 의해 $1\cdot 1'=1'$이고 $1'\cdot 1=1$이므로 M2에 의해 $1=1'$이다.

연습문제 3.2

1. (1) 정리 3.2.3 (3)에 의해 $a^{-1}>0$, $b^{-1}>0$이다. $a<b$이므로 $b^{-1}=b^{-1}(a^{-1}a)=(b^{-1}a^{-1})a<(b^{-1}a^{-1})b=a^{-1}$이다.

   (2) $a^{-1}<0$, $b^{-1}<0$이면 $a^{-1}b^{-1}>0$이다. 따라서 $a<b$의 양변에 $a^{-1}b^{-1}$을 곱하면, $(a^{-1}b^{-1})a<(a^{-1}b^{-1})b$이고 $b^{-1}<a^{-1}$이므로 $b^{-1}<a^{-1}<0$이다.

2. a, $b\in\mathbb{R}^+$이면 O1에 의해 $a+b\in\mathbb{R}^+$이고 $a+b>0$이다. 그런데 $a^2>b^2$이면, $a^2-b^2>0$이고 $(a+b)(a-b)>0$이므로 정리 3.2.4 (5)에 의해서 $a-b>0$이다. 따라서 $a>b$이다.

3. (1) $0<a<1$이므로 $a\in\mathbb{R}^+$이고 $1-a\in\mathbb{R}^+$이다. 따라서 O1에 의해 $a(1-a)\in\mathbb{R}^+$이고 $a-a^2>0$이므로 $a>a^2$이다. 같은 방법으로, $a>a^2$이면 $a-a^2\in\mathbb{R}^+$이므로 $a(a-a^2)\in\mathbb{R}^+$이다. 즉, $a^2-a^3>0$이므로 $a^2>a^3$이 성립한다. 이와 같이 계속하면, $1>a>a^2>a^3>\cdots>0$이다.

   (2) $a>1$이므로 $a\in\mathbb{R}^+$이고, $a-1\in\mathbb{R}^+$이므로 $a(a-1)\in\mathbb{R}^+$이다. 즉, $a^2-a>0$이므로 $a^2>a$이다. 같은 방법으로, $a^3>a^2$임을 증명할 수 있다.

4. $a=0$, $b=0$이면 $a^2+b^2=0^2+0^2=0$이다. 역으로 $a^2+b^2=0$이라 하자. a, $b\in\mathbb{R}$이면 $a^2\geq 0$, $b^2\geq 0$이므로 $a^2\leq a^2+b^2$, $b^2\leq a^2+b^2$이다. 여기서 $a^2+b^2=0$이므로 $a^2\leq 0$, $b^2\leq 0$이고 $a^2=0$, $b^2=0$이다. 그러므로 $a=0$, $b=0$이다.

5. (i) $a=0$이면, $a^2=ab$이므로 $a^2 \le ab < b^2$이다.

(ii) $0<a<b$ 이면, $a(b-a)>0$이므로 $ab-a^2>0$이고 $a^2<ab$이다. 또한, $a<b$이고 $b>0$이므로 $b(b-a)=b^2-ab>0$이고 $b^2>ab$이다. 그러므로 $a^2<ab<b^2$이다.

(iii) $a^2<ab<b^2$이 성립하지 않은 예는 $a=0$이고 $b>0$일 때이다.

6. 문제 5번을 이용하면 $a^2<ab<b^2$이 성립하고, 이것은 $a^2<(\sqrt{ab})^2<b^2$인 형태의 부등식이므로 문제 2번을 이용하면, $a<\sqrt{ab}<b$이 된다.

7. $0<a<b$, $c>0$이므로 $0<ac<bc$이고, $c<d$, $b>0$이므로 $bc<bd$이다. 따라서 $0<ac<bc<bd$이므로 $0<ac<bd$이다.

8. $a>0$라고 가정하면, 정리 3.2.1에 의해서 $a>\frac{1}{2}a>0$이다. $\varepsilon_0=\frac{1}{2}a>0$라 두면, $a>\varepsilon_0>0$이므로 모든 실수 $\varepsilon>0$에 대해 $a<\varepsilon$에 모순이다. 따라서 $a=0$이다.

연습문제 3.3

1. (1) (i) $a \ge 0$일 때 : $\sqrt{a^2}=\alpha$라 두면, $\alpha^2=a^2$이고 $\alpha \ge 0$이다. 따라서 $\alpha=a$이다. 또한 $a \ge 0$일 때 $a=|a|$이므로, $\sqrt{a^2}=\alpha=a=|a|$이다.

(ii) $a<0$일 때 : 위와 같은 방법으로, $\sqrt{a^2}=\alpha$라 두면, $\alpha^2=a^2$이고 $\alpha \ge 0$이다. 여기서 $a<0$이므로 $\alpha=-a$이고 $\sqrt{a^2}=\alpha=-a=|a|$이다.

(2) $a\in\mathbb{R}$이면 $a^2 \ge 0$이므로 $a^2 \ge -a^2$이다. 정리 3.3.1에 의해 다음이 성립한다.

$$|a^2|=\max\{a^2, -a^2\}=a^2$$

2. $ab \ge 0$이면 정리 3.2.4 (5)에 의해 $a \ge 0$, $b \ge 0$ 또는 $a \le 0$, $b \le 0$이다.

(i) $a \ge 0$, $b \ge 0$이면, $a+b \ge 0$이므로 $|a+b|=a+b=|a|+|b|$이다.

(ii) $a \le 0$, $b \le 0$이면, $a+b \le 0$이므로 $|a+b|=-(a+b)=(-a)+(-b)=|a|+|b|$이다.

역으로, $|a+b|=|a|+|b|$이면, $|a+b|^2=(|a|+|b|)^2$이므로 $ab=|ab|$이다. 따라서 $ab \ge 0$이다.

3. $a<b<c$이면 $a-b<0$, $b-c<0$, $a-c<0$이므로, 다음이 성립한다.

$$|a-b|+|b-c|=-(a-b)-(b-c)=-a+c=-(a-c)=|a-c|$$

역으로, $|a-b|+|b-c|=|a-c|$이라 하자. $a-b=x$, $b-c=y$라고 두면, $a-c=x+y$이므로 주어진 식은 $|x|+|y|=|x+y|$이다. 문제 2에 의하여, $xy>0$이고 $xy=(a-b)(b-c)$이므로 정리 3.2.4 (5)에 의해 다음 두 가지 경우중 하나가 성립한다.

(i) $a-b>0$, $b-c>0$인 경우 : $a>b>c$는 $a<c$에 모순이다.

(ii) $a-b<0$, $b-c<0$인 경우 : $a<b<c$가 성립한다 (기하학적 의미).

4. $a<x<b$, $a<y<b$이면 $a<y$이므로 $a+x<y+x$이고, $x<b$이므로 $y+x<y+b$이다. 여기서 $a+x<b+y$이므로 $x-y<b-a$이다. 또 x, y를 서로 바꾸어 같은 방법을 적용하면 $-x+y<b-a$이므로 $|x-y|<b-a$이다 (기하학적 의미).

5. a, b가 임의의 두 실수이면 $a \le b$이거나 $a \ge b$이다. $a \le b$라 하면 $\max\{a, b\}=b$이고 $\frac{a+b+|a-b|}{2}=\frac{a+b-(a-b)}{2}=b$이므로 $\max\{a, b\}=\frac{a+b+|a-b|}{2}$이다. 이때 $\min\{a, b\}=a$이므로 $\min\{a, b\}=\frac{a+b-|a-b|}{2}$가 성립한다. $b \le a$인 경우도 같은 방법으로 성립한다.

연습문제 3.4

1. 실수 전체집합 $\mathbb{R}$이 상계 u를 가진다고 가정하면 $0 \in \mathbb{R}$이므로 $u \ge 0$이고 또한 $1>0$이므로 $u+1>0$이다. $u+1>u$이고 $u+1 \in \mathbb{R}$이므로 u는 $\mathbb{R}$의 상계가 될 수 없다. 이것은 u가 $\mathbb{R}$의 상계라는데 모순이므로 $\mathbb{R}$은 위로 유계가 아니다. 같은 방법으로, 아래로 유계가 아님도 증명할 수 있다.

2. $u=\sup S$라 두면, 모든 $x \in S$에 대해서 $x \le u$이므로, $a+x \le a+u$이다. 그러므로, $a+u$는 $a+S$의 상계이고 $\sup(a+S) \le a+u$이다. 만약 v를 $a+S$의 상계라 하면, 모든 $x \in S$에 대해서 $a+x \le v$이므로, $x \le v-a$이다. 즉, $v-a$는 S의 상계이다. 따라서 $u=\sup S \le v-a$이고 $a+u \le v$이므로, $\sup(a+S)=a+u=a+\sup S$이다.

3. (i) S, T가 유계이므로 $S+T$도 유계이다. $u_1=\sup S$, $u_2=\sup T$, $u=\sup(S+T)$라고 두자. 모든 $x \in S$, $y \in T$에 대해서 $x \le u_1$, $y \le u_2$이므로 $x+y \le u_1+u_2$이다. 따라서 u_1+u_2는 $S+T$의 상계이므로 $u \le u_1+u_2$이다. 또한, 임의의 실수 $\varepsilon>0$에 대해

$$x_1>u_1-\frac{\varepsilon}{2}, \qquad y_1>u_2-\frac{\varepsilon}{2}$$

를 만족하는 $x_1 \in S$, $y_1 \in T$가 존재한다. 따라서 $x_1+y_1>u_1+u_2-\varepsilon$이므로 $u \ge x_1+y_1>u_1+u_2-\varepsilon$이 성립한다. 따라서 $\varepsilon>0$은 임의의 실수이므로 $u \ge u_1+u_2$이다. 그러므로

$u=u_1+u_2$이고 $\sup(S+T)=\sup S+\sup T$이다.

(ii) $u=\sup S$, $w=\inf T$라 두자. 모든 $x\in S$, $y\in T$에 대해 $x\le u$, $w\le y$이므로 $x-y\le u-w$이다. 따라서 $u-w$는 $S-T$의 상계이고, 완비성공리에 의해 $M=\sup(S-T)$가 존재하고 $M\le u-w$이다. 한편, 임의의 실수 $\varepsilon>0$에 대해서 $u-\frac{\varepsilon}{2}<x$를 만족하는 $x\in S$가 존재하고, $y<w+\frac{\varepsilon}{2}$를 만족하는 $y\in T$가 존재한다.

이때, $u-w<x-y+\varepsilon\le M+\varepsilon$이고 $\varepsilon>0$은 임의의 실수이므로, $u-w\le M$이 성립한다. 그러므로 $u-w=M$이고 $\sup(S-T)=\sup S-\inf T$이다.

(iii) ① $a=0$인 경우: $\sup(aS)=\sup\{0\}=0=a\cdot\sup S=a\cdot\inf S$

② $a>0$인 경우: $u=\sup S$라 두면, 모든 $x\in S$에 대해서 $u\ge x$이므로 $au\ge ax$이고, 따라서 $au\ge\sup(aS)$이다. 또한, 임의의 실수 $\varepsilon>0$에 대해 $x_1>u-\frac{1}{a}\varepsilon$를 만족하는 $x_1\in S$가 존재한다. 여기서 $ax_1>au-\varepsilon$이므로 $\sup(aS)\ge ax_1>au-\varepsilon$이다. 그런데 $\varepsilon>0$는 임의의 실수이므로, $au\le\sup(aS)$이다. 따라서 $\sup(aS)=au=a\cdot\sup S$이다.

③ $a<0$인 경우: $a>0$인 경우와 비슷한 방법으로 증명할 수 있다.

4. $m=\inf A$라 두자. 모든 $a\in A$에 대해서 $m\le a$이므로 $-m\ge -a$이고 $-m$은 $-A$의 상계이다. 따라서 완비성공리에 의해 $u=\sup(-A)$가 존재한다. 여기서 $m=\inf A$이므로, 임의의 실수 $\varepsilon>0$에 대해서 $m+\varepsilon>a'$를 만족하는 $a'\in A$가 존재한다. $-m-\varepsilon<-a'\le u$이고 $\varepsilon>0$은 임의의 실수이므로 $-m\le u$이다. 따라서 $-m=u$이므로 $-\inf A=\sup(-A)$이다.

5. 모든 자연수 $n\in\mathbb{N}$에 대해서 $a\le b+\frac{1}{n}$라고 가정하자. $a>b$이면, $a-b>0$이다. 따라서, 아르키메디언성질에 의해 자연수 $n_0\in\mathbb{N}$가 존재하여 $n_0(a-b)>1$을 만족한다. $a>b+\frac{1}{n_0}$이므로, 가정에 모순이다. 즉, $a\le b$이다.

6. $u=\sup S$라 두자. 각 자연수 $n\in\mathbb{N}$에 대해서 $u+\frac{1}{n}>u$이다. $u-\frac{1}{n}<u$이므로 $u+\frac{1}{n}$는 S의 상계이고, $u-\frac{1}{n}$는 S의 상계가 아니다. 역으로, $n\in\mathbb{N}$이 임의의 자연수이면 $u+\frac{1}{n}$은 S의 상계이므로 $\sup S\le u+\frac{1}{n}$이다. 또한 $u-\frac{1}{n}$은 S의 상계가 아니므로 $u-\frac{1}{n}<x$인 $x\in S$가 존재하며 $u-\frac{1}{n}<x\le\sup S$가 성립한다. 따라서 임의의 자연수 $n\in\mathbb{N}$에 대해 $u-\frac{1}{n}<\sup S\le u+\frac{1}{n}$이므로, $\sup S=u$이다.

7. 명제를 부정하여 모든 자연수 $n\in\mathbb{N}$에 대해서 $x^n\le y$라고 가정하자. $E=\{x^n : n\in\mathbb{N}\}$

라 두면, y는 E의 상계가 된다. 그리고 $E \neq \varnothing$이고 $E \subseteq R$이므로, 완비성공리에 의해 $u = \sup E$가 존재한다. $x \in E$이므로 $x \leq u$이고, $0 < 1 < x$이므로 $u > 0$이다. 또한

$$0 < 1 < x,\ u > 0 \ \Rightarrow\ u < xu \ \Rightarrow\ \frac{u}{x} < u$$

이고, $u = \sup E$이므로 $\frac{u}{x}$는 E의 상계가 아니다. 따라서, $x^m > \frac{u}{x}$인 자연수 $m \in \mathbb{N}$이 존재하고 $x^{m+1} > u$ $(m+1 \in \mathbb{N})$이다. 이것은 $u = \sup E$에 모순이다.

8. (1) y의 유일성: 만약 $y_1^n = x$이고 $y_2^n = x$인 y_1, $y_2 \in \mathbb{R}^+ (y_1 \neq y_2)$가 존재한다고 가정하면, $y_1 \neq y_2$이므로 $y_1 < y_2$ 또는 $y_1 > y_2$이다. $y_1 < y_2$이면 $y_1^n < y_2^n$이므로 $x < x$이다. 이것은 모순이다. 또한 $y_1 > y_2$이면 $y_1^n > y_2^n$이고 $x < x$이므로 모순이다. 그러므로 $y_1 = y_2$이다.

   (2) y의 존재성: $E = \{t \in \mathbb{R}^+ : t^n < x\}$라 정의하면,

   (i) 정의에 의해 $E \subseteq \mathbb{R}$이다.

   (ii) $E \neq \varnothing$이다. 왜냐하면, $t = \dfrac{x}{1+x}$라 두면 $0 < t < 1$이므로 $t^n < t < x$이고 $t \in E$이다. 이때 $1+x$는 E의 상계이므로 $\sup E$가 존재한다. $y = \sup E$라고 하면, 임의의 실수 $\varepsilon > 0$에 대해서 $y^n \leq x \leq y^n + \varepsilon$이다. 따라서 $y^n = x$이다.

9. $x = y$이면, 임의의 실수 $\varepsilon > 0$에 대해서 $|x-y| = |x-x| = 0 < \varepsilon$이다. 역으로, 임의의 실수 $\varepsilon > 0$에 대해서 $|x-y|$는 $\mathbb{R}$의 부분집합 $S = \{\varepsilon \in \mathbb{R} : \varepsilon > 0\}$의 하계가 된다. 따라서 $0 \leq |x-y| \leq \inf S = 0$이므로 $x = y$이다.
방법 2 : 다른 방법으로 $|x-y| < \varepsilon$일 때 $x = y$임을 증명해 보자. $x \neq y$라 하고 $\varepsilon = \frac{1}{2}|x-y|$라 두면 $\varepsilon > 0$이다. 그러므로 가정에서 $|x-y| < \varepsilon = \frac{1}{2}|x-y|$이므로 이것은 모순이다. 따라서 $x = y$이다.

10. 만약 $\sqrt[3]{3} = \frac{p}{q}$ (p, $q \neq 0$인 정수이고, p와 q는 서로 소)인 유리수라고 하면, $3 = \left(\frac{p}{q}\right)^3$이므로 $p^3 = 3q^3$이 된다. 따라서 $3q^3$은 3의 배수이므로 p^3도 3의 배수이다. 따라서 p도 3의 배수이다. 그러면 $p = 3m$인 정수 m이 존재하고 $(3m)^3 = 3q^3$이므로 $9m^3 = q^3$이다. 여기서 p와 q는 모두 3의 배수이므로, p와 q가 서로 소라는 사실에 모순이다.

11. $\log_5 2$를 유리수라 가정하면, $\log_5 2 = \frac{p}{q}$ $(p,\ q \in \mathbb{Z},\ q \neq 0)$인 서로 소인 p, q가 존재한다.

따라서 $2=5^{\frac{p}{q}}$ 이므로 $2^q=5^p$ 이다. 여기서, 2^q는 짝수이고 5^p는 홀수이므로 모순이다. 그러므로 $\log_5 2$는 유리수가 아니다.

12. $\sqrt{p}=\dfrac{m}{n}$ (여기서 m, $n\in\mathbb{Z}, n\neq 0$이고 m과 n는 서로 소)인 유리수라 가정하면, $pn^2=m^2$이므로 $p|m^2$이다. p는 소수이므로 $p|m^2$이면 $p|m$이다. 따라서 적당한 정수 $q\in\mathbb{Z}$에 대해 $m=pq$라 두면, $pn^2=p^2q^2$이고 $n^2=pq^2$이므로 $p|n^2$이다. 즉, p는 소수이므로 $p|n^2$이면 $p|n$이다. 그러므로 m, n은 p의 배수이다. 이것은 m과 n이 서로 소라는데 모순이다. 그러므로 $\sqrt{p}$는 유리수가 아니다.

연습문제 3.5

1. 축소구간정리의 증명에서 완비성공리를 이용하였으므로 정리 3.5.1에 의해 성립한다.

2. $S\subset\mathbb{R}$가 공집합이 아니고 위로 유계인 집합이라고 하자. S의 상계가 아닌 임의의 점 $a_1\in\mathbb{R}$와 S의 상계인 임의의 점 $b_1\in\mathbb{R}$을 택하자. 그리고 $I_1=[a_1,\ b_1]$이라고 하자. 이 때, a_1과 b_1의 중점 $\dfrac{a_1+b_1}{2}$은 S의 상계이든가 또는 아니든가의 어느 하나이다. 만일 중점이 S의 상계이라면 $b_2=\dfrac{a_1+b_1}{2}$, $a_2=a_1$이라 하고, S의 상계가 아니라면 $a_2=\dfrac{a_1+b_1}{2}$, $b_2=b_1$이라 한다. 여기서 어느 경우이든 $I_2=[a_2,\ b_2]$로 표시하면, 명백히 $I_1\supset I_2$이며 a_2는 S의 상계가 아니고 b_2는 S의 상계가 된다. 마찬가지로 폐구간 $I_2=[a_2,\ b_2]$에 대하여 a_2와 b_2의 중점이 S의 상계이면, $a_3=a_2$, $b_3=\dfrac{a_2+b_2}{2}$라 하고, S의 상계가 아니면 $a_3=\dfrac{a_2+b_2}{2}$, $b_3=b_2$라고 하자. 그래서 어느 경우이든 $I_3=[a_3,\ b_3]$라고 표시하면, $I_2\supset I_3$가 된다. 이와 같은 과정을 반복하여, 모든 $n\in\mathbb{N}$에 대하여 I_n이 유계이고 $I_n\supset I_{n+1}$인 관계를 만족하는 폐구간열 $\{I_n\}=\{[a_n,\ b_n]\}$을 얻는다. 이 때, 각 a_n은 S의 상계가 아니며, b_n은 S의 상계이다. 이렇게 하여 얻은 폐구간열 $\{I_n\}$에 대하여 축소구간정리를 적용하면, $\alpha\in\bigcap_{n=1}^{\infty}I_n$이 되는 점 $\alpha\in\mathbb{R}$가 존재한다. 이제, $\alpha=\sup S$임을 밝히자. 먼저, α가 S의 상계임을 보이자. 만일 α가 S의 상계가 아니라면, $\alpha<x$를 만족시키는 적당한 점 $x\in S$가 존재한다. 따라서 적당한 $N\in\mathbb{N}$이 존재하여 $b_N-a_N=\dfrac{b_1-a_1}{2^{N-1}}<x-\alpha$가 성립된다. 그런데 $a_N\leq\alpha\leq b_N<x$이므로 b_N은 S의 상계가 될 수 없다. 이것은 b_N이 S의 상계라는 사실에 모순이므로 α는 S의 상계이다.

다음으로, $y<\alpha$인 임의의 점 $y\in\mathbb{R}$는 S의 상계일 수 없음을 보이자. 위에서와 같은 방법으로, 적당한 $m\in\mathbb{N}$이 존재하여 $b_m-a_m<\alpha-y$가 성립한다. 그런데 $y<a_m\le\alpha\le b_m$이므로 y가 S의 상계이라면 a_m도 상계가 되어야 하는데 이것은 불가능하다. 따라서 $\alpha=\sup S$이다.

3. 자연수 $n\in\mathbb{N}$에 대해 $a_n=-\dfrac{1}{n}$이라 하고 $b_n=0$이라 하면

$$[-1,\ 0)\supseteq\left[-\frac{1}{2},\ 0\right)\supseteq\cdots\left[-\frac{1}{n},\ 0\right)\supseteq\cdots$$

이므로 $\left\{\left[-\dfrac{1}{n},\ 0\right)\right\}$은 축소구간열이지만 $\displaystyle\bigcap_{n=1}^{\infty}\left[-\frac{1}{n},\ 0\right)=\varnothing$이다.

4. (1) $x\neq 0$일 때, 아르키메디언 성질에 의해서, $\dfrac{1}{m}<|x|$를 만족하는 자연수 $m\in\mathbb{N}$을 택하면, $x\notin\left(-\dfrac{1}{m},\ \dfrac{1}{m}\right)$이다. 또 모든 자연수 $n\in\mathbb{N}$에 대해서 $0\in\left(-\dfrac{1}{n},\ \dfrac{1}{n}\right)$이므로 $\displaystyle\bigcap_{n=1}^{\infty}\left(-\frac{1}{n},\ \frac{1}{n}\right)=\{0\}$이다.

(2) $x\in(0,\ 1)$일 때, $x\in\left(\dfrac{1}{m},\ 1-\dfrac{1}{m}\right)$를 만족하는 자연수 $m\in\mathbb{N}$이 존재한다. 또 $n\ge 3$이면 $\left[\dfrac{1}{n},\ 1-\dfrac{1}{n}\right]\subset(0,\ 1)$은 항상 성립한다. 따라서 $\displaystyle\bigcup_{n=3}^{\infty}\left(\frac{1}{n},\ 1-\frac{1}{n}\right)=(0,\ 1)$이다.

제4장
수 열

제4장에서는 해석학에서 이론전개의 가장 기본이 되는 수열의 극한을 취급할 것이며 이를 바탕으로 극한정리, 수열의 수렴 판정법, 수열의 상극한과 하극한의 성질들을 소개한다.

4.1 수열의 극한

이 절에서는 수열의 수렴성에 대한 개념과 수렴하는 수열의 여러 가지 성질을 조사하고자 한다.

〈정의 4.1.1〉

$\mathbb{N}$에서 $\mathbb{R}$에로의 함수를 **실수열**(sequence of real numbers) 또는 간단히 **수열**(sequence)이라고 한다.

[주] (1) 각 자연수 $n \in \mathbb{N}$에 대해 f를 $\mathbb{N}$에서 $\mathbb{R}$에로의 함수라고 하면, f의 값 $f(n) = a_n$을 수열 f의 제n번째 항(n-th term)이라고 한다.

(2) 수열은 $\{a_1, a_2, a_3, \cdots, a_n, \cdots\}$ 또는 $\{a_n\}$으로 나타내기도 한다.

〈정의 4.1.2〉

수열 $\{a_n\}$에 대해 적당한 실수 L이 존재하여 임의의 실수 $\varepsilon>0$에 대해 이에 대응하는 적당한 자연수 N이 존재하여 $n \geq N$인 모든 자연수 $n \in \mathbb{N}$에 대해

$$|a_n - L| < \varepsilon$$

을 만족하면, $\{a_n\}$은 L에 **수렴한다(converge)**고 하고, L을 $\{a_n\}$의 **극한(limit)**이라 한다. 수열 $\{a_n\}$이 수렴하지 않을 때, $\{a_n\}$은 **발산한다(diverge)**고 한다.

[주] L이 $\{a_n\}$의 극한일 때, $\lim_{n\to\infty} a_n = L$이라 나타내고, 「$n$이 무한대로 갈 때 $\{a_n\}$의 극한은 L이다」라고 읽는다.

예제 4.1 수열 $\left\{\frac{1}{n}\right\}$은 수렴하고, $\lim_{n\to\infty} \frac{1}{n} = 0$임을 보여라.

풀이 임의의 실수 $\varepsilon>0$에 대해 이에 대응하는 적당한 자연수 N이 존재하여 $n \geq N$인 모든 자연수 $n \in \mathbb{N}$에 대해 $\left|\frac{1}{n} - 0\right| < \varepsilon$임을 보여야 한다. 그런데 $\varepsilon > 0$이므로 아르키메디언 성질에 의해 $\frac{1}{N} < \varepsilon$가 되는 자연수 N가 존재하고, 또한 모든 자연수 $n \geq N$에 대해서 $\left|\frac{1}{n} - 0\right| = \frac{1}{n} \leq \frac{1}{N} < \varepsilon$이므로 정의 4.1.2에 의해서 $\left\{\frac{1}{n}\right\}$은 수렴하고, $\lim_{n\to\infty} \frac{1}{n} = 0$이다. ■

예제 4.2 수열 $\left\{\frac{n}{n+1}\right\}$은 수렴하고, $\lim_{n\to\infty} \frac{n}{n+1} = 1$임을 보여라.

풀이 임의의 실수 $\varepsilon>0$에 대해 이에 대응하는 적당한 자연수 N이 존재하여 $n \geq N$인 모든 자연수 $n \in \mathbb{N}$에 대해 $\left|\frac{n}{n+1} - 1\right| < \varepsilon$임을 보여야 한다. $\left|\frac{n}{n+1} - 1\right| = \frac{1}{n+1}$이므로 $\frac{1}{N+1} < \varepsilon$가 되는 자연수 N을 택하면, 모든 자연수 $n \geq N$에 대해서 다음이 성립한다.

$$\left|\frac{n}{n+1} - 1\right| = \frac{1}{n+1} \leq \frac{1}{N+1} < \varepsilon$$

그러므로 $\left\{\frac{n}{n+1}\right\}$는 수렴하고, $\lim_{n\to\infty} \frac{n}{n+1} = 1$이다. ■

예제 4.3 수열 $\{\sqrt[n]{n}\}$은 수렴하고, $\lim_{n\to\infty}\sqrt[n]{n}=1$임을 보여라.

풀이 자연수 $n>1$이면 $\sqrt[n]{n}>1$이므로 $\sqrt[n]{n}=1+k_n\ (k_n>0)$으로 표현할 수 있다. 따라서 이항정리를 이용하면

$$\begin{aligned} n=(1+k_n)^n &= 1+nk_n+\frac{n(n-1)}{2}k_n^2+\cdots+k_n^n \\ &\geq 1+\frac{n(n-1)}{2}k_n^2 \end{aligned}$$

이고 $n>1$이므로 $k_n^2\leq\dfrac{2}{n}$이다. 따라서 임의의 실수 $\varepsilon>0$에 대해 아르키메디언 성질에 의해 $\dfrac{2}{N}<\varepsilon^2$을 만족하는 자연수 N이 존재한다. 따라서 $n\geq\max\{2,N\}$일 때, $\dfrac{2}{n}<\varepsilon^2$이므로, 다음이 성립한다.

$$0<\sqrt[n]{n}-1=k_n\leq\left(\frac{2}{n}\right)^{1/2}<\varepsilon$$

그러므로 수열 $\{\sqrt[n]{n}\}$은 수렴하고, $\lim_{n\to\infty}\sqrt[n]{n}=1$이다. ■

예제 4.4 수열 $\{n\}$은 극한을 갖지 않음을 보여라.

풀이 모든 자연수 $n\in\mathbb{N}$에 대하여 $a_n=n$이고 $\lim_{n\to\infty}a_n=L(\in\mathbb{R})$이라고 가정하자. 그러면 $\varepsilon=1$에 대해 이에 대응하는 적당한 자연수 N이 존재하여 $n\geq N$인 모든 자연수 $n\in\mathbb{N}$에 대해 다음이 성립한다.

$$|a_n-L|<1 \iff L-1<a_n<L+1 \iff L-1<n<L+1$$

이것은 자연수 전체집합 $\mathbb{N}$이 위로 유계이므로 모순이다(예제 3.13 참고). 그러므로 수열 $\{n\}$는 어떤 극한 L도 갖지 않는다. ■

예제 4.5 수열 $\{a_n\}$에서 모든 항들이 $a_n=k$ (k : 상수)이면, $\lim_{n\to\infty}a_n=k$이다.

풀이 $\varepsilon>0$가 임의의 실수이고 $N=1$이라고 하면, $n\geq N$인 모든 자연수 $n\in\mathbb{N}$에 대해서 $|a_n-k|=0<\varepsilon$이 항상 성립한다. 그러므로 $\lim_{n\to\infty}a_n=k$이다. ■

예제 4.6 $\lim_{n\to\infty} a_n = L$이고 $b_n = a_{n+p}$ $(p\in\mathbb{N})$일 때, $\lim_{n\to\infty} b_n = L$임을 증명하여라.

증명 $\lim_{n\to\infty} a_n = L$이므로 임의의 실수 $\varepsilon > 0$에 대해 적당한 자연수 N이 존재하여 $n \geq N$인 모든 자연수 $n\in\mathbb{N}$에 대해 $|a_n - L| < \varepsilon$이다. 그런데 $n+p > n \geq N$이므로 $|a_{n+p} - L| < \varepsilon$이므로 $\lim_{n\to\infty} b_n = L$이다. ■

정리 4.1.1 (극한의 유일성) 수렴하는 수열 $\{a_n\}$의 극한은 유일하다.

증명 **방법 1.** 실수 L과 L'를 수열 $\{a_n\}$의 서로 다른 극한이라고 하고, $L < L'$이라 하자. $\varepsilon = \frac{L'-L}{2} > 0$이라 두면, 적당한 자연수 N_1이 존재하여 $n \geq N_1$인 모든 자연수 $n\in\mathbb{N}$에 대해 $|a_n - L| < \frac{L'-L}{2}$이 성립한다. 또한 적당한 자연수 N_2가 존재하여 $n \geq N_2$인 모든 자연수 $n\in\mathbb{N}$에 대해 $|a_n - L'| < \frac{L'-L}{2}$이다. 만약 $N = \max\{N_1, N_2\}$라고 하면,

$$a_N - L < \frac{L'-L}{2}, \quad -\frac{L'-L}{2} < a_N - L'$$

이고 $\frac{L'+L}{2} < a_N < \frac{L'+L}{2}$이 성립한다. 이것은 모순이므로 $L = L'$이다.

방법 2. 수열 $\{a_n\}$의 극한을 L과 L'이라고 하자. 그러면 임의의 실수 $\varepsilon > 0$에 대해 적당한 자연수 N_1이 존재하여 $n \geq N_1$인 모든 자연수 $n\in\mathbb{N}$에 대해 $|a_n - L| < \frac{\varepsilon}{2}$이고, 또 적당한 자연수 N_2가 존재하여 $n \geq N_2$인 자연수 $n\in\mathbb{N}$에 대해 $|a_n - L'| < \frac{\varepsilon}{2}$이다. 만약 $N = \max\{N_1, N_2\}$라고 하면, $n \geq N$인 모든 자연수 $n\in\mathbb{N}$에 대해 다음이 성립한다.

$$|L - L'| < |a_n - L| + |a_n - L'| < \frac{\varepsilon}{2} + \frac{\varepsilon}{2} = \varepsilon$$

그러므로 $L = L'$이다. ■

정리 4.1.2 다음 명제들은 서로 동치이다.

(1) 수열 $\{a_n\}$이 실수 L에 수렴한다.

(2) 임의의 실수 $\varepsilon > 0$에 대해 적당한 유한개의 항들을 제외한 수열 $\{a_n\}$의 모든 항 a_n들은 $|a_n - L| < \varepsilon$을 만족한다.

(3) L의 임의의 근방 $(L-\varepsilon, L+\varepsilon)$에 대해 적당한 자연수 N이 존재하여 $n \geq N$인 모든 자연수 $n \in \mathbb{N}$에 대해 $a_n \in (L-\varepsilon, L+\varepsilon)$이다.

(4) L의 임의의 근방 $(L-\varepsilon, L+\varepsilon)$에 대해 적당한 유한개의 항들을 제외한 수열 $\{a_n\}$의 모든 항 a_n들은 $a_n \in (L-\varepsilon, L+\varepsilon)$이다.

증명 (1)⇒(2) : 수열 $\{a_n\}$이 실수 L에 수렴하므로 임의의 실수 $\varepsilon > 0$에 대해 적당한 자연수 N이 존재하여 $n \geq N$인 모든 자연수 $n \in \mathbb{N}$에 대해 $|a_n - L| < \varepsilon$이다. 따라서 1항부터 N항까지 제외한 모든 항 a_n들은 $|a_n - L| < \varepsilon$을 만족한다.

(2)⇒(1) : 임의의 실수 $\varepsilon > 0$에 대해 적당한 유한개의 항들을 제외한 수열 $\{a_n\}$의 모든 항 a_n들은 $|a_n - L| < \varepsilon$을 만족한다고 하자. 그렇게 제외된 유한개 항 중에서 가장 큰 항의 첨자를 자연수 N이라고 하면, $n > N$인 모든 자연수 $n \in \mathbb{N}$에 대해서는 $|a_n - L| < \varepsilon$을 만족한다.

(1)⟺(3)과 (2)⟺(4)의 증명은 임의의 실수 $\varepsilon > 0$에 대해서

$$|a_n - L| < \varepsilon \iff L-\varepsilon < a_n < L+\varepsilon \iff a_n \in (L-\varepsilon, L-\varepsilon)$$

관계가 성립되므로, 결과들을 쉽게 얻을 수가 있다. ■

따름정리 4.1.3 수열 $\{a_n\}$에 대해 다음 명제들은 서로 동치이다.

(1) $\{a_n\}$은 실수 L에 수렴하지 않는다.

(2) 어떤 적당한 $\varepsilon_0 > 0$이 존재하여 임의의 자연수 $n \in \mathbb{N}$을 택하더라도 이에 대응하는 자연수 $m \in \mathbb{N}$이 존재하여 $m \geq n$이지만 $|a_m - L| \geq \varepsilon_0$이다.

(3) L의 어떤 적당한 근방 $(L-\varepsilon_0, L+\varepsilon_0)$이 존재하여 임의의 자연수 $n \in \mathbb{N}$을 택하더라도 이에 대응하는 자연수 $m \in \mathbb{N}$이 존재하여 $m \geq n$이지만 $a_m \notin (L-\varepsilon_0, L+\varepsilon_0)$이다.

예제 4.7 수열 $\{(-1)^n\}$은 극한을 갖지 않음을 증명하여라.

풀이 따름정리 4.1.3 (3)을 이용해서 수렴하지 않음을 보이고자 한다. L을 임의의 실수라고 하자.

(i) $L=-1$인 경우 : -1의 적당한 근방을 $(-2, 0)$으로 잡는다. 임의의 자연수 $n \in \mathbb{N}$에 대해 이에 대응하는 $m=2n$인 자연수 $m \in \mathbb{N}$을 택하면 $(-1)^m=(-1)^{2n}=1$은 -1의 근방 $(-2, 0)$에 속하지 않는다. 따라서 $\{(-1)^n\}$은 -1에 수렴하지 않는다.

(ii) $L=1$인 경우 : (i)과 같은 방법으로 $L=1$에 수렴하지 않음을 보일 수 있다.

(iii) $L \neq \pm 1$인 경우 : $\varepsilon_0=\min\{|(-1)-L|, |1-L|\}$로 두고 L의 적당한 근방을 $(L-\varepsilon_0, L+\varepsilon_0)$으로 잡으면, 모든 자연수 $n \in \mathbb{N}$에 대해 $a_n \notin (L-\varepsilon_0, L+\varepsilon_0)$이므로 $\{(-1)^n\}$은 L에 수렴하지 않는다. ■

〈정의 4.1.3〉

$\{a_n\}$을 수열이라 하자. 적당한 실수 $M>0$이 존재하여 모든 자연수 $n \in \mathbb{N}$에 대해

$$a_n \leq M \quad [a_n \geq M]$$

을 만족할 때, $\{a_n\}$을 위로 유계(bounded above) [아래로 유계(bounded below)]라고 한다. 또한 $\{a_n\}$이 위로 유계이고 동시에 아래로 유계이면, $\{a_n\}$을 유계(bounded)라고 한다.

[주] (1) 수열 $\{a_n\}$이 유계라는 것은 그 수열의 치역 $\{a_n : n \in \mathbb{N}\}$이 유계임을 의미한다(정의 2.4.3과 정의 3.4.1 참고).

(2) 수열 $\{a_n\}$이 유계일 필요충분조건은 모든 자연수 $n \in \mathbb{N}$에 대해 $|a_n| \leq M$인 적당한 양수 M이 존재하는 것이다.

정리 4.1.4 수렴하는 수열 $\{a_n\}$은 유계이다.

증명 $\lim_{n \to \infty} a_n = L$이라고 하고, $\varepsilon=1$로 하자. 그러면 $\varepsilon=1$에 대해 적당한 자연수 N이 존재하여, $n \geq N$인 모든 자연수 $n \in \mathbb{N}$에 대해서 $|a_n-L|<1$이고

$$|a_n| \leq |a_n-L|+|L| < 1+|L|$$

이다. 만약 $M=\max\{|a_1|, |a_2|, \cdots, |a_{N-1}|, 1+|L|\}$이라 두면, 모든 자연수 $n \in \mathbb{N}$에 대해 $|a_n| \leq M$이므로 수열 $\{a_n\}$는 유계이다. ■

[주] 정리 4.1.4의 역은 일반적으로 성립되지 않는다. 예를 들면 $\{(-1)^n\}$는 모든 자연수 $n \in \mathbb{N}$에 대해 $|(-1)^n|=1$이므로 유계인 수열이지만, 수렴하는 수열은 아니다(예제 4.7 참고).

> **정리 4.1.5** 수열 $\{a_n\}$은 유계이고, 수열 $\{b_n\}$은 $\lim_{n\to\infty} b_n=0$을 만족한다면, $\lim_{n\to\infty} a_n b_n=0$ 이다.

증명 수열 $\{a_n\}$은 유계이므로 정의 4.1.3에 의해 적당한 양수 M이 존재하여 모든 자연수 $n \in \mathbb{N}$에 대해서 $|a_n| \le M$이 성립한다. 또한 수열 $\{b_n\}$은 0에 수렴하므로 임의의 실수 $\varepsilon > 0$에 대해 적당한 자연수 N이 존재하여 $n \ge N$인 모든 자연수 $n \in \mathbb{N}$에 대해서 $|b_n| \le \dfrac{\varepsilon}{M}$이 성립한다. 따라서 $n \ge N$인 모든 자연수 $n \in \mathbb{N}$에 대해 다음이 성립하므로,

$$|a_n b_n| \le M \frac{\varepsilon}{M} = \varepsilon$$

$\lim_{n\to\infty} a_n b_n=0$ 이다. ■

> **정리 4.1.6** $\{a_n\}$, $\{c_n\}$을 수열이라 하고, L을 실수라고 하자. 적당한 양수 M과 자연수 N이 존재해서 $n \ge N$을 만족하는 모든 자연수 $n \in \mathbb{N}$에 대해서 $|a_n - L| < M|c_n|$이고 $\lim_{n\to\infty} c_n=0$이면, $\lim_{n\to\infty} a_n=L$이다.

증명 $\lim_{n\to\infty} c_n=0$이므로 임의의 실수 $\varepsilon > 0$에 대해 적당한 자연수 N가 존재하여, $n \ge N$인 모든 자연수 $n \in \mathbb{N}$에 대해 $|c_n| = |c_n - 0| < \dfrac{\varepsilon}{M}$이고

$$|a_n - L| \le M|c_n| < M \cdot \frac{\varepsilon}{M} = \varepsilon$$

이다. 그러므로 $\lim_{n\to\infty} a_n=L$이다. ■

예제 4.8 $a > 0$이면, $\lim_{n\to\infty} \dfrac{1}{1+na}=0$임을 증명하여라.

풀이 $a>0$이므로 $0<na<1+na$이고 $0<\dfrac{1}{1+na}<\dfrac{1}{na}$이 성립한다. 따라서 모든 자연수 $n\in\mathbb{N}$에 대해

$$\left|\frac{1}{1+na}-0\right| \leq \left(\frac{1}{a}\right)\cdot\frac{1}{n}$$

이고 $\lim_{n\to\infty}\dfrac{1}{n}=0$이므로 정리 4.1.6에 의해 $\lim_{n\to\infty}\dfrac{1}{1+na}=0$이다. ■

예제 4.9 $\lim_{n\to\infty}\dfrac{1}{2^n}=0$임을 증명하여라.

풀이 모든 자연수 $n\in\mathbb{N}$에 대해 $0<n<2^n$이고 $0<\dfrac{1}{2^n}<\dfrac{1}{n}$이다. 따라서 모든 자연수 $n\in\mathbb{N}$에 대해

$$\left|\frac{1}{2^n}-0\right| \leq \frac{1}{n}$$

이고, $\lim_{n\to\infty}\dfrac{1}{n}=0$이므로 정리 4.1.6에 의해 $\lim_{n\to\infty}\dfrac{1}{2^n}=0$이다. ■

연습문제 4.1

1. 다음을 정의 4.1.2를 이용하여 증명하여라.

(1) $\lim_{n\to\infty}\dfrac{1}{2n}=0$ (2) $\lim_{n\to\infty}\dfrac{1}{n+2}=0$

(3) $\lim_{n\to\infty}\dfrac{n}{n+2}=1$ (4) $\lim_{n\to\infty}\dfrac{1}{n^2}=0$

(5) $\lim_{n\to\infty}\left(2+\dfrac{1}{n}\right)=2$ (6) $\lim_{n\to\infty}\dfrac{2n}{n+2}=2$

(7) $\lim_{n\to\infty}\dfrac{(-1)^n}{n}=0$ (8) $\lim_{n\to\infty}\dfrac{1}{2^n}=0$

2. 수열 $\{1-(-1)^n\}$는 극한을 갖지 않음을 증명하여라.

3. $\{a_n\}$, $\{b_n\}$이 유계인 수열이고 c가 실수이면, $\{ca_n\}$, $\{a_n+b_n\}$, $\{a_nb_n\}$도 유계임을 증명하여라.

4. $\lim_{n\to\infty} a_n=0$이면 $\lim_{n\to\infty}(-1)^n a_n=0$임을 증명하여라.

5. 수열 $\{a_n\}$이 유계이고 수열 $\{b_n\}$은 수렴하지만, $\{a_n+b_n\}$와 $\{a_nb_n\}$는 발산하는 수열 $\{a_n\}$, $\{b_n\}$의 예를 들어라.

6. $a_n=\dfrac{1\cdot 3\cdot 5\cdots(2n-1)}{2\cdot 4\cdot 6\cdots(2n)}$라고 할 때, 수열 $\{a_n\}$은 유계임을 증명하여라.

7. 모든 자연수 $n\in\mathbb{N}$에 대해 $a_n=\sqrt{n+1}-\sqrt{n}$이면, 수열 $\{a_n\}$과 $\{\sqrt{n}\,a_n\}$의 극한을 구하여라.

8. 발산하는 두 수열 $\{a_n\}$, $\{b_n\}$이 있을 때,
   (1) 수열 $\{a_n\}+\{b_n\}$이 수렴하는 예를 들어라.
   (2) 수열 $\{a_n\}\cdot\{b_n\}$이 수렴하는 예를 들어라.

9. (1) $\lim_{n\to\infty}\sqrt[n]{a_n}=1$인 수렴하는 양수의 수열 $\{a_n\}$의 예를 들어라.
   (2) $\lim_{n\to\infty}\sqrt[n]{a_n}=1$을 만족하는 발산하는 양수의 수열 $\{a_n\}$의 예를 들어라.
   (따라서, 이 성질은 수렴성에 대한 판정법으로 사용할 수 없다)

10. $\{a_n\}$이 $\lim_{n\to\infty}\dfrac{a_{n+1}}{a_n}=L>1$인 양수의 수열일 때, $\{a_n\}$은 유계가 아님을 보여라.

4.2 부분수열

이 절에서는 수열에 대한 부분수열의 개념을 정의하고 몇 가지 성질을 조사하며, 수열의 발산에 대한 성질을 다루고자 한다.

〈정의 4.2.1〉

$\{a_n\}$이 수열이고, 함수 $g: \mathbb{N} \to \mathbb{N}$가 모든 자연수 k에 대해서 $g(k) < g(k+1)$를 만족한다고 하자. 이때 $\{a_{g(k)}\}$를 $\{a_n\}$의 부분수열(subsequence)이라고 한다.

예제 4.10 $\left\{\frac{1}{2n-1}\right\} = \left\{1, \frac{1}{3}, \frac{1}{5}, \cdots\right\}$은 $\left\{\frac{1}{n}\right\}$의 부분수열임을 정의 4.2.1을 이용하여 보여라.

풀이 $\left\{\frac{1}{n}\right\} = \{a_n\}$이라 하고 $g(k) = 2k-1$ $(k \in \mathbb{N})$로 정의하자. 그러면 g는 모든 자연수 k에 대해 $g(k) < g(k+1)$를 만족한다. 그러므로 $a_n = \frac{1}{n}$이고 $a_{g(k)} = a_{2k-1} = \frac{1}{2k-1}$이므로 수열 $\left\{\frac{1}{2n-1}\right\}$는 $\left\{\frac{1}{n}\right\}$의 부분수열이다. ■

정리 4.2.1 수열 $\{a_n\}$이 L에 수렴하면, $\{a_n\}$의 모든 부분수열도 L에 수렴한다.

증명 $\{a_{g(k)}\}$는 $\{a_n\}$의 부분수열이고, $\{a_n\}$은 L에 수렴한다고 하자. 그러면 임의의 실수 $\varepsilon > 0$에 대해 적당한 자연수 N이 존재하여 $n \geq N$을 만족하는 모든 자연수 $n \in \mathbb{N}$에 대해 $|a_n - L| < \varepsilon$ 성립한다. 그런데 정의 4.2.1에 의하면 $n \geq N$이면 $g(n) \geq g(N) \geq N$이다. 그러므로 $n \geq N$일 때 $|a_{g(n)} - L| < \varepsilon$이고 $\lim_{n \to \infty} a_{g(n)} = L$이다. ■

예제 4.11 수열 $\left\{\frac{1}{2^n}\right\}$과 $\left\{\frac{1}{n!}\right\}$의 극한은 0임을 보여라.

풀이 $\left\{\frac{1}{2^n}\right\}$과 $\left\{\frac{1}{n!}\right\}$은 $\left\{\frac{1}{n}\right\}$의 부분수열이고 $\lim_{n \to \infty} \frac{1}{n} = 0$이므로, 정리 4.2.1에 의해 $\lim_{n \to \infty} \frac{1}{2^n} = 0$이고 $\lim_{n \to \infty} \frac{1}{n!} = 0$이다. ■

예제 4.12 $\lim_{n \to \infty} \frac{1}{n^2} = 0$와 $\lim_{n \to \infty} \frac{1}{n+2} = 0$임을 보여라.

풀이 수열 $\left\{\frac{1}{n}\right\}$에서 $g(n) = n^2$으로 정의하면, g는 모든 자연수 n에 대해 $g(n) < g(n+1)$

을 만족하므로 $\left\{\frac{1}{g(n)}\right\}=\left\{\frac{1}{n^2}\right\}$는 $\left\{\frac{1}{n}\right\}$의 부분수열이고, $\lim_{n\to\infty}\frac{1}{n}=0$이므로 $\lim_{n\to\infty}\frac{1}{n^2}=0$이다. 같은 방법으로, $g(n)=n+2$로 정의하면 $\left\{\frac{1}{g(n)}\right\}=\left\{\frac{1}{n+2}\right\}$는 $\left\{\frac{1}{n}\right\}$의 부분수열이고 $\lim_{n\to\infty}\frac{1}{n}=0$이므로 $\lim_{n\to\infty}\frac{1}{n+2}=0$이다. ■

예제 4.13 수열 $\{a_n\}$가 $a_n=\begin{cases}1, & n : \text{짝수}\\ 0, & n : \text{홀수}\end{cases}$ 로 정의하면, $\{a_n\}$는 발산함을 보여라.

풀이 $g(n)=2n$이라 두면, $\{a_{g(n)}\}=\{a_{2n}\}=\{1\}$은 $\{a_n\}$의 부분수열이고, 극한이 1이다. $g(n)=2n-1$이라 두면, $\{a_{g(n)}\}=\{a_{2n-1}\}=\{0\}$는 $\{a_n\}$의 부분수열이고, 극한이 0이다. 그러므로 정리 4.2.1에 의해 수열 $\{a_n\}$는 발산한다. ■

〈정의 4.2.2〉

$\{a_n\}$을 수열이라 하자. 모든 실수 $M>0$에 대해 적당한 자연수 N이 존재하여 $n\geq N$인 모든 자연수 $n\in\mathbb{N}$에 대해

$$a_n>M \qquad [a_n<M]$$

을 만족하면, $\{a_n\}$은 양의 무한대로 발산한다 [음의 무한대로 발산한다]고 하고, $\lim_{n\to\infty}a_n=+\infty$ $\left[\lim_{n\to\infty}a_n=-\infty\right]$로 나타낸다.

정리 4.2.2 $\{a_n\}$, $\{b_n\}$가 주어진 수열이고 모든 자연수 $n\in\mathbb{N}$에 대해서 $a_n\leq b_n$을 만족한다고 하자. $\lim_{n\to\infty}a_n=+\infty$이면, $\lim_{n\to\infty}b_n=+\infty$이다.

증명 $\lim_{n\to\infty}a_n=+\infty$이고 M을 양의 실수라 하자. 그러면 적당한 자연수 N이 존재하여 $n\geq N$인 모든 자연수 $n\in\mathbb{N}$에 대해서 $a_n>M$이다. 따라서 $n\geq N$이면 $b_n\geq a_n\geq M$이므로 $\lim_{n\to\infty}b_n=+\infty$이다. ■

따름정리 4.2.3 $\{a_n\}$, $\{b_n\}$가 주어진 수열이고 모든 자연수 $n \in \mathbb{N}$에 대해서 $a_n \leq b_n$을 만족한다고 하자. $\lim_{n \to \infty} b_n = -\infty$이면, $\lim_{n \to \infty} a_n = -\infty$이다.

따름정리 4.2.4 $\lim_{n \to \infty} a_n = +\infty$이고 $\lim_{n \to \infty} b_n = +\infty$이면, $\lim_{n \to \infty} (a_n + b_n) = +\infty$이다.

증명 $\lim_{n \to \infty} a_n = +\infty$, $\lim_{n \to \infty} b_n = +\infty$이고 M을 양의 실수라 하자. 그러면 자연수 N_1, N_2이 존재하여 $n \geq N_1$인 모든 자연수 $n \in \mathbb{N}$에 대해서 $\frac{M}{2} < a_n$이고, 또 $n \geq N_2$인 모든 자연수 $n \in \mathbb{N}$에 대해서 $\frac{M}{2} < b_n$이 성립한다. 따라서 $n \geq \max\{N_1, N_2\}$라고 하면, 다음이 성립한다.

$$M = \frac{M}{2} + \frac{M}{2} < a_n + b_n$$

그러므로 수열 $\{a_n + b_n\}$은 양의 무한대로 발산하고 $\lim_{n \to \infty} (a_n + b_n) = +\infty$. ■

예제 4.14 $\lim_{n \to \infty} a_n = +\infty$일 필요충분조건은 적당한 자연수 N이 존재하여 $n \geq N$인 모든 자연수 $n \in \mathbb{N}$에 대해서 $0 < a_n$이고, $\lim_{n \to \infty} \frac{1}{a_n} = 0$임을 증명하여라.

풀이 $\lim_{n \to \infty} a_n = +\infty$라 하자. 그러면 임의의 실수 $\varepsilon > 0$에 대해 적당한 자연수 $N \in \mathbb{N}$이 존재하여 $n \geq N$이면, $a_n > \frac{1}{\varepsilon}$이 성립한다. 즉, $n \geq N$이면, $\frac{1}{\varepsilon} > 0$이므로 $a_n > 0$이고 $\frac{1}{a_n} < \varepsilon$이 성립한다. 그러므로 $\lim_{n \to \infty} \frac{1}{a_n} = 0$이다.

역으로, 적당한 자연수 N_1이 존재하여 모든 자연수 $n \geq N_1$에 대해 $0 < a_n$이고 $\lim_{n \to \infty} \frac{1}{a_n} = 0$이라고 하자. $M > 0$을 임의의 실수라 하고 $\varepsilon = \frac{1}{M}$로 두면, $N_1 \leq N_2$인 적당한 자연수 N_2가 존재하여 $n \geq N_2$이면 $\left| \frac{1}{a_n} - 0 \right| < \varepsilon$이 성립한다. 따라서 $n \geq N_2$인 모든 자연수 $n \in \mathbb{N}$에 대해 $a_n > \frac{1}{\varepsilon} = M$이므로, $\lim_{n \to \infty} a_n = +\infty$이다. ■

연습문제 4.2

1. 수열 (i)와 부분수열 (ii)가 다음과 같이 주어져 있을 때 정의 4.2.1에서 정의한 함수 g를 찾고, 수열과 부분수열에 대해 어떤 규칙이 있는지 조사하여라.
   (1) (i) $1, 2, 3, 4, \cdots,$ (ii) $2, 4, 6, 8, \cdots$
   (2) (i) $1, \frac{1}{2}, \frac{1}{3}, \frac{1}{4}, \cdots,$ (ii) $1, \frac{1}{2}, \frac{1}{4}, \frac{1}{8}, \frac{1}{16}, \cdots$
   (3) (i) $1, 2, 3, 4, 5, \cdots,$ (ii) $1, 3, 6, 10, 15, \cdots$
   (4) (i) $1, \frac{1}{2}, \frac{3}{4}, \frac{5}{8}, \frac{11}{16}, \frac{21}{32}, \cdots,$ (ii) $\frac{1}{2}, \frac{5}{8}, \frac{21}{32}, \cdots$

2. $g : \mathbb{N} \to \mathbb{N}$가 순증가함수 (모든 자연수 k에 대해 $g(k) < g(k+1)$를 만족한다) 일 때, 모든 자연수 $n \in \mathbb{N}$에 대해서 $g(n) \geq n$임을 보여라.

3. $\lim_{n\to\infty} a_{2n} = L = \lim_{n\to\infty} a_{2n-1}$을 만족하는 수열 $\{a_n\}$에 대해 $\lim_{n\to\infty} a_n = L$임을 보여라.

4. $\lim_{n\to\infty} a_n = +\infty$이면 $\{a_n\}$의 모든 부분수열은 양의 무한대로 발산함을 증명하여라.

5. 수열 $\{a_n\}$이 양의 무한대로 발산하고 수열 $\{b_n\}$이 유계이면, $\{a_n + b_n\}$은 양의 무한대로 발산함을 증명하여라.

6. 수열 $\{a_n\}$이 양의 무한대로 발산하기 위한 필요충분조건은 $\{-a_n\}$이 음의 무한대로 발산함을 증명하여라.

7. $\lim_{n\to\infty} a_n = +\infty = \lim_{n\to\infty} b_n$이면 $\lim_{n\to\infty} a_n b_n = +\infty$임을 증명하여라.

4.3 극한 정리

이 절에서는 먼저 수렴하는 수열의 중요한 성질들을 설정한 후, 임의의 수열의 극한을 구할 수 있는 몇 가지 성질을 조사하고, 이 결과들을 수렴하는 수열에 확장할 수 있도록 한다.

〈정의 4.3.1〉

두 수열 $\{a_n\}$, $\{b_n\}$의 상등과 합, 차, 곱, 나눗셈을 다음과 같이 정의한다.

(1) $\{a_n\}=\{b_n\} \Longleftrightarrow$ 모든 자연수 $n\in\mathbb{N}$에 대해서 $a_n=b_n$이다.

(2) $\{a_n\}+\{b_n\} = \{a_n+b_n\}$

(3) $\{a_n\}-\{b_n\} = \{a_n-b_n\}$

(4) $\{a_n\}\cdot\{b_n\} = \{a_n\cdot b_n\}$

(5) $\dfrac{\{a_n\}}{\{b_n\}}=\left\{\dfrac{a_n}{b_n}\right\}$ (여기서 $b_n\neq 0$)

(6) $c\cdot\{a_n\} = \{c\,a_n\}$ $(c\in\mathbb{R})$

예제 4.15 두 수열 $\{n\}$와 $\left\{\dfrac{1}{n}\right\}$에 대해, 정의 4.3.1에 의해 다음과 같은 새로운 수열을 얻을 수 있다.

(1) $\{n\}+\left\{\dfrac{1}{n}\right\}=\left\{n+\dfrac{1}{n}\right\}=\left\{2,\ \dfrac{5}{2},\ \cdots,\ \dfrac{n^2+1}{n},\ \cdots\right\}$

(2) $\{n\}-\left\{\dfrac{1}{n}\right\}=\left\{n-\dfrac{1}{n}\right\}=\left\{0,\ \dfrac{3}{2},\ \cdots,\ \dfrac{n^2-1}{n},\ \cdots\right\}$

(3) $\{n\}\cdot\left\{\dfrac{1}{n}\right\}=\left\{n\cdot\dfrac{1}{n}\right\}=\{1,\ 1,\ \cdots,\ 1,\ \cdots\}$

(4) $\{n\}\div\left\{\dfrac{1}{n}\right\}=\left\{n\div\dfrac{1}{n}\right\}=\{n^2\}=\{1,\ 4,\ \cdots,\ n^2,\ \cdots\}$

(5) $2\cdot\{n\}=\{2,\ 4,\ \cdots,\ 2n,\ \cdots\}=\{2n\}$

정리 4.3.1 $\lim\limits_{n\to\infty} a_n=L$이고 $\lim\limits_{n\to\infty} b_n=M$이라고 하면, 다음이 성립한다.

(1) $\lim\limits_{n\to\infty}(a_n+b_n)=L+M=\lim\limits_{n\to\infty} a_n+\lim\limits_{n\to\infty} b_n$

(2) c가 어떤 실수이면, $\lim\limits_{n\to\infty} ca_n=cL=c\lim\limits_{n\to\infty} a_n$이다.

(3) $\lim\limits_{n\to\infty} a_n\cdot b_n=LM=\lim\limits_{n\to\infty} a_n\cdot\lim\limits_{n\to\infty} b_n$

(4) $\lim_{n\to\infty}\dfrac{a_n}{b_n}=\dfrac{L}{M}=\dfrac{\lim_{n\to\infty}a_n}{\lim_{n\to\infty}b_n}$ (여기서 $\lim_{n\to\infty}b_n=M\neq 0$)

증명 (1) $\lim_{n\to\infty}a_n=L$, $\lim_{n\to\infty}b_n=M$이고 $\varepsilon>0$을 임의의 실수라고 하자. 그러면 적당한 자연수 N_1이 존재하여 $n\geq N_1$인 모든 자연수 $n\in\mathbb{N}$에 대해서 $|a_n-L|<\dfrac{\varepsilon}{2}$이고, 또한 자연수 N_2가 존재하여 $n\geq N_2$인 모든 자연수 $n\in\mathbb{N}$에 대해서 $|b_n-M|<\dfrac{\varepsilon}{2}$이다. 만약 $N=\max\{N_1, N_2\}$라고 두면, $n\geq N$인 모든 자연수 $n\in\mathbb{N}$에 대해 다음이 성립하므로

$$|(a_n+b_n)-(L+M)|\leq|a_n-L|+|b_n-M|<\frac{\varepsilon}{2}+\frac{\varepsilon}{2}=\varepsilon$$

$\lim_{n\to\infty}(a_n+b_n)=L+M=\lim_{n\to\infty}a_n+\lim_{n\to\infty}b_n$이다.

(2) 실수 $c=0$인 경우는 분명하므로 $c\neq 0$인 경우를 증명하자. $\varepsilon>0$을 임의의 실수라고 하자. $\lim_{n\to\infty}a_n=L$이므로 적당한 자연수 N이 존재하여 $n\geq N$인 모든 자연수 $n\in\mathbb{N}$에 대해서 $|a_n-L|<\dfrac{\varepsilon}{|c|}$이 성립한다. 따라서 $n\geq N$인 모든 자연수 $n\in\mathbb{N}$에 대해 다음이 성립하므로

$$|ca_n-cL|=|c||a_n-L|<|c|\cdot\frac{\varepsilon}{|c|}=\varepsilon$$

$\lim_{n\to\infty}ca_n=cL=c\lim_{n\to\infty}a_n$이다.

(3) 수열 $\{a_n\}$이 수렴하므로 정리 4.1.4에 의해, 모든 자연수 $n\in\mathbb{N}$에 대해 $|a_n|\leq K$을 만족하는 실수 $K>0$가 존재한다. $\lim_{n\to\infty}a_n=L$이고 $\lim_{n\to\infty}b_n=M$이므로 임의의 실수 $\varepsilon>0$에 대해 적당한 자연수 N_1, N_2가 각각 존재하여 $n\geq N_1$인 모든 자연수 $n\in\mathbb{N}$에 대해서 $|a_n-L|<\dfrac{\varepsilon}{2|M|}$이고, 또 $n\geq N_2$인 모든 자연수 $n\in\mathbb{N}$에 대해서 $|b_n-M|<\dfrac{\varepsilon}{2K}$이다. 만약 $N=\max\{N_1, N_2\}$라고 두면, $n\geq N$인 모든 자연수 $n\in\mathbb{N}$에 대해서 다음이 성립하므로

$$\begin{aligned}|a_nb_n-LM|&=|a_nb_n-a_nM+a_nM-LM|\\&\leq|a_n||b_n-M|+|M||a_n-L|\\&<K\frac{\varepsilon}{2K}+|M|\frac{\varepsilon}{2|M|}=\varepsilon\end{aligned}$$

$\lim_{n\to\infty} a_n \cdot \lim_{n\to\infty} b_n = LM$이다.

(4) 먼저, 수열 $\{b_n\}$가 $\lim_{n\to\infty} b_n = M(\neq 0)$이므로 유한개를 제외한 모든 자연수 $n\in\mathbb{N}$에 대해 $b_n \neq 0$이고 $\lim_{n\to\infty}\frac{1}{b_n} = \frac{1}{M}$임을 보이고자 한다. $\varepsilon = \frac{|M|}{2}$이라 하면 적당한 자연수 N_1이 존재하여 $n \geq N_1$인 모든 자연수 $n\in\mathbb{N}$에 대해서 다음이 성립하므로

$$|M| - |b_n| \leq |b_n - M| < \frac{|M|}{2}$$

$\frac{|M|}{2} < |b_n|$이다. 따라서 $n \geq N_1$이면, $b_n \neq 0$이다. 또한, $\lim_{n\to\infty} b_n = M$이므로 임의의 실수 $\varepsilon > 0$에 대해서 적당한 자연수 N_2가 존재하여 $n \geq N_2$인 모든 자연수 $n\in\mathbb{N}$에 대해서 다음이 성립함다.

$$|b_n - M| < \frac{|M|^2}{2}\varepsilon$$

만약 $N = \max\{N_1, N_2\}$라고 두면, $n \geq N$인 모든 자연수 $n\in\mathbb{N}$에 대해서

$$\left|\frac{1}{b_n} - \frac{1}{M}\right| = \frac{|b_n - M|}{|b_n||M|} < \frac{|M|^2 \cdot \varepsilon}{2} \cdot \frac{2}{|M|} \cdot \frac{1}{|M|} = \varepsilon$$

이고 $\lim_{n\to\infty}\frac{1}{b_n} = \frac{1}{M}$이다. 따라서 (3)의 결과로부터 다음을 얻는다.

$$\lim_{n\to\infty}\frac{a_n}{b_n} = \lim_{n\to\infty}\frac{1}{b_n}\cdot a_n = \frac{1}{M}\cdot L = \frac{L}{M} = \frac{\lim_{n\to\infty} a_n}{\lim_{n\to\infty} b_n}$$ ■

따름정리 4.3.2 $\lim_{n\to\infty} a_n = L$이고 $\lim_{n\to\infty} b_n = M$이면, $\lim_{n\to\infty}(a_n - b_n) = L - M$이다.

증명 정리 4.3.1 (1)과 (2)에 의해서 다음이 성립한다.

$$\lim_{n\to\infty}(a_n - b_n) = \lim_{n\to\infty}(a_n + (-1)\cdot b_n) = \lim_{n\to\infty} a_n + (-1)\lim_{n\to\infty} b_n = L - M$$ ■

따름정리 4.3.3 $\lim_{n\to\infty} a_n = L$이고 $k \in \mathbb{N}$이면, $\lim_{n\to\infty} a_n^{\,k} = L^k$이다.

증명 정리 4.3.1 (3)과 수학적귀납법을 이용하면 증명된다. ■

따름정리 4.3.4 (1) $\lim_{n\to\infty} a_n = 0$이고 $\lim_{n\to\infty} b_n = 0$이면, $\lim_{n\to\infty}(a_n + b_n) = 0$이다.

(2) $\lim_{n\to\infty} a_n = 0$이고 $\lim_{n\to\infty} b_n = 0$이면, $\lim_{n\to\infty} a_n b_n = 0$이다.

[주] 따름정리 4.3.4 (1)과 (2)의 역은 일반적으로 성립하지 않는다. 예를 들면,

(1) $a_n = 1$, $b_n = -1$이면 $\lim_{n\to\infty}(a_n + b_n) = 0$이나, $\lim_{n\to\infty} a_n = 1$이고 $\lim_{n\to\infty} b_n = -1$이다.

(2) $a_n = \dfrac{1}{n^2}$, $b_n = n+1$이면 $\lim_{n\to\infty} a_n b_n = 0$이나, $\lim_{n\to\infty} a_n = 0$이고 $\lim_{n\to\infty} b_n = +\infty$이다.

따름정리 4.3.5 (1) 수열 $\{a_n\}$, $\{b_n\}$에 대해서 $\{a_n\}$와 $\{a_n\} + \{b_n\}$이 각각 수렴하면, $\{b_n\}$도 수렴한다.

(2) 모든 자연수 $n \in \mathbb{N}$에 대해 $a_n \neq 0$인 수열 $\{a_n\}$가 $M(\neq 0)$에 수렴하고, $\{b_n\}$이 임의의 수열이라 하자. $\{a_n\} \cdot \{b_n\}$이 수렴하면 $\{b_n\}$도 수렴한다.

증명 (1) $\{a_n\}$와 $\{a_n\} + \{b_n\}$이 각각 수렴하고 $\{b_n\} = (\{a_n\} + \{b_n\}) - \{a_n\}$이므로 따름정리 4.3.2에 의해 $\{b_n\}$이 수렴한다.

(2) $c_n = a_n \cdot b_n$이라 하자. $\lim_{n\to\infty} a_n = M \neq 0$이므로 임의의 실수 $\varepsilon > 0$에 대해서 적당한 자연수 N이 존재하여 $n \geq N$인 모든 자연수 $n \in \mathbb{N}$에 대해서 $|a_n - M| < \varepsilon$이 성립한다. 그러면 $n \geq N$인 모든 자연수 $n \in \mathbb{N}$에 대해 $a_n \neq 0$이고 $b_n = \dfrac{c_n}{a_n}$이므로 정리 4.3.1 (4)에 의해 $\{b_n\}$은 수렴한다. ■

예제 4.16 $\lim_{n\to\infty} \dfrac{2n}{n+2}$을 계산하여라.

풀이 $\lim_{n\to\infty}\frac{2n}{n+2}=\lim_{n\to\infty}\frac{2}{1+\frac{2}{n}}=\frac{\lim_{n\to\infty}2}{\lim_{n\to\infty}(1+\frac{2}{n})}=\frac{2}{\lim_{n\to\infty}1+\lim_{n\to\infty}\frac{2}{n}}=\frac{2}{1+2\lim_{n\to\infty}\frac{1}{n}}$

$=\frac{2}{1+2\cdot 0}=2$ ■

정리 4.3.6 수열 $\{a_n\}$이 L에 수렴하고 모든 자연수 $n\in\mathbb{N}$에 대해 $0\le a_n$이면, $0\le L$이다.

증명 간접증명법으로 증명하기 위해 $L<0$이라고 하자. 그러면 $\varepsilon=-L>0$이고 $\lim_{n\to\infty} a_n=L$이므로 적당한 자연수 N이 존재하여 $n\ge N$인 모든 자연수 $n\in\mathbb{N}$에 대해서 $|a_n-L|<\varepsilon$이다. 특히, $a_N<L+\varepsilon=L+(-L)=0$이다. 이것은 모든 자연수 $n\in\mathbb{N}$에 대해서 $a_n\ge 0$이라는데 모순이므로 $L\ge 0$이다. ■

정리 4.3.7 $\lim_{n\to\infty}a_n=L$이고 $\lim_{n\to\infty}b_n=M$이라고 하자. 모든 자연수 $n\in\mathbb{N}$에 대해 $a_n\le b_n$이면, $L\le M$이다.

증명 $c_n=b_n-a_n$로 두면, 모든 자연수 $n\in\mathbb{N}$에 대해 $0\le c_n=b_n-a_n$이므로 정리 4.3.1 (1)과 정리 4.3.6에 의하여 $0\le M-L$이다. 따라서 $L\le M$이다. ■

정리 4.3.8 수열 $\{a_n\}$이 수렴하고, 모든 자연수 $n\in\mathbb{N}$에 대해 $a\le a_n\le b$이면, $a\le \lim_{n\to\infty}a_n\le b$이다.

증명 $\{b_n\}$이 상수열 $\{b, b, b, \cdots\}$라고 하면, 정리 4.3.7에 의해 $\lim_{n\to\infty} a_n\le \lim_{n\to\infty} b_n=b$이 성립한다. 같은 방법으로 $a\le \lim_{n\to\infty} a_n$도 쉽게 얻을 수 있다. ■

정리 4.3.9 (압축정리 : Squeeze Theorem) 수열 $\{a_n\}$, $\{b_n\}$, $\{c_n\}$이 다음 조건을 만족한다고 하자.

(1) 모든 자연수 $n \in \mathbb{N}$에 대해 $a_n \le b_n \le c_n$이고

(2) $\lim_{n\to\infty} a_n = L = \lim_{n\to\infty} c_n$이다.

그러면 $\{b_n\}$은 수렴하고, $\lim_{n\to\infty} b_n = L$이다.

증명 $L = \lim_{n\to\infty} a_n = \lim_{n\to\infty} c_n$이라고 하자. 임의의 실수 $\varepsilon > 0$에 대해 적당한 자연수 N_1, N_2가 각각 존재하여 $n \ge N_1$인 모든 자연수 $n \in \mathbb{N}$에 대해서 $L-\varepsilon < a_n < L+\varepsilon$이고, 또 $n \ge N_2$인 모든 자연수 $n \in \mathbb{N}$에 대해서 $L-\varepsilon < c_n < L+\varepsilon$이다. 따라서 $n \ge \max\{N_1, N_2\}$인 모든 자연수 $n \in \mathbb{N}$에 대해 다음이 성립하므로,

$$L-\varepsilon < a_n \le b_n \le c_n < L+\varepsilon$$

$|b_n - L| < \varepsilon$이다. 따라서 $\lim_{n\to\infty} b_n = L$이다. ■

예제 4.17 수열 $\left\{\frac{1}{2^n}\right\}$의 극한은 0임을 보여라.

풀이 모든 자연수 $n \in \mathbb{N}$에 대해 $0 < \frac{1}{2^n} < \frac{1}{n}$이고 $\lim_{n\to\infty} \frac{1}{n} = 0$이므로, 정리 4.3.9에 의해 $\lim_{n\to\infty} \frac{1}{2^n} = 0$이다. ■

예제 4.18 수열 $\left\{\frac{\sin n}{n}\right\}$의 극한은 0임을 보여라.

풀이 모든 자연수 $n \in \mathbb{N}$에 대해 $-\frac{1}{n} \le \frac{\sin n}{n} \le \frac{1}{n}$이고 $\lim_{n\to\infty} \frac{1}{n} = 0$이므로, 정리 4.3.9에 의해 $\lim_{n\to\infty} \frac{\sin n}{n} = 0$이다. ■

정리 4.3.10 수열 $\{a_n\}$이 L에 수렴하면, 절대값의 수열 $\{|a_n|\}$도 수렴하고 $|L| = \lim_{n\to\infty} |a_n|$이다.

증명 삼각부등식으로부터 모든 자연수 $n \in \mathbb{N}$에 대해 다음이 성립한다.

$$||a_n|-|L|| \le |a_n-L|$$

따라서 $\{a_n\}$가 L에 수렴하므로, 수열 $\{|a_n|\}$도 $|L|$에 수렴한다. ■

[주] 정리 4.3.10의 역은 일반적으로 성립하지 않는다. 예를 들면, 수열 $\left\{\left|\frac{(-1)^n n}{n+1}\right|\right\}=\left\{\left|\frac{n}{n+1}\right|\right\}$은 1에 수렴하지만, 수열 $\left\{\frac{(-1)^n n}{n+1}\right\}$은 수렴하지 않는다.

정리 4.3.11 모든 자연수 $n\in\mathbb{N}$에 대해 $a_n \ge 0$이고 수열 $\{a_n\}$이 L에 수렴하면, 양의 제곱근 수열 $\{\sqrt{a_n}\}$도 수렴하고 $\lim_{n\to\infty}\sqrt{a_n}=\sqrt{L}$이다.

증명 모든 자연수 $n\in\mathbb{N}$에 대해 $a_n \ge 0$이면, 정리 4.3.6에 의해 $L=\lim_{n\to\infty}a_n \ge 0$이므로 $L=0$와 $L>0$인 경우를 생각할 수 있다.

(i) $L=0$인 경우: 임의의 실수 $\varepsilon>0$에 대해 적당한 자연수 N이 존재하여 $n\ge N$인 모든 자연수 $n\in\mathbb{N}$에 대해서 $0\le a_n=a_n-0 \le \varepsilon^2$이다. 그러므로 $n\ge N$인 모든 자연수 $n\in\mathbb{N}$에 대해서 $0\le\sqrt{a_n}\le\varepsilon$이므로 $\lim_{n\to\infty}\sqrt{a_n}=0$이다.

(ii) $L>0$인 경우: $\sqrt{L}>0$이고 다음이 성립한다.

$$|\sqrt{a_n}-\sqrt{L}|=\left|\frac{(\sqrt{a_n}-\sqrt{L})(\sqrt{a_n}+\sqrt{L})}{\sqrt{a_n}+\sqrt{L}}\right|=\frac{|a_n-L|}{\sqrt{a_n}+\sqrt{L}}$$

모든 자연수 $n\in\mathbb{N}$에 대해 $\sqrt{a_n}+\sqrt{L}\ge\sqrt{L}>0$이므로 다음이 성립한다.

$$|\sqrt{a_n}-\sqrt{L}|\le\frac{1}{\sqrt{L}}|a_n-L|$$

따라서 $\lim_{n\to\infty}a_n=L$이므로 $\lim_{n\to\infty}\sqrt{a_n}=\sqrt{L}$이다. ■

정리 4.3.12 $\{a_n\}$이 양수의 수열이고, $\lim_{n\to\infty}\frac{a_{n+1}}{a_n}=L$이 존재한다고 하자. 만약 $L<1$이면, $\{a_n\}$은 수렴하고 $\lim_{n\to\infty}a_n=0$이다.

증명 모든 자연수 $n \in \mathbb{N}$에 대해 $a_n > 0$이므로 정리 4.3.6에 의해 $0 \le L$이다. 그런데 $L < 1$이므로 $L < r < 1$을 만족하는 실수 $r \in \mathbb{R}$을 택하여 $\varepsilon = r - L > 0$라고 두면 적당한 자연수 N이 존재하여 $n \ge N$인 모든 자연수 $n \in \mathbb{N}$에 대해서 다음이 성립한다.

$$\left| \frac{a_{n+1}}{a_n} - L \right| < \varepsilon$$

이 사실로부터 $n \ge N$인 모든 자연수 $n \in \mathbb{N}$에 대해서

$$\frac{a_{n+1}}{a_n} < L + \varepsilon = L + (r - L) = r$$

이고 $0 < a_{n+1} < a_n r < a_{n-1} r^2 < \cdots < a_N r^{n-N+1}$을 얻는다. 이때 $c = \dfrac{a_N}{r^N}$이라 두면, $n \ge N$인 모든 자연수 $n \in \mathbb{N}$에 대해서 $0 < a_{n+1} < cr^{n+1}$이 성립한다. 그런데 $0 < r < 1$이므로 $\lim\limits_{n\to\infty} r^n = 0$이고, 정리 4.3.9에 의해 $\lim\limits_{n\to\infty} a_n = 0$이다. ▩

예제 4.19 수열 $\left\{ \dfrac{n}{2^n} \right\}$의 수렴성을 조사하라.

풀이 $\dfrac{a_{n+1}}{a_n} = \dfrac{n+1}{2^{n+1}} \cdot \dfrac{2^n}{n} = \dfrac{1}{2}\left(1 + \dfrac{1}{n}\right)$이고 $\lim\limits_{n\to\infty} \dfrac{a_{n+1}}{a_n} = \dfrac{1}{2} < 1$이다. 그러므로 정리 4.3.12로부터 $\lim\limits_{n\to\infty} \dfrac{n}{2^n} = 0$이고, 수열 $\left\{ \dfrac{n}{2^n} \right\}$은 수렴한다. ▩

연습문제 4.3

1. 다음 수열들의 극한을 구하여라.

(1) $\lim\limits_{n\to\infty} \dfrac{2}{n+2}$ (2) $\lim\limits_{n\to\infty} \dfrac{2n^2+n+3}{n^2+1}$

(3) $\lim\limits_{n\to\infty} \dfrac{2n^2}{n^3+3}$ (4) $\lim\limits_{n\to\infty} (\sqrt{n+1} - \sqrt{n})$

2. 따름정리 4.3.3을 수학적귀납법으로 증명하여라.

3. (1) $\lim_{n\to\infty}\frac{a_{n+1}}{a_n}=1$을 만족하는 수렴하는 양수의 수열 $\{a_n\}$의 예를 들어라.
   (2) 이 성질을 갖는 발산하는 수열 $\{a_n\}$의 예를 들어라.

4. $\lim_{n\to\infty}\frac{a_{n+1}}{a_n}=0$일 때, $\lim_{n\to\infty}a_n$의 값을 구하여라.

5. 정리 4.3.9를 이용하여 $\lim_{n\to\infty}\frac{1}{n!}=0$임을 증명하여라.

6. $p>0$이고 $\alpha\in\mathbb{R}$가 실수이면, $\lim_{n\to\infty}\frac{n^{\alpha}}{(1+p)^n}=0$임을 증명하여라.

7. $\lim_{n\to\infty}a_n=\alpha$이면, $\lim_{n\to\infty}\frac{a_1+a_2+\cdots+a_n}{n}=\alpha$임을 보여라.

4.4 수열의 수렴판정법

이 절에서는 수열의 수렴성 여부를 조사할 수 있는 수렴판정법인 단조수렴정리(monotone convergence theorem)와 코시 판정법(Cauchy criterion)을 다룬다.

〈정의 4.4.1〉

수열 $\{a_n\}$이 주어졌을 때, 모든 자연수 $n\in\mathbb{N}$에 대해

$$a_n \le a_{n+1}\ [a_n \ge a_{n+1}]$$

을 만족하면, $\{a_n\}$을 단조증가(monotone increasing) [단조감소(monotone decreasing)] 수열이라 한다. $\{a_n\}$이 단조증가 또는 단조감소하면, 단조수열(monotone sequence)이라고 한다. 또한, 모든 자연수 $n\in\mathbb{N}$에 대해

$$a_n < a_{n+1}\ [a_n > a_{n+1}]$$

을 만족하면, $\{a_n\}$을 순증가(strictly increasing) [순감소(strictly decreasing)]수열이라고 한다. $\{a_n\}$이 순증가 또는 순감소일 때, 순단조수열(strictly monotone sequence)이라고 한다.

정리 4.4.1 (단조수렴정리 : Monotone Convergence Theorem) 단조수열 $\{a_n\}$이 수렴하기 위한 필요충분조건은 $\{a_n\}$이 유계이다. 더욱이

(1) $\{a_n\}$이 위로 유계인 증가수열이면, $\lim\limits_{n\to\infty} a_n = \sup\{a_n : n \in \mathbb{N}\}$이다.

(2) $\{a_n\}$이 아래로 유계인 감소수열이면, $\lim\limits_{n\to\infty} a_n = \inf\{a_n : n \in \mathbb{N}\}$이다.

증명 (1) $\{a_n\}$을 위로 유계인 단조증가수열이라고 하자. 그러면 $A=\{a_1, a_2, \cdots\}$는 공집합이 아닌 위로 유계인 $\mathbb{R}$의 부분집합이므로, 완비성공리로부터 집합 $A=\{a_n : n\in\mathbb{N}\}$는 상한 $L=\sup A$을 갖는다. 이제 $\lim\limits_{n\to\infty} a_n = L$임을 보이자. 임의로 실수 $\varepsilon>0$에 대해 $L-\varepsilon$은 A의 상한이 아니므로 적당한 자연수 N이 존재하여 $L-\varepsilon < a_N \le L$을 만족한다. 그러나 $\{a_n\}$이 단조증가수열이므로 $n \ge N$이면 $a_n \ge a_N$이다. 따라서 $n \ge N$을 만족하는 모든 자연수 $n\in\mathbb{N}$에 대해서 다음이 성립한다.

$$L-\varepsilon < a_N \le a_n \le L < L+\varepsilon$$

그러므로 $|a_n - L| < \varepsilon$이고, $\lim\limits_{n\to\infty} a_n = L = \sup\{a_n : n\in\mathbb{N}\}$이다.

(2) $\{a_n\}$이 아래로 유계인 단조감소수열에 대해서도 위와 비슷하게 증명할 수 있다. ■

[주] 단조수렴정리로부터 유계인 단조수열은 반드시 수렴한다. 또한 수렴하는 수열은 반드시 유계이다. 따라서 단조수열이 수렴할 필요충분조건은 유계인 것이다.

따름정리 4.4.2 (1) 단조증가수열 $\{a_n\}$이 위로 유계가 아니면, 그 극한은 다음과 같다.

$$\lim_{n\to\infty} a_n = \sup\{a_n : n\in\mathbb{N}\} = +\infty$$

(2) 단조감소수열 $\{a_n\}$이 아래로 유계가 아니면, 그 극한은 다음과 같다.

$$\lim_{n\to\infty} a_n = \inf\{a_n : n \in \mathbb{N}\} = -\infty$$

증명 (1) 수열 $\{a_n\}$이 위로 유계가 아니므로 임의의 실수 $M > 0$에 대해 $a_N > M$을 만족하는 자연수 N이 존재한다. 그런데 $\{a_n\}$이 단조증가이므로 $n \geq N$인 모든 자연수 $n \in \mathbb{N}$에 대해 $a_n \geq a_N > M$이다. 따라서 정의 4.2.2로부터 $\lim_{n\to\infty} a_n = \sup\{a_n : n \in \mathbb{N}\} = +\infty$이다.

(2) 단조감소인 경우는 $b_n = -a_n$라고 두면, $\{b_n\}$은 단조증가수열로서 위로 유계가 아니다. 따라서 위와 같은 방법을 하면, $\lim_{n\to\infty} a_n = \inf\{a_n : n \in \mathbb{N}\} = -\infty$이다. ■

예제 4.20 수열 $\left\{\frac{1}{\sqrt{n}}\right\}$은 수렴하고, 그 극한이 0임을 단조수렴정리로 보여라.

풀이 $\left\{\frac{1}{\sqrt{n}}\right\}$은 아래로 유계이고 단조감소하므로 정리 4.4.1에 의해 $\left\{\frac{1}{\sqrt{n}}\right\}$은 수렴한다. 그 극한은 집합의 하한이 $\inf\left\{\frac{1}{\sqrt{n}} : n \in \mathbb{N}\right\} = 0$이므로, $\lim_{n\to\infty} \frac{1}{\sqrt{n}} = 0$이다. ■

예제 4.21 수열 $\{n^2\}$는 수렴하지 않고, $\lim_{n\to\infty} n^2 = +\infty$임을 보여라.

풀이 $\{n^2\}$은 단조증가이지만 위로 유계가 아니므로 따름정리 4.4.2 (1)에 의해 수렴하지 않고, $\lim_{n\to\infty} n^2 = \sup\{n^2 : n \in \mathbb{N}\} = +\infty$이다. ■

예제 4.22 자연수 $n \in \mathbb{N}$에 대해 $a_n = 1 + \frac{1}{2} + \frac{1}{3} + \cdots + \frac{1}{n}$이라고 정의하면, 수열 $\{a_n\}$는 발산함을 보여라.

풀이 $a_{n+1} = a_n + \frac{1}{n+1} > a_n$이므로 $\{a_n\}$는 증가수열이다. 정리 4.4.1에 의하면 수열의 수렴성 여부는 주어진 수열이 유계인가를 밝히면 된다. 그러나 주어진 수열 $\{a_n\}$의 유계는 직접적인 수치 계산으로는 결론을 구하기가 어렵다. 그러나

$$\begin{aligned} a_{2^n} &= 1+\frac{1}{2}+\left(\frac{1}{3}+\frac{1}{4}\right)+\cdots+\left(\frac{1}{2^{n-1}+1}+\cdots+\frac{1}{2^n}\right) \\ &> 1+\frac{1}{2}+\left(\frac{1}{4}+\frac{1}{4}\right)+\cdots+\left(\frac{1}{2^n}+\cdots+\frac{1}{2^n}\right) \\ &= 1+\frac{1}{2}+\frac{1}{2}+\cdots+\frac{1}{2}=1+\frac{n}{2} \end{aligned}$$

이므로 $\{a_n\}$은 유계가 아니다. 그러므로 따름정리 4.4.2에 의해 $\{a_n\}$은 발산한다. ■

예제 4.23 수열 $\{a_n\}$을 각 자연수 $n \in \mathbb{N}$에 대해 다음과 같이 정의하면,

$$a_1=\sqrt{2}, \ a_{n+1}=\sqrt{2+\sqrt{a_n}}$$

$\{a_n\}$은 수렴하는 수열임을 보여라.

풀이 $a_1=\sqrt{2}$, $a_2=\sqrt{2+\sqrt{2}} > a_1$이므로 $a_2-a_1>0$이다. $a_n > a_{n-1}$ $(n \geq 2)$이면, 다음이 성립한다.

$$a_{n+1}-a_n=\sqrt{2+\sqrt{a_n}}-\sqrt{2+\sqrt{a_{n-1}}} > 0$$

따라서 수학적귀납법에 의해 $a_n < a_{n+1}$ $(n=1, 2, \cdots)$이다. 그러므로 $\{a_n\}$는 단조증가수열이다.

다음, $a_1=\sqrt{2}<2$이다. 만약 $a_n<2$이라 하면, 다음이 성립하므로,

$$a_{n+1}=\sqrt{2+\sqrt{a_n}}<\sqrt{2+\sqrt{2}}<2$$

수학적귀납법에 의해 $\{a_n\}$은 위로 유계이다. 따라서 정리 4.4.1에 의해 $\{a_n\}$은 수렴하는 수열이다. ■

예제 4.24 수열 $\{a_n\}$을 각 자연수 $n \in \mathbb{N}$에 대해 다음과 같이 정의하면,

$$a_1=1, \qquad a_{n+1}=\frac{1}{4}(2a_n+3)$$

$\{a_n\}$은 수렴하는 수열이고, 그 극한은 $L=\dfrac{3}{2}$이다.

풀이 직접적인 계산을 하면 $a_2 = \frac{5}{4}$이고 $a_1 < a_2 < 2$이다. 수학적귀납법을 이용하여 $\{a_n\}$이 모든 자연수 $n \in \mathbb{N}$에 대해 $a_n < 2$인 유계수열임을 보이고자 한다. $n = 1, 2$인 경우는 $a_n < 2$이 참이다. 만약 적당한 자연수 $k \in \mathbb{N}$에 대해 $a_k < 2$라고 가정하면, 다음이 성립한다.

$$a_{k+1} = \frac{1}{4}(2a_k + 3) < \frac{1}{4}(4+3) = \frac{7}{4} < 2$$

따라서 수학적귀납법에 의해 모든 자연수 $n \in \mathbb{N}$에 대해 $a_n < 2$이다. 즉, $\{a_n\}$은 위로 유계이다.

다음, $\{a_n\}$이 증가수열임을 보이자. 먼저 $a_1 < a_2$는 당연하다. 만약 적당한 자연수 $k \in \mathbb{N}$에 대해 $a_k < a_{k+1}$라고 가정하면, $2a_k + 3 < 2a_{k+1} + 3$이고

$$a_{k+1} = \frac{1}{4}(2a_k + 3) < \frac{1}{4}(2a_{k+1} + 3) = a_{k+2}$$

이다. 따라서 수학적귀납법으로부터 모든 자연수 $n \in \mathbb{N}$에 대해 $a_n < a_{n+1}$이고 $\{a_n\}$는 증가수열이다. 그러므로 정리 4.4.1로부터 $\{a_n\}$은 수렴하는 수열이다. 그러나 이 경우 $\sup\{a_n : n \in \mathbb{N}\}$을 계산하여 $\{a_n\}$의 극한을 구하는 것은 쉽지 않다. 그래서 $\lim_{n \to \infty} a_n = L$이라 두고 예제 4.6을 적용하면

$$L = \lim_{n \to \infty} a_{n+1} = \lim_{n \to \infty} \frac{1}{4}(2a_n + 3) = \frac{1}{4}(2L + 3)$$

이고 $L = \frac{3}{2}$이다. ■

예제 4.25 $a_1 > 1,\ a_{n+1} = 2 - \frac{1}{a_n}\ (n=1, 2, \cdots)$이면, $\{a_n\}$은 아래로 유계인 단조수열임을 보이고 그 극한을 구하여라.

풀이 모든 자연수 $n \in \mathbb{N}$에 대해 $a_n > 1$임을 수학적귀납법으로 밝히자. 먼저 $a_1 > 1$은 성립한다. $a_k > 1$이라고 가정하면 $\frac{1}{a_k} < 1$이고 $a_{k+1} = 2 - \frac{1}{a_k} > 1$이므로 수학적귀납법에 의해 $\{a_n\}$는 아래로 유계이다. 또한

$$a_n - a_{n+1} = a_n - \left(2 - \frac{1}{a_n}\right) = a_n - 2 + \frac{1}{a_n} = \left(\sqrt{a_n} - \frac{1}{\sqrt{a_n}}\right)^2 \geq 0$$

이므로, $\{a_n\}$는 감소수열이다. 따라서 $\{a_n\}$이 아래로 유계인 단조감소수열이므로 정리 4.4.1에 의해 $\{a_n\}$은 수렴하고, 극한 $\lim_{n\to\infty} a_n = L$을 갖는다. 따라서 예제 4.6에 의해서

$$L = \lim_{n\to\infty} a_{n+1} = \lim_{n\to\infty}\left(2 - \frac{1}{a_n}\right) = 2 - \frac{1}{L}$$

이고 $L^2 = 2L - 1$이므로 $\{a_n\}$의 극한은 $L = 1$이다. ■

> **정리 4.4.3** $|a| < 1$이면, $\lim_{n\to\infty} a^n = 0$이다.

증명 (i) $0 < a < 1$이면 $\{a^n\}$은 유계이고 단조감소인 수열이므로 정리 4.4.1에 의해 $\{a^n\}$은 수렴하고 $\lim_{n\to\infty} a^n = L$을 갖는다. 따라서 정리 4.2.1과 정리 4.3.1 (3)에 의해 다음이 성립하므로,

$$L = \lim_{n\to\infty} a^{n+1} = \lim_{n\to\infty} a\cdot a^n = a\cdot \lim_{n\to\infty} a^n = aL$$

$L(1-a) = 0$ 이다. 만약 $L \neq 0$이면, $a = 1$이 되어 $|a| < 1$에 모순이다. 그러므로 $L = \lim_{n\to\infty} a^n = 0$이다.

(ii) $-1 < a < 0$이면, $0 < -a < 1$이고 $\lim_{n\to\infty}(-a)^n = 0$이다. 따라서 다음이 성립한다.

$$\lim_{n\to\infty} a^n = \lim_{n\to\infty}(-1)^n \cdot \lim_{n\to\infty}(-a)^n = \lim_{n\to\infty}(-1)^n \cdot 0 = 0$$

(iii) $a = 0$이면, $\lim_{n\to\infty} a^n = 0$이다. ■

> **정리 4.4.4** $a > 0$이면, $\lim_{n\to\infty} a^{1/n} = 1$이다.

증명 (i) $a \geq 1$이면 $\{a^{1/n}\}$은 1에 의해 아래로 유계인 감소수열이다. 따라서 정리 4.4.1에 의해 $\{a^{1/n}\}$는 수렴하므로 그 극한을 $\lim_{n\to\infty} a^{1/n} = L$이라고 하자. $a^{1/n} \geq 1$이므로 정리 4.3.7과 따름정리 4.3.3에 의해 $L \neq 0$이고 $\lim_{n\to\infty} a^{2/n} = L^2$이다. 그런데 $\{a^{2/2n}\}$는 $\{a^{2/n}\}$의 부분수열이므로 L^2에 수렴한다. 따라서 $a^{2/2n} = a^{1/n}$이므로

$L^2=L$이다. 그런데 $L\neq 0$이므로 수열 $\{a^{1/n}\}$의 극한은 $L=1$이다.

(ii) $0<a<1$이면 $1<\dfrac{1}{a}$이므로 위의 경우를 적용하면, 다음이 성립하고,

$$\lim_{n\to\infty}\frac{1}{a^{1/n}}=\lim_{n\to\infty}\left(\frac{1}{a}\right)^{1/n}=1$$

정리 4.3.1 (4)에 의하여 다음이 성립한다.

$$\lim_{n\to\infty}a^{1/n}=\lim_{n\to\infty}\frac{1}{\left(\frac{1}{a}\right)^{1/n}}=\frac{1}{\lim_{n\to\infty}\left(\frac{1}{a}\right)^{1/n}}=1$$ ■

보조정리 4.4.5 두 실수 $a,\ b\in\mathbb{R}$가 $0\leq a<b$라고 하면, 다음이 성립한다.

$$\frac{b^{n+1}-a^{n+1}}{b-a}<(n+1)b^n$$

증명 $0\leq a<b$이면, 다음이 성립한다.

$$\begin{aligned}\frac{b^{n+1}-a^{n+1}}{b-a}&=b^n+ab^{n-1}+a^2b^{n-2}+\cdots a^{n-1}b+a^n\\&<b^n+bb^{n-1}+b^2b^{n-2}+\cdots b^{n-1}b+b^n\\&=(n+1)b^n\end{aligned}$$ ■

정리 4.4.6 수열 $\left\{\left(1+\dfrac{1}{n}\right)^n\right\}$은 수렴한다.

증명 보조정리 4.4.5의 부등식을 다시 쓰면, 다음이 성립한다.

$$b^n[b-(n+1)(b-a)]<a^{n+1}$$

$a=1+\dfrac{1}{n+1},\ b=1+\dfrac{1}{n}$이라 두면, 괄호 안은 1이 되고

$$\left(1+\frac{1}{n}\right)^n<\left(1+\frac{1}{n+1}\right)^{n+1}$$

이므로 $\left\{\left(1+\frac{1}{n}\right)^n\right\}$은 증가수열이다.

다음, $a=1$, $b=1+\frac{1}{2n}$이라 두면, 괄호 안은 $\frac{1}{2}$이 되어 $\left(1+\frac{1}{2n}\right)^n<2$이므로 $\left\{\left(1+\frac{1}{n}\right)^n\right\}$은 증가수열이고, 모든 자연수 $n\in\mathbb{N}$에 대해서

$$\left(1+\frac{1}{n}\right)^n<\left(1+\frac{1}{2n}\right)^{2n}<4$$

이므로, $\left\{\left(1+\frac{1}{n}\right)^n\right\}$은 4에 의해 위로 유계이다. 따라서 $\left\{\left(1+\frac{1}{n}\right)^n\right\}$은 수렴한다. ■

[주] (1) 정리 4.4.6에 의하면, $\left\{\left(1+\frac{1}{n}\right)^n\right\}$은 수렴하므로 그 극한을 e로 정의한다.

(2) 정리 4.4.6의 증명에서 $\left\{\left(1+\frac{1}{n}\right)^n\right\}$은 증가수열이고, $n=1$일 때 $\left(1+\frac{1}{n}\right)^n=2$이므로 모든 자연수 $n\in\mathbb{N}$에 대해서 다음이 성립한다.

$$2\le\left(1+\frac{1}{n}\right)^n<4$$

그러므로 정리 4.3.8로 부터 $2\le e<4$이다.

(3) 실제로 이 e의 값은 대략 $e=2.7182818284\cdots$이다.

정리 4.4.7 수열 $\{n^{1/n}\}_{n=3}^{\infty}$는 감소수열이고, $\lim_{n\to\infty}n^{1/n}=1$이다.

증명 예제 4.3에서 이미 취급하였다. 여기에서는 단조수렴판정법을 이용해 증명하고자 한다.

$$(n+1)^{1/n+1}\le n^{1/n}\iff(n+1)^n\le n^{n+1}\iff\frac{(n+1)^n}{n^n}\le n\iff\left(1+\frac{1}{n}\right)^n\le n$$

이므로 $\{n^{1/n}\}_{n=3}^{\infty}$가 감소수열을 보이기 위해서는 위의 마지막 부등식이 성립함을 보이면 된다. $n=3$이면 $\left(1+\frac{1}{3}\right)^3\le3$이므로 $n\ge3$에 대해서 $\left(1+\frac{1}{n}\right)^n\le n$은 성립한다. $n\ge4$이면 정리 4.4.6의 증명에서 $\left(1+\frac{1}{n}\right)^n\le n$이다. 따라서 $(n+1)^{1/n+1}\le n^{1/n}$이 성립하므로 $\{n^{1/n}\}_{n=3}^{\infty}$는 감소수열이다. 또한 $\{n^{1/n}\}_{n=3}^{\infty}$는 1에 의해 아래로 유계이므로 정리 4.4.1에 의해 수열 $\{n^{1/n}\}_{n=3}^{\infty}$는 수렴하고 $L=\lim_{n\to\infty}n^{1/n}$을 갖는다. 따라서 모든 자

연수 $n \in \mathbb{N}$에 대해 $n^{1/n} \geq 1$이므로 $L \neq 0$이고

$$\lim_{n \to \infty} n^{2/n} = \left(\lim_{n \to \infty} n^{1/n}\right)^2 = L^2$$

이다. 정리 4.4.4에 의해 $\lim_{n \to \infty}\left(\frac{1}{2}\right)^{2/n} = 1$이므로 다음이 성립한다.

$$\lim_{n \to \infty}\left(\frac{n}{2}\right)^{2/n} = \lim_{n \to \infty} n^{2/n} \cdot \lim_{n \to \infty}\left(\frac{1}{2}\right)^{2/n} = L^2 \cdot 1 = L^2$$

$\left\{\left(\frac{2n}{2}\right)^{2/2n}\right\}$는 $\left\{\left(\frac{n}{2}\right)^{2/n}\right\}$의 부분수열이므로 정리 4.2.1에 의해 L^2에 수렴한다. 여기서 $\left(\frac{2n}{2}\right)^{2/2n} = n^{1/n}$이므로 $L = L^2$이다. 그러므로 $L \neq 0$이므로 $L = 1$이다. ■

> **정리 4.4.8 (Bolzano−Weierstrass 정리)** 유계인 수열은 수렴하는 부분수열을 갖는다.

증명 수열 $\{a_n\}$을 유계라고 하고, $\{a_n\}$의 치역을 $S = \{a_1, a_2, \cdots, a_n, \cdots\}$이라 하자.

(i) S가 유한집합인 경우 : $\{a_n\}$에는 서로 다른 실수가 유한개 밖에 없기 때문에 이들 중 적어도 하나의 실수가 무한번 반복해서 나타나야 된다. 이런 실수를 L이라고 두면,

$$a_{n_1} = a_{n_2} = \cdots = L$$

인 $n_1 < n_2 < \cdots < n_k < \cdots$가 존재하게 되므로 $\{a_{n_k}\}$는 $\{a_n\}$의 부분수열이고 분명하게 L에 수렴한다.

(ii) S가 무한집합인 경우 : S가 유계인 집합이므로 S을 포함하는 유계인 폐구간 $I = [c, d]$가 존재한다. 먼저, 폐구간 $I = [c, d]$를 두 폐부분구간 $\left[c, \frac{c+d}{2}\right]$, $\left[\frac{c+d}{2}, d\right]$로 이등분하고 이 두 폐부분구간 중에서 적어도 하나는 무수히 많은 자연수 $n \in \mathbb{N}$에 대해서 a_n을 포함해야 하므로 그것을 $I_1 = [c_1, d_1]$이라 하자. I_1에 대해서 앞에서 한 방법과 같이 이등분하면, $\left[c_1, \frac{c_1+d_1}{2}\right]$, $\left[\frac{c_1+d_1}{2}, d_1\right]$로 얻어지고, 이 두 폐부분구간 중에서 적어도 둘 중 하나는 무수히 많은 수의 a_n을 포함하여야만 한다. 그것을 $I_2 = [c_2, d_2]$라고 하자. 이러한 방법을 계속하면, 모든 자연

수 $n\in\mathbb{N}$에 대해서 $S\cap I_n$은 무수히 많은 항 a_n을 포함하는 축소 유계폐구간이고

$$I_1 \supseteq I_2 \supseteq \cdots \supseteq I_n \supseteq \cdots$$

를 만족하는 구간열 $\{I_n\}$을 얻을 수 있고, 구간 I_n의 길이가 $\ell(I_n)=\dfrac{d-c}{2^n}$이다. 다음, $\{a_n\}$의 수렴하는 부분수열 $\{a_{n_k}\}$을 만들기 위해 $a_{n_1}\in I_1$를 만족하는 자연수 $n_1\in\mathbb{N}$을 택한다. $I_2=[c_2,\ d_2]$도 무수히 많은 항 a_n을 포함하므로 $n_2>n_1$이고 $a_{n_2}\in I_2$을 만족하는 자연수 $n_2\in\mathbb{N}$을 택할 수 있다. 이와 같은 방법을 계속하면, $k=1,\ 2,\ \cdots$에 대해서 $a_{n_k}\in I_k=[c_k,\ d_k]$이고 $n_1<n_2<\cdots$을 만족하는 $\{a_n\}$의 부분수열 $\{a_{n_k}\}$을 얻을 수 있다. 이때 $\{a_{n_k}\}$가 수렴함을 증명하고자 한다.
$\{c_k\}$는 단조증가이고 유계이므로 $\{c_k\}$는 수렴하고 $\lim\limits_{k\to\infty}c_k=L$라고 하자. 또 같은 방법으로, $\{d_k\}$도 수렴하므로 $\lim\limits_{k\to\infty}d_k=M$이라 두면, 다음을 얻는다.

$$M-L=\lim_{k\to\infty}d_k-\lim_{k\to\infty}c_k=\lim_{k\to\infty}(d_k-c_k)=\lim_{k\to\infty}\frac{d-c}{2^k}=0$$

그런데 $a_{n_k}\in I_k=[c_k,\ d_k]$이므로 $c_k\le a_{n_k}\le d_k$이다. 따라서 정리 4.3.9에 의하여 $\{a_n\}$의 부분수열 $\{a_{n_k}\}$는 $L=M$에 수렴한다. ■

〈정의 4.4.2〉

수열 $\{a_n\}$이 주어졌을 때, 임의의 실수 $\varepsilon>0$에 대해 적당한 자연수 N이 존재하여 $n,\ m\ge N$인 모든 자연수 $m,\ n\in\mathbb{N}$에 대해 다음을 만족하면,

$$|a_m-a_n|<\varepsilon$$

수열 $\{a_n\}$을 코시 수열(Cauchy sequence)이라고 한다.

예제 4.26 수열 $\{a_n\}$을 각 자연수 $n\in\mathbb{N}$에 대해 다음과 같이 정의하면,

$$a_1=1, \qquad a_{n+1}=a_n+\frac{1}{3^n}$$

$\{a_n\}$은 코시 수열임을 보여라.

풀이 $m > n$이면, 다음이 성립한다.

$$\begin{aligned}|a_m - a_n| &= |a_m - a_{m-1} + a_{m-1} - a_{m-2} + a_{m-2} - \cdots - a_{n+1} + a_{n+1} - a_n| \\ &\le |a_m - a_{m-1}| + |a_{m-1} - a_{m-2}| + \cdots + |a_{n+1} - a_n| \\ &= \frac{1}{3^{m-1}} + \frac{1}{3^{m-2}} + \cdots + \frac{1}{3^n} \\ &= \frac{\frac{1}{3^n}\left(1 - (\frac{1}{3})^{m-n}\right)}{1 - \frac{1}{3}} \le \frac{\left(\frac{1}{3}\right)^n}{\frac{2}{3}} \quad \to 0 \quad (n \to \infty)\end{aligned}$$

그러므로 $\{a_n\}$은 코시 수열이다.

예제 4.27 수열 $\{a_n\}$을 다음과 같이 정의하면,

$$a_1 = \frac{1}{1!}, \quad a_2 = \frac{1}{1!} - \frac{1}{2!}, \quad \cdots, \quad a_n = \frac{1}{1!} - \frac{1}{2!} + \cdots + \frac{(-1)^{n+1}}{n!}, \quad \cdots$$

$\{a_n\}$은 코시 수열임을 보여라.

풀이 주어진 수열은 단조수열이 아님을 쉽게 알 수 있다. 그러나 $m > n$이면

$$|a_m - a_n| = \left| \frac{(-1)^{n+2}}{(n+1)!} + \frac{(-1)^{n+3}}{(n+2)!} + \cdots + \frac{(-1)^{m+2}}{m!} \right|$$

이다. $2^{r-1} \le r!$이므로 $m > n$이면, 다음이 성립한다.

$$\begin{aligned}|a_m - a_n| &\le \left| \frac{(-1)^{n+2}}{(n+1)!} \right| + \left| \frac{(-1)^{n+3}}{(n+2)!} \right| + \cdots + \left| \frac{(-1)^{m+2}}{m!} \right| \\ &\le \frac{1}{2^n} + \frac{1}{2^{n+1}} + \cdots + \frac{1}{2^{m-1}} < \frac{1}{2^{n-1}}\end{aligned}$$

그러므로 $\{a_n\}$은 코시 수열이다. ■

정리 4.4.9 수렴하는 수열은 코시 수열이다.

증명 수열 $\{a_n\}$이 L에 수렴한다고 하자. 그러면 임의의 실수 $\varepsilon > 0$에 대해 적당한 자연수

N이 존재하여 $n \geq N$인 모든 자연수 $n \in \mathbb{N}$에 대해 $|a_n - L| < \frac{\varepsilon}{2}$이다. 따라서 n, $m \geq N$을 만족하는 모든 자연수 m, $n \in \mathbb{N}$에 대해

$$|a_m - a_n| \leq |a_m - L| + |a_n - L| < \frac{\varepsilon}{2} + \frac{\varepsilon}{2} = \varepsilon$$

이므로 $\{a_n\}$은 코시 수열이다. ■

정리 4.4.10 모든 코시 수열은 유계이다.

증명 $\{a_n\}$은 코시 수열이고 $\varepsilon = 1$이라고 하면, 적당한 자연수 N이 존재하여 n, $m \geq N$인 모든 자연수 m, $n \in \mathbb{N}$에 대해 $|a_m - a_n| < 1$이다. 따라서 $n \geq N$인 모든 자연수 $n \in \mathbb{N}$에 대해서 다음이 성립한다.

$$|a_n| \leq |a_n - a_N| + |a_N| < 1 + |a_N|$$

만약 $M = \max\{|a_1|, |a_2|, \cdots, |a_{N-1}|, 1 + |a_N|\}$이라고 두면, $\{a_n\}$는 모든 자연수 $n \in \mathbb{N}$에 대해 $|a_n| \leq M$이므로 코시 수열 $\{a_n\}$은 유계이다. ■

정리 4.4.11 코시 수열 $\{a_n\}$의 모든 부분수열은 코시 수열이다.

증명 $\{a_n\}$의 임의의 부분수열 $\{a_{n_k}\}$가 코시 수열임을 보이자. $\varepsilon > 0$을 임의의 실수라고 하자. $\{a_n\}$은 코시 수열이므로 주어진 실수 $\varepsilon > 0$에 대응하는 적당한 자연수 N이 존재하여 n, $m \geq N$인 모든 자연수 n, $m \in \mathbb{N}$에 대해

$$|a_n - a_m| < \varepsilon$$

이 성립한다. 그런데 부분수열의 정의로부터 $n_K > N$을 만족하는 자연수 K가 존재한다. 따라서 k, $l > K$인 모든 자연수 k, $l \in \mathbb{N}$에 대해 n_k, $n_l > n_K > N$이므로

$$|a_{n_k} - a_{n_l}| < \varepsilon$$

이 성립한다. 그러므로 $\{a_n\}$의 부분수열 $\{a_{n_k}\}$는 코시 수열이다. ■

보조정리 4.4.12 코시 수열의 어떤 한 부분수열이 실수 L에 수렴하면, 주어진 수열도 역시 L에 수렴한다.

증명 $\varepsilon > 0$을 임의의 실수이고 코시 수열 $\{a_n\}$의 한 부분수열 $\{a_{n_k}\}$이 L에 수렴한다고 하자. 주어진 임의의 실수 $\varepsilon > 0$에 대해 적당한 자연수 N이 존재하여 $n, m \geq N$인 모든 자연수 $n, m \in \mathbb{N}$에 대해 $|a_n - a_m| < \frac{\varepsilon}{2}$이다. 그런데 $\{a_n\}$의 부분수열 $\{a_{n_k}\}$가 L에 수렴하므로 적당한 자연수 $n_k \in \mathbb{N}$가 존재하여 $n_k > N$에 대해 $|a_{n_k} - L| < \frac{\varepsilon}{2}$이다. 따라서 $n \geq N$인 모든 자연수 $n \in \mathbb{N}$에 대해 다음이 성립하므로,

$$|a_n - L| \leq |a_n - a_{n_k}| + |a_{n_k} - L| < \frac{\varepsilon}{2} + \frac{\varepsilon}{2} = \varepsilon$$

주어진 수열 $\{a_n\}$은 L에 수렴한다. ■

정리 4.4.13 (Cauchy 판정법 : Cauchy Criterion) 수열 $\{a_n\}$이 수렴하기 위한 필요충분조건은 $\{a_n\}$이 코시 수열이다.

증명 정리 4.4.9에 의해 수렴하는 수열은 코시 수열이므로 그 역만 증명하면 된다. $\{a_n\}$이 코시 수열이면, 정리 4.4.10에 의해 $\{a_n\}$은 유계이다. 또한 정리 4.4.8에 의해 $\{a_n\}$은 수렴하는 부분수열 $\{a_{n_k}\}$를 가지므로 보조정리 4.4.12에 의해 $\{a_n\}$은 수렴한다. ■

예제 4.28 수열 $\{a_n\}$을 각 자연수 $n \in \mathbb{N}$에 대해 다음과 같이 정의하면,

$$a_n = 1 + \frac{1}{2} + \frac{1}{3} + \cdots + \frac{1}{n}$$

$\{a_n\}$는 발산함을 보여라.

풀이 주어진 수열은 예제 4.22에서 이미 발산함을 보였다. 여기서는 코시 수렴판정법으로 주어진 수열의 수렴성을 살펴보기로 한다. 만약 $m > n$이면,

$$a_m - a_n = \frac{1}{n+1} + \frac{1}{n+2} + \cdots + \frac{1}{m}$$

을 얻을 수 있고 $(m-n)$개 항들은 각각 $\frac{1}{m}$보다 크므로, $a_m - a_n > \frac{m-n}{m} = 1 - \frac{n}{m}$이다. 만약 $m=2n$이면 $a_{2n} - a_n > \frac{1}{2}$이다. 이것은 $\{a_n\}$이 코시 수열이 아님을 보여준다. 그러므로 정리 4.4.13에 의해 $\{a_n\}$는 수렴하지 않으므로 발산한다. ■

연습문제 4.4

1. 다음 극한을 구하여라.

(1) $\lim_{n\to\infty}\left(1+\frac{1}{n^2}\right)^{n^2}$ (2) $\lim_{n\to\infty}\left(1+\frac{1}{n+1}\right)^{n}$

(3) $\lim_{n\to\infty}\left(1+\frac{1}{n}\right)^{n+1}$ (4) $\lim_{n\to\infty}\left(1+\frac{1}{n^2}\right)^{n}$

(5) $\lim_{n\to\infty}\left(1+\frac{1}{n}\right)^{n^2}$ (6) $\lim_{n\to\infty}\left(1+\frac{1}{2n}\right)^{n}$

2. $\{a_n\}$이 감소하는 유계수열이면, $\{a_n\}$은 수렴함을 증명하여라.

3. (1) 보조정리 4.4.5에서 $a=1+\frac{1}{n+1}$, $b=1+\frac{1}{n}$이라 두면, $n=1, 2, \cdots$에 대해 다음이 성립함을 증명하여라.

$$\left(1+\frac{1}{n}\right)^{n+1} > \left(1+\frac{1}{n+1}\right)^{n}\left(1+\frac{1}{n+1}+\frac{1}{n}\right)$$

(2) 자연수 $n=1, 2, \cdots$에 대해 다음이 성립함을 증명하여라.

$$\left(1+\frac{1}{n+1}\right)^{n}\left(1+\frac{1}{n+1}+\frac{1}{n}\right) > \left(1+\frac{1}{n+1}\right)^{n+2}$$

(3) $\left\{\left(1+\frac{1}{n}\right)^{n+1}\right\}$은 감소수열이고 그 극한이 e이면, $e \le 3$임을 증명하여라.

4. Bolzano−Weierstrass 정리의 가정에서 “유계성”을 제거할 수 없음을 예를 들어

보여라.

5. 수열 $\{a_n\}$이 유계이라 하자. $\{a_n\}$의 모든 수렴하는 부분수열이 극한 L을 갖는다면, $\lim_{n\to\infty} a_n = L$임을 증명하여라.

6. 수열 $\{a_n\}$이 어떤 $\varepsilon > 0$인 실수에 대해 $|a_n - a_m| \geq \varepsilon$ (여기서 $n \neq m$)을 만족하면, $\{a_n\}$은 수렴하는 부분수열을 갖지 않음을 증명하여라.

7. $\{a_n\}$, $\{b_n\}$이 코시 수열이고 $c \in \mathbb{R}$이면, $\{a_n + b_n\}$, $\{a_n - b_n\}$, $\{ca_n\}$, $\{a_n b_n\}$도 코시 수열임을 증명하여라.

8. $\{a_n\}$이 코시 수열이기 위한 필요충분조건은 임의의 실수 $\varepsilon > 0$에 대해 자연수 N이 존재하여 $n \geq N$인 모든 자연수 $n \geq \mathbb{N}$에 대해 $|a_n - a_N| < \varepsilon$임을 증명하여라.

9. 수열 $\left\{\frac{1}{n}\right\}$은 코시 수열임을 증명하여라.

10. $0 \leq \alpha < 1$이고, 함수 $f: \mathbb{R} \to \mathbb{R}$는 모든 실수 $x, y \in \mathbb{R}$에 대해 다음을 만족한다고 하자.

$$|f(x) - f(y)| \leq \alpha |x - y|$$

자연수 $n = 1, 2, \cdots$에 대해 $a_{n+1} = f(a_n)$로 정의하면, $\{a_n\}$은 코시 수열임을 보여라. 이러한 함수 f를 **축소함수**(contractive function)라 한다.

4.5 상극한과 하극한

이 절에서는 반드시 수렴하지는 않는 임의의 수열에 대한 상극한과 하극한의 개념을 소개하고 이들 두 극한에 대한 성질을 조사하기로 한다.

〈정의 4.5.1〉

수열 $\{a_n\}$이 주어졌을 때, 각 자연수 $k \in \mathbb{N}$에 대해 집합

$$A_k = \{a_n : n \geq k\}$$

을 정의하고, A_k의 상한과 하한을 각각 s_k, l_k라고 하자. 집합열 $\{A_k\}$는

$$A_1 \supset A_2 \supset A_3 \supset \cdots \supset A_n \supset A_{n+1} \supset \cdots$$

이 성립하므로, 수열 $\{s_k\}$는 단조감소하고, 수열 $\{l_k\}$는 단조증가한다. 이때

(1) 수열 $\{a_n\}$의 상극한(limit superior, upper limit)을 다음과 같이 정의한다.

$$\lim_{n\to\infty}\sup a_n = \lim_{k\to\infty} s_k = \inf\{s_k : k \geq n\}$$

(2) 수열 $\{a_n\}$의 하극한(limit inferior, lower limit)을 다음과 같이 정의한다.

$$\lim_{n\to\infty}\inf a_n = \lim_{k\to\infty} l_k = \sup\{l_k : k \geq n\}$$

[주] (1) $\{a_n\}$의 상극한을 $\overline{\lim_{n\to\infty}}\, a_n$으로, 하극한을 $\underline{\lim_{n\to\infty}}\, a_n$으로 나타내기도 한다.

(2) $\{a_n\}$이 위로 유계 [아래로 유계]인 수열이면, $\{s_k\}$도 위로 유계 [아래로 유계]가 되므로 정의 4.5.1에서 의해 수열 $\{a_n\}$의 상극한 [하극한]은 다음과 같다.

$$\lim_{n\to\infty}\sup a_n = \inf{}_k \sup{}_{n\geq k} a_n \qquad [\lim_{n\to\infty}\inf a_n = \sup{}_k \inf{}_{n\geq k} a_n].$$

(3) $\{a_n\}$이 위로 유계 [아래로 유계]가 아닌 수열이면, $\{s_k\}$도 위로 유계 [아래로 유계]가 아니므로 수열 $\{a_n\}$의 상극한 [하극한]은 다음과 같다.

$$\lim_{n\to\infty}\sup a_n = +\infty \qquad [\lim_{n\to\infty}\inf a_n = -\infty].$$

예제 4.29 수열 $\{(-1)^n\}$의 상극한과 하극한을 구하라.

풀이 수열 $\{(-1)^n\}$은 유계이고, 집합 $A_k = \{a_n : n \geq k\} = \{1, -1\}$이므로 $\sup A_k = 1$이고 $\inf A_k = -1$이다. 그러므로 $\lim_{n\to\infty}\sup(-1)^n = 1$, $\lim_{n\to\infty}\inf(-1)^n = -1$이다. ■

예제 4.30 $\{1, -1, 1, -2, 1, -3, 1, -4, \cdots\}$로 주어진 수열의 상극한과 하극한을 구하라.

풀이 각 자연수 $k \in \mathbb{N}$에 대해 집합 A_k는

$$A_1 = \{a_n : n \geq 1\} = \{1, -1, 1, -2, 1, -3, 1, -4, \cdots\}$$
$$A_2 = \{a_n : n \geq 2\} = \{-1, 1, -2, 1, -3, 1, -4, 1, \cdots\}$$
$$A_3 = \{a_n : n \geq 3\} = \{1, -2, 1, -3, 1, -4, 1, -5, \cdots\}$$
$$A_4 = \{a_n : n \geq 4\} = \{-2, 1, -3, 1, -4, 1, -5, 1, \cdots\}$$
$$\cdots\cdots\cdots\cdots\cdots\cdots$$

이므로 $\sup A_k = \sup\{1, 1, \cdots\}$이고 $\inf A_k = \inf\{-\infty, -\infty, \cdots\}$이다. 그러므로 $\lim_{n\to\infty}\sup a_n = 1$이고 $\lim_{n\to\infty}\inf a_n = -\infty$이다. ■

예제 4.31 수열 $\left\{\frac{1}{n}\right\}$의 상극한과 하극한을 구하여라.

풀이 각 자연수 $k \in \mathbb{N}$에 대해 집합 $A_k = \left\{\frac{1}{n} : n \geq k\right\}$의 상한은 $\frac{1}{k}$이고 하한은 0이다. 따라서 $\left\{\frac{1}{n}\right\}$의 상극한과 하극한은 $\lim_{n\to\infty}\sup\frac{1}{n} = 0$이고 $\lim_{n\to\infty}\inf\frac{1}{n} = 0$이다. ■

예제 4.32 수열 $\left\{(-1)^n\left(1+\frac{1}{n}\right)\right\}$의 상극한과 하극한을 구하여라.

풀이 각 자연수 $k \in \mathbb{N}$에 대해 집합

$$A_k = \left\{(-1)^n\left(1+\frac{1}{n}\right) : n \geq k\right\}$$

의 상한과 하한은 k가 짝수이면, 각각 $1+\frac{1}{k}$과 $-\left(1+\frac{1}{k+1}\right)$이고 k가 홀수이면 $1+\frac{1}{k+1}$과 $-\left(1+\frac{1}{k}\right)$이다. 그러므로

$$\lim_{n\to\infty}\sup a_n = \lim_{k\to\infty}\left(1+\frac{1}{k}\right) = \lim_{k\to\infty}\left(1+\frac{1}{k+1}\right) = 1,$$

$$\lim_{n\to\infty}\inf a_n = \lim_{k\to\infty}\left(-\left(1+\frac{1}{k}\right)\right) = \lim_{k\to\infty}\left(-\left(1+\frac{1}{k+1}\right)\right) = -1$$ ■

정리 4.5.1 수열 $\{a_n\}$에 대해서 다음이 성립한다.

$$\liminf_{n\to\infty} a_n \le \limsup_{n\to\infty} a_n$$

증명 수열 $\{a_n\}$이 유계인 경우와 유계가 아닌 경우를 살펴보자.

(i) 수열 $\{a_n\}$이 유계인 경우 : $\inf\{a_n, a_{n+1}, \cdots\} \le \sup\{a_n, a_{n+1}, \cdots\}$이므로 주어진 정리는 쉽게 성립함을 알 수 있다.

(ii) 수열 $\{a_n\}$이 유계가 아닌 경우 : $\{a_n\}$이 위로 유계가 아니면, 다음이 성립한다.

$$\liminf_{n\to\infty} a_n \le +\infty = \limsup_{n\to\infty} a_n$$

그리고 $\{a_n\}$이 아래로 유계가 아니면, 다음이 성립한다.

$$\liminf_{n\to\infty} a_n = -\infty \le \limsup_{n\to\infty} a_n$$

그러므로 (i)과 (ii)에 의해서 결론이 성립한다. ■

따름정리 4.5.2 모든 자연수 $n\in\mathbb{N}$에 대해 수열 $\{a_n\}$와 $\{b_n\}$가 유계이고 $a_n \le b_n$이면, 다음이 성립한다.

$$\limsup_{n\to\infty} a_n \le \limsup_{n\to\infty} b_n, \qquad \liminf_{n\to\infty} a_n \le \liminf_{n\to\infty} b_n$$

정리 4.5.3 수열 $\{a_n\}$이 유계이고 그 상극한을 s라고 하자.

(1) 임의로 주어진 실수 $\varepsilon>0$에 대해서 적당한 자연수 N가 존재하여 $n \ge N$인 모든 자연수 $n\in\mathbb{N}$에 대해서 다음이 성립한다.

$$a_n < s+\varepsilon$$

(2) 임의로 주어진 실수 $\varepsilon>0$과 임의의 자연수 $n\in\mathbb{N}$에 대해서 다음이 성립하는 $k \ge n$인 자연수 $k\in\mathbb{N}$가 존재한다.

$$s-\varepsilon < a_k$$

증명 (1) 각 자연수 $k \in \mathbb{N}$에 대해 $s_k = \sup\{a_n : n \geq k\}$라고 두면, 수열 $\{a_n\}$은 단조감소하므로 정리 4.4.1에 의해 $\{a_n\}$의 상극한 s는

$$s = \lim_{n \to \infty} s_k = \inf\{s_k : k \geq 1\}$$

이다. 그러므로 임의의 주어진 실수 $\varepsilon > 0$에 대해 $s+\varepsilon$은 집합 $\{s_k : k \geq 1\}$의 하계가 될 수 없다. 따라서 적당한 자연수 N가 존재하여

$$s \leq s_N < s+\varepsilon$$

이 성립한다. 그러므로 $n \geq N$인 모든 자연수 $n \in \mathbb{N}$에 대해 다음이 성립한다.

$$a_n \leq s_N < s+\varepsilon$$

따라서 (1)이 성립한다.

(2) 간접증명법으로 증명하자. 적당한 실수 $\varepsilon_0 > 0$과 적당한 자연수 N에 대해 $n \geq N$인 모든 자연수 $n \in \mathbb{N}$에 대해

$$a_n \leq s-\varepsilon_0$$

이라고 하자. 그러면 $s-\varepsilon_0$은 집합 $\{a_n : n \geq N\}$의 상계이므로

$$\sup\{a_n : n \geq N\} \leq s-\varepsilon_0$$

이다. 따라서 $s > s-\varepsilon_0 \geq s_k \geq s_{k+1} \geq \cdots$이므로, s는 단조수열 $\{s_k\}$의 극한이 될 수 없다. 이것은 s가 $\{a_n\}$의 상극한이라는 사실에 모순이므로 (2)가 성립한다. ■

따름정리 4.5.4 수열 $\{a_n\}$이 유계이고 그 하극한을 l이라고 하자.

(1) 임의로 주어진 실수 $\varepsilon > 0$에 대해 적당한 자연수 N가 존재하여 $n \geq N$인 모든 자연수 $n \in \mathbb{N}$에 대해서 다음이 성립한다.

$$l-\varepsilon < a_n$$

(2) 임의로 주어진 실수 $\varepsilon>0$과 임의의 자연수 $n\in\mathbb{N}$에 대해서 다음이 성립하는 $k\geq n$인 적당한 자연수 $k\in\mathbb{N}$가 존재한다.

$$a_k < l+\varepsilon$$

정리 4.5.5 수열 $\{a_n\}$이 유계라고 하자. 실수 s가 정리 4.5.3에서의 (1)과 (2)를 동시에 만족하면, s는 $\{a_n\}$의 상극한이다. 또한 따름정리 4.5.4에서의 (1)과 (2)를 동시에 만족하면, l은 $\{a_n\}$의 하극한이다.

증명 각 자연수 $k\in\mathbb{N}$에 대하여 $s_k=\sup\{a_n : n\geq k\}$이라고 하자. 그러면 정리 4.5.3 (1)로부터 임의의 실수 $\varepsilon>0$에 대해 적당한 자연수 N가 존재하여 $k\geq N$인 모든 자연수 $k\in\mathbb{N}$에 대하여 다음이 성립한다.

$$\sup\{a_n : n\geq k\} = s_k \leq s+\varepsilon$$

한편, $\{s_k\}$는 단조감소수열이므로

$$\lim_{k\to\infty} s_k = \inf\{s_k : k\geq 1\} \leq s+\varepsilon$$

이다. 이 부등식은 임의의 실수 $\varepsilon>0$에 대해 성립하므로, $\lim_{n\to\infty}\sup a_n \leq s$이다.

또한 정리 4.5.3 (2)로부터 임의의 실수 $\varepsilon>0$에 대해 모든 자연수 $n\in\mathbb{N}$에 대하여 $s-\varepsilon<s_n$이 성립한다. 따라서 $s-\varepsilon\leq\inf\{s_n : n\in\mathbb{N}\}$이므로, 다음이 성립한다.

$$s-\varepsilon\leq \lim_{n\to\infty}\sup a_n$$

이 부등식은 임의의 실수 $\varepsilon>0$에 대해 성립하므로, $s\leq\lim_{n\to\infty}\sup a_n$이다. 따라서 $s=\lim_{n\to\infty}\sup a_n$이다.

하극한의 경우에서도 상극한에서와 같은 방법으로 증명할 수 있다. ■

정리 4.5.6 수열 $\{a_n\}$이 유계라고 하자. $\{a_n\}$이 수렴할 필요충분조건은 $\{a_n\}$의 상극한과 하극한이 일치할 때이며, 이때 다음이 성립한다.

$$\lim_{n\to\infty} \inf a_n = \lim_{n\to\infty} a_n = \lim_{n\to\infty} \sup a_n$$

증명 ($\Rightarrow$) 수열 $\{a_n\}$이 L에 수렴한다고 하자. 그러면 임의의 실수 $\varepsilon > 0$에 대해 적당한 자연수 N가 존재하여 $n \ge N$인 모든 자연수 $n \in \mathbb{N}$에 대해 $|a_n - L| < \varepsilon$이 성립한다. 따라서 $n \ge N$인 모든 자연수 $n \in \mathbb{N}$에 대하여 $a_n < L + \varepsilon$이고, $L - \varepsilon < a_n$이 성립하므로 정리 4.5.3 (1)과 (2)를 동시에 만족한다. 그러므로 정리 4.5.5에 의하여

$$\lim_{n\to\infty} \sup a_n = \lim_{n\to\infty} a_n = L$$

이다. 또한 $n \ge N$인 모든 자연수 $n \in \mathbb{N}$에 대하여 $L - \varepsilon < a_n$이고 $a_n < L + \varepsilon$이 성립하므로, 따름정리 4.5.4 (1)과 (2)를 동시에 만족한다. 따라서 정리 4.5.5에 의해

$$\lim_{n\to\infty} \inf a_n = \lim_{n\to\infty} a_n = L$$

이므로, $\lim_{n\to\infty} \inf a_n = L = \lim_{n\to\infty} \sup a_n$이고 $\{a_n\}$의 상극한과 하극한은 일치한다.

($\Leftarrow$) 수열 $\{a_n\}$의 상극한과 하극한이 일치한다면

$$\lim_{n\to\infty} \inf a_n = L = \lim_{n\to\infty} \sup a_n$$

라고 둘 수 있다. 이 공통값 L이 $\{a_n\}$의 극한임을 밝히면 된다. $\varepsilon > 0$을 임의의 실수라고 하면, 적당한 자연수 N_1, N_2이 각각 존재하여 $n \ge N_1$인 모든 자연수 $n \in \mathbb{N}$에 대해 $a_n < L + \varepsilon$ 이고, $n \ge N_2$인 자연수 $n \in \mathbb{N}$에 대해 $L - \varepsilon < a_n$이 성립한다. 만약 $N = \max\{N_1, N_2\}$로 두면 $n \ge N$인 모든 자연수 $n \in \mathbb{N}$에 대해

$$L - \varepsilon < a_n < L + \varepsilon,$$

즉, $|a_n - L| < \varepsilon$이므로, 정의 4.1.2에 의해 $L = \lim_{n\to\infty} a_n$이고 $\{a_n\}$은 L에 수렴한다. ■

정리 4.5.7 수열 $\{a_n\}$과 $\{b_n\}$이 유계라고 할 때, 다음이 성립한다.

(1) $\lim_{n\to\infty} \inf a_n + \lim_{n\to\infty} \inf b_n \le \lim_{n\to\infty} \inf (a_n + b_n)$

(2) $\lim_{n\to\infty} \sup (a_n + b_n) \le \lim_{n\to\infty} \sup a_n + \lim_{n\to\infty} \sup b_n$

(3) $c \geq 0$이면, $\lim_{n\to\infty}\sup ca_n = c\lim_{n\to\infty}\sup a_n$, $\lim_{n\to\infty}\inf ca_n = c\lim_{n\to\infty}\inf a_n$이다.

(4) $\lim_{n\to\infty}\sup(-a_n) = -\lim_{n\to\infty}\inf a_n$, $\lim_{n\to\infty}\inf(-a_n) = -\lim_{n\to\infty}\sup a_n$

증명 각 자연수 $k \in \mathbb{N}$에 대해, 집합

$$A_k = \{a_n : n \geq k\},\quad B_k = \{b_n : n \geq k\},\quad C_k = \{a_n + b_n : n \geq k\}$$

라고 하면, 다음이 성립한다.

$$\inf A_k + \inf B_k \leq \inf C_k,\quad \sup C_k \leq \sup A_k + \sup B_k$$

그런데 수열 $\{\inf A_k\}$, $\{\inf B_k\}$, $\{\sup A_k\}$, $\{\sup B_k\}$, $\{\inf C_k\}$, $\{\sup C_k\}$ 모두가 수렴한다.

(1) 정리 4.3.1을 사용하면, 다음이 성립한다.

$$\begin{aligned}\lim_{n\to\infty}\inf a_n + \lim_{n\to\infty}\inf b_n &= \lim_{k\to\infty}(\inf A_k) + \lim_{k\to\infty}(\inf B_k)\\ &\leq \lim_{k\to\infty}(\inf C_k) = \lim_{n\to\infty}\inf(a_n + b_n)\end{aligned}$$

(2)의 증명은 (1)과 같은 방법으로 증명할 수 있다.

(3) $\lim_{n\to\infty}\sup ca_n = \lim_{k\to\infty}(\sup\{ca_n : n \geq k\}) = \lim_{k\to\infty} c(\sup\{a_n : n \geq k\})$

$$= c\lim_{k\to\infty}(\sup\{a_n : n \geq k\} = c\lim_{n\to\infty}\sup a_n$$

나머지 증명도 같은 방법으로 할 수 있다.

(4) $\sup\{-a_n : n \geq k\} = -\inf\{a_n : n \geq k\}$이 성립하므로, 다음이 성립한다.

$$\begin{aligned}\lim_{n\to\infty}\sup(-a_n) &= \lim_{k\to\infty}(\sup\{-a_n : n \geq k\})\\ &= \lim_{k\to\infty}(-\inf\{a_n : n \geq k\}) = -\lim_{n\to\infty}\inf a_n\end{aligned}$$

나머지 증명도 같은 방법으로 할 수 있다. ■

연습문제 4.5

1. 다음 수열들의 상극한과 하극한을 구하라.

(1) $\{1,\ -2,\ 3,\ -4,\ \cdots,\ (-1)^{n+1}n,\ \cdots\}$ (2) $\left\{\frac{2}{3},\ \frac{1}{3},\ \frac{3}{4},\ \frac{1}{4},\ \frac{4}{5},\ \frac{1}{5},\ \cdots\right\}$

(3) $\left\{1+\frac{1}{n}\right\}$ (4) $\left\{(-1)^{n+1}+\frac{(-1)^n}{n}\right\}$ (5) $\left\{\frac{\sqrt{1+n^2}}{2n-5}\right\}$

2. 수열 $\{a_n\}$와 $\{b_n\}$가 유계일 때, $\lim_{n\to\infty}\sup(a_n+b_n)=\lim_{n\to\infty}\sup a_n+\lim_{n\to\infty}\sup b_n$이 일반적으로 성립되지 않는 예를 들어 보여라.

3. 따름정리 4.5.4를 증명하여라.

4. 정리 4.5.7 (2)를 증명하여라.

5. 수열 $\{a_n\}$가 유계이고 $\lim_{n\to\infty}\sup a_n=s$이면, s에 수렴하는 $\{a_n\}$의 부분수열이 존재함을 보여라.

6. 수열 $\{a_n\}$이 주어졌을 때, $\lim_{n\to\infty}\inf(-a_n)=-\lim_{n\to\infty}\sup a_n$임을 증명하여라.

7. 정리 4.5.3을 이용하여 Bolzano−Weierstrass 정리를 증명하여라.

연습문제 풀이

연습문제 4.1

1. $\varepsilon > 0$을 임의의 실수라 하자.

(1) $\left|\frac{1}{2n}-0\right|=\frac{1}{2n}$이므로 $\frac{1}{2N}<\varepsilon$인 자연수 N을 택하면, $n \geq N$인 모든 자연수 $n\in\mathbb{N}$에 대해서 $\left|\frac{1}{2n}-0\right|=\frac{1}{2n}\leq\frac{1}{2N}<\varepsilon$이므로 $\lim_{n\to\infty}\frac{1}{2n}=0$이다.

(2) $\left|\frac{1}{n+2}-0\right|=\frac{1}{n+2}$이므로 $\frac{1}{N+2}<\varepsilon$인 자연수 N을 택하면, $n \geq N$인 모든 자연수 $n\in\mathbb{N}$에 대해서 $\left|\frac{1}{n+2}-0\right|=\frac{1}{n+2}\leq\frac{1}{N+2}<\varepsilon$이므로 $\lim_{n\to\infty}\frac{1}{n+2}=0$이다.

(3) $\left|\frac{n}{n+2}-1\right|=\frac{2}{n+2}<\frac{2}{n}$이므로, $\frac{1}{N}<\frac{\varepsilon}{2}$가 되는 자연수 N을 택하면, $n \geq N$인 모든 자연수 $n\in\mathbb{N}$에 대해서 $\left|\frac{n}{n+2}-1\right|=\frac{2}{n+2}<\frac{2}{n}\leq\frac{2}{N}<2\cdot\frac{\varepsilon}{2}=\varepsilon$이므로 $\lim_{n\to\infty}\frac{n}{n+2}=1$이다.

(4) $\frac{1}{N}<\sqrt{\varepsilon}$이 되는 자연수 N을 택하면, $\frac{1}{N^2}<\varepsilon$이므로 $n \geq N$인 모든 자연수 $n\in\mathbb{N}$에 대해서 $\left|\frac{1}{n^2}-0\right|=\frac{1}{n^2}\leq\frac{1}{N^2}<\varepsilon$이고 $\lim_{n\to\infty}\frac{1}{n^2}=0$이다.

(5) $\frac{1}{N}<\varepsilon$이 되는 자연수 N을 택하면, $n \geq N$인 모든 자연수 $n\in\mathbb{N}$에 대해서 $\left|\left(2+\frac{1}{n}\right)-2\right|=\frac{1}{n}\leq\frac{1}{N}<\varepsilon$이므로 $\lim_{n\to\infty}\left(2+\frac{1}{n}\right)=2$이다.

(6) $\frac{1}{N}<\frac{\varepsilon}{4}$이 되는 자연수 N을 택하면, $n \geq N$인 모든 자연수 $n\in\mathbb{N}$에 대해서 $\left|\frac{2n}{n+2}-2\right|=\frac{4}{n+2}\leq\frac{4}{n}\leq\frac{4}{N}<4\cdot\frac{\varepsilon}{4}=\varepsilon$이므로 $\lim_{n\to\infty}\frac{2n}{n+2}=2$이다.

(7) $\frac{1}{N}<\varepsilon$가 되는 자연수 N을 택하면, $n \geq N$인 모든 자연수 $n\in\mathbb{N}$에 대해서 $\left|\frac{(-1)^n}{n}-0\right|=\frac{1}{n}\leq\frac{1}{N}<\varepsilon$이므로 $\lim_{n\to\infty}\frac{(-1)^n}{n}=0$이다.

(8) $N>\log_{\frac{1}{2}}\varepsilon$가 되는 자연수 N을 택하면, 다음이 성립한다.

$$N>\log_{\frac{1}{2}}\varepsilon \iff \log_{\frac{1}{2}}\left(\frac{1}{2}\right)^N>\log_{\frac{1}{2}}\varepsilon \iff \left(\frac{1}{2}\right)^N<\varepsilon \iff \frac{1}{2^N}<\varepsilon$$

그러므로 $n \geq N$인 모든 자연수 $n \in \mathbb{N}$에 대해서 $\left| \frac{1}{2^n} - 0 \right| = \frac{1}{2^n} \leq \frac{1}{2^N} < \varepsilon$이므로 $\lim_{n \to \infty} \frac{1}{2^n} = 0$이다.

2. $\lim_{n \to \infty} (1 - (-1)^n) = L (\in \mathbb{R})$이라 가정하면, $\varepsilon = 1$에 대해 적당한 자연수 N이 존재하여 $n \geq N$인 모든 자연수 $n \in \mathbb{N}$에 대해서 $|(1 - (-1)^n) - L| < 1$이 성립한다. 그러면 $2N \geq N$이므로, 다음이 성립한다.

$$|(1 - (-1)^{2N}) - L| = |L| < 1 \iff -1 < L < 1$$

또, $2N + 1 \geq N$이므로, 다음이 성립한다.

$$|(1 - (-1)^{2N+1}) - L| = |2 - L| < 1 \iff 1 < L < 3$$

이것은 정리 4.1.1의 극한의 유일성에 모순이다.

3. (1) $\{ca_n\}$가 유계임을 증명하자.

(i) $c > 0$인 경우 : $\{a_n\}$가 유계이면, $\{a_n\}$는 위로 유계이므로 모든 자연수 $n \in N$에 대해 $a_n \leq M$인 실수 M이 존재한다. 따라서 모든 자연수 $n \in \mathbb{N}$에 대해서 $ca_n \leq cM$이고 $\{ca_n\}$는 위로 유계이다. 같은 방법으로, $\{ca_n\}$도 아래로 유계이다. 그러므로 $\{ca_n\}$는 유계이다.

(ii) $c = 0$인 경우 : $\{ca_n\}$의 모든 항은 0이므로 모든 자연수 $n \in \mathbb{N}$에 대해서 $-1 \leq 0 = ca_n \leq 1$이다.

(iii) $c < 0$인 경우 : (i)의 경우와 같은 방법으로 증명이 가능하다.

(2) $\{a_n + b_n\}$가 유계임을 증명하자.

$\{a_n\}$, $\{b_n\}$이 유계이면, $\{a_n\}$와 $\{b_n\}$는 위로 유계이고 모든 자연수 $n \in \mathbb{N}$에 대해서 $a_n \leq M_1$, $b_n \leq M_2$인 실수 M_1, M_2가 각각 존재한다. 따라서 모든 자연수 $n \in \mathbb{N}$에 대해서 $a_n + b_n \leq M_1 + M_2$이므로 $\{a_n + b_n\}$는 위로 유계이다. 같은 방법으로 $\{a_n + b_n\}$도 아래로 유계임을 밝힐 수 있다. 그러므로, 수열 $\{a_n + b_n\}$도 유계이다.

(3) $\{a_n b_n\}$의 유계성도 비슷한 방법으로 증명할 수 있다.

4. 모든 자연수 $n \in \mathbb{N}$에 대해서 $-1 \leq (-1)^n \leq 1$이므로 $\{(-1)^n\}$은 유계이다. 또 $\lim_{n \to \infty} a_n = 0$이므로, 정리 4.1.5에 의해서 $\lim_{n \to \infty} (-1)^n a_n = 0$이다.

5. 모든 자연수 $n\in\mathbb{N}$에 대해서 $a_n=(-1)^n$, $b_n=1$로 정의하면, $-1\le a_n\le 1$이므로 $\{a_n\}$은 유계이고, $\lim_{n\to\infty} b_n=1$이다. 그러나 $a_n+b_n=(-1)^n+1$, $a_n\cdot b_n=(-1)^n\cdot 1=(-1)^n$이므로 수열 $\{a_n+b_n\}$와 $\{a_nb_n\}$는 발산한다.

6. $\dfrac{1\cdot 3\cdot 5\cdot \cdots \cdot(2n-1)}{2\cdot 4\cdot 6\cdot \cdots \cdot 2n}=\dfrac{1}{2}\cdot\dfrac{3}{4}\cdot\dfrac{5}{6}\cdot \cdots \cdot\dfrac{2n-1}{2n}\le 1\cdot 1\cdot 1\cdot \cdots \cdot 1=1$. 따라서 $0\le a_n\le 1$이므로 수열 $\{a_n\}$은 유계이다.

7. $a_n=\dfrac{1}{\sqrt{n+1}+\sqrt{n}}$이므로 $\lim_{n\to\infty} a_n=0$이고, $\sqrt{n}\,a_n=\dfrac{\sqrt{n}}{\sqrt{n+1}+\sqrt{n}}=\dfrac{1}{\sqrt{1+1/n}+1}$ 이므로 $\lim_{n\to\infty}\sqrt{n}\,a_n=\dfrac{1}{2}$이다.

8. (1) $\{a_n\}=\{n\}$이고 $\{b_n\}=\{-n\}$로 두면, $\{a_n\}$와 $\{b_n\}$는 각각 발산하는 수열이지만, $\{a_n\}+\{b_n\}=\{0\}$은 수렴하는 수열이다.

   (2) $\{a_n\}=\{b_n\}=\{(-1)^n\}$로 두면, $\{a_n\}$와 $\{b_n\}$는 각각 발산하는 수열이지만, $\{a_n\cdot b_n\}=\{1\}$은 수렴하는 수열이다.

9. (1) $\{1\}$　　(2) $\{n\}$

10. $L>1$이므로 $1<r<L$을 만족하는 실수 $r\in\mathbb{R}$을 택하여 $\varepsilon=L-r$이라고 두자. 그러면 적당한 자연수 N이 존재하여 $n\ge N$인 모든 자연수 $n\in\mathbb{N}$에 대해서 $\left|\dfrac{a_{n+1}}{a_n}-L\right|<\varepsilon$이다. 이 사실로부터 $n\ge N$인 모든 자연수 $n\in\mathbb{N}$에 대해서 $\dfrac{a_{n+1}}{a_n}>r$이므로 $a_n\ge r^{n-N}a_N$을 얻는다. 그런데 $r>1$이므로 수열 $\{a_n\}$은 유계가 아니다.

연습문제 4.2

1. (1) $g(n)=2n$, $a_n=n$, $a_{g(n)}=2n$

   (2) $g(n)=2^{n-1}$, $a_n=\dfrac{1}{n}$, $a_{g(n)}=\dfrac{1}{2^{n-1}}$

   (3) $g(n)=\sum_{k=1}^{n}k=\dfrac{n(n+1)}{2}=\dfrac{n^2+n}{2}$, $a_n=n$, $a_{g(n)}=\dfrac{n^2+n}{2}$

   (4) $g(n)=2n$, $a_n=\dfrac{2}{3}\left(1-\left(\dfrac{-1}{2}\right)^n\right)$, $a_{g(n)}=\dfrac{2}{3}\left(1-\left(\dfrac{1}{4}\right)^n\right)$

2. $g: \mathbb{N} \to \mathbb{N}$이 순증가함수라 하자. 그때 명제 「모든 자연수 $n \in \mathbb{N}$에 대해서 $g(n) \geq n$이다」임을 수학적귀납법으로 증명하자. $g(1) \in \mathbb{N}$이므로 $g(1) \geq 1$이다. 따라서 $n=1$일 때 주어진 명제는 성립한다. $g(k) \geq k$가 성립한다고 가정하면, g는 순증가 함수이므로 $g(k+1) > g(k) \geq k$이다. 또 $g(k+1) \in \mathbb{N}$이므로 $g(k+1) \geq k+1$이다. 따라서 모든 자연수 $n \in \mathbb{N}$에 대해서 $g(n) \geq n$이다.

3. $\varepsilon > 0$를 임의의 실수라 하자. $\lim_{n \to \infty} a_{2n} = L = \lim_{n \to \infty} a_{2n-1}$이므로 $n \geq N_1$일 때 $|a_{2n} - L| < \varepsilon$인 자연수 N_1이 존재하고, 또 $n \geq N_2$일 때 $|a_{2n-1} - L| < \varepsilon$인 자연수 N_2가 존재한다. 그러므로 $N = \max\{2N_1, 2N_2 - 1\}$이라 두면, $n \geq N$일 때 $|a_n - L| < \varepsilon$이 성립한다.

4. $\{a_{f(n)}\}$를 $\{a_n\}$의 부분수열이라 하자. $\lim_{n \to \infty} a_n = +\infty$이므로, 모든 실수 $M > 0$에 대해서 자연수 N이 존재해서 $n \geq N$인 모든 자연수 $n \in \mathbb{N}$에 대해 $a_n > M$이 성립한다. 여기서 $f(n) \geq n$이므로 $f(n) \geq N$이고 $a_{f(n)} > M$이다.

5. $\{b_n\}$는 유계이므로 모든 자연수 $n \in \mathbb{N}$에 대해서 $M' > 0$가 존재하여 $|b_n| \leq M'$이다. 임의의 실수 $M > 0$에 대해 $\lim_{n \to \infty} a_n = +\infty$이므로 $n \geq N$이면 $M + M' < a_n$인 자연수 N이 존재한다. 그러므로 $n \geq N$일 때 $(M+M') + (-M') < a_n + b_n$이고 $M < a_n + b_n$이다.

6. $\lim_{n \to \infty} a_n = +\infty$이므로 실수 $M < 0$에 대해서 $n \geq N$이면, $a_n > -M$인 자연수 N이 존재한다. 따라서 자연수 $n \geq N$일 때 $-a_n < M$이다. 그러므로 $\lim_{n \to \infty} (-a_n) = -\infty$이다.

7. 임의의 실수 $M > 0$에 대해, $\lim_{n \to \infty} a_n = +\infty$이므로 $n \geq N_1$일 때 $a_n \geq M$인 자연수 N_1이 존재하고, $\lim_{n \to \infty} b_n = +\infty$이므로 $n \geq N_2$일 때 $b_n \geq 1$인 자연수 N_2가 존재한다.
$N = \sup\{N_1, N_2\}$라 두면 $b_n \geq 1$이므로 $a_n b_n \geq M \cdot b_n \geq M \cdot 1 = M$이다. 그러므로 $\lim_{n \to \infty} a_n b_n = +\infty$이다.

연습문제 4.3

1. (1) $$\lim_{n \to \infty} \frac{2}{n+2} = \lim_{n \to \infty} \frac{\frac{2}{n}}{1 + \frac{2}{n}} = \frac{2 \cdot \lim_{n \to \infty} \frac{1}{n}}{1 + 2 \cdot \lim_{n \to \infty} \frac{1}{n}} = \frac{2 \cdot 0}{1 + 2 \cdot 0} = 0$$

(2) $$\lim_{n\to\infty}\frac{2n^2+n+3}{n^2+1}=\lim_{n\to\infty}\frac{2+\frac{1}{n}+\frac{3}{n^2}}{1+\frac{1}{n^2}}=\frac{2+\lim_{n\to\infty}\frac{1}{n}+3(\lim_{n\to\infty}\frac{1}{n})(\lim_{n\to\infty}\frac{1}{n})}{1+(\lim_{n\to\infty}\frac{1}{n})(\lim_{n\to\infty}\frac{1}{n})}$$

$$=\frac{2+0+3\cdot0\cdot0}{1+0\cdot0}=\frac{2}{1}=2$$

(3) $$\lim_{n\to\infty}\frac{2n^2}{n^3+3}=\lim_{n\to\infty}\frac{\frac{2}{n}}{1+\frac{3}{n^3}}=\frac{\lim_{n\to\infty}\frac{2}{n}}{1+\lim_{n\to\infty}\frac{3}{n^3}}=\frac{2\cdot0}{1+3\cdot0}=0$$

(4) $$\lim_{n\to\infty}(\sqrt{n+1}-\sqrt{n})=\lim_{n\to\infty}\left(\frac{n+1-n}{\sqrt{n+1}+\sqrt{n}}\right)=\lim_{n\to\infty}\left(\frac{1}{\sqrt{n+1}+\sqrt{n}}\right)$$

$$=\lim_{n\to\infty}\frac{\sqrt{\frac{1}{n}}}{\sqrt{1+\frac{1}{n}}+\sqrt{1}}=\frac{\sqrt{0}}{\sqrt{1+0}+1}=0$$

2. $k=1$일 때 $\lim_{n\to\infty}a_n^1=\lim_{n\to\infty}a_n=L=L^1$이다. $k=k_0$일 때, 주어진 명제가 성립한다고 가정하면 $\lim_{n\to\infty}a_n^{k_0}=L^{k_0}$이다. 정리 4.3.1에 의해서

$$\lim_{n\to\infty}a_n^{k_0+1}=\lim_{n\to\infty}a_n^{k_0}\cdot a_n=L^{k_0}\cdot L=L^{k_0+1}$$

이므로 $k=k_0+1$일 때도 성립한다. 그러므로 모든 자연수 $n\in\mathbb{N}$에 대해서 $\lim_{n\to\infty}a_n^k=L^k$이다.

3. (1) $\left\{\frac{1}{n}\right\}$ (2) $\{n\}$

4. $\lim_{n\to\infty}\frac{a_{n+1}}{a_n}=0$이므로, $0<r<1$인 실수 $r\in\mathbb{R}$에 대해서 적당한 자연수 N이 존재하여 $n\geq N$인 모든 자연수 $n\in\mathbb{N}$에 대해 $\left|\frac{a_{n+1}}{a_n}\right|=\left|\frac{a_{n+1}}{a_n}-0\right|<r$이 성립한다. 이 사실로부터 $|a_{n+1}|<r^n\cdot\frac{|a_N|}{r^{N-1}}$이다. 여기서 $\frac{|a_N|}{r^{N-1}}$는 상수이고, $0<r<1$이므로 $\lim_{n\to\infty}r^n=0$이므로 $\lim_{n\to\infty}r^n\frac{|a_n|}{r^{N-1}}=0$이다. 따라서 $-r^n\frac{|a_N|}{r^{N-1}}<a_{n+1}<r^n\frac{|a_N|}{r^{N-1}}$ 이므로, 정리 4.3.9에 의해서 $\lim_{n\to\infty}a_n=0$이다.

5. $0<\frac{1}{n!}<\frac{1}{n}$이고 $\lim_{n\to\infty}\frac{1}{n}=0$이므로 정리 4.3.9에 의해 $\lim_{n\to\infty}\frac{1}{n!}=0$이다.

6. $k\in\mathbb{N}$로서 $k>\alpha$이라고 하자. $n>2k$인 모든 자연수 $n\in\mathbb{N}$에 대해 $n-k+1>n-\frac{n}{2}+1=\frac{n}{2}+1>\frac{n}{2}$이므로 $(1+p)^n>\frac{n(n-1)\cdots(n-k+1)}{k!}p^k>\frac{n^kp^k}{2^kk!}$이다. 따라서 $k>\alpha$이고 $n>2k$인 모든 자연수 $n\in\mathbb{N}$에 대해 $0<\frac{n^\alpha}{(1+p)^n}<\frac{2^kk!}{p^k}n^{\alpha-k}$이다. $\alpha-k<0$이므로 $\lim_{n\to\infty}n^{\alpha-k}=0$가 되어 정리 4.3.9에 의해 $\lim_{n\to\infty}\frac{n^\alpha}{(1+p)^n}=0$이다.

7. $a_n=b_n+\alpha$이라고 두자. $\lim_{n\to\infty}b_n=0$일 때, $\lim_{n\to\infty}\frac{b_1+b_2+\cdots+b_n}{n}=0$임을 보이면 된다.
한편, $\frac{b_1+b_2+\cdots+b_n}{n}=\frac{b_1+b_2+\cdots+b_K}{n}+\frac{b_{K+1}+b_{K+2}+\cdots+b_n}{n}$이므로

$$\left|\frac{b_1+b_2+\cdots+b_n}{n}\right|\le\frac{|b_1+b_2+\cdots+b_K|}{n}+\frac{|b_{K+1}|+|b_{K+2}|+\cdots+|b_n|}{n}$$

이다. 여기서 $\lim_{n\to\infty}b_n=0$이므로, 임의의 실수 $\varepsilon>0$에 대해서 적당한 자연수 K가 존하여 $n\ge K$인 모든 자연수 $n\in\mathbb{N}$에 대해서 $|b_n|<\frac{\varepsilon}{2}$이 성립한다. 따라서

$$\frac{|b_{K+1}|+|b_{K+2}|+\cdots+|b_n|}{n}<\frac{\varepsilon/2+\varepsilon/2+\cdots+\varepsilon/2}{n}=\frac{(n-K)\varepsilon/2}{n}<\frac{\varepsilon}{2}$$

이다. 자연수 K을 택하여, $n>N>K$인 모든 자연수 $n\in\mathbb{N}$에 대해

$$\frac{|b_1+b_2+\cdots+b_K|}{n}<\frac{\varepsilon}{2}$$

되도록 자연수 N을 택할 수 있으므로 $\left|\frac{b_1+b_2+\cdots+b_n}{n}\right|<\frac{\varepsilon}{2}+\frac{\varepsilon}{2}=\varepsilon$이다.

연습문제 4.4

1. (1) $n^2=t$라 두자. $n\to\infty$이면 $t\to+\infty$이므로, $\lim_{n\to\infty}\left(1+\frac{1}{n^2}\right)^{n^2}=\lim_{t\to\infty}\left(1+\frac{1}{t}\right)^t=e$이다.

(2) $n+1=t$ 라 두자. $n\to\infty$이면 $t\to+\infty$이므로,

$$\lim_{n\to\infty}\left(1+\frac{1}{n+1}\right)^n=\lim_{t\to\infty}\left(1+\frac{1}{t}\right)^{t-1}=\lim_{t\to\infty}\left(1+\frac{1}{t}\right)^t\cdot\lim_{t\to\infty}\left(1+\frac{1}{t}\right)^{-1}=\frac{e}{1}=e$$

(3) $\lim_{n\to\infty}\left(1+\frac{1}{n}\right)^{n+1}=\lim_{n\to\infty}\left(1+\frac{1}{n}\right)^n\cdot\left(1+\frac{1}{n}\right)=e\cdot 1=e$

(4) $\left(1+\frac{1}{n^2}\right)^n=e^{\ln\left(1+\frac{1}{n^2}\right)^n}=e^{\frac{\ln\left(1+\frac{1}{n^2}\right)^{n^2}}{n}}$ 이고 $2\le\left(1+\frac{1}{n^2}\right)^{n^2}\le 4$이므로

$$\ln 2\le\ln\left(1+\frac{1}{n^2}\right)^{n^2}\le\ln 4$$

이다. 따라서 $\frac{\ln 2}{n}\le\ln\left(1+\frac{1}{n^2}\right)^n\le\frac{\ln 4}{n}$이고, 정리 4.3.9에 의해 $\lim_{n\to\infty}\ln\left(1+\frac{1}{n^2}\right)^n=0$

이므로 $\lim_{n\to\infty}\left(1+\frac{1}{n^2}\right)^n=e^0=1$

(5) $\left(1+\frac{1}{n}\right)^{n^2}=e^{\ln\left(1+\frac{1}{n}\right)^{n^2}}=e^{n\cdot\ln\left(1+\frac{1}{n}\right)^n}$ 이므로 $\lim_{n\to\infty}\left(1+\frac{1}{n}\right)^{n^2}=+\infty$이다.

(6) $\lim_{n\to\infty}\left(1+\frac{1}{2n}\right)^n=\lim_{n\to\infty}\left\{\left(1+\frac{1}{2n}\right)^{2n}\right\}^{\frac{1}{2}}=e^{1/2}=\sqrt{e}$

2. $\{a_n\}$이 유계수열이라 하면, 완비성공리에 의해서 집합 $\{a_n : n\in N\}$는 하한 L을 가진다. 임의의 실수 $\varepsilon>0$에 대해 $L+\varepsilon$은 하계가 아니므로, 자연수 N이 존재하여 $a_N<L+\varepsilon$이 성립한다. 그런데 $\{a_n\}$은 감소하므로 $n\ge N$이면 $a_n\le a_N$이다. 그러므로 $n\ge N$인 모든 자연수 $n\in\mathbb{N}$에 대해 $L-\varepsilon<a_n<L+\varepsilon$이다.

3. (1) $\frac{b^{n+1}-a^{n+1}}{b-a}>(n+1)a^n$ 로부터, 다음이 성립한다.

$$\frac{\left(1+\frac{1}{n}\right)^{n+1}-\left(1+\frac{1}{n+1}\right)^{n+1}}{\left(1+\frac{1}{n}\right)-\left(1+\frac{1}{n+1}\right)}>(n+1)\left(1+\frac{1}{n+1}\right)^n$$

$$\Rightarrow\left(1+\frac{1}{n}\right)^{n+1}-\left(1+\frac{1}{n+1}\right)^{n+1}>\frac{1}{n(n+1)}\cdot(n+1)\left(1+\frac{1}{n+1}\right)^n$$

$$\Rightarrow\left(1+\frac{1}{n}\right)^{n+1}>\left(1+\frac{1}{n+1}\right)^{n+1}+\frac{1}{n}\cdot\left(1+\frac{1}{n+1}\right)^n$$

$$=\left(1+\frac{1}{n_{n+1}}\right)^n\left(1+\frac{1}{n+1}+\frac{1}{n}\right)$$

(2) (1)과 비슷한 방법으로 증명할 수 있다.

(3) (1)과 (2)로부터 $\left(1+\frac{1}{n}\right)^{n+1}>\left(1+\frac{1}{n+1}\right)^{n+2}$ 이므로 $\left\{\left(1+\frac{1}{n}\right)^{n+1}\right\}$은 감소하고

$\left(1+\frac{1}{n}\right)^{n+1}>0$ 이다. 즉, 아래로 유계이므로 극한값을 가지며

$$\lim_{n\to\infty}\left(1+\frac{1}{n}\right)^{n+1}=\lim_{n\to\infty}\left(1+\frac{1}{n}\right)^n\cdot\left(1+\frac{1}{n}\right)=e\cdot 1=e$$

이다. 이제 $e\le 3$ 임을 보이자. 이항정리를 이용하면, 다음이 성립한다.

$$\begin{aligned}\left(1+\frac{1}{n}\right)^n&=1+\frac{n}{1}\cdot\frac{1}{n}+\frac{n(n-1)}{2!}\cdot\frac{1}{n^2}+\cdots\frac{n(n-1)\cdots 2\cdot 1}{n!}\cdot\frac{1}{n^n}\\&=1+1+\frac{1}{2!}\left(1-\frac{1}{n}\right)+\cdots+\frac{1}{n!}\left(1-\frac{1}{n}\right)\left(1-\frac{2}{n}\right)\cdots\left(1-\frac{n-1}{n}\right)\\&\le 1+1+\frac{1}{2}+\frac{1}{2^2}+\cdots\frac{1}{2^{n-1}}\quad「\because 2^{n-1}\le n!」\\&=1+1+(1-\frac{1}{2^{n-1}})\le 3\end{aligned}$$

4. 유계가 아닌 수열 $\{n\}$의 모든 부분수열은 $+\infty$로 발산한다.

5. $\{a_n\}$은 유계이므로 정리 4.4.8에 의해 L에 수렴하는 부분수열 $\{a_{g(n)}\}$을 가진다. 순증가 함수 $g: \mathrm{N}\to\mathrm{N}$ 를 $g(n)=n$으로 정의하면, $a_{g(n)}=a_n$이다. 따라서 모든 수열은 자기 자신의 부분수열이므로, $\lim_{n\to\infty} a_{g(n)}=\lim_{n\to\infty} a_n=L$이다.

6. $\{a_{g(n)}\}$를 $\{a_n\}$의 부분수열이라 하자. $\lim_{n\to\infty} a_{g(n)}=L$이라 하고, $\varepsilon>0$를 임의의 실수라 하자. 그때 $n,\ m\ge N$인 모든 자연수 $m,\ n\in\mathrm{N}$에 대해서

$$|a_{g(n)}-a_{g(m)}|\le|a_{g(n)}-L|+|a_{g(m)}-L|<\frac{\varepsilon}{2}+\frac{\varepsilon}{2}=\varepsilon$$

을 만족하는 자연수 N이 존재한다. 만약 $n\ne m$이면, $g(n)\ne g(m)$이고 $g(n),\ g(m)\in\mathrm{N}$이므로, 주어진 가정에서 $|a_{g(n)}-a_{g(m)}|>\varepsilon$에 모순이다.

7. $\varepsilon>0$을 임의의 실수라고 두면, $\{a_n\}$, $\{b_n\}$이 코시 수열이므로, 주어진 실수 $\varepsilon>0$에 대해

서 $n, m \geq N_1$인 모든 자연수 $m, n \in \mathbb{N}$에 대해 $|a_n - a_m| < \frac{\varepsilon}{2}$인 자연수 N_1이 존재하고, $n, m \geq N_2$인 모든 자연수 $m, n \in \mathbb{N}$에 대해 $|b_n - b_m| < \frac{\varepsilon}{2}$인 자연수 N_2이 존재한다. 따라서 $n, m \geq \max\{N_1, N_2\}$인 모든 자연수 $m, n \in \mathbb{N}$에 대해서

$$|(a_n + b_n) - (a_m + b_m)| \leq |a_n - a_m| + |b_n - b_m| < \frac{\varepsilon}{2} + \frac{\varepsilon}{2} = \varepsilon$$

이므로 $\{a_n + b_n\}$은 코시 수열이다.

$\{a_n - b_n\}$, $\{ca_n\}$, $\{a_n \cdot b_n\}$도 위와 같은 방법으로 코시 수열임을 증명할 수 있다.

8. $\varepsilon > 0$을 임의의 실수라고 두면, 가정에 의해 $n \geq N$인 모든 자연수 $n \in \mathbb{N}$에 대해 $|a_n - a_N| < \frac{\varepsilon}{2}$인 자연수 N이 존재한다. 만약 $n, m \geq N$인 모든 자연수 $m, n \in \mathbb{N}$에 대해

$$|a_n - a_m| \leq |a_n - a_N| + |a_m - a_N| < \frac{\varepsilon}{2} + \frac{\varepsilon}{2} = \varepsilon$$

이다. 이 명제의 역증명도 쉽게 보일 수 있다.

9. 아르키메디언 성질에 의해서, 임의의 실수 $\varepsilon > 0$에 대해서 $\frac{1}{N} < \frac{\varepsilon}{2}$인 자연수 N가 존재한다. 따라서, $n, m \geq N$인 모든 자연수 $n, m \in \mathbb{N}$에 대해서

$$\left|\frac{1}{n} - \frac{1}{m}\right| < \frac{1}{n} + \frac{1}{m} \leq \frac{1}{N} + \frac{1}{N} = \frac{2}{N} < \frac{2\varepsilon}{2} = \varepsilon$$

이므로 $\left\{\frac{1}{n}\right\}$은 코시 수열이다.

10. $$\begin{aligned} |a_{m+1} - a_m| &= |f(a_m) - f(a_{m-1})| \leq \alpha |a_m - a_{m-1}| = \alpha |f(a_{m-1}) - f(a_{m-2})| \\ &\leq \alpha^2 |a_{m-1} - a_{m-2}| \leq \cdots \leq \alpha^{m-1} |a_2 - a_1| \end{aligned}$$

이다. 만약 $m \geq n$이면, 다음이 성립하므로,

$$\begin{aligned} |a_m - a_n| &\leq |a_m - a_{m-1}| + |a_{m+1} - a_{m+2}| + \cdots + |a_{n-1} - a_n| \\ &\leq (\alpha^{m-1} + \alpha^m + \cdots + \alpha^{n-2}) |a_1 - a_2| \\ &= \alpha^{m-1} \cdot \frac{1 - \alpha^{n-m}}{1 - \alpha} |a_1 - a_2| \leq \frac{\alpha^{m-1}}{1 - \alpha} |a_1 - a_2| \ \to 0 \ (m \to \infty) \end{aligned}$$

$\{a_n\}$은 코시 수열이다.

연습문제 4.5

1. (1) 상극한 $+\infty$, 하극한 $-\infty$ (2) 상극한 1, 하극한 0
(3) 상극한 1, 하극한 1 (4) 싱극한 1, 하극한 -1
(5) 상극한 1/2, 하극한 1/2

2. $\{a_n\}=\{(-1)^n\}$, $\{b_n\}=\{(-1)^{n+1}\}$이라고 하자. 그러면 모든 자연수 $n\in\mathbb{N}$에 대해 $a_n+b_n=0$이므로 $\lim_{n\to\infty}(a_n+b_n)=0$이지만, $\limsup_{n\to\infty} a_n+\limsup_{n\to\infty} b_n=1+1=2$이다.

3. (1) 모든 자연수 $k\in\mathbb{N}$에 대해 $l_k=\inf\{a_n : n\geq k\}$라고 하면, 수열 $\{a_n\}$의 하극한 l은 정리 4.4.2에 의하여 $l=\lim l_k=\sup\{l_k : k\geq 1\}$이므로 임의의 실수 $\varepsilon>0$에 대하여 $l-\varepsilon$은 집합 $\{l_k : k\geq 1\}$의 상계가 될 수 없다. 따라서 적당한 자연수 N이 존재하여 $l-\varepsilon<l_N$이 성립한다. 그러므로 $n\geq N$인 모든 자연수 $n\in\mathbb{N}$에 대하여 $l-\varepsilon<l_N \leq a_n$이다.
(2) 적당한 실수 $\varepsilon_0>0$과 적당한 자연수 N에 대하여 $n\geq N$인 모든 자연수 $n\in\mathbb{N}$에 대하여 $l+\varepsilon_0\leq a_n$이 성립한다고 가정하자. 그러면 다음이 성립한다.

$$l<l+\varepsilon_0\leq l_N\leq l_{N+1}\leq\cdots$$

따라서 l은 $\langle l_k\rangle$의 극한이 될 수 없다. 이것은 l이 $\{a_n\}$의 하극한이란 사실에 모순이 되므로 (2)가 성립한다.

4. $$\limsup_{n\to\infty}(a_n+b_n)=\lim_{k\to\infty}(\sup C_k)\leq\lim_{k\to\infty}(\sup A_k)+\lim_{k\to\infty}(\sup B_k)$$
$$=\limsup_{n\to\infty} a_n+\limsup_{n\to\infty} b_n$$

5. $s_n=\sup\{a_k : k\geq n\}$이고 $s=\lim_{n\to\infty} s_n$일 때 세 가지 경우가 있다.
(1) $s=+\infty$인 경우 : 모든 자연수 $n\in\mathbb{N}$에 대해 $s_n=+\infty$이다. 그러면 $s_{n_1}=+\infty$이므로 $a_{n_1}>1$인 적당한 자연수 $n_1\in N$이 존재한다. 또 $s_{n_1+1}=\infty$이므로 $a_{n_2}>2$인 적당한 자연수 $n_2\geq n_1+1>n_1$이 존재한다. 이런 방법을 계속하면, 모든 자연수 $k\in\mathbb{N}$에 대해 $a_{n_k}>k$인 부분수열 $\{a_{n_k}\}$을 택할 수 있다. 그러므로 정리 4.2.2에 의해 $\lim_{k\to\infty} a_{n_k}=+\infty=s$이다.
(2) $s=-\infty$인 경우 : 모든 자연수 $n\in\mathbb{N}$에 대해 $s_n\geq a_n$이므로 따름정리 4.2.3에 의해 $\lim_{n\to\infty} a_n=-\infty=s$이다.

(3) $-\infty < s < \infty$인 경우 : $n_o = 0$으로 택하자. 상한의 성질에 의해 $s_{n_o+1} - 1 < a_{n_1} \leq s_{n_o+1}$을 만족하는 적당한 자연수 $n_1 \in \mathbb{N}$이 존재한다. 또 $s_{n_1+1} - \frac{1}{2} < a_{n_2} \leq s_{n_1+1}$을 만족하는 적당한 자연수 $n_2 \geq n_1 + 1 > n_1$이 존재한다. 같은 방법을 계속하면, 자연수 $k \in \mathbb{N}$에 대해 $s_{n_{k-1}+1} - \frac{1}{k} < a_{n_k} \leq s_{n_{k-1}+1}$을 만족하는 $n_1 < n_2 < \cdots$을 택할 수 있다. 그러므로 $\lim_{k \to \infty} s_{n_{k-1}+1} = s$이므로 정리 4.3.9에 의해 $\lim_{k \to \infty} a_{n_k} = s$이다.

6. $\inf\{-a_n : n \geq k\} = -\sup\{a_n : n \geq k\}$이므로 다음이 성립한다.

$$\begin{aligned}\liminf_{n \to \infty}(-a_n) &= \lim_{k \to \infty}(\inf\{-a_n : n \geq k\}) = \lim_{k \to \infty}(-\sup\{a_n : n \geq k\}) \\ &= -\lim_{k \to \infty}(\sup\{a_n : n \geq k\}) = -\limsup_{n \to \infty} a_n.\end{aligned}$$

7. 수열 $\{a_n\}$을 유계라고 하고, $s = \limsup_{n \to \infty} a_n$이라고 하자. 정리 4.5.3 (2)에 의해, 무수히 많은 자연수 $n \in \mathbb{N}$에 대해 $s - 1 < a_n$가 성립한다. 이들 중 하나의 값을 $n_1 \in \mathbb{N}$이라 하자. 같은 방법으로 무수히 많은 자연수 $n \in \mathbb{N}$에 대해 $s - \frac{1}{2} < a_n$이 되므로 $n_2 > n_1$이고 $s - \frac{1}{2} < a_{n_2}$인 자연수 $n_2 \in \mathbb{N}$이 존재한다. 이와 같은 과정을 계속하면, $n_k > n_{k-1}$이고 $s - \frac{1}{k} < a_{n_k}$인 자연수 $n_k \in \mathbb{N}$을 택할 수 있다. 임의로 주어진 실수 $\varepsilon > 0$에 대해, 정리 4.5.3 (1)에 의해 적당한 자연수 N이 존재하여 $n \geq N$인 모든 자연수 $n \in \mathbb{N}$에 대해 $a_n < s + \varepsilon$이 성립한다. 만약 $\frac{1}{K} < \varepsilon$이 되고 $n_K > N$이 되도록 자연수 K를 택하면 $k \geq K$일 때 $\frac{1}{k} < \varepsilon$이고 $n_k > N$이다. 그러므로 $k \geq K$인 모든 자연수 $k \in \mathbb{N}$에 대해 $s - \varepsilon < s - \frac{1}{k} < a_{n_k} < s + \varepsilon$이 성립하므로 $\lim_{k \to \infty} a_{n_k} = s$이다.

제 5 장
급 수

제5장에서는 급수의 수렴성, 급수의 수렴발산 판정법, 멱급수의 성질을 소개한다.

5.1 급수의 수렴성

이 절에서는 수열의 극한 개념을 이용하여 무한급수의 수렴과 발산을 정의하고, 수렴하는 급수에 대한 여러 가지 성질들을 논하고자 한다.

〈정의 5.1.1〉

(1) 주어진 수열 $\{a_n\}$의 각 항을 합(+)의 기호로 연결된 식

$$a_1 + a_2 + \cdots + a_n + \cdots = \sum_{n=1}^{\infty} a_n$$

을 무한급수(infinite series) 또는 간단히 급수(series)라고 말한다. a_n을 그 급수의 n번째 항(nth term)이라고 한다. 모든 자연수 $n \in \mathbb{N}$에 대해서

$$s_n = \sum_{k=1}^{n} a_k = a_1 + a_2 + \cdots + a_n$$

을 급수 $\sum_{n=1}^{\infty} a_n$의 n번째 부분합(nth partial sum) 또는 간단히 부분합이라 말하고, 수열 $\{s_n\}$을 그 급수의 부분합의 수열이라 말한다.

(2) 수열 $\{s_n\}$이 어떤 실수 S에 수렴할 때, 급수 $\sum_{n=1}^{\infty} a_n$은 수렴(convergence)한다고 말하며, 극한값 S를 그 급수의 합(sum)이라고 하며, 이때

$$\sum_{n=1}^{\infty} a_n = S = \lim_{n \to \infty} s_n$$

로 나타낸다. 급수의 부분합의 수열 $\{s_n\}$이 발산할 때, 그 급수는 발산(divergence)한다고 말한다.

예제 5.1 급수 $\sum_{n=1}^{\infty} \frac{1}{n(n+1)}$의 수렴성을 보여라.

풀이 모든 자연수 $n \in \mathbb{N}$에 대해 $\frac{1}{n(n+1)} = \frac{1}{n} - \frac{1}{n+1}$이 성립한다. 따라서 주어진 급수의 부분합 s_n은 다음이 성립하므로,

$$\begin{aligned} s_n &= \frac{1}{1 \cdot 2} + \frac{1}{2 \cdot 3} + \cdots + \frac{1}{n \cdot (n+1)} \\ &= \left(1 - \frac{1}{2}\right) + \left(\frac{1}{2} - \frac{1}{3}\right) + \cdots + \left(\frac{1}{n} - \frac{1}{n+1}\right) \\ &= 1 - \frac{1}{n+1} \end{aligned}$$

부분합의 수열 $\{s_n\}$은 수렴하고 그 극한값은 1이다. 그러므로 $\sum_{n=1}^{\infty} \frac{1}{n(n+1)}$는 수렴하고 그 합은 1이다. ■

정리 5.1.1 급수 $\sum_{n=1}^{\infty} a_n$이 수렴하면, $\lim_{n \to \infty} a_n = 0$이다.

증명 $\sum_{n=1}^{\infty} a_n$이 수렴하고, 그 극한값을 S라고 하자. 그러면 정의 5.1.1에 의해서 급수의 부분합의 수열 $\{s_n\}$은 S에 수렴한다. 따라서 $a_n = s_n - s_{n-1}$이므로 다음이 성립한다.

$$\lim_{n\to\infty} a_n = \lim_{n\to\infty} s_n - \lim_{n\to\infty} s_{n-1} = S - S = 0$$

■

[주] 정리 5.1.1의 역은 일반적으로 성립하지 않는다(예제 5.6 참고).

> **따름정리 5.1.2** 급수 $\sum_{n=1}^{\infty} a_n$가 주어졌을 때 $\lim_{n\to\infty} a_n \neq 0$이면, 그 급수는 발산한다.

예제 5.2 급수 $\sum_{n=1}^{\infty} (-1)^n$의 수렴성을 조사하여라.

풀이 $\sum_{n=1}^{\infty} (-1)^n$의 n번째 부분합 s_n은 다음과 같다.

$$s_n = \begin{cases} -1, & n : \text{홀수} \\ 0, & n : \text{짝수} \end{cases}$$

따라서 부분합의 수열 $\{-1, 0, -1, \cdots\}$은 발산하므로 급수 $\sum_{n=1}^{\infty} (-1)^n$도 발산한다.

■

예제 5.3 급수 $\sum_{n=1}^{\infty} (-1)^{n+1} \dfrac{1}{n}$의 수렴성을 조사하여라.

풀이 $\sum_{n=1}^{\infty} \dfrac{(-1)^{n+1}}{n}$ 의 부분합의 수열 $\{s_n\}$의 부분수열인 $\{s_{2n}\}$과 $\{s_{2n+1}\}$을 생각하자. 그러면 모든 자연수 $n \in \mathbb{N}$에 대해 다음이 성립하므로

$$s_{2n} = \left(1 - \frac{1}{2}\right) + \left(\frac{1}{3} - \frac{1}{4}\right) + \cdots + \left(\frac{1}{2n-1} - \frac{1}{2n}\right)$$

$\{s_{2n}\}$은 증가수열이고

$$s_{2n+1}=1-\left(\frac{1}{2}-\frac{1}{3}\right)-\left(\frac{1}{4}-\frac{1}{5}\right)-\cdots-\left(\frac{1}{2n}-\frac{1}{2n+1}\right)$$

이므로 $\{s_{2n+1}\}$은 감소수열이다. 그런데 $\{s_n\}$의 모든 짝수항은 모든 홀수항보다 작으므로, 모든 자연수 $m, n \in \mathbb{N}$에 대해 $s_{2n} < s_{2m+1}$이 되고, $n \geq 2m$인 모든 자연수 $n \in \mathbb{N}$에 대해 다음이 성립한다.

$$s_{2m} \leq s_n \leq s_{2m+1}$$

따라서 $p, q \geq 2m$인 모든 자연수 $p, q \in \mathbb{N}$에 대해

$$|s_p - s_q| \leq |s_{2m+1} - s_{2m}| = \frac{1}{2m+1}$$

이므로, $\{s_n\}$은 코시 수열이다. 그러므로 정리 4.4.13에 의해 $\{s_n\}$은 수렴하고 주어진 급수도 수렴한다. ■

예제 5.4 급수 $\sum_{n=1}^{\infty}\frac{n^2+1}{n^2}$의 수렴성을 조사하여라.

풀이 $\lim_{n\to\infty}\frac{n^2+1}{n^2}=1\neq 0$이므로, 따름정리 5.1.2에 의해 주어진 급수는 발산한다. ■

예제 5.5 (기하급수 : Geometric series) 기하급수 $\sum_{n=0}^{\infty}ar^n = a+ar+\cdots+ar^n+\cdots$ (여기서 $a\neq 0$)가 주어졌을 때, 다음을 밝혀라.

(1) $|r|<1$이면, $\sum_{n=0}^{\infty}ar^n$은 $\frac{a}{1-r}$에 수렴한다.

(2) $|r|\geq 1$이면, $\sum_{n=0}^{\infty}ar^n$은 발산한다.

풀이 실수 $a\neq 0$인 급수 $\sum_{n=0}^{\infty}ar^n$의 n번째 부분합은 다음과 같다.

$$s_n = a+ar+\cdots+ar^{n-1} = \frac{a(1-r^n)}{1-r}$$

(1) $|r|<1$이면, $\lim_{n\to\infty} r^n=0$이므로 $\lim_{n\to\infty} s_n=\frac{a}{1-r}$이다. 그러므로 $\sum_{n=0}^{\infty} ar^n$은 수렴하고 $\sum_{n=0}^{\infty} ar^n=\frac{a}{1-r}$이다.

(2) $r=1$이면, $s_n=na$이므로 $\{s_n\}$은 발산한다. 그러므로 $\sum_{n=0}^{\infty} ar^n$도 발산한다. 또한 $|r|>1$이면, $\{ar^n\}$이 발산하므로 $\{s_n\}$도 발산한다. 그러므로 $\sum_{n=0}^{\infty} ar^n$은 발산한다. ■

[주] 만약 $a=0$이면, 모든 실수 $r\in\mathbb{R}$에 대해서 급수 $\sum_{n=0}^{\infty} ar^n$은 0에 수렴한다.

예제 5.6 (조화급수 : Harmonic series) 조화급수 $\sum_{n=1}^{\infty} \frac{1}{n}$의 수렴성을 조사하여라.

풀이 $\lim_{n\to\infty} \frac{1}{n}=0$은 분명하다. 한편, 다음이 성립하므로,

$$s_n=\sum_{k=1}^{n}\frac{1}{k}\geq\sum_{k=1}^{n}\int_{k}^{k+1}\frac{1}{x}dx=\int_{1}^{n+1}\frac{1}{x}dx=\ln(n+1)$$

$\lim_{n\to\infty} s_n=+\infty$이다. 그러므로 $\lim_{n\to\infty} \frac{1}{n}=0$이나, 급수 $\sum_{n=1}^{\infty} \frac{1}{n}$는 발산한다. ■

정리 5.1.3 (코시 수렴판정법 : Cauchy Convergence Test) 급수 $\sum_{n=1}^{\infty} a_n$이 수렴할 필요충분조건은 임의의 $\varepsilon>0$에 대해 적당한 자연수 N이 존재해서 $m>n\geq N$인 모든 자연수 $m,\ n\in\mathbb{N}$에 대해 다음이 성립한다.

$$|a_n+\cdots+a_m|=\left|\sum_{k=n}^{m}a_k\right|<\varepsilon$$

증명 $\sum_{n=1}^{\infty} a_n$의 부분합의 수열을 $\{s_n\}$이라 하자. 정리 4.4.13에 의해 $\{s_n\}$이 수렴하기 위한 필요충분조건은 $\{s_n\}$이 코시 수열이다. 즉, 임의의 실수 $\varepsilon>0$에 대해서 적당한 자연수

N이 존재하여 $m > n \geq N$인 모든 자연수 $m,\ n \in \mathbb{N}$에 대해 다음이 성립한다.

$$\left|\sum_{k=n}^{m} a_k\right| = |s_m - s_{n-1}| < \varepsilon$$

따라서 주어진 정리는 성립한다. ■

따름정리 5.1.4 급수 $\sum_{n=1}^{\infty} a_n$이 수렴할 필요충분조건은 임의의 실수 $\varepsilon > 0$에 대해 적당한 자연수 N이 존재하여 $n \geq N$인 모든 자연수 $n \in \mathbb{N}$에 대해 다음이 성립한다.

$$\left|\sum_{k=n}^{\infty} a_k\right| < \varepsilon$$

정리 5.1.5 (양항급수 수렴정리) 모든 항이 음이 아닐 때, 급수 $\sum_{n=1}^{\infty} a_n$이 수렴하기 위한 필요충분조건은 $\sum_{n=1}^{\infty} a_n$의 부분합의 수열 $\{s_n\}$이 유계이다.

증명 모든 자연수 $n \in \mathbb{N}$에 대해 $a_n \geq 0$이므로 급수의 부분합의 수열 $\{s_n\}$은 단조증가한다. 따라서 정리 4.4.1에 의해 $\{s_n\}$이 수렴하기 위한 필요충분조건은 $\{s_n\}$이 유계일 때이므로 급수 $\sum_{n=1}^{\infty} a_n$이 수렴하기 위한 필요충분조건은 $\{s_n\}$이 유계일 때이다. ■

예제 5.7 조화급수 $\sum_{n=1}^{\infty} \frac{1}{n}$이 발산함을 정리 5.1.5를 이용해 증명하여라.

풀이 정리 5.1.5에 의해 조화급수가 발산함을 보이기 위해서는, 이 급수의 부분합의 수열 $\{s_n\}$이 유계가 아님을 보이면 된다. $\sum_{n=1}^{\infty} a_n$의 부분합의 수열 $\{s_n\}$의 부분수열 $\{s_{n_k}\}$를 다음과 같이 정의하면,

$$s_{n_1} = s_2 = 1 + \frac{1}{2}$$

$$s_{n_2} = s_{2^2} = 1 + \frac{1}{2} + \frac{1}{3} + \frac{1}{4} = s_{n_1} + \frac{1}{3} + \frac{1}{4}$$

$$> s_{n_1} + \frac{1}{4} + \frac{1}{4} = 1 + 2 \cdot \frac{1}{2}$$

$$s_{n_3} = s_{2^3} = 1 + \frac{1}{2} + \frac{1}{3} + \frac{1}{4} + \frac{1}{5} + \frac{1}{6} + \frac{1}{7} + \frac{1}{8}$$

$$= s_{n_2} + \frac{1}{5} + \frac{1}{6} + \frac{1}{7} + \frac{1}{8}$$

$$> s_{n_2} + \frac{1}{8} + \frac{1}{8} + \frac{1}{8} + \frac{1}{8} = 1 + 3 \cdot \frac{1}{2}$$

$$\cdots\cdots\cdots\cdots\cdots$$

이다. 일반적으로 수학적 귀납법에 의해서 $n_k = 2^k$이면

$$s_{n_k} = s_{2^k} > 1 + \frac{k}{2}$$

이므로 $\{s_n\}$의 부분수열 $\{s_{n_k}\}$는 유계가 아니다. 그러므로 $\{s_n\}$도 유계가 아니고, 정리 5.1.5에 의해서 조화급수 $\sum_{n=1}^{\infty} \frac{1}{n}$는 발산한다. ■

예제 5.8 ($p-$급수 : $p-$series) 실수 $p > 0$에 대해 $\sum_{n=1}^{\infty} \frac{1}{n^p}$을 $p-$급수라고 할 때, 다음을 조사하여라.

(1) $0 < p \leq 1$이면, $p-$급수는 발산한다.

(2) $p > 1$이면, $p-$급수는 수렴한다.

풀이 (1) $0 < p \leq 1$이면, 모든 자연수 $n \in \mathbb{N}$에 대해 $\frac{1}{n} \leq \frac{1}{n^p}$이 성립하고 예제 5.7에 의해 $\sum_{n=1}^{\infty} \frac{1}{n}$의 부분합의 수열이 유계가 아니므로 $\sum_{n=1}^{\infty} \frac{1}{n^p}$의 부분합의 수열도 유계가 아니다. 그러므로 $0 < p \leq 1$일 때는 $p-$급수 $\sum_{n=1}^{\infty} \frac{1}{n^p}$은 발산한다.

(2) $p > 1$이면, $\sum_{n=1}^{\infty} \frac{1}{n^p}$의 부분합의 수열 $\{s_n\}$은 단조증가이다. 따라서 주어진 급수가 수렴하기 위해서는 $\{s_n\}$이 유계임을 밝히면 된다. $\{s_n\}$의 부분수열 $\{s_{n_k}\}$은 다음

과 같이 정의한다.

$$s_{n_1}=s_1=1,$$

$$s_{n_2}=s_3=1+\frac{1}{2^p}+\frac{1}{3^p}<1+\frac{1}{2^p}+\frac{1}{2^p}=1+\frac{1}{2^{p-1}},$$

$$s_{n_3}=s_7=s_{n_2}+\frac{1}{4^p}+\frac{1}{5^p}+\frac{1}{6^p}+\frac{1}{7^p}<s_{n_2}+\frac{4}{4^p}=s_{n_2}+\frac{1}{(2^2)^{p-1}}$$

$$=1+\frac{1}{2^{p-1}}+\frac{1}{(2^2)^{p-1}},$$

$$\cdots\cdots\cdots\cdots\cdots\cdots$$

일반적으로 $n_k=2^k-1$이면, 다음이 성립한다.

$$s_{n_k}<1+\frac{1}{2^{p-1}}+\cdots+\frac{1}{(2^{k-1})^{p-1}}<\frac{1}{1-2^{p-1}}$$

따라서 $\{s_n\}$의 부분수열 $\{s_{n_k}\}$는 유계이다. $\{s_n\}$이 단조증가수열이고 부분수열 $\{s_{n_k}\}$가 유계이므로 $\{s_n\}$는 유계이다. 그러므로 $p>1$일 때는 정리 5.1.5에 의해 $p-$급수 $\sum_{n=1}^{\infty}\frac{1}{n^p}$는 수렴한다. ■

예제 5.9 급수 $\sum_{n=0}^{\infty}\frac{1}{n!}$이 수렴함을 보여라(여기서 $n!=1\cdot 2\cdot\cdots\cdot n$이고 $0!=1$이다).

풀이 $\sum_{n=0}^{\infty}\frac{1}{n!}$의 부분합의 수열을 $\{s_n\}$이라 하자. 모든 자연수 $n\in\mathbb{N}$에 대해

$$s_n=1+1+\frac{1}{1\cdot 2}+\frac{1}{1\cdot 2\cdot 3}+\cdots+\frac{1}{1\cdot 2\cdot 3\cdot\cdots\cdot n}$$

$$<1+1+\frac{1}{2}+\frac{1}{2^2}+\cdots+\frac{1}{2^{n-1}}<3$$

이므로, $\{s_n\}$은 유계이고 $\{s_n\}$은 단조증가수열이다. 따라서 정리 5.1.5에 의해 $\{s_n\}$은 수렴하므로, 급수 $\sum_{n=0}^{\infty}\frac{1}{n!}$은 수렴한다. ■

〈정의 5.1.2〉

급수 $\sum_{n=0}^{\infty} \frac{1}{n!}$은 수렴하므로, 이 급수의 합을 $e = \sum_{n=0}^{\infty} \frac{1}{n!}$로 정의한다.

정리 5.1.6 $\lim_{n\to\infty}\left(1+\frac{1}{n}\right)^n = e$ 임을 증명하여라.

증명 $s_n = \sum_{k=1}^{n} \frac{1}{k!}$, $t_n = \left(1+\frac{1}{n}\right)^n$라고 하자. 이항정리에 의해서,

$$\begin{aligned} t_n &= 1+1+\frac{1}{2!}\left(1-\frac{1}{n}\right)+\cdots+\frac{1}{n!}\left(1-\frac{1}{n}\right)\left(1-\frac{2}{n}\right)\cdots\left(1-\frac{n-1}{n}\right) \\ &\le 1+1+\frac{1}{2!}+\cdots+\frac{1}{n!} = s_n \end{aligned}$$

이므로 $t_n \le s_n$이다. 따라서 다음이 성립한다.

$$\limsup_{n\to\infty} t_n \le \limsup_{n\to\infty} s_n = \lim_{n\to\infty} s_n = e \tag{5.1.1}$$

한편, $n \ge m$인 모든 자연수 n, $m \in \mathbb{N}$에 대하여

$$t_n \ge 1+1+\frac{1}{2!}\left(1-\frac{1}{n}\right)+\cdots+\frac{1}{m!}\left(1-\frac{1}{n}\right)\cdots\left(1-\frac{m-1}{n}\right)$$

이므로, m을 고정시키고 $n\to\infty$이면, 다음을 얻는다.

$$\liminf_{n\to\infty} t_n \ge 1+1+\frac{1}{2!}+\cdots+\frac{1}{m!} = s_m$$

한편, $m\to\infty$ 이면, 다음이 성립한다.

$$e = \lim_{m\to\infty} s_m \le \liminf_{n\to\infty} t_n \tag{5.1.2}$$

따라서 식 (5.1.1)과 (5.1.2)에 의해서 $\limsup_{n\to\infty} t_n \le e \le \liminf_{n\to\infty} t_n$이다. 그런데 $\liminf_{n\to\infty} t_n \le \limsup_{n\to\infty} t_n$이 항상 성립하므로,

$$\liminf_{n\to\infty} t_n = \limsup_{n\to\infty} t_n = e$$

이다. 그러므로 $\lim_{n\to\infty} t_n = e = \lim_{n\to\infty} s_n$이고 $\lim_{n\to\infty}\left(1+\frac{1}{n}\right)^n = e$이다. ■

[주] 정의 5.1.2와 정리 5.1.6(또는 정리 4.4.6)으로부터 $\sum_{n=0}^{\infty}\frac{1}{n!} = \lim_{n\to\infty}\left(1+\frac{1}{n}\right)^n = e$가 성립한다.

> **정리 5.1.7 (2^n 판정법)** 모든 항이 양수인 단조감소수열 $\{a_n\}$에 대해서 급수 $\sum_{n=1}^{\infty} a_n$가 수렴하기 위한 필요충분조건은 급수 $\sum_{n=1}^{\infty} 2^n a_{2^n}$이 수렴한다.

증명 $\sum_{n=1}^{\infty} 2^n a_{2^n}$이 수렴한다고 하자. $\{a_n\}$은 단조감소수열이므로

$$a_1 \le a_1$$
$$a_2 + a_3 \le a_2 + a_2 = 2a_2$$
$$a_4 + a_5 + a_6 + a_7 \le 4a_4 = 2^2 a_{2^2}$$

이고, 일반적으로 모든 자연수 $n \in \mathbb{N}$에 대하여 다음이 성립한다.

$$a_{2^n} + a_{2^n+1} + \cdots + a_{2^{n+1}-1} \le 2^n a_{2^n}$$

위의 부등식을 더하면

$$s_{2^{n+1}-1} = \sum_{k=1}^{2^{n+1}-1} a_k \le \sum_{k=0}^{n} 2^k a_{2^k} \le \sum_{k=0}^{\infty} 2^k a_{2^k}$$

이 성립한다. 따라서 $\{s_{2^{n+1}-1}\}$은 $\sum_{n=1}^{\infty} a_n$의 부분합 수열 $\{s_n\}$의 부분수열이고, $\sum_{k=0}^{\infty} 2^k a_{2^k}$에 의해 유계이다. 또한 $\{s_n\}$이 단조증가수열이므로 모든 자연수 $n \in \mathbb{N}$에 대해서 $s_n \le s_{2^{n+1}-1}$이다. 따라서

$$s_n = \sum_{k=1}^{n} a_k \le \sum_{k=1}^{\infty} 2^k a_{2^k} < \infty$$

이다. 그러므로 정리 5.1.5에 의해서 급수 $\sum_{n=1}^{\infty} a_n$은 수렴한다.

역으로, $\sum_{n=1}^{\infty} a_n$이 수렴한다고 하자. $\{a_n\}$이 단조감소수열이기 때문에

$$a_3 + a_4 \geq 2a_4$$
$$a_5 + a_6 + a_7 + a_8 \geq 4a_8$$

이고, 일반적으로 모든 자연수 $n \in \mathbb{N}$에 대해 다음이 성립한다.

$$a_{2^n+1} + \cdots + a_{2^{n+1}} \geq 2^n a_{2^{n+1}} = \frac{1}{2}(2^{n+1} a_{2^{n+1}})$$

위의 부등식을 더하면

$$\sum_{k=3}^{2^{n+1}} a_k \geq \frac{1}{2}\sum_{k=1}^{n} 2^{k+1} a_{2^{k+1}} = \frac{1}{2}\sum_{k=2}^{n+1} 2^k a_{2^k}$$

이 성립한다. 따라서 $\sum_{n=1}^{\infty} 2^n a_{2^n}$의 부분합의 수열은 유계이므로 정리 5.1.5에 의해 급수 $\sum_{n=1}^{\infty} 2^n a_{2^n}$은 수렴한다. ■

따름정리 5.1.8 $p-$급수 $\sum_{n=1}^{\infty} \frac{1}{n^p}$가 주어졌을 때, 2^n 판정법을 이용하여 $p>1$이면 수렴하고, $p \leq 1$이면 발산한다.

증명 (i) $p<0$이면, $\lim_{n\to\infty} \frac{1}{n^p} \neq 0$이므로 따름정리 5.1.2에 의해서 $\sum_{n=1}^{\infty} \frac{1}{n^p}$은 발산한다.

(ii) $p>0$이라 하자. 정리 5.1.7에 의해 $\sum_{n=1}^{\infty} \frac{1}{n^p}$이 수렴하기 위한 필요충분조건은 $\sum_{n=1}^{\infty} 2^n \frac{1}{(2^n)^p} = \sum_{n=1}^{\infty} 2^{(1-p)n}$이 수렴하는 것이다. 따라서 예제 5.5에 의해 $\sum_{n=1}^{\infty} 2^{(1-p)n}$은 $2^{(1-p)} < 1$일 때 수렴하고, $2^{(1-p)} \geq 1$일 때 발산한다. 그러므로 $\sum_{n=1}^{\infty} \frac{1}{n^p}$은 $1<p$일 때 수렴하고, $p \leq 1$일 때 발산한다. ■

예제 5.10 급수 $\sum_{n=2}^{\infty} \frac{1}{n(\ln n)^p}$은 $p>1$이면 수렴하고, $p\le 1$이면 발산함을 보여라.

풀이 로그함수의 단조성으로부터 $\{\ln n\}$은 증가수열이고 $\left\{\frac{1}{\ln n}\right\}$은 감소수열이다.

$$\sum_{k=1}^{\infty} 2^k \frac{1}{2^k(\ln 2^k)^p} = \sum_{k=1}^{\infty} \frac{1}{(k\ln 2)^p} = \frac{1}{(\ln 2)^p}\sum_{k=1}^{\infty}\frac{1}{k^p}$$

이므로 따름정리 5.1.8에 의해 주어진 결과를 얻을 수 있다. ■

정리 5.1.9 (Pringsheim의 정리) 모든 항이 양수인 단조감소수열을 $\{a_n\}$이라 하자. 급수 $\sum_{n=1}^{\infty} a_n$이 수렴하면, $\lim_{n\to\infty} na_n = 0$이다.

증명 $\sum_{n=1}^{\infty} a_n$가 수렴하므로 그 합을 S라 하고, $\sum_{n=1}^{\infty} a_n$의 부분합을 $s_n = a_1 + \cdots + a_n$이라고 하자. 그러면 $\lim_{n\to\infty} s_n = S = \lim_{n\to\infty} s_{2n}$이고 $\lim_{n\to\infty}(s_{2n} - s_n) = 0$이다. 그런데 $\{a_n\}$이 단조감소수열이므로

$$s_{2n} - s_n = a_{n+1} + \cdots + a_{2n} \ \ge\ a_{2n} + \cdots + a_{2n} = na_{2n}$$

이고 $0 \le na_{2n} \le s_{2n} - s_n$이다. 따라서 $\lim_{n\to\infty} na_{2n} = 0$이고

$$\lim_{n\to\infty} 2na_{2n} = 0 \tag{5.1.3}$$

이다. 그런데 $a_{2n+1} \le a_{2n}$이므로, 다음이 성립하고

$$(2n+1)a_{2n+1} \le \left(\frac{2n+1}{2n}\right) 2na_{2n} \tag{5.1.4}$$

식 (5.1.3)에 의해서 $\lim_{n\to\infty}(2n+1)a_{2n+1} = 0$이다. 그러므로 $\lim_{n\to\infty} na_n = 0$이다. ■

정리 5.1.10 급수 $\sum_{n=1}^{\infty} a_n$와 $\sum_{n=1}^{\infty} b_n$은 각각 수렴하고 합을 S와 T라고 하자. 그러면, 다음이 성립한다.

(1) $\sum_{n=1}^{\infty}(a_n+b_n)$는 수렴하고, $\sum_{n=1}^{\infty}(a_n+b_n) = S+T = \sum_{n=1}^{\infty}a_n+\sum_{n=1}^{\infty}b_n$이다.

(2) 임의의 실수 $c\in\mathbb{R}$에 대해 $\sum_{n=1}^{\infty}ca_n$는 수렴하고, $\sum_{n=1}^{\infty}ca_n = cS = c\sum_{n=1}^{\infty}a_n$이다.

증명 (1) $\sum_{n=1}^{\infty}a_n$와 $\sum_{n=1}^{\infty}b_n$이 각각 수렴하므로 s_n와 t_n를 $\sum_{n=1}^{\infty}a_n$와 $\sum_{n=1}^{\infty}b_n$의 부분합이라 하면, $\lim_{n\to\infty}s_n=S$, $\lim_{n\to\infty}t_n=T$이다. w_n를 $\sum_{n=1}^{\infty}(a_n+b_n)$의 부분합이라 하면, 모든 자연수 $n\in\mathbb{N}$에 대해 $w_n=s_n+t_n$이므로

$$\lim_{n\to\infty}w_n = \lim_{n\to\infty}(s_n+t_n) = \lim_{n\to\infty}s_n+\lim_{n\to\infty}t_n = S+T$$

이다. 그러므로 $\sum_{n=1}^{\infty}(a_n+b_n)$은 $S+T$에 수렴하고, 다음이 성립한다.

$$\sum_{n=1}^{\infty}(a_n+b_n) = S+T = \sum_{n=1}^{\infty}a_n+\sum_{n=1}^{\infty}b_n$$

(2) (1)과 유사한 방법으로 증명할 수 있다. ■

따름정리 5.1.11 $c(\neq 0)\in\mathbb{R}$이고 급수 $\sum_{n=1}^{\infty}a_n$가 발산하면, $\sum_{n=1}^{\infty}ca_n$도 발산한다.

증명 $\sum_{n=1}^{\infty}a_n$가 발산하면, 주어진 급수의 부분합 s_n의 극한값이 존재하지 않는다. 만약 $\sum_{n=1}^{\infty}ca_n$가 수렴한다고 하면, $\lim_{n\to\infty}cs_n$이 존재한다. 그런데 $s_n=\frac{cs_n}{c}$이므로

$$\lim_{n\to\infty}s_n = \lim_{n\to\infty}\frac{1}{c}(cs_n) = \frac{1}{c}\lim_{n\to\infty}cs_n$$

이고 $\lim_{n\to\infty}cs_n$이 존재하므로 $\lim_{n\to\infty}s_n$도 존재한다. 이것은 가정에 모순이므로 $\sum_{n=1}^{\infty}ca_n$은 발산한다. ■

정리 5.1.12 급수 $\sum_{n=1}^{\infty} a_n$가 수렴하고 급수 $\sum_{n=1}^{\infty} b_n$이 발산하면, 급수 $\sum_{n=1}^{\infty}(a_n+b_n)$는 발산한다.

증명 $\sum_{n=1}^{\infty}(a_n+b_n)$가 수렴한다고 가정하고, 합을 S 라고 하자. $\sum_{n=1}^{\infty} a_n$는 수렴하므로, 그 합을 T 라 두면, 다음이 성립하므로,

$$\sum_{n=1}^{\infty} b_n = \sum_{n=1}^{\infty}[(a_n+b_n)-a_n]$$

정리 5.1.10에 의해서 $\sum_{n=1}^{\infty} b_n$는 수렴하고, 합은 $S-T$이다. 이것은 $\sum_{n=1}^{\infty} b_n$가 발산한다는 가정에 모순이므로 급수 $\sum_{n=1}^{\infty}(a_n+b_n)$는 발산한다. ■

[주] 두 급수 $\sum_{n=1}^{\infty} a_n$과 $\sum_{n=1}^{\infty} b_n$가 발산하면, $\sum_{n=1}^{\infty}(a_n+b_n)$는 수렴할 수도 발산할 수도 있다. 예를 들면, $a_n=\frac{1}{n}$이고 $b_n=\frac{1}{n}$이면 $\sum_{n=1}^{\infty}(a_n+b_n)=\sum_{n=1}^{\infty}\frac{2}{n}$는 발산한다. 그러나 $a_n=\frac{1}{n}$이고 $b_n=-\frac{1}{n}$이면, 급수 $\sum_{n=1}^{\infty}(a_n+b_n)=0$은 수렴한다.

예제 5.11 모든 항이 $a \geq 0$인 급수 $\sum_{n=1}^{\infty} a_n$이 수렴할 때, 다음이 성립함을 보여라.

(1) $p>\frac{1}{2}$이면, 급수 $\sum_{n=1}^{\infty}\frac{\sqrt{a_n}}{n^p}$은 수렴한다.

(2) $p \leq \frac{1}{2}$이면, 급수 $\sum_{n=1}^{\infty}\frac{\sqrt{a_n}}{n^p}$은 발산한다.

풀이 (1) $p>\frac{1}{2}$이면, $p-$급수 $\sum_{n=1}^{\infty}\frac{1}{n^{2p}}$는 수렴한다. 따라서 $\sum_{n=1}^{\infty} a_n$이 수렴하므로 $\sum_{n=1}^{\infty}\frac{1}{2}\left(a_n+\frac{1}{n^{2p}}\right)$는 수렴하고, 모든 자연수 $n\in\mathbb{N}$에 대해

$$\frac{1}{2}\left(a_n+\frac{1}{n^{2p}}\right) \geq \sqrt{\frac{a_n}{n^{2p}}} = \frac{\sqrt{a_n}}{n^p}$$

이 성립하므로 $\sum_{n=1}^{\infty}\frac{\sqrt{a_n}}{n^p}$는 수렴한다.

(2) $p \le \frac{1}{2}$인 경우에 $a_n = \frac{1}{n(\ln n)^2}\ (n \ge 2)$로 두면, $\sum_{n=2}^{\infty} a_n = \sum_{n=2}^{\infty}\frac{1}{n(\ln n)^2}$는 수렴하지만 $\sum_{n=2}^{\infty}\frac{\sqrt{a_n}}{\sqrt{n}} = \sum_{n=2}^{\infty}\frac{1}{n \ln n}$는 발산한다. 그러므로 $\sum_{n=1}^{\infty}\frac{\sqrt{a_n}}{n^p}$도 발산한다. ■

예제 5.12 급수 $\sum_{n=1}^{\infty}\left(\frac{1}{3n}+\frac{1}{3^n}\right)$가 수렴하는지 발산하는지를 밝혀라.

풀이 $\sum_{n=1}^{\infty}\frac{1}{3n}$은 발산하고 $\sum_{n=1}^{\infty}\frac{1}{3^n}$은 $|r| = \frac{1}{3} < 1$인 기하급수이므로 수렴한다. 그러므로 정리 5.1.12에 의해서 급수 $\sum_{n=1}^{\infty}(\frac{1}{3n}+\frac{1}{3^n})$는 발산한다. ■

연습문제 5.1

1. 다음 급수가 수렴 또는 발산하는지를 조사하여라.

(1) $\sum_{n=1}^{\infty}\frac{n+1}{n}$

(2) $\sum_{n=1}^{\infty}\left(1-\frac{1}{n}\right)^n$

(3) $\sum_{n=1}^{\infty}\frac{1}{(2n-1)(2n+1)}$

(4) $\sum_{n=1}^{\infty}\frac{n^2}{n+1}$

(5) $\sum_{n=1}^{\infty}\frac{2^{n-1}}{3^n}$

(6) $\sum_{n=1}^{\infty}\frac{1}{n+4}$

(7) $\sum_{n=1}^{\infty}\frac{n}{(n+1)!}$

(8) $\sum_{n=1}^{\infty}\cos\left(\frac{1}{n^2}\right)$

(9) $\sum_{n=0}^{\infty}\frac{1}{2n!}$

(10) $\sum_{n=1}^{\infty}\frac{[\cos(3\pi/n)+2]}{3^n}$ (여기서 [ ]는 가우스 기호임)

2. 급수 $\sum_{n=1}^{\infty}\left(\left(\frac{1}{3}\right)^n+\frac{2}{n(n+1)}\right)$의 합을 구하라.

3. 급수 $\sum_{n=1}^{\infty}a_n$와 $\sum_{n=1}^{\infty}b_n$는 발산하나, 급수 $\sum_{n=1}^{\infty}a_nb_n$는 수렴하는 예를 보여라.

4. 급수 $\sum_{n=1}^{\infty}a_n$이 수렴하면, 급수 $\sum_{n=1}^{\infty}a_n{}^2$은 항상 수렴하는지 판정하고, 또한 모든 자연수 $n\in\mathbb{N}$에 대해 $a_n \geq 0$이면, 급수 $\sum_{n=1}^{\infty}\sqrt{a_n}$도 항상 수렴하는지 판정하여라.

5. 2^n 판정법을 이용해 다음을 증명하여라.

(1) 급수 $\sum_{n=1}^{\infty}\frac{1}{n\ln n(\ln\ln n)}$은 발산한다.

(2) 급수 $\sum_{n=1}^{\infty}\frac{1}{n\ln n(\ln\ln n)^p}$은 수렴한다(여기서 $p>1$).

6. 모든 항들이 $a_n \geq 0$인 급수 $\sum_{n=1}^{\infty}a_n$이 발산한다고 하자. $\sum_{n=1}^{\infty}a_n$의 부분합이 s_n이면, 다음이 성립함을 증명하여라.

(1) 급수 $\sum_{n=1}^{\infty}\frac{a_n}{1+a_n}$은 발산한다.

(2) 급수 $\sum_{n=1}^{\infty}\frac{a_n}{s_n}$은 발산한다.

(3) 급수 $\sum_{n=1}^{\infty}\frac{a_n}{s_n^2}$은 수렴한다.

7. $s_n=\sum_{k=1}^{n}\frac{1}{k}$이고 $\gamma_n=s_n-\ln n\ (n\geq 1)$일 때, 수열 $\{\gamma_n\}$는 수렴함을 보여라.

[주] $\{\gamma_n\}$이 수렴하므로 $\lim_{n\to\infty}\gamma_n=\gamma$라고 하면, 이 수 γ를 **Euler**의 상수라고 하며 그 값은 0과 1 사이에 존재한다(즉, $\gamma=0.57721\cdots$).

8. 급수 $\sum_{n=1}^{\infty}(-1)^{n+1}\frac{1}{n}=1-\frac{1}{2}+\frac{1}{3}-\frac{1}{4}\cdots=\ln 2$임을 Euler의 상수 γ을 이용하여

증명하여라(문제 7번을 이용).

9. Pringsheim의 정리에서 수열 $\{a_n\}$에 단조감소이라는 조건이 없다면, 주어진 정리가 성립되지 않는 예를 들어라.

10. 급수 $\sum_{n=1}^{\infty} a_n$이 수렴할 때, 다음이 성립함을 보여라.

(1) 모든 자연수 $n \in \mathbb{N}$에 대해 $s_n = \sum_{k=1}^{n} a_k$이고 $\sigma_n = \dfrac{s_1 + s_2 + \cdots + s_n}{n}$이면, 급수 $\sum_{n=1}^{\infty} \sigma_n$은 수렴하고 $\sum_{n=1}^{\infty} a_n = \lim_{n\to\infty} \sigma_n$이다.

(2) 모든 자연수 $n \in \mathbb{N}$에 대해 $b_n = \dfrac{a_1 + 2a_2 + \cdots + na_n}{n(n+1)}$이면, 급수 $\sum_{n=1}^{\infty} b_n$은 수렴하고 $\sum_{n=1}^{\infty} a_n = \sum_{n=1}^{\infty} b_n$이다.

5.2 급수의 수렴판정법

이 절에서는 수렴하는 급수의 중요한 성질들을 조사한 후, 급수의 수렴성을 판정할 수 있는 여러 가지 판정법을 소개하고, 이 결과들을 수렴하는 급수에 확장한다.

〈정의 5.2.1〉

급수 $\sum_{n=1}^{\infty} a_n$가 주어졌을 때 $\sum_{n=1}^{\infty} |a_n|$이 수렴하면, $\sum_{n=1}^{\infty} a_n$을 절대수렴한다(converges absolutely)고 하며, $\sum_{n=1}^{\infty} a_n$이 수렴하나 $\sum_{n=1}^{\infty} |a_n|$이 발산하면, $\sum_{n=1}^{\infty} a_n$를 조건수렴한다(converges conditionally)고 한다.

예제 5.13 급수 $\sum_{n=1}^{\infty} (-1)^{n+1} \dfrac{1}{n^2}$은 절대수렴하고, 급수 $\sum_{n=1}^{\infty} (-1)^{n+1} \dfrac{1}{n}$은 조건수렴한다.

풀이 $p=2$인 $p-$급수이므로 $\sum_{n=1}^{\infty}(-1)^{n+1}\frac{1}{n^2}$은 절대수렴한다. $\sum_{n=1}^{\infty}(-1)^{n+1}\frac{1}{n}$은 수렴하고, 조화급수 $\sum_{n=1}^{\infty}\frac{1}{n}$은 발산하므로 급수 $\sum_{n=1}^{\infty}(-1)^{n+1}\frac{1}{n}$은 조건수렴한다. ■

정리 5.2.1 급수 $\sum_{n=1}^{\infty}a_n$이 절대수렴하면, $\sum_{n=1}^{\infty}a_n$는 수렴한다.

증명 모든 자연수 $m,\ n\in\mathbb{N}$에 대해 $m\geq n$이면 다음이 성립한다.

$$\left|\sum_{k=n}^{m}a_k\right|\leq\sum_{k=n}^{m}|a_k|$$

가정에서 $\sum_{n=1}^{\infty}a_n$이 절대수렴하므로 $\sum_{n=1}^{\infty}|a_n|$은 수렴하고, 정리 5.1.3에 의해 급수 $\sum_{n=1}^{\infty}a_n$은 수렴한다. ■

〈정의 5.2.2〉

급수 $\sum_{n=1}^{\infty}a_n$이 주어졌을 때, 모든 자연수 $n\in\mathbb{N}$에 대해서 a_n^+와 a_n^-를 각각 다음과 같이 정의한다.

$$a_n^+=\begin{cases}a_n, & a_n\geq 0\\ 0, & a_n<0,\end{cases}\qquad a_n^-=\begin{cases}0, & a_n\geq 0\\ -a_n, & a_n<0\end{cases}$$

[주] (1) 모든 자연수 $n\in\mathbb{N}$에 대해서 $a_n^+\geq 0,\ a_n^-\geq 0$이고, 다음이 성립한다.

$$a_n=a_n^+-a_n^-,\qquad |a_n|=a_n^++a_n^-$$

(2) 급수 $\sum_{n=1}^{\infty}(-1)^{n+1}\frac{1}{n}$에서 $\sum_{n=1}^{\infty}a_n^+$와 $\sum_{n=1}^{\infty}a_n^-$는 다음과 같다.

$$\sum_{n=1}^{\infty}a_n^+=1+0+\frac{1}{3}+0+\frac{1}{5}+\cdots,\qquad \sum_{n=1}^{\infty}a_n^-=0+\frac{1}{2}+0+\frac{1}{4}+\cdots$$

정리 5.2.2 (1) 급수 $\sum_{n=1}^{\infty} a_n$이 절대수렴할 필요충분조건은 급수 $\sum_{n=1}^{\infty} a_n^+$와 $\sum_{n=1}^{\infty} a_n^-$가 모두 수렴한다.

(2) 급수 $\sum_{n=1}^{\infty} a_n$이 조건수렴하면, $\sum_{n=1}^{\infty} a_n^+$와 $\sum_{n=1}^{\infty} a_n^-$은 모두 발산한다.

증명 (1) 급수 $\sum_{n=1}^{\infty} a_n$가 절대수렴하면, $\sum_{n=1}^{\infty} |a_n|$가 수렴하므로 $\sum_{n=1}^{\infty} (|a_n| + a_n)$도 수렴한다. 그런데 $2a_n^+ = |a_n| + a_n$이므로 $\sum_{n=1}^{\infty} 2a_n^+$는 수렴한다. 그러므로 $\sum_{n=1}^{\infty} a_n^+$도 수렴한다. 같은 방법으로, $2a_n^- = |a_n| - a_n$이므로 $\sum_{n=1}^{\infty} a_n^-$도 수렴함을 밝힐 수 있다.

역으로, 급수 $\sum_{n=1}^{\infty} a_n^+$와 $\sum_{n=1}^{\infty} a_n^-$가 모두 수렴하면, 정리 5.1.10에 의해 두 급수의 합 $\sum_{n=1}^{\infty} a_n^+ + \sum_{n=1}^{\infty} a_n^-$도 수렴한다. 그런데

$$\sum_{n=1}^{\infty} a_n^+ + \sum_{n=1}^{\infty} a_n^- = \sum_{n=1}^{\infty} (a_n^+ + a_n^-) = \sum_{n=1}^{\infty} |a_n|$$

이므로 급수 $\sum_{n=1}^{\infty} a_n$은 절대수렴한다.

(2) 급수 $\sum_{n=1}^{\infty} a_n$이 조건수렴한다면, $\sum_{n=1}^{\infty} a_n$은 수렴하고 $\sum_{n=1}^{\infty} |a_n|$은 발산한다. 따라서 $\sum_{n=1}^{\infty} a_n^+$와 $\sum_{n=1}^{\infty} a_n^-$은 모두 발산한다. 왜냐하면, $\sum_{n=1}^{\infty} a_n^+$와 $\sum_{n=1}^{\infty} a_n^-$이 수렴한다면, (1)에 의해 $\sum_{n=1}^{\infty} |a_n|$가 수렴하므로 가정에 모순이다. 또한 $\sum_{n=1}^{\infty} a_n^+$와 $\sum_{n=1}^{\infty} a_n^-$ 중에서 어느 하나가 수렴한다고 하자. 먼저, $\sum_{n=1}^{\infty} a_n^+$가 수렴하면, $|a_n| = 2a_n^+ - a_n$이므로 정리 5.1.10에 의해

$$\sum_{n=1}^{\infty} (2a_n^+ - a_n) = \sum_{n=1}^{\infty} |a_n|$$

은 수렴한다. 이것은 가정에 모순이다. 그러므로 $\sum_{n=}^{\infty} a_n^+$은 발산한다.

같은 방법으로, $\sum_{n=1}^{\infty} a_n^-$도 발산함을 증명할 수 있다. ■

예제 5.14 급수 $\sum_{n=1}^{\infty}\frac{(-1)^{n+1}}{n}$에서 $\sum_{n=1}^{\infty}a_n^+$와 $\sum_{n=1}^{\infty}a_n^-$은 모두 발산함을 보여라.

풀이 $\sum_{n=1}^{\infty}\frac{(-1)^{n+1}}{n}$는 예제 5.13에서 조건수렴함을 보였다. 그러므로 정리 5.2.2 (2)에 의해서 다음 두 급수는 모두 발산한다.

$$\sum_{n=1}^{\infty}a_n^+ = 1+0+\frac{1}{3}+0+\frac{1}{5}+\cdots = 1+\frac{1}{3}+\frac{1}{5}+\cdots,$$

$$\sum_{n=1}^{\infty}a_n^- = 0+\frac{1}{2}+0+\frac{1}{4}+\cdots = \frac{1}{2}+\frac{1}{4}+\cdots$$ ■

정리 5.2.3 (비교판정법 : Comparison Test) 두 급수 $\sum_{n=1}^{\infty}a_n$, $\sum_{n=1}^{\infty}b_n$이 주어졌을 때, 모든 자연수 $n\in\mathbb{N}$에 대해 $|a_n| \le |b_n|$을 만족한다고 하자.

(1) $\sum_{n=1}^{\infty}b_n$이 절대수렴하면, $\sum_{n=1}^{\infty}a_n$도 절대수렴한다.

(2) $\sum_{n=1}^{\infty}|a_n|$이 발산하면, $\sum_{n=1}^{\infty}|b_n|$도 발산한다.

증명 (1) $\sum_{n=1}^{\infty}b_n$이 절대수렴하므로 그 급수의 합을 M이라 하자. 그러면 모든 자연수 $n\in\mathbb{N}$에 대해 $|a_n| \le |b_n|$이므로, 다음이 성립한다.

$$|a_1|+|a_2|+\cdots+|a_n| \le |b_1|+|b_2|+\cdots+|b_n| \le M$$

따라서 $\sum_{n=1}^{\infty}|a_n|$의 부분합의 수열은 M에 의해 위로 유계이므로, 정리 5.1.5에 의해 $\sum_{n=1}^{\infty}a_n$은 절대수렴한다.

(2) (1)의 대우명제이므로 결과를 쉽게 얻을 수 있다. ■

정리 5.2.4 (1) 급수 $\sum_{n=1}^{\infty}b_n$이 절대수렴하고 $\lim_{n\to\infty}\frac{|a_n|}{|b_n|}$이 존재하면, 급수

$\sum_{n=1}^{\infty} a_n$도 절대수렴한다.

(2) 급수 $\sum_{n=1}^{\infty} a_n$이 발산하고 $\lim_{n\to\infty} \frac{|a_n|}{|b_n|}$이 존재하면, 급수 $\sum_{n=1}^{\infty} b_n$도 발산한다.

증명 (1) $\lim_{n\to\infty} \frac{|a_n|}{|b_n|}$이 존재하므로 $\left\{\left|\frac{a_n}{b_n}\right|\right\}$은 유계인 수열이다. 따라서 적당한 실수 $M>0$이 존재하여 모든 자연수 $n\in\mathbb{N}$에 대해 $|a_n| \le M|b_n|$이다. $\sum_{n=1}^{\infty} M|b_n|$이 절대수렴하므로 정리 5.2.3 (1)에 의해 $\sum_{n=1}^{\infty} a_n$는 절대수렴한다.

(2) (1)의 증명에서와 같이 $|a_n| \le M|b_n|$이므로 $\frac{1}{M}|a_n| \le |b_n|$이다. $\sum_{n=1}^{\infty} \frac{1}{M}|a_n|$은 발산하므로 정리 5.2.3 (2)에 의해 $\sum_{n=1}^{\infty} |b_n|$도 발산한다. ■

정리 5.2.5 급수 $\sum_{n=1}^{\infty} a_n$와 모든 항이 0이 아닌 수열 $\{b_n\}$이 주어져 있다고 하자.

(1) $\{b_n\}$가 유계인 수열이고 $\sum_{n=1}^{\infty} a_n$가 절대수렴하면, 급수 $\sum_{n=1}^{\infty} a_n b_n$도 절대수렴한다.

(2) $\left\{\frac{1}{b_n}\right\}$이 유계인 수열이고 $\sum_{n=1}^{\infty} |a_n|$가 발산하면, 급수 $\sum_{n=1}^{\infty} |a_n b_n|$도 발산한다.

증명 (1) $\{b_n\}$이 유계인 수열이면, 적당한 실수 $M>0$이 존재해 모든 자연수 $n\in\mathbb{N}$에 대해 $|b_n| \le M$이다. 따라서 $|a_n b_n| \le M|a_n|$이다. 그런데 $\sum_{n=1}^{\infty} a_n$이 절대수렴하므로 $\sum_{n=1}^{\infty} M|a_n|$는 수렴한다. 그러므로 정리 5.2.3에 의해 $\sum_{n=1}^{\infty} a_n b_n$는 절대수렴한다.

(2) $\sum_{n=1}^{\infty} a_n$가 발산하고 $\left\{\frac{1}{b_n}\right\}$이 유계라고 하자. $\sum_{n=1}^{\infty} |a_n b_n|$이 수렴한다면, (1)에 의해

$$\sum_{n=1}^{\infty} \frac{|a_n b_n|}{|b_n|} = \sum_{n=1}^{\infty} |a_n|$$

이 수렴한다. 이것은 $\sum_{n=1}^{\infty} a_n$가 발산한다는 것에 모순이다. 그러므로 $\sum_{n=1}^{\infty} |a_n b_n|$는

발산한다. ■

따름정리 5.2.6 급수 $\sum_{n=1}^{\infty} a_n$와 수렴하는 수열 $\{b_n\}$이 주어져 있다고 하자.

(1) $\sum_{n=1}^{\infty} a_n$이 절대수렴하면, 급수 $\sum_{n=1}^{\infty} a_n b_n$도 절대수렴한다.

(2) $\lim_{n\to\infty} b_n \neq 0$이고 $\sum_{n=1}^{\infty} |a_n|$이 발산하면, 급수 $\sum_{n=1}^{\infty} a_n b_n$는 발산한다.

증명 (1) 수렴하는 수열은 유계이므로 정리 5.2.5 (1)에 의해 결과는 쉽게 얻어진다.

(2) $\lim_{n\to\infty} b_n \neq 0$이면 $\dfrac{1}{\lim_{n\to\infty} b_n}$이 존재하고 수열 $\left\{\dfrac{1}{b_n}\right\}$은 유계이다. 그러므로 정리 5.2.5 (2)에 의해 결론은 분명하다. ■

예제 5.15 모든 자연수 $n\in\mathbb{N}$에 대해 a_n, $b_n > 0$이고 급수 $\sum_{n=1}^{\infty} b_n$이 수렴한다고 하자. 충분히 큰 자연수 $n\in\mathbb{N}$에 대해 다음이 성립하므로,

$$\frac{a_{n+1}}{a_n} \leq \frac{b_{n+1}}{b_n} \tag{5.2.1}$$

급수 $\sum_{n=1}^{\infty} a_n$은 수렴함을 보여라.

풀이 식 (5.2.1)을 다시 표현하면 $\dfrac{a_{n+1}}{b_{n+1}} \leq \dfrac{a_n}{b_n}$이므로 $\left\{\dfrac{a_n}{b_n}\right\}$은 단조감소수열이고, 또한 유계인 수열이다. 따라서 적당한 실수 $M > 0$이 존재해서 모든 자연수 $n\in\mathbb{N}$에 대해 $a_n \leq Mb_n$이다. 정리 5.2.3에 의해 급수 $\sum_{n=1}^{\infty} a_n$는 수렴한다. ■

예제 5.16 급수 $\sum_{n=1}^{\infty} \dfrac{(-1)^{n+1}}{n!}$이 수렴함을 보여라.

풀이 모든 자연수 $n\in\mathbb{N}$에 대해서 다음이 성립하고

$$\left|\frac{(-1)^{n+1}}{n!}\right| = \frac{1}{n!} \le \frac{1}{2^{n-1}}$$

$\displaystyle\sum_{n=1}^{\infty}\frac{1}{2^{n-1}}$은 수렴하므로, 비교판정법에 의해 급수 $\displaystyle\sum_{n=1}^{\infty}\frac{(-1)^{n+1}}{n!}$은 수렴한다. ■

예제 5.17 급수 $\displaystyle\sum_{n=1}^{\infty}\frac{1}{n^2+n}$이 수렴함을 따름정리 5.2.6을 이용하여 보여라(예제 5.1 참고).

풀이 모든 자연수 $n\in\mathbb{N}$에 대해서 $\displaystyle\frac{1}{n^2+n}=\frac{1}{n^2}\left(\frac{n^2}{n^2+n}\right)$이므로 $a_n=\dfrac{1}{n^2}$, $b_n=\dfrac{n^2}{n^2+n}$로 두면, 급수 $\displaystyle\sum_{n=1}^{\infty}a_n$은 절대수렴하고 $\displaystyle\lim_{n\to\infty}b_n=1$이므로 따름정리 5.2.6 (1)에 의해 급수 $\displaystyle\sum_{n=1}^{\infty}\frac{1}{n^2+n}$은 수렴한다. ■

예제 5.18 급수 $\displaystyle\sum_{n=1}^{\infty}\frac{n}{n^2+1}$이 발산함을 보여라.

풀이 $\displaystyle\sum_{n=1}^{\infty}\frac{n}{n^2+1}=\sum_{n=1}^{\infty}\frac{1}{n}\,\frac{n^2}{n^2+1}$이므로 $a_n=\dfrac{1}{n}$, $b_n=\dfrac{n^2}{n^2+1}$로 두면 $\displaystyle\lim_{n\to\infty}b_n=1$이고 $\displaystyle\sum_{n=1}^{\infty}a_n$은 발산하므로, 따름정리 5.2.6 (2)에 의해 급수 $\displaystyle\sum_{n=1}^{\infty}\frac{n}{n^2+1}$은 발산한다. ■

정리 5.2.7 (비판정법 : Ratio Test) 모든 항이 0이 아닌 급수 $\displaystyle\sum_{n=1}^{\infty}a_n$에 대해 $\displaystyle L=\lim_{n\to\infty}\left|\frac{a_{n+1}}{a_n}\right|$이라 하자.

(1) $L<1$이면, $\displaystyle\sum_{n=1}^{\infty}a_n$은 절대수렴한다.

(2) $L>1$이면, $\displaystyle\sum_{n=1}^{\infty}a_n$은 발산한다.

(3) $L=1$이면, $\displaystyle\sum_{n=1}^{\infty}a_n$의 수렴성을 판정할 수 없다.

증명 (1) $L<1$이면, $L<r<1$인 실수 $r\in\mathbb{R}$을 택할 수 있고, 또한 적당한 실수 $\varepsilon>0$에

대해 $r=L+\varepsilon$으로 둘 수 있다. $\lim_{n\to\infty}\left|\frac{a_{n+1}}{a_n}\right|=L$이므로, 적당한 자연수 N이 존재해서 $n\geq N$인 모든 자연수 $n\in\mathbb{N}$에 대해 다음이 성립한다.

$$\left|\left|\frac{a_{n+1}}{a_n}\right|-L\right|<\varepsilon \Longleftrightarrow 0<\left|\frac{a_{n+1}}{a_n}\right|<L+\varepsilon=r$$

따라서

$$|a_{N+1}|<r|a_N|, \quad |a_{N+2}|<r|a_{N+1}|<r^2|a_N|, \cdots$$

이 성립하므로, 모든 자연수 $n\in\mathbb{N}$에 대해서 다음이 성립한다.

$$|a_{N+n}|<r^n|a_N|$$

그런데 $0<r<1$이므로, $\sum_{n=1}^{\infty} r^n|a_N|$은 수렴한다. 따라서 비교판정법에 의해 급수 $\sum_{n=1}^{\infty} a_n$는 절대수렴한다.

(2) $L>1$이면, 자연수 N가 존재해서 $n\geq N$인 모든 자연수 $n\in\mathbb{N}$에 대해

$$\left|\frac{a_{n+1}}{a_n}\right|>1$$

이 성립한다. 따라서 $|a_N|<|a_{N+1}|<\cdots$ 이므로, $\{a_n\}$은 0에 수렴하지 않는다. 따라서 따름정리 5.1.2에 의해서 급수 $\sum_{n=1}^{\infty} a_n$는 발산한다.

(3) $L=1$이면, 수렴과 발산에 대해서 어떤 판정도 제공하지 못한다. 예를 들면 급수 $\sum_{n=1}^{\infty}\frac{1}{n}$은 발산하고 $\sum_{n=1}^{\infty}\frac{1}{n^2}$은 수렴하지만, 두 급수 모두 $\lim_{n\to\infty}\left|\frac{a_{n+1}}{a_n}\right|=1$이다. ■

예제 5.19 급수 $\sum_{n=1}^{\infty}\frac{1}{n!}$은 수렴함을 비판정법으로 보여라(예제 5.9 참고).

풀이 모든 자연수 $n\in\mathbb{N}$에 대하여 다음이 성립하고

$$\left|\frac{a_{n+1}}{a_n}\right|=\left|\frac{1}{n+1}\right|$$

$\lim_{n\to\infty}\left|\frac{a_{n+1}}{a_n}\right|=0<1$이므로, 정리 5.2.7 (1)에 의해 급수 $\sum_{n=1}^{\infty}\frac{1}{n!}$은 수렴한다. ■

예제 5.20 급수 $\sum_{n=1}^{\infty}\frac{n^n}{n!}$은 발산함을 보여라.

풀이 모든 자연수 $n\in\mathbb{N}$에 대해 다음이 성립한다.

$$\left|\frac{a_{n+1}}{a_n}\right|=\frac{(n+1)^n}{n^n}=\left(1+\frac{1}{n}\right)^n$$

그런데 $\lim_{n\to\infty}\left(1+\frac{1}{n}\right)^n=e>2$이므로, 정리 5.2.7 (2)에 의해 $\sum_{n=1}^{\infty}\frac{n^n}{n!}$은 발산한다.

■

예제 5.21 급수 $\sum_{n=1}^{\infty}\frac{x^n}{n}$이 절대수렴하는 x의 값을 구하여라.

풀이 $\lim_{n\to\infty}\left|\frac{a_{n+1}}{a_n}\right|=|x|$이므로 $|x|<1$일 때, 급수 $\sum_{n=1}^{\infty}\frac{x^n}{n}$은 절대수렴하고, $|x|>1$일 때, 발산한다. $|x|=1$일 때는 비판정법으로 판정할 수 없다. 그러므로 $-1<x<1$일 때, 주어진 급수 $\sum_{n=1}^{\infty}\frac{x^n}{n}$은 절대수렴한다. ■

> **정리 5.2.8 (근판정법 : Root Test)** 수열 $\{a_n\}$에 대해 $L=\lim_{n\to\infty}\sqrt[n]{|a_n|}$이라 하자.
>
> (1) $0\le L<1$이면, 급수 $\sum_{n=1}^{\infty}a_n$은 절대수렴한다.
>
> (2) $L>1$이면, 급수 $\sum_{n=1}^{\infty}a_n$은 발산한다.
>
> (3) $L=1$이면, 급수 $\sum_{n=1}^{\infty}a_n$의 수렴을 판정할 수 없다.

증명 (1) $0\le L<1$이면, $L<r<1$를 만족하는 실수 $r\in\mathbb{R}$을 택할 수 있다. 그런데 $\lim_{n\to\infty}\sqrt[n]{|a_n|}=L$이므로, 적당한 자연수 N이 존재하여 $n\ge N$인 모든 자연수 $n\in\mathbb{N}$에 대하여 다음이 성립하고

$$\sqrt[n]{|a_n|} < r \Longleftrightarrow |a_n| < r^n$$

$\sum_{n=1}^{\infty} r^n$이 수렴하므로, 비교판정법에 의해 $\sum_{n=1}^{\infty} a_n$는 절대수렴한다.

(2) $L > 1$이면, 무수히 많은 자연수 $n \in \mathbb{N}$에 대해 $\sqrt[n]{|a_n|} > 1$이므로 $|a_n| > 1$이다. 따라서 $\{a_n\}$는 0에 수렴하지 않는다. 따름정리 5.1.2에 의해 $\sum_{n=1}^{\infty} a_n$는 발산한다.

(3) $L = 1$이면, 수렴과 발산에 대해서 어떤 판정도 제공하지 못한다. 예를 들면, 급수 $\sum_{n=1}^{\infty} \frac{1}{n}$은 발산하고 $\sum_{n=1}^{\infty} (-1)^{n+1} \frac{1}{n}$은 수렴하지만, 두 급수 모두 $\lim_{n \to \infty} \sqrt[n]{|a_n|} = 1$이다. ■

예제 5.22 급수 $\sum_{n=1}^{\infty} n \left(\frac{1}{2}\right)^n$은 수렴함을 근판정법으로 보여라.

풀이 $\lim_{n \to \infty} \left(n \left(\frac{1}{2}\right)^n\right)^{1/n} = \lim_{n \to \infty} n^{1/n} \frac{1}{2} = \frac{1}{2} < 1$이므로, 정리 5.2.8 (1)에 의해 급수 $\sum_{n=1}^{\infty} n \left(\frac{1}{2}\right)^n$는 수렴한다. ■

예제 5.23 급수 $\sum_{n=1}^{\infty} 2^n$는 발산함을 근판정법으로 보여라.

풀이 $\lim_{n \to \infty} (2^n)^{1/n} = 2 > 1$이므로, 정리 5.2.8 (2)에 의해 $\sum_{n=1}^{\infty} 2^n$는 발산한다. ■

정리 5.2.9 (적분판정법 : Integral Test) 함수 f는 $x \geq 1$인 모든 실수에 대해 함수값 $f(x)$가 양수인 감소하는 연속함수라 하자. 다음의 이상적분

$$\int_1^{\infty} f(x)dx = \lim_{b \to \infty} \int_1^b f(x)dx$$

의 값이 존재하면, 급수 $\sum_{n=1}^{\infty} f(n)$는 수렴하고, 존재하지 않으면 발산한다.

증명 만약 $k \geq 2$인 자연수 $k \in \mathbb{N}$에 대해서 함수 f가 $[k-1, k]$에서 연속이므로, 적분에 관한 평균값정리(따름정리 8.2.5 참고)에 의해

$$\int_{k-1}^{k} f(x)dx = f(t) \cdot 1 \tag{5.2.2}$$

을 만족하는 $t \in [k-1,\ k]$가 존재한다. f가 감소함수이므로

$$f(k-1) \geq f(t) \geq f(k)$$

이고, 식 (5.2.2)로부터 다음을 얻는다.

$$f(k-1) \geq \int_{k-1}^{k} f(x)dx \geq f(k) \tag{5.2.3}$$

$k=2,\ 3,\ \cdots,\ n$을 식 (5.2.3)에 대입한 후 더하면,

$$\sum_{k=2}^{n} f(k-1) \geq \sum_{k=2}^{n} \int_{k-1}^{k} f(x)dx \geq \sum_{k=2}^{n} f(k)$$

이고

$$\sum_{k=1}^{n-1} f(k) \geq \int_{1}^{n} f(x)dx \geq \sum_{k=1}^{n} f(k) - f(1) \tag{5.2.4}$$

이다. 만약 주어진 이상적분 $\int_{1}^{\infty} f(x)dx$ 가 존재하고, 그 값이 L이라고 하면

$$\int_{1}^{n} f(x)dx \leq L \tag{5.2.5}$$

이고, 식 (5.2.4)와 식 (5.2.5)로부터 다음을 얻는다.

$$\sum_{k=1}^{n} f(k) \leq f(1) + \int_{1}^{n} f(x)dx \leq f(1) + L \tag{5.2.6}$$

$\sum_{n=1}^{\infty} f(n)$의 부분합의 수열을 $\{s_n\} = \left\{\sum_{k=1}^{n} f(k)\right\}$이라 하면, 식 (5.2.6)으로부터 $\{s_n\}$는 상계 $f(1)+L$을 가지면서, 또한 증가한다. 따라서 정리 4.4.1에 의해 $\{s_n\}$은 수렴하고 $\sum_{n=1}^{\infty} f(n)$는 수렴한다.

다음, 주어진 이상적분이 존재하지 않는다고 하고, $\int_{1}^{\infty} f(x)dx = +\infty$이라 하자. 그러면, 식 (5.2.4)으로부터 모든 자연수 $n \in \mathbb{N}$에 대해서 다음이 성립하므로,

$$\sum_{k=1}^{n-1} f(k) \geq \int_1^n f(x)dx$$

$\lim_{n\to\infty} s_n = \lim_{n\to\infty} \sum_{k=1}^{n} f(k) = +\infty$이다. 따라서 급수 $\sum_{n=1}^{\infty} f(n)$는 발산한다. ■

예제 5.24 $p-$급수 $\sum_{n=1}^{\infty} \frac{1}{n^p}$은 $p>1$일 때 수렴하고, $0<p\leq 1$일 때 발산함을 적분판정법으로 보여라(예제 5.8, 따름정리 5.18 참고).

풀이 $f(n)=a_n=\frac{1}{n^p}$, $f(x)=\frac{1}{x^p}$라고 하면, 함수 f는 적분판정법의 조건을 만족한다.

(i) $p\neq 1$일 때, 다음을 얻을 수 있다.

$$\int_1^{\infty} f(x)dx = \lim_{n\to\infty}\int_1^n \frac{1}{x^p}dx = \lim_{n\to\infty}\left[\frac{x^{1-p}}{1-p}\right]_1^n$$
$$= \frac{1}{1-p}\left[\lim_{n\to\infty}(n^{1-p}-1)\right]$$

ⓐ $p>1$인 경우:

$$\frac{1}{1-p}\left[\lim_{n\to\infty}(n^{1-p}-1)\right] = \frac{1}{1-p}\left[\lim_{n\to\infty}\left(\frac{1}{n^{p-1}}-1\right)\right] = \frac{1}{1-p}$$

이므로, 급수 $\sum_{n=1}^{\infty}\frac{1}{n^p}$은 수렴한다.

ⓑ $p<1$인 경우:

$$\frac{1}{1-p}\left[\lim_{n\to\infty}(n^{1-p}-1)\right] = +\infty$$

이므로, 급수 $\sum_{n=1}^{\infty}\frac{1}{n^p}$은 발산한다.

(ii) $p=1$일 때, $\int_1^{\infty} f(x)dx = \lim_{n\to\infty}\ln n = +\infty$이므로 급수 $\sum_{n=1}^{\infty}\frac{1}{n^p}$은 발산한다. ■

예제 5.25 급수 $\sum_{n=2}^{\infty}\frac{1}{n\sqrt{\ln n}}$는 발산함을 적분판정법으로 보여라.

풀이 $f(x)=\frac{1}{x\sqrt{\ln x}}$라고 두면, 2 이상인 모든 실수 $x\in\mathbb{R}$에 대해 함수 $f(x)$는 연속이

고, 함수값이 양수이며, 또한 그 구간에서 감소한다. 따라서 적분판정법의 조건을 만족한다. 적분판정법에 의해 이상적분

$$\int_2^\infty \frac{1}{x\sqrt{\ln x}}dx = \lim_{n\to\infty}\int_2^n \frac{1}{x\sqrt{\ln x}}dx = \lim_{n\to\infty}[2\sqrt{\ln x}]_2^n$$
$$= \lim_{n\to\infty}[2\sqrt{\ln n} - 2\sqrt{\ln 2}] = +\infty$$

이므로, 주어진 급수는 발산한다. ■

정리 5.2.10 (Raabe의 판정법) 모든 자연수 $n\in\mathbb{N}$에 대해 $a_n \neq 0$인 수열 $\{a_n\}$이 주어졌다고 하자.

(1) 적당한 실수 $c>1$와 자연수 N이 존재해 $n\ge N$인 모든 자연수 $n\in\mathbb{N}$에 대해 다음이 성립하면,

$$\frac{|a_{n+1}|}{|a_n|} \le 1-\frac{c}{n} \tag{5.2.7}$$

급수 $\sum_{n=1}^{\infty}a_n$은 절대수렴한다.

(2) 적당한 $c\le 1$인 실수 $c\in\mathbb{R}$와 자연수 N가 존재해 $n\ge N$인 모든 자연수 $n\in\mathbb{N}$에 대해 다음이 성립하면,

$$\frac{|a_{n+1}|}{|a_n|} \ge 1-\frac{c}{n} \tag{5.2.8}$$

급수 $\sum_{n=1}^{\infty}a_n$은 발산한다.

증명 (1) 부등식 (5.2.7)을 만족한다면, $k\ge N$인 자연수 $k\in\mathbb{N}$에 대해서

$$k|a_{k+1}| \le (k-1)|a_k| - (c-1)|a_k|$$

이고

$$(k-1)|a_k| - k|a_{k+1}| \ge (c-1)|a_k| > 0 \tag{5.2.9}$$

이므로 $\{k|a_{k+1}|\}$은 감소수열이다. 또한 $k=N, \cdots, n$에 대해서 식 (5.2.9)에 대입하여 더하면,

$$(N-1)|a_N| - n|a_{n+1}| \geq (c-1)(|a_N| + \cdots + |a_n|)$$

이므로 $\sum_{n=1}^{\infty}|a_n|$의 부분합은 유계이다. 따라서 주어진 급수는 절대수렴한다.

(2) $n \geq N$인 모든 자연수 $n \in \mathbb{N}$에 대해 부등식 (5.2.8)이 성립한다면, $c \leq 1$이므로

$$n|a_{n+1}| \geq (n-c)|a_n| \geq (n-1)|a_n|$$

이고 $\{n|a_{n+1}|\}$은 증가수열이다. 따라서 $M>0$인 적당한 실수 M이 존재하여 $|a_{n+1}| > \dfrac{M}{n}$이다. 그런데 $\sum_{n=1}^{\infty}\dfrac{1}{n}$은 발산하므로, 주어진 급수도 발산한다. ■

따름정리 5.2.11 모든 자연수 $n \in \mathbb{N}$에 대해 $a_n \neq 0$인 수열 $\{a_n\}$와 다음의 극한값이 존재한다고 하자.

$$\lim_{n \to \infty} n\left(1 - \frac{|a_{n+1}|}{|a_n|}\right) = c \quad (\text{여기서 } c \in \mathbb{R})$$

(1) $c>1$이면, 급수 $\sum_{n=1}^{\infty}a_n$은 절대수렴한다.

(2) $c<1$이면, 급수 $\sum_{n=1}^{\infty}a_n$은 발산한다.

증명 (1) $\lim_{n \to \infty} n\left(1 - \dfrac{|a_{n+1}|}{|a_n|}\right)$이 존재하고 $c>1$이라 하자. 그러면 $c > c_1 > 1$인 실수 $c_1 \in \mathbb{R}$를 택할 수 있다. 또한 적당한 자연수 N가 존재해 $n \geq N$인 모든 자연수 $n \in \mathbb{N}$에 대해서

$$c_1 < n\left(1 - \frac{|a_{n+1}|}{|a_n|}\right)$$

이고 $\dfrac{|a_{n+1}|}{|a_n|} < 1 - \dfrac{c_1}{n}$이다. 따라서 정리 5.2.10에 의해, 주어진 급수는 절대수렴한다.

(2) (1)과 유사하게 증명할 수 있다. ■

예제 5.26 급수 $\frac{a}{b}+\frac{a(a+1)}{b(b+1)}+\frac{a(a+1)(a+2)}{b(b+1)(b+2)}+\cdots$ $(a>0,\ b>0)$에 대해서 다음을 보여라.

(1) $b>1+a$이면, 주어진 급수는 수렴한다.

(2) $b\le 1+a$이면, 주어진 급수는 발산한다.

풀이 항의 비가 $\frac{a+1}{b+1}, \frac{a+2}{b+2}\cdots$이고 일반항의 비는 $\frac{a+n}{b+n}$이므로, $\lim_{n\to\infty}\frac{a_{n+1}}{a_n}=1$이다. 따라서 비판정법으로 주어진 급수는 수렴성을 판정할 수 없다. 그러므로 정리 5.2.10을 적용하고자 한다. 다음 식이 성립하므로

$$\frac{a+n}{b+n}=1-\frac{b-a}{b+n}$$

(1) $b-a>1$일 때, Raabe의 판정법에 의해 주어진 급수는 수렴한다.

(2) $b-a=1$일 때, 주어진 급수는

$$\frac{a}{b}+\frac{a(a+1)}{b(b+1)}+\frac{a(a+1)(a+2)}{b(b+1)(b+2)}+\cdots=\frac{a}{a+1}+\frac{a}{a+2}+\cdots+\frac{a}{a+n}+\cdots$$

이므로 발산한다. $b<a+1$이면, 항은 보다 크게 되어 주어진 급수는 발산한다. ■

예제 5.27 급수 $\frac{1}{4}+\frac{1\cdot 3}{4\cdot 6}+\frac{1\cdot 3\cdot 5}{4\cdot 6\cdot 8}+\cdots+\frac{1\cdot 3\cdot\cdots\cdot(2n-1)}{4\cdot 6\cdot\cdots\cdot(2n+2)}+\cdots$ 의 수렴성을 조사하여라.

풀이 $\left\{\frac{a_{n+1}}{a_n}\right\}$은 $\left\{\frac{3}{6}, \frac{5}{8}, \cdots, \frac{2n-1}{2n+2}, \cdots\right\}$이고 $\lim_{n\to\infty}\frac{a_{n+1}}{a_n}=1$이다. 따라서 비판정법으로 판정할 수 없다. 그러나

$$\frac{2n-1}{2n+2}=\frac{2n+2-3}{2n+2}=1-\frac{3}{2n+2}$$

이고, 이것은 $1-\frac{c}{n+1}$ (여기서 $c=\frac{3}{2}>1$) 형태이므로 정리 5.2.10에 적용하면, 주어진 급수는 수렴한다. ■

정리 5.2.12 (Kummer의 판정법) 음이 아닌 항을 갖는 수열 $\{b_n\}$와 모든 항들이 양수인 수열 $\{a_n\}$이 주어져 있을 때, 모든 자연수 $n\in\mathbb{N}$에 대해 다음이 성립한다고 하자.

$$k_n = b_n\frac{a_n}{a_{n+1}} - b_{n+1}$$

(1) $\lim_{n\to\infty}\inf k_n > 0$이면, 급수 $\sum_{n=1}^{\infty} a_n$은 수렴한다.

(2) $\sum_{n=1}^{\infty}\frac{1}{b_n}$이 발산하고 (여기서 $b_n>0$) 충분히 큰 자연수 $n\in\mathbb{N}$에 대해 $k_n \le 0$ 이면, 급수 $\sum_{n=1}^{\infty} a_n$은 발산한다.

증명 (1) $l=\lim_{n\to\infty}\inf k_n$이라 하면, $l>0$이므로 적당한 자연수 N이 존재해 $n\ge N$인 모든 자연수 $n\in\mathbb{N}$에 대해 $b_n\frac{a_n}{a_{n+1}}-b_{n+1}=k_n>\frac{l}{2}$이고

$$b_na_n - b_{n+1}a_{n+1} > \frac{l}{2}a_{n+1} \tag{5.2.10}$$

이다. 부등식 (5.2.10)으로부터, 다음 두 부등식을 얻는다.

$$\sum_{k=N}^{n}(b_ka_k-b_{k+1}a_{k+1}) > \sum_{k=N}^{n}\frac{l}{2}a_{k+1},\quad b_Na_N-b_{n+1}a_{n+1} > \frac{l}{2}\sum_{k=N}^{n}a_{k+1}$$

따라서

$$0<\sum_{k=N}^{n}a_{k+1}<\frac{2}{l}(b_Na_N-b_{n+1}a_{n+1})\le\frac{2}{l}b_Na_N$$

이고, $\sum_{n=1}^{\infty}a_n$의 부분합의 수열 $\left\{\sum_{k=N}^{n}a_{k+1}\right\}$은 상한을 가지므로 $\sum_{n=1}^{\infty}a_n$은 수렴한다.

(2) 가정에 의해, 적당한 자연수 N이 존재하여 $n\ge N$인 모든 자연수 $n\in\mathbb{N}$에 대해 $k_n\le 0$이므로, $b_n\frac{a_n}{a_{n+1}}-b_{n+1}\le 0$, 즉 $b_na_n\le b_{n+1}a_{n+1}$이다. 그런데 $\sum_{n=1}^{\infty}\frac{1}{b_n}$이 발산하므로, 비교판정법에 의해 주어진 급수 $\sum_{n=1}^{\infty}a_n$도 발산한다. ■

[주] 모든 자연수 $n \in \mathbb{N}$에 대해 $b_n = 1$이면, Kummer의 판정법은 비판정법이 된다.

따름정리 5.2.13 (Gauss의 판정법) 급수 $\sum_{n=1}^{\infty} a_n$의 모든 항들이 양수이고, 모든 자연수 $n \in \mathbb{N}$에 대해 다음이 성립한다고 하자.

$$\frac{a_n}{a_{n+1}} = 1 + \frac{h}{n} + \frac{A(n)}{n^2}$$

(여기서 $A(n)$는 $n \to \infty$일 때 n에 대한 유계함수이다.)

(1) $h > 1$이면, 급수 $\sum_{n=1}^{\infty} a_n$는 수렴한다.

(2) $h \leq 1$이면, 급수 $\sum_{n=1}^{\infty} a_n$는 발산한다.

증명 먼저 $h \neq 1$인 경우를 생각하자. 모든 자연수 $n \in \mathbb{N}$에 대해 $b_n = n$로 두면, Kummer의 판정법을 적용할 수 있다. 따라서

$$\lim_{n \to \infty}\left(b_n \frac{a_n}{a_{n+1}} - b_{n+1}\right) = \lim_{n \to \infty}\left[n\left(1 + \frac{h}{n} + \frac{A(n)}{n^2}\right) - n - 1\right] = h - 1$$

이다. $h > 1$이면 Kummer의 판정법으로부터 주어진 급수는 수렴하고, $h < 1$이면 발산한다. $h = 1$인 경우는 남겨둔다. ■

예제 5.28 급수 $1 + \frac{1 \cdot 3}{2 \cdot 4} + \frac{1 \cdot 3 \cdot 5}{2 \cdot 4 \cdot 6} + \cdots$의 수렴성을 조사하여라.

풀이 $\frac{a_n}{a_{n+1}} = \frac{2n+2}{2n+1} = 1 + \frac{1}{2n} - \frac{1}{2n(2n+1)} = 1 + \frac{1}{2n} - \frac{n^2}{n^2 2n(2n+1)}$이므로 $h = \frac{1}{2}$이다.
$n \to \infty$일 때, $A(n) = \frac{n^2}{2n(2n+1)}$이고 $\frac{a_n}{a_{n+1}} = \cdots = 1 + \frac{1}{2n} - \frac{n^2}{n^2 2n(2n+1)}$이다.
따라서 따름정리 5.2.13에 의해 주어진 급수는 발산한다. ■

예제 5.29 급수 $\sum_{n=1}^{\infty} \frac{1 \cdot 3 \cdot \cdots \cdot (2n-1)}{2 \cdot 4 \cdot \cdots \cdot 2n} \cdot \frac{1}{2n+1}$의 수렴성을 조사하여라.

풀이 모든 자연수 $n \in \mathbb{N}$에 대해 다음이 성립한다.

$$\frac{a_n}{a_{n+1}} = \frac{(2n+2)(2n+3)}{(2n+1)^2} = \frac{4n^2+10n+6}{4n^2+4n+1}$$
$$= 1 + \frac{3}{2n} - \frac{1+\frac{3}{2n}}{4n^2+4n+1}$$

$h = \frac{3}{2}$이고 $A(n)$는 $n \to \infty$일 때 유계이므로, 주어진 급수는 수렴한다. ■

〈정의 5.2.3〉

모든 자연수 $n \in \mathbb{N}$에 대해 $a_{2n-1} \geq 0$이고 $a_{2n} \leq 0$ [또는 $a_{2n-1} \leq 0$이고 $a_{2n} \geq 0$] 인 관계를 만족하는 $\sum_{n=1}^{\infty} a_n$을 교대급수(alternating series)라 한다.

정리 5.2.14 (교대급수 판정법 : Alternating Series Test) $\{a_n\}$이 단조감소 수열이고 $\lim_{n \to \infty} a_n = 0$이면, 교대급수 $\sum_{n=1}^{\infty} (-1)^{n+1} a_n$은 수렴한다.

증명 수열 $\{a_n\}$가 극한을 0으로 갖는 단조감소수열이라면, 모든 자연수 $n \in \mathbb{N}$에 대해 $a_n \geq 0$이다. $\{s_{2n}\}$을 급수 $\sum_{n=1}^{\infty} (-1)^{n+1} a_n$의 부분합의 수열 $\{s_n\}$의 부분수열이라 하자. $\{a_n\}$이 단조감소수열이므로 $a_{2n+1} \geq a_{2n+2}$이다. 따라서

$$s_{2n+2} - s_{2n} = -a_{2n+2} + a_{2n+1} \geq 0$$

이므로 $\{s_{2n}\}$은 증가수열이다. 한편, 다음이 성립하므로,

$$s_{2n} = a_1 - a_2 + \cdots + a_{2n-1} - a_{2n}$$
$$= a_1 - (a_2 - a_3) - \cdots - (a_{2n-2} - a_{2n-1}) - a_{2n} \leq a_1$$

$\{s_{2n}\}$은 유계이다. 정리 4.4.1에 의해 $\{s_{2n}\}$은 수렴한다. $s_{2n-1} = s_{2n} + a_{2n}$이므로 $\{s_{2n-1}\}$도 수렴하고

$$\lim_{n\to\infty} s_{2n-1} = \lim_{n\to\infty} s_{2n} + \lim_{n\to\infty} a_{2n} = \lim_{n\to\infty} s_{2n}$$

이다. 따라서 $\{s_{2n}\}$과 $\{s_{2n-1}\}$은 같은 극한값을 가지므로 $\{s_n\}$은 수렴하고 급수 $\sum_{n=1}^{\infty}(-1)^{n+1}a_n$도 수렴한다. ■

따름정리 5.2.15 교대급수 $\sum_{n=1}^{\infty}(-1)^{n+1}a_n$이 정리 5.2.14의 가정을 만족하고 실수 S에 수렴한다면, 모든 자연수 $n\in\mathbb{N}$에 대해 다음이 성립한다.

$$|S-s_n| \le a_{n+1}$$

증명 $S-s_n$을 계산하기 위해, 먼저 자연수 $n\in\mathbb{N}$이 짝수인 $n=2m(m\in\mathbb{N})$을 생각하면

$$\begin{aligned}0 &\ge (-a_{2m+1}+a_{2m+2})+(-a_{2m+3}+a_{2m+4})+\cdots = \sum_{k=2m+1}^{\infty}(-1)^k a_k \\ &= S-s_n = -a_{2m+1}+(a_{2m+2}-a_{2m+3})+(a_{2m+4}-a_{2m+5})+\cdots \ge -a_{2m+1}\end{aligned}$$

이므로 $0 \ge S-s_n \ge -a_{n+1}$이다. 같은 방법으로, 자연수 $n\in\mathbb{N}$이 홀수일 때 $0 \le S-s_n \le a_{n+1}$을 얻을 수 있다. 그러므로 모든 자연수 $n\in\mathbb{N}$에 대해 다음이 성립한다.

$$0 < |S-s_n| \le a_{n+1}$$ ■

예제 5.30 급수 $\sum_{n=1}^{\infty}\frac{(-1)^{n+1}}{n}$은 수렴함을 교대급수 판정법으로 보여라.

풀이 수열 $\left\{\frac{1}{n}\right\}$은 단조감소수열이고 $\lim_{n\to\infty}\frac{1}{n}=0$이므로, 정리 5.2.14에 의해 교대급수 $\sum_{n=1}^{\infty}\frac{(-1)^{n+1}}{n}$은 수렴한다. ■

예제 5.31 급수 $\sum_{n=1}^{\infty}\frac{(-1)^{n+1}}{n}$에서 따름정리 5.2.15의 결과를 이용해 $n=9$일 때, 급수의 합 S의 값을 구하여라.

풀이 교대급수 $\sum_{n=1}^{\infty}\frac{(-1)^{n+1}}{n}=1-\frac{1}{2}+\frac{1}{3}-\cdots+\frac{(-1)^{n+1}}{n}+\cdots$의 합을 S라고 하면, 따름정리 5.2.15에 의해

$$\left|\left(1-\frac{1}{2}+\cdots+\frac{(-1)^{n+1}}{n}\right)-S\right|\leq\frac{1}{n+1}$$

이므로, $n=9$을 택하면 $|0.7458-S|<\frac{1}{10}$이다. 그러므로 $0.6458<S<0.8458$이다 (참고: $S=\ln 2=0.6932\cdots$). ■

〈정의 5.2.4〉

$f:\mathbb{N}\rightarrow\mathbb{N}$가 전단사함수이고, $\sum_{n=1}^{\infty}a_n$를 주어진 급수라고 하자. 모든 자연수 $n\in\mathbb{N}$에 대해 다음을 만족하면,

$$b_n=a_{f(n)}$$

급수 $\sum_{n=1}^{\infty}b_n$를 $\sum_{n=1}^{\infty}a_n$의 재배열급수(rearrangement series)라 한다.

예제 5.32 급수 $\sum_{n=1}^{\infty}a_n$이 조건수렴하면, $\sum_{n=1}^{\infty}a_n$의 재배열급수는 수렴하더라도, 그 합은 일반적으로 주어진 급수의 합과 같지 않다. 그러한 예를 들어라.

풀이 급수 $\sum_{n=1}^{\infty}(-1)^{n+1}\frac{1}{n}$는 조건수렴하므로, 그 합을 L이라고 하면 다음이 성립한다.

$$L=\sum_{n=1}^{\infty}(-1)^{n+1}\frac{1}{n}=1-\frac{1}{2}+\frac{1}{3}+\cdots \tag{5.2.11}$$

$$\frac{1}{2}L=\frac{1}{2}-\frac{1}{4}+\frac{1}{6}-\frac{1}{8}+\cdots=0+\frac{1}{2}-0-\frac{1}{4}+0+\frac{1}{6}-\cdots \tag{5.2.12}$$

식 (5.2.11)와 (5.2.12)의 양변을 각각 더하면,

$$\frac{3}{2}L=(1+0)+\left(-\frac{1}{2}+\frac{1}{2}\right)+\left(\frac{1}{3}+0\right)+\left(-\frac{1}{4}-\frac{1}{4}\right)+\cdots$$

$$=1+\frac{1}{3}-\frac{1}{2}+\frac{1}{5}+\frac{1}{7}-\frac{1}{4}\cdots \tag{5.2.13}$$

이다. 식 (5.2.13)은 식 (5.2.11)의 재배열급수이지만 급수 (5.2.11)의 합은 $L=\ln 2$이고, 급수 (5.2.13)의 합은 $\frac{3}{2}\ln 2$로서 서로 다르다. ■

정리 5.2.16 모든 항들이 양수인 급수 $\sum_{n=1}^{\infty}a_n$가 수렴하면, $\sum_{n=1}^{\infty}a_n$의 재배열급수 $\sum_{n=1}^{\infty}b_n$도 수렴하고 그 합은 $\sum_{n=1}^{\infty}a_n$의 합과 같다.

증명 $\sum_{n=1}^{\infty}b_n$을 $\sum_{n=1}^{\infty}a_n$의 임의의 재배열급수, $f:\mathbb{N}\to\mathbb{N}$를 $\sum_{n=1}^{\infty}b_n$을 정의한 전단사함수, $\{s_n\}$과 $\{t_n\}$을 각각 $\sum_{n=1}^{\infty}a_n$과 $\sum_{n=1}^{\infty}b_n$의 부분합의 수열이고 $\sum_{n=1}^{\infty}a_n=s$라고 하자. 모든 자연수 $n\in\mathbb{N}$에 대해 $b_n=a_{f(n)}$로 하고 $m=m(n)=\max\{f(1),\ f(2),\ \cdots,\ f(n)\}$라고 두면, $b_1,\ b_2,\ \cdots,\ b_n$은 모두 $a_1,\ a_2,\ \cdots,\ a_m$ 중에 나타나므로 다음이 성립한다.

$$t_n=b_1+b_2+\cdots\ b_n\le a_1+a_2+\cdots\ +a_m\le a_1+a_2+\cdots\ +a_m+\cdots\ =s$$

따라서 $\{t_n\}$은 위로 유계이므로, 정리 4.4.1에 의해 어떤 실수 $t\in\mathbb{R}$에 수렴하며 $t=\sum_{n=1}^{\infty}b_n\le\sum_{n=1}^{\infty}a_n=s$이다. 그런데 $\sum_{n=1}^{\infty}a_n$는 또한 $\sum_{n=1}^{\infty}b_n$의 재배열급수이므로, $s=\sum_{n=1}^{\infty}a_n\le\sum_{n=1}^{\infty}b_n=t$이다. 그러므로 $s=t$이다. ■

정리 5.2.17 모든 항이 실수인 급수 $\sum_{n=1}^{\infty}a_n$이 절대수렴하면, $\sum_{n=1}^{\infty}a_n$의 임의의 재배열급수 $\sum_{n=1}^{\infty}b_n$도 절대수렴하고 그 합은 $\sum_{n=1}^{\infty}a_n$의 합과 같다.

증명 $\sum_{n=1}^{\infty}a_n$가 절대수렴하면, 정리 5.2.2 (1)에 의해 $\sum_{n=1}^{\infty}a_n^+$와 $\sum_{n=1}^{\infty}a_n^-$도 수렴하므로

$$A=\sum_{n=1}^{\infty}|a_n|,\quad P=\sum_{n=1}^{\infty}a_n^+,\quad Q=\sum_{n=1}^{\infty}a_n^-$$

라고 두자. 그때 $|a_n|=a_n^+ + a_n^-$이므로 $A=P+Q$이다. $\sum_{n=1}^{\infty} b_n$을 $\sum_{n=1}^{\infty} a_n$의 임의의 재배열급수이고 $f: \mathbb{N} \to \mathbb{N}$을 전단사함수이라 하면, 적당한 수열 $\{n_i\}$에 대해

$$|b_i| = |a_{f(n_i)}| = a_{f(n_i)}^+ + a_{f(n_i)}^-$$

이므로 $\sum_{i=1}^{\infty} a_{f(n_i)}^+$와 $\sum_{i=1}^{\infty} a_{f(n_i)}^-$은 각각 $\sum_{n=1}^{\infty} a_n^+$와 $\sum_{n=1}^{\infty} a_n^-$의 재배열급수가 되고, 정리 5.2.16에 의해 $\sum_{i=1}^{\infty} a_{f(n_i)}^+$와 $\sum_{i=1}^{\infty} a_{f(n_i)}^-$가 수렴하고 그 합은 각각 P와 Q이다. 따라서 다음을 얻는다.

$$\sum_{i=1}^{\infty} |b_i| = \sum_{i=1}^{\infty} a_{f(n_i)}^+ + \sum_{i=1}^{\infty} a_{f(n_i)}^- = P+Q=A$$ ■

정리 5.2.18 (부분합 공식 : Summation by Parts) $\{a_n\}$과 $\{b_n\}$을 수열이라 하자. $s_n=a_1+a_2+\cdots+a_n$이면, 모든 자연수 $n \in \mathbb{N}$에 대하여 다음이 성립한다.

$$\sum_{k=1}^{n} a_k b_k = \sum_{k=1}^{n} s_k(b_k - b_{k+1}) + s_n b_{n+1}$$

증명 $s_0=0$이라 하자. $a_k = s_k - s_{k-1}$이므로 다음이 성립한다.

$$\begin{aligned}\sum_{k=1}^{n} a_k b_k &= \sum_{k=1}^{n} (s_k - s_{k-1}) b_k = \sum_{k=1}^{n} s_k b_k - \sum_{k=1}^{n} s_{k-1} b_k \\ &= \sum_{k=1}^{n} s_k b_k - \sum_{k=1}^{n} s_k b_{k+1} + s_n b_{n+1} = \sum_{k=1}^{n} s_k (b_k - b_{k+1}) + s_n b_{n+1}\end{aligned}$$ ■

정리 5.2.19 급수 $\sum_{n=1}^{\infty} a_n$의 부분합 수열 $\{s_n\}$이 유계이고 급수 $\sum_{n=1}^{\infty} |b_n - b_{n+1}|$이 수렴한다고 하자. $\lim_{n\to\infty} b_n = 0$이면, 급수 $\sum_{n=1}^{\infty} a_n b_n$은 수렴한다.

증명 수열 $\{s_n\}$이 유계이고 $\sum_{n=1}^{\infty} |b_n - b_{n+1}|$이 수렴하므로, 정리 5.2.5 (1)에 의해서

$\sum_{n=1}^{\infty} s_n(b_n - b_{n+1})$은 절대수렴한다. 또한 $\{s_n\}$이 유계이고 $\{b_{n+1}\}$는 0에 수렴하므로 $\{s_n b_{n+1}\}$도 0에 수렴한다. 그러므로 부분합 공식에 의해 $\sum_{n=1}^{\infty} a_n b_n$는 수렴한다. ■

> **정리 5.2.20 (Dirichlet의 판정법)** 급수 $\sum_{n=1}^{\infty} a_n$의 부분합 수열 $\{s_n\}$이 유계이라 하자. 수열 $\{b_n\}$이 0에 수렴하는 단조감소이면, 급수 $\sum_{n=1}^{\infty} a_n b_n$은 수렴한다.

증명 정리 5.2.19에 적용하기 위해서 급수 $\sum_{n=1}^{\infty} |b_n - b_{n+1}|$이 수렴한다는 것을 보이면 된다. $\sum_{n=1}^{\infty} |b_n - b_{n+1}|$의 부분합 수열을 $\{t_n\}$이라고 하면,

$$t_n = |b_1 - b_2| + |b_2 - b_3| + \cdots + |b_n - b_{n+1}| = b_1 - b_{n+1}$$

이고 $\lim_{n \to \infty} t_n = b_1$이므로, $\sum_{n=1}^{\infty} |b_n - b_{n+1}|$은 수렴한다. 그러므로 정리 5.2.19에 의해서 급수 $\sum_{n=1}^{\infty} a_n b_n$은 수렴한다. ■

예제 5.33 급수 $1 + \frac{1}{2} - \frac{2}{3} + \frac{1}{4} + \frac{1}{5} - \frac{2}{6} + \cdots$는 수렴함을 보여라.

풀이 수열 $\{a_n\}$을 $\{1,\ 1,\ -2,\ 1,\ 1,\ -2,\ \cdots\}$라 하고 $b_n = \frac{1}{n}$이라 하면, Dirichlet의 판정법에 의해 주어진 급수는 수렴한다. ■

> **따름정리 5.2.21** $\{b_n\}$이 0에 수렴하는 단조감소수열이면, 급수 $\sum_{n=1}^{\infty} (-1)^{n+1} b_n$은 수렴한다.

[주] 정리 5.2.14는 정리 5.2.20에 의해 쉽게 결과를 얻을 수 있다.

정리 5.2.22 급수 $\sum_{n=1}^{\infty} a_n$과 $\sum_{n=1}^{\infty} |b_n - b_{n+1}|$이 수렴하면, 급수 $\sum_{n=1}^{\infty} a_n b_n$도 수렴한다.

증명 $\{s_n\}$을 $\sum_{n=1}^{\infty} a_n$의 부분합 수열이라 하자. 그때 $\{s_n\}$은 유계이고 $\sum_{n=1}^{\infty} |b_n - b_{n+1}|$이 수렴하므로, 정리 5.2.5 (1)에 의해 급수 $\sum_{n=1}^{\infty} s_n (b_n - b_{n+1})$은 절대수렴한다. 또, 급수 $\sum_{n=1}^{\infty} (b_n - b_{n+1})$이 수렴하므로, 극한

$$\lim_{n \to \infty} [(b_1 - b_2) + (b_2 - b_3) + \cdots + (b_n - b_{n+1})] = \lim_{n \to \infty} (b_1 - b_{n+1})$$

이 존재한다. 따라서 $\{b_{n+1}\}$은 수렴하고 $\{s_n\}$이 수렴하므로, $\{s_n b_{n+1}\}$도 수렴한다. 따라서 정리 5.2.18에 의해 급수 $\sum_{n=1}^{\infty} a_n b_n$은 수렴한다. ■

정리 5.2.23 (Abel의 판정법) 급수 $\sum_{n=1}^{\infty} a_n$이 수렴하고 $\{b_n\}$이 유계인 단조수열이면, 급수 $\sum_{n=1}^{\infty} a_n b_n$는 수렴한다.

증명 Dirichlet의 판정법의 증명에서와 같은 방법으로, 급수 $\sum_{n=1}^{\infty} |b_n - b_{n+1}|$이 수렴함을 보일 수 있다. 그러므로 정리 5.2.22에 의해 급수 $\sum_{n=1}^{\infty} a_n b_n$은 수렴한다. ■

예제 5.34 급수 $\sum_{n=1}^{\infty} \dfrac{(-1)^n \left(1 + \frac{1}{n}\right)^n}{n}$이 수렴함을 Abel의 판정법으로 보여라.

풀이 급수 $\sum_{n=1}^{\infty} \dfrac{(-1)^n}{n}$은 수렴하고 $\left\{\left(1 + \dfrac{1}{n}\right)^n\right\}$은 유계인 단조증가수열이므로, 정리 5.2.23에 의해 주어진 급수는 수렴한다. ■

〈정의 5.2.5〉

급수 $\sum_{n=1}^{\infty} a_n$과 $\sum_{n=1}^{\infty} b_n$이 주어졌을 때, 모든 자연수 $n \in \mathbb{N}$에 대해

$$c_n = a_1 b_n + a_2 b_{n-1} + \cdots + a_n b_1 = \sum_{i+j=n+1} a_i b_j$$

를 n항으로 하는 $\sum_{n=1}^{\infty} c_n$을 두 급수의 **코시곱**(Cauchy product)이라고 한다.

예제 5.35 수렴하는 두 급수의 코시곱은 반드시 수렴하지는 않는 예를 들어라.

풀이 모든 자연수 $n \in \mathbb{N}$에 대해 $a_n = b_n = \dfrac{(-1)^n}{\sqrt{n}}$이라 하면, 두 급수 $\sum_{n=1}^{\infty} a_n$, $\sum_{n=1}^{\infty} b_n$는 수렴하지만 두 급수의 코시곱으로 된 급수 $\sum_{n=1}^{\infty} c_n$의 제n항은

$$\begin{aligned} c_n &= a_1 b_n + a_2 b_{n-1} + \cdots + a_n b_1 \\ &= (-1)^{n+1}\left(\frac{1}{\sqrt{1}\sqrt{n}} + \frac{1}{\sqrt{2}\sqrt{n-1}} + \cdots + \frac{1}{\sqrt{n}\sqrt{1}}\right) \end{aligned}$$

이다. 그런데 $\sqrt{ab} \le \dfrac{a+b}{2}$이므로 $|c_n| \ge 2 - \dfrac{2}{n+1}$이고 $\lim_{n\to\infty} |c_n| \ne 0$이다. 따라서 따름정리 5.1.2에 의해 두 급수의 코시곱 $\sum_{n=1}^{\infty} c_n$는 발산한다. ■

정리 5.2.24 급수 $\sum_{n=1}^{\infty} a_n$이 절대수렴하고 급수 $\sum_{n=1}^{\infty} b_n$가 수렴하면, $\sum_{n=1}^{\infty} a_n$와 $\sum_{n=1}^{\infty} b_n$의 코시곱 $\sum_{n=1}^{\infty} c_n$은 수렴하고 다음이 성립한다.

$$\sum_{n=1}^{\infty} c_n = \left(\sum_{n=1}^{\infty} a_n\right)\left(\sum_{n=1}^{\infty} b_n\right)$$

증명 $\sum_{n=1}^{\infty} a_n = S$, $\sum_{n=1}^{\infty} b_n = T$이라 하고, 모든 자연수 $n \in \mathbb{N}$에 대해 다음과 같이 두자.

$$s_n=\sum_{k=1}^{n}a_k,\quad t_n=\sum_{k=1}^{n}b_k,\quad u_n=\sum_{k=1}^{n}c_k,\quad v_n=T-t_n$$

그러면 다음이 성립한다.

$$\begin{aligned}u_n&=a_1b_1+(a_1b_2+a_2b_1)+\cdots+(a_1b_n+\cdots+a_nb_1)\\&=a_1t_n+a_2t_{n-1}+\cdots+a_nt_1\\&=a_1(T-v_n)+a_2(T-v_{n-1})+\cdots+a_n(T-v_1)\\&=(a_1+a_2+\cdots+a_n)T-(a_1v_n+a_2v_{n-1}+\cdots+a_nv_1)\end{aligned}$$

여기서 $w_n=a_1v_n+a_2v_{n-1}+\cdots+a_nv_1$이라 두면,

$$u_n=s_nT-w_n$$

이다. $\lim_{n\to\infty}s_n=S$이므로, $\lim_{n\to\infty}u_n=ST$임을 증명하기 위해서 $\lim_{n\to\infty}w_n=0$임을 증명하면 된다. $\lim_{n\to\infty}t_n=T$이므로 임의의 실수 $\varepsilon>0$에 대해 적당한 자연수 N가 존재하여 $n\geq N$인 모든 자연수 $n\in\mathbb{N}$에 대하여 $|t_n-T|=|v_n|<\varepsilon$이 성립한다. 한편, 급수 $\sum_{n=1}^{\infty}a_n$이 절대수렴하므로 $\sum_{n=1}^{\infty}|a_n|=\alpha$라 두면, $n\geq N$인 모든 자연수 $n\in\mathbb{N}$에 대해

$$\begin{aligned}|w_n|&\leq|v_1a_n+\cdots+v_Na_{n-N+1}|+|v_{N+1}a_{n-N}+\cdots+v_na_1|\\&\leq|v_1a_n+\cdots+v_Na_{n-N+1}|+\varepsilon(|a_{n-N}|+\cdots+|a_1|)\\&\leq|v_1a_n+\cdots+v_Na_{n-N+1}|+\alpha\varepsilon\end{aligned}$$

이다. 여기서 N을 고정하고 $n\to\infty$하면, $\lim_{n\to\infty}a_n=0$이므로 $\limsup_{n\to\infty}|w_n|\leq\alpha\varepsilon$이다. 그런데 $\varepsilon>0$이 임의의 실수이므로, $\limsup_{n\to\infty}|w_n|=0$이다. 따라서 $\lim_{n\to\infty}w_n=0$이다. ■

연습문제 5.2

1. 다음 급수들의 수렴, 발산을 판정하여라.

(1) $\sum_{n=1}^{\infty}\frac{n}{(n+1)(n+2)}$ (2) $\sum_{n=1}^{\infty}\frac{1}{\sqrt{2n+1}}$

(3) $\sum_{n=1}^{\infty} n!e^{-n^2}$ (4) $\sum_{n=1}^{\infty} (\ln n)^{-\ln\ln n}$

(5) $\sum_{n=1}^{\infty} ne^{-n^2}$ (6) $\sum_{n=1}^{\infty} \frac{2^n}{n(n+2)}$

(7) $\sum_{n=1}^{\infty} [n\ln n(\ln\ln n)^3]^{-1}$ (8) $\sum_{n=1}^{\infty} \frac{n!}{3\cdot 5\cdot 7\cdot \cdots \cdot (2n+1)}$

(9) $\sum_{n=1}^{\infty} \frac{2\cdot 4\cdot \cdots \cdot (2n)}{3\cdot 5\cdot \cdots \cdot (2n+1)}$ (10) $\sum_{n=1}^{\infty} \frac{2\cdot 4\cdot \cdots \cdot (2n)}{5\cdot 7\cdot \cdots \cdot (2n+3)}$

2. 급수 $\sum_{n=1}^{\infty} a_n$이 절대수렴하면, $\sum_{n=1}^{\infty} a_n^2$은 수렴함을 증명하여라.

3. 두 급수 $\sum_{n=1}^{\infty} a_n$과 $\sum_{n=1}^{\infty} b_n$이 절대수렴하면, $\sum_{n=1}^{\infty} \sqrt{|a_n b_n|}$는 수렴함을 증명하여라.

4. 모든 자연수 $n \in \mathrm{N}$에 대해 $a_n > 0$이고 급수 $\sum_{n=1}^{\infty} a_n^2$이 수렴하면, 급수 $\sum_{n=1}^{\infty} \frac{a_n}{n}$도 수렴함을 증명하여라.

5. 다음 급수들의 절대수렴, 조건수렴, 발산을 판정하여라.

(1) $\sum_{n=1}^{\infty} \frac{(-1)^{n+1}}{n^2+n}$ (2) $\sum_{n=1}^{\infty} (-1)^{n+1}\frac{n}{n+3}$

(3) $\sum_{n=1}^{\infty} (-1)^{n+1}\frac{1}{2n-1}$ (4) $\sum_{n=1}^{\infty} (-1)^{n+1}\frac{\log n}{n}$

(5) $\sum_{n=1}^{\infty} \frac{\sin n}{n^3}$ (6) $\sum_{n=1}^{\infty} (-1)^n n^{\frac{1-n}{n}}$

6. 급수 $\sum_{n=1}^{\infty} a_n$이 수렴하면 그 급수의 이웃하는 항들을 임의의 방법으로 결합하여 새로운 급수를 만들어도 그 급수는 수렴하고, 그 급수의 합은 주어진 급수의 합과 같음을 증명하여라.

7. 항들이 양수인 수열 $\{a_n\}$에 대해 다음이 성립함을 보여라.

(1) $\liminf_{n\to\infty} \frac{a_{n+1}}{a_n} \le \liminf_{n\to\infty} \sqrt[n]{a_n}$ (2) $\limsup_{n\to\infty} \sqrt[n]{a_n} \le \limsup_{n\to\infty} \frac{a_{n+1}}{a_n}$

8. 급수 $\sum_{n=1}^{\infty} \frac{\cos nx}{n}$의 수렴성을 조사하여라.

9. 급수 $\sum_{n=1}^{\infty} \sqrt{n}\, a_n$이 수렴하면, $\sum_{n=1}^{\infty} a_n$도 수렴함을 증명하여라.

10. 급수 $\sum_{n=1}^{\infty} a_n$의 부분합의 수열이 유계이면, 모든 $t>0$에 대해 $\sum_{n=1}^{\infty} a_n e^{-nt}$는 수렴함을 증명하여라.

11. Dirichlet 판정법의 조건에서 「$\{b_n\}$은 감소하는 수열이다」는 대신에 「$\sum_{n=1}^{\infty} |b_n - b_{n+1}|$은 수렴한다」는 조건으로 바꾸어도 성립함을 밝혀라.

12. $\{x_n\}$이 유계인 감소수열이고, $\{y_n\}$이 유계인 증가수열이라고 하자. 모든 자연수 $n \in \mathbb{N}$에 대해서 $b_n = x_n + y_n$이면, $\sum_{n=1}^{\infty} |b_n - b_{n+1}|$은 수렴함을 증명하여라.

13. 급수 $\sum_{n=1}^{\infty} a_n$이 수렴하면, $\sum_{n=1}^{\infty} a_n \sqrt[n]{n}$은 수렴함을 증명하여라.

14. 수열 $\{a_n\}$의 부분합 $s_n = \sum_{k=1}^{n} a_k$이 적당한 실수 m, M에 대해 $m \le s_n \le M (n \in \mathbb{N})$을 성립할 때, 항들이 음수가 아닌 $\{b_n\}$가 단조감소수열이면, 모든 자연수 $n \in \mathbb{N}$에 대해 $mb_1 \le \sum_{k=1}^{n} a_k b_k \le Mb_1$임을 증명하여라.

15. 급수 $1 - \frac{1}{2} - \frac{1}{3} + \frac{1}{4} + \frac{1}{5} - \frac{1}{6} - \frac{1}{7} + \cdots$는 수렴함을 보여라.

5.3 멱급수(Power Series)

이 절에서는 멱급수에 관한 수렴성을 논하고자 한다.

〈정의 5.3.1〉

수열 $\{a_n\}$와 상수 $t\in\mathbb{R}$에 대해 변수 x로 이루어진 무한급수

$$\sum_{n=0}^{\infty} a_n(x-t)^n = a_0 + a_1(x-t) + a_2(x-t)^2 + \cdots$$

를 $(x-t)$에 관한 멱급수(power series)라고 한다.

정리 5.3.1　(1) 급수 $\sum_{n=0}^{\infty} a_n x^n$이 $x=x_0(\neq 0)$에서 수렴하면, $|x|<|x_0|$인 모든 실수 $x\in\mathbb{R}$에서 절대수렴한다.

(2) 급수 $\sum_{n=0}^{\infty} a_n x^n$이 $x=x_1$에서 발산하면, $|x|>|x_1|$인 모든 실수 $x\in\mathbb{R}$에서 발산한다.

증명 (1) $\sum_{n=0}^{\infty} a_n x_0^n$가 $x_0(\neq 0)$에서 수렴하므로, 정리 5.1.1에 의해 $\lim_{n\to\infty} a_n x_0^n = 0$이다. 따라서 임의의 실수 $\varepsilon>0$에 대해 적당한 자연수 N이 존재해 $n\geq N$인 모든 자연수 $n\in\mathbb{N}$에 대해 $|a_n x_0^n|<\varepsilon$이다. 여기서 $M=\max\{|a_0|, |a_1x_0|, \cdots, |a_N\ x_0^N|, \varepsilon\}$이라 두면, $n=0, 1, 2, \cdots$ 에 대해 다음이 성립한다.

$$|a_n x_0^n| \leq M \iff |a_n| \leq \frac{M}{|x_0^n|}$$

만약 $|x|<|x_0|$을 만족하는 0이 아닌 임의의 실수 $x\in\mathbb{R}$를 택하면,

$$|a_0 x^n| \leq M\left|\frac{x}{x_0}\right|^n$$

이고 $\left|\frac{x}{x_0}\right|<1$이다. 따라서 $\sum_{n=0}^{\infty} M\left|\frac{x}{x_0}\right|$이 수렴하므로, $\sum_{n=0}^{\infty}|a_n x^n|$도 수렴한다.

(2) $\sum_{n=0}^{\infty} a_n x^n$이 $|x|>|x_1|$인 어떤 실수 $x\in\mathbb{R}$에 수렴한다면 (1)에 의해 실수 $x_1\in\mathbb{R}$에서 주어진 급수는 수렴하게 된다. 이것은 모순이다. ■

정리 5.3.2 멱급수 $\sum_{n=0}^{\infty} a_n x^n$에 대해 $L = \lim_{n \to \infty} \sup \sqrt[n]{|a_n|}$이면, 다음이 성립한다.

(1) $L=0$이면, $\sum_{n=0}^{\infty} a_n x^n$은 모든 실수 $x \in \mathbb{R}$에서 절대수렴한다.

(2) $0 < L < +\infty$일 때, $|x| < \frac{1}{L}$이면 $\sum_{n=0}^{\infty} a_n x^n$는 절대수렴하고, $|x| > \frac{1}{L}$이면 발산한다.

(3) $L = +\infty$이면, $\sum_{n=0}^{\infty} a_n x^n$은 $x=0$일 때만 수렴하고, 그 외에는 발산한다.

증명 (1) $L=0$이면, 모든 실수 $x \in \mathbb{R}$에서 $\lim_{n \to \infty} \sup \sqrt[n]{|a_n x^n|} = |x| \cdot 0 = 0$이므로 근판정법에 의해 $\sum_{n=0}^{\infty} a_n x^n$은 절대수렴한다.

(2) $\lim_{n \to \infty} \sup \sqrt[n]{|a_n x^n|} = L|x|$이다. 따라서 근판정법에 의해 $\sum_{n=0}^{\infty} a_n x^n$은 $L|x| < 1$이면 절대수렴하고, $L|x| > 1$이면 발산한다.

(3) $L = +\infty$이라 하자. $|x| > 0$이면, 무수히 많은 자연수 $n \in \mathbb{N}$에 대해 $\sqrt[n]{|a_n|} > \frac{1}{|x|}$이다. 따라서 $|a_n x^n| > 1$이고 $\sum_{n=0}^{\infty} a_n x^n$은 발산한다. $x=0$이면, $\sum_{n=0}^{\infty} a_n x^n$은 당연히 수렴한다. ■

〈정의 5.3.2〉

멱급수 $\sum_{n=0}^{\infty} a_n x^n$가 $|x| < R$이면 수렴하고, $|x| > R$이면 발산할 때, R을 멱급수의 **수렴반경**(radius of convergence)이라고 하고 R은 다음과 같이 정의한다.

$$R = \begin{cases} 0, & L = \infty \\ \dfrac{1}{L}, & 0 < L < \infty \\ \infty, & L = 0 \end{cases}$$

멱급수가 수렴하는 실수 $x \in \mathbb{R}$의 모든 값의 집합을 **수렴구간**(interval of convergence)이라고 한다.

따름정리 5.3.3 (Cauchy−Hadamard 정리) 멱급수 $\sum_{n=1}^{\infty} a_n x^n$의 수렴반경을 R이라 하면, 다음이 성립한다.

(1) $|x| < R$이면, $\sum_{n=0}^{\infty} a_n x^n$은 절대수렴한다.

(2) $|x| > R$이면, $\sum_{n=0}^{\infty} a_n x^n$은 발산한다.

[주] 수렴구간의 양끝 점($|x| = R$)에서는 멱급수의 수렴성을 판정할 수 없다.

예제 5.36 다음 멱급수들의 수렴반경과 수렴구간을 구하여라.

(1) $\sum_{n=1}^{\infty} x^n$ (2) $\sum_{n=1}^{\infty} \frac{x^n}{n}$

(3) $\sum_{n=1}^{\infty} \frac{x^n}{n^2}$ (4) $\sum_{n=0}^{\infty} \frac{(n-1)^n}{n+1}$

풀이 (1), (2), (3), (4)의 수렴반경은 모두 1이다. 그러나 멱급수 (1)의 수렴구간은 $(-1, 1)$, (2)의 수렴구간은 $[-1, 1)$, (3)의 수렴구간은 $[-1, 1]$이고 (4)의 수렴구간은 [0, 2) 이다. ■

정리 5.3.4 멱급수 $\sum_{n=0}^{\infty} a_n x^n$ 에 대해 $\lim_{n\to\infty} \left| \frac{a_{n+1}}{a_n} \right| = L$이 존재하면, 다음이 성립한다.

(1) $|x| < \frac{1}{L} = R$이면, $\sum_{n=0}^{\infty} a_n x^n$은 수렴한다.

(2) $|x| > \frac{1}{L} = R$이면, $\sum_{n=0}^{\infty} a_n x^n$은 발산한다.

(여기서 $\frac{1}{L} = R$은 주어진 급수의 수렴반경이다.)

증명

$$\lim_{n\to\infty} \left| \frac{a_{n+1} x^{n+1}}{a_n x^n} \right| = |x| \lim_{n\to\infty} \left| \frac{a_{n+1}}{a_n} \right| = L|x|$$

이므로 비판정법에 의해, 주어진 급수는 $|x| < \frac{1}{L}$에서 수렴하고, $|x| > \frac{1}{L}$에서 발산한다. ■

예제 5.37 멱급수 $\sum_{n=0}^{\infty} \frac{x^n}{n!}$의 수렴반경과 수렴구간을 구하여라.

풀이 모든 자연수 $n \in \mathbb{N}$에 대해

$$\lim_{n \to \infty} \left| \frac{a_{n+1}}{a_n} \right| = \lim_{n \to \infty} \left| \frac{x^{n+1}}{(n+1)!} \cdot \frac{n!}{x^n} \right| = |x| \lim_{n \to \infty} \frac{1}{n+1} = 0$$

이 성립한다. 따라서 정의 5.3.3에 의해 수렴반경은 $+\infty$이고, 수렴구간은 $-\infty < x < +\infty$이다. ■

예제 5.38 멱급수 $\sum_{n=0}^{\infty} \frac{(-1)^{n-1}}{2n-1} x^{2n+1}$는 $|x| < 1$일 때 절대수렴, $|x| = 1$일 때 조건수렴, $|x| > 1$일 때 발산함을 증명하여라.

풀이 $x = 0$일 때는 주어진 급수는 명백하게 절대수렴한다. $x \neq 0$일 때는

$$\lim_{n \to \infty} \left| \frac{(-1)^n x^{2n+1}}{2n+1} \cdot \frac{2n-1}{(-1)^{n-1} x^{2n-1}} \right| = \lim_{n \to \infty} \left| \frac{2n-1}{2n+1} x^2 \right| = |x|^2$$

이므로 $|x| < 1$이면 절대수렴하고, $|x| > 1$이면 발산한다. $x = 1, -1$일 때는 주어진 급수는 각각

$$\sum_{n=0}^{\infty} \frac{(-1)^{n-1}}{2n-1}, \qquad \sum_{n=0}^{\infty} \frac{(-1)^n}{2n-1}$$

이므로, 교대급수 판정법에 의해 주어진 두 급수는 수렴하나 $\sum_{n=0}^{\infty} \frac{1}{2n-1}$은 발산한다. 그러므로 $|x| = 1$일 때 주어진 급수는 조건수렴한다. ■

정리 5.3.5 R이 멱급수 $\sum_{n=1}^{\infty} a_n x^n$의 수렴반경일 때, R은 다음과 같다.

$$R=\sup\{|x| : \sum_{n=0}^{\infty}|a_n||x|^n\text{은 수렴한다}\}$$

증명 $r_1=\sup\{|x| : \sum_{n=1}^{\infty}|a_n||x|^n\text{은 수렴한다}\}$이라 두자. 이때 3가지 경우를 생각할 수 있다.

(i) $r_1=0$인 경우 : 0이 아닌 모든 실수 $x\in\mathbb{R}$에 대해서 $\sum_{n=0}^{\infty}|a_n||x|^n$은 발산하며 $\sum_{n=0}^{\infty}a_nx^n$도 발산한다. 만약 그렇지 않으면, $\sum_{n=0}^{\infty}a_nx^n$의 수렴성에 의해 적당한 실수 $M>0$이 존재해 모든 자연수 $n\in\mathbb{N}$에 대해 $|a_nx^n|\le M$이 성립한다. $|x_0|<|x|$를 만족하는 0이 아닌 수 x_0을 택하면, $\left|\frac{x_0}{x}\right|<1$이고 모든 자연수 $n\in\mathbb{N}$에 대해

$$|a_nx_0^n|=|a_nx^n|\left|\frac{x_0}{x}\right|^n \le M\left|\frac{x_0}{x}\right|^n$$

이다. 따라서 $\sum_{n=0}^{\infty}\left|\frac{x_0}{x}\right|^n$은 수렴하므로 $\sum_{n=0}^{\infty}|a_nx_0^n|$도 수렴한다. 이것은 모든 실수 $x(\neq 0)$에 대해 $\sum_{n=0}^{\infty}|a_n||x|^n$이 발산한다는 것에 모순이다. 그러므로 주어진 급수는 발산하고, $R=0$이므로 $R=r_1$이다.

(ii) $r_1=\infty$인 경우 : x를 0이 아닌 실수라 하자. 상한의 성질에 의해서 $|x|<|x_0|$를 만족하는 실수 $x_0\in\mathbb{R}$가 존재하고, $\sum_{n=0}^{\infty}|a_n||x_0|^n$이 수렴함을 알 수 있다. 그런데 $|a_nx^n|<|a_nx_0^n|$이므로, $\sum_{n=0}^{\infty}|a_nx^n|$도 수렴한다. 그러므로 $R=r_1=+\infty$이다.

(iii) $0<r_1<+\infty$인 경우 : x가 $|x|<r_1$을 만족하는 실수라 하자. 그러면 적당한 실수 $x_0\in\mathbb{R}$가 존재해 $|x|<|x_0|<r_1$이고 $\sum_{n=0}^{\infty}|a_n||x_0|^n$은 수렴한다. 그런데 $|a_nx^n|\le|a_nx_0^n|$이므로, $\sum_{n=0}^{\infty}a_nx^n$은 절대수렴한다. 다른 한편으로, $|x|>r_1$이 성립한다고 하자. 그러면 $\sum_{n=0}^{\infty}a_nx^n$은 반드시 발산한다. 그렇지 않다면, $\sum_{n=0}^{\infty}a_nx^n$의 수렴성에 의해서 적당한 실수 $M>0$이 존재해 모든 자연수 $n\in\mathbb{N}$에 대해 $|a_nx^n|\le M$이다. 이 때 x_0가 $|x|>|x_0|>r_1$을 만족한다면 모든 자연수 $n\in\mathbb{N}$에 대해

$$|a_nx_0^n|=|a_nx^n|\left|\frac{x_0}{x}\right|^n \le M\left|\frac{x_0}{x}\right|^n$$

이므로 $\sum_{n=0}^{\infty}|a_n||x_0|^n$이 수렴한다. 그러므로 $r_1 \geq |x_0|$임을 알 수 있다. 이것은 $|x_0| > r_1$ 에 모순이므로 $|x| > r_1$ 이면, $\sum_{n=0}^{\infty}a_n x^n$ 은 발산하고 $R=r_1$이다. ■

연습문제 5.3

1. 다음 멱급수의 수렴반경을 구하여라.

(1) $\sum_{n=1}^{\infty}n^n x^n$

(2) $\sum_{n=0}^{\infty}\frac{3^n}{(n+1)^2}x^n$

(3) $\sum_{n=1}^{\infty}\frac{2^n}{n^2}x^n$

(4) $\sum_{n=1}^{\infty}\frac{n!}{n^n}x^n$

(5) $\sum_{n=1}^{\infty}\frac{(x-2)^n}{n^n}$

(6) $\sum_{n=1}^{\infty}\frac{x^n}{\ln n}$

2. 멱급수 $\sum_{n=1}^{\infty}(-1)^n\frac{(x-1)^n}{\sqrt{n}}$의 수렴구간을 구하여라.

3. 멱급수 $\sum_{n=0}^{\infty}a_n x^n$과 $\sum_{n=0}^{\infty}na_n x^n$는 같은 수렴반경을 가짐을 밝혀라.

4. 모든 자연수 $n\in\mathbb{N}$에 대해 실수 p와 q가 $0<p\leq |a_n| \leq q$을 만족할 때, 멱급수 $\sum_{n=0}^{\infty}a_n x^n$의 수렴반경을 구하여라.

5. 수열 $\{a_n\}$를 $\lim_{n\to\infty}a_n=0$인 감소수열이라 하자. $|x|\leq 1$이고 $x\neq 1$이면, 멱급수 $\sum_{n=0}^{\infty}a_n x^n$가 수렴함을 보여라.

6. 멱급수 $\sum_{n=0}^{\infty}a_n(x-c)^n$의 수렴반경이 R이라 하자. p가 자연수일 때, 멱급수 $\sum_{n=0}^{\infty}n^p a_n(x-c)^n$도 수렴반경이 R임을 밝혀라.

7. 멱급수 $\sum_{n=1}^{\infty} a_n x^n$와 R이 멱급수의 수렴반경일 때, 다음을 증명하여라.

(1) $R = \sup\{|x| : \sum_{n=0}^{\infty} a_n x^n$은 수렴한다$\}$

(2) $R = \sup\{|x| : \{a_n x^n\}$은 유계이다$\}$

(3) $R = \sup\{|x| : \lim_{n\to\infty} a_n x^n = 0$이다$\}$

연습문제 풀이

연습문제 5.1

1. (1) 발산 (2) 발산
   (3) 수렴 (4) 발산
   (5) 수렴 (6) 발산
   (7) 수렴 (8) 발산
   (9) 수렴 (10) 수렴

2. $\sum_{n=1}^{\infty}\left(\frac{1}{3}\right)^n=\frac{1}{2}$이고 $\sum_{n=1}^{\infty}\frac{1}{n(n+1)}=1$이므로 $\sum_{n=1}^{\infty}\left[\left(\frac{1}{3}\right)^n+\frac{2}{n(n+1)}\right]=\frac{1}{2}+2=\frac{5}{2}$이다.

3. $a_n=b_n=\frac{1}{n}$이라 하면, 급수 $\sum_{n=1}^{\infty}a_n=\sum_{n=1}^{\infty}b_n=\sum_{n=1}^{\infty}\frac{1}{n}$은 발산하나, 급수 $\sum_{n=1}^{\infty}a_nb_n=\sum_{n=1}^{\infty}\frac{1}{n^2}$는 수렴한다.

4. 두 경우 모두 발산한다. 왜냐하면, $a_n=\frac{(-1)^n}{\sqrt{n}}$ 라고 두면 $\sum_{n=1}^{\infty}\left(\frac{(-1)^n}{\sqrt{n}}\right)^2=\sum_{n=1}^{\infty}\frac{1}{n}$ 이므로 $\sum_{n=1}^{\infty}a_n$ 은 수렴하나 $\sum_{n=1}^{\infty}a_n^2$ 은 발산한다. 또한 $a_n=\frac{1}{n^2}$이라 하면 $\sum_{n=1}^{\infty}\frac{1}{n^2}$은 수렴하나 $\sum_{n=1}^{\infty}\sqrt{\frac{1}{n^2}}=\sum_{n=1}^{\infty}\frac{1}{n}$ 은 발산한다.

5. (1) 항들은 감소하고 $\frac{2^n}{2^n\ln 2^n(\ln\ln 2^n)}=\frac{1}{n\ln 2(\ln(n\ln 2))}$이므로 주어진 급수는 발산한다.
   (2) 항들은 감소하고 $\ln\frac{n}{2}<\ln(n\ln 2)$이므로 $\frac{1}{(\ln(n\ln 2))^p}<\frac{1}{\left(\ln\frac{n}{2}\right)^p}$이다. 그러므로 주어진 급수는 수렴한다.

6. (1) 수열 $\{a_n\}$이 0에 수렴하지 않으면, $\frac{a_n}{1+a_n}$도 0에 수렴하지 않는다. 만약 $\lim_{n\to\infty}a_n=0$이면, 임의의 실수 $\varepsilon>0$에 대해 자연수 N이 존재하여 $n\geq N$인 모든 자연수 $n\in\mathbb{N}$에 대해 $a_n<\varepsilon$이다. 따라서 $n\geq N$ 인 모든 자연수 $n\in\mathbb{N}$에 대해 $\frac{a_n}{1+a_n}>\frac{a_n}{1+\varepsilon}$이다. 가정에서 $\sum_{n=1}^{\infty}a_n$이 발산하므로 $\sum_{n=1}^{\infty}\frac{a_n}{1+a_n}$도 발산한다.

(2) $a(n,\ m)=\sum_{k=n+1}^{m}\frac{a_k}{s_k}$로 두면 $a(n,\ m)\geq\sum_{k=n+1}^{m}\frac{a_k}{s_m}=\frac{s_m-s_n}{s_m}=1-\frac{s_n}{s_m}$이다. 양항급수 $\sum_{n=1}^{\infty}a_n$이 발산하므로, $s_{n_k}\leq\frac{1}{2}s_{n_{k+1}}$을 만족하는 증가수열 $\{n_k\}$가 존재한다. 따라서 모든 자연수 $k\in\mathbb{N}$에 대해 $a(n_{k-1},\ n_k)\geq\frac{1}{2}$이고 다음이 성립한다.

$$\sum_{n=1}^{n_p}\frac{a_n}{s_n}=a(0,\ n_1)+a(n_1,\ n_2)+\cdots+a(n_{p-1},\ n_p)\geq\frac{1}{2}p$$

그러므로 $p\to\infty$이면, $\sum_{n=1}^{\infty}\frac{a_n}{s_n}$은 발산한다.

(3) $\frac{a_n}{s_n^2}=\frac{s_{n-1}}{s_n}\left(\frac{1}{s_{n-1}}-\frac{1}{s_n}\right)\leq\frac{1}{s_{n-1}}-\frac{1}{s_n}$이므로 $\sum_{n=2}^{m}\frac{a_n}{s_n^2}\leq 1+\frac{1}{s_1}-\frac{1}{s_m}<1+\frac{1}{s_1}$이다.

따라서 $\sum_{n=1}^{\infty}\frac{a_n}{s_n{}^2}$은 수렴한다.

7. 각 $k\geq 1$인 자연수 k에 대해 $\frac{1}{k+1}<\int_k^{k+1}\frac{1}{x}dx<\frac{1}{k}$이다. 그래서 $n\geq 1$에 대해 $\sum_{k=1}^{n-1}\frac{1}{k+1}<\sum_{k=1}^{n-1}\int_k^{k+1}\frac{1}{x}dx<\sum_{k=1}^{n-1}\frac{1}{k}$이고, $s_n-1<\ln n<s_n-\frac{1}{n}$이 성립한다. 따라서 $1>s_n-\ln n=\gamma_n>\frac{1}{n}$이고 $\frac{1}{x}$는 x가 증가함에 따라 감소하므로

$$\begin{aligned}\gamma_n-\gamma_{n+1}&=s_n-\ln n-s_{n+1}+\ln(n+1)=-(s_{n+1}-s_n)+\ln(n+1)-\ln n\\&=-\frac{1}{n+1}-\int_n^{n+1}\frac{1}{x}dx>-\frac{1}{n+1}+\frac{1}{n+1}\int_n^{n+1}dx=0\end{aligned}$$

이다. 그러므로 수열 $\{\gamma_n\}$은 모든 항의 값이 양수이고, 유계인 단조감소수열이므로 정리 4.4.1(단조수렴성 정리)에 의해서 $\{\gamma_n\}$은 수렴한다.

8. $\sum_{n=1}^{\infty}(-1)^{n+1}\frac{1}{n}$의 부분합을 $s_n=1-\frac{1}{2}+\frac{1}{3}-\frac{1}{4}+\cdots+(-1)^{n+1}\frac{1}{n}$이라 하자. 만약 $n=2m$ (여기서 m은 자연수)이면, 다음이 성립하고

$$\begin{aligned}s_{2m}&=1-\frac{1}{2}+\frac{1}{3}-\frac{1}{4}+\cdots+\frac{1}{2m-1}-\frac{1}{2m}\\&=1+\frac{1}{2}+\frac{1}{3}+\frac{1}{4}+\cdots+\frac{1}{2m}-2\left(\frac{1}{2}+\frac{1}{4}+\cdots+\frac{1}{2m}\right)\\&=\ln 2m+\gamma_{2m}-\left(1+\frac{1}{2}+\cdots+\frac{1}{m}\right)\\&=\ln 2+\ln m+\gamma_{2m}-(\ln m+\gamma_m)=\ln 2+\gamma_{2m}-r_n\end{aligned}$$

문제 7에 의해 $\lim_{m\to\infty} r_m = \gamma = \lim_{m\to\infty} \gamma_{2m}$이므로, $\lim_{m\to\infty} s_{2m} = \ln 2$이다. 다른 한편, $n=2m+1$ (여기서 $m=0, 1, 2, \cdots$)이면 $s_{2m+1} = s_{2m} + \dfrac{1}{2m+1}$이다. 따라서

$$\lim_{m\to\infty} s_{2m+1} = \lim_{m\to\infty} s_{2m} + \lim_{m\to\infty} \frac{1}{2m+1} = \ln 2$$

이다. 그러므로 $\lim_{n\to\infty} s_n = \ln 2$이고, 급수 $\sum_{n=1}^{\infty}(-1)^{n+1}\dfrac{1}{n} = \ln 2$이다.

9. 수열 $\{a_n\}$을 다음과 같이 정의하자.

$$a_n = \begin{cases} \dfrac{1}{n}, & n : \text{완전제곱수}(1,\ 4,\ 9,\ 16,\ \cdots), \\ \dfrac{1}{n^2}, & n : \text{완전제곱수가 아닌 자연수} \end{cases}$$

그러면 $\{a_n\}$은 단조감소수열이 아니다. 다음, 급수 $\sum_{n=1}^{\infty} a_n$는

$$\begin{aligned}\sum_{n=1}^{\infty} a_n &= \frac{1}{1} + \frac{1}{2^2} + \frac{1}{3^2} + \frac{1}{4} + \frac{1}{5^2} + \cdots + \frac{1}{8^2} + \frac{1}{9} + \cdots \\ &= \left(\frac{1}{2^2} + \frac{1}{3^2} + \frac{1}{5^2} + \cdots\right) + \left(1 + \frac{1}{4} + \frac{1}{9} + \cdots\right) < 2\sum_{n=1}^{\infty}\frac{1}{n^2}\end{aligned}$$

이므로, $\sum_{n=1}^{\infty} a_n$의 부분합의 수열은 위로 유계이다. 따라서 $\sum_{n=1}^{\infty} a_n$은 수렴한다. 그러나 $n \to \infty$일 때 n이 완전제곱수이면, 항상 $na_n \to 1$이므로 $na_n \not\to 0$이다.

10. (1) $\sum_{n=1}^{\infty} a_n$이 수렴하므로, 그 급수의 합을 S라고 하면 $\lim_{n\to\infty} s_n = S$이다. 따라서 임의의 실수 $\varepsilon > 0$ 에 대하여 적당한 자연수 N이 존재해 $n \ge N$인 모든 자연수 $n \in \mathbb{N}$에 대하여 $|s_n - S| < \dfrac{\varepsilon}{2}$이고 다음이 성립한다.

$$\begin{aligned}|\sigma_n - S| &= \left|\frac{1}{n}(s_1 + s_2 + \cdots + s_n) - S\right| \\ &\le \frac{1}{n}(|s_1 - S| + \cdots + |s_N - S|) + \frac{1}{n}(|s_{N+1} - S| + \cdots + |s_n - S|) \\ &< \frac{M}{n} + \frac{n-N}{n}\frac{\varepsilon}{2}\end{aligned}$$

(여기서 $M = |s_1 - S| + \cdots + |s_N - S|$). 만약 $n \to \infty$이면, $\dfrac{M}{n} \to 0$이므로 $N_0 > N$

인 자연수 N_0가 존재하여 $n \geq N_0$인 모든 자연수 $n \in \mathbb{N}$에 대해 $0 < \dfrac{M}{n} < \dfrac{\varepsilon}{2}$이 된다. 따라서 $n \geq N_0$인 모든 자연수 $n \in \mathbb{N}$에 대해 다음이 성립하므로,

$$|\sigma_n - S| < \frac{\varepsilon}{2} + \frac{n-N}{n}\frac{\varepsilon}{2} < \frac{\varepsilon}{2} + \frac{\varepsilon}{2} = \varepsilon$$

$\lim\limits_{n\to\infty} \sigma_n = s = \sum\limits_{n=1}^{\infty} a_n$이다.

(2) 모든 자연수 $n \in \mathbb{N}$에 대하여 $b_n = \dfrac{a_1 + 2a_2 + \cdots + na_n}{n(n+1)}$이면,

$$b_1 + b_2 + \cdots + b_n = \frac{1}{n+1}(s_1 + \cdots + s_n) \qquad (*)$$

임을 수학적귀납법으로 증명하고자 한다. $n=1$에 대해 $b_1 = \dfrac{a}{2} = \dfrac{s_1}{2}$이다. 지금 식 $(*)$이 $n=k$일때 성립한다고 가정하면, $n=k+1$에 대해서 다음이 성립한다.

$$\begin{aligned}
&b_1 + b_2 + \cdots + b_k + b_{k+1} \\
&= \frac{1}{k+1}(s_1 + \cdots + s_k) + \frac{a_1 + 2a_2 + \cdots + (k+1)a_{k+1}}{(k+1)(k+2)} \\
&= \frac{(k+2)(s_1 + \cdots + s_k) + a_1 + 2a_2 + \cdots + (k+1)a_{k+1}}{(k+1)(k+2)} \\
&= \frac{(k+1)(s_1 + \cdots + s_k) + (k+1)a_1 + (k+1)a_2 + \cdots + (k+1)a_{k+1}}{(k+1)(k+2)} \\
&= \frac{(k+1)(s_1 + \cdots + s_k + s_{k+1})}{(k+1)(k+2)} = \frac{s_1 + s_2 + \cdots + s_{k+1}}{k+2}
\end{aligned}$$

이것은 식 $(*)$이 $n=k+1$에서도 성립함을 나타낸 것이다. 따라서 식 $(*)$은 모든 자연수 $n \in \mathbb{N}$에 대해서 성립하므로, (1)에 의해서

$$\lim_{n\to\infty}(b_1 + b_2 + \cdots + b_n) = \lim_{n\to\infty}\frac{1}{n+1}(s_+ \cdots + s_n) = \lim_{n\to\infty} s_n$$

이다. 그러므로 급수 $\sum\limits_{n=1}^{\infty} b_n$은 수렴하고 $\sum\limits_{n=1}^{\infty} b_n = \sum\limits_{n=1}^{\infty} a_n$이다.

연습문제 5.2

1. (1) 발산 (비교판정법) (2) 발산 (적분판정법)

(3) 발산 (제곱근판정법) (4) 발산 (비교판정법)
(5) 수렴 (적분판정법) (6) 발산 (비판정법)
(7) 수렴 (코시 판정법) (8) 수렴 (비판정법)
(9) 발산 (Raabe 판정법) (10) 수렴 (Raabe 판정법)

2. $\sum_{n=1}^{\infty} a_n$이 절대수렴하면, $\left|\sum_{n=1}^{\infty} a_n\right| \leq \sum_{n=1}^{\infty} |a_n|$이므로 모든 자연수 $n \in \mathbb{N}$에 대해 $\{a_n\}$는 $\sum_{n=1}^{\infty} |a_n|$에 의해 유계이다. 그러므로 정리 5.2.5 (1)에 의해서 $\sum_{n=1}^{\infty} a_n^2$은 절대수렴한다.

3. 모든 자연수 $n \in \mathbb{N}$에 대해서 $\dfrac{|a_n| + |b_n|}{2} \geq \sqrt{|a_n b_n|}$이고 $\sum_{n=1}^{\infty}(a_n + b_n)$가 절대수렴하므로, 비교판정법에 의해 $\sum_{n=1}^{\infty} \sqrt{|a_n b_n|}$도 수렴한다.

4. 모든 자연수 $n \in \mathbb{N}$에 대해 $\left(a_n - \dfrac{1}{n}\right)^2 = a_n^2 - \dfrac{2a_n}{n} + \dfrac{1}{n^2} \geq 0$이므로, $\dfrac{1}{2}\left(a_n^2 + \dfrac{1}{n^2}\right) \geq \dfrac{a_n}{n}$이다. 그런데 $\sum_{n=1}^{\infty} a_n^2$과 $\sum_{n=1}^{\infty} \dfrac{1}{n^2}$이 각각 수렴하므로, 비교판정법에 의해 $\sum_{n=1}^{\infty} \dfrac{a_n}{n}$는 수렴한다.

5. (1) 절대수렴 (2) 발산
(3) 조건수렴 (4) 조건수렴
(5) 절대수렴 (6) 조건수렴

6. $\sum_{n=1}^{\infty} a_n$을 수렴하는 급수라 하고, 이 급수의 부분합 수열을 $\{s_n\}$이 S에 수렴한다고 하자. 또 급수 $\sum_{n=1}^{\infty} b_n$을 주어진 급수 $\sum_{n=1}^{\infty} a_n$의 항들을 임의로 결합하여 만들어진 새로운 급수라 하고 그 부분합의 수열을 $\{t_n\}$이라 하면, 각 자연수 $m \in \mathbb{N}$에 대하여 $t_m \in \{s_1, s_2, \cdots, s_n, \cdots\}$이므로 자연수 m에 대응하는 적당한 자연수 $n_k \in \mathbb{N}$가 존재하여 $t_m = s_{n_k}$이다. 그런데 수열 $\{s_{n_k}\}$은 분명히 $\{s_n\}$의 부분수열이고 $\{s_n\}$이 수렴하므로 $\{s_{n_k}\}$도 수렴하고 같은 극한값을 갖는다. 즉, $\lim_{m \to \infty} t_m = \lim_{k \to \infty} s_{n_k} = S = \lim_{n \to \infty} s_n$이 성립한다. 그러므로 $\sum_{n=1}^{\infty} b_n$은 수렴하고, 주어진 급수 $\sum_{n=1}^{\infty} a_n$의 합 S와 같다.

7. (1)의 증명은 (2)의 증명과 유사하므로 (2)만 증명하기로 한다. $\alpha = \limsup_{n \to \infty} \dfrac{a_{n+1}}{a_n}$로 두자. 만약 $\alpha = +\infty$이면, 증명할 필요가 없다. 만약 α가 유한이면, $\beta < \alpha$인 β를 택할 수

있다. 적당한 자연수 N이 존재하여 $n \geq N$인 모든 자연수 $n \in \mathbb{N}$에 대하여 $\frac{a_{n+1}}{a_n} < \beta$가 성립한다. 특히 모든 $p \geq 1$에 대하여 $a_{n+k+1} \leq \beta a_{n+k}$ $(k=0,\ 1,\ 2,\ \cdots,\ p-1)$이다. 그런데 $a_{N+1} \leq \beta a_N$, $a_{N+2} \leq \beta a_{N+1} \leq \beta^2 a_N$, $a_{N+p} \leq \beta^p a_N$이므로, $n \geq N$인 모든 자연수 $n \in \mathbb{N}$에 대하여 $a_n \leq \beta^{n-N} a_N = a_N \beta^{-N} \beta^n$이 성립한다. 그러므로 $\sqrt[n]{a_n} \leq \sqrt[n]{a_N \beta^{-N}}\ \beta$ 이고, 더 나아가 $\limsup_{n \to \infty} \sqrt[n]{a_n} \leq \beta$이다. 모든 $\beta > \alpha$에 대하여 위 부등식이 성립하므로 $\limsup_{n \to \infty} \sqrt[n]{a_n} \leq \alpha = \limsup_{n \to \infty} \frac{a_{n+1}}{a_n}$이다.

8. $2\left(\sin\frac{x}{2}\right)(\cos x + \cdots + \cos nx) = \sin\left(n+\frac{1}{2}\right)x - \sin\frac{x}{2}$이므로 $x \neq 2k\pi\,(k \in \mathbb{N})$에 대해 다음이 성립한다.

$$|\cos x + \cdots + \cos nx| = \frac{\left|\sin\left(n+\frac{1}{2}\right)x - \sin\frac{x}{2}\right|}{\left|2\sin\frac{x}{2}\right|} \leq \frac{1}{\left|\sin\frac{x}{2}\right|}$$

그러므로 Dirichlet 판정법에 의해서 $x \neq 2k\pi$이면, $\sum_{n=1}^{\infty} \frac{\cos nx}{n}$은 수렴한다.

9. $\{y_n\} = \left\{\frac{1}{\sqrt{n}}\right\}$이라고 하면, $\{y_n\}$은 유계이고 단조감소수열이다. 따라서 $\sum_{n=1}^{\infty} \sqrt{n}\, a_n$이 수렴하므로, Abel 판정법에 의해서 $\sum_{n=1}^{\infty} x_n y_n = \sum_{n=1}^{\infty} (\sqrt{n}\, a_n)\left(\frac{1}{\sqrt{n}}\right) = \sum_{n=1}^{\infty} a_n$는 수렴한다.

10. $t > 0$이면 $\{e^{-nt}\}$는 감소수열이고 0에 수렴하므로, Dirichlet 판정법에 의해 $\sum_{n=1}^{\infty} a_n e^{-nt}$는 수렴한다.

11. $\sum_{n=1}^{\infty} a_n$의 부분합 수열 $\{s_n\}$은 유계이므로, 모든 자연수 $n \in \mathbb{N}$에 대해 적당한 실수 M이 존재해 $|s_n| \leq M$을 만족한다. Abel의 보조정리(정리 5.3.6)로부터 다음이 성립한다.

$$\left|\sum_{k=n+1}^{m} a_k b_k\right| \leq M\left[\,|b_n| + |b_{n+1}| + \sum_{k=n+1}^{m} |b_k - b_{k+1}|\,\right]$$

$\lim_{n \to \infty} b_n = 0$이고 $\sum_{n=1}^{\infty} |b_n - b_{n+1}|$이 수렴하므로, $\sum_{k=n+1}^{m} a_k b_k$는 0에 접근한다. 그러므로 코시 판정법에 적용하면, 주어진 결과를 얻을 수 있다.

4. $c>0$이면, $\{\sqrt[n]{c}\}$은 1에 수렴하므로, $1=\lim_{n\to\infty}\sqrt[n]{p}\le\lim_{n\to\infty}\sqrt[n]{|a_n|}\le\lim_{n\to\infty}\sqrt[n]{q}=1$이다. 그러므로 주어진 급수 $\sum_{n=0}^{\infty}a_nx^n$의 수렴반경은 1이다.

5. $\{a_n\}$이 감소수열이고 $\lim_{n\to\infty}a_n=0$이므로, $\lim_{n\to\infty}\sqrt[n]{a_n}=0$이다. 그러므로 $|x|\le 1$이고 $x\ne 1$이므로, $\lim_{n\to\infty}\sqrt[n]{|a_nx^n|}=\lim_{n\to\infty}\sqrt[n]{|a_n|}\ |x|=0<1$이다. 따라서 주어진 급수는 수렴한다.

6. $L=\lim_{n\to\infty}\sup\sqrt[n]{|a_n|}$, 수렴반경 $R=\frac{1}{L}$이라 하자. 그러면 $\sqrt[n]{|a_n|}\le\sqrt[n]{|n^pa_n|}=(n^{1/n})^p\sqrt[n]{|a_n|}$이고 $\lim_{n\to\infty}n^{1/n}=1$이므로, 다음이 성립한다.

$$\lim_{n\to\infty}\sup\sqrt[n]{|a_n|}=L=\lim_{n\to\infty}\sup(n^{1/n})^p\sqrt[n]{|a_n|}$$

그러므로 $\sum_{n=0}^{\infty}n^pa_n(x-c)^n$의 수렴반경은 $R=\frac{1}{L}$이다.

7. (1) $r_2=\sup\{|x|:\sum_{n=0}^{\infty}a_nx^n$은 수렴한다$\}$고 하자.

(i) $r_2=0$인 경우 : 0이 아닌 모든 실수 $x\in\mathbb{R}$에 대해 $\sum_{n=0}^{\infty}a_nx^n$이 발산하고, $R=0$이다. 그러므로 $r_2=0=R$이다.

(ii) $r_2=\infty$인 경우 : 임의의 실수 $x\in\mathbb{R}$에 대해 $|x|<|x_0|<+\infty$을 만족하는 0이 아닌 실수 $x_0\in\mathbb{R}$가 존재하고 $\sum_{n=0}^{\infty}a_nx_0^n$도 수렴한다. 따라서 적당한 실수 $M>0$가 존재해 모든 자연수 $n\in\mathbb{N}$에 대해 $|a_nx_0^n|<M$이고

$$|a_nx^n|=|a_nx_0^n|\left|\frac{x}{x_0}\right|^n\le M\left|\frac{x}{x_0}\right|^n$$

이다. 멱급수 $\sum_{n=0}^{\infty}\left|\frac{x}{x_0}\right|^n$가 수렴하므로, $\sum_{n=0}^{\infty}a_nx^n$도 수렴한다. 그러므로 $R=+\infty=r_2$이다.

(iii) $0<r_2<+\infty$인 경우 : 임의의 실수 $x\in\mathbb{R}$에 대해 $|x|>r_2$이면, $\sum_{n=0}^{\infty}a_nx^n$은 발산한다. $|x|<r_2$을 만족하는 실수 $x\in\mathbb{R}$가 존재한다면, $|x|<|x_0|<r_2$인 x_0가 존재하고, 이 때 $\sum_{n=0}^{\infty}a_nx_0^n$은 수렴한다. 그러면 적당한 실수 $M>0$이 존재해 모든 자연수 $n\in\mathbb{N}$에 대해 $|a_nx_0^n|\le M$이 된다. 따라서 모든 자연수 $n\in\mathbb{N}$에 대해

$$|a_n x^n| = |a_n x_0{}^n| \left|\frac{x}{x_0}\right|^n \le M \left|\frac{x}{x_0}\right|^n$$

이고 $\sum_{n=0}^{\infty}\left|\frac{x}{x_0}\right|^n$이 수렴하므로, $\sum_{n=0}^{\infty}|a_n x^n|$도 수렴한다. 따라서 $R=r_2$이다.

(2) $r_3 = \sup\{|x| : \{a_n x^n\}$은 유계이다$\}$이라 하자.

(i) $r_3=0$인 경우 : 0이 아닌 임의의 실수 $x \in \mathbb{R}$에 대해 수열 $\{a_n x^n\}$이 유계이므로, $\lim_{n\to\infty} a_n x^n \ne 0$이다. 그러므로 $\sum_{n=0}^{\infty} a_n x^n$이 발산하므로, $R=0=r_3$이다.

(ii) $r_3=+\infty$인 경우 : 임의의 실수 $x \in \mathbb{R}$에 대해 $|x| < |x_0| < +\infty$을 만족하는 0이 아닌 실수 $x_0 \in \mathbb{R}$가 존재한다. 또한 수열 $\{a_n x_0^n\}$은 유계이다. 따라서 적당한 실수 $M>0$가 존재해 모든 자연수 $n \in \mathbb{N}$에 대해 $|a_n x_0^n| \le M$이고

$$|a_n x^n| = |a_n x_0^n| \left|\frac{x}{x_0}\right|^n \le M \left|\frac{x}{x_0}\right|^n$$

이므로, $\sum_{n=0}^{\infty}|a_n x^n|$은 수렴한다. 그러므로 $R=r_3$이다.

(iii) $0 < r_3 < +\infty$인 경우 : 임의의 실수 $x \in \mathbb{R}$에 대하여 $|x| > r_3$이면, 수열 $\{a_n x^n\}$은 유계가 아니므로 $\lim_{n\to\infty} a_n x^n \ne 0$이고 $\sum_{n=0}^{\infty} a_n x^n$은 발산한다. 다음은 $|x| < r_3$인 실수 $x \in \mathbb{R}$이 있다면, 적당한 실수 x_0가 존재해 $|x| < |x_0| < r_3$을 만족한다. 따라서 수열 $\{a_n x_0^n\}$이 유계이므로, 적당한 실수 $M>0$이 존재해 모든 자연수 $n \in \mathbb{N}$에 대해 $|a_n x_0^n| \le M$이고, 모든 자연수 $n \in \mathbb{N}$에 대하여

$$|a_n x^n| = |a_n x_0^n| \left|\frac{x}{x_0}\right|^n \le M \left|\frac{x}{x_0}\right|^n$$

이므로 $\sum_{n=0}^{\infty} a_n x^n$은 절대수렴한다. 따라서 $R=r_3$이다.

(3) $r_4 = \sup\{|x| : \lim_{n\to\infty} a_n x^n = 0$이다$\}$라고 하자.

(i) $r_4=0$인 경우: 0이 아닌 모든 실수 $x \in \mathbb{R}$에 대해 $\lim_{n\to\infty} a_n x^n \ne 0$이고, $\sum_{n=0}^{\infty} a_n x^n$은 발산하므로 $R=0=r_4$이다.

(ii) $r_4=+\infty$인 경우: 임의의 실수 $x \in \mathbb{R}$에 대해 $|x| < |x_0|$을 만족하는 적당한 0이 아닌 실수 $x_0 \in \mathbb{R}$이 존재하고 $\lim_{n\to\infty} a_n x_0^n = 0$이 된다. 따라서 수열 $\{a_n x_0{}^n\}$은 유계이다. (2)의 증명과 같이 $\sum_{n=0}^{\infty} a_n x^n$이 수렴하고, $R=+\infty=r_4$이다.

(iii) $0 < r_4 < +\infty$인 경우: 모든 실수 $x \in \mathbb{R}$에 대하여 $|x| > r_4$이면, $\lim_{n \to \infty} a_n x^n \neq 0$이고 $\sum_{n=0}^{\infty} a_n x^n$은 발산한다. 만약 $|x| < r_4$이라면, (2)과 마찬가지로 $\sum_{n=0}^{\infty} a_n x^n$은 절대수렴하고 $R = r_4$이다.

제 6 장
함수의 극한과 연속

제6장에서는 함수에 대한 극한의 개념과 그의 성질, 함수의 연속성, 연속함수의 성질, 평등연속함수들에 관한 정의와 성질들을 소개한다.

6.1 함수의 극한

이 절에서는 실수의 한 부분집합상에서 정의된 함수에 대한 극한의 개념과 그 성질에 대해 논하고자 한다.

〈정의 6.1.1〉

E는 공집합이 아닌 $\mathbb{R}$의 부분집합이고 $a \in \mathbb{R}$이라 하자. 임의의 실수 $\delta > 0$에 대해 $0 < |x-a| < \delta$를 만족하는 점 $x \in E$가 존재할 때, 점 a를 E의 **집적점**(cluster point)이라고 한다.

[주] (1) a가 E의 집적점이면, 임의의 실수 $\delta > 0$에 대해 $N_\delta(a) \cap (E - \{a\}) \neq \varnothing$가 성립한다. 여기서 $N_\delta(a) = (a-\delta,\ a+\delta)$이며 a의 **δ-근방**(δ-neighborhood)이라 한다.

(2) E의 집적점이 아닌 점 $a \in E$를 E의 **고립점**(isolated point)이라 한다. 즉, a가 E의 고립점이라는 것은 적당한 실수 $\delta > 0$가 존재하여 $N_\delta(a) \cap E = \{a\}$일 때를 말한다.

예제 6.1 개구간 (a, b)의 집적점은 (a, b) 내의 모든 점들과 끝점 a, b이다. 그러므로 (a, b)의 모든 집적점들의 집합은 $[a, b]$이다.

예제 6.2 유리수의 조밀성에 의해, 모든 실수는 유리수 전체집합의 집적점이다.

예제 6.3 유한집합 $E=\{1, 2, \cdots, n\}$는 집적점을 가지지 않는다.

예제 6.4 집합 $E=\left\{\dfrac{1}{n} : n \in \mathbb{N}\right\}$는 0을 단 하나의 집적점으로 가진다.

풀이 따름정리 3.4.7에 의해 임의의 실수 $\delta > 0$에 대해 $\dfrac{1}{\delta} < N$을 만족하는 적당한 자연수 N이 존재한다. 따라서 N보다 큰 모든 자연수 $n \in \mathbb{N}$에 대해 $\dfrac{1}{n} < \delta$가 성립하므로 $\dfrac{1}{n} \in N_\delta(0) = (-\delta, \delta)$이고 $N_\delta(0)$은 0이 아닌 E의 점 $\dfrac{1}{n}$을 포함한다. 그러므로 0은 E의 집적점이다. 만약 0이 아닌 또 다른 집적점 a가 존재한다고 가정하자.

(i) a가 양수이면, a보다 작은 양수 δ에 대해 $N_\delta(a) \cap E$는 기껏해야 유한집합이다. 왜냐하면 $0 < \dfrac{1}{a-\delta} < N$을 만족하는 적당한 자연수 $N(N \geq 2)$을 택하면, $n \geq N$인 모든 자연수 $n \in \mathbb{N}$에 대해 $\dfrac{1}{n} \notin (a-\delta, a+\delta) = N_\delta(a)$이므로

$$N_\delta(a) \cap E \subset \left\{1, \frac{1}{2}, \cdots, \frac{1}{N-1}\right\}$$

이다. 따라서 모든 양수는 집합 E의 집적점이 될 수 없다.

(ii) a가 음수일 때 $|a|$보다 작은 양수 δ에 대해서 $a+\delta < 0$이므로 $N_\delta(a) \cap E = \varnothing$이다. 따라서 a도 E의 집적점이 될 수 없다.

결국 (i)과 (ii)에 의해 0이 아닌 집적점은 존재하지 않는다. ■

정리 6.1.1 점 $a \in \mathbb{R}$가 집합 $E(\subset \mathbb{R})$의 집적점일 필요충분조건은 각 자연수 $n \in \mathbb{N}$에 대해 다음을 만족하는 수열 $\{a_n\}$이 E에 존재한다.

$$0 < |a_n - a| < \frac{1}{n}$$

증명 점 $a \in \mathbb{R}$가 E의 집적점이라고 하자. 그러면 각 자연수 $n \in \mathbb{N}$에 대해 a의 $\frac{1}{n}$-근방 $N_{\frac{1}{n}}(a)$은 a와 다른 점을 포함하게 된다. 이 점을 a_n이라고 하면, 명백하게 $0 < |a_n - a| < \frac{1}{n}$이 성립한다. 따라서 이렇게 하여 얻은 수열 $\{a_n\}$은 구하고자 하는 E상에서의 수열이 된다.

역으로, 점 a의 임의의 근방 $N_\delta(a)$에 대해서 $\frac{1}{n} < \delta$을 만족하는 적당한 자연수 $n \in \mathbb{N}$을 택하면 $N_{\frac{1}{n}}(a) \subset N_\delta(a)$이 성립한다. 한편, 가정에서 $0 < |a_n - a| < \frac{1}{n}$을 만족하는 점 a_n이 E에 존재하므로, $a_n \neq a$이고 또한 $a_n \in N_{\frac{1}{n}}(a) \subset N_\delta(a)$이다. 그러므로 a는 E의 집적점이다. ■

〈정의 6.1.2〉

$E \subset \mathbb{R}$, 함수 $f : E \to \mathbb{R}$이고 $a \in \mathbb{R}$를 E의 집적점이라 하자. 적당한 실수 L이 존재해서, 임의의 실수 $\varepsilon > 0$에 대해 적당한 실수 $\delta > 0$가 존재하여

$$0 < |x - a| < \delta, \quad x \in E\text{이면} \quad |f(x) - L| < \varepsilon$$

를 만족하면, x가 점 a에 가까워질 때 f의 극한이 존재한다 또는 $f(x)$는 L에 수렴한다(converges to L)고 말하고, L을 $x = a$에서 f의 극한값(limit)이라고 하며, 다음과 같이 나타낸다.

$$\lim_{x \to a} f(x) = L$$

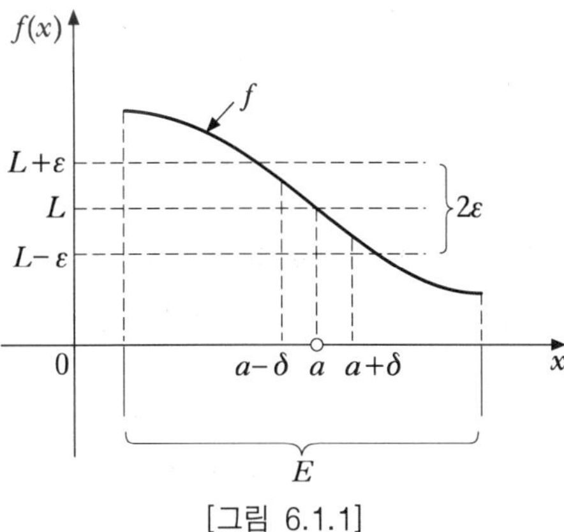

[그림 6.1.1]

[주] (1) 극한의 정의에서 실수 $\varepsilon>0$의 크기는 임의로 정할 수 있지만 그 크기를 임의로 하나 정해서 고정한 다음에는 고정된 $\varepsilon>0$에 대응하는 $\delta>0$의 크기를 정의의 조건에 만족하도록 결정해야 한다.

(2) 극한의 정의에서는 a가 아닌 점 $x\in E$에 대응하는 함수값 $f(x)$에서만 취급하므로, 함수 f가 $x=a$에서 함수값 $f(a)$를 정의할 필요는 없다.

예제 6.5 극한의 정의에서 함수값 $f(a)$가 정의되더라도 극한값과 같을 필요는 없음을 예를 들어라.

풀이 함수 $f:\mathbb{R}\to\mathbb{R}$를 $f(x)=\begin{cases}1, & x\neq 0\\ 0, & x=0\end{cases}$로 정의하면, $x=0$은 $\mathbb{R}$의 집적점으로 함수값은 $f(0)=0$이고, f의 극한값은 1이다. 즉, $f(0)\neq\lim_{x\to 0}f(x)$이다. ■

예제 6.6 상수함수 $f:\mathbb{R}\to\mathbb{R}$를 $f(x)=b$로 정의하면, $\lim_{x\to a}f(x)=b$임을 보여라.

풀이 실수 a는 명백하게 $\mathbb{R}$의 집적점이다. 임의의 실수 $\varepsilon>0$이 주어졌을 때, 실수 δ를 $\delta=\varepsilon$이라고 두면 다음이 성립한다.

$$0<|x-a|<\delta,\ x\in\mathbb{R}\text{ 이면 } |f(x)-b|=|b-b|=0<\varepsilon$$

그러므로 $\lim_{x\to a}f(x)=b$이다. ■

예제 6.7 함수 $f:\mathbb{R}\to\mathbb{R}$를 $f(x)=x^2$으로 정의하면, $\lim_{x\to a}f(x)=a^2$임을 보여라.

풀이 실수 a는 명백하게 $\mathbb{R}$의 집적점이다. $\lim_{x\to a}f(x)=a^2$임을 증명하기 위해서는 임의로 주어진 실수 $\varepsilon>0$에 대해

$$0<|x-a|<\delta,\ x\in\mathbb{R}\text{ 이면 } \quad |x^2-a^2|<\varepsilon$$

을 만족하는 적당한 실수 $\delta>0$가 존재함을 보이면 된다. $|x^2-a^2|=|x-a||x+a|$이므로 $|x-a|<\delta$이고 $\delta<1$이 되도록 δ를 택한다면, $|x|<|a|+1$이다. 따라서

$$\begin{aligned}|x^2-a^2| &= |x+a||x-a|\le(|x|+|a|)|x-a|\\ &< (2|a|+1)|x-a|<(2|a|+1)\delta\le\varepsilon\end{aligned}$$

이 되도록 δ를 정하면 된다. $\delta=\min\left\{1,\ \frac{\varepsilon}{2|a|+1}\right\}$라고 두면, $0<|x-a|<\delta$일 때 $|x^2-a^2|<\varepsilon$이 성립하므로 $\lim_{x\to a}x^2=a^2$이다. ■

예제 6.8 실수 $a>0$에 대해서 $\lim_{x\to a}\frac{1}{x}=\frac{1}{a}$임을 보여라.

풀이 $\lim_{x\to a}\frac{1}{x}=\frac{1}{a}$임을 증명하기 위해서는 임의로 주어진 실수 $\varepsilon>0$에 대해

$$0<|x-a|<\delta,\ 0<x\text{이면}\qquad \left|\frac{1}{x}-\frac{1}{a}\right|<\varepsilon$$

을 만족하는 적당한 실수 $\delta>0$가 존재함을 보여야 한다. 그런데

$$\left|\frac{1}{x}-\frac{1}{a}\right|=\frac{1}{ax}|x-a|$$

이므로 $|x-a|<\delta$이고 $\delta<\frac{a}{2}$되도록 δ를 택한다면, $|x-a|<\frac{a}{2}$일 때 $\frac{1}{2}a<x<\frac{3}{2}a$이고 $0<\frac{1}{ax}<\frac{2}{a^2}$이다. 따라서

$$\left|\frac{1}{x}-\frac{1}{a}\right|<\frac{2}{a^2}|x-a|<\frac{2}{a^2}\delta<\varepsilon$$

이 성립하도록 δ를 정해야 한다. 여기서 $\delta=\min\left\{\frac{1}{2}a,\ \frac{1}{2}a^2\varepsilon\right\}$라 두면, $0<|x-a|<\delta$일 때 $\left|\frac{1}{x}-\frac{1}{a}\right|<\varepsilon$이므로 $\lim_{x\to a}\frac{1}{x}=\frac{1}{a}$이 성립한다. ■

예제 6.9 집합 $E=\left\{\frac{1}{n}:n\in\mathbb{N}\right\}$에 대해 함수 $f:E\to\mathbb{R}$를 $f(x)=x$로 정의하면, $x=0$에서 f의 극한값이 존재함을 보여라.

풀이 $a=0$은 E의 집적점이다. 임의의 실수 $\varepsilon>0$에 대해 $\frac{1}{N}<\varepsilon$이 되는 충분히 큰 자연수 N을 택하여 $\delta=\frac{1}{N}$로 두면 $0<|x-0|<\delta$를 만족하는 점 $x\in E$의 전체집합은 $\left\{\frac{1}{N+1},\ \frac{1}{N+2},\ \cdots\right\}$이 되므로,

$$0 < |x-0| < \delta,\ x \in E\text{이면 } |f(x)-0| = |x| \le \frac{1}{N+1} < \varepsilon$$

이 성립한다. 따라서 정의 6.1.2에 의해 $\lim_{x\to 0} f(x)=0$이다. ■

예제 6.10 $\lim_{x\to 0} x\sin\frac{1}{x}=0$임을 보여라(그림 6.1.2 참고).

풀이 0은 명백하게 $\mathbb{R}-\{0\}$의 집적점이다. 임의의 실수 $\varepsilon>0$에 대해 $x\neq 0$일 때 $0<|x-0|<\delta$이면, $\left|\sin\frac{1}{x}\right| \le 1$이므로 $\left|x\sin\frac{1}{x}-0\right| \le |x| < \delta$이다. 그러므로 $\delta=\varepsilon$으로 택하면, $\left|x\sin\frac{1}{x}-0\right|<\varepsilon$이므로 $\lim_{x\to 0} x\sin\frac{1}{x}=0$이다. ■

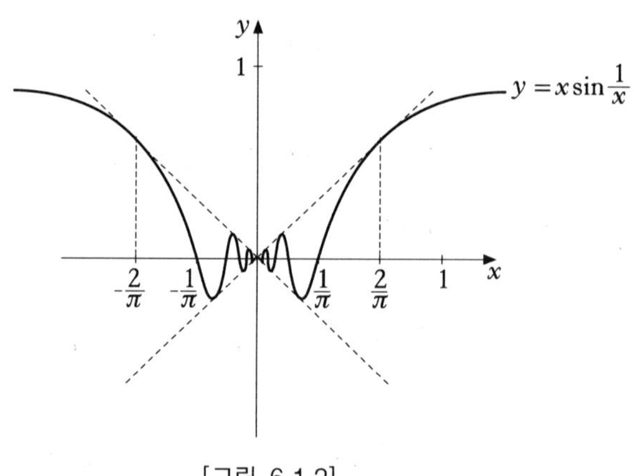

[그림 6.1.2]

예제 6.11 집합 $E_1=\left\{\frac{1}{n\pi}: n\in\mathbb{N}\right\}$, $E_2=\left\{\frac{2}{(4n-3)\pi}: n\in\mathbb{N}\right\}$, $E_3=\left\{\frac{2}{(4n+3)\pi}: n\in\mathbb{N}\right\}$가 주어졌다고 하자. 함수 f가 E_1, E_2, E_3상에서 $f(x)=\begin{cases}\sin\frac{1}{x}, & x\neq 0\\ 0, & x=0\end{cases}$으로 정의하면, 점 $x=0$에서 f의 극한값을 각각 구하여라(그림 6.1.3 참고).

풀이 E_1에 속하는 모든 점 x에 대해 $f(x)=0$이고, E_2에 속하는 모든 점 x에 대해서는 $f(x)=1$이다. 또한 E_3에 속하는 모든 점 x에 대해 $f(x)=-1$이므로 다음이 성립한다.

$$\lim_{\substack{x \to 0 \\ x \in E_1}} f(x) = 0, \quad \lim_{\substack{x \to 0 \\ x \in E_2}} f(x) = 1, \quad \lim_{\substack{x \to 0 \\ x \in E_3}} f(x) = -1$$ ■

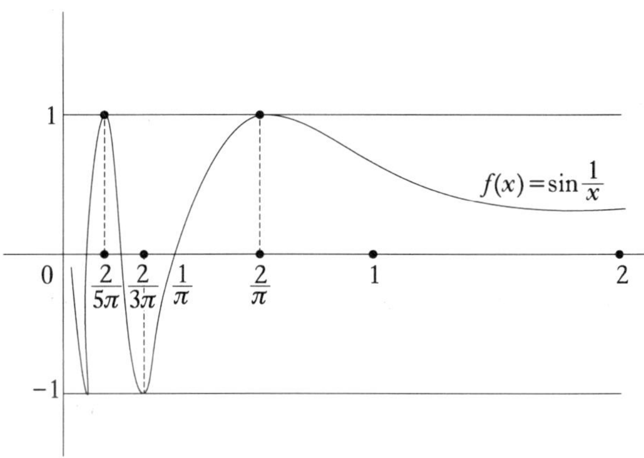

[그림 6.1.3]

> **정리 6.1.2** $E \subset \mathbb{R}$, 함수 $f : E \to \mathbb{R}$이고 a를 E의 집적점이라 하자. $\lim_{x \to a} f(x)$가 존재하면, 그 극한값은 유일하다.

증명 $\lim_{x \to a} f(x) = A$이고 $\lim_{x \to a} f(x) = B$라 하면 $A = B$가 성립함을 보이기 위해 $A \neq B$이라 하고 $\varepsilon = \dfrac{|A-B|}{2} > 0$이라 하자. $\lim_{x \to a} f(x) = A$이므로 적당한 실수 $\delta_1 > 0$이 존재하여

$$0 < |x-a| < \delta_1, \ x \in E \text{이면} \quad |f(x) - A| < \varepsilon = \frac{|A-B|}{2}$$

이 성립한다. 또한 $\lim_{x \to a} f(x) = B$이므로 적당한 실수 $\delta_2 > 0$가 존재하여

$$0 < |x-a| < \delta_2, \ x \in E \text{이면} \quad |f(x) - B| < \varepsilon = \frac{|A-B|}{2}$$

이 성립한다. 여기서 $\delta = \min\{\delta_1, \delta_2\}$라고 두면, $0 < |x-a| < \delta$인 $x \in E$에 대해

$$|A-B| \leq |A - f(x)| + |f(x) - B| < \varepsilon + \varepsilon = |A-B|$$

이다. 이것은 모순이므로 $A = B$이다. 따라서 점 a에서 f의 극한값은 유일하다. ■

정리 6.1.3 (수열판정법) $E \subset \mathbb{R}$이고, $a \in \mathbb{R}$를 E의 집적점이라 하자. 함수 $f: E \to \mathbb{R}$와 적당한 실수 L에 대해 $\lim_{x \to a} f(x) = L$일 필요충분조건은 점 a에 수렴하는 E에서의 임의의 수열 $\{a_n\}$ (여기서 $a_n \neq a$)에 대해 $\lim_{n \to \infty} f(a_n) = L$이다.

증명 $\lim_{x \to a} f(x) = L$이라고 하자. 그러면 임의의 실수 $\varepsilon > 0$에 대해 적당한 실수 $\delta > 0$가 존재하여

$$0 < |x - a| < \delta,\ x \in E \text{이면 } |f(x) - L| < \varepsilon \tag{6.1.1}$$

을 만족한다. 그런데 수열 $\{a_n\}$(단, $a_n \neq a$)은 점 a에 수렴하므로 실수 $\delta > 0$에 대응하는 자연수 N이 존재하여 $n \geq N$인 모든 자연수 $n \in \mathbb{N}$에 대해 $|a_n - a| < \delta$이 성립하고 식 (6.1.1)에 의해 $|f(a_n) - L| < \varepsilon$이 성립한다. 따라서 정의 4.1.2에 의해 $\lim_{n \to \infty} f(a_n) = L$이다.

역으로, E에서의 수열 $\{a_n\}$(단, $a_n \neq a$)이 점 a에 수렴하면 $\lim_{x \to a} f(x) = L$라고 할 때, 모순을 유도하기 위해 $\lim_{x \to a} f(x) \neq L$라고 하자. 그러면 적당한 실수 $\varepsilon_0 > 0$이 존재하여 각 자연수 $n \in \mathbb{N}$에 대해

$$0 < |a_n - a| < \frac{1}{n} \text{이고 } |f(a_n) - L| \geq \varepsilon_0$$

인 $a_n \in E$이 존재한다. 따라서 E에서의 수열 $\{a_n\}$은 모든 자연수 $n \in \mathbb{N}$에 대해 $a_n \neq a$이고 $\lim_{n \to \infty} a_n = a$를 만족하나, $|f(a_n) - L| \geq \varepsilon_0$이므로 $\lim_{n \to \infty} f(a_n) \neq L$이다. 이것은 주어진 가정에 모순이므로 $\lim_{x \to a} f(x) = L$이다. ■

따름정리 6.1.4 (발산판정법) $E \subset \mathbb{R}$, 함수 $f: E \to \mathbb{R}$이고 $a \in \mathbb{R}$를 E의 집적점이면, 다음 명제들은 서로 동치이다.

(1) $\lim_{x \to a} f(x) \neq L$이다.

(2) E에서의 적당한 수열 $\{a_n\}$ (여기서 $a_n \neq a$)이 존재하여 $\lim_{x \to \infty} a_n = a$이지만, $\lim_{x \to \infty} f(a_n) \neq L$이다.

예제 6.12 $f(x)=\sin\frac{1}{x}$이면, $\lim_{x\to 0} f(x)$는 존재하지 않음을 보여라.

풀이 각 자연수 $n\in\mathbb{N}$에 대해 $a_n=\frac{1}{n\pi}$이라 하면 $\lim_{n\to\infty} a_n=0$이고 $\lim_{n\to\infty} f(a_n)=0$이다. 한편, $b_n=\left(\frac{\pi}{2}+2n\pi\right)^{-1}$라고 하면, $\lim_{n\to\infty} b_n=0$이고 $\lim_{n\to\infty} f(b_n)=1$이다. 따라서 $\lim a_n=0=\lim b_n$이지만 $\lim_{n\to\infty} f(a_n)\neq\lim_{n\to\infty} f(b_n)$이므로, 정리 6.1.2와 따름정리 6.1.4에 의해 $\lim_{x\to 0} f(x)$는 존재하지 않는다. ■

<정의 6.1.3>

$E\subset\mathbb{R}$, 함수 $f:E\to\mathbb{R}$이고 $a\in\mathbb{R}$를 E의 집적점이라 하자. 임의의 실수 $\varepsilon>0$에 대해 적당한 실수 $\delta>0$가 존재하여

$$x\in(a,\ a+\delta)\quad [x\in(a-\delta,\ a)]\text{이면}\quad |f(x)-L|<\varepsilon$$

을 만족하면, L을 $x=a$에서 f의 우극한(right-hand limit) [좌극한(left-hand limit)]이라 하고, 다음과 같이 나타낸다.

$$\lim_{x\to a+} f(x)=L \qquad [\lim_{x\to a-} f(x)=L]$$

정리 6.1.5 $E\subset\mathbb{R}$, 함수 $f:E\to\mathbb{R}$이고 $a\in\mathbb{R}$를 E의 집적점이라 하면, 다음 명제들은 서로 동치이다.

(1) $\lim_{x\to a+} f(x)=L$ $[\lim_{x\to a-} f(x)=L]$이다.

(2) 점 a에 수렴하는 E에서의 임의의 수열 $\{a_n\}$ (여기서 $a_n>a$) [(여기서 $a_n<a$)]에 대해 $\lim_{n\to\infty} f(a_n)=L$이다.

예제 6.13 함수 $f:\mathbb{R}-\{0\}\to\mathbb{R}$를 $f(x)=|x|+\frac{x}{|x|}$로 정의하면, $\lim_{x\to 0+} f(x)=1$이고 $\lim_{x\to 0-} f(x)=-1$이다(그림 6.1.4 참고).

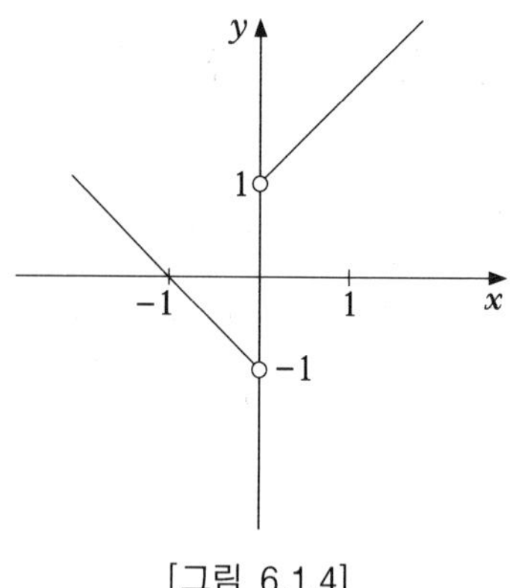

[그림 6.1.4]

예제 6.14 함수 $f:\mathbb{R} \to \mathbb{R}$를 다음과 같이 정의할 때, $x=1$에서 좌극한과 우극한을 구하여라.

$$f(x) = \begin{cases} \dfrac{x}{2}, & x \le 1 \\ 2x+1, & x > 1 \end{cases}$$

풀이 임의의 실수 $\varepsilon > 0$이 주어져 있을 때, $\delta = \dfrac{\varepsilon}{2}$으로 택하자. $1 < x < 1+\delta$이면,

$$|f(x)-3| = |(2x+1)-3| = 2|x-1| < 2\delta = \varepsilon$$

이므로 $\lim_{x \to 1+} f(x) = 3$이다. 한편 $\delta = 2\varepsilon$으로 택하면, $\lim_{x \to 1-} f(x) = \dfrac{1}{2}$이다. ■

정리 6.1.6 $E \subset \mathbb{R}$이고 a를 $E \cap (a, \infty)$와 $E \cap (-\infty, a)$의 집적점이라 하자. 함수 $f:E \to \mathbb{R}$와 적당한 실수 L에 대해 $\lim_{x \to a} f(x) = L$일 필요충분조건은 $\lim_{x \to a+} f(x) = L = \lim_{x \to a-} f(x)$이다.

〈정의 6.1.4〉

$E \subset \mathbb{R}$이고 $f:E \to \mathbb{R}$를 함수라 하자. 임의의 실수 $M > 0$에 대해 적당한 실수 $\delta > 0$가 존재하여

$$0<|x-a|<\delta,\ x\in E\text{이면}\quad f(x)>M\quad [f(x)<M]$$

을 만족하면, $x=a$에서 f의 극한값은 $+\infty$ [f의 극한값은 $-\infty$]라고 말하며, 다음과 같이 나타낸다.

$$\lim_{x\to a}f(x)=+\infty\quad [\lim_{x\to a}f(x)=-\infty]$$

〈정의 6.1.5〉

집합 E를 위로 유계 [아래로 유계]가 아닌 $\mathbb{R}$의 부분집합이라고 하자. 함수 $f:E\to\mathbb{R}$와 적당한 실수 L이 존재하여, 임의의 실수 $\varepsilon>0$에 대해 적당한 실수 M이 존재하여

$$x>M\quad [x<M],\ x\in E\text{이면}\quad |f(x)-L|<\varepsilon$$

을 만족하면, $L\in\mathbb{R}$을 $x\to+\infty$ [$x\to-\infty$]일 때 f의 극한값 L이라 하고, 다음과 같이 나타낸다.

$$\lim_{x\to+\infty}f(x)=L\quad [\lim_{x\to-\infty}f(x)=L]$$

〈정의 6.1.6〉

$E\subset\mathbb{R}$이고 $f:E\to\mathbb{R}$를 함수라 하자. 임의의 실수 $M_1>0$에 대해 적당한 실수 $M_2>0$가 존재하여

$$x>M_2,\ x\in E\text{이면}\quad f(x)>M_1\quad [f(x)<-M_1]$$

을 만족하면, $x\to+\infty$일 때 f의 극한값은 $+\infty$ [f의 극한값은 $-\infty$]라고 말하고, 다음과 같이 나타낸다.

$$\lim_{x\to+\infty}f(x)=+\infty\quad [\lim_{x\to+\infty}f(x)=-\infty]$$

예제 6.15 $E=\mathbb{R}-\{0\}$이고 함수 $f:E \to \mathbb{R}$를 $f(x)=\dfrac{1}{|x|}$로 정의하면, $\lim_{x\to 0} f(x)=+\infty$임을 증명하여라.

풀이 임의의 실수 $M>0$에 대해 $\delta=\dfrac{1}{M}$이라 하자. 만약 $|x|<\delta$이고 $x\in E$이면, 다음이 성립한다.

$$|f(x)|=\frac{1}{|x|}>\frac{1}{\delta}=M$$

따라서 $\lim_{x\to 0} f(x)=+\infty$이다. ■

연습문제 6.1

1. $\varepsilon-\delta$논법을 사용해서 다음을 증명하여라.

(1) $\lim_{x\to 1}\dfrac{x}{x+1}=\dfrac{1}{2}$ (2) $\lim_{x\to 0}\dfrac{x^2}{|x|}=0$ $(x\neq 0)$

2. 극한의 수열판정법을 사용해서 다음을 증명하여라.

(1) $\lim_{x\to 2}\dfrac{1}{1-x}=-1$ $(x>1)$ (2) $\lim_{x\to 1}\dfrac{x^2-x+1}{x+1}=\dfrac{1}{2}$ $(x>0)$

3. $\lim_{x\to a}\sqrt{x}=\sqrt{a}$ $(a\geq 0)$임을 증명하여라.

4. $\lim_{x\to 0}\dfrac{x}{|x|}$는 존재하는가?

5. $E\subset\mathbb{R}$, 함수 $f:E\to\mathbb{R}$이고 $a\in\mathbb{R}$를 E의 집적점이라 하자. $\lim_{x\to a}(f(x))^2=L$이라 하면, 다음이 성립함을 보여라.

(1) $L=0$이면, $\lim_{x\to a}f(x)=0$임을 증명하여라.

(2) $L \neq 0$이면, f는 $x=a$에서 극한이 존재하지 않는 예를 들어라.

6. $E \subset \mathbb{R}$, $f: E \to \mathbb{R}$를 함수이고 $a \in \mathbb{R}$를 E의 집적점이라고 하자. $\lim_{x \to a} f(x) = L$일 때, $\lim_{x \to 0} f(x+a) = L$임을 보여라.

7. 함수 $f(x) = 2^{\frac{1}{x-1}}$에 대하여, $x=1$에서 f의 좌극한과 우극한을 구하여라.

8. 함수 $f(x)$가 다음과 같이 정의하면, $\lim_{x \to 1} f(x)$는 존재하지 않음을 증명하여라.

$$f(x) = \begin{cases} x, & x \le 1 \\ 2x, & x > 1 \end{cases}$$

9. 함수 $f(x) = x\left[\frac{2}{x}\right] + \frac{x}{2} - 1$에 대해서 $\lim_{x \to 0+} f(x)$를 구하여라.

6.2 함수의 극한 성질

이 절에서는 함수의 극한에 관한 여러 가지 성질들을 다룬다.

〈정의 6.2.1〉

$E \subset \mathbb{R}$이고 $f: E \to \mathbb{R}$를 함수라고 하자. 실수 $M > 0$이 존재하여 모든 점 $x \in E$에 대해

$$|f(x)| \le M$$

을 만족하면, 함수 f를 E상에서 유계(bounded on E)라고 한다.

보조정리 6.2.1 $E \subset \mathbb{R}$, 함수 $f: E \to \mathbb{R}$이고 $a \in \mathbb{R}$를 E의 집적점이라 하자. $\lim_{x \to a} f(x) = A$이면, 적당한 실수 $\delta > 0$가 존재하여 $N_\delta(a) - \{a\}$상에서 f는 유계이다.

증명 $\varepsilon=1$이라 하자. 그러면 적당한 실수 $\delta>0$가 존재하여

$$0<|x-a|<\delta,\ x\in E \text{이면} \quad |f(x)-A|<1$$

이 성립한다. 따라서 $|f(x)| \leq |A|+1$이므로, f는 $N_\delta(a)-\{a\}$상에서 유계이다. ■

정리 6.2.2 $E\subset\mathbb{R}$, 함수 $f,\ g: E\to\mathbb{R}$이고 $a\in\mathbb{R}$를 E의 집적점이라 하자. 그때 $\lim\limits_{x\to a} f(x)=L$이고 $\lim\limits_{x\to a} g(x)=M$이면, 다음이 성립한다.

(1) $\lim\limits_{x\to a}(f\pm g)(x)=L\pm M$ (복호동순)

(2) $\lim\limits_{x\to a}(f\cdot g)(x)=LM$

(3) $\lim\limits_{x\to a}(bf)(x)=bL \quad (b\in\mathbb{R})$

(4) $\lim\limits_{x\to a}\left(\dfrac{f}{g}\right)(x)=\dfrac{L}{M}$ (여기서 $M\neq 0$)

증명 정리 4.3.1과 정리 6.1.3에 의해 쉽게 증명된다. ■

따름정리 6.2.3 $E\subset\mathbb{R}$, 함수 $f_k: E\to\mathbb{R}(k=1,\ 2,\ \cdots,\ n)$이고 $a\in\mathbb{R}$를 E의 집적점이라 하자. 그때 각 자연수 $k\in\mathbb{N}$에 대해 $\lim\limits_{x\to a} f_k(x)=L_k$이면, 다음이 성립한다.

(1) $\lim\limits_{x\to a}(f_1+f_2+\cdots+f_n)(x)=L_1+L_2+\cdots+L_n$

(2) $\lim\limits_{x\to a}(f_1\cdot f_2\cdot\cdots\cdot f_n)(x)=L_1L_2\cdots L_n$

(3) $\lim\limits_{x\to a} f(x)=L$이면, 모든 자연수 $n\in\mathbb{N}$에 대해 $\lim\limits_{x\to a}\{f(x)\}^n=L^n$이다.

예제 6.16 $\lim\limits_{x\to 2}\dfrac{x^2-4}{3x-6}=\dfrac{4}{3}$임을 보여라.

풀이 $f(x)=x^2-4$라고 하면 따름정리 6.2.3에 의해 다음이 성립한다.

$$\lim_{x\to 2}f(x)=\lim_{x\to 2}x^2-\lim_{x\to 2}4=\left(\lim_{x\to 2}x\right)^2-4=2^2-4=0$$

$g(x)=3x-6$이라 하면 $\lim_{x\to 2}g(x)=6-6=0$이므로, 정리 6.2.2 (4)를 이용할 수 없다. 그러나 $x\neq 2$이면

$$\frac{x^2-4}{3x-6}=\frac{(x+2)(x-2)}{3(x-2)}=\frac{x+2}{3}$$

이므로, $\lim_{x\to 2}\frac{x^2-4}{3x-6}=\lim_{x\to 2}\frac{x+2}{3}=\frac{4}{3}$이다. ■

예제 6.17 $\lim_{x\to 0}\frac{1}{x}$의 극한값은 존재하지 않음을 보여라.

풀이 $\lim_{x\to 0}x=0$이기 때문에 정리 6.2.2 (4)를 이용할 수는 없다. 그러나 $f(x)=\frac{1}{x}$이라 하고 δ를 임의의 양수라 하면 집합 $\left\{\frac{1}{x} : x\in N_\delta(0)\right\}$는 유계가 아니므로 f는 $N_\delta(0)$상에서 유계가 아니다. 따라서 보조정리 6.2.1에 의해 $\lim_{x\to 0}\frac{1}{x}$은 존재하지 않는다. ■

예제 6.18 함수 $f, g:\mathbb{R}\to\mathbb{R}$는 $x=a$에서 극한값을 가지지 않으나, $f+g$와 fg는 극한값을 갖는 예를 들어라.

풀이 $f(x)=\begin{cases}1, & x\in\mathbb{Q}\\ 0, & x\notin\mathbb{Q}\end{cases}$ 이고, $g(x)=1-f(x)$라고 두면, f와 g는 모든 점에서 극한을 가지지 않는다. 그러나 $x\in\mathbb{R}$이면 $(f+g)(x)=1$이므로 $\lim_{x\to a}(f+g)(x)=1$이고, $(fg)(x)=0$이므로 $\lim_{x\to a}(fg)(x)=0$이다. ■

예제 6.19 $E\subset\mathbb{R}$, 함수 $f:E\to\mathbb{R}$이고 $a\in\mathbb{R}$를 E의 집적점이라 하자. 그때 $\lim_{x\to a}f(x)>0$이면, 적당한 실수 $\delta>0$가 존재하여 $0<|x-a|<\delta$, $x\in E$이면 $f(x)>0$임을 보여라.

풀이 $\lim_{x\to a}f(x)=L$라 하고 $\varepsilon=\frac{L}{2}>0$이라 하자. 그러면 적당한 실수 $\delta>0$가 존재하여

$$0 < |x-a| < \delta,\ x \in E\text{이면 } |f(x)-L| < \varepsilon = \frac{L}{2}$$

가 성립하므로, $0 < \frac{L}{2} < f(x)$이다. ■

정리 6.2.4 $E \subset \mathbb{R}$, 함수 $f,\ g: E \to \mathbb{R}$이고 $a \in \mathbb{R}$를 E의 집적점이라 하자. $f(x) \le g(x)$이고 $\lim_{x\to a} f(x)$와 $\lim_{x\to a} g(x)$가 존재하면, 다음이 성립한다.

$$\lim_{x\to a} f(x) \le \lim_{x\to a} g(x)$$

증명 $\lim_{x\to a} f(x) - \lim_{x\to a} g(x) = k$라 하자. 이 때 $k > 0$이라 가정하면 모순임을 보이고자 한다. 정리 6.2.2 (1)에 의하여 $k = \lim_{x\to a}[f(x)-g(x)]$이 성립한다. $\varepsilon = \frac{k}{2} > 0$라고 하면, 이에 대응하는 적당한 실수 $\delta > 0$가 존재하여

$$0 < |x-a| < \delta,\ x \in E\text{이면 } |f(x)-g(x)-k| < \frac{k}{2}$$

이고 $0 < \frac{k}{2} < f(x)-g(x)$이다. 이것은 $f(x) \le g(x)$에 모순이므로, $k \le 0$이다. 그러므로 $\lim_{x\to a} f(x) \le \lim_{x\to a} g(x)$이다. ■

[주] $f(x) < g(x)$이더라도 $\lim_{x\to a} f(x) \le \lim_{x\to a} g(x)$일 수 있다.

정리 6.2.5 $E \subset \mathbb{R}$, 함수 $f: E \to \mathbb{R}$이고 $a \in \mathbb{R}$를 E의 집적점이라 하자. 임의의 점 $x \in E$ (여기서 $x \ne a$)에 대해 $c \le f(x) \le d$이고 $\lim_{x\to a} f(x) = L$이면, 다음이 성립한다.

$$c \le L \le d$$

증명 $\lim_{x\to a} f(x) = L$이라고 하자. 그러면 정리 6.1.3에 의해 점 a에 수렴하는 E에서의 임의의 수열 $\{a_n\}$ (여기서 $a_n \ne a$)에 대하여 수열 $\{f(a_n)\}$은 L에 수렴한다. 그러므로 모든 자연수 $n \in \mathbb{N}$에 대해 $c \le f(a_n) \le d$이 성립하고, 정리 4.3.8에 의해 $c \le L \le d$이다. ■

정리 6.2.6 (압축정리 : Squeeze Theorem) $E \subset \mathbb{R}$, 함수 $f,\ g,\ h : E \to \mathbb{R}$이고 $a \in \mathbb{R}$를 E의 집적점이라 하자. 모든 점 $x \in E$ (여기서 $x \neq a$)에서

$$g(x) \le f(x) \le h(x),\quad \lim_{x \to a} g(x) = L = \lim_{x \to a} h(x)$$

이면, $\lim_{x \to a} f(x) = L$이다.

증명 정리 4.3.9와 유사하게 증명할 수 있다. ■

예제 6.20 $-\dfrac{\pi}{2} < x < \dfrac{\pi}{2}$인 모든 점 $x \in \mathbb{R}$에 대해서 $1 - x^2 \le f(x) \le \cos x$일 때, $\lim_{x \to 0} f(x)$를 구하여라.

풀이 $\lim_{x \to 0}(1 - x^2) = 1$, $\lim_{x \to 0} \cos x = 1$이므로, 정리 6.2.6에 의해 $\lim_{x \to 0} f(x) = 1$이다. ■

정리 6.2.7 $E \subset \mathbb{R}$, 함수 $f : E \to \mathbb{R}$이고 $a \in \mathbb{R}$를 E의 집적점이라 하자. 모든 점 $x \in E$ (여기서 $x \neq a$)에 대해 $\lim_{x \to a} f(x) = L$이면, 다음이 성립한다.

$$\lim_{x \to a} |f(x)| = |L|$$

증명 삼각부등식에 의한 $||f(x)| - |L|| \le |f(x) - L|$과 정의 6.1.2를 이용하면, 증명을 쉽게 얻을 수 있다. ■

정리 6.2.8 $E \subset \mathbb{R}$, 함수 $f : E \to \mathbb{R}$이고 $a \in \mathbb{R}$를 E의 집적점이라 하자. 모든 점 $x \in E$ (여기서 $x \neq a$)에 대해 $f(x) \ge 0$이고 $\lim_{x \to a} f(x) = L$이면, 다음이 성립한다.

$$\lim_{x \to a} \sqrt{f(x)} = \sqrt{L}$$

증명 연습문제로 남겨둔다. ■

정리 6.2.9 $E \subset \mathbb{R}$, 함수 $f, g : E \to \mathbb{R}$이고 $a \in \mathbb{R}$를 E의 집적점이라 하자. g는 E상에서 유계인 함수이고 $\lim_{x \to a} f(x) = 0$이면, 다음이 성립한다.

$$\lim_{x \to a} f(x)g(x) = 0$$

증명 연습문제로 남겨둔다. ■

예제 6.21 자연수 $n \in \mathbb{N}$에 대해 $\lim_{x \to 0} x^n \sin \frac{1}{x} = 0$ 임을 정리 6.2.9를 이용해 보여라.

풀이 $f(x) = x^n$이고 $g(x) = \sin \frac{1}{x}$이라고 두면, $\lim_{x \to 0} f(x) = 0$이고 $g(x)$는 유계인 함수이므로 정리 6.2.9에 의해 $\lim_{x \to 0} x^n \sin \frac{1}{x} = 0$이다. ■

연습문제 6.2

1. 다음 극한값을 구하여라.

   (1) $\lim_{x \to 1} (x+1)(3x-4)$

   (2) $\lim_{x \to 2} \frac{x^3+2}{x^2-2x+2}$

   (3) $\lim_{x \to 1} \frac{\sqrt{x}-1}{x-1}$

   (4) $\lim_{x \to 0} \sin \frac{1}{x^2}$

   (5) $\lim_{x \to 0} x \sin \frac{1}{x^2}$

2. $E \subset \mathbb{R}$, 함수 $f : E \to \mathbb{R}$이고 $a \in \mathbb{R}$를 E의 집적점이라 하면 다음 성질이 성립함을 보여라.

   (1) $\lim_{x \to a} f(x)$과 $\lim_{x \to a} (f(x)+g(x))$가 존재하면, 극한값 $\lim_{x \to a} g(x)$도 존재한다.

   (2) $\lim_{x \to a} f(x)$과 $\lim_{x \to a} (f(x)g(x))$는 존재하나, $\lim_{x \to a} g(x)$가 존재하지 않는 예를 들

어라.

3. 함수 $f:\mathbb{R}\to\mathbb{R}$가 모든 실수 x, $y\in\mathbb{R}$에 대하여 다음식이 만족하고

$$f(x+y)=f(x)+f(y)$$

극한값 $\lim_{x\to 0}f(x)$가 존재하면, 다음이 성립함을 증명하여라.
(1) $\lim_{x\to 0}f(x)=0$이다.
(2) 모든 실수 $a\in\mathbb{R}$에 대하여 $\lim_{x\to a}f(x)$가 존재한다.

4. 함수 f를 $f(x)=\begin{cases} x, & x\in\mathbb{Q} \\ 0, & x\notin\mathbb{Q}\end{cases}$ 로 정의하면, $\lim_{x\to 0}f(x)$가 존재함을 증명하여라.

5. $a>0$이고, $f:(a,\infty)\to\mathbb{R}$를 주어진 함수라 하자. $g:\left(0,\ \frac{1}{a}\right)\to\mathbb{R}$를 $g(t)=f\left(\frac{1}{t}\right)$로 정의하면, $\lim_{x\to\infty}f(x)=L$일 필요충분조건은 $\lim_{t\to 0}g(t)=L$임을 증명하여라.

6. $E\subset\mathbb{R}$, 함수 $f:E\to\mathbb{R}$이고 $a\in\mathbb{R}$를 E의 집적점이라 하자. 모든 점 $x\in E$에 대해 $f(x)\ge 0$이고 $\lim_{x\to a}f(x)=L$이면, $\lim_{x\to a}\sqrt{f(x)}=\sqrt{L}$임을 증명하여라.

7. $E\subset\mathbb{R}$, 함수 $f:E\to\mathbb{R}$이고 $\lim_{x\to\infty}xf(x)=L\in\mathbb{R}$이 존재하면, $\lim_{x\to\infty}f(x)=0$임을 증명하여라.

8. $E\subset\mathbb{R}$, 함수 f, $g:E\to\mathbb{R}$이고 $a\in\mathbb{R}$를 E의 집적점이라 하자. g가 E상에서 유계인 함수이고 $\lim_{x\to a}f(x)=0$이면, $\lim_{x\to a}f(x)g(x)=0$임을 보여라.

9. $\lim_{x\to 0}\cos\frac{1}{x}$은 존재하지 않으나, $\lim_{x\to 0}x\cos\frac{1}{x}=0$임을 증명하여라.

6.3 함수의 연속성

이 절에서는 함수의 연속성에 대한 기본적 개념을 파악하고 그에 따른 극한의 개념과 근방의 개념을 이용한 함수의 연속성을 조사한다.

〈정의 6.3.1〉

$E \subset \mathbb{R}$, $c \in E$이고 $f : E \to \mathbb{R}$를 함수라 하자. 임의의 실수 $\varepsilon > 0$에 대해 적당한 실수 $\delta > 0$가 존재하여

$$|x-c| < \delta,\ x \in E\text{이면} \qquad |f(x)-f(c)| < \varepsilon$$

을 만족하면, f를 점 c에서 연속(continuous at c)이라 한다. 특히 f가 E의 모든 점에서 연속일 때, f는 E상에서 연속(continuous on E)이라 한다. f가 점 c에서 연속이 아닐 때, f는 점 c에서 불연속(discontinuous)이라고 한다.

[주] c가 E의 고립점이면, 적당한 실수 $\delta > 0$가 존재하여 $|x-c| < \delta$를 만족시키는 $x \in E$는 $x=c$뿐이다. 따라서 $|x-c| < \delta$이면 임의의 실수 $\varepsilon > 0$에 대하여 $|f(x)-f(c)| = |f(c)-f(c)| = 0 < \varepsilon$이므로 고립점에서 모든 함수는 항상 연속이다.

예제 6.22 상수함수 $f : \mathbb{R} \to \mathbb{R}$를 $f(x)=a$(여기서 a는 상수)로 정의하면, f는 $\mathbb{R}$상에서 연속임을 보여라.

풀이 f가 임의의 점 $c \in \mathbb{R}$에서 연속임을 보이자. 임의의 실수 $\varepsilon > 0$에 대해 적당한 실수 $\delta > 0$가 존재하여 $|x-c| < \delta$이면 $|f(x)-f(c)| < \varepsilon$을 만족함을 보이면 된다. 그런데 $|f(x)-f(c)| = |a-a| = 0$이므로 어떤 실수 $\delta > 0$를 잡더라도

$$|x-c| < \delta,\ x \in \mathbb{R}\text{ 이면} \qquad |f(x)-f(c)| = 0 < \varepsilon$$

이 성립한다. 따라서 f는 점 $x=c$에서 연속이고, $c \in \mathbb{R}$은 임의의 점이므로 f는 $\mathbb{R}$상에서 연속이다. ■

예제 6.23 함수 $f : \mathbb{R} \to \mathbb{R}$를 $f(x)=x$로 정의하면, f는 $\mathbb{R}$상에서 연속임을 보여라.

풀이 임의의 점 $c\in\mathbb{R}$에서 f가 연속임을 보이고자 한다. 임의의 실수 $\varepsilon>0$에 대해 적당한 실수 $\delta>0$가 존재하여 $|x-c|<\delta$이면 $|f(x)-f(c)|<\varepsilon$을 만족하는 실수 $\delta>0$가 존재함을 보이면 된다. 여기서 $|f(x)-f(c)|=|x-c|$이므로 $\delta=\varepsilon$이라 두자. 그때 다음이 성립한다.

$$|x-c|<\delta,\ x\in\mathbb{R}\text{ 이면}\qquad |f(x)-f(c)|=|x-c|<\delta=\varepsilon$$

따라서 f는 점 $x=c$에서 연속이고, 또한 $c\in\mathbb{R}$는 임의의 점이므로 f는 $\mathbb{R}$상에서 연속이다(그림 6.3.1 참고). ■

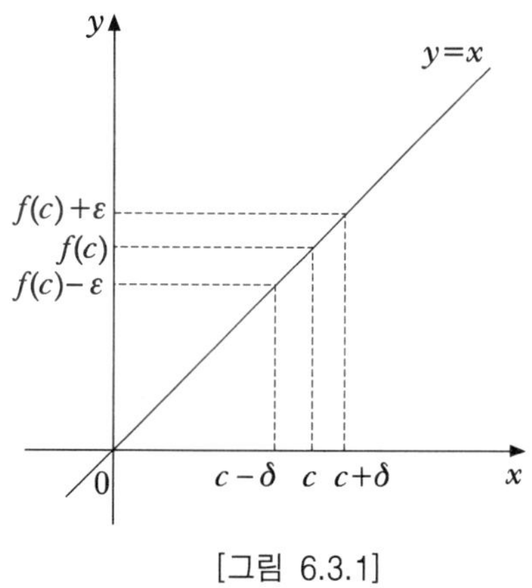

[그림 6.3.1]

예제 6.24 집합 $E=\left\{0,\ 1,\ \frac{1}{2},\ \frac{1}{3},\ \cdots\right\}$이고 함수 $f:E\to\mathbb{R}$를 $f(x)=x$로 정의하면, 점 0에서 f는 연속임을 보여라. 또 점 $\frac{1}{n}\in E$에서 f가 연속임을 보여라.

풀이 점 $x=0$에서 f의 연속성을 보이자. 임의의 실수 $\varepsilon>0$에 대해 아르키메데스의 성질을 이용하면 $\frac{1}{N}<\varepsilon$이 되는 충분히 큰 자연수 N를 택할 수 있다. 이때, $\delta=\frac{1}{N}$로 두면, 다음이 성립한다.

$$|x-0|<\delta,\ x\in E\text{ 이면}\qquad |f(x)-0|=|x|<\delta=\frac{1}{N}<\varepsilon$$

따라서 f는 점 $x=0$에서 연속이다.

다음, 점 $\frac{1}{n}$은 E의 고립점이므로 $\delta=\frac{1}{n}-\frac{1}{n+1}$로 두면, $\left|x-\frac{1}{n}\right|<\delta$를 만족하는 점 x는 $\frac{1}{n}$밖에 없다. 따라서

$$\left|x-\frac{1}{n}\right|<\delta\text{이면}\quad \left|f(x)-f\left(\frac{1}{n}\right)\right|=\left|x-\frac{1}{n}\right|=\left|\frac{1}{n}-\frac{1}{n}\right|=0<\varepsilon$$

이므로, f는 점 $x=\frac{1}{n}$에서 연속이다. ■

예제 6.25 집합 $E=[0, 2]\cup\{4\}$에 대해서 함수 $f : E \to \mathbb{R}$를 다음과 같이 정의하면, f는 E상에서 연속임을 보여라.

$$f(x)=\begin{cases}1, & 0\le x\le 2\\ 2, & x=4\end{cases}$$

풀이 점 $4\in E$는 E의 고립점이므로, f는 $x=4$에서 연속이다. 또한 f는 $[0, 2]$상에서는 상수함수이므로 $E-\{4\}$의 모든 점에서 연속이다. 따라서 f는 E상에서 연속이다. ■

정리 6.3.1 $E\subset\mathbb{R}$, 함수 $f : E\to\mathbb{R}$이고 $c\in\mathbb{R}$를 E의 집적점이면, 다음 명제들은 서로 동치이다.

(1) f가 점 c에서 연속이다.

(2) $\lim_{x\to c} f(x)=f(c)$이다.

증명 (1) ⇒ (2) : 함수 f가 점 c에서 연속이라고 하자. 그러면 점 c가 E의 집적점이므로 임의의 실수 $\varepsilon>0$에 대해 적당한 실수 $\delta>0$가 존재해

$$0<|x-c|<\delta,\ x\in E\text{이면}\qquad |f(x)-f(c)|<\varepsilon$$

이다. $|x-c|<\delta$이고 $x\in E$이면 $|x-c|=0$이거나 $0<|x-c|<\delta$이다. 만일 $|x-c|=0$이면 $x=c$이 되어 $|f(x)-f(c)|=0<\varepsilon$이 되고, $0<|x-c|<\delta$이면 $|f(x)-f(c)|<\varepsilon$이 된다. 어느 경우에도 $|f(x)-f(c)|<\varepsilon$가 되어 $\lim_{x\to c} f(x)=f(c)$이다.

(2) ⇒ (1) : $\lim_{x\to c} f(x)=f(c)$가 성립한다고 하자. 그러면 임의의 실수 $\varepsilon>0$에 대해 적당한 실수 $\delta>0$가 존재하여

$$|x-c|<\delta,\ x\in E\text{이면}\qquad |f(x)-f(c)|<\varepsilon$$

이다. 그런데 점 c가 E의 집적점이므로, $0<|x-c|<\delta$, $x\in E$이면 $|f(x)-f(c)|<\varepsilon$

이다. 따라서 함수 f는 점 c에서 연속이다. ■

[주] $\lim_{x \to c} f(x) = f(c)$가 성립한다는 것은 $\lim_{x \to c} f(x) = f(\lim_{x \to c} x)$이 성립한다는 의미이므로, 극한기호 lim와 함수기호 f가 서로 교환가능하다고 해석할 수 있다.

예제 6.26 $f(x) = x^2$으로 정의된 함수 $f : \mathbb{R} \to \mathbb{R}$는 $\mathbb{R}$상에서 연속이다.

풀이 임의의 점 $c \in \mathbb{R}$에 대하여 $\lim_{x \to c} f(x) = c^2$이고 $f(c) = c^2$이므로, $f(c) = \lim_{x \to c} f(x)$이다. 따라서 f는 $x = c$에서 연속이고, $c \in \mathbb{R}$는 임의의 점이므로 f는 $\mathbb{R}$상에서 연속이다. ■

예제 6.27 함수 $f : (0, \infty) \to \mathbb{R}$가 $f(x) = \dfrac{1}{x}$로 정의될 때, f는 $(0, \infty)$상에서 연속이다.

풀이 임의의 점 $c \in (0, \infty)$에 대해 예제 6.8로부터 $\lim_{x \to c} f(x) = \dfrac{1}{c}$이고, $f(c) = \dfrac{1}{c}$이므로 $\lim_{x \to c} f(x) = f(c)$이다. 따라서 f는 점 c에서 연속이고, 또한 $c \in (0, \infty)$는 임의의 점이므로 f는 $(0, \infty)$상에서 연속이다. ■

예제 6.28 $f(x) = [x]$라 할 때, $f : \mathbb{R} \to \mathbb{R}$는 $x = n (\in \mathbb{Z})$에서 불연속이고 그 외의 점에서는 연속임을 보여라.

풀이 $[x] = \begin{cases} n, & (n \le x < n+1) \\ n-1, & (n-1 \le x < n) \end{cases}$ 이므로 $\lim_{x \to n+} f(x) = n$, $\lim_{x \to n-} f(x) = n-1$이다. 따라서 $x = n$에서 f의 극한은 존재하지 않으므로, f는 $x = n (\in \mathbb{Z})$에서 불연속이다. 한편, $n < c < n+1$일 때는 $\lim_{x \to c} f(x) = \lim_{x \to c} [x] = n = f(c)$이므로, 임의의 정수 $n \in \mathbb{Z}$에 대하여 f는 $(n, n+1)$상에서 연속이다. ■

예제 6.29 $f(x) = \sin x$로 정의된 함수 $f : \mathbb{R} \to \mathbb{R}$는 $\mathbb{R}$상에서 연속이다.

풀이 점 x, y, $z \in \mathbb{R}$에 대하여 $|\sin z| \le |z|$, $|\cos z| \le 1$이고

$$\sin x - \sin y = 2\sin\left[\frac{1}{2}(x-y)\right]\cos\left[\frac{1}{2}(x+y)\right]$$

이므로, 임의의 점 $c \in \mathbb{R}$를 택하면 다음이 성립한다.

$$|\sin x - \sin c| \le 2\left|\frac{1}{2}(x-c)\right| \cdot 1 = |x-c|$$

그런데 $\lim_{x\to c}|x-c|=0$이므로 $\lim_{x\to c}\sin x = \sin c$이다. 그러므로 f는 점 c에서 연속이고, 또한 c는 임의의 점이므로 f는 $\mathbb{R}$상에서 연속이다. ■

정리 6.3.2 (연속에 대한 수열판정법) $E \subset \mathbb{R}$, $c \in E$이고 $f : E \to \mathbb{R}$ 함수라 하면, 다음 명제들은 서로 동치이다.

(1) f는 점 c에서 연속이다.

(2) E에서의 임의의 수열 $\{x_n\}$이 점 $c \in E$에 수렴하면, 수열 $\{f(x_n)\}$도 점 $f(c)$에 수렴한다.

증명 (1) ⇒ (2) : f가 점 c에서 연속이라 하자. 임의의 실수 $\varepsilon > 0$에 대해 적당한 실수 $\delta > 0$가 존재해서 $|x-c| < \delta$이면, $|f(x)-f(c)| < \varepsilon$이 성립한다. 또한 $\{x_n\}$이 $\lim_{n\to\infty} x_n = c$인 수열이면, 주어진 실수 $\delta > 0$에 대하여 적당한 자연수 N이 존재해서 $n \ge N$인 모든 자연수 $n \in \mathbb{N}$에 대해서 $|x_n - c| < \delta$가 된다. 따라서 $n \ge N$이면 $|x_n - c| < \delta$이므로, $|f(x_n)-f(c)| < \varepsilon$이 성립하고 $\lim_{n\to\infty} f(x_n) = f(c)$이다.

(2) ⇒ (1) : $\lim_{n\to\infty} x_n = c$이면, $\lim_{n\to\infty} f(x_n) = f(c)$이 성립한다고 가정하자. 이때, $\lim_{x\to c} f(x) \ne f(c)$이라고 하여 모순을 유도하고자 한다. $\lim_{x\to c} f(x) \ne f(c)$이면, 적당한 실수 $\varepsilon_0 > 0$가 존재하여 어떤 실수 $\delta > 0$에 대해서도 $|x-c| < \delta$이지만 $|f(x)-f(c)| \ge \varepsilon_0$을 만족하는 점 $x \in E$가 존재한다. 이때 $\delta = \frac{1}{n}$이라 두면, $x_n - c < \frac{1}{n}$이고 $|f(x_n)-f(c)| \ge \varepsilon_o$이 되는 점 $x_n \in E$가 존재한다. 따라서 수열 $\{x_n\}$은 $\lim_{n\to\infty} x_n = c$를 만족하지만 $|f(x_n)-f(c)| \ge \varepsilon_0$이므로, $\lim_{n\to\infty} f(x_n) \ne f(c)$이다. 이것은 가정에 모순이다. 그러므로 $\lim_{x\to c} f(x) = f(c)$이다. ■

따름정리 6.3.3 (불연속판정법) $c \in E$이고 $f: E \to \mathbb{R}$ 함수라 하면, 다음 명제들은 서로 동치이다.

(1) f는 점 c에서 불연속이다.

(2) 점 c에 수렴하는 E에서의 적당한 수열 $\{x_n\}$이 존재하여 $\lim_{n \to \infty} f(x_n) \neq f(c)$이다.

예제 6.30 함수 $f: \mathbb{R} \to \mathbb{R}$를 $f(x) = \dfrac{1}{x}$로 정의하면, f는 $x=0$에서 불연속임을 보여라.

풀이 $x_n = \dfrac{1}{n}$으로 두면 수열 $\{x_n\}$은 0에 수렴하나, 수열 $\{f(x_n)\} = \{n\}$은 수렴하지 않으므로 따름정리 6.3.3에 의해 f는 점 $x=0$에서 불연속이다. ■

예제 6.31 함수 $f: \mathbb{R} \to \mathbb{R}$를 다음과 같이 정의하면,

$$f(x) = \begin{cases} 1, & x : \text{유리수} \\ 0, & x : \text{무리수} \end{cases}$$

f는 $\mathbb{R}$상에서 불연속임을 보여라(이때, f를 Dirichlet의 불연속함수라고 말한다).

풀이 $c \in \mathbb{R}$를 임의의 실수라고 하자. c가 유리수이면, $\lim_{n \to \infty} x_n = c$를 만족하는 무리수열 $\{x_n\}$가 존재한다. 그런데 모든 자연수 $n \in \mathbb{N}$에 대해 $f(x_n) = 0$이므로, $\lim_{n \to \infty} f(x_n) = 0 \neq 1 = f(c)$이다. 따라서 f는 유리수 c에서 불연속이다. 한편, c가 무리수이면, $\lim_{n \to \infty} y_n = c$를 만족하는 유리수열 $\{y_n\}$가 존재하고 $\lim_{n \to \infty} f(y_n) = 1 \neq 0 = f(c)$이다. 따라서 f는 무리수 c에서 불연속이다. 그러므로 $c \in \mathbb{R}$는 임의의 점이므로, f는 $\mathbb{R}$상의 모든 점에서 불연속이다. ■

예제 6.32 함수 $f: (0, 1) \to \mathbb{R}$를 다음과 같이 정의하면,

$$f(x) = \begin{cases} \dfrac{1}{q}, & x = \dfrac{p}{q} : (0, 1)\text{내의 유리수} \\ 0, & x : (0, 1)\text{내의 무리수} \end{cases}$$

f는 (0, 1)내의 모든 유리수에서 불연속이지만, 무리수에서는 연속임을 보여라.

풀이 점 $c \in \mathbb{R}$를 임의의 실수이라고 하자. $c \in (0, 1)$가 유리수이면 예제 6.31과 같이 f는 유리수 c에서 불연속이다. 한편, $c \in (0, 1)$가 무리수이면, $\lim_{n \to \infty} y_n = c$를 만족하는 점 $y_n \in (0, 1)$으로 생성된 수열 $\{y_n\}$가 존재하여 $\lim_{n \to \infty} f(y_n) = f(c)$임을 밝히면 된다. 각 자연수 $n \in \mathbb{N}$에 대해 $y_n = \dfrac{p_n}{q_n}$ (여기서, p_n과 q_n는 서로 소)라고 두자. $f(c) = 0$이므로 $\lim_{n \to \infty} q_n = +\infty$임을 보여주면 충분하다. 모순을 유도하기 위해, 자연수 $n_1 < n_2 < \cdots$이 존재하여 각 자연수 $k \in \mathbb{N}$에 대해 $|q_{n_k}| < \infty$을 만족한다고 하자. 점 $y_{n_k} \in (0, 1)$이므로 $E = \left\{ y_{n_k} = \dfrac{p_{n_k}}{q_{n_k}} : k \in \mathbb{N} \right\}$은 단지 유한개의 점들로 되어 있다. 따라서 E에서의 임의의 수열의 극한은 E에 속한다. 이것은 c가 극한이고 무리수라는 데 모순이다. 그러므로 f는 (0, 1)내의 모든 무리수에서는 연속이다. ■

[주] 함수 $f : E \to \mathbb{R}$는 $x = c$에서 정의되지 않으나, $x = c$에서 f의 극한 L을 가지는 경우가 있을 수 있다. 이때 새로운 함수 $F : E \cup \{c\} \to \mathbb{R}$를 다음과 같이 정의하면,

$$F(x) = \begin{cases} f(x), & x \in E \\ L, & x = c \end{cases}$$

F는 $x = c$에서 연속인 f의 확장함수가 된다.

예제 6.33 함수 $f(x) = x \sin \dfrac{1}{x}$ (여기서 $x \neq 0$)은 $x=0$에서 함수가 정의되지 않으므로

$x=0$에서 불연속이다. 그러나 예제 6.10에서 $\lim_{x \to 0} x \sin \dfrac{1}{x} = 0$임을 보였으므로 새로운 함수 $F : \mathbb{R} \to \mathbb{R}$를 다음과 같이 정의하면, F는 $x=0$에서 연속이 된다.

$$F(x) = \begin{cases} x \sin \dfrac{1}{x}, & x \neq 0 \\ 0, & x = 0 \end{cases}$$

[주] 함수 $f : E \to \mathbb{R}$가 점 $x = c$에서 극한을 갖지 않으면 $x = c$에서 연속인 f의 확장함수는 존재하지 않는다.

예제 6.34 함수 $f(x)=\sin\frac{1}{x}$ (단, $x\neq 0$)는 $x=0$에서 극한을 갖지 않는다. 따라서 $x=0$에서 연속인 f의 확장함수는 존재하지 않는다.

정리 6.3.4 $E\subset\mathbb{R}$이고 $c\in E$이라 하자. 함수 $f,\ g: E\to\mathbb{R}$가 점 c에서 연속이면, 다음이 성립한다.
(1) $f\pm g$는 점 c에서 연속이다.
(2) kf는 점 c에서 연속이다. (여기서 k는 실수)
(3) $f\cdot g$는 점 c에서 연속이다.
(4) $g(x)\neq 0\ (x\in E)$이면, $\frac{f}{g}$는 점 c에서 연속이다.

증명 정리 6.2.2를 참고하면 쉽게 증명이 된다. ■

따름정리 6.3.5 $E\subset\mathbb{R}$이고 함수 $f_k: E\to\mathbb{R}$ $(k=1, 2, \cdots n)$가 점 c에서 연속이면, 다음이 성립한다.
(1) $f_1+f_2+\cdots+f_n$도 점 c에서 연속이다.
(2) $f_1\cdot f_2\cdot\cdots\cdot f_n$도 점 c에서 연속이다.

예제 6.35 다항식 $p(x)=a_nx^n+\cdots+a_1x+a_0$는 $\mathbb{R}$상에서 연속임을 보여라.

풀이 예제 6.22, 6.23과 정리 6.3.4의 (3)에 의해 $a_0,\ x,\ x^2,\ x^3,\ \cdots,\ x^n$은 각각 $\mathbb{R}$의 모든 점에서 연속이고, 또한 정리 6.3.4 (2)에 의해 $a_1x,\ a_2x^2,\ \cdots,\ a_nx^n$도 연속이다. 그러므로 따름정리 6.3.5 (1)에 의해

$$p(x)=a_nx^n+\cdots+a_1x+a_0$$

는 $\mathbb{R}$상에서 연속이다. ■

예제 6.36 정리 6.3.4에서 주어진 함수 $f,\ g$에 대해 $\frac{f}{g}$와 g가 점 c에서 연속이면, f도 점 c에서 연속임을 밝혀라.

풀이 $$\lim_{x\to c} f(x) = \lim_{x\to c} \frac{f(x)}{g(x)} \cdot g(x) = \lim_{x\to c} \frac{f(x)}{g(x)} \cdot \lim_{x\to c} g(x) = \frac{f(c)}{g(c)} \cdot g(c) = f(c)$$

이므로, f는 점 c에서 연속이다. ■

정리 6.3.6 $E \subset \mathbb{R}$, $c \in E$이고 $f : E \to \mathbb{R}$인 함수라 하자.
(1) f가 점 c에서 연속이면, $|f|$도 점 c에서 연속이다.
(2) f가 E상에서 연속이면, $|f|$도 E상에서 연속이다.

증명 정리 6.2.7을 참고하면 쉽게 증명된다. ■

정리 6.3.7 $E \subset \mathbb{R}$, $c \in E$이고 $f : E \to \mathbb{R}$인 함수로서 모든 점 $x \in E$에 대해 $f(x) > 0$이라 하자.
(1) f가 점 c에서 연속이면, $\sqrt{f}$ 도 점 c에서 연속이다.
(2) f가 E상에서 연속이면, $\sqrt{f}$ 도 E상에서 연속이다.

증명 정리 6.2.8을 참고하면 쉽게 증명된다. ■

정리 6.3.8 $A, B \subset \mathbb{R}$, $c \in A$이고 $f : A \to \mathbb{R}$, $g : B \to \mathbb{R}$인 함수로서 $f(A) \subseteq B$를 만족한다고 하자. f가 점 c에서 연속이고 g가 점 $f(c)$에서 연속이면, f와 g의 합성함수 $g \circ f : A \to \mathbb{R}$도 점 c에서 연속이다.

증명 $\varepsilon > 0$이 임의로 주어졌다고 하자. 그러면 g가 점 $f(c)$에서 연속이므로, 적당한 실수 $\delta_1 > 0$이 존재해

$$|y - f(c)| < \delta_1,\ y \in B \text{이면} \quad |g(y) - g(f(c))| < \varepsilon \tag{6.3.1}$$

이다. 또한 f가 점 c에서 연속이므로, 이러한 $\delta_1 > 0$에 대해 적당한 실수 $\delta > 0$가 존재해

$$|x - c| < \delta,\ x \in A \text{이면} \quad |f(x) - f(c)| < \delta_1 \tag{6.3.2}$$

이다. 따라서 $|x - c| < \delta$, $x \in A$이면, 식 (6.3.1)과 (6.3.2)에 의해

$$|g(f(x))-g(f(c))|<\varepsilon$$

이 성립한다. 그러므로 $g\circ f$는 점 c에서 연속이다. ■

예제 6.37 $f(x)=\sin x$이고 $g(x)=\dfrac{1}{x}$ (단, $x\neq 0$)일 때, 합성함수 $(f\circ g)(x)=\sin\dfrac{1}{x}$도 점 $x(\neq 0)$에서 연속임을 보여라.

풀이 $f(x)=\sin x$와 $g(x)=\dfrac{1}{x}$는 점 $x(\neq 0)$에서 연속이므로, 정리 6.3.8에 의해 $(f\circ g)(x)=\sin\dfrac{1}{x}$도 점 $x(\neq 0)$에서 연속이다. ■

예제 6.38 정리 6.3.8에서 「g가 $f(c)$에서 연속이란 조건」이 없으면, $g\circ f$도 연속이 아닌 예를 들어라.

풀이 함수 $f,\ g:\mathbb{R}\to\mathbb{R}$를 $g(x)=\begin{cases}0, & x=1\\ 2, & x\neq 1\end{cases}$로 정의하고 $f(x)=x+1$라고 하자. 그러면 g는 $f(0)$에서 불연속이다. 한편 $(g\circ f)(0)=0$이나 $\lim\limits_{x\to 0}(g\circ f)(x)=2$이므로, $\lim\limits_{x\to 0}(g\circ f)(x)\neq(g\circ f)(0)$이다. 그러므로 $g\circ f$는 $x=0$에서 불연속이다. ■

〈정의 6.3.2〉

$E\subset\mathbb{R}$, $c\in E$이고 $f:E\to\mathbb{R}$인 함수라 하자. 임의의 실수 $\varepsilon>0$에 대해 적당한 실수 $\delta>0$가 존재하여

$$c<x<c+\delta\ [c-\delta<x<c],\ x\in E\text{이면 } |f(x)-f(c)|<\varepsilon$$

을 만족하면, f를 점 c에서 우측 연속함수(right-hand continuous function) [좌측 연속함수(left-hand continuous function)]라고 한다.

정리 6.3.9 $f:(a,\ b)\to\mathbb{R}$인 함수이고, $c\in(a,\ b)$라 하자. f가 점 c에서 우측 연속일 필요충분조건은 $\lim\limits_{x\to c+}f(x)$와 $f(c)$가 존재하고 $\lim\limits_{x\to c+}f(x)=f(c)$이다.

증명 f가 점 c에서 우측 연속이라 하자. 임의의 실수 $\varepsilon > 0$이 주어지면, 적당한 실수 $\delta > 0$가 존재하여

$$x \in (a, b),\ c < x < c + \delta \text{이면} \quad |f(x) - f(c)| < \varepsilon$$

이 성립하므로, $\lim_{x \to c+} f(x) = f(c)$이다.

역으로, $\lim_{x \to c+} f(x) = f(c)$이므로, 정의 6.3.2에 의해 f는 우측 연속함수이다. ■

[주] 함수 f가 점 c에서 연속일 필요충분조건은 $\lim_{x \to c+} f(x)$와 $\lim_{x \to c-} f(x)$가 존재하고 $\lim_{x \to c+} f(x) = f(c) = \lim_{x \to c-} f(x)$인 것이다.

〈정의 6.3.3〉

$f : (a, b) \to \mathbb{R}$가 함수이고 $c \in (a, b)$라 하자. f가 점 c에서 불연속이고 $\lim_{x \to c+} f(x)$와 $\lim_{x \to c-} f(x)$가 존재하면, 점 c를 f의 **제1종 불연속점**이라 하고, 제1종 불연속점이 아닌 불연속점을 **제2종 불연속점**이라고 한다.

[주] 함수 f가 $x = c$에서 제1종 불연속점을 갖는다면, $\lim_{x \to c+} f(x) \neq \lim_{x \to c-} f(x)$이거나 또는 $\lim_{x \to c+} f(x) = \lim_{x \to c-} f(x) \neq f(c)$이다.

예제 6.39 함수 $f : \mathbb{R} \to \mathbb{R}$를 다음과 같이 정의하면,

$$f(x) = \begin{cases} \dfrac{x^2 - 4}{x - 2}, & x \neq 2 \\ 2, & x = 2 \end{cases}$$

$\lim_{x \to 2^+} f(x) = \lim_{x \to 2^-} f(x) \neq f(2)$이므로 $x = 2$는 f의 제1종 불연속점이다.

예제 6.40 함수 $f : \mathbb{R} \to \mathbb{R}$를 다음과 같이 정의하면,

$$f(x) = \begin{cases} 1, & x : \text{유리수} \\ 0, & x : \text{무리수} \end{cases}$$

f는 임의의 점 x에서 우극한과 좌극한이 존재하지 않기 때문에 모든 점 x에서 제2종 불연속점을 갖는다.

예제 6.41 함수 $f : \mathbb{R} \to \mathbb{R}$를 다음과 같이 정의하면,

$$f(x) = \begin{cases} \sin \dfrac{1}{x}, & x \neq 0 \\ 0, & x = 0 \end{cases}$$

$\lim_{x \to 0-} f(x)$도 $\lim_{x \to 0+} f(x)$도 존재하지 않으므로, f는 $x=0$에서 제2종 불연속이다.

연습문제 6.3

1. 함수 $f : \mathbb{R} \to \mathbb{R}$가 $x \in \mathbb{Q}$일 때는 $f(x) = 2x$이고 $x \notin \mathbb{Q}$일 때는 $f(x) = x+3$일 때 f가 연속이 되는 점을 모두 찾아라.

2. 함수 f와 g가 $\mathbb{R}$의 모든 점에서 각각 불연속이나, $f+g$는 $\mathbb{R}$상에서 연속인 예를 들어라.

3. $E \subset \mathbb{R}$이고 $f,\ g : E \to \mathbb{R}$가 연속함수이면, 다음이 성립함을 증명하여라.
   (1) $\max\{f,\ g\}(x) = \max\{f(x),\ g(x)\}$로 정의하면, $\max\{f,\ g\}$는 E상에서 연속이다.
   (2) $\min\{f,\ g\}(x) = \min\{f(x),\ g(x)\}$로 정의하면, $\min\{f,\ g\}$는 E상에서 연속이다.

4. 실수 $K > 0$에 대해 함수 $f : \mathbb{R} \to \mathbb{R}$가 $|f(x) - f(y)| < K|x-y|$을 만족하면, f는 $\mathbb{R}$상에서 연속임을 보여라.

5. 함수 $f : \mathbb{R} \to \mathbb{R}$가 모든 점 $x,\ y \in \mathbb{R}$에 대하여 다음 조건을 만족하고

$$f(x+y) = f(x) + f(y)$$

$x=0$에서 연속이면, f는 $\mathbb{R}$상에서 연속임을 증명하여라.

6. 함수 f가 $[0, 1]$내의 모든 점에서 불연속이지만, 절대값 함수 $|f|$는 $[0, 1]$내의 모든 점에서 연속이 되는 함수의 예를 들어라.

7. (1) $f(x)=|x|$는 모든 실수 $c\in\mathbb{R}$에서 연속임을 증명하여라.
   (2) $f:\mathbb{R}\to\mathbb{R}$일 때 $|f|$를 $|f|(x)=|f(x)|$라고 정의하자. 그때 (1)을 이용하여 f가 $\mathbb{R}$상에서 연속이면, $|f|$도 연속임을 증명하여라.

8. 함수 $g:\mathbb{R}\to\mathbb{R}$가 모든 점 $x,\ y\in\mathbb{R}$에 대하여 다음 조건을 만족하면,

$$g(x+y)=g(x)g(y)$$

   다음이 성립함을 증명하여라.
   (1) 적당한 점 $a\in\mathbb{R}$에 대해 $g(a)=0$이면, 모든 점 $x\in\mathbb{R}$에 대해 $g(x)=0$이다.
   (2) g가 점 $x=0$에서 연속이면, g는 $\mathbb{R}$의 모든 점에서 연속이다.

6.4 연속함수의 성질

이 절에서는 유계인 폐구간에서 연속함수의 중요한 성질인 유계정리, 최대값 및 최소값 정리, 중간값 정리를 다룬다.

정리 6.4.1 (유계정리) 함수 $f:[a, b]\to\mathbb{R}$가 연속이면, f는 $[a, b]$상에서 유계이다.

증명 f가 $[a, b]$상에서 유계가 아니라고 하자. 그러면 정의 6.2.1에 의해 각 자연수 $n\in\mathbb{N}$에 대하여 $|f(x_n)|>n$을 만족하는 점 $x_n\in[a, b]$이 존재한다. 그런데 $\{x_n\}$은 $[a, b]$ 내의 수열이므로 유계이다. 따라서 정리 4.4.8에 의해 $\{x_n\}$은 수렴하는 부분수열 $\{x_{n_k}\}$를 가지므로 그 극한을 $\lim_{k\to\infty} x_{n_k}=c$라 하자. 그러면 $a\le x_{n_k}\le b$이므로, 정리 4.3.8에 의해 $a\le c\le b$이다. 또한 f는 $[a, b]$상에서 연속이므로, 점 c에서 연속이고

$$\lim_{k \to \infty} f(x_{n_k}) = f(c)$$

이다. 따라서 수열 $\{f(x_{n_k})\}$는 수렴하고, 정리 4.1.4에 의해 유계이다. 이것은 $|f(x_{n_k})| \geq n_k \geq k$에 모순이다. 그러므로 f는 $[a, b]$상에서 유계이다. ■

예제 6.42 연속함수라고 해서 반드시 유계가 되지는 않는 예를 들어라.

풀이 $E=(0, 1)$상에서 $f(x)=\dfrac{1}{x}$로 정의된 함수 f는 연속함수이지만(예제 6.27 참고) 유계가 아니다. 왜냐하면, f가 유계라면 적당한 실수 $M>0$이 존재하여 모든 점 $x \in E$에 대해 $|f(x)| \leq M$을 만족해야 한다. 그러나 $x_0=\dfrac{1}{M+1}$이라 두면, $x_0 \in E$이면서 $|f(x_0)|=M+1>M$이므로 f는 E상에서 유계가 아니다. ■

〈정의 6.4.1〉

$E \subseteq \mathbb{R}$이고 $f: E \to \mathbb{R}$인 함수가 주어졌을 때,

(1) 적당한 점 $x^* \in E$가 존재하여 모든 점 $x \in E$에 대하여 $f(x^*) \geq f(x)$를 만족할 때, f는 E상에서 최대값(maximum)을 갖는다고 한다.

(ii) 적당한 점 $x\ \in E$가 존재하여 모든 점 $x \in E$에 대하여 $f(x\ ) \leq f(x)$를 만족할 때, f는 E상에서 최소값(minimum)을 갖는다고 한다.

정리 6.4.2 (최대값·최소값 정리) 함수 $f: [a, b] \to \mathbb{R}$가 연속이면 f는 $[a, b]$상에서 최대값과 최소값을 갖는다. 즉, 다음을 만족하는 점 $x_*, x^* \in [a, b]$이 각각 존재한다.

$$f(x^*)=\sup\{f(x) : x \in [a, b]\}, \qquad f(x_*)=\inf\{f(x) : x \in [a, b]\}$$

증명 함수 $f: [a, b] \to \mathbb{R}$를 연속이라고 하자. 그러면 정리 6.4.1에 의해서 $f([a, b])$는 유계이므로 실수의 완비성에 의해 상한과 하한을 갖는다. 즉,

$$s^*=\sup\{f(x) : x \in [a, b]\}, \qquad s_*=\inf\{f(x) : x \in [a, b]\}$$

인 s^*와 s_*가 $\mathbb{R}$상에서 각각 존재한다. 먼저 f가 $[a, b]$상에서 최대값을 가짐을 밝히

기 위해, 적당한 점 $x^* \in [a, b]$가 존재하여 $f(x^*) = s^*$임을 보이면 된다. s^*가 상한이므로 자연수 $n \in \mathbb{N}$에 대해 $s^* - \frac{1}{n}$은 $f([a, b])$의 상계가 아니다. 그러므로 적당한 점 $x_n \in [a, b]$이 존재하여 다음을 만족한다.

$$s^* - \frac{1}{n} < f(x_n) \leq s^*$$

그런데 $\{x_n\}$은 $[a, b]$에서의 유계수열이고 수렴하는 부분수열 $\{x_{n_k}\}$를 가지므로, 그 극한을 $x^* = \lim_{k \to \infty} x_{n_k}$라 하자. 그러면 $a \leq x_{n_k} \leq b$이므로, 정리 4.3.8에 의해 $a \leq x^* \leq b$이다. 또한 f는 점 x^*에서 연속이므로

$$\lim_{k \to \infty} f(x_{n_k}) = f(x^*)$$

이다. 한편 $s^* - \frac{1}{n_k} < f(x_{n_k}) \leq s^*$이므로, 정리 6.2.6에 의해 $\lim_{k \to \infty} f(x_{n_k}) = s^*$이다. 따라서 $f(x^*) = \lim_{k \to \infty} f(x_{n_k}) = s^*$이므로, f는 점 $x^* \in [a, b]$에서 최대값을 갖는다.
같은 방법으로, 최소값의 경우에도, $f(x_*) = s_*$를 만족하는 $x_* \in [a, b]$가 존재함을 증명할 수 있다. ■

[주] 정리 6.4.2가 성립되기 위해서는 구간은 반드시 유계이고 폐구간이 되어야 한다.

예제 6.43 함수 $f : (0, 1) \to \mathbb{R}$를 $f(x) = \frac{1}{x}$로 정의하면, f는 $(0, 1)$상에서 연속이지만 유계는 아니다(예제 6.42 참고). 따라서 f는 최대값과 최소값을 가지지 않는다.

예제 6.44 정리 6.4.2가 성립되기 위해서는 정의역이 유계이고 폐구간이라고 하더라도 함수 f는 반드시 연속함수가 되어야 한다. 연속함수가 아닐때는 일반적으로 정리 6.4.2가 성립하지 않는 예를 들어라.

풀이 함수 $f : [-1, 1] \to \mathbb{R}$를 $f(x) = \begin{cases} 0, & x = \pm 1 \\ x^2, & x \in (-1, 1) \end{cases}$로 정의하면, f는 $[-1, 1]$상에서 연속이 아니므로 최대값이 존재하지 않는다. ■

정리 6.4.3 (중간값 정리 : Intermediate Value Theorem) 함수 $f:[a, b]\to\mathbb{R}$가 연속이고 $f(a)<f(b)$이라 하자. $f(a)<r<f(b)$인 임의의 실수 $r\in\mathbb{R}$에 대해 $f(c)=r$을 만족하는 점 $c\in(a, b)$가 존재한다.

증명 집합 $A=\{x\in[a, b]:f(x)\le r\}$이라 두면 $a\in A$이므로 $A\ne\varnothing$이다. 또한 A는 b에 의해 위로 유계이므로 A의 상한이 존재하고 이를 $c=\sup A$라 하자. b는 A의 상계이므로 $c\le b$이고, c는 상한이므로 각 자연수 $n\in\mathbb{N}$에 대하여 적당한 $x_n\in A$이 존재하여

$$c-\frac{1}{n}< x_n\le c$$

를 만족한다. 그러면 압축정리에 의해 $\lim_{n\to\infty}x_n=c$이고 f는 점 c에서 연속이므로, 다음 식을 얻는다.

$$f(c)=\lim_{n\to\infty}f(x_n)\le r$$

즉, $f(c)\le r$이다.

다음, $f(c)=r$임을 증명하기 위하여 $f(c)<r$라 하고 $\varepsilon=\frac{r-f(c)}{2}$라 두면, f는 점 c에서 연속이므로 적당한 실수 $\delta>0$가 존재하여

$$|x-c|<\delta,\ x\in[a, b]\text{이면}\quad |f(x)-f(c)|<\varepsilon \tag{6.4.1}$$

을 만족한다. $f(c)<r<f(b)$이고 $c\le b$이므로 $c<b$이다. 여기서 $\delta_1=\frac{1}{2}\min\{\delta, b-c\}$이라 두면, 식 (6.4.1)에 의해 다음 식이 성립한다.

$$f(c+\delta_1)<f(c)+\varepsilon<f(c)+\frac{r}{2}-\frac{f(c)}{2}=\frac{r}{2}+\frac{f(c)}{2}<\frac{r}{2}+\frac{r}{2}=r$$

이것은 $c+\delta_1$이 집합 A에 속한다는 것으로 $c=\sup A$이라는 사실에 모순이다. 그러므로 $f(c)=r$이다. ■

예제 6.45 $f(x)=x^2-2x$는 $[1, 3]$상에서 적어도 하나의 실근을 가짐을 보여라.

풀이 함수 f는 $[1, 3]$상에서 연속이고 $f(1)=-1<0$, $f(3)=3>0$이므로, 정리 6.4.3에 의해 $f(c)=0$이 되는 점 $c\in[1, 3]$가 존재한다. ■

예제 6.46 함수 $f:[-1, 1]\to\mathbb{R}$를 $f(x)=\begin{cases}-1, & x<0 \\ 1, & x\geq 0\end{cases}$ 로 정의하면, $f(c)=0$이 되는 점 $c\in[-1, 1]$는 존재하지 않는다.

풀이 $f(-1)=-1<0<1=f(1)$은 성립되나, 함수 f가 구간 $[-1, 1]$상에서 불연속이므로 중간값정리를 적용할 수 없다. ■

예제 6.47 함수 $f:[0, 1] \to [0, 1]$가 연속이면 $f(y)=y$인 점 y가 $[0, 1]$내에 존재함을 보여라.

풀이 $g(x)=f(x)-x$라 두면, g는 $[0, 1]$상에서 연속이다. $g(0)=f(0)\geq 0$이고 $g(1)=f(1)-1\leq 0$이므로 정리 6.4.3에 의해 $g(y)=0$인 $y\in[0, 1]$가 존재한다. 여기서 $g(y)=f(y)-y$이므로 $f(y)=y$이다. ■

예제 6.48 임의의 실수 $r>0$과 자연수 $n\in\mathbb{N}$에 대하여 $x^n=r$을 만족하는 유일한 양수의 해가 존재함을 보여라.

풀이 $f(x)=x^n$이라 하면 f는 $[0, \infty)$상에서 연속이다. $a=0$, $b=r+1\,(r>0)$이라 하면,

$$f(a)=0<r<1+nr<(r+1)^n=f(b)$$

이다. 따라서 정리 6.4.3에 의해 $r=f(x_1)$를 만족하는 $x_1\in(0, r+1)$이 존재한다. 더욱이 f는 $\mathbb{R}^+$에서 순증가함수이므로, 일대일 함수이다. 따라서 $f(x)=r$을 만족하는 양수의 해 x는 유일하다. ■

따름정리 6.4.4 $I=[a, b]$이고 $f:I\to\mathbb{R}$를 연속함수라 하자. 실수 $r\in\mathbb{R}$이 다음을 만족하면, $f(c)=r$인 c가 I내에 존재한다.

$$\inf f(I)<r<\sup f(I)$$

증명 $m=\inf f(I)$, $M=\sup f(I)$이라 두면, 정리 6.4.2에 의하여 적당한 두 점 x_1, $x_2\in I$가 존재하여 $m=f(x_1)$, $M=f(x_2)$을 만족한다. $f(x_1)<r<f(x_2)$이므로 정리 6.4.3에 의하여 점 c가 x_1과 x_2 사이에 존재하여 $f(c)=r$을 만족한다. ■

정리 6.4.5 (구간보존정리) $I \subset \mathbb{R}$는 구간이고 $f : I \to \mathbb{R}$가 연속함수이면, $f(I)$도 구간이다.

증명 $s,\ t \in f(I)$이고 $s < t$라 하자. 그러면 $a,\ b$가 I내에 존재하여 $f(a) = s,\ f(b) = t$를 만족한다. $s < r < t$이면, 정리 6.4.3에 의해서 $f(c) = r$이고 $a < c < b$인 c가 존재하므로, $[s,\ t] \subset f(I)$이다. 그러므로 $f(I)$는 구간이다. ■

정리 6.4.6 I가 개구간이고 $f : I \to \mathbb{R}$를 증가함수라 하자. 점 $c,\ d \in I$이면, 다음이 성립한다.

(1) $$\sup\{f(x) : x < c,\ x \in I\} = \lim_{x \to c-} f(x) \le f(c) \le \lim_{x \to c+} f(x)$$
$$= \inf\{f(x) : c < x,\ x \in I\}$$

(2) $c < d$이면, $\lim_{x \to c+} f(x) \le \lim_{x \to d-} f(x)$가 성립한다.

증명 (1) f가 증가함수이므로 $\{f(x) : x < c,\ x \in I\}$는 $f(c)$에 의해 위로 유계이다. 완비성에 의해 상한 $L = \sup\{f(x) : x < c,\ x \in I\}$이 존재하고, 임의의 실수 $\varepsilon > 0$에 대해

$$L - \varepsilon < f(x_c) \le L \text{이고 } x_c < c$$

인 점 x_c가 존재한다. 여기서 f는 증가함수이므로, $x_c < x < c$이면

$$L - \varepsilon < f(x_c) \le f(x) \le f(c) < L + c$$

이고, $|f(x) - L| < \varepsilon$이므로 $\lim_{x \to c-} f(x) = L \le f(c)$이다.

같은 방법으로, $f(c) \le \lim_{x \to c+} f(x)$임도 증명할 수 있다.

(2) 만약 $c < d$이면, 다음이 성립함을 알 수 있다.

$$\begin{aligned}\lim_{x \to c+} f(x) &= \inf\{f(x) : c < x,\ x \in I\} \le \{f(x) : c < x < d\} \\ &\le \sup\{f(x) : c < x < d\} \le \sup\{f(x) : x < d,\ x \in I\} \\ &= \lim_{x \to d-} f(x)\end{aligned}$$ ■

정리 6.4.7 $I \subset \mathbb{R}$는 구간이고 $f : I \to \mathbb{R}$가 순증가(또는 순감소)하는 연속함수이면, 역함수 f^{-1}도 $f(I)=J$ 상에서 순증가(또는 순감소)하는 연속함수이다.

증명 f가 순증가함수이므로 일대일 함수이고 $f : I \to f(I)=J$는 전단사함수이다. 따라서 역함수 $f^{-1} : J \to I$가 존재한다. 먼저, $f^{-1} : J \to I$가 순증가함수임을 보이자. y_1, $y_2 \in J$이고 $y_1 < y_2$라 하자. 그러면 x_1, $x_2 \in I$가 존재하여 다음을 만족한다.

$$f(x_1)=y_1, \quad f(x_2)=y_2$$

만약 $x_1 \geq x_2$이면 $y_1=f(x_1) \geq f(x_2)=y_2$이므로, 이것은 가정에 모순이다. 따라서 $x_1 < x_2$이고 $y_1 < y_2$이면 $f^{-1}(y_1)=x_1 < x_2 = f^{-1}(y_2)$가 성립한다.

다음, f^{-1}가 J에서 연속임을 보이자. f^{-1}가 J의 한 점 c에서 연속이 아니라고 하자. 정리 6.4.5에 의해서 $f(I)=J$는 구간이고 f^{-1}는 증가함수이므로 정리 6.4.6을 적용하면, 다음이 성립한다.

$$\lim_{y \to c-} f^{-1}(y) < \lim_{y \to c+} f^{-1}(y)$$

여기서 $x \neq f^{-1}(c)$이고, $\lim_{y \to c^-} f^{-1}(y) < x < \lim_{y \to c^+} f^{-1}(y)$인 점 x를 택하자. 그러면 J의 모든 점 y에 대하여 $x \neq f^{-1}(y)$이므로 $x \notin f^{-1}(J)=I$이다. 이것은 I가 구간이라는 사실에 모순이다. 그러므로 f^{-1}는 J의 모든 점에서 연속이다. ■

예제 6.49 $I=[0, \infty)$이고 함수 $f : I \to \mathbb{R}$를 $f(x)=x^2$으로 정의하면,

$$J = f(I) = [0, \infty)$$

이다. 왜냐하면 함수 f가 I에서 순증가하는 연속함수이므로 정리 6.4.5에 의해 $f(I)$는 구간이고, 정리 6.4.7에 의해 역함수 f^{-1}도 J에서 연속이고 순증가함수이기 때문이다.

연습문제 6.4

1. $I=[0, 1]$, 함수 f가 I상에서 연속이고, 모든 점 $x\in I$에 대하여 $f(x)>0$이라고 하면, 실수 $\alpha>0$가 존재하여 모든 점 $x\in I$에 대해 $f(x)\geq\alpha$임을 증명하여라.

2. $I=[0, 1]$, 함수 f가 I상에서 연속이고, 각 점 $x\in I$에 대하여 $f(x)$가 유리수이면, f는 상수함수인가?

3. $f, g:[0, 1]\to\mathbb{R}$를 $[0, 1]$상에서 연속함수, $f(0)<g(0)$, $f(1)>g(1)$이라 하면, $f(x)=g(x)$를 만족하는 점 $x\in(0, 1)$가 존재하는가?

4. 적당한 점 $x\in\left(0, \dfrac{\pi}{2}\right)$에 대하여 $x=\cos x$임을 증명하여라.

5. 함수 $f:\mathbb{R}\to\mathbb{R}$가 점 $x=a$에서 연속이고 $f(a)>0$이면, 실수 $\varepsilon>0$과 $\delta>0$가 존재하여 $|x-a|<\delta$이면, $f(x)>\varepsilon$임을 증명하여라.

6. 함수 $f:\mathbb{R}\to\mathbb{R}$가 연속이고 모든 유리수 $r\in\mathbb{Q}$에 대해 $f(r)=0$이면, 모든 점 $x\in\mathbb{R}$에 대해서도 $f(x)=0$임을 보여라.

7. 함수 f가 구간 $[0, 1]$상에서 연속이고 $f(0)=f(1)$이면, $f(c)=f\left(c+\dfrac{1}{2}\right)$을 만족하는 점 c가 $\left[0, \dfrac{1}{2}\right]$내에 존재함을 증명하여라.

8. $I=[0, 1]$, $f:I\to\mathbb{R}$는 연속함수이고 각 점 $x\in I$에 대해 적당한 점 $y\in I$가 존재하여 $|f(y)|\leq\dfrac{1}{2}|f(x)|$를 만족한다고 하자. 그러면 적당한 점 $c\in I$가 존재해 $f(c)=0$을 만족함을 증명하여라.

9. $I=[a, b]$, $f:I\to\mathbb{R}$는 상수함수가 아닌 연속함수이면, $f(I)$는 폐구간임을 보여라.

10. 함수 $f:(a, b)\to\mathbb{R}$가 단조증가 또는 단조감소이면, f의 불연속 전체의 집합은 가산(countable)임을 증명하여라(정리 6.4.6을 이용).

6.5 함수의 평등연속성

이 절에서는 함수의 평등연속성을 정의하고, 연속성과 평등연속성과의 차이점과 평등연속성의 몇 가지 성질을 논하고자 한다.

<정의 6.5.1>

$E \subset \mathbb{R}$이고 $f: E \to \mathbb{R}$를 함수라 하자. 임의의 실수 $\varepsilon > 0$에 대해 적당한 실수 $\delta > 0$가 존재하여

$$|x-y| < \delta \text{이고 } x, y \in E \text{이면 } |f(x)-f(y)| < \varepsilon$$

을 만족하면, f를 E상에서 **평등연속**(uniformly continuous on E)이라고 한다.

[주] (1) 함수 f가 E상에서 연속이라는 것은, 임의의 실수 $\varepsilon > 0$과 각 점 $c \in E$에 대해

$$|x-c| < \delta,\ x \in E \text{이면 } |f(x)-f(c)| < \varepsilon$$

을 만족시키는 실수 $\delta > 0$가 존재함을 뜻한다. 여기서 δ는 ε과 c에 종속되므로 δ를 $\delta(\varepsilon, c)$로 나타내기도 한다.

(2) 함수 f가 E상에서 평등연속이라는 것은, E상에 한 점을 미리 고정하지 않고 임의의 실수 $\varepsilon > 0$에 대해 E의 두 점 x, y가 어디에 위치해 있든지 간에

$$|x-y| < \delta \text{이면 } |f(x)-f(y)| < \varepsilon$$

을 만족시키는 실수 $\delta > 0$를 찾을 수 있음을 의미한다. 여기서 δ는 x, y에는 종속되지 않고 ε에만 종속되므로 δ를 $\delta(\varepsilon)$으로 나타내기도 한다.

(3) 함수 f가 E상에서 평등연속이면 f는 E의 모든 점에서 연속이다. 그러나 일반적으로 그 역은 성립하지 않는다(예제 6.53과 6.54 참고).

예제 6.50 함수 $f: \mathbb{R} \to \mathbb{R}$를 $f(x) = 2x$로 정의하면, f는 $\mathbb{R}$상에서 평등연속임을 보여라.

풀이 임의의 실수 $\varepsilon > 0$에 대해 적당한 실수 $\delta > 0$가 존재하여

$$|x-y| < \delta \text{이고 } x, y \in E \text{이면 } |f(x)-f(y)| = 2|x-y| < \varepsilon$$

을 만족함을 보이면 된다. 그런데 $|f(x)-f(y)|=2|x-y|$이므로 $\delta=\dfrac{\varepsilon}{2}$으로 택하면,

$$|x-y|<\delta \text{이고 } x,\ y\in E \text{이면 } \quad |f(x)-f(y)|=2|x-y|<2\delta=\varepsilon$$

이다. 그러므로 f는 $\mathbb{R}$상에서 평등연속이다. ■

예제 6.51 함수 $f:[1,\ 2]\to\mathbb{R}$를 $f(x)=x^2$으로 정의하면, f는 $[1,\ 2]$상에서 평등연속임을 보여라.

풀이 $\varepsilon>0$을 임의의 실수라 하자. 임의의 두 점 $x,\ y\in[1,\ 2]$에 대해 $x\le 2,\ y\le 2$이므로, 다음이 성립한다.

$$\begin{aligned}|f(x)-f(y)| &= |x^2-y^2| = |x+y|\,|x-y| \\ &\le (|x|+|y|)\,|x-y| \le 4|x-y|\end{aligned}$$

주어진 실수 $\varepsilon>0$에 대해 적당한 실수를 $\delta=\dfrac{\varepsilon}{4}$로 택하면

$$|x-y|<\delta,\ x,\ y\in[1,\ 2] \text{이면 } \quad |f(x)-f(y)|\le 4|x-y|<4\delta=\varepsilon$$

이므로, f는 $[1,\ 2]$상에서 평등연속이다. ■

예제 6.52 함수 $f:(1,\ \infty)\to\mathbb{R}$를 $f(x)=\dfrac{1}{x}$로 정의할 때, f는 $(1,\ \infty)$상에서 평등연속임을 밝혀라.

풀이 $\varepsilon>0$을 임의의 실수라 하자. 임의의 두 점 $x,\ y\in(1,\ \infty)$에 대하여

$$\left|\frac{1}{x}-\frac{1}{y}\right|=\frac{|x-y|}{xy}<|x-y|$$

이므로, $\delta=\varepsilon$으로 택하면 다음이 성립한다.

$$|x-y|<\delta \text{이고 } x,\ y\in(1,\ \infty) \text{이면 } \quad |f(x)-f(y)|=\left|\frac{1}{x}-\frac{1}{y}\right|<\varepsilon$$

그러므로 f는 $(1,\ \infty)$상에서 평등연속이다. ■

정리 6.5.1 $E \subset \mathbb{R}$이고 $f : E \to \mathbb{R}$를 함수라 하면, 다음 명제들은 서로 동치이다.

(1) f는 E상에서 평등연속이 아니다.

(2) 적당한 실수 $\varepsilon_0 > 0$이 존재하여 임의의 실수 $\delta > 0$를 택하더라도 적당한 두 점 $x,\ y \in E$가 존재하여 $|x-y| < \delta$이지만 $|f(x)-f(y)| \geq \varepsilon_0$을 만족한다.

(3) 적당한 실수 $\varepsilon_0 > 0$와 E에서의 수열 $\{x_n\}$, $\{y_n\}$이 존재하여 $\lim_{n\to\infty}(x_n - y_n) = 0$이지만 $|f(x_n)-f(y_n)| \geq \varepsilon_0$이다.

예제 6.53 함수 $f : [0,\ \infty) \to \mathbb{R}$를 $f(x) = x^2$으로 정의할 때, f는 $[0,\ \infty)$상에서 평등연속이 아님을 보여라.

풀이 $\varepsilon = 1$이라 하자. 임의의 실수 $\delta > 0$에 대하여 $|x-y| < \delta$이지만 $|f(x)-f(y)| \geq 1$을 만족하는 $x,\ y \in [0,\ \infty)$가 존재함을 보이면 된다. 임의의 실수 $\delta > 0$에 대하여 두 점을 $x = \dfrac{1}{\delta}$, $y = x + \dfrac{\delta}{2}$라 하면, $|x-y| = \dfrac{\delta}{2} < \delta$이고 다음이 성립한다.

$$|f(x)-f(y)| = |x+y|\,|x-y| = \left|\frac{1}{\delta} + \frac{1}{\delta} + \frac{\delta}{2}\right| \left|\frac{\delta}{2}\right| > \frac{2}{\delta} \cdot \frac{\delta}{2} = 1$$

그러므로 f는 $[0,\ \infty)$상에서 평등연속이 아니다. ■

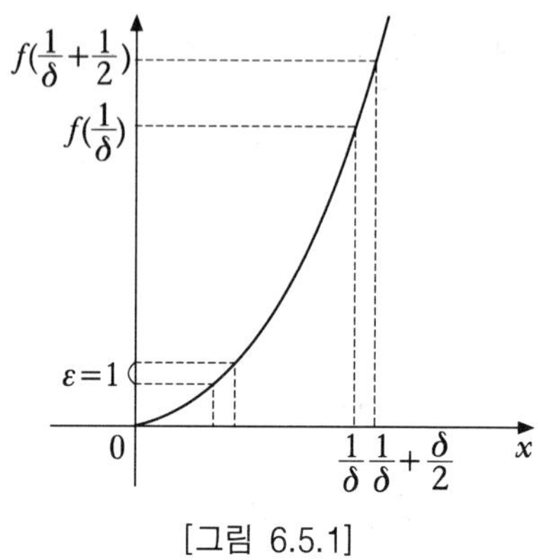

[그림 6.5.1]

예제 6.54 함수 $f : (0,\ 1) \to \mathbb{R}$를 $f(x) = \dfrac{1}{x}$로 정의할 때, f는 $(0,\ 1)$상에서 연속

이지만 평등연속이 아님을 보여라.

풀이 함수 (0, 1)상에서 연속인 것은 이미 알고 있다(예제 6.27).
다음, $\varepsilon=1$이라 하자. 임의의 $0<\delta<1$에 대해 두 점 $x, y\in(0, 1)$를 $x=\delta$, $y=\dfrac{\delta}{2}$라 하면, 다음이 성립한다.

$$|x-y|<\frac{\delta}{2}<\delta \text{ 이지만 } \quad |f(x)-f(y)|=\left|\frac{1}{\delta}-\frac{2}{\delta}\right|=\frac{1}{\delta}>1$$

그러므로 정리 6.5.1로부터 f는 (0, 1)상에서 평등연속이 아니다. ■

예제 6.55 함수 $f:(0, \infty)\to\mathbb{R}$가 $f(x)=\dfrac{1}{x^2}$로 정의될 때, f는 평등연속이 아님을 보여라.

풀이 $x_n=\dfrac{1}{n}$, $y_n=\dfrac{1}{n+1}$라고 두면, $\lim_{n\to\infty}(x_n-y_n)=0$이지만 모든 자연수 $n\in\mathbb{N}$에 대해 $|f(x_n)-f(y_n)|=|2n+1|\geq 1$이므로 정리 6.5.1으로부터 f는 평등연속이 아니다.
■

예제 6.56 함수 $f:(0, \infty)\to\mathbb{R}$가 $f(x)=\sin\dfrac{1}{x}$로 정의될 때, f는 평등연속이 아님을 보여라.

풀이 $x_n=\dfrac{1}{2n\pi}$, $y_n=\dfrac{1}{2n\pi+\dfrac{\pi}{2}}$라고 두면 $\lim_{n\to\infty}(x_n-y_n)=0$이지만, 모든 자연수 $n\in\mathbb{N}$에 대해 $|f(x_n)-f(y_n)|=1$이므로, 정리 6.5.1 (3)에 의해 f는 평등연속이 아니다. ■

> **정리 6.5.2 (평등연속 정리 : Uniform Continuity Theorem)** 함수 $f:[a, b]\to\mathbb{R}$가 연속이면, f는 $[a, b]$상에서 평등연속이다.

증명 함수 f가 $[a, b]$ 상에서 평등연속하지 않는다고 하자. 정리 6.5.1 (3)에 의해 적당한 실수 $\varepsilon_0>0$와 $[a, b]$에서의 수열 $\{x_n\}$, $\{y_n\}$이 존재하여 다음이 성립한다.

$$|x_n-y_n|<\frac{1}{n} \text{ 이지만 } \quad |f(x_n)-f(y_n)|\geq\varepsilon_0 \tag{6.5.1}$$

그런데 수열 $\{x_n\}$은 유계이므로 정리 4.4.8에 의해 수렴하는 부분수열 $\{x_{n_k}\}$을 갖는다. 그 극한을 $\lim_{k\to\infty} x_{n_k}=c$ 라고 하면 $[a, b]$가 폐구간이므로 $c\in[a, b]$이다. 한편, $|y_{n_k}-c| \le |y_{n_k}-x_{n_k}|+|x_{n_k}-c|$이므로 $\{y_n\}$의 부분수열 $\{y_{n_k}\}$도 $\lim_{k\to\infty} y_{n_k}=c$ 이다. 따라서 f가 점 c에서 연속이므로,

$$\lim_{k\to\infty} f(x_{n_k})=f(c), \quad \lim_{k\to\infty} f(y_{n_k})=f(c)$$

가 성립한다. 식 (6.5.1)에 의해

$$\varepsilon_0 \le \lim_{k\to\infty} |f(x_{n_k})-f(y_{n_k})|=|f(c)-f(c)|=0$$

이므로, 이것은 모순이다. 그러므로 f는 $[a, b]$상에서 평등연속이다. ■

정리 6.5.3 $E\subset\mathbb{R}$이고 함수 $f, g: E\to\mathbb{R}$가 평등연속이고 유계이면, 함수 fg도 E상에서 평등연속임을 보여라.

증명 f, g가 E상에서 유계이므로 적당한 실수 $M>0$이 존재하여 모든 점 $x\in E$에 대해 $|f(x)|\le M$이고 $|g(x)|\le M$이다. 그러므로 임의의 두 점 $x, y\in E$에 대해

$$|(fg)(x)-(fg)(y)| \le M|f(x)-f(y)|+M|g(x)-g(y)|$$

가 성립한다. 따라서 함수 f, g가 E상에서 평등연속이므로 fg도 평등연속이다. ■

〈정의 6.5.2〉

$E\subset\mathbb{R}$이고 $f: E\to\mathbb{R}$를 함수라 하자. 적당한 $K>0$가 존재해 모든 점 $x, y\in E$에 대해 다음 식이 만족하면,

$$|f(x)-f(y)| \le K|x-y|$$

f를 E상에서 립쉬쯔 함수(Lipschitz function)라 한다. 또는 f가 E 상에서 립쉬쯔 조건(Lipschitz condition)을 만족한다고 한다.

예제 6.57 함수 $f: [0, 3]\to\mathbb{R}$를 $f(x)=x^2$으로 정의하면, f는 $[0, 3]$상에서 립쉬

쯔 함수이다.

풀이 모든 점 x, $y \in [0, 3]$에 대해 $|f(x)-f(y)| = |x+y||x-y| \le 6|x-y|$이므로, f는 $K=6$인 립쉬쯔 조건을 만족하고 $[0, 3]$상에서 립쉬쯔 함수이다. ■

정리 6.5.4 $E \subset \mathbb{R}$이고 $f: E \to \mathbb{R}$를 립쉬쯔 함수이라 하면, f는 E상에서 평등연속이다.

증명 $f: E \to \mathbb{R}$가 립쉬쯔 함수라고 하면 적당한 $K > 0$가 존재해 모든 점 x, $y \in E$에 대해

$$|f(x) - f(y)| \le K|x-y|$$

을 만족한다. 임의의 실수 $\varepsilon > 0$이 주어질 때, $\delta = \dfrac{\varepsilon}{K}$으로 택하면

$$|x-y| < \delta \text{이면 } |f(x)-f(y)| \le K|x-y| < K \cdot \frac{\varepsilon}{K} = \varepsilon$$

이 성립하므로, f는 E상에서 평등연속이다. ■

[주] 정리 6.5.4의 역은 성립하지 않는다(연습문제 2 참고).

예제 6.58 함수 $f: [1, \infty) \to \mathbb{R}$를 $f(x) = \sqrt{x}$로 정의하면, f는 $[1, \infty)$상에서 평등연속임을 보여라.

풀이 모든 실수 x, $y \in [1, \infty)$에 대해 $|f(x)-f(y)| = \dfrac{|x-y|}{\sqrt{x}+\sqrt{y}} \le \dfrac{1}{2}|x-y|$이므로, f는 $[1, \infty)$상에서 립쉬쯔 함수이고, 정리 6.5.4에 의해 f는 $[1, \infty)$상에서 평등연속이다. ■

정리 6.5.5 $E \subset \mathbb{R}$, 함수 $f: E \to \mathbb{R}$가 평등연속이고 $\{x_n\}$이 E에서의 코시 수열이면, $\{f(x_n)\}$도 $\mathbb{R}$에서의 코시 수열이다.

증명 임의의 실수 $\varepsilon > 0$이 주어지면, f가 E상에서 평등연속이므로 적당한 실수 $\delta > 0$가 존재하여

$$|x-y|<\delta\text{이고 } x,\ y\in E\text{이면} \qquad |f(x)-f(y)|<\varepsilon$$

을 만족한다. 한편, $\{x_n\}$은 코시 수열이므로, 주어진 실수 $\delta>0$에 대하여 적당한 자연수 N가 존재하여 $n,\ m\geq N$인 자연수 $n,\ m\in\mathbb{N}$에 대해 $|x_n-x_m|<\delta$이 성립한다. 따라서 $n,\ m\geq N$이면 $|f(x_n)-f(x_m)|<\varepsilon$이므로 $\{f(x_n)\}$는 $\mathbb{R}$에서의 코시 수열이다. ■

[주] 정리 6.5.5의 가정에서 함수가 평등연속이 아니면 정리의 결론이 일반적으로 성립하지 않는다. 함수 $f:(0,\ 1)\rightarrow\mathbb{R}$가 $f(x)=\dfrac{1}{x}$로 정의되었을 때, $\left\{\dfrac{1}{n}\right\}$은 $(0,\ 1)$상에서 코시 수열이지만, $\left\{f\left(\dfrac{1}{n}\right)\right\}=\{n\}$은 코시 수열이 아니다.

정리 6.5.6 (연속의 확장정리) 함수 $f:(a,\ b)\rightarrow\mathbb{R}$가 평등연속일 필요충분조건은 f가 $[a,\ b]$상에서 연속이 되도록 점 $a,\ b$에서 f의 확장함수 f^*를 정의할 수 있다.

증명 f를 $[a,\ b]$상에서 연속인 함수 f^*로 확장할 수 있다면, f^*는 $[a,\ b]$상에서 평등연속이다. f^*는 부분집합 $(a,\ b)$상에서 평등연속이므로 f는 평등연속이다.

역으로, f가 $(a,\ b)$상에서 평등연속이라 하자. 이때 $\lim\limits_{x\to a}f(x)$와 $\lim\limits_{x\to b}f(x)$가 존재함을 보이려고 한다. 이를 위해 $(a,\ b)$에서의 수열 $\{x_n\}$이 점 a에 수렴한다고 하면 $\{x_n\}$은 코시 수열이고, 정리 6.5.5에 의해 $\{f(x_n)\}$도 $\mathbb{R}$에서의 코시 수열이다. 정리 4.4.13에 의해 $\{f(x_n)\}$은 어떤 실수로 수렴하므로, 이 실수를 $p\in\mathbb{R}$라 하면 $\lim\limits_{x\to a}f(x)=p$가 성립한다. 점 b에 대해서도 같은 방법으로 하면, 적당한 실수 $q\in\mathbb{R}$에 대하여$\lim\limits_{x\to b}f(x)=q$가 성립한다. 이제, 함수 $f^*:[a,\ b]\rightarrow\mathbb{R}$를 다음과 같이 정의하자.

$$f^*(x)=\begin{cases} f(x), & a<x<b \\ p, & x=a \\ q, & x=b \end{cases}$$

그러면 f^*는 f의 확장함수이고 f가 $(a,\ b)$상에서 연속이므로 f^*도 $(a,\ b)$상에서 연속이다. 또, f^*는 두 점 a와 b에서 연속이므로 f^*는 $[a,\ b]$상에서 연속함수이다. ■

연습문제 6.5

1. 다음과 정의된 함수들이 정의역에서 평등연속인지 아닌지를 판정하여라.

(1) $f(x)=x^3$, $[0, 1)$

(2) $f(x)=\sin\dfrac{1}{x}$, $(0, 1)$

(3) $f(x)=e^{-x}$, $[0, \infty)$

(4) $f(x)=\sqrt{x}$, $[1, \infty)$

(5) $f(x)=x^3$, $[0, \infty)$

2. 함수 f가 평등연속이나 립쉬쯔함수가 되지 않는 예를 들어 설명하여라.

3. $a>0$일 때 $f(x)=\dfrac{1}{x}$는 (a, ∞)상에서 평등연속임을 증명하여라.

4. 함수 $f(x)=\dfrac{1}{1+x^2}$는 $\mathbb{R}$상에서 평등연속임을 증명하여라.

5. 실수 a, b, $c\in\mathbb{R}$ 를 $a<b<c$이라 하자. 함수 f가 구간 $[a, b]$상에서 평등연속이고, 또 $[b, c]$상에서 평등연속이라 하면, f는 구간 $[a, c]$상에서 평등연속임을 증명하여라.

6. 함수 $f(x)=\sin\dfrac{1}{x}$은 $\left(0, \dfrac{1}{\pi}\right)$상에서 평등연속인가?

7. 함수 f, $g:\mathbb{R}\to\mathbb{R}$를 $f(x)=x$, $g(x)=\sin x$로 정의하면, fg는 평등연속이 아님을 보여라.

8. 함수 $f:\mathbb{R}\to\mathbb{R}$가 모든 점 $x\in\mathbb{R}$에 대하여 $f(x+a)=f(x)$인 $a>0$가 존재하면, f를 $\mathbb{R}$에서 주기함수(periodic function)라고 한다. 그러면 연속인 주기함수 f는 유계함수이고 평등연속임을 증명하여라.

연습문제 풀이

연습문제 6.1

1. (1) $|x-1|<1$이면 $0<x$이고 $\left|\dfrac{x}{x+1}-\dfrac{1}{2}\right|=\left|\dfrac{x-1}{2(x+1)}\right|\leq\dfrac{|x-1|}{2}$이므로 임의의 실수 $\varepsilon>0$에 대해 적당한 실수를 $\delta=\min\{1,\ 2\varepsilon\}$으로 택하여 $\varepsilon-\delta$논법을 이용하면 극한 $\lim\limits_{x\to1}\dfrac{x}{x+1}=\dfrac{1}{2}$을 얻을 수 있다.

   (2) $x\neq0$이면 $\left|\dfrac{x^2}{|x|}-0\right|=|x|$이다. 그러므로 임의의 실수 $\varepsilon>0$에 대해 적당한 실수를 $\delta=\varepsilon$으로 택하여 $\varepsilon-\delta$논법을 이용하면 극한 $\lim\limits_{x\to0}\dfrac{x^2}{|x|}=0$을 얻을 수 있다.

2. (1) $a_n=2+\dfrac{1}{n}$로 두고, 수열판정법을 적용하면 된다.

   (2) $a_n=\dfrac{n+1}{n}$로 두고, 수열판정법을 적용하면 된다.

3. $\sqrt{x}-\sqrt{a}=\dfrac{\sqrt{x}-\sqrt{a}}{\sqrt{x}+\sqrt{a}}(\sqrt{x}+\sqrt{a})=\dfrac{x-a}{\sqrt{x}+\sqrt{a}}$이다. $a\neq0$이면 $|\sqrt{x}-\sqrt{a}|\leq\dfrac{|x-a|}{\sqrt{a}}$이다. 따라서 $\delta=\sqrt{a}\,\varepsilon$으로 택하면 주어진 조건을 만족한다. $a=0$일 때는 $\delta=\varepsilon^2$으로 택하면, $0<x<\delta$일 때 $\sqrt{x}-0<\varepsilon$임을 알 수 있다.

4. $\lim\limits_{x\to0^+}\dfrac{x}{|x|}=\lim\limits_{x\to0^+}\dfrac{x}{x}=1$이지만 $\lim\limits_{x\to0^-}\dfrac{x}{|x|}=\lim\limits_{x\to0^-}\dfrac{x}{-x}=-1$이므로 $\lim\limits_{x\to0}\dfrac{x}{|x|}$는 존재하지 않는다.

5. (1) 임의의 주어진 $\varepsilon>0$에 대해 적당한 실수 $\delta>0$가 존재해서 $0<|x-a|<\delta$이면, $(f(x))^2<\varepsilon^2$이다. 그러므로 $\lim\limits_{x\to a}f(x)=0$이다.

   (2) $f(x)=\begin{cases}1, & x>0\\ 0, & x=0\\ -1, & x<0\end{cases}$ 이면, $\lim\limits_{x\to0}(f(x))^2=1$이나, $\lim\limits_{x\to0}f(x)$는 존재하지 않는다.

6. $\lim\limits_{y\to a}f(y)=L$이면 극한의 정의에 의해, 임의의 실수 $\varepsilon>0$에 대해 적당한 실수 $\delta>0$가 존재하여 $0<|y-a|<\delta$이면 $|f(y)-L|<\varepsilon$이 성립한다. 따라서 $x=y-a$라 두면,

$y=x+a$이고 $\lim_{x\to 0} f(x+c)=L$이다.

7. $\lim_{x\to 1-} f(x)=0$이지만 $\lim_{x\to 1+} f(x)$는 존재하지 않는다. 왜냐하면, $\varepsilon>0$을 임의의 실수라 하면 $\frac{1}{2^N}<\varepsilon$을 만족하는 적당한 자연수 N가 존재한다. $\delta=\frac{1}{N}$이고 x를 $1-\delta<x<1$이라 하자. 그러면 $-\delta<x-1<0$이므로 $\frac{1}{x-1}<-\frac{1}{\delta}<0$이다. 따라서

$$\left|2^{\frac{1}{x-1}}-0\right|=2^{\frac{1}{x-1}}<2^{-\frac{1}{\delta}}=\frac{1}{2^N}<\varepsilon$$

이므로 $\lim_{x\to 1-} f(x)=0$이다.

한편, $x_n=1+\frac{1}{n}$ $(n\in\mathbb{N})$이라 두면 $x_n\to 1^+$이나 $f(x_n)=\frac{1}{2^{\left(1+\frac{1}{n}\right)-1}}=2^n$은 어느 실수에도 수렴하지 않는다. 정리 6.1.3에 의해 $\lim_{x\to 1+} f(x)$는 존재하지 않는다.

8. 실수 $A\in\mathbb{R}$를 고정하고 $\varepsilon=\frac{1}{2}$이라 하자. $\delta>0$을 임의의 실수라 하자. 만약 $A\le\frac{3}{2}$이면, 임의의 $x\in(1,\ 1+\delta)$에 대해 $|f(x)-A|=|2x-A|>|2-A|\ge\left|2-\frac{3}{2}\right|=\frac{1}{2}=\varepsilon$이고, $A>\frac{3}{2}$이면 임의의 $x\in(1-\delta,\ 1)$에 대해 $|f(x)-A|=|A-f(x)|>\left|\frac{3}{2}-x\right|>\left|\frac{3}{2}-1\right|$이므로 A는 $x=1$에서 f의 극한이 될 수 없다.

9. 임의의 실수 $\varepsilon>0$이 주어졌다고 하자. 아르키메데스의 성질에 의하여 $\frac{5}{2n}<\varepsilon$을 만족하는 자연수 $n\in\mathbb{N}$이 존재한다. $\frac{1}{n}>\delta>0$을 만족하는 실수 δ를 택하자. 만약 $0<x<\delta$이면 $\frac{1}{m+1}<x\le\frac{1}{m}$을 만족하는 자연수 $m\in\mathbb{N}$을 택할 수 있다. 그러면 $m\ge n$이고 $m\le\frac{1}{x}<m+1$이므로 $\frac{2m}{m+1}<\left[\frac{2}{x}\right]x<\frac{2(m+1)}{m}$이다. 따라서

$$-\frac{3}{2(m+1)}=\frac{2m}{m+1}+\frac{1}{2(m+1)}-2<\left[\frac{2}{x}\right]x+\frac{x}{2}-2<\frac{2(m+1)}{m}+\frac{1}{2m}-2=\frac{5}{2m}$$

이다. 따라서

$$|f(x)-1|=\left|\left[\frac{2}{x}\right]x+\frac{x}{2}-1-1\right|<\frac{5}{2m}<\frac{5}{2n}<\varepsilon$$

을 만족하므로 $\lim_{x\to 0^+} f(x)=1$이다.

연습문제 6.2

1. (1) -2 (2) 5
   (3) 1/2 (4) 존재하지 않는다.
   (5) 0

2. (1) $g(x)=(f+g)(x)-f(x)$이므로 결과를 쉽게 얻을 수 있다.
   (2) $f(x)=x^2$, $g(x)=\dfrac{1}{x}(x>0)$로 두면, $\lim_{x\to 0} f(x)=0$이고 $\lim_{x\to 0} f(x)g(x)=0$이나 $\lim_{x\to 0} g(x)$는 존재하지 않는다.

3. (1) 극한값 $\lim_{x\to 0} f(x)$가 존재하므로 정리 6.1.3에 의해 $\lim_{n\to\infty} f\left(\dfrac{1}{n}\right)$이 존재하고 $\lim_{x\to 0} f(x)$ $=\lim_{n\to\infty} f\left(\dfrac{1}{n}\right)$이다. 주어진 가정에 의하여 $f(2x)=f(x+x)=f(x)+f(x)=2f(x)$ 이므로 모든 $n\in\mathbb{N}$과 $x\in\mathbb{R}$에 대해서도 $f(nx)=nf(x)$이고 $f(x)=\dfrac{1}{n}f(nx)$이 성립한다. 특히, $x=\dfrac{1}{n}$이면 $f\left(\dfrac{1}{n}\right)=\dfrac{1}{n}f(1)$이므로 $\lim_{n\to\infty} f\left(\dfrac{1}{n}\right)=\lim_{n\to\infty}\dfrac{1}{n}\cdot f(1)=$ $0\cdot f(1)=0$이다. 그러므로 $\lim_{x\to 0} f(x)=\lim_{n\to\infty} f\left(\dfrac{1}{n}\right)=0$가 성립한다.
   (2) $f(x)=f(x-p)+f(p)$ 이므로 $\lim_{x\to p} f(x)=\lim_{x\to p} f(x-p)+\lim_{x\to p} f(p)=0+f(p)=$ $f(p)$이다. 그러므로 $\lim_{x\to p} f(x)$가 존재한다.

4. 임의의 수열 $\{x_n\}$에 대하여 $f(x_n)=x_n$이거나 $f(x_n)=0$이다. 따라서 $x_n\to 0$이면 $f(x_n)\to 0$이므로, 정리 6.1.3에 의해 $\lim_{x\to 0} f(x)=0$이다.

5. $x>K$에 대해 $|f(x)-L|<\varepsilon$과 $0<t<\dfrac{1}{K}$에 대해 $\left|f\left(\dfrac{1}{t}\right)-L\right|<\varepsilon$ 조건은 서로 동치이므로, 주어진 결론은 쉽게 얻을 수 있다.

6. 모든 점 $x\in E$에 대하여 $f(x)\geq 0$이므로, 정리 6.2.4에 의해 $L=\lim_{x\to a} f(x)\geq 0$이다. 이때 두 경우 (i) $L=0$, (ii) $L>0$에 대해 생각하자.
   (i) $L=0$이고, 임의의 실수 $\varepsilon>0$이 주어졌다고 하자. $\lim_{x\to a} f(x)=L$이므로 $0<|x-a|$ $<\delta$, $x\in E$이면 $|f(x)|=|f(x)-L|<\varepsilon^2$을 만족하는 $\delta>0$가 존재한다. 따라서 $0<|x-a|<\delta$, $x\in E$이면 $|\sqrt{f(x)}-\sqrt{L}|=|\sqrt{f(x)}|<\sqrt{\varepsilon^2}=\varepsilon$이므로,

$\lim_{x \to a} \sqrt{f(x)} = \sqrt{L}$ 이다.

(ii) $L > 0$이면, $\sqrt{L} > 0$이고 다음이 성립한다.

$$\sqrt{f(x)} - \sqrt{L} = \frac{(\sqrt{f(x)} - \sqrt{L})(\sqrt{f(x)} + \sqrt{L})}{\sqrt{f(x)} + \sqrt{L}} = \frac{f(x) - L}{\sqrt{f(x)} + \sqrt{L}}$$

그리고 $\sqrt{f(x)} + \sqrt{L} > \sqrt{L} > 0$이므로 $|\sqrt{f(x)} - \sqrt{L}| \le \frac{|f(x)-L|}{\sqrt{L}}$이다. 따라서 $x \to a$일 때, $f(x) \to L$이면 $\sqrt{f(x)} \to \sqrt{L}$이 성립하므로 $\lim_{x \to a} \sqrt{f(x)} = \sqrt{L}$ 이다.

7. $\varepsilon = 1$라고 하자. 그러면 적당한 실수 $M > 0$ 존재하여 $x > M$일 때, $|xf(x) - L| < 1$이 성립한다. $x > M$에 대해 $|f(x)| < \frac{|L|+1}{x}$가 성립하므로, $\lim_{x \to \infty} f(x) = 0$이다.

8. g는 E상에서 유계이므로 적당한 실수 $M > 0$이 존재하여, 모든 점 $x \in E$에 대해 $|g(x)| \le M$이다. 그런데 $\lim_{x \to a} f(x) = 0$이므로, 임의의 실수 $\varepsilon > 0$에 대하여 적당한 실수 $\delta > 0$가 존재하여 $0 < |x-a| < \delta$이면 $|f(x)| < \frac{\varepsilon}{M}$을 만족한다. 따라서 $0 < |x-a| < \delta$이면 $|f(x)g(x) - 0| = |f(x)||g(x)| \le \frac{\varepsilon}{M} \cdot M = \varepsilon$이므로, $\lim_{x \to a} f(x)g(x) = 0$이다.

9. 자연수 $n \in \mathbb{N}$에 대해서 $a_n = \frac{1}{2n\pi + \frac{\pi}{2}}$이라 하면, $\lim_{n \to \infty} a_n = 0$이고 $\lim_{n \to \infty} f(a_n) = \cos\left(2n\pi + \frac{\pi}{2}\right) = 0$이다. 그러나 $b_n = \frac{1}{2n\pi}$이면 $\lim_{n \to \infty} b_n = 0$이고 $\lim_{n \to \infty} f(b_n) = 1$이다. 따라서 $\lim_{x \to 0} \cos\frac{1}{x}$은 존재하지 않는다. 한편, $g(x) = x$라 하면, $\lim_{x \to 0} g(x) = 0$이고 $f(x) = \cos\frac{1}{x}$은 $\mathbb{R}$상에서 유계이므로, 정리 6.2.9에 의해서 $\lim_{x \to 0} g(x)f(x) = \lim_{x \to 0} x \cos\frac{1}{x} = 0$이다.

연습문제 6.3

1. f는 $x = 3$에서만 연속이다.

2. 함수 f와 g를 다음과 같이 정의하자.

$$f(x) = \begin{cases} 0, & x : \text{유리수} \\ 1, & x : \text{무리수}, \end{cases} \qquad g(x) = \begin{cases} 1, & x : \text{유리수} \\ 0, & x : \text{무리수} \end{cases}$$

그러면 함수 f와 g는 $\mathbb{R}$의 모든 점에서 불연속이지만 $f+g$는 $(f+g)(x)=1$인 상수함수이므로, $\mathbb{R}$ 상에서 연속이다.

3. (1) $\max\{f,\ g\}(x)=\frac{1}{2}[f(x)+g(x)]+\frac{1}{2}|f(x)-g(x)|$이고 $f,\ g$가 연속이므로, 정리 6.3.4와 정리 6.3.6에 의해서 $\max\{f,\ g\}$도 연속이다.

   (2) $\min\{f,\ g\}(x)=\frac{1}{2}[f(x)+g(x)]-\frac{1}{2}|f(x)-g(x)|$이고 $f,\ g$가 연속이므로, $\min\{f,\ g\}$도 연속이다.

4. $c\in\mathbb{R}$는 임의의 실수이고 $\varepsilon>0$이라고 하자. $\delta=\frac{\varepsilon}{k}$으로 두면, $|x-c|<\delta$에 대해서

$$|f(x)-f(c)|<K|x-c|<K\cdot\frac{\varepsilon}{K}=\varepsilon$$

이다. f는 임의의 실수 $c\in\mathbb{R}$에서 연속이므로, f는 $\mathbb{R}$ 상에서 연속이다.

5. $f(0+y)=f(0)+f(y)$이므로 $f(0)=0$이고, f는 $x=0$에서 연속이므로 $\lim_{x\to 0}f(x)=0$이다. 점 $x,\ c\in\mathbb{R}$에 대해 $f(x)=f(x-c+c)=f(x-c)+f(c)$이므로 $f(x)-f(c)=f(x-c)$이다. 따라서 $\lim_{x\to c}[f(x)-f(c)]=\lim_{x\to c}[f(x-c)]=0$이므로 $\lim_{x\to c}f(x)=f(c)$이다. 그러므로 f는 c에서 연속이고, c는 임의의 점이므로 f는 $\mathbb{R}$ 상에서 연속이다.

6. 함수 f를 $f(x)=\begin{cases}1, & x\in[0,\ 1]\cap\mathbb{Q}\\ -1, & x\in[0,\ 1]\cap(\mathbb{R}-\mathbb{Q})\end{cases}$로 정의하면, 주어진 조건을 만족한다.

7. (1) 임의의 점 $x,\ c\in\mathbb{R}$에 대하여 $|f(x)-f(c)|=||x|-|c||\leq|x-c|$이므로 문제 4에 의해 $f(x)=|x|$는 모든 점 $c\in\mathbb{R}$에서 연속이다.

   (2) $g(x)=|x|$이라 하자. f가 $\mathbb{R}$ 상에서 연속이면, 정리 6.3.8에 의하여 합성함수 $g\circ f=|f|$도 $\mathbb{R}$ 상에서 연속이다.

8. (1) 주어진 식으로부터 $g(x)=0$ 혹은 $g(0)=1$이다. 적당한 점 $a\in\mathbb{R}$에 대해 $g(a)=0$이라 하자. 임의의 $x\in\mathbb{R}$에 대해 $y=x-a$이라 두면, $g(x)=g(a+y)=g(a)g(y)=0$이다. 그러므로 $g(a)=0$이면 모든 점 $x\in\mathbb{R}$에 대해 $g(x)=0$이다.

   (2) (1)에 의해 $g(a)=0$를 만족하는 $a\in\mathbb{R}$가 존재하면, g는 상수함수이므로 연속이다. $g(0)=1$이고 임의의 실수 $c\in\mathbb{R}$에 대해 $g(c)\neq 0$이라고 하자. 가정에서 g는 점 0에서 연속이므로, 임의로 실수 $\varepsilon>0$에 대해 적당한 실수 $\delta>0$가 존재하여 $|x-0|<\delta$이면 $|g(x)-g(0)|<\frac{\varepsilon}{g(c)}$이 성립한다. 따라서 $|x-0|<\delta$이면 $|g(x+c)-g(c)|=$

$|g(c)||g(x)-1|<\varepsilon$이므로, g는 점 c에서 연속이다.

연습문제 6.4

1. 최대값·최소값 정리에 의해 점 $p\in I$가 존재하여 모든 점 $x\in I$에 대하여 $f(p)\le f(x)$을 만족한다. 가정에서 모든 점 $x\in I$에 대하여 $f(x)>0$이므로 $\alpha=f(p)$이라 하면 $\alpha>0$이고 모든 점 $x\in I$에 대하여 $f(x)\ge f(p)=\alpha$이다.

2. 최대값·최소값 정리에 의해 점 $p, q\in I$가 존재하여 모든 점 $x\in I$에 대해 $f(p)\le f(x)\le f(q)$를 만족한다. f가 상수함수가 아니라고 가정하자. 그러면 $f(p)<f(q)$이므로, $f(p)<\beta<f(q)$인 무리수 $\beta\in I$가 존재하고 중간값 정리에 의하여 p, q 사이에 적당한 점 $c\in I$가 존재하여 $f(c)=\beta$를 만족한다. 가정에 의하여 $f(c)$는 유리수이고, 또 β는 무리수이므로 이것은 모순이다. 따라서 f는 상수함수이다.

3. 주어진 가정에 의해 $f-g$는 $[0, 1]$상에서 연속이고 $(f-g)(0)=f(0)-g(0)<0$, $(f-g)(1)=f(1)-g(1)>0$이므로, 중간값 정리에 의하여 적당한 점 $x\in(0, 1)$가 존재하여 $(f-g)(x)=0$를 만족한다. 그러므로 $f(x)=g(x)$이다.

4. $f(x)=x-\cos x$라 하자. f는 $\left[0, \dfrac{\pi}{2}\right]$상에서 연속이고 $f(0)=-1<0<\dfrac{\pi}{2}=\dfrac{\pi}{2}-\cos\dfrac{\pi}{2}=f\left(\dfrac{\pi}{2}\right)$이므로, 중간값 정리에 의하여 $x_0\in\left(0, \dfrac{\pi}{2}\right)$가 존재하여 $f(x_0)=0$을 만족한다. 그러므로 $x_0=\cos x_0$을 만족한다.

5. f는 $x=a$에서 연속이므로 $\varepsilon=\dfrac{f(a)}{2}$라고 두면, 이에 대응하는 $\delta>0$가 존재하여 $|x-a|<\delta$이면, $|f(x)-fa)|<\varepsilon$이 성립한다. 그러므로 $f(x)>\dfrac{f(a)}{2}=\varepsilon>0$이다.

6. 방법 (1): x가 무리수이면, $\mathbb{Q}$의 조밀성에 의해 x에 수렴하는 유리수 수열 $\{r_n\}$이 존재한다. 여기서 f는 $\mathbb{R}$상에서 연속이므로, $f(x)=\lim_{n\to\infty}f(r_n)=0$이다.
   방법 (2): 어떤 실수 $p\in\mathbb{R}$에 대해 $f(p)\neq 0$라 가정하고 $f(p)=q$, $|q|>0$라 하자. $\varepsilon=\dfrac{|q|}{2}$로 택하면 f는 연속이므로 적당한 실수 $\delta>0$가 존재해서

$$|x-p|<\delta\text{이면 } |f(x)-f(p)|<\varepsilon$$

   이 성립한다. $\mathbb{Q}$의 조밀성에 의해 모든 개구간에는 유리수가 존재하므로

$$r \in \{x \in \mathbb{Q} : |x-p| < \delta\}\text{이면 } |f(p)-f(r)| = |f(p)| = |q| < \varepsilon = \frac{|q|}{2}$$

이 성립한다. 이것은 모순이므로, 모든 점 $x \in \mathbb{R}$에 대해 $f(x)=0$이다.

7. $g(x)=f(x)-f\left(x+\frac{1}{2}\right)$라 두면 g는 $[0,\ 1]$상에서 연속인 함수이다. $g(0)=f(0)-f\left(\frac{1}{2}\right)$이고 $g\left(\frac{1}{2}\right)=f\left(\frac{1}{2}\right)-f(1)=-g(0)$이므로, 중간값 정리에 의해 $g(c)=0$가 되는 점 c가 $\left[0,\ \frac{1}{2}\right]$에서 존재한다. 따라서 $0=g(c)=f(c)-f\left(c+\frac{1}{2}\right)$이므로 $f(c)=f\left(c+\frac{1}{2}\right)$이 되는 점 c가 $\left[0,\ \frac{1}{2}\right]$에 존재한다.

8. x_1을 I 상의 임의의 점이라 하고 $|f(x_2)| \le \frac{1}{2}|f(x_1)|$을 만족하도록 점 $x_2 \in I$를 택하자. 수학적귀납법을 이용하여 $|f(x_{n+1})| \le \left(\frac{1}{2}\right)^n |f(x_1)|$이 되는 점 $x_{n+1} \in I$을 택하면, 정리 4.4.8에 의해 수열 $\{x_n\}$은 적당한 점 c에 수렴하는 부분수열 $\{x_{n_k}\}$를 가진다. 여기서 $x_{n_k} \to c$이므로 정리 6.3.2에 의해 $\lim_{k\to\infty}|f(x_{n_k})| = f(c)$이다. 따라서 $\{f(x_n)\}$의 정의에 의해 $\lim_{n\to\infty} f(x_n)=0$이므로 $f(c)=0$이다.

9. 정리 6.4.2에 의하여 $x_*,\ x^* \in I$가 존재하여 $f(x^*)=m^*=\sup\{f(x) : x \in I\}$이고 $f(x_*)=m_*=\inf\{f(x) : x \in I\}$을 만족하므로 $m_*,\ m^*$는 $f(I)$에 속하며 $f(I) \subset [m_*,\ m^*]$이다. 한편 m가 $[m_*,\ m^*]$의 임의의 점이면, 중간값 정리에 의해 $m_* < m < m^*$인 임의의 실수 m에 대해 점 $c \in (a,\ b)$가 존재하여 $f(c)=m$이 되므로 $m \in f(I)$이고 $[m_*,\ m^*] \subset f(I)$이다. 따라서 $f(I)$는 폐구간이고 $f(I)=[m_*,\ m^*]$이다.

10. f가 $(a,\ b)$상에서 단조증가함수라고 가정하자. 그러면 정리 6.4.6에 의해 f의 불연속점 c에 대해 항상 다음이 성립한다.

$$\begin{aligned}\sup\{f(x) : x < c,\ x \in (a,\ b)\} &= \lim_{x\to c-} f(x) < \lim_{x\to c+} f(x) \\ &= \inf\{f(x) : c < x,\ x \in (a,\ b)\}\end{aligned}$$

집합 $E=\{c \in (a,\ b) : f$는 점 c에서 불연속이다$\}$로 정의하면, 각 점 $c \in E$에 대해 $\lim_{x\to c-} f(x) < r(c) <= \lim_{x\to c+} f(x)$를 만족시키는 적당한 유리수 $r(c)$가 존재한다. 그런데 정리 6.4.6 (2)로부터 $a < x_1 < x_2 < b$이면, $\lim_{x\to x_1+} f(x) < \lim_{x\to x_2-} f(x)$이므로 $x_1 \ne x_2$ $(x_1,\ x_2 \in E)$이면, $r(x_1) \ne r(x_2)$가 성립한다. 따라서 함수 $g : E \to \mathbb{Q}$를 $g(x)=r(x)$

로 정의하면, g는 일대일이다. 따라서 집합 E와 유리수 전체집합의 어떤 부분집합사이에 일대일 대응이 되므로 E는 가산이다. 같은 방법으로, 단조감소인 증명도 단조증가인 경우와 비슷하게 할 수 있다.

연습문제 6.5

1. (1) 평등연속이다　　(2) 평등연속이 아니다
   (3) 평등연속이다　　(4) 평등연속이다
   (5) 평등연속이 아니다

2. 함수 $g : [0,\ 1] \to \mathbb{R}$를 $g(x) = \sqrt{x}$로 정의하면, 모든 점 $x \in [0,\ 1]$에 대해 $|g(x)| \le K\,|x|$을 만족하는 실수 K는 존재하지 않는다. 즉 g는 립쉬쯔함수가 아니다. 왜냐하면 만약 모든 점 $x \in [0,\ 1]$에 대해 $|g(x) - g(0)| \le K|x - 0|$이면, $\sqrt{x} \le K\,x$를 만족해야 한다. 그런데 $x_n = \dfrac{1}{n^2}$인 경우를 생각하면, 모든 자연수 $n \in \mathbb{N}$에 대해서도 $n \le K$을 만족해야 하나 이것은 불가능하다. 그러므로 $\sqrt{x} \le K\,x$가 성립하지 않는다.

3. $\varepsilon > 0$을 임의의 실수라고 하자. 임의의 점 $x,\ y \in (a,\ \infty)$에 대하여
$$\left|\frac{1}{x} - \frac{1}{y}\right| = \frac{|x-y|}{xy} < \frac{|x-y|}{a^2}$$
가 성립하므로, $\delta = a^2\varepsilon$으로 놓으면 $x,\ y \in (a,\ \infty)$이고 $|x-y| < \delta$이면 $|f(x) - f(y)| = \left|\dfrac{1}{x} - \dfrac{1}{y}\right| < \varepsilon$을 만족한다. 따라서 f는 $(a,\ \infty)$상에서 평등연속이다.

4. $|f(x) - f(y)| \le \dfrac{|x| + |y|}{(1+x^2)(1+y^2)}|x-y| \le (\dfrac{1}{2} + \dfrac{1}{2})|x-y| = |x-y|$이므로, f는 $\mathbb{R}$ 상에서 평등연속이다.

5. $\varepsilon > 0$을 임의의 실수라 하자. 이에 대응하는 적당한 실수 $\delta_1 > 0$이 존재하여 $|x-y| < \delta_1$이고 $x,\ y \in [a,\ b]$이면 $|f(x) - f(y)| < \dfrac{\varepsilon}{2}$을 만족한다. 또한 적당한 실수 $\delta_2 > 0$가 존재하여 $|x-y| < \delta_2$이고 $x,\ y \in [b,\ c]$이면, $|f(x) - f(y)| < \dfrac{\varepsilon}{2}$을 만족한다. 이때 $\delta = \min\{\delta_1,\ \delta_2\}$이라 하고 $x,\ y \in [a,\ c]$를 $|x-y| < \delta$라 하자. 만일 $x,\ y \in [a,\ b]$이거나 $x,\ y \in [b,\ c]$이면, 분명히 $|x-y| < \delta$이므로 $|f(x) - f(y)| < \dfrac{\varepsilon}{2} < \varepsilon$을 만족한

다. 일반성을 잃지 않도록 $x<b<y$이라 하자. 그러면 $|b-x|<|y-x|<\delta\le\delta_1$이므로 $|f(b)-f(x)|<\dfrac{\varepsilon}{2}$이다. 같은 방법으로, $|y-b|<\delta\le\delta_2$이므로 $|f(b)-f(y)|<\dfrac{\varepsilon}{2}$이다. 따라서 $|x-y|<\delta$이면, $|f(x)-f(y)|\le|f(x)-f(b)|+|f(b)-f(y)|<\dfrac{\varepsilon}{2}+\dfrac{\varepsilon}{2}=\varepsilon$이다. 그러므로 f는 $[a, c]$상에서 평등연속이다.

6. $\varepsilon_0=1$이라 하자. 임의의 δ를 $0<\delta<\dfrac{1}{\pi}<1$이라 두면, 아르키메데스의 성질에 의하여 $\dfrac{1}{n}<\delta$인 자연수 $n\in\mathbb{N}$이 존재한다. $x=\dfrac{2}{\pi(2n+1)}$, $y=\dfrac{2}{\pi(2n+3)}$이라 두면

$$|x-y|=\left|\frac{2}{\pi(2n+1)}-\frac{2}{\pi(2n+3)}\right|<\frac{4}{(2n)(2n)}=\frac{1}{n^2}<\delta^2<\delta$$

이지만, $|f(x)-f(y)|=\ \sin\dfrac{1}{x}-\sin\dfrac{1}{y}=2\ge1=\varepsilon_0$이므로, f는 $\left(0, \dfrac{1}{\pi}\right)$상에서 평등연속이 아니다.

7. fg는 평등연속이 아님을 보이자. $\displaystyle\lim_{x\to0}\frac{\sin x}{x}=1$이므로, 적당한 실수 $\delta>0$가 존재하여 $0<x<\delta$에 대해 $\sin x\ge\dfrac{x}{2}$를 만족한다. $x_n=2n\pi$, $y_n=2n\pi+\dfrac{1}{n}$로 두면 $\sin x_n=0$, $\sin y_n=\sin\dfrac{1}{n}$이다. 따라서 $h=fg$라고 두면, $|h(x_n)-h(y_n)|=y_n\sin\dfrac{1}{n}\ge\dfrac{2n\pi+1/n}{2n}>\pi>0$이므로, 정리 6.5.1에 의해 fg는 평등연속이 아니다.

8. f는 $[0, a]$상에서 유계이므로 f는 $\mathbb{R}$상에서 유계이다. f가 $I=[1, a+1]$상에서 연속이므로, f는 I상에서 평등연속이다. 문제 5에 의하여 f는 $\mathbb{R}$상에서 평등연속이다.

제 7 장
미 분

제7장에서는 함수의 미분, 미분가능한 함수의 성질, 로피탈의 법칙, 테일러의 정리 등에 관한 정의와 성질들을 소개한다. 미분개념과 그에 관한 성질을 조사하고, 롤(Rolle)의 정리와 평균값 정리, 부정형의 극한을 구할 때 유용한 로피탈의 법칙과 다항식을 이용하여 근사값을 구하는 테일러의 정리 등에 대해 알아본다.

7.1 함수의 미분

이 절에서는 함수의 미분가능성을 정의하고 도함수의 기본적인 성질을 다룬다. 그리고 연쇄법칙이 성립하는 합성함수의 미분법과 역함수의 미분계수에 대해 논한다.

〈정의 7.1.1〉

$E \subset \mathbb{R}$, $f : E \to \mathbb{R}$는 함수이고 점 $x_0 \in E$이라 하자. 적당한 실수 L이 존재해서, 임의의 실수 $\varepsilon > 0$에 대해 적당한 실수 $\delta > 0$가 존재하여

$$0 < |x - x_0| < \delta \text{이고 } x \in E \text{이면 } \left| \frac{f(x) - f(x_0)}{x - x_0} - L \right| < \varepsilon$$

을 만족할 때, 함수 f를 점 x_0에서 미분가능(differentiable at x_0)하다고 하며, 극

한값 L을 점 x_0에서 f의 미분계수(derivative of f at x_0)라 한다. 특히, f가 E의 모든 점에서 미분가능하면, f는 E상에서 미분가능하다고 하고, f가 점 x_0에서 미분가능하지 않을 때, f는 점 x_0에서 미분불가능하다고 한다.

[주] 극한값 L이 존재할 때, 이를 $f'(x_0)$로 표현하고, 다음과 같이 나타낸다.

$$f'(x_0) = \lim_{x \to x_0} \frac{f(x) - f(x_0)}{x - x_0}$$

예제 7.1 함수 $f : (0, \infty) \to \mathbb{R}$를 $f(x) = \sqrt{x}$로 정의하면, f는 $(0, \infty)$상에서 미분가능함을 보여라.

풀이 임의의 점 $x_0 \in (0, \infty)$에 대해 극한값

$$\lim_{x \to x_0} \frac{\sqrt{x} - \sqrt{x_0}}{x - x_0} = \lim_{x \to x_0} \frac{x - x_0}{(x - x_0)(\sqrt{x} + \sqrt{x_0})} = \lim_{x \to x_0} \frac{1}{\sqrt{x} + \sqrt{x_0}} = \frac{1}{2\sqrt{x_0}}$$

이 존재하므로 f는 점 x_0에서 미분가능하고, 또한 점 $x_0 \in (0, \infty)$는 임의의 점이므로 f는 $(0, \infty)$상에서 미분가능하다. ■

예제 7.2 함수 $f : \mathbb{R} \to \mathbb{R}$를 다음과 같이 정의하면,

$$f(x) = \begin{cases} x \sin \dfrac{1}{x}, & x \neq 0 \\ 0, & x = 0 \end{cases}$$

f는 점 $x=0$에서 미분불가능함을 보여라.

풀이 $x=0$에서 f의 미분가능성을 판정하기 위해 $f'(0)$를 계산하면,

$$f'(0) = \lim_{x \to 0} \frac{f(x) - f(0)}{x - 0} = \lim_{x \to 0} \frac{x \sin \frac{1}{x} - 0}{x - 0} = \lim_{x \to 0} \sin \frac{1}{x}$$

이므로 극한값은 존재하지 않는다(예제 6.12 참고). 따라서 f는 점 $x=0$에서 미분불가능하다. ■

예제 7.3 함수 $f : \mathbb{R} \to \mathbb{R}$를 다음과 같이 정의하면,

$$f(x) = \begin{cases} x^2 \sin \dfrac{1}{x}, & x \neq 0, \\ 0, & x = 0 \end{cases}$$

f는 점 $x=0$에서 미분가능하고, $f'(0)=0$임을 보여라.

풀이 점 $x=0$에서 f의 미분가능성을 판정하기 위해 $f'(0)$를 계산하면,

$$f'(0) = \lim_{x \to 0} \frac{f(x) - f(0)}{x - 0} = \lim_{x \to 0} \frac{x^2 \sin \frac{1}{x} - 0}{x - 0} = \lim_{x \to 0} x \sin \frac{1}{x} = 0$$

이므로 극한값이 존재한다(예제 6.10 참고). 따라서 f는 점 $x=0$에서 미분가능하고 $f'(0)=0$이다. ■

예제 7.4 함수 $f : \mathbb{R} \to \mathbb{R}$가 임의의 점 $x,\ y \in \mathbb{R}$에 대해 다음을 만족하면,

$$|f(x) - f(y)| \leq (x - y)^2$$

f는 $\mathbb{R}$상에서 미분가능하고, 모든 점 $x \in \mathbb{R}$에 대해 $f'(x)=0$임을 증명하여라.

풀이 임의의 점 $x \in \mathbb{R}$가 주어졌을 때, 임의의 실수 h에 대해 다음이 성립한다.

$$\left| \frac{f(x+h) - f(x)}{h} \right| \leq \frac{h^2}{|h|} = |h|$$

따라서 $\displaystyle\lim_{h \to 0} \frac{f(x+h) - f(x)}{h} = 0$이 존재하므로, 모든 점 x에 대해 f는 미분가능하고, $f'(x)=0$이다. ■

〈정의 7.1.2〉

함수 $f : [a, b] \to \mathbb{R}$와 점 $x_0 \in [a, b]$에 대해

$$\lim_{x \to x_0 -} \frac{f(x) - f(x_0)}{x - x_0} \qquad \left[\lim_{x \to x_0 +} \frac{f(x) - f(x_0)}{x - x_0} \right]$$

이 존재하면, 이 극한값을 점 x_0에서 f의 좌측 미분계수(left-sided derivative) [우측 미분계수(right-sided derivative)]라 하고, $f'_-(x_0)$ $[f'_+(x_0)]$로 나타낸다.

[주] (1) f가 점 $x_0 \in (a, b)$에서 미분가능할 필요충분조건은 $f'_-(x_0)$와 $f'_+(x_0)$가 모두 존재하고 $f'_-(x_0) = f'_+(x_0)$인 것이다.

(2) f가 (a, b)상에서 미분가능하고 $f'_+(a)$와 $f'_-(b)$가 존재할 때, f는 $[a, b]$상에서 미분가능하다고 한다.

예제 7.5 함수 $f : \mathbb{R} \to \mathbb{R}$를 $f(x) = |x|$로 정의할 때, $f'_+(0)$와 $f'_-(0)$을 구하고, 점 $x=0$에서 미분불가능이고 그 외의 모든 점에서는 미분가능임을 보여라.

풀이 $\lim_{x \to 0} \frac{|x| - |0|}{x - 0} = \lim_{x \to 0} \frac{|x|}{x}$이므로 $f'_-(0) = -1$이고 $f'_+(0) = 1$이다. 따라서 $f'_+(0) \neq f'_-(0)$이므로 f는 $x=0$에서 미분불가능하다. 그러나 $x \neq 0$이면, $f'(x) = \begin{cases} 1, & x > 0 \\ -1, & x < 0 \end{cases}$ (즉, $f'(x) = sgn(|x|)$)이므로 f는 $x \neq 0$인 모든 점에서 미분가능하다. ■

〈정의 7.1.3〉

$E \subset \mathbb{R}$이고 $f : E \to \mathbb{R}$를 함수라 하자. 이때 f가 점 $x \in E$에서 미분가능할 때, 그 점 x에 대해 미분계수 $f'(x)$를 대응시키는 새로운 함수 $g : E \to \mathbb{R}$를 $g(x) = f'(x)$로 정의하면, 이 함수 g을 f의 **도함수**(derivative of f)라고 하고, 다음과 같이 표현한다.

$$f' \quad \text{또는} \quad \frac{df}{dx}$$

예제 7.6 예제 7.1과 7.3에서 주어진 함수의 도함수를 구하여라.

풀이 예제 7.1에서의 함수 f는 $[0, \infty)$내의 모든 점에서 미분가능하므로 f의 도함수는 $f'(x) = \frac{1}{2\sqrt{x}}$이고, 예제 7.3에서의 함수 f도 $\mathbb{R}$의 모든 점에서 미분가능하므로 f의 도함수는 다음과 같다.

$$f'(x)=\begin{cases} 2x\sin\dfrac{1}{x}-\cos\dfrac{1}{x}, & x\neq 0 \\ 0, & x=0 \end{cases}$$ ■

> **정리 7.1.1** $E\subset\mathbb{R}$이고 함수 $f:E\to\mathbb{R}$가 점 x_0에서 미분가능하면, f는 점 x_0에서 연속이다.

증명 $x\neq x_0$인 모든 점 $x\in E$에 대해 다음을 얻는다.

$$f(x)-f(x_0)=\frac{f(x)-f(x_0)}{x-x_0}\cdot(x-x_0)$$

그런데 f는 점 x_0에서 미분가능하므로, $f'(x_0)=\lim_{x\to x_0}\dfrac{f(x)-f(x_0)}{x-x_0}$가 존재하고

$$\lim_{x\to x_0}(f(x)-f(x_0))=\lim_{x\to x_0}\frac{f(x)-f(x_0)}{x-x_0}\cdot(x-x_0)=f'(x_0)\cdot 0=0$$

이다. 따라서 $\lim_{x\to x_0}f(x)=f(x_0)$이므로, f는 점 x_0에서 연속이다. ■

[주] 정리 7.1.1의 역은 일반적으로 성립하지 않는다 (예제 7.5 참고).

> **정리 7.1.2** $E\subset\mathbb{R}$이고 함수 $f,\ g:E\to\mathbb{R}$가 점 $x_0\in E$에서 미분가능하면, 함수 $f+g$, cf, fg, f/g (여기서 $g(x_0)\neq 0$)도 점 $x_0\in E$에서 미분가능하고, 다음이 성립한다.
>
> (1) $(f+g)'(x_0)=f'(x_0)+g'(x_0)$
>
> (2) $(cf)'(x_0)=cf'(x_0)$ $(c\in\mathbb{R})$
>
> (3) $(fg)'(x_0)=f'(x_0)g(x_0)+f(x_0)g'(x_0)$
>
> (4) $\left(\dfrac{f}{g}\right)'(x_0)=\dfrac{f'(x_0)g(x_0)-f(x_0)g'(x_0)}{\{g(x_0)\}^2}$

증명 정리 6.2.2와 도함수 정의에 의해 (1)과 (2)는 쉽게 증명된다.

(3) $$\begin{aligned}(fg)'(x_0) &= \lim_{x\to x_0}\frac{f(x)g(x)-f(x_0)g(x_0)}{x-x_0}\\ &= \lim_{x\to x_0}\frac{f(x)g(x)-f(x_0)g(x)+f(x_0)g(x)-f(x_0)g(x_0)}{x-x_0}\\ &= \lim_{x\to x_0}\left(g(x)\cdot\frac{f(x)-f(x_0)}{x-x_0}+f(x_0)\cdot\frac{g(x)-g(x_0)}{x-x_0}\right)\\ &= \lim_{x\to x_0}g(x)\cdot\lim_{x\to x_0}\frac{f(x)-f(x_0)}{x-x_0}+f(x_0)\cdot\lim_{x\to x_0}\frac{g(x)-g(x_0)}{x-x_0}\\ &= g(x_0)f'(x_0)+f(x_0)g'(x_0)\end{aligned}$$

(4) $$\begin{aligned}\frac{\left(\frac{f}{g}\right)(x)-\left(\frac{f}{g}\right)(x_0)}{x-x_0} &= \frac{\frac{f(x)}{g(x)}-\frac{f(x_0)}{g(x_0)}}{x-x_0} = \frac{f(x)g(x_0)-f(x_0)g(x)}{g(x)g(x_0)(x-x_0)}\\ &= \frac{g(x_0)(f(x)-f(x_0))-f(x_0)(g(x)-g(x_0))}{g(x)g(x_0)(x-x_0)}\end{aligned}$$

이므로, 양변에 $x\to x_0$을 취하면 f와 g가 점 x_0에서 미분가능이고, 또한 g는 점 x_0에서 연속이기 때문에 다음을 얻을 수 있다.

$$\begin{aligned}&\lim_{x\to x_0}\frac{\left(\frac{f}{g}\right)(x)-\left(\frac{f}{g}\right)(x_0)}{x-x_0}\\ &= \lim_{x\to x_0}\frac{g(x_0)}{g(x)g(x_0)}\cdot\lim_{x\to x_0}\frac{f(x)-f(x_0)}{x-x_0}-\lim_{x\to x_0}\frac{f(x_0)}{g(x)g(x_0)}\cdot\lim_{x\to x_0}\frac{g(x)-g(x_0)}{x-x_0}\\ &= \frac{f'(x_0)g(x_0)-f(x_0)g'(x_0)}{\{g(x_0)\}^2}\end{aligned}$$ ■

따름정리 7.1.3 $E\subset\mathbb{R}$이고 함수 $f_k : E\to\mathbb{R}$ $(k=1, 2, \cdots, n)$가 점 $x_0\in E$에서 미분가능이면, 다음이 성립한다.

(1) 함수 $f_1+f_2+\cdots+f_n$도 점 x_0에서 미분가능하고,

$$(f_1+f_2+\cdots+f_n)'(x_0)=f'_1(x_0)+f'_2(x_0)+\cdots+f'_n(x_0)$$

(2) 함수 $f_1\cdot f_2\cdot\cdots\cdot f_n$도 점 x_0에서 미분가능하고,

$$(f_1 \cdot \cdots \cdot f_n)'(x_0) = f_1'(x_0)(f_2(x_0) \cdot \cdots \cdot f_n(x_0)) + \cdots + (f_1(x_0) \cdot \cdots \cdot f_{n-1}(x_0))f_n'(x_0)$$

예제 7.7 n차 다항식 $p(x) = a_0 + a_1 x + \cdots + a_n x^n$의 도함수는 $p'(x) = a_1 + 2a_2 x + \cdots + na_n x^{n-1}$임을 보여라.

풀이 정리 7.1.2의 (1), (2)와 따름정리 7.1.3에 의해

$$p'(x) = (a_0)' + (a_1 x)' + \cdots + (a_n x^n)' = 0 + a_1 (x)' + \cdots + a_n (x^n)'$$

이므로, $p'(x) = a_1 + 2a_2 x + \cdots + na_n x^{n-1}$이다. ■

보조정리 7.1.4 함수 $f : (a, b) \to \mathbb{R}$가 점 $x_0 \in (a, b)$에서 미분가능할 필요충분조건은 모든 점 $x \in (a, b)$에 대해서 다음이 성립하고

$$f(x) = f(x_0) + \phi(x)(x - x_0) \tag{7.1.1}$$

점 $x_0 \in (a, b)$에서 연속인 함수 $\phi : (a, b) \to \mathbb{R}$가 존재하는 것이다. 이 경우, $\phi(x_0) = f'(x_0)$이다.

증명 f가 점 x_0에서 미분가능하다고 하자. 이때 새로운 함수 $\phi : (a, b) \to \mathbb{R}$를 다음과 같이 정의하면,

$$\phi(x) = \begin{cases} \dfrac{f(x) - f(x_0)}{x - x_0}, & x \neq x_0 \\ f'(x_0), & x = x_0 \end{cases}$$

$\lim\limits_{x \to x_0} \phi(x) = \lim\limits_{x \to x_0} \dfrac{f(x) - f(x_0)}{x - x_0} = f'(x_0) = \phi(x_0)$이므로, ϕ는 점 x_0에서 연속이다. 그러므로 $x = x_0$일 때 식 (7.1.1)의 양변은 각각 $f(x_0)$로서 같고, $x \neq x_0$일때는 ϕ의 정의로부터 식 (7.1.1)을 얻을 수 있다.

역으로, ϕ가 점 x_0에서 연속함수로서 식 (7.1.1)을 만족한다고 하자. 이때 $x \neq x_0$인 점

$x\in(a,b)$에 대해서 $\phi(x)=\dfrac{f(x)-f(x_0)}{x-x_0}$이고, ϕ의 연속성에 의해

$$\phi(x_0)=\lim_{x\to x_0}\phi(x)=\lim_{x\to x_0}\frac{f(x)-f(x_0)}{x-x_0}$$

이 존재한다. 따라서 f는 점 x_0에서 미분가능하고, $f'(x_0)=\phi(x_0)$이다. ■

정리 7.1.5 (연쇄법칙) 함수 $f:(a,b)\to\mathbb{R}$가 점 $x_0\in(a,b)$에서 미분가능하고 $f((a,b))\subseteq(c,d)$이라고 하자. 함수 $g:(c,d)\to\mathbb{R}$가 점 $f(x_0)$에서 미분가능하다면, $g\circ f$는 점 x_0에서 미분가능하고 다음이 성립한다.

$$(g\circ f)'(x_0)=g'(f(x_0))f'(x_0)$$

증명 함수 g가 $f(x_0)\in(c,d)$에서 미분가능하다면, 보조정리 7.1.4에 의해 점 $f(x_0)$에서 연속인 함수 $\psi:(c,d)\to\mathbb{R}$가 존재하여 모든 점 $y\in(c,d)$에 대해서

$$\psi(f(x_0))=g'(f(x_0)),\quad g(y)=\psi(y)(y-f(x_0))+g(f(x_0)) \tag{7.1.2}$$

를 만족한다. 또한 f가 점 $x_0\in(a,b)$에서 미분가능하므로 점 x_0에서 연속인 함수 $\phi:(a,b)\to\mathbb{R}$가 존재하여 모든 점 $x\in(a,b)$에 대해서

$$\phi(x_0)=f'(x_0),\quad f(x)=\phi(x)(x-x_0)+f(x_0)$$

를 만족한다. 따라서 모든 점 $x\in(a,b)$에 대해 $f(x)\in(c,d)$이므로 y 대신 $f(x)$를 식 (7.12)에 대입하면, 다음이 성립한다.

$$\begin{aligned}(g\circ f)(x)=g(f(x))&=\psi(f(x))(f(x)-f(x_0))+g(f(x_0))\\&=\psi(f(x))\phi(x)(x-x_0)+(g\circ f)(x_0)\end{aligned} \tag{7.1.3}$$

임의의 점 $x\in(a,b)$에 대해 $h(x)=\psi(f(x))\phi(x)$라 두면, f와 ϕ는 점 x_0에서 연속이고 ψ는 점 $f(x_0)$에서 연속이므로, 다음을 얻는다.

$$\lim_{x\to x_0}h(x)=\lim_{x\to x_0}\psi(f(x))\cdot\lim_{x\to x_0}\phi(x)=\psi(f(x_0))\phi(x_0)=h(x_0)$$

따라서 h는 점 x_0에서 연속이고 식 (7.1.3)에 의해

$$(g \circ f)(x) = h(x)(x - x_0) + (g \circ f)(x_0)$$

이므로, 보조정리 7.1.4에 의해 $g \circ f$는 점 x_0에서 미분가능하고, 다음을 얻는다.

$$(g \circ f)'(x_0) = h(x_0) = \psi(f(x_0))\phi(x_0) = g'(f(x_0))f'(x_0)$$ ■

예제 7.8 함수 $f : \mathbb{R} \to \mathbb{R}$를 $f(x) = x^3$으로 정의할 때, $f'(x_0) = 3x_0^2$임을 보조정리 7.1.4를 이용해서 풀어라.

풀이 $x^3 - x_0^3 = (x - x_0)(x^2 + x_0 x + x_0^2)$이므로 $\phi(x) = x^2 + x_0 x + x_0^2$이라고 하자. ϕ는 보조정리 7.1.4의 조건을 만족하므로, f는 점 x_0에서 미분가능하고, $\phi(x_0) = f'(x_0) = 3x_0^2$이다. ■

예제 7.9 함수 $f, g : \mathbb{R} \to \mathbb{R}$를 $f(x) = x^3 + 1$과 $g(x) = \sin x$로 정의할 때, 합성함수 $g \circ f$의 도함수를 구하라.

풀이 $h(x) = (g \circ f)(x)$라고 두면, $h(x) = \sin(x^3 + 1)$이므로 정리 7.1.5에 의해 다음이 성립한다.

$$h'(x) = \cos(x^3 + 1) \cdot (x^3 + 1)' = 3x^2 \cos(x^3 + 1)$$ ■

[주] $f : I \to \mathbb{R}$, $g : J \to \mathbb{R}$, $f(I) \subset J$이고 $x_0 \in I$라 하자. g가 점 $f(x_0)$에서 미분가능하고 $f'_+(x_0)$가 존재할 때, 정리 7.1.5의 증명과 같은 방법으로 전개하면 $g \circ f$는 점 x_0에서 우측 미분가능하고

$$(g \circ f)'_+(x_0) = g'(f(x_0))\ f'_+(x_0)$$

가 성립한다. 그러나 g가 점 $f(x_0)$에서 우측 미분가능하고, f가 점 x_0에서 미분가능하나 $f'(x_0) = 0$인 경우에는 합성함수 $g \circ f$는 점 x_0에서 우측 미분가능성을 항상 보장받지는 못한다.

예제 7.10 함수 f와 g가 다음과 같이 정의할 때, 합성함수 $g \circ f$가 $x = 0$에서 미분가능한가를 조사하여라.

$$f(x) = \begin{cases} -x^2, & x \geq 0 \\ x^2 \sin \frac{1}{x}, & x < 0, \end{cases} \qquad g(x) = \begin{cases} -2x, & x \geq 0 \\ 2x \sin\frac{1}{x} - \cos\frac{1}{x}, & x < 0 \end{cases}$$

풀이 함수 f는 미분가능이고 $f'(0)=0$이며, 함수 g는 $f(0)=0$에서 미분가능이고 $g'_+(0)=-2$이다. 그러나 $(g \circ f)'_+(0)$를 계산하면, 다음과 같다.

$$\begin{aligned}(g \circ f)'_+(0) &= \lim_{y \to 0^+} \frac{(g \circ f)(x) - (g \circ f)(0)}{x - 0} \\ &= \lim_{x \to 0^+} \frac{g(-x^2)}{x} \\ &= \lim_{x \to 0^+} \frac{-2x^2 \sin\left(-\frac{1}{x^2}\right) - \cos\left(-\frac{1}{x^2}\right)}{x} \\ &= \lim_{x \to 0^+} \left(2x \sin \frac{1}{x^2} - \frac{1}{x} \cos\left(-\frac{1}{x^2}\right)\right)\end{aligned}$$

$(g \circ f)'_+(0)$는 존재하지 않는다. 따라서 $g \circ f$는 우측미분불가능하다. ■

정리 7.1.6 (역함수 정리) $E \subset R$, $f : E \to \mathbb{R}$가 순단조함수이고, 점 $x_0 \in E$에서 미분가능하며, $f'(x_0) \neq 0$이라 하자. 그때 역함수 f^{-1}는 점 $y_0 = f(x_0)$에서 미분가능하며, 다음이 성립한다.

$$(f^{-1})'(y_0) = \frac{1}{f'(x_0)}$$

증명 점 $x_0 \in (a, b)$이고 $[a, b] \subset E$을 만족하는 실수 a, b를 택하자. 먼저 f가 순단조함수이므로 f를 $[a, b]$상에서 순증가한다고 하자. f의 공변역을 치역으로 제한하면 f는 전단사함수가 되므로 역함수 $f^{-1} : [f(a), f(b)] \to [a, b]$가 존재하며, 정리 6.4.7에 의해 역함수 f^{-1}는 연속이고, $[f(a), f(b)]$상에서 순증가이다. 이때 점 $x_0 \in (a, b)$이므로 $y_0 = f(x_0)$인 점 $y_0 \in (f(a), f(b))$가 존재한다. 또한 충분히 작은 수 $h \neq 0$에 대해 $x = f^{-1}(y_0 + h)$라 놓으면 $f(x) - f(x_0) = h$이고 $h \to 0$이면 $x \to x_0$이다. 따라서

$$(f^{-1})'(y_0)=\lim_{h\to 0}\frac{f^{-1}(y_0+h)-f^{-1}(y_0)}{h}=\lim_{x\to x_0}\frac{x-x_0}{f(x)-f(x_0)}$$
$$=\frac{1}{\lim\limits_{x\to x_0}\dfrac{f(x)-f(x_0)}{x-x_0}}=\frac{1}{f'(x_0)}$$

이 성립하고 f^{-1}는 점 $y_0=f(x_0)$에서 미분가능하다.

같은 방법으로, f가 $[a, b]$상에서 순감소인 경우도 증명할 수 있다. ■

[주] 정리 7.1.6을 이용하면, f^{-1}의 도함수 $(f^{-1})'$를 직접 구하지 않더라도 $x=f^{-1}(y)$라 두면

$$(f^{-1})'(y)=\frac{dx}{dy}=\frac{1}{dy/dx}$$

에 의해 얻을 수 있다.

예제 7.11 함수 $f:(0, 2)\to\mathbb{R}$가 $f(x)=x^2$으로 정의될 때, f의 역함수를 구하고, 그 역함수의 도함수를 구하여라.

풀이 $f^{-1}(y)=\sqrt{y}$는 $(0, 4)$상에서 f의 역함수이고, 정리 7.1.6에 의해 역함수의 도함수는 다음과 같다.

$$(f^{-1})'(y)=\frac{1}{f'(x)}=\frac{1}{2x}=\frac{1}{2\sqrt{y}}$$ ■

예제 7.12 점 $x=\frac{1}{2}$에서 $\mathrm{Sin}^{-1}x$의 미분계수를 구하여라.

풀이 $\sin x$는 $\left[-\frac{\pi}{2}, \frac{\pi}{2}\right]$에서 $[-1, 1]$에로의 전단사함수이고, 미분가능하므로 $\sin x$의 역함수 $\mathrm{Sin}^{-1}:[-1, 1]\to\left[-\frac{\pi}{2}, \frac{\pi}{2}\right]$도 전단사이고 정리 7.1.6에 의해 미분가능하며, 점 $x=\frac{1}{2}$에서 $\mathrm{Sin}^{-1}x$의 미분계수는 다음과 같다.

$$(\mathrm{Sin}^{-1}y)'\Big|_{x=\frac{1}{2}}=\frac{1}{(\sin x)'\big|_{x=\frac{\pi}{6}}}=\frac{1}{\cos\frac{\pi}{6}}=\frac{2}{\sqrt{3}}$$ ■

연습문제 7.1

1. 다음 함수들을 도함수 정의에 의해 도함수를 구하여라.

   (1) $f(x)=x^3 \quad (x\in\mathbb{R})$　　　(2) $f(x)=\dfrac{1}{x} \quad (x\in\mathbb{R},\ x\neq 0)$

   (3) $f(x)=\sqrt{x} \quad (x>0)$

2. 다음 함수들의 도함수를 구하여라.

   (1) $f(x)=|x|+|x+1|$　　　(2) $f(x)=x|x|$

   (3) $f(x)=2x+|x|$

3. n개의 함수 $f_1,\ f_2,\ \cdots,\ f_n$이 모든 점 $x\in\mathbb{R}$에서 미분가능하면,

$$(f_1+f_2+\cdots+f_n)'(x)=f_1{}'(x)+f_2{}'(x)+\cdots+f_n{}'(x)$$

   임을 수학적귀납법을 사용하여 증명하여라.

4. $f(x)=x^{\alpha}$의 도함수가 $(0,\ \infty)$상에서 $f'(x)=\alpha x^{\alpha-1}$임을 α가 각각

   (1) 자연수인 경우　　　(2) 정수인 경우

   (3) 유리수인 경우　　　(4) 실수인 경우

   로 나누어 증명하여라. 그리고 (1)에서 (2)로, (2)에서 (3)으로, (3)에서 (4)로 증명이 확장되어가는 과정에 대해 논하라.

5. $f(x)=x^{3/2}$으로 정의된 함수 f는 $[0,\ \infty)$상에서 미분가능함을 보이고, 도함수가 연속인지를 판정하여라.

6. 함수 f가 우함수이면, f의 도함수 f'는 기함수임을 증명하여라.

7. 함수 $f(x)=\begin{cases} x^2\sin\dfrac{1}{x^2}, & x\neq 0 \\ 0, & x=0 \end{cases}$ 는 $\mathbb{R}$상에서 미분가능임을 보이고, f의 도함수 f'는 $[-1,\ 1]$상에서 유계가 아님을 보여라.

8. 함수 $f:(a,\ b)\to\mathbb{R}$가 미분가능하고 수열 $\{x_n\},\ \{y_n\}$이 $a<x_n<x<y_n<b$이

고 $x_n \to x$, $y_n \to x$를 만족한다면, $f'(x) = \lim_{n\to\infty} \dfrac{f(y_n)-f(x_n)}{y_n - x_n}$임을 증명하여라.

9. 집합 $E = \left\{\dfrac{1}{n} : n \in \mathbb{Z}\right\} \cup \{0\}$이고 함수 $f : E \to \mathbb{R}$를 $f(x) = x^2$으로 정의할 때, E상에서 f의 미분가능성을 논하라.

7.2 미분가능한 함수의 성질

이 절은 미분학에서 가장 널리 사용하는 기본정리로써 평균값정리를 증명하고, 이 정리를 이용하여 미분가능한 함수의 여러 가지 성질들을 조사한다.

〈정의 7.2.1〉

$E \subset \mathbb{R}$이고 $f : E \to \mathbb{R}$를 함수라 하자. 적당한 실수 $\delta > 0$가 존재하여 $|x - x_0| < \delta$인 모든 점 $x \in E$에 대해 다음을 만족하면,

$$f(x_0) \ge f(x) \quad [f(x_0) \le f(x)]$$

f는 점 x_0에서 극대값(local maximum value) [극소값(local minimum value)] $f(x_0)$을 가진다고 한다.

[주] 함수 $f : (a, b) \to \mathbb{R}$가 $x_0 \in (a, b)$의 근방에서는 $f(x_0)$가 최대값 [최소값]일 때, f는 점 x_0에서 극대값 [극소값]을 가진다. 그러나 그 역은 일반적으로 성립하지 않는다.

정리 7.2.1 (Fermat의 정리) 함수 $f : [a, b] \to \mathbb{R}$가 점 $x_0 \in (a, b)$에서 극대값 또는 극소값을 갖고 $f'(x_0)$가 존재하면, $f'(x_0) = 0$이다.

증명 f가 점 $x_0 \in (a, b)$에서 극대값을 갖고 $f'(x_0)$가 존재한다고 하자. 그러면 정의 7.2.1에 의해, 적당한 실수 $\delta > 0$가 존재하여 $|x - x_0| < \delta$인 모든 점 $x \in [a, b]$에 대해

$f(x)-f(x_0) \leq 0$이 성립한다. 따라서 $x \in (x_0-\delta, x_0)$이고 $x \in [a, b]$이면

$$\frac{f(x)-f(x_0)}{x-x_0} \geq 0$$

이 성립하고, $f'(x_0)$가 존재하므로 다음이 성립한다.

$$f'(x_0) = f'_-(x_0) = \lim_{x \to x_0-} \frac{f(x)-f(x_0)}{x-x_0} \geq 0$$

또한 $x \in (x_0, x_0+\delta)$이고 $x \in [a, b]$이면, 다음이 성립하므로

$$\frac{f(x)-f(x_0)}{x-x_0} \leq 0$$

$f'(x_0)=f'_+(x_0) \leq 0$이다. 따라서 $f'(x_0)=0$이다.
같은 방법으로, f가 점 x_0에서 극소값을 가질 경우에도 증명할 수 있다. ■

정리 7.2.2 (Rolle의 정리) 함수 f가 $[a, b]$상에서 연속이고 (a, b)상에서 미분가능하고 $f(a)=f(b)$이면, $f'(x_0)=0$을 만족하는 점 x_0가 (a, b)내에 적어도 하나 존재한다.

증명 f가 $[a, b]$상에서 연속이므로, 정리 6.4.2에 의해 $[a, b]$상에서 최대값 M과 최소값 m을 가진다. $M=m$이면, f는 상수함수가 되고 모든 점 $x_0 \in (a, b)$에서 $f'(x_0)=0$을 만족하므로 주어진 정리가 성립한다.
다음, $M \neq m$이면, M과 m중 적어도 하나는 값 $f(a)$와 다르다. 먼저 $f(a) \neq M$이라 두면 $f(a)=f(b)$이므로 $f(x_0)=M$이 되는 점 x_0가 (a, b)내에서 존재한다. M은 최대값이므로 x_0+h가 (a, b)에 속하는 모든 실수 $h \in \mathbb{R}$에 대하여 $f(x_0+h) \leq f(x_0)$이다. 따라서 다음이 성립한다.

$$f'_+(x_0) = \lim_{h \to 0+} \frac{f(x_0+h)-f(x_0)}{h} \leq 0,$$

$$f'_-(x_0) = \lim_{h \to 0-} \frac{f(x_0+h)-f(x_0)}{h} \geq 0$$

그런데 함수 f는 점 x_0에서 미분가능하므로, $f'_+(x_0)=f'_-(x_0)$이다. 따라서 $f'(x_0)=0$

이다. $f(a) \neq m$인 경우에도 위와 같은 방법을 이용하면, $m=f(x_0)$되는 점 x_0가 $(a,\ b)$ 내에서 존재하여 $f'_+(x_0) \geq 0$이고 $f'_-(x_0) \leq 0$이므로 $f'(x_0)=0$을 만족한다. 따라서 어느 경우이든지 간에 $f'(x_0)=0$을 만족하는 점 $x_0 \in (a,\ b)$가 존재하므로 주어진 정리가 성립한다. ■

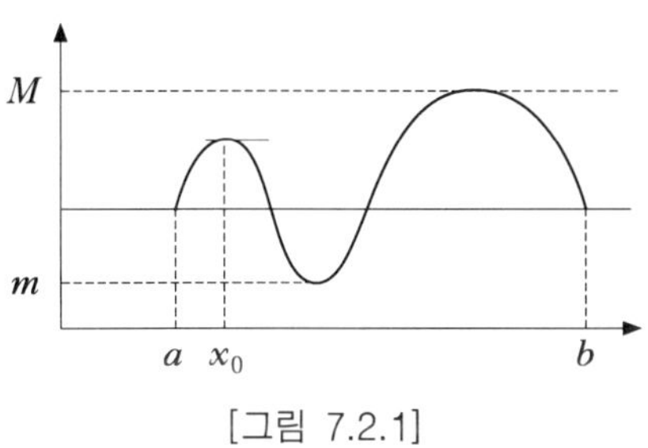

[그림 7.2.1]

예제 7.13 함수 f가 $(a,\ b)$상에서 미분가능이고 $f(a)=f(b)$일지라도 $[a,\ b]$상에서 연속이지 않으면, 정리 7.2.2가 성립되지 않는 예를 들어라.

풀이 함수 $f : [0,\ 1] \to \mathbb{R}$를 다음과 같이 정의하면,

$$f(x) = \begin{cases} x, & x \in [0,\ 1) \\ 0, & x=1 \end{cases}$$

f는 $(0,\ 1)$상에서 미분가능하고 $f(0)=f(1)=0$이다. 그러나 $(0,\ 1)$의 모든 점 x에서 $f'(x)=1$이므로 $f'(x_0)=0$되는 점 x_0가 $(0,\ 1)$내에서 존재하지 않는다. 이것은 f가 $[0,\ 1)$상에서는 연속이지만 $x=1$에서는 불연속이므로, Rolle의 정리의 조건 중 폐구간 $[0,\ 1]$상에서 연속인 조건을 만족시키지 않기 때문이다. ■

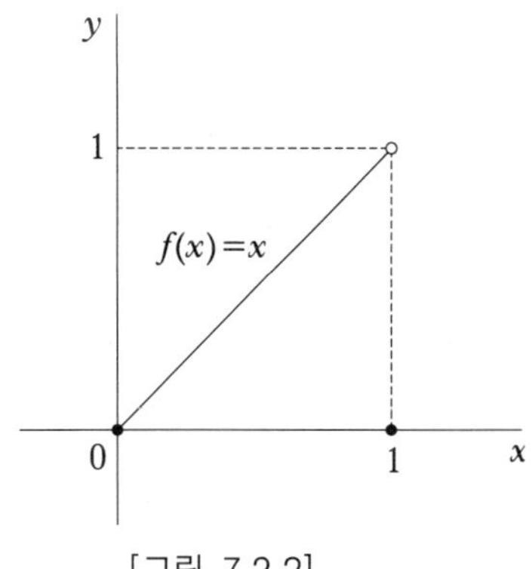

[그림 7.2.2]

예제 7.14 함수 f가 $[a, b]$상에서 연속이고 $f(a)=f(b)$일지라도 (a, b)상에서 미분가능하지 않으면, 정리 7.2.2가 성립되지 않는 예를 들어라.

풀이 함수 $f:[-1, 1] \to \mathbb{R}$가 $f(x)=|x|$로 정의되어져 있으면 $[-1, 1]$상에서 연속이고, $(-1, 1)-\{0\}$상에서 미분가능하지만 점 $x=0$에서는 미분불가능하다. 비록 $f(-1)=1=f(1)$을 만족하지만 $(-1, 1)$내에는 $f'(x)=0$를 만족하는 점 x가 존재하지 않는다. ■

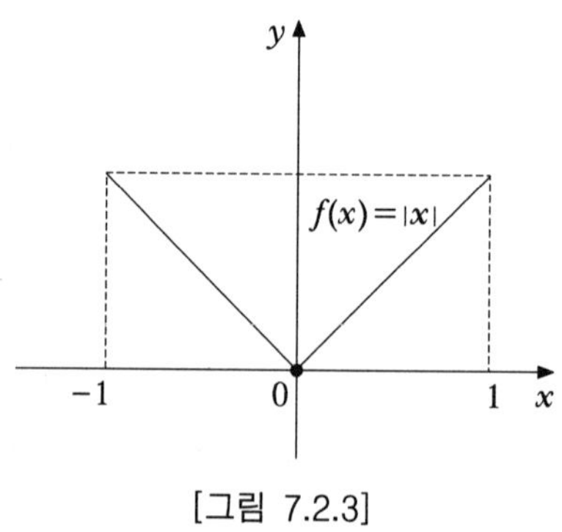

[그림 7.2.3]

예제 7.15 함수 f가 $[a, b]$상에서 연속이고 (a, b)상에서 미분가능일지라도 f의 양 끝점의 값 $f(a)=f(b)$가 성립하지 않으면, 정리 7.2.2가 성립되지 않는 예를 들어라.

풀이 함수 $f:[0, 1] \to \mathbb{R}$가 $f(x)=\frac{1}{4}x+\frac{1}{2}$로 정의하면, $[0, 1]$상에서 연속이고 $(0, 1)$상에서 미분가능하다. 하지만 $f(0)=\frac{1}{2} \neq \frac{3}{4}=f(1)$이므로 $f'(x)=0$ 되는 점 $x \in (0, 1)$의 존재성을 보장받지 못한다. ■

> **정리 7.2.3 (평균값정리 : Mean Value Theorem)** 함수 f가 $[a, b]$상에서 연속이고 (a, b)상에서 미분가능이면, 다음이 성립하는 점 $x_0 \in (a, b)$가 존재한다.
>
> $$f(b)-f(a)=f'(x_0)(b-a)$$

증명 새로운 함수 $\phi:[a, b] \to \mathbb{R}$를 다음과 같이 정의하면,

$$\phi(x) = f(x) - f(a) - \frac{f(b) - f(a)}{b - a} \cdot (x - a)$$

ϕ는 $[a, b]$상에서 연속이고 (a, b)에서 미분가능하며 $\phi(a) = \phi(b) = 0$이다. 따라서 Rolle의 정리의 조건을 모두 만족하므로, $\phi'(x_0) = 0$인 $x_0 \in (a, b)$가 적어도 하나 존재한다. 즉,

$$f(b) - f(a) = f'(x_0)(b - a)$$

을 만족시키는 점 $x_0 \in (a, b)$가 적어도 하나 존재한다. ■

[주] 평균값정리의 기하학적 의미는 그림 7.2.4에서처럼 f의 접선의 기울기가 두 점 $(a, f(a))$와 $(b, f(b))$를 지나는 현의 기울기와 같은 점 x_0가 (a, b)에 존재함을 의미한다.

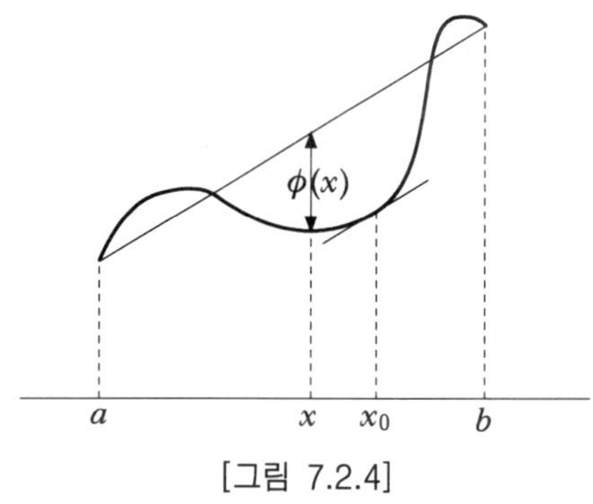

[그림 7.2.4]

예제 7.16 함수 $f(x) = \ln x$에 대해 구간 $[e^{-1}, e]$에서 평균값정리를 만족하는 점 x_0을 구하여라.

풀이 $f(x) = \ln x$는 $[e^{-1}, e]$상에서 연속이고 (e^{-1}, e)상에서 미분가능하므로, 평균값정리에 의해

$$\frac{f(e) - f(e^{-1})}{e - e^{-1}} = f'(x_0)$$

인 점 $x_0 \in (e^{-1}, e)$가 존재하고, $\dfrac{\ln e - \ln e^{-1}}{e - e^{-1}} = \dfrac{1}{x_0}$이므로 $x_0 = \dfrac{e - e^{-1}}{2} \in (e^{-1}, e)$이다. ■

예제 7.17 $a_0, \cdots, a_n$는 상수이고, $a_0+\frac{a_1}{2}+\cdots+\frac{a_{n-1}}{n}+\frac{a_n}{n+1}=0$이면 방정식

$$a_0+a_1x+\cdots+a_{n-1}x^{n-1}+a_nx^n=0$$

은 0과 1 사이에 적어도 하나의 실근을 가짐을 보여라.

풀이 $f(x)=a_0x+\frac{a_1}{2}x^2+\cdots+\frac{a_{n-1}}{n}x^n+\frac{a_n}{n+1}x^{n+1}$로 두면, $f(0)=f(1)=0$이고 모든 점 $x\in\mathbb{R}$에 대해 f는 연속이고 미분가능하다. 그러므로 평균값정리에 의해 $f'(x_0)=0$을 만족하는 점 $x_0\in(0, 1)$가 존재한다. ■

예제 7.18 $a\geq -1$이라고 하자. 평균값정리를 이용하여 다음이 성립함을 보여라.

(1) $0<\alpha\leq 1$일 때, $(1+a)^{\alpha}\leq 1+a\alpha$이다.

(2) $\alpha\geq 1$에 대해 Bernoulli부등식 $(1+a)^{\alpha}\geq 1+\alpha a$가 성립한다.

풀이 $f(x)=x^{\alpha}$로 정의하면, $\alpha>0$이므로 평균값정리에 의해 $f(1+a)=f(1)+a\alpha x_0^{\alpha-1}$을 만족하는 점 $x_0\in(1, 1+a)$가 존재한다. 따라서

$$(1+a)^{\alpha}=1+a\alpha x_0^{\alpha-1} \tag{7.2.1}$$

이므로 다음과 같은 3가지 경우가 있을 수 있다.

(i) $a>0$이면 x_0는 $(1, 1+a)$에 속하므로 $x_0>1$이다.

(ii) $a<0$이면 x_0는 $(1+a, 1)$에 속하므로 $x_0<1$이다.

(iii) $a=0$이면 (1)과 (2)의 부등식에서 등호가 성립한다.

(1) $0<\alpha\leq 1$일 때 $(1+a)^{\alpha}\leq 1+a\alpha$임을 밝힌다.

(i) $a>0$인 경우 : $\alpha-1\leq 0$이고 $x_0>1$이므로 $x_0^{\alpha-1}\leq 1$이고 $ax_0^{\alpha-1}\leq a$이다.

(ii) $-1\leq a<0$인 경우 : $\alpha-1\leq 0$이고 $x_0<1$이므로 $x_0^{\alpha-1}\geq 1$이 성립한다.

따라서 $a<0$이므로 $ax_0^{\alpha-1}\leq a$이고, $a\geq -1$이면 $ax_0^{\alpha-1}\leq a$이므로, 식 (7.2.1)에 의해 다음이 성립한다.

$$(1+a)^{\alpha}=1+a\alpha x_0^{\alpha-1}\leq 1+a\alpha$$

(2) $\alpha\geq 1$일 때, $(1+a)^{\alpha}\geq 1+\alpha a$가 성립함을 밝힌다.

(i) $a>0$인 경우 : $\alpha-1\geq 0$이고 $x_0>1$이므로, $x_0^{\alpha-1}\geq 1$이고 $ax_0^{\alpha-1}\geq a$이다.

(ii) $-1\leq a<0$인 경우 : $\alpha-1\geq 0$이고 $x_0<1$이므로, $x_0^{\alpha-1}\leq 1$이다. 따라서 $ax_0^{\alpha-1}\geq a$이므로, $a\geq -1$이면 식 (7.2.1)로부터 다음이 성립한다.

$$(1+a)^{\alpha}=1+a\alpha x_0^{\alpha-1}\geq 1+\alpha a$$

예제 7.19 $\sin\frac{5}{36}\pi$의 근사값을 평균값정리를 이용하여 구하여라.

풀이 $\frac{5}{36}\pi$는 $\frac{6\pi}{36}\left(=\frac{\pi}{6}\right)$의 근방이므로 평균값정리를 적용하면

$$\sin\frac{5}{36}\pi=\sin\frac{6}{36}\pi+(\cos x_0)\left(\frac{5}{36}\pi-\frac{6}{36}\pi\right)$$

을 만족하는 점 $x_0\in\left(\frac{5}{36}\pi,\ \frac{6}{36}\pi\right)$가 존재한다. 따라서 코사인 함수는 연속이므로 $\cos x_0$의 근사값을 $\cos\frac{6}{36}\pi$로 계산하면, $\sin\frac{5}{36}\pi$의 근사값은 다음과 같다.

$$\sin\frac{5}{36}\pi\fallingdotseq\frac{1}{2}-\frac{\sqrt{3}}{2}\frac{1}{36}\pi$$

따름정리 7.2.4 함수 f가 $[a,\ b]$상에서 연속이고 $(a,\ b)$상에서 미분가능하고 모든 점 $x\in(a,\ b)$에 대해 $f'(x)=0$이면, f는 $[a,\ b]$상에서 상수함수이다.

증명 임의의 점 $x\in(a,\ b)$에 대해 정리 7.2.3을 적용하면

$$f(x)=f(a)+f'(x_0)(x-a) \tag{7.2.2}$$

인 $x_0\in(a,\ x)$가 존재한다. 그런데 $f'(x_0)=0$이므로 $f(x)=f(a)$이다. 또한 f는 점 b에서 연속이므로 좌극한값 $\lim_{x\to b^-}f(x)$와 함수값 $f(b)$가 같아야 한다. 한편, 식 (7.2.2)에 의해 $\lim_{x\to b^-}f(x)=f(a)$이 성립하므로, $f(a)=f(b)$이다. 그러므로 f는 $[a,\ b]$ 내의 모든 점에 대해 $f(x)=f(a)$인 상수함수이다.

따름정리 7.2.5 f를 (a, b)상에서 미분가능한 함수라 하자.
(1) 모든 점 $x \in (a, b)$에 대해 $f'(x) \geq 0$이면, f는 증가함수이다.
(2) 모든 점 $x \in (a, b)$에 대해 $f'(x) \leq 0$이면, f는 감소함수이다.

증명 (1) 임의의 두 점을 $x_1, x_2 \in (a, b)$라 하면, 정리 7.2.3에 의해 $\dfrac{f(x_2)-f(x_1)}{x_2-x_1}=f'(c)$를 만족하는 점 $c \in (x_1, x_2)$가 존재한다. 그런데 $f'(c) \geq 0$이므로

$$\frac{f(x_2)-f(x_1)}{x_2-x_1}=f'(c) \geq 0$$

이다. 따라서 $x_1 < x_2$이면 $f(x_1) \leq f(x_2)$이므로, f는 증가함수이다.

(2) 증명은 (1)과 유사하므로 생략한다. ■

[주] 따름정리 7.2.5는 구간의 특정한 점 c에서 $f'(c)=0$일 때 f가 점 c에서 극값을 갖는지에 대한 판정법을 제공하고, 함수의 그래프의 개형을 그릴 때 $f(x)$에 관한 정보를 제공해 준다.

예제 7.20 함수 f가 다음 조건들을 만족한다고 하자.

(1) f는 $[0, \infty)$상에서 연속이고 $(0, \infty)$상에서 미분가능하다.
(2) $f(0)=0$이고 $f'(x)$는 단조증가한다.

그러면 함수 $g(x)=\dfrac{f(x)}{x}$는 $(0, \infty)$상에서 단조증가임을 보여라.

풀이 $x>0$에 대해 정리 7.2.3을 적용하면 $f(x)=xf'(c)$를 만족하는 점 $c \in (0, x)$가 존재한다. 따라서 $g'(x)=\dfrac{xf'(x)-f(x)}{x^2}=\dfrac{1}{x}(f'(x)-f'(c))$이고 $f'(x)$는 단조증가이므로, $g'(x)>0$이다. 그러므로 따름정리 7.2.5에 의해 함수 g는 단조증가이다. ■

따름정리 7.2.6 함수 f가 $[a, b]$상에서 연속이고 (a, b)상에서 미분가능하다고 하자. 모든 점 $x \in (a, b)$에 대해 $|f'(x)| \leq M$이면, f는 립쉬쯔 조건을 만족한다.

증명 점 $x, y \in [a, b]$에 대해 $[x, y]$상에서 f에 관한 평균값정리를 적용하면, 적당한 점 $c \in$

(x, y)에 대해 $|f(x)-f(y)|=|(x-y)f'(c)|$가 성립한다. 가정에 의해 $|f'(c)|<M$ 이므로,

$$|f(x)-f(y)|=|f'(c)||x-y| \le M|x-y|$$

가 성립하고 함수 f는 립쉬쯔 조건을 만족한다. ■

정리 7.2.7 (Darboux 정리) 함수 f가 $[a, b]$상에서 미분가능하고 $f'(a) \neq f'(b)$라고 하자. 임의의 실수 $k \in \mathbb{R}$에 대해 $f'(a)<k<f'(b)$ 또는 $f'(b)<k<f'(a)$이면, $f'(c)=k$를 만족하는 점 $c \in (a, b)$가 적어도 하나 존재한다.

증명 $f'(a)<k<f'(b)$인 경우를 생각하자. 함수 $g : [a, b] \to \mathbb{R}$를 다음과 같이 정의하면,

$$g(x)=kx-f(x)$$

g는 $[a, b]$상에서 미분가능하고 $[a, b]$상에서 연속이다. 또한 정리 6.4.2로부터 $g(c)$를 최대값으로 갖는 점 $c \in [a, b]$가 존재한다. 그런데 $g'(a)=k-f'(a)>0$이므로 g는 a에서 최대값을 가질 수 없고, $g'(b)=k-f'(b)<0$이므로 b에서도 역시 최대값을 가질 수 없다. 따라서 $a<c<b$이다. $g(c)$는 최대값이므로 $g'_+(c) \le 0$이고 $g'_-(c) \ge 0$를 만족하므로 $g'(c)=0$이다.

같은 방법으로, $f'(b)<k<f'(a)$인 경우에도 증명할 수 있다. ■

[주] Darboux정리는 f'에 대한 중간값 정리라고 볼 수 있다.

연습문제 7.2

1. 주어진 구간에서 다음 함수들이 평균값정리의 조건을 만족하는지를 조사하고, 만족하는 경우에는 그 점 c를 찾아라.

   (1) $f(x)=x^3-2x^2-x+2$, $[1, 2]$

   (2) $f(x)=\sqrt{1-\sin x}$, $[0, \frac{\pi}{2}]$

(3) $f(x) = \begin{cases} 3x-6, & x<1 \\ x-4, & 1 \le x, \end{cases}$ $[0,\ 2]$

2. 함수 f의 n계 도함수 $f^{(n)}$가 $[a,\ b]$상에서 연속이고 f는 $(a,\ b)$상에서 $(n+1)$회 미분가능하다고 하자. $1 \le k \le n$인 모든 자연수 $k \in \mathbb{N}$에 대해 $f^{(k)}(a)=f^{(k)}(b)=0$, $f(a)=f(b)=0$이면, $f(c)=f^{(n+1)}(c)$를 만족하는 점 c가 $(a,\ b)$내에서 존재함을 보여라.

3. 모든 실수 $x,\ y$에 대해 $|\sin x-\sin y| \le |x-y|$이 성립함을 평균값정리를 이용해 증명하고, 또 이것을 이용하여 $|\sin x| \le |x|$임을 보여라.

4. 함수 f가 $[a,\ b]$상에서 미분가능하고, 모든 점 $x \in [a,\ b]$에 대해 $f'(x) \neq 0$이면, f는 $[a,\ b]$상에서 증가함수이거나 감소함수임을 보여라.

5. 다음 두 조건을 만족하는 함수 $f : \mathbb{R} \to \mathbb{R}$를 구하여라.
   (i) $f(1)=1$이고 $f'(0)>0$이다.
   (ii) 모든 점 $x \in \mathbb{R}$에 대해 $f'(x) \cdot f'(f(x))=1$이다.

6. 함수 $f : [a,\ b] \to \mathbb{R}$는 미분가능하고, 도함수 f'가 유계이면 적당한 실수 $K>0$가 존재하여

$$|f(x)-f(y)| \le K|x-y|$$

이 성립함을 보여라. 즉, 함수 f는 $[a,\ b]$상에서 평등연속임을 보여라.

7. 함수 $f,\ g$가 $\mathbb{R}$상에서 미분가능하고, $f(0)=g(0)$이고 $x \ge 0$이면, $f'(x) \le g'(x)$가 성립할 때 $f(x) \le g(x)$ (여기서 $x \ge 0$)임을 보여라.

8. 함수 f가 $\mathbb{R}$상에서 미분가능하고 모든 실수 $x \in \mathbb{R}$에 대해 $f'(x) \ge 2$이면, f는 부동점을 가진다는 것을 평균값정리를 이용하여 증명하여라.

9. **계단함수**(step function) $s : [-1,\ 1] \to \mathbb{R}$를 다음과 같이 정의하면,

$$s(x)=\begin{cases} 1, & x=1 \\ 0, & 0 \le x<1 \\ -1, & -1 \le x<0 \end{cases}$$

$f'(x)=s(x)$를 만족하는 함수 $f : [-1,\ 1] \to \mathbb{R}$가 존재하지 않음을 보여라.

7.3 로피탈의 법칙(L'Hospital Rules)

이 절에서는 부정형$\left(\frac{0}{0}, \frac{\infty}{\infty}, 0\cdot\infty, \infty-\infty, 1^{\infty}, 0^{\infty}, \infty^{0}\right)$의 극한값을 보다 쉽게 구하기 위해 Cauchy의 평균값정리를 이용한 로피탈의 법칙을 증명하고자 한다.

〈정의 7.3.1〉

함수 $f, g : [a, b] \to \mathbb{R}$가 $\lim_{x\to a} f(x) = \lim_{x\to a} g(x) = 0$을 만족하면, 함수 $\frac{f}{g}$는 점 a에서 $\frac{0}{0}$인 부정형 (indeterminate form)이라 하고, 한편, $\lim_{x\to a} f(x) = \lim_{x\to a} g(x) = +\infty$ $\left[\lim_{x\to a} f(x) = \lim_{x\to a} g(x) = -\infty\right]$이면, 함수 $\frac{f}{g}$는 점 a에서 $\frac{\infty}{\infty}$인 부정형이라 한다.

정리 7.3.1 함수 $f, g : [a, b] \to \mathbb{R}$가 $f(a) = g(a) = 0$이고, $a < x < b$인 모든 점 x에 대해 $g(x) \neq 0$이라고 하자. f, g가 점 a에서 미분가능하고 $g'(a) \neq 0$이면, 함수 $\frac{f}{g}$는 점 a에서 극한값을 가지며, 다음이 성립한다.

$$\lim_{x\to a^+} \frac{f(x)}{g(x)} = \frac{f'(a)}{g'(a)}$$

증명 $f(a) = g(a) = 0$이고 $a < x < b$에 대해

$$\frac{f(x)}{g(x)} = \frac{f(x) - f(a)}{g(x) - g(a)} = \frac{\dfrac{f(x) - f(a)}{x - a}}{\dfrac{g(x) - g(a)}{x - a}}$$

이므로, 정리 6.2.2 (4)에 의해 $\lim_{x\to a^+} \frac{f(x)}{g(x)} = \frac{f'(a)}{g'(a)}$이다. ■

정리 7.3.2 (Cauchy의 평균값정리 : Couchy Mean Value Theorem) 함수 f와 g가 $[a, b]$상에서 연속이고 (a, b)상에서 미분가능하면,

$$f'(x_0)(g(b)-g(a)) = g'(x_0)(f(b)-f(a))$$

이 성립하는 점 $x_0 \in (a,\ b)$가 적어도 하나 존재한다.

증명 함수 h를 $[a,\ b]$상에서 다음과 같이 정의하면,

$$h(x) = f(x)(g(b)-g(a)) - g(x)(f(b)-f(a))$$

h는 $[a,\ b]$상에서 연속이고, $(a,\ b)$상에서 미분가능하며

$$h(a) = f(a)g(b) - g(a)f(b) = h(b)$$

가 성립한다. 따라서 Rolle의 정리에 의해 $h'(x_0)=0$이 되는 점 $x_0 \in (a,\ b)$가 적어도 하나 존재한다. 즉

$$f'(x_0)(g(b)-g(a)) = g'(x_0)(f(b)-f(a))$$

을 만족하는 점 $x_0 \in (a,\ b)$가 적어도 하나 존재한다. ■

[주] (1) 정리 7.3.2는 f의 접선의 기울기 $f'(x_0)$와 g의 접선의 기울기 $g'(x_0)(\neq 0)$의 비 $\dfrac{f'(x_0)}{g'(x_0)}$가 두 함수의 값의 차의 비 $\dfrac{f(b)-f(a)}{g(b)-g(a)}$와 같은 점 x_0가 개구간 $(a,\ b)$에 존재함을 의미한다.

(2) 정리 7.3.2에서 함수 $g : [a,\ b] \to \mathbb{R}$를 $g(x)=x$로 정의하면, 정리 7.2.3을 얻을 수 있다.

정리 7.3.3 (로피탈의 법칙 : $\dfrac{0}{0}$형) 함수 f, g가 $[a,\ b]$상에서 연속이고 $(a,\ b)$상에서 미분가능하며 $f(a)=g(a)=0$이라고 하자. 또 모든 점 $x \in (a,\ b)$에 대해 $g(x) \neq 0$이고 $g'(x) \neq 0$이면, 다음이 성립한다.

(1) $\displaystyle\lim_{x\to a^+} \frac{f'(x)}{g'(x)} = L\ (\in \mathbb{R})$이면, $\displaystyle\lim_{x\to a^+} \frac{f(x)}{g(x)} = \lim_{x\to a^+} \frac{f'(x)}{g'(x)} = L$이다.

(2) $\displaystyle\lim_{x\to a+} \frac{f'(x)}{g'(x)} = +\infty\quad [-\infty]$이면,

$$\lim_{x\to a+} \frac{f(x)}{g(x)} = \lim_{x\to a+} \frac{f'(x)}{g'(x)} = +\infty \quad [-\infty]\text{이다.}$$

증명 (1) $\lim_{x \to a^+} \frac{f'(x)}{g'(x)} = L$이라고 하자. 그러면 임의의 실수 $\varepsilon > 0$에 대해 적당한 실수 $\delta > 0$가 존재하여

$$a < x < a + \delta \text{이면} \quad \left| \frac{f'(x)}{g'(x)} - L \right| < \varepsilon$$

이 성립한다. f와 g는 $[a, x]$상에서 Cauchy의 평균값정리의 가정을 만족하므로, 임의의 점 $x \in (a, a+\delta)$에 대해 $c_x \in (a, x)$가 존재하여

$$\frac{f(x)}{g(x)} = \frac{f(x) - f(a)}{g(x) - g(a)} = \frac{f'(c_x)}{g'(c_x)}$$

를 만족한다. 따라서 모든 점 $x \in (a, a+\delta)$에 대해

$$\left| \frac{f(x)}{g(x)} - L \right| = \left| \frac{f'(c_x)}{g'(c_x)} - L \right| < \varepsilon$$

이 성립되고, 우극한 정의에 의해 $\lim_{x \to a^+} \frac{f(x)}{g(x)} = L$이다.

(2) $\lim_{x \to a+} \frac{f'(x)}{g'(x)} = +\infty$인 경우만 증명하고자 한다. K를 임의의 양수라고 하면, 적당한 실수 $\delta > 0$가 존재하여

$$a < x < a + \delta \text{이면} \quad \frac{f'(x)}{g'(x)} > K$$

를 만족한다. 한편, (1)의 증명과정에서와 같이 임의의 점 $x \in (a, a+\delta)$에 대해 $c_x \in (a, x)$가 존재하여 다음이 성립한다.

$$\frac{f(x) - f(a)}{g(x) - g(a)} = \frac{f(x)}{g(x)} = \frac{f'(c_x)}{g'(c_x)}$$

따라서 모든 점 $x \in (a, a+\delta)$에 대해 $\frac{f(x)}{g(x)} > K$이므로, 우극한 정의에 의해 $\lim_{x \to a^+} \frac{f(x)}{g(x)} = +\infty$이다. ■

따름정리 7.3.4 두 함수 $f, g : [a, \infty) \to \mathbb{R}$가 $[a, \infty)$상에서 미분가능하고 $[a, \infty)$상에서 $g'(x) \neq 0$이고 $\lim_{x \to \infty} f(x) = \lim_{x \to \infty} g(x) = 0$이면, 다음이 성립한다.

(1) $\lim_{x\to\infty}\frac{f'(x)}{g'(x)}=L$이면, $\lim_{x\to\infty}\frac{f(x)}{g(x)}=L=\lim_{x\to\infty}\frac{f'(x)}{g'(x)}$이다.

(2) $\lim_{x\to\infty}\frac{f'(x)}{g'(x)}=\infty$이면, $\lim_{x\to\infty}\frac{f(x)}{g(x)}=\infty$이다.

증명 (1) $a>0$이고 $b=+\infty$라 하자. 이때 $F(x)=f\left(\frac{1}{x}\right)$, $G(x)=g\left(\frac{1}{x}\right)$로 정의하면, 함수 F와 G는 $\left(0,\ \frac{1}{a}\right)$상에서 미분가능이고 $G'(x)\neq 0$이다. 또한

$$\lim_{x\to 0^+}F(x)=\lim_{x\to 0^+}G(x)=0,$$

$$\lim_{x\to 0^+}\frac{F'(x)}{G'(x)}=\lim_{x\to 0^+}\frac{f'\left(\frac{1}{x}\right)}{g'\left(\frac{1}{x}\right)}=\lim_{x\to\infty}\frac{f'(x)}{g'(x)}=L$$

이므로, 정리 7.3.3 (1)을 적용하면 다음이 성립한다.

$$\lim_{x\to\infty}\frac{f'(x)}{g'(x)}=\lim_{x\to 0^+}\frac{F'(x)}{G'(x)}=L=\lim_{x\to 0^+}\frac{F(x)}{G(x)}=\lim_{x\to\infty}\frac{f(x)}{g(x)}$$

(2) (1)과 같은 방법으로 전개하면 된다. ■

정리 7.3.5 (로피탈의 법칙 : $\frac{\infty}{\infty}$) 함수 f, g가 $(a,\ b)$상에서 미분가능하고 $\lim_{x\to a+}f(x)=\lim_{x\to a+}g(x)=+\infty$이라 하자. 점 $x\in(a,\ b)$에 대해 $g(x)\neq 0$이고 $g'(x)\neq 0$이면, 다음이 성립한다.

(1) $\lim_{x\to a+}\frac{f'(x)}{g'(x)}=L\ (\in\mathbb{R})$이면, $\lim_{x\to a+}\frac{f(x)}{g(x)}=\lim_{x\to a+}\frac{f'(x)}{g'(x)}=L$이다.

(2) $\lim_{x\to a+}\frac{f'(x)}{g'(x)}=+\infty\ [-\infty]$이면, $\lim_{x\to a+}\frac{f(x)}{g(x)}=+\infty\ [-\infty]$이다.

증명 (1) $\lim_{x\to a^+}\frac{f'(x)}{g'(x)}=L$이라고 하면, $0<\varepsilon<1$을 만족하는 임의의 실수 $\varepsilon>0$에 대해 적당한 실수 $\delta>0$가 존재하여

$$a < x < a+\delta \text{이면} \quad \left|\frac{f'(x)}{g'(x)} - L\right| < \frac{\varepsilon}{2}$$

이 성립한다. 따라서 다음이 성립한다.

$$a < x < a+\delta \text{이면} \quad \left|\frac{f'(x)}{g'(x)}\right| < |L| + \frac{\varepsilon}{2} < |L| + \frac{1}{2}$$

한편, $\lim_{x \to a+} f(x) = +\infty$이므로 $a < x < a+\delta_1$이면 $f(x) > |f(a+\delta)|$가 성립하는 $\delta_1 > 0(\delta_1 < \delta)$이 존재한다. 점 $x \in (a,\ a+\delta_1)$에 대해 $[x,\ a+\delta]$상에서 f, g에 관한 Cauchy의 평균값정리를 적용하면

$$\frac{f(x)-f(a+\delta)}{g(x)-g(a+\delta)} = \frac{f(x)}{g(x)} \cdot \frac{1-f(a+\delta)/f(x)}{1-g(a+\delta)/g(x)} = \frac{f'(c_x)}{g'(c_x)} \tag{7.3.2}$$

을 만족하는 점 $c_x \in (x,\ a+\delta)$가 존재한다. 따라서 다음이 성립한다.

$$\frac{f(x)}{g(x)} = \frac{f'(c_x)}{g'(c_x)} \cdot \frac{1-g(a+\delta)/g(x)}{1-f(a+\delta)/f(x)} \tag{7.3.3}$$

그런데 가정에서 $\lim_{x \to a^+} f(x) = \lim_{x \to a^+} g(x) = +\infty$이므로,

$$\lim_{x \to a^+} \frac{1-g(a+\delta)/g(x)}{1-f(a+\delta)/f(x)} = 1$$

이 된다. 따라서 정의 6.1.3으로부터 적당한 실수 $\delta_2 > 0$ $(\delta_2 < \delta_1)$가 존재해

$$a < x < a+\delta_2 \text{이면} \quad \left|\frac{1-g(a+\delta)/g(x)}{1-f(a+\delta)/f(x)} - 1\right| < \frac{\varepsilon}{2(|L|+1/2)} \tag{7.3.4}$$

을 만족하므로, 식 (7.3.1)~(7.3.4)로부터 $a < x < a+\delta_2$이면 다음이 성립한다.

$$\begin{aligned}\left|\frac{f(x)}{g(x)} - L\right| &\le \left|\frac{f'(c_x)}{g'(c_x)}\right| \cdot \left|\frac{1-g(a+\delta)/g(x)}{1-f(a+\delta)/f(x)} - 1\right| + \left|\frac{f'(c_x)}{g'(c_x)} - L\right| \\ &< \left(|L| + \frac{1}{2}\right) \cdot \frac{\varepsilon}{2(|L|+1/2)} + \frac{\varepsilon}{2} = \varepsilon\end{aligned}$$

그러므로 정의 6.1.3으로부터 다음이 성립한다.

$$\lim_{x \to a+} \frac{f(x)}{g(x)} = \lim_{x \to a+} \frac{f'(x)}{g'(x)} = L$$

(2) 증명은 생략한다. ■

예제 7.21 다음의 극한값을 구하여라.

(1) $\lim_{x \to 0} \frac{\sin x}{x}$ (2) $\lim_{x \to 0+} \frac{1-\cos x^2}{x^4}$ (3) $\lim_{x \to \infty} \frac{\sin(1/x)}{\mathrm{Tan}^{-1}(1/x)}$

풀이 (1) x와 $\sin x$는 $\mathbb{R}$상에서 미분가능하고 점 $x=0$에서 함수값이 둘 다 0이므로,

$$\lim_{x \to 0} \frac{(\sin x)'}{(x)'} = \lim_{x \to 0} \frac{\cos x}{1} = \frac{1}{1} = 1$$

이다. 따라서 로피탈의 법칙에 의해 구하는 극한값은 다음과 같다.

$$\lim_{x \to 0} \frac{\sin x}{x} = \lim_{x \to 0} \frac{\cos x}{1} = 1$$

(2) $1-\cos x^2$과 x^4는 $\mathbb{R}$상에서 미분가능하고 점 $x=0$에서 함수값이 둘 다 0이다. 따라서 로피탈의 법칙에 의해 구하는 극한값은 다음과 같다.

$$\lim_{x \to 0+} \frac{1-\cos x^2}{x^4} = \lim_{x \to 0+} \frac{2x \sin x^2}{4x^3} = \lim_{x \to 0+} \frac{2x \cos x^2}{4x} = \lim_{x \to 0+} \frac{\cos x^2}{2} = \frac{1}{2}$$

(3) $f(x) = \sin \frac{1}{x}$이고 $g(x) = \mathrm{Tan}^{-1}\left(\frac{1}{x}\right)$이라 두면, 다음이 성립한다.

$$\lim_{x \to \infty} f(x) = \lim_{x \to \infty} g(x) = 0,$$

$$\lim_{x \to \infty} \frac{f'(x)}{g'(x)} = \lim_{x \to \infty} \frac{\cos(1/x)(-1/x^2)}{\dfrac{(-1/x^2)}{1+(1/x)^2}} = \lim_{x \to \infty} \frac{\cos(1/x)}{\dfrac{x^2}{x^2+1}} = 1$$

그러므로 따름정리 7.3.4 (1)에 의해 $\lim_{x \to \infty} \frac{\sin(1/x)}{\mathrm{Tan}^{-1}(1/x)} = 1$이다. ■

[주] (1) $\lim_{x \to c} \frac{f'(x)}{g'(x)}$의 값이 존재하지 않는다고, $\lim_{x \to c} \frac{f(x)}{g(x)}$의 값이 존재하지 않는다고는 할 수 없다.

(2) $x \to a$(또는 $x \to \pm\infty$)일 때 $f(x) \to 0$, $g(x) \to \infty$이면, $f(x)g(x)$의 부정형은 $0 \cdot \infty$이다.

(3) $f(x) \to \infty$, $g(x) \to \infty$이면, $f(x)-g(x)$의 부정형은 $\infty - \infty$이다.

(4) $\begin{cases} f(x) \to 0, & g(x) \to 0 \\ f(x) \to \infty, & g(x) \to 0 \\ f(x) \to 1, & g(x) \to \infty \end{cases}$ 이면, $f(x)g(x)$의 부정형은 0^0, ∞^0, 1^∞이다. 이러한 부정형들도 주어진 함수를 적당히 변형하여 $\frac{0}{0}$ 또는 $\frac{\infty}{\infty}$꼴의 부정형으로 고쳐서 로피탈의 법칙을 적용하면 된다.

예제 7.22 다음의 극한값을 구하여라.

(1) $\lim\limits_{x \to 0}\left(\frac{1}{x} - \frac{1}{\sin x}\right)$　　(2) $\lim\limits_{x \to 0^+} x^x$

(3) $\lim\limits_{x \to \infty} x(a^{\frac{1}{x}} - 1)$ $(a > 0)$　　(4) $\lim\limits_{x \to \frac{\pi}{2}} (\sin x)^{\tan x}$

풀이 (1) 먼저 우극한을 구하면, 다음과 같다.

$$\lim_{x \to 0^+}\left(\frac{1}{x} - \frac{1}{\sin x}\right) = \lim_{x \to 0^+} \frac{\sin x - x}{x \sin x} = \lim_{x \to 0^+} \frac{\cos x - 1}{\sin x + x\cos x}$$

$$= \lim_{x \to 0^+} \frac{-\sin x}{\cos x + \cos x - x \sin x} = \frac{0}{2} = 0$$

같은 방법으로, 좌극한을 계산하면, $\lim\limits_{x \to 0^-}\left(\frac{1}{x} - \frac{1}{\sin x}\right) = 0$이므로 다음이 성립한다.

$$\lim_{x \to 0}\left(\frac{1}{x} - \frac{1}{\sin x}\right) = 0$$

(2) 로그함수는 $(0, \infty)$상에서 연속이므로, $\ln\left(\lim\limits_{x \to 0^+} x^x\right) = \lim\limits_{x \to 0^+} \ln x^x$이다. 따라서

$$\lim_{x \to 0^+} \ln x^x = \lim_{x \to 0^+} x \ln x = \lim_{x \to 0^+} \frac{\ln x}{1/x} = \lim_{x \to 0^+} \frac{1/x}{-1/x^2} = \lim_{x \to 0^+}(-x) = 0$$

이므로, $\ln\left(\lim\limits_{x \to 0^+} x^x\right) = 0$이다. 그러므로 $\lim\limits_{x \to 0^+} x^x = e^0 = 1$이다.

(3) $$\lim_{x \to \infty} x(a^{1/x} - 1) = \lim_{x \to \infty} \frac{a^{1/x} - 1}{1/x} = \lim_{x \to \infty} \frac{a^{1/x}(-1/x^2)\ln a}{-1/x^2}$$

$$= \lim_{x \to \infty} a^{1/x} \ln a = \ln a$$

(4) $y=\lim_{x\to\frac{\pi}{2}}(\sin x)^{\tan x}$라 하자. 양변에 ln을 취하면 다음이 성립한다.

$$\begin{aligned}\ln y &= \lim_{x\to\frac{\pi}{2}} \tan x \cdot \ln(\sin x) = \lim_{x\to\frac{\pi}{2}} \frac{\ln(\sin x)}{\cot x} \\ &= \lim_{x\to\frac{\pi}{2}} \frac{\frac{1}{\sin x}\cdot\cos x}{-\operatorname{cosec}^2 x} = \lim_{x\to\frac{\pi}{2}}(-\sin x)(\cos x) \\ &= 0\end{aligned}$$

그러므로 $y=e^0=1$. ■

[주] 정리 7.3.3에서 분모 $g(x)$와 $g'(x)$는 0이 아니어야 한다는 조건은 필수적이다.

예제 7.23 $\lim_{x\to\infty}\frac{x+\sin x\cos x}{x\sin x+\cos x}$은 $\frac{\infty}{\infty}$인 형이지만, 극한값은 존재하지 않는다.

풀이 $f(x)=x+\sin x\cos x$이고 $g(x)=x\sin x+\cos x$라면 $x=2n\pi+\frac{\pi}{2}$에서는 $\frac{f(x)}{g(x)}=1$이고, $x=2n\pi-\frac{\pi}{2}$에서는 $\frac{f(x)}{g(x)}=-1$이므로 $\lim_{x\to\infty}\frac{f(x)}{g(x)}$는 존재하지 않는다. 그리고 $g'(x)=x\cos x$로 $x=\frac{(2n-1)\pi}{2}$일 때마다 $g'(x)=0$이므로 로피탈의 정리를 적용할 수 없다. ■

연습문제 7.3

1. 다음의 주어진 정의역에서 함수들의 극한값을 구하라.

(1) $\lim_{x\to 0}\frac{e^x-x-1}{x^2}$, $(0,\ \infty)$

(2) $\lim_{x\to 0^+}\frac{\ln(\sin x)}{\ln x}$, $(0,\ \pi/2)$

(3) $\lim_{x\to 0^+}\left(1+\frac{1}{x}\right)^x$, $(0,\ \infty)$

(4) $\lim_{x\to\frac{\pi}{2}}(\sec x-\tan x)$, $(0,\ \pi/2)$

(5) $\lim_{x\to\infty}\left(1+\frac{1}{x}\right)^x$, $(0,\ \infty)$

(6) $\lim_{x\to\infty}x^{1/x}$, $(0,\ \infty)$

(7) $\lim_{x \to 0^+} x \ln(\sin x)$, $(0,\ \pi)$ (8) $\lim_{x \to 0^+} (\sin x)^x$, $(0,\ \pi)$

(9) $\lim_{x \to 0^+} \dfrac{1}{x(\ln x)^2}$, $(0,\ 1)$ (10) $\lim_{x \to \infty} \dfrac{x^3}{e^x}$, $(0,\ \infty)$

2. 함수 $f,\ g : \mathbb{R} \to \mathbb{R}$를 다음과 같이 정의하면,

$$f(x) = \begin{cases} x^2, & x : \text{유리수} \\ 0, & x : \text{무리수}, \end{cases} \qquad g(x) = \sin x$$

$\lim_{x \to 0} \dfrac{f(x)}{g(x)} = 0$임을 보여라.

3. 함수 $f,\ g : [0,\ 1] \to \mathbb{R}$를 다음과 같이 정의하면,

$$f(x) = \begin{cases} x^2 \sin \dfrac{1}{x}, & x \neq 0 \\ 0, & x = 0, \end{cases} \qquad g(x) = \sin x$$

$\lim_{x \to 0^+} \dfrac{f(x)}{g(x)} = 0$이지만 $\lim_{x \to 0^+} \dfrac{f'(x)}{g'(x)}$는 존재하지 않음을 보여라.

4. 함수 $f,\ g : [0,\ 1] \to \mathbb{R}$를 다음과 같이 정의하면,

$$f(x) = \begin{cases} x^2 \sin \dfrac{1}{x}, & x \neq 0 \\ 0, & x = 0, \end{cases} \qquad g(x) = x^2$$

$f,\ g$는 $[0,\ 1]$상에서 미분가능하고 모든 점 $x \neq 0$에 대하여 $g(x) \neq 0$이며 $\lim_{x \to 0^+} f(x) = \lim_{x \to 0^+} g(x) = 0$이지만 $\lim_{x \to 0^+} \dfrac{f'(x)}{g'(x)}$가 존재하지 않으면, $\lim_{x \to 0^+} \dfrac{f(x)}{g(x)}$도 존재하지 않음을 보여라.

5. $a_n > 0$인 n차 다항함수 $P(x) = a_0 + a_1 x + \cdots + a_n x^n$ 는 x가 커짐에 따라 $\ln x$보다 상대적 증가속도가 빠르고 e^x보다는 느림을 보여라. 즉

$$\lim_{x \to \infty} \frac{P(x)}{\ln x} = +\infty \text{이고} \quad \lim_{x \to \infty} \frac{P(x)}{e^x} = 0$$

임을 보여라.

7.4 테일러의 정리

이 절에서는 다항함수에 의해 근사시킬 수 있는 함수가 어떤 함수들이며, 또한 어떻게 근사시킬 수 있는지를 다룬다.

〈정의 7.4.1〉

함수 $f:(a, b)\to\mathbb{R}$의 n계 도함수 $f^{(n)}$이 존재하고 (a, b)상에서 연속이면, f를 C^n급함수(function of class C^n)라고 하며, 이러한 함수들 전체의 집합을 $C^n(a, b)$ 또는 간단히 C^n으로 나타낸다. 만약 모든 자연수 $n\in\mathbb{N}$에 대해 f가 C^n급함수이면, f를 C^∞급함수라고 하며, 이러한 함수들 전체의 집합을 $C^\infty(a, b)$ 또는 간단히 C^∞으로 나타낸다.

예제 7.24 f가 x에 관한 n차 다항함수이면, f는 n차 미분가능할 뿐 아니라 C^n급 함수이다.

예제 7.25 함수 $f:(a, b)\to\mathbb{R}$가 다음과 같이 점 $x=c$를 중심으로 한 멱급수로 표현된다고 하자.

$$f(x)=a_0+a_1(x-c)+a_2(x-c)^2+\cdots$$

그때, 계수 a_0, a_1, a_2, $\cdots$을 f의 고계 미분계수를 이용해 표현하여라.

풀이 $f(c)=a_0$, $f'(c)=a_1$, $f''(c)=2a_2$, $\cdots$, $f^{(n)}(c)=n!a_n$, $\cdots$ 이므로, 다음이 성립한다.

$$a_0=f(c),\quad a_1=f'(c),\quad a_2=\frac{f''(c)}{2!},\quad \cdots,\quad a_n=\frac{f^{(n)}(c)}{n!},\ \cdots$$

따라서 f가 점 $x=c$에서 멱급수로 표현되면, 함수 f는

$$f(x)=f(c)+\frac{f'(c)}{1}(x-c)+\frac{f''(c)}{2!}(x-c)^2+\cdots+\frac{f^{(n)}(c)}{n!}(x-c)^n+\cdots$$

인 형태로 표현된다. ■

〈정의 7.4.2〉

다항함수가 아닌 함수 $f:[a, b]\to\mathbb{R}$가 $f\in C^n[a, b]$이고, 점 $c\in(a, b)$라 하자.

$$P_n(x)=f(c)+f'(c)(x-c)+\frac{f''(c)}{2!}(x-c)^2+\cdots+\frac{f^{(n)}(c)}{n!}(x-c)^n$$

을 점 c에서 f의 **n차 테일러 다항식(Taylor polynomial of degree n)**이라 한다.

정리 7.4.1 (테일러의 정리 : Taylor Theorem) 함수 $f\in C^{n+1}(a, b)$이고 점 $c,\ x\in(a, b)$이면, 적당한 점 d가 c와 x 사이에 존재하여 다음을 만족한다.

$$f(x) = P_n(x) + \frac{(x-c)^{n+1}}{(n+1)!}f^{(n+1)}(d)$$

증명 $c<x$라고 하면, 점 $t\in[c, x]$에 대해 함수 $F:[c, x]\to\mathbb{R}$를

$$F(t)=f(x)-\left(f(t)+f'(t)(x-t)+\frac{f''(t)}{2!}(x-t)^2+\cdots+\frac{f^{(n)}(t)}{n!}(x-t)^n\right) \quad (7.4.1)$$

로 정의하자. 그러면 F는 $[c, x]$상에서 연속이고 (c, x)상에서 미분가능하므로 양변을 t에 관해 미분하면, 다음이 성립한다.

$$F'(t) = -\frac{f^{(n+1)}(t)}{n!}(x-t)^n \quad (7.4.2)$$

여기서 새로운 함수 $G:[c, x]\to\mathbb{R}$를 모든 점 $t\in[c, x]$에 대해 다음과 같이 정의하면,

$$G(t) = F(t)-\left(\frac{x-t}{x-c}\right)^{n+1}F(c)$$

$G(c)=G(x)=0$이다. 따라서 함수 G는 (c, x)상에서 미분가능하므로 Rolle의 정리를 적용하면, $G'(d)=0$인 점 d가 (c, x)내에서 존재하여

$$G'(d) = F'(d) + \frac{(n+1)(x-d)^n}{(x-c)^{n+1}} F(c)$$

를 만족한다. 여기서

$$F(c) = -\frac{1}{n+1} \frac{(x-c)^{n+1}}{(x-d)^n} F'(d)$$

이고, 식 (7.4.2)에서 $F'(d)$를 구해 대입하면, 다음과 같다.

$$F(c) = \frac{1}{n+1} \frac{(x-c)^{n+1}}{(x-d)^n} \frac{(x-d)^n}{n!} f^{(n+1)}(d) = \frac{f^{(n+1)}(d)}{(n+1)!}(x-c)^{n+1}$$

따라서 $F(c)$를 다시 식 (7.4.1)에 대입하면, 다음을 얻을 수 있다.

$$f(x) = P_n(x) + \frac{(x-c)^{n+1}}{(n+1)!} f^{(n+1)}(d)$$ ■

[주] 테일러의 정리에서 $n=0$인 경우는 평균값정리가 된다.

〈정의 7.4.3〉

$f \in C^{n+1}(a, b)$일 때, $f(x)$와 점 c에서 f의 n차 테일러 다항식 $P_n(x)$와의 차

$$f(x) - P_n(x) = \frac{f^{(n+1)}(d)}{(n+1)!}(x-c)^{n+1} \quad (c < d < x)$$

을 라그랑즈의 잉여(Lagrange form of the remainder)라 하고, 다음과 같이 나타낸다.

$$R_n(x) = \frac{f^{(n+1)}(d)}{(n+1)!}(x-c)^{n+1}$$

정리 7.4.2 함수 $f \in C^{\infty}(a, b)$이고, 점 $c \in (a, b)$이라 하자. 모든 점 $x \in (a, b)$에 대해 $\lim_{n \to \infty} |R_n(x)| = 0$이면, 다음이 성립한다.

$$f(x) = \sum_{k=0}^{\infty} \frac{f^{(k)}(c)}{k!}(x-c)^k$$

증명 점 c에서 f의 n차 테일러 다항식을 $P_n(x)$라 두면 모든 자연수 $n \in \mathbb{N}$에 대해

$$f(x) = P_n(x) + R_n(x)$$

이다. 그런데 $\lim_{n \to \infty} |R_n(x)| = 0$이면, $\lim_{n \to \infty} (f(x) - P_n(x)) = 0$이므로 다음이 성립한다.

$$f(x) = \lim_{n \to \infty} P_n(x) = \lim_{n \to \infty} \sum_{k=0}^{n} \frac{f^{(k)}(c)}{k!}(x-c)^k = \sum_{k=0}^{\infty} \frac{f^{(k)}(c)}{k!}(x-c)^k$$ ■

[주] 1. 정리 7.4.2에서 나타난 급수 $\sum_{k=0}^{\infty} \frac{f^{(k)}(c)}{k!}(x-c)^k$을 점 c에서 f의 **테일러 급수** (Taylor series for f at c)라고 한다.

2. 특히 $0 \in (a, b)$이면, 0에서 f의 Taylor 급수 $\sum_{k=0}^{\infty} \frac{f^{(k)}(0)}{k!} x^k$를 f의 **매클로린 급수** (Maclaurin series for f)라고 한다.

예제 7.26 모든 실수 x에 대해 e^x, $\sin x$, $\cos x$의 매클로린 급수를 구하여라.

(1) $e^x = \sum_{n=0}^{\infty} \frac{x^n}{n!} = 1 + \frac{x}{1!} + \frac{x^2}{2!} + \frac{x^3}{3!} + \cdots$

(2) $\sin x = \sum_{n=0}^{\infty} (-1)^n \frac{x^{2n+1}}{(2n+1)!} = x - \frac{x^3}{3!} + \frac{x^5}{5!} - \frac{x^7}{7!} + \cdots$

(3) $\cos x = \sum_{n=0}^{\infty} (-1)^n \frac{x^{2n}}{(2n)!} = 1 - \frac{x^2}{2!} + \frac{x^4}{4!} - \frac{x^6}{6!} + \cdots$

풀이 (1) $f(x) = e^x$라 두면 모든 자연수 $n \in \mathbb{N}$에 대해 $f^{(n)}(x) = e^x$이므로, 점 $c = 0$에서 테일러의 정리를 이용하면 다음과 같다.

$$\begin{aligned} f(x) &= f(0) + f'(0)x + \frac{f''(0)}{2!}x^2 + \cdots + \frac{f^{(n)}(0)}{n!}x^n + \frac{f^{(n+1)}(d)}{(n+1)!}x^{n+1} \\ &= 1 + x + \frac{x^2}{2!} + \cdots + \frac{x^n}{n!} + \frac{f^{(n+1)}(d)}{(n+1)!}x^{n+1} \quad (0 < d < x \text{ 또는 } x < d < 0). \end{aligned}$$

여기서 라그랑즈의 잉여 R_n의 극한은

$$\lim_{n \to \infty} |R_n(x)| = \lim_{n \to \infty} \left| \frac{x^{n+1}}{(n+1)!} \right| |e^d| = e^d \lim_{n \to \infty} \frac{x^{n+1}}{(n+1)!} = 0$$

이므로, 정리 7.4.2에 의해 $e^x = \sum_{n=0}^{\infty} \frac{x^n}{n!}$ 이다.

(2) 점 $c=0$에서 $\sin x$의 라그랑즈 잉여를 계산하면

$$|R_n(x)| = \left| \frac{f^{(n+1)}(d)}{(n+1)!} x^{n+1} \right| \le \frac{|x|^{n+1}}{(n+1)!}$$

이므로, $\lim_{n \to \infty} R_n(x) = 0$이다. 그러므로 $\sin x$는 정리 7.4.2에 의해 다음을 얻는다.

$$\begin{aligned} \sin x &= \sin 0 + \frac{\cos 0}{1} x - \frac{\sin 0}{2!} x^2 + \cdots + \frac{f^{(n)}(0)}{n!} x^n + \cdots \\ &= x - \frac{x^3}{3!} + \frac{x^5}{5!} + \cdots + (-1)^n \frac{x^{2n+1}}{(2n+1)!} + \cdots \end{aligned}$$

(3) $\cos x = (\sin x)'$이므로 (2)에서 양변을 미분하면 (3)을 얻는다. ■

예제 7.27 e의 근사값을 n차 테일러 다항식을 이용해 오차가 10^{-5}보다 작게 되는 n값을 구하여라(참고 $e \fallingdotseq 2.27182818$).

풀이 $f(x) = e^x$라 두면, 예제 7.26 (1)의 풀이에 의해 라그랑즈 잉여는 다음과 같다.

$$R_n(x) = \frac{e^d}{(n+1)!} x^{n+1} \quad (0 < d < x)$$

그런데 e의 근사값을 구하기 위해 $x=1$이라 두면, $0 < d < 1$이므로,

$$|R_n(1)| = \frac{e^d}{(n+1)!} < \frac{e}{(n+1)!} < \frac{3}{(n+1)!}$$

이다. 따라서 $|R_n(x)|$는 오차의 한계이므로, $n=6$일 때

$$f(1) = e \approx 1 + 1 + \frac{1}{2!} + \frac{1}{3!} + \frac{1}{4!} + \frac{1}{5!} + \frac{1}{6!} = 2.7180553 = P_6(1)$$

이고, $|f(1) - P_6(1)| = |R_6(1)|$은 6×10^{-4}보다 크다. 그러나 $n=8$일 때는

$$e \approx 1 + 1 + \frac{1}{2!} + \cdots + \frac{1}{7!} + \frac{1}{8!} = 2.718279$$

이고, $|R_8(1)|$은 9×10^{-6}보다 작다. 그러므로 $n=8$일 때 주어진 결론을 얻을 수 있다. ■

> **정리 7.4.3** 함수 $f \in C^n(a, b)$ $(n \geq 2)$이고 점 $c \in (a, b)$에 대해서 다음이 만족한다고 하자.
>
> $$f'(c) = \cdots = f^{(n-1)}(c) = 0, \quad f^{(n)}(c) \neq 0$$
>
> (1) n이 짝수이고 $f^{(n)}(c) > 0$이면, f는 점 c에서 극소값을 갖는다.
>
> (2) n이 짝수이고 $f^{(n)}(c) < 0$이면, f는 점 c에서 극대값을 갖는다.
>
> (3) n이 홀수이면, f는 점 c에서 극대값이나 극소값을 갖지 않는다.

증명 $f \in C^n(a, b)$이고 점 $c, x \in (a, b)$이라 하면, 정리 7.4.1에 의해 적당한 점 d가 c와 x 사이에 존재하여 다음을 만족한다.

$$f(x) = P_{n-1}(x) + R_{n-1}(x) = f(c) + \frac{f^{(n)}(d)}{n!}(x-c)^n \tag{7.4.3}$$

$f^{(n)}$가 연속이므로 $x \to c$이면 $f^{(n)}(x) \to f^{(n)}(c)$이고, 가정에서 $f^{(n)}(c) \neq 0$이므로 임의의 실수 $\varepsilon > 0$을 $0 < \varepsilon < |f^{(n)}(c)|$을 만족하도록 택하면, 적당한 실수 $\delta > 0$가 존재하여

$$|x-c| < \delta \text{이면} \qquad |f^{(n)}(x) - f^{(n)}(c)| < \varepsilon$$

이다. 따라서 $(c-\delta, c+\delta)$에서 $f^{(n)}(x)$는 $f^{(n)}(c)$와 같은 부호를 가진다.

(1) n이 짝수이고 $f^{(n)}(c) > 0$라 하자. 점 $x \in (c-\delta, c+\delta) - \{c\}$이면 $f^{(n)}(d) > 0$이고 $(x-c)^n > 0$이므로, 식 (7.4.3)으로부터 다음식을 얻는다.

$$f(x) - f(c) = \frac{f^{(n)}(d)}{n!}(x-c)^n > 0$$

그러므로 점 c의 근방에 있는 모든 점 $x \in (c-\delta, c+\delta) - \{c\}$에 대해 $f(x) > f(c)$이므로 함수 f는 점 c에서 극소값을 갖는다.

(2) n이 짝수이고 $f^{(n)}(c) < 0$이면 $x \in (c-\delta, c+\delta) - \{c\}$에 대해 $f^{(n)}(d) < 0$이고 $(x-c)^n > 0$이므로, 식 (7.4.3)으로부터 다음 식이 성립한다.

$$f(x) - f(c) = \frac{f^{(n)}(d)}{n!}(x-c)^n < 0$$

그러므로 점 c의 근방 $(c-\delta, c+\delta)$에 있는 모든 점 $x \in (c-\delta, c+\delta) - \{x\}$에 대

해 $f(x) < f(c)$이므로 함수 f는 점 c에서 극대값을 갖는다.

(3) n이 홀수라고 하자. 점 $x \in (c-\delta, c)$이면 $(x-c)^n < 0$이고, 점 $x \in (c, c+\delta)$이면 $(x-c)^n > 0$이다. 따라서 임의의 실수 $\eta > 0$에 대한 점 c의 어떤 근방 $U = (c-\eta, c+\eta)$에서도 모든 점 $x \in U$에 대해 $f(x) < f(c)$이거나 모든 점 $x \in U$에 대해 $f(x) > f(c)$가 성립하지 않는다. 그러므로 함수 f는 점 c에서 극대값이나 극소값을 갖지 않는다. ■

연습문제 7.4

1. 다음 함수들이 $x=0$에서 극값을 갖는지를 판별하여라.

   (1) $f(x) = x^3 + 2$ (2) $f(x) = \sin x + x^3$ (3) $f(x) = \cos x + \frac{1}{2}x^2$

2. 함수 $f : (0, 2] \to \mathbb{R}$를 $f(x) = \ln x$로 정의할 때, 점 $c=1$에서 f의 Taylor 급수를 구하고 이 급수가 $(0, 2]$상에서 f에 수렴함을 보여라.

3. 함수 $f : \mathbb{R} \to \mathbb{R}$가 $f(x) = \sin x$로 정의되었을 때, $0 \le x \le 0.2$인 범위에서 f를 점 $x=0$에서의 4차 테일러 다항함수로 근사시켜라.

4. 모든 점 $x \in \mathbb{R}$에 대해 $1 - \frac{1}{2}x^2 \le \cos x$임을 보여라.

5. 모든 점 $x > 0$에 대하여 다음이 성립함을 보여라.

$$1 + \frac{x}{2} - \frac{x^2}{8} \le \sqrt{1+x} \le 1 + \frac{x}{2}$$

   또, 이 부등식을 이용하여 $\sqrt{1.1}$의 값을 근사시켜 보아라.

* 함수 f가 구간 I에서 $\mathbb{R}$에로의 함수라 하자. 모든 점 $x, y \in I$와 $t \in [0, 1]$에 대해 다음 식을 만족하면, f는 I상에서 **볼록(convex)**이라고 정의한다.

$$f((1-t)x + ty) \le (1-t)f(x) + tf(y)$$

6. I가 개구간 (a, b)이면, 볼록함수 $f:(a, b) \to \mathbb{R}$는 항상 연속임을 보여라.

7. 함수 $f:[a, b] \to \mathbb{R}$가 볼록이면, 모든 점 $x \in (a, b)$에 대해 $f'_{+}(x)$와 $f'_{-}(x)$가 존재하지만, 미분가능을 보장하지는 않는다는 것을 보여라.

8. 함수 $f:(a, b) \to \mathbb{R}$가 모든 점 $x \in (a, b)$에 대해 $f''(0) > 0$이면, f는 볼록함수임을 보여라.

연습문제 풀이

연습문제 7.1

1. (1) $f'(x)=\lim_{h\to 0}\frac{(x+h)^3-x^3}{h}=\lim_{h\to 0}(3x^2+3xh+h^2)=3x^2$

(2) $f'(x)=\lim_{h\to 0}\frac{1}{h}\left(\frac{1}{x+h}-\frac{1}{x}\right)=\lim_{h\to 0}\frac{-1}{x(x+h)}=\frac{-1}{x^2}$

(3) $f'(x)=\lim_{h\to 0}\frac{\sqrt{x+h}-\sqrt{x}}{h}=\lim_{h\to 0}\frac{1}{\sqrt{x+h}+\sqrt{x}}=\frac{1}{2\sqrt{x}}$

2. (1) $f'(x)=2\ (x>0)$, $f'(x)=0\ (-1<x<0)$, $f'(x)=-2\ (x<-1)$

(2) $f'(x)=2|x|\ (x\in\mathbb{R})$

(3) $f'(x)=3\ (x>0)$, $f'(x)=1\ (x<0)$, $f'(0)$는 존재하지 않는다.

3. $n=1$이면 $f'(x)=f'(x)$이므로 성립한다. $n=k$일 때

$$(f_1+\cdots+f_k)'(x)=f_1'(x)+\cdots+f_k'(x)$$

가 성립한다고 가정하면, $n=k+1$일 때 정리 7.1.2 (1)에 의해 다음이 성립한다.

$$\begin{aligned}(f_1+\cdots+f_k+f_{k+1})'(x)&=(f_1+\cdots+f_k)'(x)+f_{k+1}'(x)\\&=f_1'(x)+\cdots+f_k'(x)+f_{k+1}'(x).\end{aligned}$$

그러므로 수학적귀납법에 의해 모든 자연수 $n\in\mathbb{N}$에 대해 성립한다.

4. (1) $\alpha=n$(여기서 $n\in\mathbb{N}$)일 때는 도함수의 정의에 의해 성립한다. 즉,

$$\lim_{x\to x_0}\frac{x^n-x_0^n}{x-x_0}=\lim_{x\to x_0}\frac{(x-x_0)(x^{n-1}+x^{n-2}x_0+\cdots+xx_0^{n-2}+x_0^{n-1})}{x-x_0}=nx_0^{n-1}$$

(2) $\alpha=0$일 때는 상수함수이므로 도함수의 정의에 의해 쉽게 증명된다. $\alpha=-n$(여기서 $n\in\mathbb{N}$)인 경우는 정리 7.1.2 (3)을 이용한다. 즉 $x^n\cdot x^{-n}=1$이므로 양변을 x에 관해 미분하면 $(x^n)'x^{-n}+x^n(x^{-n})'=0$이므로

$$(x^{-n})'=-\frac{(x^n)'x^{-n}}{x^n}=-\frac{nx^{n-1}}{x^{2n}}=-nx^{-n-1}$$

(3) (i) $\alpha=\frac{1}{n}$ (여기서 $n\in\mathbb{N}$)일 때 $x^{1/n}$은 x^n의 역함수이므로 $x^{1/n}=y$라 두면, $x=y^n$이고, 정리 7.1.6에 의해 다음이 성립한다.

$$\left(x^{\frac{1}{n}}\right)'=\frac{dy}{dx}=\frac{1}{\frac{dx}{dy}}=\frac{1}{ny^{n-1}}=\frac{1}{n}y^{1-n}=\frac{1}{n}x^{(1-n)/n}=\frac{1}{n}x^{\frac{1}{n}-1}$$

(ii) $\alpha=\frac{n}{m}$ (여기서 $m,\ n\in\mathbb{N}$)이면 $x^{\frac{n}{m}}=(x^n)^{\frac{1}{m}}$이므로 두 함수 $f(x)=x^n$과 $g(x)=x^{\frac{1}{m}}$의 합성함수이다. 정리 7.1.5에 의해 다음식을 얻는다.

$$(x^{n/m})'=(g\circ f)'(x)=g'(f(x))f'(x)=\frac{1}{m}(x^n)^{\frac{1}{m}-1}nx^{n-1}=\frac{n}{m}x^{\frac{n}{m}-1}$$

(4) (i) α가 양의 실수이면 $x^\alpha=e^{\alpha\ln x}$이므로 합성함수 미분법을 적용하면, $(x^\alpha)'=e^{\alpha\ln x}\,\alpha\frac{1}{x}=\alpha x^{\alpha-1}$이다.

(ii) α가 음의 실수이면 $(x^\alpha)(x^{-\alpha})=1$이므로 양변을 미분하면 $(x^\alpha)'(x^{-\alpha})+x^\alpha(x^{-\alpha})'=0$이 성립한다. $-\alpha>0$이므로 (i)에 의해 $(x^{-\alpha})'=-\alpha x^{-\alpha-1}$이고 $(x^\alpha)'x^{-\alpha}=x^\alpha(\alpha x^{-\alpha-1})$이 성립한다. 따라서 $(x^\alpha)'=\alpha x^{\alpha-1}$이다.

5. $x\neq 0$인 경우 문제 4의 (3)에 해당하므로 함수 f는 미분가능하고 $f'(x)=\frac{3}{2}\sqrt{x}$이다.

$$\lim_{h\to 0^+}\frac{f(h)-f(0)}{h-0}=\lim_{h\to 0^+}\frac{h^{3/2}-0}{h}=\lim_{h\to 0^+}\sqrt{h}=0$$

이므로, f는 $x=0$에서 미분가능하고 $f'(0)=0$이다. 여기서 $\lim_{x\to 0^+}f'(x)=\lim_{x\to 0^+}\frac{3}{2}\sqrt{x}=0$이고 $f_+'(0)=0$이므로 f'는 $x=0$에서 연속이고, $(0,\ \infty)$상에서 연속이다. 따라서 f의 도함수 f'는 $[0,\ \infty)$상에서 연속이다.

6. 우함수와 기함수의 성질과 도함수의 정의에 의해 다음식을 얻는다.

$$f'(-x)=\lim_{h\to 0}\frac{f(-x+h)-f(-x)}{h}=-\lim_{h\to 0}\frac{f(x-h)-f(x)}{-h}=-f'(x).$$

7. $x\neq 0$인 경우 $f'(x)=2x\sin\frac{1}{x^2}-\frac{2}{x}\cos\frac{1}{x^2}$이고 $f'(0)=\lim_{h\to 0}h\sin\frac{1}{h^2}=0$이므로 f는

$\mathbb{R}$ 상에서 미분가능하다. 그러나 $x_n = \dfrac{1}{\sqrt{2n\pi}}$ 이면 $x_n \to 0$이고 $|f'(x_n)| = 2\sqrt{2n\pi}$ 이다. 따라서 f'은 $x=0$ 근방에서는 유계가 아니다.

8. $z_n = \dfrac{y_n - x}{y_n - x_n}$ 라고 두면, $0 < z_n < 1$이고

$$\frac{f(y_n)-f(x_n)}{y_n-x_n} - f'(x) = z_n\left(\frac{f(y_n)-f(x)}{y_n-x} - f'(x)\right) + (1-z_n)\left(\frac{f(x)-f(x_n)}{x-x_n} - f'(x)\right)$$

이다. 따라서 $n \to \infty$일 때, 우변은 괄호안 모두 0에 수렴하고, 수열 $\{z_n\}$과 $\{1-z_n\}$은 모두 유계이므로 주어진 결론을 얻을 수 있다.

9. 먼저, $x_0=0$인 경우를 생각하면, 0은 E의 집적점이므로 0에 수렴하는 수열을 $E-\{0\}$ 내에서 항상 택할 수 있으므로 $\{x_k\}$를 0에 수렴하는 $E-\{0\}$에서의 임의의 수열이라 하자. $x_k \in E$이므로 $x_k = \dfrac{1}{n_k}$ 인 형태이고, $x_k \to 0$일 필요충분조건은 $k \to \infty$이다. 따라서

$$\lim_{x_k \to 0} \frac{f(x_k)-f(0)}{x_k - 0} = \lim_{k\to\infty} \frac{(1/n_k)^2 - 0}{1/n_k - 0} = \lim_{k\to\infty} \frac{1}{n_k} = 0$$

이므로, 정리 6.1.3에 의해 다음이 성립한다.

$$\lim_{x\to 0} \frac{f(x)-f(0)}{x-0} = \lim_{x_k\to 0} \frac{f(x_k)-f(0)}{x_k-0} = 0$$

따라서 f는 $x_0=0$에서 미분가능하다. 그러나 $x_0 \neq 0$인 점 $x_0 = \dfrac{1}{n_0} \in E$에서는 x_0에 수렴하는 수열은 $\{x_1, \cdots, x_n, x_0, \cdots, x_0, \cdots\}$인 형태뿐이므로 $\lim\limits_{x_k\to x_0} \dfrac{f(x_k)-f(x_0)}{x_k-x_0}$ 을 생각할 수 없다. 따라서 미분가능성에 대해 논할 수 없다.

연습문제 7.2

1. (1) f는 $[1, 2]$상에서 미분가능하고 $f(1)=0=f(2)$이므로 Rolle의 정리를 적용하면 $f'(c)=0$되는 점 c가 존재한다. $f'(x)=3x^2-4x-1$이므로 $c=\dfrac{2+\sqrt{7}}{3}$이다.

   (2) f는 주어진 구간에서 미분가능하므로, 평균값정리의 조건을 만족하고 $f'(c)=$

$-\dfrac{\cos c}{2\sqrt{1-\sin c}}=\dfrac{0-1}{\pi/2-0}=-\dfrac{2}{\pi}$ 되는 점은 $c=\mathrm{Sin}^{-1}\left(\dfrac{16-\pi^2}{\pi^2}\right)$이다.

(3) f는 $[0, 2]$상에서 연속이지만 $x=1$에서 미분불가능이므로 $f'(c)=\dfrac{f(2)-f(0)}{2-0}$ $=\dfrac{-2-6}{2}=-4$되는 점 $c\in(0, 2)$가 존재하지 않는다. 즉, 평균값 정리를 적용할 수 없다.

2. 모든 점 $x\in[a, b]$에 대해 $g(x)=[f(x)+f'(x)+\cdots+f^{(n)}(x)]e^{-x}$ 라 두면 g는 $[a, b]$상에서 연속이고 (a, b)상에서 미분가능하며 $g(a)=g(b)=0$이다. 그런데 $g'(x)=[f^{(n+1)}(x)-f(x)]e^{-x}$이므로 Rolle의 정리에 의해

$$g'(c)=[f^{(n+1)}(c)-f(c)]e^{-c}=0$$

되는 점 c가 (a, b)내에서 존재한다. 이때, $e^{-c}\neq 0$이므로 $f^{(n+1)}(c)=f(c)$이다.

3. $\mathbb{R}$상에서 sin함수는 미분가능하므로 $[x, y]$에서 평균값정리를 적용하면 $\dfrac{\sin x-\sin y}{x-y}$ $=\cos c$ 되는 점 $c\in(x, y)$가 존재한다. $\left|\dfrac{\sin x-\sin y}{x-y}\right|=|\cos c|\leq 1$이므로 $|\sin x-\sin y|\leq|x-y|$가 성립한다. 여기서 $y=0$이라 두면 $|\sin x|\leq|x|$가 성립한다.

4. Darboux의 정리에 의해 모든 점 $x\in[a, b]$에 대해 $f'(x)>0$이거나 $f'(x)<0$이다. 그러므로 따름정리 7.2.5에 의해 f는 증가함수이거나 또는 감소함수이다.

5. 모든 점 $x\in\mathbb{R}$에 대해 $f'(x)\cdot f'(f(x))=1$이므로 $f'(x)\neq 0$이다. $f'(0)>0$이므로 문제 4와 정리 7.2.7에 의해 f는 증가함수이다. 한편, 조건 (ii)에 의해 $\dfrac{df(f(x))}{dx}=$ $f'(x)f'(f(x))=1$이므로 $f(f(x))=x+c$이고 $f(f(1))=1+c$이다. 조건 (i)에서 $f(1)=1$이므로 $f(f(1))=f(1)=1$이고 $f(f(1))=1+c=1$이므로 $c=0$이다. 즉, 모든 점 $x\in\mathbb{R}$에 대해 $f(f(x))=x$이다. 만약 어떤 점 $x_0\in\mathbb{R}$에 대해 $f(x_0)\neq x_0$이라 하자. $f(x_0)>x_0$이면 f는 증가함수이므로 $f(f(x_0))>f(x_0)$이 성립한다. 그러나 $f(f(x_0))$ $=x_0$이므로 이것은 모순이다. 만약 $f(x_0)<x_0$이면, 같은 방법으로 $x_0=f(f(x_0))<$ $f(x_0)<x_0$라는 모순이 생긴다. 그러므로 모든 점 $x\in\mathbb{R}$에 대해 $f(x)=x$이다.

6. f'는 유계이므로 모든 점 $x\in[a, b]$에 대해 $|f'(x)|\leq K$인 실수 K가 존재한다. 또한 평균값정리에 모든 점 $x, y\in[a, b]$에 대해 $\dfrac{f(x)-f(y)}{x-y}=f'(c)$를 만족하는 점 $c\in$ (x, y)가 존재하고 $|f'(c)|\leq K$이므로 f는 립쉬쯔 조건

$$|f(x)-f(y)| \le |f'(c)||x-y| \le K|x-y|$$

을 만족한다. 그러므로 정리 6.5.4에 의해 함수 f는 $[a, b]$상에서 평등연속이다.

7. 임의의 점 $x \ge 0$에 대해 $[0, x]$상에서 함수 $g-f$에 관한 평균값정리를 적용하면

$$(g-f)'(c) = \frac{(g-f)(x)-(g-f)(0)}{x-0} = \frac{g(x)-f(x)}{x}$$

를 만족하는 점 $c \in (0, x)$ 존재한다(실제로는 $c \in [0, x]$에서 존재한다). 가정에서 $f'(c) \le g'(c)$이므로 $0 \le \dfrac{g(x)-f(x)}{x}$이고, 따라서 $x \ge 0$에 대해 $f(x) \le g(x)$가 성립한다.

8. 모든 점 $x \in \mathbb{R}$에 대해 $g(x)=f(x)-x$라 두면 g는 $\mathbb{R}$상에서 미분가능이고 $g'(x) \ge 1$이다. $g(0)=a$라고 두자. $a \ge 0$이면, 평균값정리에 의해 적당한 점 $x \in [-a, 0]$에 대해

$$g(0)-g(-a)=(0-(-a))g'(x)=ag'(x) \ge a$$

이 성립한다. $g(-a) \le g(0)-a=0$이므로 중간값정리에 의해 $g(c)=0$되는 점 $c \in (-a, 0)$가 존재한다. $a<0$이면,

$$g(-a)-g(0)=(-a-0)g'(x)=-ag'(x) \ge -a$$

이므로 $g(-a) \ge -a+g(0)=-a+a=0$이다. 따라서 중간값정리에 의해 $g(c)=0$되는 점 $c \in (0, -a)$가 존재하고 $g(c)=f(c)-c$이므로 점 c는 f의 부동점이다.

9. s가 원시함수를 가지려면 정리 7.2.7에 의해 중간값정리를 만족해야 한다. $\dfrac{1}{2}$은 $s(1)=1$과 $s(0)=0$ 사이의 수이지만 $s(c)=\dfrac{1}{2}$되는 점 $c \in (0, 1)$가 존재하지 않으므로 $f'(x)=s(x)$를 만족하는 함수 $f:[-1, 1] \to \mathbb{R}$는 존재하지 않는다.

연습문제 7.3

1. (1) $\displaystyle\lim_{x\to 0} \frac{e^x-x-1}{x^2} = \lim_{x\to 0}\frac{e^x-1}{2x} = \lim_{x\to 0}\frac{e^x}{2} = \frac{1}{2}$

(2) 정리 7.3.5 (1)에 의해 다음이 성립한다.

$$\lim_{x\to 0+}\frac{\ln(\sin x)}{\ln x}=\lim_{x\to 0+}\frac{\frac{\cos x}{\sin x}}{\frac{1}{x}}=\left(\lim_{x\to 0+}\frac{x}{\sin x}\right)\left(\lim_{x\to 0+}\cos x\right)=1$$

(3) $y=\dfrac{1}{x}$ 이라 두면, $x\to 0$일 때 $y\to +\infty$이다. 그러므로

$$\lim_{x\to 0+}\left(1+\frac{1}{x}\right)^x=\lim_{y\to +\infty}(1+y)^{\frac{1}{y}}$$

이고, ∞^0형이다.

$$\lim_{x\to +\infty}\ln(1+y)^{\frac{1}{y}}=\lim_{x\to +\infty}\frac{1}{y}\ln(1+y)=\lim_{x\to +\infty}\frac{1}{y}=0$$

이므로, $\lim_{y\to +\infty}(1+y)^{\frac{1}{y}}=e^0=1$이다.

(4) $\sec x-\tan x=\dfrac{1-\sin x}{\cos x}$이므로, 다음이 성립한다.

$$\lim_{x\to\pi/2}(\sec x-\tan x)=\lim_{x\to\pi/2-}\frac{1-\sin x}{\cos x}=\lim_{x\to\pi/2-}\frac{-\cos x}{-\sin x}=0$$

(5) $\lim_{x\to\infty}(1+1/x)^x$은 부정형 1^∞인 형태이므로 $(1+1/x)^x=e^{x\ln(1+1/x)}$을 이용한다.

$$\lim_{x\to\infty}x\ln(1+1/x)=\lim_{x\to\infty}\frac{\ln(1+1/x)}{1/x}=\lim_{x\to\infty}\frac{\frac{(-1/x^2)}{1+1/x}}{(-1/x^2)}=1$$

이고, 지수함수 e^x는 연속함수이므로 다음이 성립한다.

$$\lim_{x\to\infty}(1+1/x)^x=\lim_{x\to\infty}e^{x\ln(1+\frac{1}{x})}=e^{\lim_{x\to\infty}x\ln(1+\frac{1}{x})}=e^1=e$$

위와 같은 방법으로 나머지 문제들을 풀 수 있다.

(6) 1 (7) 0 (8) 1 (9) ∞ (10) 0

2. x가 유리수이면 $\lim_{x\to 0}\dfrac{f(x)-f(0)}{x-0}=\lim_{x\to 0}x=0$이고, x가 무리수이면 $\dfrac{f(x)-f(0)}{x-0}=0$

이므로 $\lim_{x\to0}\frac{f(x)-f(0)}{x-0}=0$이다. 즉 f는 점 $x=0$에서 미분가능하고 $f(0)=g(0)=0$이다. $x\neq0$이면 $\left[-\frac{\pi}{4},\ \frac{\pi}{4}\right]$에서 $g(x)\neq0$이고 $g'(0)\neq0$이므로 $\lim_{x\to0}\frac{f(x)}{g(x)}=\frac{f'(0)}{g'(0)}=\frac{0}{\cos 0}=0$이다.

3. 함수 f, g는 점 $x=0$에서 미분가능이고 $f(0)=g(0)=0$이면, 모든 점 $x\in(0,\frac{\pi}{2})$에 대해 $g(x)\neq0$이므로 $\lim_{x\to0+}\frac{f(x)}{g(x)}=\frac{f'(0)}{g'(0)}=\frac{0}{1}=0$이다. 그러나

$$\frac{f'(x)}{g'(x)}=\frac{2x\sin(1/x)-\cos(1/x)}{\cos x}$$

이므로, $x=\frac{1}{2n\pi}$이면 $\frac{f'(x)}{g'(x)}=\frac{-1}{\cos(1/2n\pi)}$이고, $x=\frac{1}{(2n+1)\pi}$이면 $\frac{f'(x)}{g'(x)}=\frac{1}{\cos(1/(2n+1)\pi)}$이다. 그러므로 $\lim_{x\to0+}\frac{f'(x)}{g'(x)}$는 존재하지 않는다.

4. $\lim_{x\to0+}\frac{x^2\sin(1/x)-0}{x-0}=0$이므로 f는 $[0,1]$상에서 미분가능하고, 점 $x\neq0$에 대해 $f'(x)=2x\sin(1/x)+x^2(\cos(1/x))(-1/x^2)=2x\sin(1/x)-\cos(1/x)$이므로, 다음 식이 성립한다.

$$\frac{f'(x)}{g'(x)}=\frac{2x\sin(1/x)-\cos(1/x)}{2x}=\sin(1/x)-(1/2x)\cos(1/x)$$

$x=\frac{1}{2n\pi}$이면 $\frac{f'(x)}{g'(x)}=-n\pi$이고, $x=\frac{1}{(2n+1)\pi}$이면 $\frac{f'(x)}{g'(x)}=\left(\frac{2n+1}{2}\right)\pi$이므로, $\lim_{x\to0+}\frac{f'(x)}{g'(x)}$는 존재하지 않는다. 따라서 정리 7.3.3 (1) 조건을 만족하지 않으므로 $\lim_{x\to0+}\frac{f(x)}{g(x)}=\lim_{x\to0+}\sin\frac{1}{x}$도 존재하지 않는다.

5. $\lim_{x\to\infty}P(x)=+\infty$이고 $\lim_{x\to\infty}\ln x=+\infty$이므로, 로피탈의 법칙을 적용하면

$$\lim_{x\to\infty}\frac{P(x)}{\ln x}=\lim_{x\to\infty}\frac{a_1+2a_2x+\cdots+na_nx^{n-1}}{1/x}=+\infty$$

이므로 분자인 다항함수 $P(x)$가 자연로그함수보다 증가속도가 빠르다는 것을 알 수 있

다. e^x는 몇 번을 미분해도 고계 도함수는 e^x이며 $\lim_{x \to \infty} e^x = +\infty$이다. 한편, $P(x)$의 고계 도함수는 최고차항의 계수 a_n가 0이 아니므로 $P'(x)$, $P''(x)$, $\cdots$, $P^{(n-1)}(x)$는 $x \to \infty$일 때 극한값이 각각 $+\infty$이다. 그러므로 로피탈의 법칙을 연속적으로 적용하면, 다음을 얻는다.

$$\lim_{x \to \infty} \frac{P(x)}{e^x} = \lim_{x \to \infty} \frac{P'(x)}{e^x} = \lim_{x \to \infty} \frac{P''(x)}{e^x} = \cdots = \lim_{x \to \infty} \frac{n!a_n}{e^x} = 0$$

그러므로 $x \to \infty$일 때 e^x는 임의의 다항식 $P(x)$보다 더 빨리 $+\infty$에 접근하며 상당히 큰 x에 대해서 $e^x \geq P(x)$임을 알 수 있다.

연습문제 7.4

1. (1) $f'(x) = 3x^2$, $f''(x) = 6x$, $f'''(x) = 6$이므로 $f'(0) = f''(0) = 0$이고 $f'''(0) \neq 0$이다. 정리 7.4.3 (3)에 의해 f는 점 $x=0$에서 극값을 가지지 않는다.

   (2) $f'(x) = \cos x + 3x^2$이고 $f'(0) = 1$이다. 정리 7.2.1에 의해 점 $x=c$에서 극치를 가질 충분조건은 $f'(c) = 0$이므로 f는 점 $x=0$에서 극치를 가지지 않는다.

   (3) $f'(x) = -\sin x + x$, $f''(x) = -\cos x + 1$, $f'''(x) = \sin x$이므로 $f'(0) = f''(0) = f'''(0) = 0$이고 $f^{(4)}(0) = 1 \neq 0$이다. 그러므로 정리 7.4.3 (1)에 의해 $x=0$에서 f는 극소값을 가진다.

2. $f'(x) = \frac{1}{x}$, $f''(x) = -\frac{1}{x^2}$, $f'''(x) = \frac{(-1)^2 2!}{x^3}$, $\cdots$, $f^{(n+1)}(x) = \frac{(-1)^n n!}{x^{n+1}}$, $\cdots$ 이므로 점 $c=1$에서의 f의 테일러 급수는 다음과 같다.

$$(x-1) - \frac{(x-1)^2}{2} + \cdots + \frac{(-1)^n (x-1)^{n+1}}{n+1} + \cdots = \sum_{n=0}^{\infty} \frac{(-1)^n (x-1)^{n+1}}{n+1}$$

   (i) $x=1$인 경우는 명백하므로 $1 < x \leq 2$인 경우에 $\lim_{n \to \infty} R_n(x) = 0$ 이 성립함을 보이자. 라그랑즈 잉여식을 사용하면

$$R_n(x) = \frac{f^{(n+1)}(t_x)}{(n+1)!}(x-1)^{n+1} = \frac{(-1)^n n!}{(t_x)^{n+1}} \cdot \frac{(x-1)^{n+1}}{(n+1)!} = \frac{(-1)^n}{n+1}\left(\frac{x-1}{t_x}\right)^{n+1}$$

을 만족시키는 점 $t_x \in (1,\ x)$가 존재한다. 그런데 $1 < t_x < x \le 2$이므로 $\left|\dfrac{x-1}{t_x}\right| < 1$이다. 따라서 다음이 성립한다.

$$\lim_{n\to\infty}|R_n(x)| = \lim_{n\to\infty}\left|\frac{(-1)^n}{n+1}\left(\frac{x-1}{t_x}\right)^{n+1}\right| \le \lim_{n\to\infty}\frac{1}{n+1} = 0.$$

[참고] 테일러의 정리에서 나머지항 $R_n(x) = \dfrac{f^{n+1}(d)}{n!}(x-d)^n(x-c)\ (c<d<x)$일 때 $R_n(x)$을 **코시 잉여**(Cauchy form of the remainder)라고 한다.

(ii) $0 < x < 1$인 경우에 $\lim\limits_{n\to\infty} R_n(x) = 0$이 됨을 보이자. 이 경우에는 $t_x > 1$이 아니므로, 라그랑즈 잉여식을 사용할 수 없다. 따라서 코시 잉여식을 사용하면 $R_n(x) = \dfrac{(-1)^n n!}{(t_x)^{n+1}} \cdot \dfrac{(x-t_x)^n}{n!}(x-1)$를 만족시키는 점 $t_x \in (x,\ 1)$가 존재한다. 그런데 $0 < x < t_x < 1$이므로 $\left|\dfrac{x-t_x}{t_x}\right| < 1$이 된다. 여기서

$$\lim_{n\to\infty}|R_n(x)| = \lim_{n\to\infty}\left|\frac{x-1}{t_x}\right|\cdot\left|\left(\frac{x-t_x}{t_x}\right)^n\right| \le \lim_{n\to\infty}\left|\frac{x-1}{x}\right|\cdot\left|\left(\frac{x-t_x}{t_x}\right)^n\right| = 0$$

이므로, 정리 7.4.2에 의해 f의 테일러 급수는 $(0,\ 2]$상에서 f에 수렴한다.

3. $f(0)=0,\ f'(0)=1,\ f''(0)=0,\ f'''(0)=-1,\ f^{(4)}(0)=0,\ f^{(5)}(x)=\cos x$이므로 점 $x=0$에서의 f의 4차 테일러 다항함수 $P_4(x) = x - \dfrac{x^3}{3!}$이다. 이 다항함수의 오차한계를 구해보면, 임의의 점 $x \in (0,\ 0.2)$에 적당한 점 t_x가 $(0,\ x)$에서 존재하여 $R_4(x) = \dfrac{\cos t_x}{5!}x^5$로 표현된다. 여기서 $|\cos t_x| \le 1$이므로

$$0 \le R_4(x) \le \frac{(0.2)^5}{5!} < 0.000003$$

이 성립한다. 따라서 $0 \le x \le 0.2$인 범위에서 $f(x)$와 $P_4(x)$의 오차한계는 3×10^{-6}보다 작으므로 근사값 $P_4(x)$는 소수 다섯째 자리까지 정확하다. 예를 들어, $\sin 0.2 \approx 0.2 - \dfrac{(0.2)^3}{6} = 0.1998667$이고 이 근사값은 소수 다섯째 자리까지 정확하다.

4. $x=0$에서 $f(x)=\cos x$를 테일러 전개하면, $\cos x = 1 - \dfrac{x^2}{2} + R_2(x)$을 얻는다. 여기서 0과 x사이의 적당한 점 c가 존재하여

$$R_2(x) = \frac{f'''(c)}{3!}x^3 = \frac{\sin c}{6}x^3$$

이 성립한다. $x \in [0, \pi]$이면 $c \in (0, \pi)$이고 c와 x^3이 모두 양이므로 $R_2(x) \geq 0$이다. 또 $x \in [-\pi, 0]$이면 $c \in (-\pi, 0)$이고 c와 x^3이 모두 음이므로 $R_2(x) \geq 0$이다. 그러므로 $|x| \leq \pi$에 대하여 $1 - \frac{x^2}{2} < \cos x$임을 알 수 있다. 만일 $|x| \geq \pi$이면, $1 - \frac{x^2}{2} < -3 \leq \cos x$이므로 모든 점 $x \in \mathbb{R}$에 대하여 부등식이 성립한다.

5. $f(x) = \sqrt{1+x}$이라 두면 $f'(x) = \frac{1}{2}\frac{1}{\sqrt{1+x}}$, $f''(x) = -\frac{1}{4}\frac{1}{(1+x)^{3/2}}$, $f'''(x) = \frac{3}{8}\frac{1}{(1+x)^{5/2}}$이다. 테일러 정리에서 $c=0$로 택하면, $x > 0$에 대하여 $f(x) = 1 + \frac{x}{2} - \frac{x^2}{8} + R_2(x)$이다. 그런데 $R_2(x) = \frac{f'''(d)}{3!}x^3$ $(0 < d < x)$이고 $f'''(d) = \frac{3}{8}\frac{1}{(1+d)^2\sqrt{1+d}} > 0$이므로 $R_2(x) > 0$이다. 따라서 첫 번째 부등식이 성립한다. 두 번째 부등식을 보이기 위해서는 $f(x) = 1 + \frac{x}{2} + R_1(x)$이라 두고 $R_1(x) < 0$임을 보이면 된다. 한편, $\sqrt{1.1}$을 근사값으로 구하면

$$1 + \frac{1}{2}\frac{1}{10} - \frac{1}{4}\left(\frac{1}{10}\right)^2 < \sqrt{1.1} < 1 + \frac{1}{2}\frac{1}{10}$$

이므로, $1.0475 < \sqrt{1.1} < 1.05$이고, 오차한계는 0.0025이다.

6. 임의의 점 $x_0 \in (a, b)$에 대해 (a, b)는 개구간이므로 $x_0 \in [c, d] \subset (a, b)$되는 두 점 c, d를 잡을 수 있다. $y = g(x)$는 $(c, f(c))$, $(x_0, f(x_0))$를 지나는 직선이고 $y = h(x)$는 두 점 $(x_0, f(x_0))$와 $(d, f(d))$를 지나는 직선이라 하자. 먼저 $\lim_{x \to x_0+} f(x) = f(x_0)$임을 보이자. 점 x가 $x_0 < x < d$을 만족하면 f는 볼록함수이므로 $f(x) \leq h(x)$이고 $g(x) \leq f(x)$이다. 따라서 $g(x) \leq f(x) \leq h(x)$이므로

$$\lim_{x \to x_0+} g(x) \leq \lim_{x \to x_0+} f(x) \leq \lim_{x \to x_0+} h(x)$$

가 성립한다. 그런데 g, h는 점 x_0에서 연속이고 $g(x_0) = f(x_0) = h(x_0)$이므로 $f(x_0) = g(x_0) \leq \lim_{x \to x_0+} f(x) \leq h(x_0) = f(x_0)$로부터 f는 x_0에서 우측 연속임을 알 수 있다. 같은 방법으로 $\lim_{x \to x_0-} f(x) = f(x_0)$임을 보일 수 있으므로 f는 x_0에서 연속함수이다.

7. $h < 0$일 때, 두 점 $(x, f(x))$와 $(x+h, f(x+h))$를 지나는 현의 기울기는 $(f(x+h) - f(x))/h$이다. f가 볼록함수이므로 현의 기울기는 증가하므로 $h \to 0-$ 일 때 주어진 기

울기는 증가한다. 그런데 증가함수는 유계이면 유한의 극한값을 가지고, 그렇지 않으면 무한대 극한값을 가지므로

$$-\infty < \lim_{h\to 0-}\frac{f(x+h)-f(x)}{h} = f'_-(x) \leq +\infty$$

이다. 또한 $h\to 0+$이면, 현의 기울기는 감소하므로 우측 미분계수 $f'_+(x) = \lim_{h\to 0+}\frac{f(x+h)-f(x)}{h}$는 유한한 값으로 존재하거나 $-\infty$이다. 여기서 현의 기울기는 증가함으로 $f'_-(x) \leq f'_+(x)$이 성립해야 하고 $-\infty < f'_-(x) \leq f'_+(x) < +\infty$이므로 둘 다 유한한 값으로 존재한다. 한편, $g(x) = |x|$라 두면 함수 g는 $\mathbb{R}$에서 볼록함수이고, $g'_+(0)$와 $g'_-(0)$가 존재하지만 점 $x=0$에서 미분불가능이다.

8. 두 점 x, y를 (a, b)상의 임의의 점이라 하고 임의의 실수 t가 $0<t<1$을 만족할 때 $z=(1-t)x+ty$라 하자. 그런데 점 c_1이 z와 x 사이에 존재하고, 점 c_2가 z와 y 사이에 존재한다고 하자. 그때 점 z에서 f의 테일러의 정리를 적용하면, 다음을 얻는다.

$$f(x) = f(z) + f'(z)(x-z) + \frac{1}{2}f''(c_1)(x-z)^2, \tag{A}$$

$$f(y) = f(z) + f'(z)(y-z) + \frac{1}{2}f''(c_2)(y-z)^2 \tag{B}$$

가정에 의하여 $f''(c_1) > 0$이고 $f''(c_2) > 0$이므로, 다음식이 성립한다.

$$R = \frac{1}{2}[(1-t)f''(c_1)(x-z)^2 + tf''(c_2)(y-z)^2] \geq 0$$

식 (A)의 양변에 $(1-t)$를 곱하고 식 (B)의 양변에 t를 곱한 후 변끼리 더하면

$$(1-t)f(x) + tf(y) = f(z) + R \geq f(z) = f((1-t)x+ty)$$

이므로, f는 볼록함수이다.

제 8 장
적 분

제8장에서는 리만적분, 미적분의 기본정리, 이상적분, 리만-스틸체스(Riemann-Stieltjes)적분, 유계변동함수의 리만-스틸체스적분에 관한 여러 가지 정의와 성질들을 소개한다.

8.1 리만적분

이 절에서는 유계 폐구간 $[a, b]$에서 정의된 유계함수에 대한 리만적분가능성을 다룬다.

〈정의 8.1.1〉

폐구간 $[a, b]$에 대해서

$$a=x_0 < x_1 < \cdots < x_n=b$$

를 만족하는 유한개 점들의 집합 $P=\{x_0, x_1, \cdots, x_n\}$를 $[a, b]$의 분할(partition)이라 한다. 각 폐구간 $I_i=[x_{i-1}, x_i]$를 분할 P의 소구간이라 하며, I_i의 길이를 $\Delta x_i = x_i - x_{i-1}$로 정의한다.

[주] $[a, b]$의 분할들의 집합을 $\mathscr{P}[a, b]$로 나타낸다.

〈정의 8.1.2〉

함수 $f:[a, b] \to \mathbb{R}$를 유계라고 하자. $[a, b]$의 임의의 분할 $P=\{x_0, x_1, \cdots, x_n\}$와 P의 각 소구간 I_i에 대해서

$$M_i = \sup\{f(x) : x \in [x_{i-1}, x_i]\}, \quad m_i = \inf\{f(x) : x \in [x_{i-1}, x_i]\}$$

로 두면, 분할 P에 대한 함수 f의 리만 상합(upper Riemann sum)와 리만 하합(lower Riemann sum)을 다음과 같이 각각 정의한다.

$$U(f, P) = \sum_{i=1}^{n} M_i \Delta x_i, \qquad L(f, P) = \sum_{i=1}^{n} m_i \Delta x_i$$

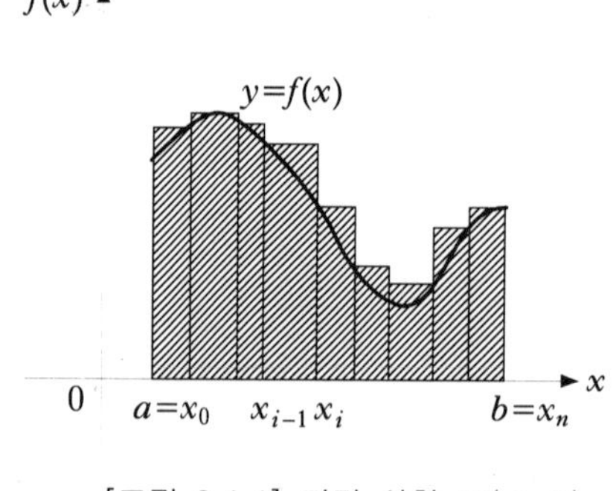

[그림 8.1.1] 리만 상합 $U(f, P)$

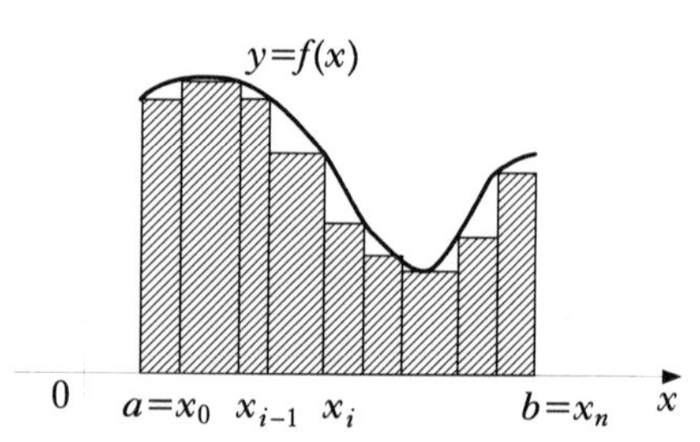

[그림 8.1.2] 리만 하합 $L(f, P)$

[주] 임의의 분할 $P \in \mathscr{P}[a, b]$에 대해 항상 $L(f, P) \le U(f, P)$이 성립한다.

예제 8.1 함수 $f:[a, b] \to \mathbb{R}$가 $f(x)=k$(상수)로 정의된 상수함수 f는 $[a, b]$의 임의의 분할 $P=\{x_0, x_1, \cdots, x_n\}$에 대하여 다음을 보여라.

$$U(f, P) = L(f, P) = k(b-a)$$

풀이 모든 $i=1, \cdots, n$에 대하여 $M_i = m_i = k$이므로 $\Delta x_i = x_i - x_{i-1}$이라 하면, 다음이 성립한다.

$$U(f, P) = \sum_{i=1}^{n} M_i \Delta x_i = \sum_{i=1}^{n} k \Delta x_i = k \sum_{i=1}^{n} \Delta x_i = k(b-a),$$

$$L(f,\ P)=\sum_{i=1}^{n} m_i \Delta x_i=\sum_{i=1}^{n} k\Delta x_i=k\sum_{i=1}^{n} \Delta x_i=k(b-a).$$ ■

[주] 함수 f가 $[a,b]$상에서 유계이면 모든 점 $x\in[a,b]$에 대해 $m\le f(x)\le M$인 실수 m, M이 존재하므로, $[a,b]$의 모든 분할 P에 대해 다음이 성립한다.

$$m(b-a)\le L(f,P)\le U(f,P)\le M(b-a)$$

예제 8.2 $c<d$인 점 $c,d\in\mathbb{R}$에 대해 함수 $f:[0,1]\to\{c,d\}$를 다음과 같이 정의하면, $[0,1]$의 모든 분할 P에 대해 f의 리만 상합과 리만 하합을 구하여라.

$$f(x)=\begin{cases} d, & x\in\mathbb{Q} \\ c, & x\in\mathbb{Q}^c \end{cases}$$

풀이 $P=\{x_0,x_1,\cdots,x_n\}$의 임의의 소구간 $[x_{i-1},x_i]$ $(i=1,2,\cdots,n)$에는 유리수의 조밀성과 무리수의 조밀성에 의해 무수히 많은 유리수와 무리수가 존재한다. 따라서 $M_i=d$이고 $m_i=c$이므로 $[0,1]$상에서 f의 리만상합은 $U(f,P)=d$이고 리만하합은 $L(f,P)=c$이다. ■

〈정의 8.1.3〉

임의의 분할 $P,Q\in\mathscr{P}[a,b]$에 대해 $P\subset Q$일 때, Q를 P의 세분할(refinement)이라고 하며, 분할 $R=P\cup Q$을 P와 Q의 공통 세분할(common refinement)이라고 한다.

보조정리 8.1.1 함수 $f:[a,b]\to\mathbb{R}$를 유계라고 하자. 임의의 분할 $P,Q\in\mathscr{P}[a,b]$에 대해 Q가 P의 세분할이면, 다음이 성립한다.

$$L(f,P)\le L(f,Q),\qquad U(f,P)\ge U(f,Q)$$

증명 먼저, Q는 P보다 한 점을 더 포함하는 세분할인 경우부터 증명한다. $P=\{x_0,x_1,\cdots,x_n\}$이고 $Q=\{x_0,x_1,\cdots,x_{j-1},x^*,x_j,\cdots,x_n\}$이라 하자.

$$m_j' = \inf\{f(x) \mid x \in [x_{j-1}, x^*]\}, \; m_j'' = \inf\{f(x) \mid x \in [x^*, x_j]\}$$
$$m_j = \min\{m_j', m_j''\}$$

이라 두면, 분할 P와 Q에 대한 f의 리만하합은 각각 다음과 같다.

$$L(f, P) = \sum_{i=1}^{n} m_i \Delta x_i = \sum_{\substack{i=1 \\ i \neq j}}^{n} m_i \Delta x_i + m_j \Delta x_j,$$

$$L(f, Q) = \sum_{i=1}^{j-1} m_i \Delta x_i + m_j (x^* - x_{j-1}) + m_j (x_j - x^*) + \sum_{i=j+1}^{n} m_i \Delta x_i$$

그런데 $m_j', m_j'' \geq m_j$이므로, 다음이 성립한다.

$$m_j \Delta x_j = m_j (x^* - x_{j-1}) + m_j (x_j - x^*) \leq m_j' (x^* - x_{j-1}) + m_j'' (x_j - x^*)$$

따라서 $L(f, p) \leq L(f, Q)$이다.
다음, Q가 P보다 k개 많은 점을 가진 세분할이라 하자. 위의 증명방법을 k번 반복하면, $L(f, P) \leq L(f, Q)$임을 보일 수 있다.
같은 방법으로, $U(f, P) \geq U(f, Q)$가 성립함을 증명할 수 있다. ■

정리 8.1.2 함수 $f : [a, b] \to \mathbb{R}$를 유계라고 하자. 임의의 분할 $P, Q \in \mathscr{P}[a, b]$에 대해 다음이 성립한다.

$$L(f, P) \leq U(f, Q)$$

증명 $T = P \cup Q$라 두면, T는 P와 Q의 세분할이므로 보조정리 8.1.1에 의하여

$$L(f, P) \leq L(f, T), \quad U(f, T) \leq U(f, Q)$$

이다. 그런데 항상 $L(f, P) \leq U(f, P)$이므로 $L(f, P) \leq U(f, Q)$이다. ■

따름정리 8.1.3 함수 $f : [a, b] \to \mathbb{R}$을 유계라고 하자. 임의의 분할 $P, Q \in \mathscr{P}[a, b]$에 대해 $U(f, P)$의 하한과 $L(f, P)$의 상한이 존재한다.

증명 정리 8.1.2에서 분할 $Q \in \mathscr{P}[a, b]$를 고정하면, 모든 분할 $P \in \mathscr{P}[a, b]$에 대해

$$L(f, P) \leq U(f, Q), \quad L(f, Q) \leq U(f, P)$$

이 성립한다. 따라서 $U(f, Q)$, $L(f, Q)$는 각각 집합

$$\{L(f, P) : P \in \mathscr{P}[a, b]\}, \ \{U(f, P) : P \in \mathscr{P}[a, b]\}$$

의 상계와 하계가 되고, 실수의 완비성공리에 의해 $\sup\{L(f, P) : P \in \mathscr{P}[a, b]\}$, $\inf\{U(f, P) : P \in \mathscr{P}[a, b]\}$는 항상 존재한다. ■

따름정리 8.1.4 함수 $f, g : [a, b] \to \mathbb{R}$가 유계이고 $c \in \mathbb{R}$이라 하자. 임의의 분할 $P \in \mathscr{P}[a, b]$에 대해 다음이 성립한다.

(1) $U(f+g, P) \leq U(f, P) + U(g, P)$

(2) $L(f+g, P) \geq L(f, P) + L(g, P)$

(3) $c \geq 0$이면,

 (i) $U(cf, P) = cU(f, P)$ (ii) $L(cf, P) = cL(f, P)$이다.

(4) $c < 0$이면,

 (i) $U(cf, P) = cL(f, P)$ (ii) $L(cf, P) = cU(f, P)$이다.

증명 $P = \{x_0, x_1, x_2, \cdots, x_n\}$를 $[a, b]$의 임의의 분할이라 하자.

(1)
$$\begin{aligned} U(f+g, P) &= \sum_{i=1}^{n} \sup\{(f+g)(x) : x \in [x_{i-1}, x_i]\} \Delta x_i \\ &\leq \sum_{i=1}^{n} [\sup\{f(x) : x \in [x_{i-1}, x_i]\} + \sup\{g(x) : x \in [x_{i-1}, x_i]\}] \Delta x_i \\ &= U(f, P) + U(g, P) \end{aligned}$$

(2) (1)과 같은 방법으로 $L(f+g, P) \geq L(f, P) + L(g, P)$가 성립함을 증명할 수 있다.

(3) $c \geq 0$이라 하자.

(i)
$$\begin{aligned} U(cf, P) &= \sum_{i=1}^{n} \sup\{cf(x) : x \in [x_{i-1}, x_i]\} \Delta x_i \\ &= c\sum_{i=1}^{n} \sup\{f(x) : x \in [x_{i-1}, x_i]\} \Delta x_i = cU(f, P) \end{aligned}$$

(ii) $\inf\{cf(x) : x \in [x_{i-1}, x_i]\} = c\inf\{f(x) : x \in [x_{i-1}, x_i]\}$이므로, (i)과 같은 방법으로 증명할 수 있다.

(4) $c < 0$이라 하자.

(i) $U(cf, P) = \sum_{i=1}^{n} \sup\{cf(x) : x \in [x_{i-1}, x_i]\} \Delta x_i$

$= c\sum_{i=1}^{n} \inf\{f(x) : x \in [x_{i-1}, x_i]\} \Delta x_i = cL(f, P)$

(ii) $\inf\{cf(x) : x \in [x_{i-1}, x_i]\} = c\sup\{f(x) : x \in [x_{i-1}, x_i]\}$이므로, (i)과 같은 방법으로 증명할 수 있다. ■

〈정의 8.1.4〉

함수 $f : [a, b] \to \mathbb{R}$를 유계라 하자.

(1) $\mathscr{U}$가 $[a, b]$의 분할에 따른 f의 리만상합들의 집합일 때,

$$\overline{\int_a^b} f dx = \inf \mathscr{U} = \inf\{U(f, P) : P \in \mathscr{P}[a, b]\}$$

를 $[a, b]$상에서 f의 리만 상적분(upper Riemann integral)이라 한다.

(2) $\mathscr{L}$가 $[a, b]$의 분할에 따른 f의 리만하합들의 집합일 때,

$$\underline{\int_a^b} f dx = \sup \mathscr{L} = \sup\{L(f, P) : P \in \mathscr{P}[a, b]\}$$

를 $[a, b]$상에서 f의 리만 하적분(lower Riemann integral)이라 한다.

(3) $\overline{\int_a^b} f dx = \underline{\int_a^b} f dx$이면, f는 $[a, b]$상에서 리만적분가능(Riemann integrable)하다고 하며, 공통값 $\overline{\int_a^b} f dx = \underline{\int_a^b} f dx$을 $[a, b]$상에서 f의 리만적분값으로 정의한다. 이것을 $\int_a^b f(x) dx$ 또는 $\int_a^b f dx$로 나타낸다.

한편, $\overline{\int_a^b} f dx \neq \underline{\int_a^b} f dx$이면, f는 리만적분가능하지않다고 한다.

[주] (1) $[a, b]$상에서 리만적분가능한 함수전체의 집합을 $\mathscr{R}[a, b]$로 표현한다.

(2) [그림 8.1.1]과 [그림 8.1.2]에서 f의 상합과 하합은 각각 $y=f(x)$, x축, $y=a$와 $y=b$에 의해 둘러싸인 영역의 면적 A의 상계와 하계가 되고, 정리 8.1.2에 의해 Q가 P의 세분할이면 f의 Q에 대한 리만 상합은 P에 대한 리만 상합보다 면적 A에 보다 가까워진다. $P \subset Q$를 만족하는 임의의 분할 P, Q에 대해 다음이 성립하

므로,

$$L(f, P) \le L(f, Q) \le \int_a^b f dx \le U(f, Q) \le U(f, P)$$

$\int_a^b f(x)dx$는 $y=f(x)$, x축, $x=a$와 $x=b$로 둘러싸인 영역의 면적으로 정의된다.

(3) $P=\{x_0, x_1, \cdots, x_{i-1}, x_i, \cdots, x_n\}$가 그림 8.1.3에서 나타난 $[a, b]$의 한 분할이면, 실수 $U(f, P)-L(f, P)$은 빗금친 영역의 면적을 나타낸다.

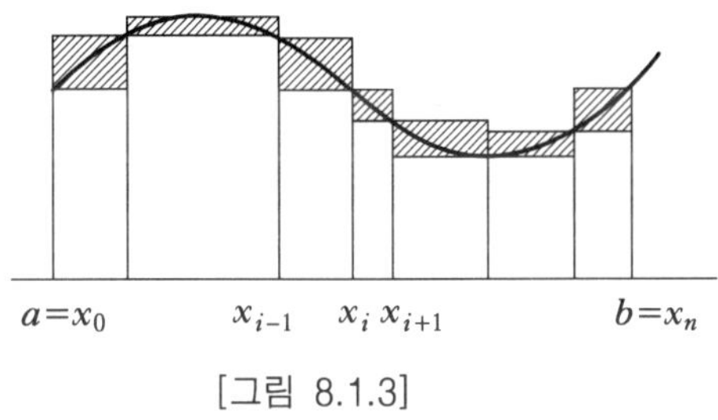

[그림 8.1.3]

예제 8.3 예제 8.2에서 임의의 분할 P에 대해 $U(f, P)=d$이고 $L(f, P)=c$이므로 $\overline{\int_0^1} fdx=d \ne c=\underline{\int_0^1} fdx$이다. 따라서 f는 $[0, 1]$상에서 리만적분가능하지 않다.

예제 8.4 $a<b$일 때, 함수 $f(x)=x$의 리만적분값은 $\int_a^b x\,dx=\frac{1}{2}(b^2-a^2)$임을 보여라.

풀이 각 자연수 $n\in\mathbb{N}$에 대해 P_n을 $[a, b]$를 n등분한 분할이라 하면,

$$P_n=\left\{a, a+\frac{(b-a)}{n}, a+\frac{2(b-a)}{n}, \cdots, a+\frac{n(b-a)}{n}=b\right\}$$

이다. $f(x)=x$는 증가함수이므로, 소구간 $\left[a+\frac{(i-1)(b-a)}{n}, a+\frac{i(b-a)}{n}\right]$에서 최소값은 $m_i=a+\frac{(i-1)(b-a)}{n}$이고, 최대값은 $M_i=a+\frac{i(b-a)}{n}$이다. 그러므로 f의 리만 하합은 다음과 같다.

$$\begin{aligned}L(f, P_n) &= \sum_{i=1}^{n} m_i \Delta x_i \\ &= \sum_{i=1}^{n} \left(a + \frac{(i-1)(b-a)}{n}\right)\left(\frac{b-a}{n}\right) \\ &= a(b-a) + \frac{(b-a)^2}{2}\left(1 - \frac{1}{n}\right)\end{aligned}$$

같은 방법으로, f의 리만 상합을 구하면

$$U(f, P_n) = a(b-a) + \frac{(b-a)^2}{2}\left(1 + \frac{1}{n}\right)$$

이다. $n \le m$이면 $L(f, P_n) \le L(f, P_m)$이고 $U(f, P_n) \ge U(f, P_m)$이므로, 수열 $\{L(f, P_n)\}$은 증가하고, 수열 $\{U(f, P_n)\}$은 감소한다. 따라서 다음이 성립한다.

$$\sup\{L(f, P_n) : n \in \mathbb{N}\} = \lim_{n\to\infty} L(f, P_n) = \frac{b^2 - a^2}{2}$$

$$\inf\{U(f, P_n) : n \in \mathbb{N}\} = \lim_{n\to\infty} U(f, P_n) = \frac{b^2 - a^2}{2}$$

또한 $\{P_n : n \in \mathbb{N}\}$는 $[a, b]$의 분할 전체의 부분 집합이므로,

$$\sup\{L(f, P_n) : n \in \mathbb{N}\} \le \sup\{L(f, P) : \mathscr{P}[a, b]\} = \underline{\int_a^b} f\,dx$$

$$\inf\{U(f, P_n) : n \in \mathbb{N}\} \ge \inf\{U(f, P) : P \in \mathscr{P}[a, b]\} = \overline{\int_a^b} f\,dx$$

이다. 따라서 다음과 같은 결과를 얻을 수 있다.

$$\frac{b^2 - a^2}{2} \le \underline{\int_a^b} f\,dx \le \overline{\int_a^b} f\,dx \le \frac{b^2 - a^2}{2}$$

한편, $\underline{\int_a^b} f\,dx = \overline{\int_a^b} f\,dx$이므로, 함수 $f(x) = x$는 $[a, b]$상에서 리만적분가능하고, 그 적분값은 $\int_a^b f\,dx = \frac{b^2 - a^2}{2}$이다. ■

> **정리 8.1.5 (Riemann의 적분판정법)** 함수 $f:[a, b] \to \mathbb{R}$가 유계라고 하자. $f \in \mathscr{R}[a, b]$이기 위한 필요충분조건은 임의의 실수 $\varepsilon > 0$에 대해 적당한 분할 $P \in \mathscr{P}[a, b]$가 존재해서 다음이 성립한다.
>
> $$U(f, P) - L(f, P) < \varepsilon \tag{8.1.1}$$

증명 $f \in \mathscr{R}[a, b]$라고 가정하자. 그러면 $\int_a^b f\,dx = \inf\{U(f, P) : P \in \mathscr{P}[a, b]\}$이므로, 임의의 실수 $\varepsilon > 0$에 대해 $\int_a^b f\,dx + \frac{\varepsilon}{2}$은 $\inf\{U(f, P) : P \in \mathscr{P}[a, b]\}$의 하계가 아니다. 그러므로

$$U(f, P_1) < \int_a^b f\,dx + \frac{\varepsilon}{2}$$

를 만족하는 $[a, b]$의 분할 P_1이 존재한다. 또한 $\int_a^b f\,dx = \sup\{L(f, P) : P \in \mathscr{P}[a, b]\}$이므로

$$\int_a^b f\,dx - \frac{\varepsilon}{2} < L(f, P_2)$$

를 만족하는 $[a, b]$의 분할 P_2가 존재한다. 여기서, $P = P_1 \cup P_2$라고 하면, 보조정리 8.1.1에 의해 $L(f, P_2) \le L(f, P) \le U(f, P) \le U(f, P_1)$이므로 다음이 성립한다.

$$\begin{aligned} U(f, P) - L(f, P) &\le U(f, P_1) - L(f, P_2) \\ &< \left(\int_a^b f\,dx + \frac{\varepsilon}{2}\right) - \left(\int_a^b f\,dx - \frac{\varepsilon}{2}\right) = \varepsilon \end{aligned}$$

역으로, 임의의 실수 $\varepsilon > 0$에 대해 적당한 분할 $P \in \mathscr{P}[a, b]$가 존재해 식 (8.1.1)이 성립한다고 하자. $\overline{\int_a^b} f\,dx \le U(f, P)$이고 $L(f, P) \le \underline{\int_a^b} f\,dx$이므로

$$0 \le \overline{\int_a^b} f\,dx - \underline{\int_a^b} f\,dx \le U(f, P) - L(f, P) < \varepsilon$$

이다. 따라서 임의의 실수 $\varepsilon > 0$에 대해서

$$\left| \overline{\int_a^b} f\,dx - \underline{\int_a^b} f\,dx \right| = \overline{\int_a^b} f\,dx - \underline{\int_a^b} f\,dx < \varepsilon$$

이 성립하므로, $\overline{\int_a^b} f\,dx = \underline{\int_a^b} f\,dx$이고 함수 f는 $[a, b]$상에서 리만적분가능하다. ■

예제 8.5 함수 $f : [0, 1] \to \mathbb{R}$를 $f(x) = x$로 정의하면, f는 $[0, 1]$상에서 리만적분가능함을 보여라.

풀이 예제 8.4에서와 같이, 각 자연수 $n \in \mathbb{N}$에 대해 P_n을 $[0, 1]$을 n등분한 분할이면,

$$L(f, P_n) = \frac{n-1}{2n}, \quad U(f, P_n) = \frac{n+1}{2n}$$

이다. 따라서 임의의 실수 $\varepsilon > 0$에 대해 $\frac{1}{N} < \varepsilon$를 만족하는 자연수 N를 택하면, 분할 P_N에 대해 다음이 성립한다.

$$U(f, P_N) - L(f, P_N) = \frac{1}{N} < \varepsilon$$

따라서 정리 8.1.5에 의해 함수 f는 $[0, 1]$상에서 리만적분가능하다. ■

정리 8.1.6 함수 $f : [a, b] \to \mathbb{R}$가 연속이면, f는 $[a, b]$상에서 리만적분가능하다.

증명 $\varepsilon > 0$을 임의의 실수라고 하자. 함수 f가 $[a, b]$상에서 연속이므로 f는 $[a, b]$상에서 평등연속이다. 그러므로 주어진 실수 $\varepsilon > 0$에 대해 적당한 실수 $\delta > 0$이 존재해 다음이 성립한다.

$$|x-y| < \delta, \quad x, y \in [a, b]\text{이면} \quad |f(x) - f(y)| < \frac{\delta}{b-a}$$

여기서 $\frac{b-a}{N} < \delta$가 되도록 충분히 큰 자연수 N을 택하면, 이 자연수 N에 대응하는 구간 $[a, b]$의 분할 $P = \{x_0, x_1, \cdots, x_N\}$을

$$\Delta x_1 = \Delta x_2 = \cdots = \Delta x_N = \frac{b-a}{N}$$

가 되도록 한다. P_N의 각 소구간 $I_k = [x_{k-1}, x_k]$ $(1 \le k \le N)$에서

$$M_k = f(t_k), \quad m_k = f(u_k)$$

를 만족하는 점 $t_k, u_k \in I_k$가 각각 존재한다. 따라서 다음이 성립한다.

$$\begin{aligned} 0 \le U(f, P_N) - L(f, P_N) &= \sum_{k=1}^{N} (M_k - m_k)\Delta x_k \\ &= \sum_{k=1}^{N} (f(t_k) - f(u_k))\Delta x_k = \sum_{k=1}^{N} |f(t_k) - f(u_k)| \left(\frac{b-a}{N}\right) \\ &< \frac{\varepsilon}{b-a}(b-a) = \varepsilon \end{aligned}$$

이와 같이 주어진 실수 $\varepsilon > 0$에 대응하는 분할 $P_N \in \mathscr{P}[a, b]$가 존재하여

$$U(f, P_N) - L(f, P_N) < \varepsilon$$

이 성립하므로, 정리 8.1.5에 의해 함수 f는 $[a, b]$상에서 리만적분가능하다. ■

[주] 위 정리의 역은 일반적으로 성립하지 않는다(계단함수 참고).

> **정리 8.1.7** 함수 f가 $[a, b]$상에서 리만적분가능하고 $f([a, b]) \subset [c, d]$이라고 하자. 함수 g가 $[c, d]$상에서 연속이면, 합성함수 $g \circ f$는 $[a, b]$상에서 리만적분가능하다.

증명 g가 $[c, d]$상에서 연속이므로 $[c, d]$상에서 g는 최대값 $L \in \mathbb{R}$을 갖는다. 또 g는 $[c, d]$상에서 평등연속이므로 임의의 실수 $\varepsilon > 0$에 대해 적당한 실수 $\delta > 0$가 존재해서 다음이 성립한다.

$$0 < \delta < \frac{\varepsilon}{2L + (b-a)}, \quad |y - z| \le \delta \text{이면} \quad |g(y) - g(z)| < \frac{\varepsilon}{2L + (b-a)}$$

한편, f가 $[a, b]$상에서 리만적분가능이므로, 정리 8.1.5에 의해 $[a, b]$의 적당한 분할 $P = \{x_0, x_1, \cdots, x_n\}$가 존재하여

$$U(f, P) - L(f, P) < \delta^2$$

을 만족한다. 각 $i=1, 2, \cdots, n$에 대해

$$M_i=\sup\{f(x) : x\in[x_{i-1}, x_i]\}, \qquad m_i=\inf\{f(x) : x\in[x_{i-1}, x_i]\}$$
$$M_i'=\sup\{(g\circ f)(x) : x\in[x_{i-1}, x_i]\}, \quad m_i'=\inf\{(g\circ f)(x) : x\in[x_{i-1}, x_i]\}$$

라 하자. $M_i-m_i<\delta$이면, 임의의 점 $x, x'\in[x_{i-1,} x_i]$에 대해 $|f(x)-f(x')|<\delta$이므로, 다음이 성립한다.

$$M_i'-m_i'<\frac{\varepsilon}{2L+(b-a)}$$

또한 $M_i-m_i\geq\delta$이면, 모든 점 $y\in[c, d]$에 대해 $|g(y)|\leq L$이므로

$$|M_i'-m_i'|\leq 2L$$

이다. 여기서 집합 $I=\{i\in\mathbb{N} : M_i-m_i<\delta,\ 1\leq i\leq n\}$라 두면, $i\not\in I$일 때 $M_i-m_i\geq\delta$이고

$$\begin{aligned}\delta\sum_{i\not\in I}(x_i-x_{i-1})\leq\sum_{i\not\in I}(M_i-m_i)\Delta x_i&\leq\sum_{i=1}^{n}(M_i-m_i)\Delta x_i\\&=U(f, P)-L(f, P)<\delta^2\end{aligned}$$

이다. 따라서 $\sum_{i\not\in I}(x_i-x_{i-1})=\sum_{i\not\in I}\Delta x_i<\delta$이고

$$\begin{aligned}U(g\circ f, P)-L(g\circ f, P)&=\sum_{i=1}^{n}(M_i'-m_i')\Delta x_i\\&=\sum_{i=1}^{n}(M_i'-m_i')\Delta x_i+\sum_{i\not\in I}(M_i'-m_i')\Delta x_i\\&\leq\frac{\varepsilon}{2L+(b-a)}\sum_{i=1}^{n}\Delta x_i+2L\delta\\&\leq\frac{\varepsilon}{2L+(b-a)}(b-a)+2L\frac{\varepsilon}{2L+(b-a)}=\varepsilon\end{aligned}$$

이 성립한다. 그러므로 정리 8.1.5에 의해 $g\circ f\in\mathscr{R}[a, b]$이다. ■

예제 8.6 함수 f와 g가 리만적분가능하다고 해서 합성함수 $g\circ f$가 항상 리만적분가능한 것은 아닌 예를 들어라.

풀이 함수 $f:[0, 1] \to \mathbb{R}$를 다음과 같이 정의하면,

$$f(x) = \begin{cases} 1, & x=0 \\ 0, & x \in \mathbb{Q}^c \\ \dfrac{1}{n}, & x = \dfrac{m}{n} \quad (m\text{과 } n\text{은 서로소}) \end{cases}$$

함수 f는 $[0, 1]$상에서 리만적분가능하며 $\int_0^1 f dx = 0$이다. 또한 함수 $g:[0, 1] \to \mathbb{R}$를 다음과 같이 정의하면,

$$g(x) = \begin{cases} 0, & x=0 \\ 1, & x \in (0, 1] \end{cases}$$

함수 g는 $[0, 1]$상에서 리만적분가능하고 $(0, 1]$의 모든 점에서 연속이다. 그러나 합성함수 $g \circ f:[0, 1] \to \mathbb{R}$는

$$(g \circ f)(x) = \begin{cases} 0, & x \in \mathbb{Q}^c \\ 1, & x \in \mathbb{Q} \end{cases}$$

이므로, 예제 8.3에 의해 리만적분불가능하다. ■

정리 8.1.8 함수 $f, g \in \mathscr{R}[a, b]$이고 $c \in \mathbb{R}$이면, 다음이 성립한다.

(1) $f+g \in \mathscr{R}[a, b]$이고 $\int_a^b (f+g)dx = \int_a^b f\, dx + \int_a^b g\, dx$이다.

(2) $cf \in \mathscr{R}[a, b]$이고 $\int_a^b cf\, dx = c\int_a^b f\, dx$이다.

(3) $fg \in \mathscr{R}[a, b]$

(4) 모든 점 $x \in [a, b]$에 대해서 $f(x) \le g(x)$이면, $\int_a^b f\, dx \le \int_a^b g\, dx$이다.

(5) $|f| \in \mathscr{R}[a, b]$이고 $\left|\int_a^b f\, dx\right| \le \int_a^b |f| dx$이다.

증명 (1) 임의의 실수 $\varepsilon > 0$에 대해 $f, g \in \mathscr{R}[a, b]$이면 정리 8.1.5로부터 $[a, b]$의 분할 P_1과 P_2가 존재하여 다음을 만족한다.

$$U(f, P_1) - L(f, P_1) < \frac{\varepsilon}{2}, \quad U(g, P_2) - L(g, P_2) < \frac{\varepsilon}{2}$$

$P = P_1 \cup P_2$라 두면, P는 $[a, b]$의 분할이므로

$$\begin{aligned} U(f+g, P) - L(f+g, P) &\leq U(f, P) + U(g, P) - L(f, P) - L(g, P) \\ &= U(f, P) - L(f, P) + U(g, P) - L(g, P) \\ &\leq U(f, P_1) - L(f, P_1) + U(g, P_2) - L(g, P_2) \\ &< \frac{\varepsilon}{2} + \frac{\varepsilon}{2} = \varepsilon \end{aligned}$$

이다. 따라서 정리 8.1.5에 의하여 $f+g$는 리만적분가능하다. 한편, $[a, b]$의 모든 분할 P에 대해서도 다음이 성립한다.

$$\begin{aligned} L(f, P) + L(g, P) &\leq L(f+g, P) \leq \int_a^b (f+g)dx \leq U(f+g, P) \\ &\leq U(f, P) + U(g, P) \end{aligned} \tag{8.1.2}$$

여기서

$$U(f, P) \leq U(f, P_1) < L(f, P_1) + \frac{\varepsilon}{2} \leq \int_a^b f\,dx + \frac{\varepsilon}{2},$$

$$U(g, P) \leq U(g, P_2) < L(g, P_2) + \frac{\varepsilon}{2} \leq \int_a^b g\,dx + \frac{\varepsilon}{2}$$

이므로, 식 (8.1.2)로부터 다음 식을 얻는다.

$$\int_a^b (f+g)dx \leq U(f+g, P) \leq U(f, P) + U(g, P) < \int_a^b f\,dx + \int_a^b g\,dx + \varepsilon$$

따라서 $\varepsilon > 0$은 임의의 실수이므로, 다음이 성립한다.

$$\int_a^b (f+g)dx \leq \int_a^b f\,dx + \int_a^b g\,dx$$

한편, 식 (8.1.2)의 좌변의 $L(f, P)$와 $L(g, P)$에 같은 방법을 적용하면

$$\int_a^b (f+g)dx \geq \int_a^b f\,dx + \int_a^b g\,dx$$

이 성립하므로, (1)의 결과를 얻는다.

(2) $f \in \mathscr{R}[a, b]$이고 $g(x) = cx$라고 두면, 정리 8.1.7에 의하여 $g \circ f = cf \in \mathscr{R}[a, b]$

이다. 이제 $\int_a^b cf\,dx = c\int_a^b f\,dx$임을 밝히자. $c=0$이면 위 식은 명백하게 성립하므로 $c \neq 0$인 경우를 생각하자. 먼저 $c>0$이라고 하자. 임의의 분할 $P \in \mathscr{P}[a, b]$에 대해 따름정리 8.1.4 (3)과 정의 8.1.4로부터

$$cL(f, P) = L(cf, P) \leq \int_a^b cf dx \leq U(cf, P) = cU(f, P).$$

얻을 수 있고, 다음이 성립한다.

$$\begin{aligned}\sup\{cL(f, P) : P \in \mathscr{P}[a, b]\} &= \sup\{L(cf, P) : P \in \mathscr{P}[a, b]\} \leq \int_a^b cf\,dx \\ &\leq \inf\{U(cf, P) : P \in \mathscr{P}[a, b]\} = \inf\{cU(f, P) : P \in \mathscr{P}[a, b]\} \quad (8.1.3)\end{aligned}$$

한편, $f \in \mathbb{R}[a, b]$이므로, 다음이 성립한다.

$$\begin{aligned}\sup\{cL(f, P) : P \in \mathscr{P}[a, b]\} &= c\sup\{L(f, P) : P \in \mathscr{P}[a, b]\} \leq c\int_a^b f\,dx \\ &\leq c\inf\{U(f, P) : P \in \mathscr{P}[a, b]\} = \inf\{cU(f, P) : P \in \mathscr{P}[a, b]\} \quad (8.1.4)\end{aligned}$$

그러므로 식 (8.1.3)과 (8.1.4)에 의해 다음이 성립한다.

$$c\int_a^b f\,dx = \int_a^b cf\,dx.$$

다음, $c<0$이면, 임의의 분할 $P \in \mathscr{P}[a, b]$에 대해 따름정리 8.1.4 (4)와 정의 8.1.4로부터

$$cU(f, p) = L(cf, P) \leq \int_a^b cf\,dx \leq U(cf, P) = cL(f, P)$$

을 얻을 수 있으므로

$$\begin{aligned}\sup\{cU(f, P) : P \in \mathscr{P}[a, b]\} &\leq \int_a^b cf\,dx \\ &\leq \inf\{cL(f, P) : P \in \mathscr{P}[a, b]\} \end{aligned} \quad (8.1.5)$$

$$\begin{aligned}c\inf\{U(f, P) : P \in \mathscr{P}[a, b]\} &\leq c\int_a^b f\,dx \\ &\leq c\sup\{L(f, P) : P \in \mathscr{P}[a, b]\} \end{aligned} \quad (8.1.6)$$

이다. 식 (8.1.5)와 (8.1.6)으로부터 다음이 성립한다.

$$\int_a^b cf\,dx = c\int_a^b f\,dx.$$

그러므로 임의의 실수 $c\in\mathbb{R}$에 대해 $\int_a^b cf\,dx = c\int_a^b f\,dx$이다.

(3) $f\in\mathscr{R}[a, b]$이고 $h(x)=x^2$이면, 정리 8.1.7에 의해 $h\circ f = f^2\in\mathscr{R}[a, b]$이다. 다음, $f, g\in\mathscr{R}[a, b]$이라고 하면 (1)과 (2)에 의해 $-g\in\mathscr{R}[a, b]$, $f+g$, $f-g\in\mathscr{R}[a, b]$이고, $(f+g)^2\in\mathscr{R}[a, b]$, $(f-g)^2\in\mathscr{R}[a, b]$이다. 따라서

$$fg = \frac{1}{4}[(f+g)^2-(f-g)^2]$$

이므로, $fg\in\mathscr{R}[a, b]$이다.

(4) $f, g\in\mathscr{R}[a, b]$이고, 모든 점 $x\in[a, b]$에 대해 $g(x)-f(x)\geq 0$이므로, P를 $[a, b]$의 한 분할이라고 하면

$$L(g-f, P)\geq 0$$

이다. $g-f\in\mathscr{R}[a, b]$이고 $\int_a^b (g-f)dx \geq L(g-f, P)$이므로 다음이 성립한다.

$$\int_a^b (g-f)dx\geq 0 \tag{8.1.7}$$

따라서 (1)과 (2)에 의해

$$\int_a^b (g-f)dx = \int_a^b g\,dx - \int_a^b f\,dx$$

이고, 식 (8.1.7)로부터 $\int_a^b g\,dx \geq \int_a^b f\,dx$을 얻는다.

(5) $g(x)=|x|$는 $[a, b]$상에서 연속이므로, 정리 8.1.7에 의해 $|f| = g\circ f\in\mathscr{R}[a, b]$이다. 한편, 실수 $c\in\mathbb{R}$을 다음과 같이 정의하면

$$c\int_a^b f\,dx = \left|\int_a^b f\,dx\right|$$

(여기서 $c\in\mathbb{R}$의 값은 1이거나 -1이다). 모든 점 $x\in[a, b]$에 대해서 $cf(x)\leq |f(x)|$이므로, (4)에 의해

$$\int_a^b cf\,dx \le \int_a^b |f|\,dx$$

이다. 그러므로 (2)를 이용하면, 다음 식이 성립한다.

$$\left|\int_a^b f\,dx\right| = c\int_a^b f\,dx = \int_a^b cf\,dx \le \int_a^b |f|\,dx$$ ■

[주] $[a, b]$상에서 정의된 리만적분가능한 함수들의 집합 $\mathscr{R}[a, b]$는 벡터공간이다.

정리 8.1.9 함수 f가 $[a, b]$상에서 리만적분가능하다고 하자. 그때 점 $c\in(a, b)$에 대해서 f는 $[a, c]$와 $[c, b]$상에서 각각 리만적분가능하고, 다음이 성립한다.

$$\int_a^b f\,dx = \int_a^c f\,dx + \int_c^b f\,dx$$

증명 먼저, 점 $c\in(a, b)$이면, f는 $[a, c]$와 $[c, b]$에서 각각 리만적분가능함을 보이자. P를 $[a, b]$의 임의의 분할이라 하고 $P^* = P\cup\{c\}$라 두면, $P_1 = P^*\cap[a, c]$와 $P_2 = P^*\cap[c, b]$는 각각 $[a, c]$와 $[c, b]$의 분할이다. 그런데

$$\overline{\int_a^c} f\,dx + \overline{\int_c^b} f\,dx \le U(f, P_1) + U(f, P_2) = U(f, P^*) \le U(f, P)$$

이 성립하므로, 다음을 얻는다.

$$\overline{\int_a^c} f\,dx + \overline{\int_c^b} f\,dx \le \int_a^b f\,dx$$

또한, $L(f, P) \le L(f, P^*) = L(f, P_1) + L(f, P_2) \le \underline{\int_a^c} f\,dx + \underline{\int_c^b} f\,dx$이므로, 다음이 성립한다.

$$\int_a^b f\,dx \le \underline{\int_a^c} f\,dx + \underline{\int_c^b} f\,dx$$

따라서

$$\int_a^b f\,dx \le \underline{\int_a^c} f\,dx + \underline{\int_c^b} f\,dx \le \overline{\int_a^c} f\,dx + \underline{\int_c^b} f\,dx \le \overline{\int_a^c} f\,dx + \overline{\int_c^b} f\,dx \le \int_a^b f\,dx$$

이므로

$$\underline{\int_a^c} f\,dx + \underline{\int_c^b} f\,dx = \overline{\int_a^c} f\,dx + \underline{\int_c^b} f\,dx = \overline{\int_a^c} f\,dx + \overline{\int_c^b} f\,dx$$

을 얻을 수 있다. 그러므로 $\overline{\int_a^c} f\,dx = \underline{\int_a^c} f\,dx$이고 $\overline{\int_c^b} f\,dx = \underline{\int_c^b} f\,dx$이며, f는 $[a, c]$와 $[c, b]$상에서 리만적분가능하고, 다음이 성립한다.

$$\int_a^b f\,dx = \int_a^c f\,dx + \int_c^b f\,dx$$

$[c, d]$를 $[a, b]$의 폐부분구간이라고 하면, $d \in [c, b]$이므로 위의 결과를 한번 더 적용하면, f는 $[c, d]$와 $[d, b]$에서 리만적분가능하다. ■

연습문제 8.1

1. 공집합이 아닌 실수들의 집합 A에서 정의된 함수 $f,\ g : A \to \mathbb{R}$가 유계일 때, 다음이 성립함을 증명하여라.
   (1) $\sup\{f(x)+g(x) : x \in A\} \le \sup\{f(x) : x \in A\} + \sup\{g(x) : x \in A\}$
   (2) $\inf\{f(x)+g(x) : x \in A\} \le \inf\{f(x) : x \in A\} + \inf\{g(x) : x \in A\}$

2. 문제 1의 두 부등식 (1), (2)에서 "="만 성립하는 예와 "<"만 성립하는 예를 각각 들어라.

3. 함수 $f : [a, b] \to \mathbb{R}$가 단조증가 (혹은 단조감소)하면, f는 리만적분가능함을 증명하여라.

4. 함수 $|f|$가 $[a, b]$상에서 리만적분가능하나, f는 리만적분불가능한 함수를 구하라.

5. 함수 $f:[0, 1]\to\mathbb{R}$를 다음과 같이 정의하면,

$$f(x)=\begin{cases}1, & x\in(0, 1]\\ 0, & x=0\end{cases}$$

f는 $[0, 1]$상에서 불연속이나 리만적분가능함을 보여라.

6. 함수 $f:[0, 1]\to\mathbb{R}$를 다음과 같이 정의하면,

$$f(x)=\begin{cases}1, & x\in(0, 1)\\ 0, & x=0, 1\end{cases}$$

f는 $[0, 1]$상에서 불연속이고 단조도 아니다. 그러나 f는 $[0, 1]$상에서 리만적분가능함을 보여라.

7. $f\not\in\mathscr{R}[a, b]$이고 $g\not\in\mathscr{R}[a, b]$이나 함수 $f+g\in\mathscr{R}[a, b]$인 예를 들어라.

8.2 미적분학의 기본정리

이 절에서는 함수의 리만적분과 도함수 사이의 관계를 설명하여 주는 미적분학의 기본정리(Fundamental Theorem of Calculus)를 증명하고자 한다.

정리 8.2.1 함수 $f\in\mathscr{R}[a, b]$이고 함수 $F:[a, b]\to\mathbb{R}$를 다음과 같이 정의하면,

$$F(x)=\int_a^x f(t)dt$$

F는 다음과 같은 성질을 갖는다.

(1) F는 $[a, b]$상에서 평등연속이다.

(2) f가 점 $x_0\in[a, b]$에서 연속이면, F는 점 x_0에서 미분가능하고, 그 미분계수는 $F'(x_0)=f(x_0)$이다.

증명 (1) f는 $[a, b]$상에서 적분가능하므로 유계함수이고 모든 점 $t \in [a, b]$에 대해 $|f(t)| \le M$을 만족하는 실수 $M > 0$이 존재한다. 그런데 임의의 점 $x, y \in [a, b]$에 대해

$$|F(y) - F(x)| = \left| \int_x^y f(t)\,dt \right| \le \int_x^y |f(t)|\,dt = M|y - x|$$

이 성립하므로 임의의 실수 $\varepsilon > 0$에 대해

$$|y - x| < \frac{\varepsilon}{M},\ x,\ y \in [a, b] \text{이면} \quad |F(y) - F(x)| \le \varepsilon$$

이 성립한다. 그러므로 함수 F는 $[a, b]$상에서 평등연속이다.

(2) $\varepsilon > 0$을 임의의 실수라고 하자. f는 점 x_0에서 연속이므로, 주어진 실수 $\varepsilon > 0$에 대해 적당한 실수 $\delta > 0$가 존재해서

$$|x - x_0| < \delta,\ x \in [a, b] \text{이면} \quad |f(x) - f(x_0)| < \varepsilon$$

이다. 따라서 $0 < |x - x_0| < \delta$이면

$$\left| \frac{F(x) - F(x_0)}{x - x_0} - f(x_0) \right| = \left| \frac{1}{x - x_0} \left(\int_0^x f(t)dt - \int_0^{x_0} f(t)dt \right) - f(x_0) \right|$$
$$\le \frac{1}{x - x_0} \int_{x_0}^x |f(t) - f(x_0)|\,dt < \varepsilon$$

이므로 F는 점 x_0에서 미분가능하고, 그 미분계수는 $F'(x_0) = f(x_0)$이다. ■

예제 8.7 정리 8.2.1에서 (2)의 가정에서 점 x_0에서의 f의 연속성의 조건을 제거할 수 없음을 예를 들어 설명하여라.

풀이 $[x]$가 x를 넘지 않는 최대정수일 때, 함수 $f : [-1, 1] \to \mathbb{R}$를 다음과 같이 정의하면,

$$f(x) = x - [x] = \begin{cases} x - 1, & -1 \le x < 0 \\ x, & 0 \le x < 1 \end{cases}$$

함수 f는 $[-1, 1]$상에서 리만적분가능하다. 또한 정리 8.2.1에서 함수 $F : [-1, 1] \to \mathbb{R}$는

$$F(x)=\int_{-1}^{x} f(t)dt=\int_{-1}^{x}(t-[t])dt=\begin{cases}\frac{1}{2}x^2+x+\frac{1}{2}, & -1\le x\le 0\\ \frac{1}{2}+\frac{1}{2}x^2, & 0\le x\le 1\end{cases}$$

로 정의된다(그림 8.2.1 참고). (즉, $F(x)$는 x축과 $y=f(x)$ 사이의 면적과 같다). 따라서 함수 F는 $[-1, 1]$상에서 평등연속이나, 점 $x=0$에서 미분불가능이므로 정리 8.2.1 (2)에서 f의 연속성 조건을 제거할 수 없다.

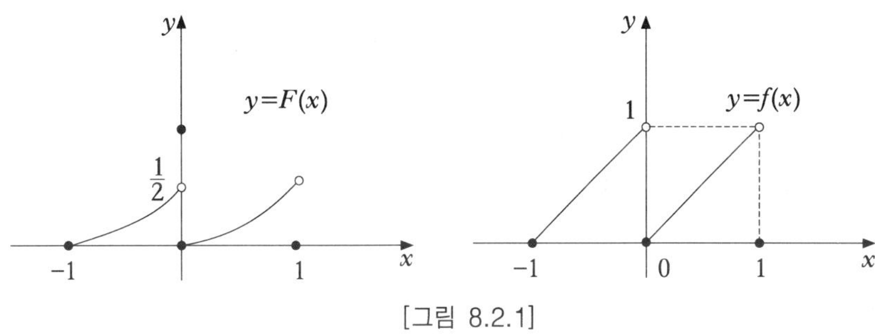

[그림 8.2.1] ■

정리 8.2.2 (미적분학의 기본정리 Ⅰ) 함수 $f:[a, b]\to\mathbb{R}$가 연속이라 하자. 함수 $F:[a, b]\to\mathbb{R}$를 다음과 같이 정의하면,

$$F(x)=\int_{a}^{x} f(t)dt \tag{8.2.1}$$

F는 $[a, b]$상에서 미분가능하고 $F'=f$이다.

증명 모든 점 $x\in[a, b]$에 대해 $F(x)=\int_{a}^{x} f(t)dt$로 정의하고, $\varepsilon>0$을 임의의 실수라 하자. f는 $[a, b]$상에서 연속이므로 주어진 $\varepsilon>0$에 대응하는 적당한 실수 $\delta>0$가 존재해 $0\le|t-x|<\delta$이면 $|f(t)-f(x)|<\varepsilon$을 만족한다. 이때 h를 $0<h<\delta$이라면

$$F(x+h)-F(x)=\int_{a}^{x+h} f(t)dt-\int_{a}^{x} f(t)dt=\int_{x}^{x+h} f(t)dt$$

이므로

$$\left|\frac{F(x+h)-F(x)}{h}-f(x)\right|\le\left|\frac{1}{h}\int_{x}^{x+h} f(t)dt-\frac{1}{h}\int_{x}^{x+h} f(x)dt\right|$$

$$\leq \frac{1}{h}\int_x^{x+h} |f(t)-f(x)|\,dt < \varepsilon$$

이고 다음이 성립한다.

$$\lim_{h\to 0+}\frac{F(x+h)-F(x)}{h}=f(x)$$

다음, $-\delta<h<0$인 경우도 같은 방법으로 하면, 다음을 얻을 수 있다.

$$\lim_{h\to 0-}\frac{F(x+h)-F(x)}{h}=f(x)$$

그런데 좌극한값와 우극한값이 같으므로 함수 F는 $[a, b]$상에서 미분가능하고, 모든 점 $x\in[a, b]$에 대해 $F'(x)=f(x)$이다. ■

예제 8.8 정리 8.2.2에서 f가 $[a, b]$상에서 연속이 아니면, F가 $[a, b]$상에서 미분가능하더라도 일반적으로 $F'=f$가 성립하지 않는 예를 들어라.

풀이 함수 $f:[0, 1]\to\mathbb{R}$를 다음과 같이 정의하고

$$f(x)=\begin{cases}0, & x\neq\dfrac{1}{2}\\ 1, & x=\dfrac{1}{2}\end{cases}$$

함수 $F:[0, 1]\to\mathbb{R}$를 $F(x)=0$로 정의하면, 식 (8.2.1)이 성립한다. 따라서 함수 F는 $[0, 1]$상에서 미분가능하고 $F'=0$이나, 함수 f는 $[0, 1]$상에서 불연속이므로 $F'\neq f$이다. ■

정리 8.2.3 (미적분학의 기본정리 II) 함수 $f:[a, b]\to\mathbb{R}$가 리만적분가능하고, 함수 $F:[a, b]\to\mathbb{R}$가 미분가능하다고 하자. $F'=f$이면, 다음이 성립한다.

$$\int_a^b f(x)dx=F(b)-F(a) \qquad (8.2.2)$$

증명 $[a, b]$의 분할 $P=\{x_0, x_1, \cdots, x_n\}$에 대해 P의 각 소구간 $[x_{i-1}, x_i]$상에서 F에 대한 평균값정리를 적용하면,

$$F(x_i)-F(x_{i-1})=f(t_i)(x_i-x_{i-1})$$

를 만족하는 $t_i \in (x_{i-1}, x_i)$가 존재한다. 따라서

$$F(b)-F(a)=\sum_{i=1}^{n}(F(x_i)-F(x_{i-1}))=\sum_{i=1}^{n}f(t_i)(x_i-x_{i-1})$$

이다. 그런데 $m_i \le t_i \le M_i$이므로

$$\sum_{i=1}^{n} m_i \Delta x_i \le F(b)-F(a) \le \sum_{i=1}^{n} M_i \Delta x_i$$

가 성립한다. 따라서 모든 분할 $P \in \mathscr{P}[a, b]$에 대해

$$L(f, P) \le F(b)-F(a) \le U(f, P)$$

이므로, 다음이 성립한다.

$$\sup\{L(f, P) : P \in \mathscr{P}[a, b]\} \le F(b)-F(a) \le \inf\{U(f, P) : P \in \mathscr{P}[a, b]\}$$

따라서 $f \in \mathscr{R}[a, b]$이므로, 다음이 성립한다.

$$\int_a^b f(x)dx = F(b)-F(a)$$ ■

예제 8.9 정리 8.2.3에서 F의 미분가능함은 필수적인 조건이다. F가 미분불가능이면, 정리 8.2.3의 가정이 성립하지 않는 예를 들어라.

풀이 함수 $f, F : [0, 1] \to \mathbb{R}$를 각각 다음과 같이 정의하면,

$$f(x)=1, \qquad F(x)=\begin{cases} x, & 0 \le x < 1 \\ 0, & x=1 \end{cases}$$

f는 [0, 1]상에서 리만적분가능하고 그 적분값이 1이다. 한편, $F(1)=F(0)=0$이다. $x=1$을 제외한 모든 점 $x \in [0, 1)$에 대해 $F'(x)=f(x)$이지만 F는 $x=1$에서 미분불가능이므로, $x=1$에서 식 (8.2.2)이 성립하지 않는다. ■

정리 8.2.4 (적분에 관한 일반화된 평균값정리) 함수 $f:[a, b] \to \mathbb{R}$가 연속이고, 함수 $g:[a, b] \to \mathbb{R}$는 모든 점 $x \in [a, b]$에 대해 $g(x) \geq 0$인 리만적분가능하다고 하자. 그러면 다음을 만족하는 점 $c \in [a, b]$가 존재한다.

$$\int_a^b fgdx = f(c)\int_a^b gdx$$

증명 함수 f의 최대값을 M, 최소값을 m이라 하면, 모든 점 $x \in [a, b]$에 대해

$$mg(x) \leq f(x)g(x) \leq Mg(x)$$

이 성립하고, 두 함수의 곱 fg는 리만적분가능하므로 다음이 성립한다.

$$m\int_a^b gdx \leq \int_a^b fgdx \leq M\int_a^b gdx$$

만일 $\int_a^b gdx = 0$이면, 증명은 쉽게 끝난다. 따라서 $\int_a^b gdx \neq 0$이면

$$m \leq \frac{\int_a^b fgdx}{\int_a^b gdx} \leq M$$

이 성립하고, f는 연속함수이므로, 중간값정리에 의해 $f(c) = \dfrac{\int_a^b f(x)g(x)dx}{\int_a^b g(x)dx}$를 만족하는 점 $c \in [a, b]$가 존재한다. ■

예제 8.10 $f(x) = x$이고 $g(x) = e^x$일 때, $[-1, 1]$상에서 리만적분에 관한 일반화된 평균값정리를 적용하여 보아라.

풀이 함수 f와 g는 $[-1, 1]$상에서 연속이므로 $[-1, 1]$상에서 리만적분가능하다. 또한 모든 점 $x \in [-1, 1]$에 대해 $g(x) > 0$이므로, 정리 8.2.4의 조건을 만족한다. 따라서

$$\int_{-1}^1 f(x)g(x)dx = \frac{2}{e}, \quad \int_{-1}^1 g(x)dx = \frac{e^2 - 1}{e}$$

이므로, $\dfrac{\int_{-1}^{1} f(x)g(x)dx}{\int_{-1}^{1} g(x)dx} = \dfrac{2}{e^2-1}$ 이다. 그런데 f는 $[-1, 1]$상에서 연속이고

$$f(-1) = -1 < \frac{2}{e^2-1} < 1 = f(1)$$

이므로, 중간값정리에 의해 $f(c) = \dfrac{2}{e^2-1}$ 되는 점 $c \in [-1, 1]$가 존재한다. 따라서 $c = \dfrac{2}{e^2-1}$ 이므로, 다음이 성립한다.

$$f(c)\int_{-1}^{1} g(x)dx = \frac{2}{e^2-1} \cdot \frac{e^2-1}{e} = \frac{2}{e} = \int_{-1}^{1} f(x)g(x)dx.$$

따름정리 8.2.5 (적분에 관한 평균값정리) 함수 $f : [a, b] \to \mathbb{R}$가 연속이면, 다음을 만족하는 점 $c \in [a, b]$가 존재한다.

$$\int_a^b f dx = f(c)(b-a)$$

증명 정리 8.2.4에서 $g(x) = 1$로 하면, $\int_a^b g dx = \int_a^b 1 dx = b-a$이므로 주어진 정리가 성립한다.

[주] 위의 정리는 그림 8.2.2와 같이 $\int_a^b f dx$와 면적이 같은 두변의 길이가 $b-a$와 $f(c)$인 사각형이 존재함을 의미한다.

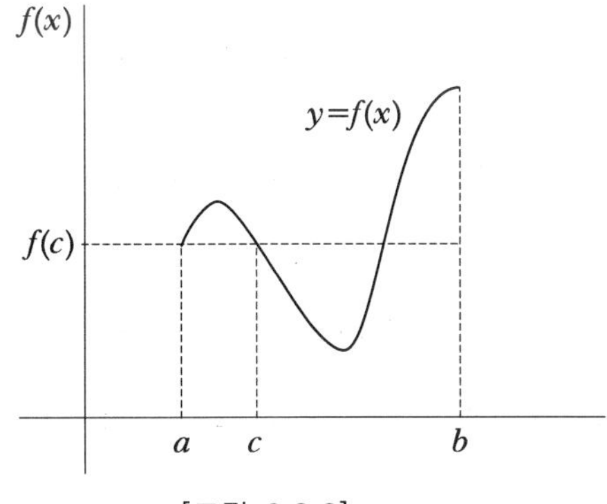

[그림 8.2.2]

예제 8.11 적분에 관한 평균값정리를 이용하여, 다음 부등식을 증명하여라.

$$\frac{x}{1+x} < \ln(1+x) < x \quad (x>0)$$

풀이 $f(x)=\dfrac{1}{1+x}$이라 두면, $x \geq 0$에 대해 $\int_0^x \frac{1}{1+t}dt=\ln(1+x)$이므로, 따름정리 8.2.5에 의해

$$\int_0^x \frac{1}{1+t}dt=f(c)(x-0)$$

를 만족하는 점 $c\in[0, x]$가 존재한다. 여기서 $\min_{0\leq t\leq x} f(t) \leq f(c) \leq \max_{0\leq t\leq x} f(t)$이고 $f(t)$는 $[0, x]$상에서 감소함수이므로,

$$\frac{1}{1+x} < \frac{\ln(1+x)}{x} < 1$$

이 성립하고, 이 부등식의 양변에 양수 x를 곱하면 주어진 부등식을 얻는다. ■

정리 8.2.6 (치환적분법) 함수 $f:[a, b]\to\mathbb{R}$는 연속이고, 함수 $g:[c, d]\to[a, b]$는 미분가능하다고 하자. $g(c)=a$, $g(d)=b$이면, 다음이 성립한다.

$$\int_a^b f(x)dx=\int_c^d f(g(t))g'(t)dt$$

증명 임의의 점 $x\in[a, b]$에 대해 함수 $F:[a, b]\to\mathbb{R}$를 다음과 같이 정의하면,

$$F(a)=\int_a^x f(t)dt$$

미적분학의 기본정리 I에 의해 F는 $[a, b]$상에서 미분가능하다. 따라서 정리 7.1.5에 의해

$$(F(g(t)))'=F'(g(t))g'(t)=f(g(t))g'(t)$$

이므로, 미적분학의 기본정리 II에 의해 다음이 성립한다.

$$\int_c^d f(g(t)g'(t)dt = F(g(d)) - F(g(c)) = F(b) - F(a) = \int_a^b f(x)dx$$ ■

정리 8.2.7 (부분적분법) 함수 f, g가 $[a, b]$상에서 미분가능하고 f', g'가 $[a, b]$상에서 리만적분가능하면, 다음이 성립한다.

$$\int_a^b f(x)g'(x)dx = f(b)g(b) - f(a)g(a) - \int_a^b f'(x)g(x)dx$$

증명 함수 f, g가 $[a, b]$상에서 미분가능이므로 fg도 $[a, b]$상에서 미분가능하고, 모든 점 $x \in [a, b]$에 대해

$$(f(x)g(x))' = f'(x)g(x) + f(x)g'(x)$$

이다. 또한 f와 g는 $[a, b]$상에서 연속이므로 리만적분가능하고, f'와 g'도 리만적분가능하므로 $(fg)' = f'g + fg'$도 리만적분가능하다. 미적분학의 기본정리 I을 적용하면,

$$\int_a^b (f(x)g(x))'dx = f(b)g(b) - f(a)g(a)$$

이므로 다음이 성립한다.

$$\int_a^b f'(x)g(x)dx + \int_a^b f(x)g'(x)dx = f(b)g(b) - f(a)g(a)$$

따라서 양변에 $\int_a^b f'(x)g(x)dx$를 빼면 주어진 결론을 얻는다. ■

예제 8.12 $\int_{-1}^1 xf(x^2)dx$를 계산하여라(여기서 f는 $[0, 1]$상에서 연속이다).

풀이 $\phi(x) = x^2$이라 두면, 함수 f는 $\phi([-1, 1]) = [0, 1]$상에서 연속이므로 다음이 성립한다.

$$\int_{-1}^1 xf(x^2)dx = \frac{1}{2}\int_{-1}^1 f(\phi(x))\phi'(x)dx = \frac{1}{2}\int_1^1 f(t)dt = 0$$ ■

예제 8.13 정리 8.2.6에서 함수 g가 미분불가능일 때, 이 정리가 성립하지 않는 예를 찾아라.

풀이 $I=\int_{-1}^{1}\frac{1}{1+x^2}dx=[\mathrm{Tan}^{-1}x]_{-1}^{1}=\frac{\pi}{2}$이다. 여기서 $x=g(t)=\frac{1}{t}$이라 두면, $dx=-\frac{1}{t^2}dt$이므로 다음이 성립한다.

$$\int_{-1}^{1}\frac{1}{1+x^2}dx=\int_{-1}^{1}\frac{t^2}{1+t^2}\left(-\frac{1}{t^2}\right)dt=-\int_{-1}^{1}\frac{1}{1+t^2}dt=-\frac{\pi}{2}$$

따라서 이러한 불일치는 $g(t)=\frac{1}{t}$의 도함수 $g'(t)=-\frac{1}{t^2}$가 $t=0$에서 불연속이기 때문에 생기는 것으로 이 경우에는 정리 8.2.6이 성립하지 않는다. ■

연습문제 8.2

1. 미분에 관한 평균값정리를 적분에 관한 평균값정리와 미적분학의 기본정리 II을 이용하여 증명하여라. 즉, $f\in C^1[a, b]$이면, $f(b)-f(a)=(b-a)f'(x_0)$을 만족하는 점 $x_0\in(a, b)$가 적어도 하나 존재함을 증명하여라.

2. 함수 $f:[a, b]\to\mathbb{R}$가 리만적분가능하고 연속이며, 유한개의 점 $c_1, c_2, \cdots, c_n$을 제외하고는 $F'(x)=f(x)$라 할 때, $\int_a^b f dx=F(b)-F(a)$임을 증명하여라.

3. 함수 $f:[a, b]\to\mathbb{R}$는 연속이고 $F(x)=\int_x^b f dt$로 주어졌을 때, $F'(x)$를 구하여라.

4. 다음과 같이 정의된 부호함수(sign function) sgn는 $[-1, 1]$상에서 리만적분가능하지만, 원시함수를 가지지 않음을 증명하여라.

$$sgn(x)=\begin{cases}1, & x>0\\ 0, & x=0\\ -1, & x<0\end{cases}$$

또한, $f(x)=|x|$로 정의된 함수 f는 $f'(x)=sgn(x)\ (x\neq 0)$이고

$$\int_{-1}^{1} sgn(x)dx=f(1)-f(-1)$$

임을 증명하여라.

5. 함수 $L:(0, \infty)\to\mathbb{R}$을 $L(x)=\int_1^x \frac{1}{t}dt$로 정의할 때, 다음을 증명하여라.

(1) L은 $(0, \infty)$상에서 미분가능이고 순증가하며 $L'(x)=\frac{1}{x}$, $L(1)=0$이다.

(2) $x\to\infty$일 때 $L(x)\to\infty$이고, $x\to 0+$일 때 $L(x)\to -\infty$이다.

(3) $x>0$, $q\in\mathbb{Q}$일 때, $(x^q)'=qx^{q-1}$을 이용하여 $L(x^q)=qL(x)\ (x>0,\ q\in\mathbb{Q})$ 임을 증명하여라.

(4) $L(xy)=L(x)+L(y)$임을 증명하여라.

6. (1) 함수 $f:[a, b]\to\mathbb{R}$가 연속이고 $g:[c, d]\to[a, b]$는 미분가능일 때, 다음과 같이 주어진 F의 도함수를 구하라.

$$F(x)=\int_{g(c)}^{g(x)} f(t)dt$$

(2) 함수 F가 $[0, 1]$상에서 다음과 같이 정의될 때, F'를 구하라.

(i) $F(x)=\int_0^x \sin(t^2)dt$ (ii) $F(x)=\int_{x^2}^x \sqrt{1+t^2}\,dt$

7. 함수 $g:[c, d]\to\mathbb{R}$가 연속인 도함수를 가지고 $g'(t)\neq 0\ (t\in[c, d])$이라 하자. $g([c, d])\subset[a, b]$이고 $f:[a, b]\to\mathbb{R}$가 연속이면, 다음이 성립함을 증명하여라.

$$\int_c^d f(g(t))dt=\int_{g(c)}^{g(d)} f(x)(g^{-1})'(x)dx$$

8. 문제 7을 이용하여 $\int_1^9 \frac{1}{1+\sqrt{x}}dx$를 계산하여라.

9. 함수 f, g, h가 $\mathbb{R}$상에서 미분가능이면, 다음이 성립함을 증명하여라.

$$\frac{d}{dx}\int_{g(x)}^{h(x)} f(t)dt = f(h(x))h'(x) - f(g(x))g'(x)$$

10. 문제 9를 이용하여 F가 다음과 같이 주어져 있을 때, F'를 구하여라.

(1) $F(x) = \int_{\sin x}^{\cos x} x^3 dx$　　(2) $F(x) = \int_{x^2}^{x^3} \sqrt{1+t^2}\, dt$

11. 함수 $f : [0, \infty] \to \mathbb{R}$가 연속이고 $f(x) \neq 0$ (단, $x \geq 0$)일 때, 다음 식을 만족하는 함수 f를 구하여라.

$$(f(x))^2 = 2\int_0^x f(t)dt \quad (\text{단, } x > 0)$$

12. 다음 적분을 계산하여라.

(1) $\int_0^1 x\sqrt{1+x^2}\, dx$　　(2) $\int_0^1 x\sqrt{2x+3}\, dx$

8.3 특이적분

8.2절까지는 폐구간 $[a, b]$상에서 정의된 유계 함수에 대해서만 다루었다. 이 절에서는 두 조건을 다 만족시키지 못하는 함수에 대해서 적분개념을 확장하여 생각해 보도록 한다.

정리 8.3.1 　함수 f가 $[a, b]$상에서 리만적분가능하면, 다음이 성립한다.

$$\int_a^b f(x)dx = \lim_{c \to a+}\left(\lim_{d \to b-}\int_c^d f(x)dx\right) = \lim_{d \to b-}\left(\lim_{c \to a+}\int_c^d f(x)dx\right)$$

증명 　정리 8.2.1에 의해서 $F(x) = \int_a^x f(t)dt$는 $[a, b]$상에서 연속이므로

$$\int_a^b f(x)dx = F(b) - F(a) = \lim_{d \to b-} F(d) - \lim_{c \to a+} F(c)$$
$$= \lim_{c \to a+}\left(\lim_{d \to b-} (F(d) - F(c))\right) = \lim_{c \to a+}\left(\lim_{d \to b-} \int_c^d f(x)dx\right) \quad ■$$

[주] 정리 8.3.1의 역은 일반적으로 성립하지 않는다. 그래서 역이 성립하는 경우를 특이적분가능이라고 한다.

〈정의 8.3.1〉

함수 $f : (a, b) \to \mathbb{R}$가 $c < d$인 임의의 실수 $c, d \in (a, b)$에 대해 $[c, d]$상에서 리만적분가능할 때, 극한

$$\lim_{c \to a+}\left(\lim_{d \to b-} \int_c^d f dx\right)$$

가 존재하면, f는 $[a, b]$상에서 **특이적분가능하다** 또는 f의 **특이적분은 수렴한다**고 하며, 그 극한값을 $[a, b]$상에서 f의 특이적분(improper integral)이라 한다. 함수 f가 $[a, b]$상에서 특이적분이 가능하지 않을 때, f의 특이적분은 **발산한다**고 한다.

[주] (1) 함수 $f : (a, b] \to \mathbb{R}$ 가 $(a, b]$상에서 리만적분가능하면, $\lim_{d \to b-} \int_c^d f dx = \int_c^b f dx$ 이므로 $[a, b]$상에서 f의 특이적분은 $\int_a^b f dx = \lim_{c \to a+} \int_c^b f dx$이다.

(2) 정리 8.3.1에 의해 함수 f가 $[a, b]$상에서 리만적분가능이면, 특이적분가능이므로 특이적분은 리만적분의 확장된 개념이다.

예제 8.14 함수 $f : (0, 2] \to \mathbb{R}$를 $f(x) = \dfrac{1}{\sqrt{x}}$로 정의할 때, f는 $[0, 2]$상에서 특이적분가능함을 보여라.

풀이 임의의 점 $c \in (0, 2]$에 대해 f는 $(c, 2]$상에서 연속이므로 f는 $[c, 2]$상에서 리만적분가능하다. 따라서 특이적분 정의에 의해 극한을 구하면, 다음과 같이 극한이 존재하므로 f는 $[0, 2]$상에서 특이적분가능하다.

$$\int_0^2 \frac{1}{\sqrt{x}} dx = \lim_{c \to 0+} \int_c^2 \frac{1}{\sqrt{x}} dx = \lim_{c \to 0+} (2\sqrt{2} - 2\sqrt{c}) = 2\sqrt{2} \quad ■$$

예제 8.15 함수 $f:(0,1]\to\mathbb{R}$를 $f(x)=\dfrac{1}{x}$로 정의할 때, f는 $[0, 1]$상에서 특이적분가능하지 않다.

풀이 함수 f는 $(0, 1]$상에서 연속이므로 적분가능하지만 $x=0$에서는 함수값이 정의되지 않는다. 따라서 임의의 점 $c\in(0,1]$에 대해 f는 $[c, 1]$상에서 리만적분가능하고

$$\int_c^1 \frac{1}{x}dx=[\ln x]_c^1=\ln 1-\ln c=-\ln c$$

이다. 그런데 극한

$$\lim_{c\to 0+}\int_c^1 \frac{1}{x}dx=\lim_{c\to 0+}(-\ln c)=+\infty$$

가 존재하지 않으므로, 함수 f는 $[0, 1]$상에서 특이적분은 가능하지 않다. ■

〈정의 8.3.2〉

점 $c\in(a,b)$이고 함수 $f:[a,b]-\{c\}\to\mathbb{R}$가 $[a,c]$와 $[c,b]$상에서 각각 특이적분가능하면, f는 $[a,b]$상에서 특이적분가능하다고 하고, 그 극한값을 다음과 같이 정의한다.

$$\int_a^b f dx=\lim_{\varepsilon_1\to 0+}\int_a^{c-\varepsilon_1} f dx+\lim_{\varepsilon_2\to 0+}\int_{c+\varepsilon_2}^b f dx$$

정리 8.3.2 함수 f와 g가 $[a,b]$상에서 특이적분가능하고 $\alpha\in\mathbb{R}$이면, $\alpha f+g$도 $[a,b]$상에서 특이적분가능하다.

증명 정리 8.1.7의 (1), (2)와 정리 6.2.2에 의해 임의의 점 $c, d\in(a,b)$에 대해 다음을 얻을 수 있다.

$$\begin{aligned}\lim_{d\to b-}\int_c^d(\alpha f+g)dx&=\lim_{d\to b-}\left(\int_c^d \alpha f dx+\int_c^d g dx\right)\\&=\alpha\lim_{d\to b-}\int_c^d f dx+\lim_{d\to b-}\int_c^d g dx\end{aligned}$$

또한, $c \to a+$ 인 경우도 같은 방법으로 성립하므로 $\alpha f+g$는 특이적분가능하다. ■

정리 8.3.3 (비교판정법) 함수 f와 g가 (a, b)상에서 리만적분가능하고, 모든 점 $x \in (a, b)$에 대해 $0 \le f(x) \le g(x)$이라 하자. g가 $[a, b]$상에서 특이적분가능하면, f도 $[a, b]$상에서 특이적분가능하고, 다음이 성립한다.

$$\int_a^b f dx \le \int_a^b g dx$$

증명 임의의 점 $c \in (a, b)$이고, $d \in [c, b)$에 대해 함수 $F : [c, b) \to \mathbb{R}$를

$$F(d) = \int_c^d f dx$$

로 정의하면, $F(d) = \int_c^d f dx \le \int_c^d g dx \le \int_a^b g dx$이므로 $\{F(d) : c \le d < b\}$는 위로 유계이다. 완비성으로부터 $\sup\{F(d) : c \le d < b\}$가 존재하고, 다음이 성립한다.

$$\int_c^b f dx = \lim_{d \to b^-} F(d) = \sup_{d \in [c,\, b)} F(d) \le \int_a^b g dx$$

또한 $c \to a+$ 인 경우도, 같은 방법으로 보일 수 있으므로 f는 $[a, b]$상에서 특이적분가능하고, 다음이 성립한다.

$$\int_a^b f dx = \lim_{c \to a^+} \left(\lim_{d \to b^-} \int_c^d f dx \right) = \lim_{c \to a^+} \int_c^b f dx = \sup \int_c^d f dx \le \int_a^b g dx$$ ■

따름정리 8.3.4 함수 f가 (a, b)상에서 유계이고 리만적분가능이라 하자. $|g|$가 $[a, b]$상에서 특이적분가능이면, $|fg|$도 $[a, b]$상에서 특이적분가능이다.

증명 집합 $M = \{|f(x)| : x \in (a, b)\}$라 두면 모든 점 $x \in (a, b)$에 대하여

$$0 \le |f(x)g(x)| \le M|g(x)|$$

이다. 그러므로 정리 8.3.3에 의해서 $|fg|$는 $[a, b]$상에서 특이적분가능이다. ■

따름정리 8.3.5 함수 $f:(a,b)\to\mathbb{R}$이라 하자. $|f|$가 $[a,b]$상에서 특이적분가능이면, f도 $[a,b]$상에서 특이적분가능하고 다음이 성립한다.

$$\left|\int_a^b f(x)dx\right| \le \int_a^b |f(x)|dx$$

증명 $0 \le |f(x)|+f(x) \le 2|f(x)|$이므로 정리 8.3.3에 의해서 $|f|+f$는 $[a,b]$상에서 특이적분가능하고, 또한 $f=(|f|+f)-|f|$이므로 정리 8.3.2에 의해 f는 특이적분가능하다. 따라서 $a<c<d<b$이면

$$\left|\int_c^d f(x)dx\right| \le \int_c^d |f(x)|dx$$

이므로, $c\to a+$와 $d\to b-$로 극한을 취하면 주어진 부등식이 성립한다. ■

예제 8.16 함수 $f:[0,1]\to\mathbb{R}$가 $f(x)=\dfrac{\sin x}{\sqrt{x^3}}$으로 정의할 때, f는 $[0,1]$상에서 특이적분가능임을 보여라.

풀이 $x-\sin x$는 $[0,1]$상에서 증가함수이므로 $\sin x \le x$이다. 따라서 구간 $(0,1]$상에서

$$0 \le \frac{\sin x}{\sqrt{x^3}} \le \frac{x}{\sqrt{x^3}} = \frac{1}{\sqrt{x}}$$

이 성립하고 예제 8.14에 의해서 $\dfrac{1}{\sqrt{x}}$은 $[0,1]$상에서 특이적분가능하다. 따라서 정리 8.3.3에 의해서 함수 f는 $[0,1]$상에서 특이적분가능하다. ■

〈정의 8.3.3〉

함수 $f:[a,\infty)\to\mathbb{R}$가 임의의 점 $b\in(a,\infty)$에 대해 $[a,b]$상에서 리만적분가능할 때, 극한값

$$\lim_{b\to\infty}\int_a^b f\,dx$$

이 존재하면, f는 $[a,\infty)$상에서 특이적분가능하다 또는 특이적분 $\int_a^\infty f\,dx$는

수렴한다고 하고, 그 극한값을 $[a, \infty)$상에서 f의 **특이적분** 또는 **무한적분**(infinite integral)이라 하며, 다음과 같이 나타낸다.

$$\int_a^\infty f dx = \lim_{b\to\infty}\int_a^b f dx$$

극한값 $\lim_{b\to\infty}\int_a^b f dx$의 값이 존재하지 않으면, $\int_a^\infty f dx$는 **발산한다**라고 한다. 또한, 함수 $f:(-\infty, b]\to\mathbb{R}$에 대한 특이적분도 같은 방법으로 정의한다.

[주] 함수 $f:(-\infty, a]\to\mathbb{R}$에 대한 특이적분 $\int_{-\infty}^a f dx$ 의 수렴과 발산도 정의 8.3.3 방법으로 정의할 수 있다.

〈정의 8.3.4〉

함수 $f:(-\infty, \infty)\to\mathbb{R}$가 임의의 점 $a\in(-\infty, \infty)$에 대해 $(-\infty, a]$와 $[a, \infty)$ 상에서 각각 특이적분가능할 때, f는 $(-\infty, \infty)$상에서 **특이적분가능**하다고 말하고, 그 극한값을 $(-\infty, \infty)$상에서 f의 **특이적분** 또는 **무한적분**이라 하며, 다음과 같이 나타낸다.

$$\int_{-\infty}^\infty f dx = \int_{-\infty}^a f dx + \int_a^\infty f dx$$

예제 8.17 특이적분 $\int_1^\infty \frac{1}{x^2}dx$은 수렴하고, 특이적분 $\int_1^\infty \frac{1}{\sqrt{x}}dx$는 발산함을 보여라.

풀이 $\lim_{a\to\infty}\int_1^a \frac{1}{x^2}dx = \lim_{a\to\infty}\left[-\frac{1}{x}\right]_1^a = \lim_{a\to\infty}\left(-\frac{1}{a}+1\right) = 1$이므로 $\int_1^\infty \frac{1}{x^2}dx$는 수렴하지만, $\lim_{a\to\infty}\int_1^a \frac{1}{\sqrt{x}}dx = \lim_{a\to\infty}[2\sqrt{x}]_1^a = \lim_{a\to\infty}(2\sqrt{a}-2) = +\infty$이므로 $\int_1^\infty \frac{1}{\sqrt{x}}dx$는 발산한다. ■

정리 8.3.6 특이적분 $\int_a^\infty f dx$와 $\int_a^\infty g dx$가 수렴하면, $\int_a^\infty (f+g) dx$도 수렴한다.

증명 $$\lim_{b\to\infty}\left(\int_a^b (f+g)dx\right)=\lim_{b\to\infty}\left(\int_a^b f dx+\int_a^b g dx\right)=\lim_{b\to\infty}\int_a^b f dx+\lim_{b\to\infty}\int_a^b g dx$$

이므로, 특이적분 $\int_a^\infty (f+g)dx$은 수렴하고 특이적분값은 다음과 같다.

$$\int_a^\infty (f+g)dx=\int_a^\infty f dx+\int_a^\infty g dx$$ ■

정리 8.3.7 함수 $f:[a, \infty)\to\mathbb{R}$가 모든 점 $x\in[a, \infty)$에 대해 $f(x)\geq 0$이고 임의의 점 $b\in(a, \infty)$에 대해 $[a, b]$상에서 리만적분가능하다고 하자. 특이적분 $\int_a^\infty f dx$가 수렴할 필요충분조건은 $\left\{\int_a^b f dx : b\in(a, \infty)\right\}$가 유계이다. 이때, $[a, \infty)$상에서 f의 특이적분은 다음과 같다.

$$\int_a^\infty f dx=\sup\left\{\int_a^b f dx : b\in(a, \infty)\right\}$$

증명 함수 $F:(a, \infty)\to\mathbb{R}$을 $F(b)=\int_a^b f dx$로 정의하고 $\int_a^\infty f dx$가 수렴한다고 하자. 그러면 F는 증가함수이므로, 점 $b\in[a, \infty)$에 대해 다음이 성립한다.

$$F(b)=\int_a^b f dx\leq\int_a^\infty f dx$$

따라서 집합 $\left\{\int_a^b f dx : b\in(a, \infty)\right\}$는 유계이다.

역으로, $\left\{\int_a^b f dx : b\in(a, \infty)\right\}$가 유계인 경우 $L=\sup\{F(b) : b\in(a, \infty)\}$라고 두면, 임의의 실수 $\varepsilon>0$에 대해 적당한 실수 b가 존재하여 $L-\varepsilon<F(b)$를 만족한다. 만일 $x\geq b$이면, $f\geq 0$이므로

$$L-\varepsilon < F(b) \le F(x) \le L < L+\varepsilon$$

이 성립한다. 따라서 F는 증가함수이고 위로 유계이므로

$$\lim_{b\to\infty} F(b) = \sup\{F(b) : b\in(a,\infty)\}$$

가 성립하고 $\int_a^\infty f dx = L = \sup\left\{\int_a^b f dx : b\in(a, \infty)\right\}$이다. ■

정리 8.3.8 (비교판정법 : Comparison Test) 함수 $f, g : [a,\infty) \to \mathbb{R}$가 모든 점 $x\in[a,\infty)$에 대해 $0 \le f(x) \le g(x)$라고 하자. $[a,\infty)$상에서 g의 특이적분이 존재하면, $[a,\infty)$상에서 f의 특이적분도 존재하고, 다음이 성립한다.

$$0 \le \int_a^\infty f dx \le \int_a^\infty g dx$$

증명 임의의 점 $b\in[a,\infty)$에 대해

$$\int_a^b f dx \le \int_a^b g dx \le \int_a^\infty g dx$$

이므로, 정리 8.3.7에 의해 f는 $[a,\infty)$상에서 특이적분가능하고 다음이 성립한다.

$$\int_a^\infty f dx \le \int_a^\infty g dx$$ ■

따름정리 8.3.9 특이적분 $\int_a^\infty |f| dx$가 수렴하면, $\int_a^\infty f dx$도 수렴하고, 다음이 성립한다.

$$\left|\int_a^\infty f dx\right| \le \int_a^\infty |f| dx$$

증명 모든 점 $x\in[a,\infty)$에 대해 $-|f(x)| \le f(x) \le |f(x)|$가 성립하므로, 정리 8.3.8에 의해 명백하다. ■

예제 8.18 따름정리 8.3.9의 역은 일반적으로 성립하지 않는 예를 들어라.

풀이 $f(x)=\dfrac{\sin x}{x}$라 두면 $[1, \infty)$상에서 f의 특이적분은 수렴하지만 $|f|$의 특이적분은 발산함을 보이면 된다. 임의의 점 $d\in(1, \infty)$에 대해 다음이 성립한다.

$$\int_1^d \frac{\sin x}{x}dx=\cos 1-\frac{\cos d}{d}-\int_1^d \frac{\cos x}{x^2}dx$$

예제 8.17에 의해 $\dfrac{1}{x^2}$은 $[1, \infty)$상에서 특이적분가능이므로 정리 8.3.8와 따름정리 8.3.9로부터 $\dfrac{\cos x}{x^2}$는 $[1, \infty)$상에서 특이적분가능이다. 그러므로 f는 $[1, \infty)$상에서 특이적분 가능하고, 다음이 성립한다.

$$\int_1^\infty \frac{\sin x}{x}dx=\cos 1-\int_1^\infty \frac{\cos x}{x^2}dx$$

한편, 자연수 $n\in\mathrm{N}$에 대해

$$\begin{aligned}\int_1^{n\pi} \frac{|\sin x|}{x}dx &\geq \sum_{k=2}^{n}\int_{(k-1)\pi}^{k\pi} \frac{|\sin x|}{x}dx\\ &\geq \sum_{k=2}^{n}\frac{1}{k\pi}\int_{(k-1)\pi}^{k\pi}|\sin x|\,dx=\frac{2}{\pi}\sum_{k=2}^{n}\frac{1}{k}\end{aligned}$$

이고 $\displaystyle\lim_{n\to\infty}\sum_{k=2}^{n}\frac{1}{k}=+\infty$이므로 $\displaystyle\lim_{n\to\infty}\int_1^{n\pi}\frac{|\sin x|}{x}dx=+\infty$이다. 그러므로 $|f|$는 $[1, \infty)$상에서 특이적분은 발산한다. ■

연습문제 8.3

1. $a>0$이고 함수 $f:[a, \infty)\to\mathbb{R}$가 $f(x)=\dfrac{1}{x}$로 정의될 때, 특이적분 $\displaystyle\int_a^\infty \frac{1}{x}dx$의 존재성을 판정하여라.

2. 함수 $f:[1, \infty)\to\mathbb{R}$가 $f(x)=\dfrac{1}{x^p}$ $(p>0)$로 정의될 때, p값에 따른 f의 특이

적분의 수렴성을 판정하여라.

3. 다음 특이적분의 수렴 또는 발산을 판정하고, 수렴하는 경우 특이적분값을 구하라.

(1) $\displaystyle\int_{-\infty}^{\infty} \frac{1}{1+x^2} dx$ (2) $\displaystyle\int_{0}^{\infty} e^{-x} dx$

(3) $\displaystyle\int_{-1}^{1} \frac{1}{\sqrt{1-x^2}} dx$ (4) $\displaystyle\int_{0}^{\infty} \frac{1}{x^2} dx$

4. (**극한 비교판정법**) 두 함수 $f, g : [a, \infty) \to \mathbb{R}$가 모든 점 $x \in [a, \infty)$에 대하여 $0 \le f(x) \le g(x)$라고 하자. 임의의 점 $c \in (a, \infty)$에 대하여 f, g가 $[a, c]$상에서 리만적분가능하고

$$\lim_{x\to\infty} \frac{f(x)}{g(x)} = \alpha \quad (\text{여기서 } \alpha > 0)$$

이면, f와 g의 특이적분의 존재성은 서로 동치임을 증명하여라.

5. 극한 비교판정법을 이용하여 $[1, \infty)$상에서 f의 특이적분가능함을 보여라.

(1) $f(x) = \dfrac{1}{2x^2+5x+3}$ (2) $f(x) = \dfrac{1}{\sqrt{x^3+2x^2+1}}$

6. (**Cauchy 판정법**) 함수 $f : [a, \infty) \to \mathbb{R}$가 임의의 점 $b \in (a, \infty)$에 대해 $[a, b]$상에서 리만적분가능하다고 하자. $[a, \infty)$상에서 f의 특이적분이 존재할 필요충분조건은 임의의 실수 $\varepsilon > 0$에 대해 적당한 실수 $M > 0$이 존재하여 다음이 성립한다.

$$d \ge c \ge M, \quad c, d \in [a, \infty)\text{이면} \quad \left|\int_c^d f dx\right| < \varepsilon\text{이다.}$$

7. $c \in (a, b)$이고 $f : [a, c) \cup (c, b] \to \mathbb{R}$가 함수라고 하자. 함수 f가 $[a, c-\delta]$와 $[c+\delta, b]$상에서 각각 리만적분가능할 때,

$$\lim_{\delta\to 0}\left(\int_a^{c-\delta} f dx + \int_{c+\delta}^{b} f dx\right) = \lim_{\delta\to 0}\int_a^{c-\delta} f dx + \lim_{\delta\to 0}\int_{c+\delta}^{b} f dx \qquad \text{(A)}$$

이 일반적으로 성립하지 않는 예를 보여라.

* 식 (A)의 좌측의 극한이 존재할 때, 그 극한값을 $[a, b]$상에서 f의 적분의 Cauchy 주치(Cauchy principal value)라고 말한다.

8.4 리만-스틸체스(Riemann Stieltjes) 적분

이 절에서는 $U(f, P)=\sum_{i=1}^{n} M_i \Delta x_i$와 $L(f, P)=\sum_{i=1}^{n} m_i \Delta x_i$의 정의에서 사용한 분할 P의 부분구간 $[x_{i-1}, x_i]$ $(i=1, 2, \cdots, n)$의 길이 $\Delta x_i=x_i-x_{i-1}$ 대신에 어떤 단조 증가 함수 $\alpha : [a, b] \to \mathbb{R}$에 대한 증분 $\Delta\alpha_i=\alpha(x_i)-\alpha(x_{i-1})$ $(i=1, 2, \cdots, n)$을 이용해서 리만적분의 개념을 확장하고자 한다.

〈정의 8.4.1〉

$P=\{x_0, x_1, \cdots, x_n\}$가 $[a, b]$의 분할, 함수 $f : [a, b] \to \mathbb{R}$가 유계이고, 함수 $\alpha : [a, b] \to \mathbb{R}$가 단조증가한다고 하자. 임의의 점 $t_i \in [x_{i-1}, x_i]$에 대해

$$S(f, P, \alpha)=\sum_{i=1}^{n} f(t_i)(\alpha(x_i)-\alpha(x_{i-1}))$$

을 P와 α에 관한 f의 리만-스틸체스 합(Riemann-Stieltjes sum)이라 하며, 간단히 *RS*-합이라 한다.

[주] $\alpha(x)=x$일 때 *RS*-합 $S(f, P, \alpha)$은 리만합 $S(f, P)=\sum_{i=1}^{n} f(t_i)(x_i-x_{i-1})$과 같으므로 *RS*-합은 리만합의 일반화된 개념이라 할 수 있다.

예제 8.19 정의 8.4.1에서 P가 $[a, b]$의 분할이고 $\alpha(x)=3x$라 하면, $S(f, P, \alpha)=3S(f, P)$이다.

〈정의 8.4.2〉

함수 $f:[a,b]\to\mathbb{R}$가 유계이고, 함수 $\alpha:[a,b]\to\mathbb{R}$가 단조증가한다고 하자. $[a,b]$의 임의의 분할 $P=\{x_0, x_1, \cdots, x_n\}$에 대해

$$M_i=\sup\{f(x) : x\in[x_{i-1}, x_i]\} \qquad [m_i=\inf\{f(x) : x\in[x_{i-1}, x_i]\}]$$

로 둘 때, 분할 P에 대한 α에 관한 f의 리만-스틸체스 상합(upper Riemann-Stieltjes sum) [리만-스틸체스 하합(lower Riemann-Stieltjes sum)]을 다음과 같이 정의한다.

$$U(f,P,\alpha)=\sum_{i=1}^{n} M_i\Delta\alpha_i \qquad [L(f,P,\alpha)=\sum_{i=1}^{n} m_i\Delta\alpha_i]$$

또, $[a,b]$의 분할에 따른 RS-상합의 집합과 RS-하합의 집합을 각각 $\mathscr{U}(\alpha)$와 $\mathscr{L}(\alpha)$로 나타낼 때,

$$\overline{\int_a^b} f d\alpha=\inf \mathscr{U}(\alpha)=\inf\{U(f,P,\alpha) : P\in\mathscr{P}[a,b]\}$$

$$\underline{\int_a^b} f d\alpha= \mathscr{L}(\alpha)=\sup\{L(f,P,\alpha) : P\in\mathscr{P}[a,b]\}$$

을 리만-스틸체스 상적분(upper Riemann-Stieltjes integral), [리만-스틸체스 하적분(lower Riemann-Stieltjes integral)]으로 정의하며, 간단히 **RS-상적분** [**RS-하적분**]으로 나타낸다.

정리 8.4.1 함수 $f:[a,b]\to\mathbb{R}$는 유계이고, 함수 $\alpha:[a,b]\to\mathbb{R}$는 단조증가한다고 하자. $[a,b]$의 두 분할 P와 Q에 대해 $P\subset Q$이면, 다음이 성립한다.

$$U(f,P,\alpha)\geq U(f,Q,\alpha), \quad L(f,P,\alpha)\leq L(f,Q,\alpha)$$

증명 정의 8.4.2에 의해 증명된다. ■

[주] $P\subset Q$이면, $L(f,P,\alpha)\leq L(f,Q,\alpha)\leq U(f,Q,\alpha)\leq U(f,P,\alpha)$가 성립한다.

정리 8.4.2 임의의 분할 $P, Q \in \mathscr{P}[a, b]$에 대해 다음이 성립한다.

$$L(f, P, \alpha) \le U(f, Q, \alpha)$$

증명 $P \cup Q \supset P$이고 $P \cup Q \supset Q$이므로 정리 8.4.1에 의해 다음이 성립한다.

$$L(f, P, \alpha) \le L(f, P \cup Q, \alpha) \le U(f, P \cup Q, \alpha) \le U(f, Q, \alpha)$$ ■

〈정의 8.4.3〉

함수 $f : [a, b] \to \mathbb{R}$가 유계이고, 함수 $\alpha : [a, b] \to \mathbb{R}$는 단조증가한다고 하자. α에 관한 f의 RS - 상적분과 RS - 하적분이 같으면, 즉

$$\overline{\int_a^b} f d\alpha = \underline{\int_a^b} f d\alpha$$

이면, f는 $[a, b]$상에서 α에 관한 리만-스틸체스 적분가능(Riemann-Stieltjes integrable)하다고 하고, 그 공통값을 α에 관한 f의 리만-스틸체스 적분(Riemann-Stieltjes integnal)이라 하며, 다음과 같이 나타낸다.

$$\int_a^b f d\alpha \quad \text{또는} \quad \int_a^b f(x) d\alpha(x)$$

[주] (1) $[a, b]$상에서 α에 관한 리만-스틸체스 적분가능한 함수들의 집합을 $\mathscr{R}_\alpha[a, b]$로 나타낸다.

(2) $\alpha(x) = x$이면, $\mathscr{R}_\alpha[a, b] = \mathscr{R}[a, b]$이다.

예제 8.20 모든 점 $x \in [a, b]$에 대해서 $\alpha(x) = k$(상수)이고 f가 $[a, b]$상에서 유계 함수이면, $\int_a^b f d\alpha = 0$이다.

풀이 함수 f의 모든 RS - 상합과 RS - 하합은 0이므로

$$\underline{\int_a^b} f d\alpha = 0 = \overline{\int_a^b} f d\alpha$$

이다. 따라서 $f \in \mathscr{R}_\alpha[a, b]$이고 $\int_a^b f d\alpha = 0$이다. ■

예제 8.21 α가 $[a, b]$상에서 증가함수이고 모든 점 $x \in [a, b]$에 대해서 $f(x) = k$ (상수)이면, f의 모든 RS-상합과 RS-하합은 $k(\alpha(b) - \alpha(a))$와 같다. 따라서 $f \in \mathscr{R}_\alpha[a, b]$이고 $\int_a^b f d\alpha = k(\alpha(b) - \alpha(a))$이다.

> **정리 8.4.3 (Riemann-Stieltjes의 적분판정법)** 함수 f를 $[a, b]$상에서 유계이고, α를 $[a, b]$상에서 증가함수라고 하자. $f \in \mathscr{R}_\alpha[a, b]$이기 위한 필요충분조건은 임의의 $\varepsilon > 0$에 대해 다음을 만족하는 분할 $P \in \mathscr{P}[a, b]$가 존재한다.
>
> $$U(f, P, \alpha) - L(f, P, \alpha) < \varepsilon$$

증명 $f \in \mathscr{R}_\alpha[a, b]$라고 하자. 그러면 $\int_a^b f d\alpha = \inf \mathscr{U}(\alpha)$이므로, 임의의 실수 $\varepsilon > 0$에 대해 $\int_a^b f d\alpha + \frac{\varepsilon}{2}$은 $\mathscr{U}(\alpha)$의 하계가 아니므로

$$U(f, P_1, \alpha) < \int_a^b f d\alpha + \frac{\varepsilon}{2}$$

을 만족하는 $[a, b]$의 분할 P_1이 존재한다. 또한 $\int_a^b f d\alpha = \sup \mathscr{L}(\alpha)$이므로

$$\int_a^b f d\alpha - \frac{\varepsilon}{2} < L(f, P_2, \alpha)$$

을 만족하는 $[a, b]$의 분할 P_2가 존재한다. 따라서 $P = P_1 \cup P_2$라고 하면, 정리 8.4.1에 의해 다음이 성립한다.

$$\begin{aligned} U(f, P, \alpha) - L(f, P, \alpha) &\leq U(f, P_1, \alpha) - L(f, P_2, \alpha) \\ &< \left(\int_a^b f d\alpha + \frac{\varepsilon}{2}\right) - \left(\int_a^b f d\alpha - \frac{\varepsilon}{2}\right) = \varepsilon \end{aligned}$$

역으로, 임의의 실수 $\varepsilon > 0$에 대해 $U(f, P, \alpha) - L(f, P, \alpha) < \varepsilon$을 만족하는 $[a, b]$의

분할 P가 존재한다고 하자. $\overline{\int_a^b} f d\alpha \le U(f, P, \alpha)$이고 $L(f, P, \alpha) \le \underline{\int_a^b} f d\alpha$이므로

$$0 \le \overline{\int_a^b} f d\alpha - \underline{\int_a^b} f d\alpha \le U(f, P, \alpha) - L(f, P, \alpha) < \varepsilon$$

이다. 따라서 임의의 실수 $\varepsilon > 0$에 대해서

$$\left| \overline{\int_a^b} f d\alpha - \underline{\int_a^b} f d\alpha \right| = \overline{\int_a^b} f d\alpha - \underline{\int_a^b} f d\alpha < \varepsilon$$

이 성립하므로, $\overline{\int_a^b} f d\alpha = \underline{\int_a^b} f d\alpha$이고 $f \in \mathscr{R}_\alpha[a, b]$이다. ■

예제 8.22 두 함수 $f, g : [0, 2] \to \mathbb{R}$을 다음과 같이 정의하면, f는 $[0, 2]$상에서 단조증가함수 α에 관한 리만-스틸체스 적분가능함을 보여라.

$$f(x) = \begin{cases} 0, & 0 \le x \le 1 \\ 1, & 1 < x \le 2, \end{cases} \qquad \alpha(x) = \begin{cases} 0, & 0 \le x < 1 \\ 1, & 1 \le x \le 2 \end{cases}$$

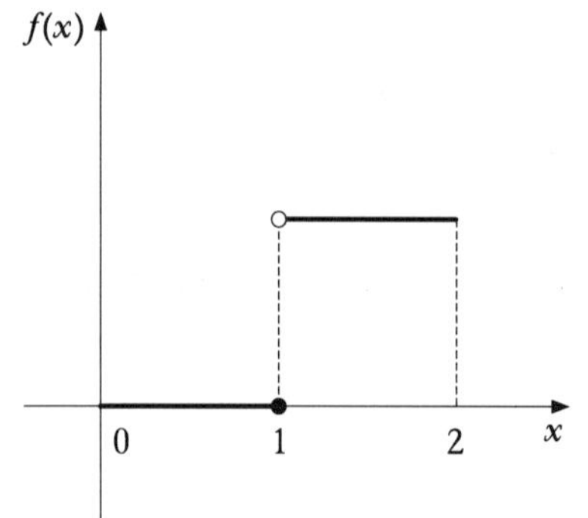

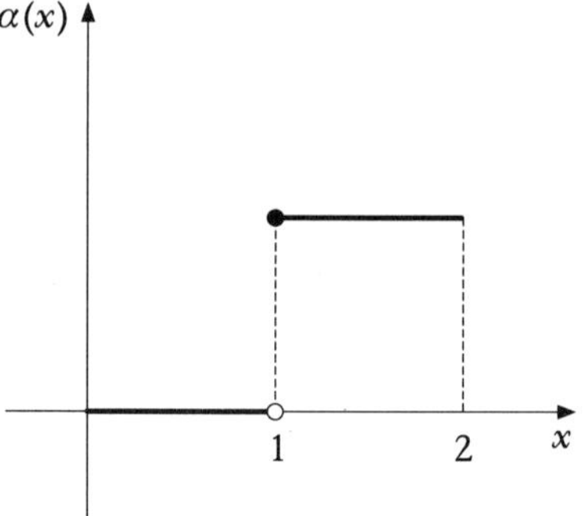

[그림 8.4.1]

풀이 $P = \{x_0, x_1, x_2, \cdots, x_n\}$을 $x_j = 1$을 분할점으로 갖는 $[0, 2]$의 분할이라 하자. 그러면, 다음이 성립한다.

$$U(f, P, \alpha) = \sum_{i=1}^{n} M_i(\alpha(x_i) - \alpha(x_{i-1}))$$

$$= \sum_{i=1}^{j-1} M_i(\alpha(x_i) - \alpha(x_{i-1})) + M_j(\alpha(x_j) - \alpha(x_{j-1}))$$

$$+ \sum_{i=j+1}^{n} M_i(\alpha(x_i) - \alpha(x_{i-1}))$$

$$= M_j(\alpha(x_j) - \alpha(x_{j-1})) = M_j = \sup\{f(x) : x \in [x_{j-1}, 1]\} = 0$$

이고 $L(f, P, \alpha) = \sum_{i=1}^{n} m_i(\alpha(x_i) - \alpha(x_i - 1)) = m_j = \inf\{f(x) : x \in [x_{j-1}, 1]\} = 0$ 이다. 따라서 분할 P에 대해

$$U(f, P, \alpha) = L(f, P, \alpha)$$

이므로, 정리 8.4.3에 의해 $f \in \mathscr{R}_\alpha[0, 2]$이고, 그 적분값은 $\int_0^2 f\,dx = 0$이다. ■

[주] 예제 8.22에서 다룬 구간 $[0, 2]$의 분할 $Q = \{x_0, x_1, x_2, \cdots, x_n\}$가 1을 분할점으로 가지지 않는다고 가정하자. 즉 $x_{j-1} < 1 < x_j$라 하자. 그러면

$$U(f, Q, \alpha) = \sum_{i=1}^{n} M_i(\alpha(x_i) - \alpha(x_{i-1})) = M_j(\alpha(x_j) - \alpha(x_{j-1}))$$

$$= M_j(1 - 0) = M_j = \sup\{f(x) : x \in [x_{j-1}, x_j]\} = 1,$$

$$L(f, Q, \alpha) = \sum_{i=1}^{n} m_i(\alpha(x_i) - \alpha(x_{i-1})) = m_j(\alpha(x_j) - \alpha(x_{j-1}))$$

$$= m_j(1 - 0) = m_j = \inf\{f(x) : x \in [x_{j-1}, x_j]\} = 0$$

이다. 여기서 분할 Q의 노름 $\|Q\| = \max\{|x_i - x_{i-1}| : 1 \le i \le n\}$이 아무리 작더라도 똑같은 결과가 일어난다. 그러므로 예제 8.22와 관련해서 함수 f가 α에 관해 리만-스틸체스 적분가능한 것은 상합과 하합을 결정하는 분할의 노름이 핵심적인 것이 아니고 분할점이 결정적인 요인이다. 이것은 정리 8.1.4에서 알 수 있듯이 리만적분과 리만-스틸체스 적분의 차이점을 보여주고 있다. 예제 8.22에서는 함수 f와 α가 공통의 불연속점 $x = 1$을 가지고 있다는 것이 어려움이다.

정리 8.4.4 함수 f가 $[a, b]$상에서 연속이고 함수 α가 $[a, b]$상에서 단조증가이면, $f \in \mathscr{R}_\alpha[a, b]$이다.

증명 α가 상수함수이면, 임의의 분할 $P\in\mathscr{P}[a, b]$에 대해

$$U(f, P, \alpha)-L(f, P, \alpha)=\sum_{i=1}^{n}(M_i-m_i)\Delta\alpha_i=0$$

이므로, 정리 8.4.3에 의해 명백하게 $f\in\mathscr{R}_\alpha[a, b]$이므로 α가 상수함수가 아니고 $\alpha(a)<\alpha(b)$라 하자. 함수 f가 $[a, b]$상에서 평등연속이므로, 임의의 실수 $\varepsilon>0$에 대해 적당한 실수 $\delta>0$가 존재해

$$s,\ t\in[a, b],\ |s-t|<\delta\text{이면}\quad |f(s)-f(t)|<\frac{\varepsilon}{\alpha(b)-\alpha(a)}$$

을 만족한다. $P=\{x_0, x_1, \cdots, x_n\}$를 $\Delta x_i<\delta\ \ (i=1, 2, \cdots, n)$인 $[a, b]$의 분할이라고 하면, 다음이 성립한다.

$$M_i-m_i\leq\frac{\varepsilon}{\alpha(b)-\alpha(a)}$$

따라서

$$U(f, P, \alpha)-L(f, P, \alpha)=\sum_{i=1}^{n}(M_i-m_i)\Delta\alpha_i\leq\frac{\varepsilon}{\alpha(b)-\alpha(a)}\sum_{i=1}^{n}\Delta\alpha_i=\varepsilon$$

이므로, 정리 8.4.3에 의해 $f\in\mathscr{R}_\alpha[a, b]$이다. ■

정리 8.4.5 함수 f가 $[a, b]$상에서 단조이고 함수 α는 $[a, b]$상에서 연속인 단조증가이면, $f\in\mathscr{R}_\alpha[a, b]$이다.

증명 임의의 자연수 $n\in\mathbb{N}$에 대해 P를 다음 식을 만족하는 $[a, b]$의 분할이라 하자.

$$\Delta\alpha_i=\alpha(x_i)-\alpha(x_{i-1})=\frac{\alpha(b)-\alpha(a)}{n}\tag{8.4.1}$$

실제로 α는 연속이므로 중간값정리에 의해 $\alpha(x_1)=\alpha(a)+\dfrac{\alpha(b)-\alpha(a)}{n}$를 만족하는 점 $x_1\in[a, b]$을 잡을 수 있고, 귀납적 방법으로 $\alpha(x_k)=\alpha(a)+k\dfrac{\alpha(b)-\alpha(a)}{n}$를 만족하는 점 $x_k\in[x_{k-1}, b]$을 잡으면 식 (8.4.1)을 만족하는 분할 $P=\{x_0, x_1, \cdots, x_n\}$을 만들 수 있다(그림 8.4.2 참고).

먼저, f를 단조증가함수라고 하면, $M_i=f(x_i)$, $m_i=f(x_{i-1})\,(i=1, \cdots, n)$이므로 다

음이 성립한다.

$$U(f, P, \alpha) - L(f, P, \alpha) = \sum_{i=1}^{n} (M_i - m_i)\Delta\alpha_i$$
$$= \frac{\alpha(b) - \alpha(a)}{n} \sum_{i=1}^{n} (f(x_i) - f(x_{i-1}))$$
$$= \frac{\alpha(b) - \alpha(a)}{n} (f(b) - f(a))$$

따라서 임의의 실수 $\varepsilon > 0$에 대해 자연수 $n \in \mathbb{N}$을

$$\frac{(\alpha(b) - \alpha(a))(f(b) - f(a))}{\varepsilon} < n$$

이 성립되도록 충분히 크게 택하면

$$U(f, P, \alpha) - L(f, P, \alpha) < \varepsilon$$

이 성립하므로, 정리 8.4.3에 의해 $f \in \mathscr{R}_\alpha[a, b]$이다.

같은 방법으로, f가 단조감소함수일 때도 증명할 수 있다. ■

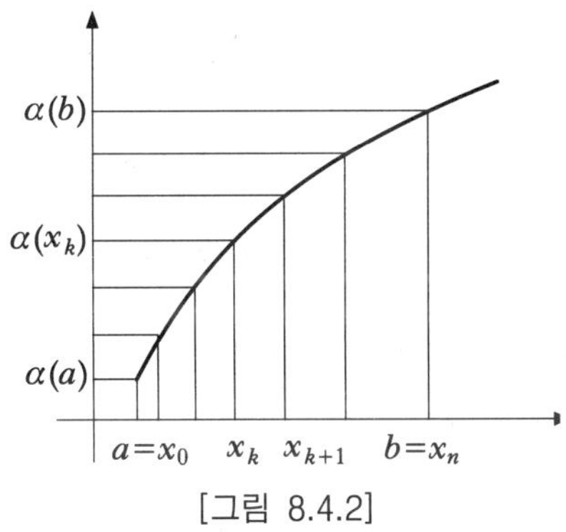

[그림 8.4.2]

정리 8.4.6 함수 f는 $[a, b]$상에서 유계이고, 함수 α는 $[a, b]$상에서 단조증가이며, 모든 점 $x \in [a, b]$에 대해 $m \leq f(x) \leq M$이라 하자. $f \in \mathscr{R}_\alpha[a, b]$이고 g가 $[m, M]$상에서 연속이면, $g \circ f \in \mathscr{R}_\alpha[a, b]$이다.

증명 증명 방법은 정리 8.1.7과 유사하므로 생략한다. ■

정리 8.4.7 함수 $\alpha:[a, b]\to\mathbb{R}$는 연속이고 미분가능하며, f와 α의 도함수 $\alpha'\in\mathscr{R}[a, b]$이면, 다음이 성립한다.

(1) $f\in\mathscr{R}_\alpha[a, b]$이다.

(2) α'가 $[a, b]$상에서 단조증가함수이면, $\int_a^b f d\alpha=\int_a^b f(x)\alpha'(x)dx$이다.

증명 $f,\ \alpha'\in\mathscr{R}[a, b]$이므로 정리 8.1.8 (3)에 의해 $f\alpha'\in\mathscr{R}[a, b]$이다. $P=\{x_0, x_1, \cdots, x_n\}$을 $[a, b]$의 임의의 분할이라고 하고 각 소구간 $[x_{i-1}, x_i]$에 대해 평균값 정리를 적용하면,

$$\alpha(x_i)-\alpha(x_{i-1})=\alpha'(t_i)(x_i-x_{i-1}) \qquad (i=1, 2, \cdots, n)$$

을 만족하는 점 $t_i\in(x_{i-1}, x_i)$가 존재한다.

(1) α'는 리만적분가능하므로 유계이다. 따라서 임의의 점 $x\in[a, b]$에 대해 $|\alpha'(x)|\le K$인 실수 $K>0$가 존재한다. 그러므로 다음이 성립한다.

$$\begin{aligned}U(f, P, \alpha)-L(f, P, \alpha)&=\sum_{i=1}^{n}(M_i-m_i)[\alpha(x_i)-\alpha(x_{i-1})]\\&=\sum_{i=1}^{n}(M_i-m_i)\alpha'(t_i)(x_i-x_{i-1})\\&\le K\sum_{i=1}^{n}(M_i-m_i)(x_i-x_{i-1})\\&=K[U(f, P)-L(f, P)]\end{aligned}$$

한편, $f\in\mathscr{R}[a, b]$이므로, 정리 8.1.5에 의해 임의의 실수 $\varepsilon>0$에 대해 $[a, b]$의 적당한 분할 $P(\varepsilon)$이 존재해서

$$U(f, P(\varepsilon))-L(f, P(\varepsilon))<\frac{\varepsilon}{K}$$

을 만족한다. 그러므로 다음이 성립하고,

$$U(f, P(\varepsilon), \alpha)-L(f, P(\varepsilon), \alpha)\le K[U(f, P(\varepsilon))-L(f, P(\varepsilon))]<\varepsilon$$

정리 8.4.3에 의해 $f\in\mathscr{R}_\alpha[a, b]$이다.

(2) $\varepsilon>0$을 임의의 실수라 하면, $[a, b]$의 분할 $P=\{x_0, x_1, \cdots, x_n\}$가 존재해서 임의의 점 $s_i\in[x_{i-1}, x_i]$ $(i=1, 2, \cdots, n)$에 대해 다음이 성립한다.

$$\int_a^b f(x)\alpha'(x)dx-\varepsilon < \sum_{i=1}^{n}(f\alpha')(s_i)\Delta x_i < \int_a^b f(x)\alpha'(x)dx+\varepsilon$$

또한, 모든 점 $x\in[a, b]$에 대해 $\alpha'(x)\geq 0$이므로

$$\begin{aligned} U(f, P, \alpha) &= \sum_{i=1}^{n} M_i(\alpha(x_i)-\alpha(x_{i-1})) = \sum_{i=1}^{n} M_i\alpha'(t_i)(x_i-x_{i-1}) \\ &\geq \sum_{i=1}^{n} f(t_i)\alpha'(t_i)\Delta x_i > \int_a^b f(x)\alpha'(x)dx-\varepsilon \end{aligned}$$

이다. 따라서 $\varepsilon>0$은 임의의 실수이므로, 다음을 얻는다.

$$\int_a^b f d\alpha \geq \int_a^b f(x)\alpha'(x)dx \tag{8.4.2}$$

같은 방법으로, 임의의 실수 $\varepsilon>0$에 대해

$$\begin{aligned} L(f, P, \alpha) &= \sum_{i=1}^{n} m_i(\alpha(x_i)-\alpha(x_{i-1})) = \sum_{i=1}^{n} m_i\alpha'(t_i)(x_i-x_{i-1}) \\ &\leq \sum_{i=1}^{n} f(t_i)\alpha'(t_i)\Delta x_i < \int_a^b f(x)\alpha'(x)dx+\varepsilon \end{aligned}$$

이므로, 다음이 성립한다.

$$\int_a^b f d\alpha \leq \int_a^b f(x)\alpha'(x)dx \tag{8.4.3}$$

따라서 식 (8.4.2)와 식 (8.4.3)에 의해 다음이 성립한다.

$$\int_a^b f d\alpha = \int_a^b f(x)\alpha'(x)dx$$ ■

예제 8.23 $\int_0^1 x^2 dx^2$을 정리 8.4.7을 이용하여 계산하여라.

풀이 $\alpha(x)=x^2$이라 두면, $\alpha'(x)=2x$이므로

$$\int_0^1 x^2 dx^2 = \int_0^1 x^2 2x dx = 2\int_0^1 x^3 dx = \frac{1}{2}$$

이다. ■

연습문제 8.4

1. $\int_0^1 x^2 dx^2$이 존재하는지를 정의에 의해 판별하고, 존재하면 값을 구하여라.

2. $f(x)=x^2+2$이고 $\alpha(x)=\begin{cases} 0, & x=0 \\ 1+x^3, & 0<x\le 1 \end{cases}$ 일 때, $\int_0^1 f d\alpha$를 구하여라.

3. 리만적분의 성질이 리만-스틸체스적분에서도 성립함을 증명하여라.

   (1) $f,\ g\in\mathscr{R}_\alpha[a, b]$이면, $f+g\in\mathscr{R}_\alpha[a, b]$이고 $\int_a^b (f+g)d\alpha=\int_a^b fd\alpha+\int_a^b gd\alpha$ 이다.

   (2) $f\in\mathscr{R}_\alpha[a, b]$이고 $c\in\mathbb{R}$이면, $cf\in\mathscr{R}_\alpha[a, b]$이고 $\int_a^b (cf)d\alpha=c\int_a^b fd\alpha$이다.

   (3) $f\in\mathscr{R}_\alpha[a, b]$이고 $g\in\mathscr{R}_\alpha[a, b]$이면, $fg\in\mathscr{R}_\alpha[a, b]$이다.

   (4) 모든 점 $x\in[a, b]$에 대해 $f_1(x)\le f_2(x)$이면, $\int_a^b f_1 d\alpha\le\int_a^b f_2 d\alpha$이다.

4. 다음을 증명하여라.

   (1) $f\in\mathscr{R}_\alpha[a, b]\cap\mathscr{R}_\beta[a, b]$이면, $f\in\mathscr{R}_{(\alpha+\beta)}[a, b]$이고 다음이 성립한다.

$$\int_a^b fd(\alpha+\beta)=\int_a^b fd\alpha+\int_a^b fd\beta$$

   (2) $c>0$이고 $f\in\mathscr{R}_\alpha[a, b]$이면, $f\in\mathscr{R}_{c\alpha}[a, b]$이고 다음이 성립한다.

$$\int_a^b fd(c\alpha)=c\int_a^b fd\alpha$$

5. $f\in\mathscr{R}_\alpha[a, b]$이고 모든 점 $x\in[a, b]$에 대해 $m\le f(x)\le M$이면, 다음이 성립함을 증명하여라.

   (1) $m[\alpha(b)-\alpha(a)]\le\int_a^b fd\alpha\le M[\alpha(b)-\alpha(a)]$

   (2) $\int_a^b fd\alpha=\mu[\alpha(b)-\alpha(a)]$되는 실수 μ가 m과 M 사이에 존재한다.

6. $f\in\mathscr{R}_\alpha[a, b]$이고 $a<c<b$이면, $f\in\mathscr{R}_\alpha[a, c]\cap\mathscr{R}_\alpha[c, b]$임을 보이고 다음을

증명하여라.

$$\int_a^b f d\alpha = \int_a^c f d\alpha + \int_c^b f d\alpha$$

7. 두 함수 $f(x)=e^x$, $\alpha(x)=\begin{cases} x^2, & 0 \le x < 1 \\ 1+2x, & 1 \le x \le 2 \\ 5+x, & 2 < x \le 3 \end{cases}$ 가 주어졌을 때, $\int_0^3 f d\alpha$를 구하여라.

8. 적분 $\int_{-1}^2 x^3 d(|x|^5)$를 구하여라.

8.5 유계변동함수에 관한 리만-스틸체스적분

이 절에서는 증가함수와 밀접한 관계가 있는 유계변동함수를 정의하고 리만-스틸체스적분으로 확장하여 적용한다.

〈정의 8.5.1〉

함수 $\alpha : [a, b] \to \mathbb{R}$이고 $P=\{x_0, x_1, \cdots, x_n\}$을 $[a, b]$의 분할이라 하자.

$$V(\alpha, P) = \sum_{i=1}^{n} |\alpha(x_i) - \alpha(x_{i-1})|$$

를 분할 P에 대한 α의 변동(variation)이라 한다. 집합

$$\{V(\alpha, P) : P \in \mathscr{P}[a, b]\}$$

이 위로 유계이면, α는 $[a, b]$상에서 유계변동(bounded variation)이라 하고, 이것을 $\alpha \in BV[a, b]$로 나타낸다. 또한,

$$V_a^b(\alpha) = \sup\{V(\alpha, P) : P \in \mathscr{P}[a, b]\}$$

를 $[a, b]$상에서 α의 전변동(total variation)이라 한다.

[주] 함수 $\alpha : [a, b] \to \mathbb{R}$에 대해 다음이 성립한다.

(1) 임의의 점 $x \in [a, b]$에 대해 $|\alpha(x) - \alpha(a)| \le V_a^x(\alpha)$이다.

(2) P_1, P_2를 $[a, b]$의 분할이고, $P_1 \subset P_2$이면 $V(\alpha, P_1) \le V(\alpha, P_2)$이다.

정리 8.5.1 함수 $\alpha : [a, b] \to \mathbb{R}$가 단조이면, $\alpha \in BV[a, b]$이고 그 전변동은 다음과 같다.

$$V_a^b(\alpha) = |\alpha(b) - \alpha(a)|$$

증명 α를 $[a, b]$상에서 증가함수라 하자. 만일 $P = \{x_0, x_1, \cdots, x_n\}$가 $[a, b]$의 분할이면 다음이 성립한다.

$$V(\alpha, P) = \sum_{i=1}^{n} (\alpha(x_i) - \alpha(x_{i-1})) = \alpha(b) - \alpha(a)$$

따라서 $V_a^b(\alpha) = \alpha(b) - \alpha(a)$이다.

같은 방법으로, α가 감소함수인 경우도 하면 된다. ■

정리 8.5.2 함수 α가 $[a, b]$상에서 연속이고, (a, b)상에서 미분가능하다고 하자. α의 도함수 α'가 (a, b)상에서 유계이면, $\alpha \in BV[a, b]$이다.

증명 α'는 유계이므로, 모든 점 $x \in (a, b)$에 대해 $|\alpha'(x)| < M$인 실수 $M > 0$이 존재한다. $P = \{x_0, x_1, \cdots, x_n\}$을 $[a, b]$의 분할이라 하자. 평균값 정리에 의해 $i = 1, 2, \cdots, n$에 대해 적당한 점 $t_i \in (x_{i-1}, x_i)$가 존재하여 다음을 만족한다.

$$\Delta\alpha_i = \alpha(x_i) - \alpha(x_{i-1}) = \alpha'(t_i)(x_i - x_{i-1})$$

따라서

$$V(\alpha, P) = \sum_{i=1}^{n} |\alpha'(t_i)|(x_i - x_{i-1}) < M \sum_{i=1}^{n} (x_i - x_{i-1}) = M(b-a)$$

이므로, $\alpha \in BV[a, b]$이다. ■

예제 8.24 다음과 같이 정의된 함수 $\alpha : [-1, 1] \to \mathbb{R}$는 $[-1, 1]$상에서 유계변동임을 보여라.

$$\alpha(x) = \begin{cases} x^2 \sin \dfrac{1}{x}, & x \neq 0 \\ 0, & x = 0 \end{cases}$$

풀이 함수 α는 $[-1, 1]$상에서 연속이고, $(-1, 1)$상에서 미분가능이고,

$$\alpha'(x) = \begin{cases} 2x \sin \dfrac{1}{x} - \cos \dfrac{1}{x}, & x \neq 0 \\ 0, & x = 0 \end{cases}$$

이므로, $|\alpha'(x)| \leq 3$이다. 그러므로 정리 8.5.2에 의해 $\alpha \in BV[-1, 1]$이다. ■

예제 8.25 함수 $\alpha : [a, b] \to \mathbb{R}$가 연속이라고 반드시 유계변동함수가 되는 것이 아닌 예를 들어라.

풀이 함수 $\alpha : [0, 1] \to \mathbb{R}$를

$$\alpha(x) = \begin{cases} \dfrac{1}{2n}, & x = \dfrac{1}{2n} \ (n \in \mathbb{N}) \\ 0, & x = \dfrac{1}{2n+1} \ (n \in \mathbb{N}) \\ 0, & x = 0 \text{ 또는 } x = 1 \end{cases}$$

라 하며 그 외에서는 선분으로 이어져 있다고 정의하자(그림 8.5.1 참고). 이때, α는 $[0, 1]$상에서 연속이지만 유계변동은 아니다. 왜냐하면, n이 홀수인 자연수일 때 분할 $P = \left\{0, \dfrac{1}{2n+1}, \dfrac{1}{2n}, \cdots, \dfrac{1}{2}, 1\right\}$에 대해서

$$\begin{aligned} &\left|\alpha(0) - \alpha\left(\frac{1}{2n+1}\right)\right| + \left|\alpha\left(\frac{1}{2n+1}\right) - \alpha\left(\frac{1}{2n}\right)\right| + \cdots + \left|\alpha\left(\frac{1}{2}\right) - \alpha(1)\right| \\ &\geq \frac{1}{2n} + \frac{1}{2n} + \cdots + \frac{1}{4} + \frac{1}{4} + \frac{1}{2} + \frac{1}{2} \\ &= \frac{1}{n} + \frac{1}{n-1} + \cdots + \frac{1}{2} + 1 \end{aligned}$$

$\sum_{n=1}^{\infty} \dfrac{1}{n}$이 발산하므로, $V(\alpha, P)$는 유계가 아니다. 그러므로 $\alpha \notin BV[0, 1]$이다. ■

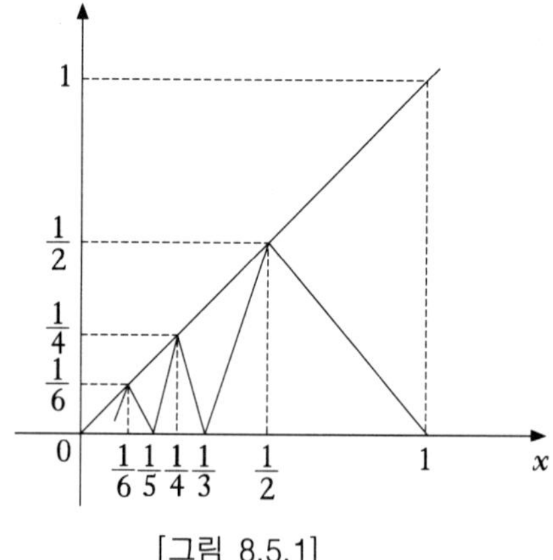

[그림 8.5.1]

[주] 함수 α가 $[a, b]$상에서 유계변동이면 α는 $[a, b]$상에서 유계이다. 왜냐하면, $x \in [a, b]$에 대해 $\{a, x, b\}$는 $[a, b]$의 분할이므로 다음이 성립한다.

$$|\alpha(x) - \alpha(a)| \leq |\alpha(x) - \alpha(a)| + |\alpha(b) - \alpha(x)| \leq V_a^b(\alpha)$$

따라서 삼각부등식에 의해 $|\alpha(x)| \leq |\alpha(a)| + V_a^b(\alpha)$이므로 α는 유계이다. 그러나 역은 성립하지 않는다 (예제 8.26 참고).

예제 8.26 유계함수라고 해서 반드시 유계변동함수가 아닌 예를 들어라.

풀이 다음과 같이 정의된 함수 α는 $\left[0, \dfrac{2}{\pi}\right]$상에서 유계이지만 유계변동은 아니다.

$$\alpha(x) = \begin{cases} \sin \dfrac{1}{x}, & x \neq 0 \\ 0, & x = 0 \end{cases}$$

왜냐하면, 분할 $P_n = \{x_0, x_1, \cdots, x_i, \cdots, x_n\}$이

$$x_i = \begin{cases} 0, & i = 0 \\ \dfrac{2}{((n+1)-i)\pi}, & 0 < i \leq n \end{cases}$$

로 주어졌다고 하면,

$$V(\alpha, P_n) = \sum_{i=1}^{n} |\alpha(x_i) - \alpha(x_{i-1})| = \sum_{i=1}^{n} 1 = n$$

이고, $\{V(\alpha, P) : P\in\mathscr{P}[a, b]\}$는 위로 유계가 아니므로, α는 $\left[0, \frac{2}{\pi}\right]$상에서 유계변동이 아니다. ■

> **정리 8.5.3** 함수 $\alpha, \beta\in BV[a, b]$이고 점 $c\in\mathbb{R}$이면, 다음이 성립한다.
> (1) $\alpha+\beta\in BV[a, b]$이고 $V_a^b(\alpha+\beta) \le V_a^b(\alpha)+V_a^b(\beta)$이다.
> (2) $c\alpha\in BV[a, b]$이고 $V_a^b(c\alpha) = |c|V_a^b(\alpha)$이다.
> (3) $\alpha-\beta\in BV[a, b]$이다.

증명 $P=\{x_0, x_1, \cdots, x_n\}$을 $[a, b]$의 임의의 분할이라고 하자.

(1) $$\sum_{i=1}^{n} |(\alpha(x_i)+\beta(x_i))-(\alpha(x_{i-1})+\beta(x_{i-1}))|$$
$$\le \sum_{i=1}^{n} |\alpha(x_i)-\alpha(x_{i-1})| +\sum_{i=1}^{n} |\beta(x_i)-\beta(x_{i-1})| \le V_a^b(\alpha)+V_a^b(\beta)$$

이므로, $\alpha+\beta\in BV[a, b]$이고 다음이 성립한다.

$$V_a^b(\alpha+\beta) \le V_a^b(\alpha)+V_a^b(\beta)$$

(2) $\sum_{i=1}^{n} |(c\alpha)(x_i)-(c\alpha)(x_{i-1})| = |c|\sum_{i=1}^{n} |\alpha(x_i)-\alpha(x_{i-1})|$이므로, $c\alpha\in BV[a, b]$이고 다음이 성립한다.

$$V_a^b(c\alpha) = |c|V_a^b(\alpha)$$

(3) $\alpha-\beta=\alpha+(-1)\beta$이므로, (1)과 (2)에 의해 $\alpha-\beta$는 유계변동이다. ■

> **정리 8.5.4** 함수 $\alpha : [a, b]\to\mathbb{R}$가 유계변동일 필요충분조건은 α가 $[a, b]$상에서 단조증가하는 두 함수 β와 γ의 차로 나타난다.

증명 $\alpha\in BV[a, b]$라 하자. 함수 $\beta : [a, b]\to\mathbb{R}$를 다음과 같이 정의하고

$$\beta(x) = \begin{cases} V_a^x(\alpha), & x\in(a, b] \\ 0, & x = a \end{cases}$$

$\gamma=\beta-\alpha$라 두자. 점 $x, y\in[a, b]$이고 $x<y$라고 하면,

$$\beta(y)-\beta(x)=V_a^y(\alpha)-V_a^x(\alpha)=V_x^y(\alpha)\geq 0$$

이므로, β는 $[a, b]$상에서 단조증가한다. $[x, y]$의 분할 $\{x, y\}$에 대해 $\alpha(y)-\alpha(x)\leq V_x^y(\alpha)$이고

$$\begin{aligned}\gamma(y)-\gamma(x)&=(\beta(y)-\alpha(y))-(\beta(x)-\alpha(x))\\&=(\beta(y)-\beta(x))-(\alpha(y)-\alpha(x))\\&=V_x^y(\alpha)-[\alpha(y)-\alpha(x)]\geq 0\end{aligned}$$

이므로 γ는 $[a, b]$상에서 단조증가이고 $\alpha=\beta-r$이다.

역으로, 함수 β와 γ가 $[a, b]$상에서 단조증가한다고 하면, 정리 8.5.1에 의해 $\beta, \gamma\in BV[a, b]$이다. 따라서 정리 8.5.3 (3)에 의해 $\alpha=\beta-\gamma\in BV[a, b]$이다. ■

정리 8.5.5 함수 $\alpha\in BV[a, b]$이고 점 $c\in(a, b)$이면, $\alpha\in BV[a, c]\cap BV[c, b]$이고 다음이 성립한다.

$$V_a^b(\alpha)=V_a^c(\alpha)+V_c^b(\alpha)$$

증명 $P=\{x_0, x_1, \cdots, x_n\}$와 $Q=\{y_0, y_1, \cdots, y_m\}$를 각각 $[a, c]$와 $[c, b]$의 임의의 분할이라고 하자. 그러면 $P\cup Q$는 $[a, b]$의 한 분할이므로, 다음이 성립한다.

$$\sum_{i=1}^{n}|\alpha(x_i)-\alpha(x_{i-1})|+\sum_{i=1}^{m}|\alpha(y_i)-\alpha(y_{i-1})|\leq V_a^b(\alpha)$$

따라서 $[a, c]$의 임의의 분할 $P=\{x_0, x_1, \cdots, x_n\}$에 대해

$$V(\alpha, P)=\sum_{i=1}^{n}|\alpha(x_i)-\alpha(x_{i-1})|\leq V_a^b(\alpha)-\sum_{i=1}^{m}|\alpha(y_i)-\alpha(y_{i-1})|$$

이므로, $\alpha\in BV[a, c]$이고 다음을 얻는다.

$$V_a^c(\alpha)\leq V_a^b(\alpha)-\sum_{i=1}^{m}|\alpha(y_i)-\alpha(y_{i-1})|$$

또한, $[c, b]$의 임의의 분할 $Q=\{y_0, y_1, \cdots, y_m\}$에 대해

$$V(\alpha,\ Q)=\sum_{i=1}^{m}|\alpha(y_i)-\alpha(y_{i-1})| \le V_a^b(\alpha)-V_a^c(\alpha)$$

이므로, $\alpha \in BV[c, b]$이고 $V_c^b(\alpha) \le V_a^b(\alpha)-V_a^c(\alpha)$이다. 따라서 다음이 성립한다.

$$V_a^c(\alpha)+V_c^b(\alpha) \le V_a^b(\alpha) \tag{8.5.1}$$

한편, $P=\{x_0, x_1, \cdots, x_n\}$를 $[a, b]$의 분할이라고 하면, $P\cup\{c\}=\{y_0, y_1, \cdots, y_m\}$도 $[a, b]$의 분할이고 $0 \le j \le m$인 어떤 자연수 $j\in\mathbb{N}$에 대해 $y_j=c$이다. 여기서 $\{y_0, y_1, \cdots, y_j\}$는 $[a, c]$의 분할이고, $\{y_j, y_{j+1}, \cdots, y_m\}$은 $[c, b]$의 분할이므로

$$\begin{aligned}\sum_{i=1}^{n}|\alpha(x_i)-\alpha(x_{i-1})| &\le \sum_{i=1}^{j}|\alpha(y_i)-\alpha(y_{i-1})|+\sum_{i=j+1}^{m}|\alpha(y_i)-\alpha(y_{i-1})|\\ &\le V_a^c(\alpha)+V_c^b(\alpha)\end{aligned}$$

이 성립한다. 따라서 P는 $[a, b]$의 임의의 분할이므로

$$V_a^b(\alpha) \le V_a^c(\alpha)+V_c^b(\alpha) \tag{8.5.2}$$

이 성립하고, 식 (8.5.1)과 식 (8.5.2)에 의해 $V_a^b(\alpha)=V_a^c(\alpha)+V_c^b(\alpha)$이다. ■

정리 8.5.6 함수 $f:[a, b]\to\mathbb{R}$는 유계이고 함수 $\alpha:[a, b]\to\mathbb{R}$는 단조증가이면, 다음 명제들은 서로 동치이다.

(1) $f\in\mathscr{R}_\alpha[a, b]$이다.

(2) 임의의 실수 $\varepsilon>0$에 대해 $[a, b]$의 적당한 분할 P가 존재해서 $P\subset Q$이면, 다음 조건을 만족하는 실수 $t\in\mathbb{R}$가 존재한다.

$$|S(f, Q, \alpha)-t|<\varepsilon \tag{8.5.3}$$

(이때, 이러한 실수 t를 $\int_a^b f d\alpha$로 나타낸다).

증명 (1) ⇒ (2) : $f\in\mathscr{R}_\alpha[a, b]$이면, 정리 8.4.3으로부터 임의의 실수 $\varepsilon>0$에 대해 $[a, b]$의 적당한 분할 P가 존재해서 다음을 만족한다.

$$U(f, P, \alpha) - L(f, P, \alpha) < \varepsilon$$

또 $P \subset Q$라고 하면,

$$U(f, Q, \alpha) - L(f, Q, \alpha) \le U(f, P, \alpha) - L(f, P, \alpha) < \varepsilon$$

이고 $L(f, Q, \alpha) \le \int_a^b f d\alpha \le U(f, Q, \alpha)$이므로 다음이 성립한다.

$$\left| S(f, Q, \alpha) - \int_a^b f d\alpha \right| < \varepsilon$$

따라서 $t = \int_a^b f d\alpha$라고 두면, 주어진 식 (8.5.3)이 성립된다.

(2) ⇒ (1) : $\alpha(b) = \alpha(a)$이면, α는 상수함수이므로 예제 8.20에 의해 $f \in \mathscr{R}_\alpha[a, b]$이고 $\int_a^b f d\alpha = 0$이다. $\alpha(b) > \alpha(a)$라 하고 $\varepsilon > 0$을 주어진 실수라 하자. $P = \{x_0, x_1, \cdots, x_n\}$을

$$|S(f, P, \alpha) - t| < \frac{\varepsilon}{4}$$

을 만족하는 $[a, b]$의 분할이라 하고 $M_i = \sup\{f(x) : x \in [x_{i-1}, x_i]\}$라고 두면,

$$M_i - \frac{\varepsilon}{4[\alpha(b) - \alpha(a)]} < f(t_i)$$

를 만족하는 점 $t_i \in [x_{i-1}, x_i]$ $(i = 1, 2, \cdots, n)$가 존재한다. 따라서

$$U(f, P, \alpha) - \frac{\varepsilon}{4} = \sum_{i=1}^{n} \left(M_i - \frac{\varepsilon}{4[\alpha(b) - \alpha(a)]} \right) \Delta\alpha_i \le \sum_{i=1}^{n} f(t_i) \Delta\alpha_i$$

이므로 $T = \{t_1, t_2, \cdots, t_n\}$이라 두면, 다음이 성립한다.

$$U(f, P, \alpha) - \frac{\varepsilon}{4} \le S(f, P \cup T, \alpha)$$

다음, $U(f, P, \alpha)$에 대해 T를 가져오듯이, $L(f, P, \alpha)$에 대해서도 $Q = \{q_1, q_2, \cdots, q_n\}$을 택하면,

$$S(f, P \cup Q, \alpha) \le L(f, P, \alpha) + \frac{\varepsilon}{4}$$

을 만족한다. 따라서

$$U(f, P, \alpha)-L(f, P, \alpha) \leq \left[S(f, P\cup T, \alpha)+\frac{\varepsilon}{4}\right]+\left[-S(f, P\cup Q, \alpha)+\frac{\varepsilon}{4}\right]$$
$$\leq |S(f, P\cup T, \alpha)-t|+|S(f, P\cup Q, \alpha)-t|+\frac{\varepsilon}{2}$$
$$<\frac{\varepsilon}{4}+\frac{\varepsilon}{4}+\frac{\varepsilon}{2}=\varepsilon$$

이고, 정리 8.4.3에 의해 $f\in \mathscr{R}_\alpha[a, b]$이다. ■

정리 8.5.7 (부분적분법) 함수 $f, \alpha : [a, b]\to \mathbb{R}$는 유계라고 하자. $f\in \mathscr{R}_\alpha[a, b]$이면, $\alpha\in\mathscr{R}_f[a, b]$이고 다음이 성립한다.

$$\int_a^b f d\alpha=f(b)\alpha(b)-f(a)\alpha(a)-\int_a^b \alpha df$$

증명 $\varepsilon>0$을 임의의 실수라 하면, 정리 8.5.6에 의해 $[a, b]$의 적당한 분할 P가 존재해서 $Q\supset P$이면 다음이 성립한다.

$$\left|S(f, Q, \alpha)-\int_a^b f d\alpha\right|<\varepsilon \tag{8.5.4}$$

한편, $P=\{x_0, x_1, \cdots, x_n\}$이라 하고 점 $t_i\in[x_{i-1}, x_i]$ $(n=1, \cdots, n)$에 대해

$$S(\alpha, P, f)=\sum_{i=1}^n \alpha(t_i)(f(x_i)-f(x_{i-1}))$$

이라 두면, $S(\alpha, P, f)$는 다음과 같다.

$$\begin{aligned}S(\alpha, P, f)&=\sum_{i=1}^n\alpha(t_i)f(x_i)-\sum_{i=1}^n\alpha(x_i)f(x_i)-\sum_{i=1}^n\alpha(t_i)f(x_{i-1})\\&\quad+\sum_{i=1}^n\alpha(x_{i-1})f(x_{i-1})+\alpha(x_n)f(x_n)-\alpha(x_0)f(x_0)\\&=-\sum_{i=1}^n f(x_i)(\alpha(x_i)-\alpha(t_i))-\sum_{i=1}^n f(x_{i-1})(\alpha(t_i)-\alpha(x_{i-1}))\\&\quad+f(b)\alpha(b)-f(a)\alpha(a).\end{aligned}$$

따라서 $T=\{t_1, t_2, \cdots, t_n\}$이라 두면, $P\cup T=\{x_0, t_1, x_1, t_2, \cdots, t_n, x_n\}$이므로

$$S(\alpha, P, f)=-S(f, P\cup T, \alpha)+f(b)\alpha(b)-f(a)\alpha(a)$$

$$= \left| \int_a^b f d\alpha - S(f, P \cup T, \alpha) \right| < \varepsilon$$

이다. 식 (8.5.4)에 의해

$$\left| \int_a^b f d\alpha - S(f, P \cup T, \alpha) \right| = \left| \int_a^b f d\alpha - f(b)\alpha(b) + f(a)\alpha(a) + S(\alpha, P, f) \right| < \varepsilon$$

이므로, $\alpha \in \mathscr{R}_f[a, b]$이고 $\int_a^b f d\alpha = f(b)\alpha(b) - f(a)\alpha(a) - \int_a^b \alpha df$이다. ■

따름정리 8.5.8 함수 $f, \alpha, \beta : [a, b] \to \mathbb{R}$는 유계이고, $c \in \mathbb{R}$이라고 하자. $f \in \mathscr{R}_\alpha[a, b] \cap \mathscr{R}_\beta[a, b]$이면, 다음이 성립한다.

(1) $f \in \mathscr{R}_{\alpha+\beta}[a, b]$이고 $\int_a^b fd(\alpha+\beta) = \int_a^b f d\alpha + \int_a^b f d\beta$이다.

(2) $f \in \mathscr{R}_{c\alpha}[a, b]$이고 $\int_a^b fd(c\alpha) = \int_a^b cf d\alpha$이다.

증명 (1) $f \in \mathscr{R}_\alpha[a, b] \cap \mathscr{R}_\beta[a, b]$이므로 $f \in \mathscr{R}_\alpha[a, b]$, $f \in \mathscr{R}_\beta[a, b]$이고 정리 8.5.7에 의해서 $\alpha, \beta \in \mathscr{R}_f[a, b]$이다. 따라서 $\alpha+\beta \in \mathscr{R}_f[a, b]$이고 $f \in \mathscr{R}_{\alpha+\beta}[a, b]$이며, 다음이 성립한다.

$$\begin{aligned} &\int_a^b fd(\alpha+\beta) \\ &\quad = f(b)[\alpha(b)+\beta(b)] - f(a)[\alpha(a)+\beta(a)] - \int_a^b (\alpha+\beta)df \\ &\quad = \left[f(b)\alpha(b) - f(a)\alpha(a) - \int_a^b \alpha df \right] + \left[f(b)\beta(b) - f(a)\beta(a) - \int_a^b \beta df \right] \\ &\quad = \int_a^b f d\alpha + \int_a^b f d\beta \end{aligned}$$

(2) 같은 방법으로, $\int_a^b fd(c\alpha) = \int_a^b cf d\alpha$임을 보일 수 있다. ■

정리 8.5.9 함수 f가 $[a, b]$상에서 연속이고 $\alpha \in BV[a, b]$이면, $f \in \mathscr{R}_\alpha[a, b]$이다.

증명 함수 β와 γ를 $\alpha=\beta-\gamma$를 만족하는 $[a, b]$상에서 정의된 단조증가이라 하면 정리 8.4.4에 의해 $f \in \mathscr{R}_\beta[a, b] \cap \mathscr{R}_\gamma[a, b]$이다. 따라서 따름정리 8.5.8에 의해 다음이 성립한다.

$$f \in \mathscr{R}_{\beta-\gamma}[a, b] = \mathscr{R}_\alpha[a, b]$$

■

정리 8.5.10 함수 α가 $[a, b]$상에서 연속이고 $f \in BV[a, b]$이면, $f \in \mathscr{R}_\alpha[a, b]$이다.

증명 정리 8.5.7과 정리 8.5.9에 의해 증명된다. ■

연습문제 8.5

1. 함수 f가 $[a, b]$상에서 리만적분가능이면, $F(x)=\int_a^x f(t)dt$로 정의된 함수 F는 $[a, b]$상에서 유계변동임을 증명하여라.

2. 함수 $\alpha=[0, 1] \to \mathbb{R}$을 다음과 같이 정의하면, α는 $[0, 1]$상에서 연속이지만 유계변동이 아님을 증명하여라.

$$\alpha(x)=\begin{cases} x\cos\dfrac{\pi}{2x}, & x \neq 0 \\ 0, & x=0 \end{cases}$$

3. 함수 $\alpha:[0, 1] \to \mathbb{R}$를 $\alpha(x)=\sqrt{x}$로 정의하면, α는 유계변동인지 아닌지를 판정하여라.

연습문제 풀이

연습문제 8.1

1. (1) $\alpha=\sup\{f(x) : x\in A\}$, $\beta=\sup\{g(x) : x\in A\}$라 두면 모든 점 $x\in A$에 대해 $f(x)+g(x)\le\alpha+\beta$이므로 $\sup\{f(x)+g(x) : x\in A\}\le\alpha+\beta$이다.

   (2) (1)과 유사한 방법으로 증명할 수 있다.

2. $f(x)=x$이고 $g(x)=-x$일 때 $A=[0, 1]$이라 두면 $f(x)+g(x)=0$이므로 $\sup\{f(x)+g(x) : x\in A\}=0=\inf\{f(x)+g(x) : x\in A\}$이다.
   여기서 $\sup\{f(x) : x\in A\}=1$이고 $\sup\{g(x) : x\in A\}=0$이므로
   $\sup\{f(x) : x\in A\}+\sup\{g(x) : x\in A\}=1$이다.
   또한, $\inf\{f(x) : x\in A\}+\inf\{g(x) : x\in A\}=-1$이므로 문제 1의 (1)과 (2)에서 부등식이 성립한다. 또한 A가 유계이고 f와 g가 둘 다 증가함수이거나 둘 다 감소함수인 경우 문제 1의 (1)과 (2)에서 등식이 성립한다.

3. f가 $[a, b]$상에서 단조증가하면 리만적분가능함을 정리 8.1.5를 이용해 보이고자 한다. $\varepsilon>0$을 임의의 실수라 할 때, $\dfrac{(b-a)(f(b)-f(a))}{\varepsilon}<n$을 만족하는 적당한 자연수 $n\in\mathbb{N}$을 택하고 P를 $[a, b]$를 n등분한 분할이라 하자. 여기서

$$0\le U(f, P)-L(f, P)=\sum_{k=1}^{n}(M_k-m_k)\Delta x_k=\sum_{k=1}^{n}(f(x_k)-f(x_{k-1}))\Delta x_k$$
$$=\frac{b-a}{n}\sum_{k=1}^{n}(f(x_k)-f(x_{k-1}))=\frac{b-a}{n}(f(b)-f(a))<\varepsilon$$

   이므로, 정리 8.1.5에 의해 함수 f는 리만적분가능하다.
   단조감소인 경우도, 유사한 방법으로 증명할 수 있다.

4. 함수 $f : [0, 1]\to\mathbb{R}$를 $f(x)=\begin{cases}1, & x\in\mathbb{Q}\\ -1, & x\in\mathbb{Q}^c\end{cases}$로 정의하면, $|f|\in\mathscr{R}[0, 1]$이지만 $f\notin\mathscr{R}[0, 1]$이다.

연습문제 8.2

1. $f \in C^1[a, b]$이므로, 적분에 관한 평균값정리를 적용하면 $\int_a^b f'(x)dx = f'(x_0)(b-a)$를 만족하는 점 $x_0 \in (a, b)$가 존재한다. 또한 미적분학의 기본정리 Ⅱ에 의해 $\int_a^b f'(x)dx = f(b) - f(a)$이므로 $f(b) - f(a) = f'(x_0)(b-a)$이 성립한다.

2. 유한개의 점을 $c_1, c_2, \cdots, c_n$이라 하면, $\int_a^b f dx = \int_a^{c_1} f dx + \int_{c_1}^{c_2} f dx + \cdots + \int_{c_n}^b f dx$이고 F는 각 구간 $[a, c_1], [c_1, c_2], \cdots, [c_n, b]$에서 연속이므로, 정리 8.2.3의 미적분학의 기본정리 Ⅱ에 의해 다음이 성립한다.

$$\int_a^b f dx = F(c_1) - F(a) + F(c_2) - F(c_1) + \cdots + F(b) - F(c_n) = F(b) - F(a)$$

3. $F(x) = \int_x^b f dt = \int_x^a f dt + \int_a^b f dt$이므로 $F'(x) = \frac{d}{dx}\left(-\int_a^x f dt\right) = -f(x)$이다.

4. 부호함수가 리만적분가능인 것은 쉽게 보일 수 있으며, 이때 $\int_{-1}^1 sgn(x)dx = 2$이다. 만약 부호함수가 원시함수를 가진다면, 부호함수는 그 원시함수의 도함수가 되므로 Darboux정리가 성립해야 한다. 그러나 연습문제 7.2의 문제 9에서 언급했듯이 $sgn(0) = 0$, $sgn(1) = 1$이고 $0 < \frac{1}{2} < 1$이지만, $sgn(x) = \frac{1}{2}$을 만족하는 x는 $[-1, 1]$ 상에서 존재하지 않으므로 Darboux정리가 성립되지 않는다. 그러므로 부호함수는 원시함수를 가지지 않음을 알 수 있다.
다음, $f(x) = |x|$로 정의하면, f는 $([-1, 1] - \{0\})$상에서 미분가능하며 $f'(x) = sgn(x)$이다. 따라서 $f(1) - f(-1) = 1 - (-1) = 2$이므로 $\int_{-1}^1 sgn(x)dx = f(1) - f(-1)$이다.

5. (1) 함수 $f(x) = \frac{1}{x}$이라 두면, f는 $(0, \infty)$상에서 연속이므로 정리 8.2.2에 의해 함수 L은 $(0, \infty)$상에서 미분가능이고 $L'(x) = \frac{1}{x}$이다. 따라서 $L'(x) > 0$이므로 L은 순증가함수이고 $L(1) = \int_1^1 \frac{1}{t} dt = 0$이다.

(2) $$\begin{aligned} L(2^n) &= \int_1^2 \frac{1}{t} dt + \int_2^3 \frac{1}{t} dt + \cdots + \int_{2^n - 1}^{2^n} \frac{1}{t} dt \\ &> \int_1^2 \frac{1}{2} dt + \int_2^3 \frac{1}{3} dt + \cdots + \int_{2^n - 1}^{2^n} \frac{1}{2^n} dt \ge \frac{1}{2} + \frac{1}{3} + \cdots + \frac{1}{2^n} > \frac{n}{2} \end{aligned}$$

이므로 $x > 2^n$이면 $L(x) > L(2^n) > \frac{n}{2}$이다. 그러므로 $\lim_{x \to \infty} L(x) = +\infty$이다. 또한 $x \to 0^+$이면 $\frac{1}{x} \to +\infty$이므로 $\frac{1}{t} = s$로 치환하면 정리 8.2.6으로부터 다음이 성립한다.

$$\int_1^x \frac{1}{t} dt = \int_1^{1/x} s\left(-\frac{1}{s^2}\right) ds = -\int_1^{1/x} \frac{1}{s} ds$$

따라서 $\lim_{x \to 0^+} L(x) = \lim_{\frac{1}{x} \to \infty} \left(-\int_1^{1/x} \frac{1}{s} ds\right)$이므로, 다음이 성립한다.

$$\lim_{x \to 0^+} L(x) = -\lim_{x \to \infty} L(x) = -\infty$$

(3) $x > 0$, $q \in \mathbb{Q}$일 때, $t = s^q$로 치환하면 $dt = qs^{q-1} ds$이므로 다음이 성립한다.

$$L(x^q) = \int_1^{x^q} \frac{1}{t} dt = \int_1^x \frac{1}{s^q} qs^{q-1} ds = q\int_1^x \frac{1}{s} ds = qL(x)$$

(4) $\frac{t}{y} = s$로 치환하면, $t = sy$이므로 치환적분법과 (3)으로부터 다음을 얻는다.

$$\int_1^{xy} \frac{1}{t} dt = \int_{1/y}^x \frac{1}{sy} y ds = \int_{1/y}^1 \frac{1}{s} ds + \int_1^x \frac{1}{s} ds = -\int_1^{1/y} \frac{1}{s} ds + \int_1^x \frac{1}{s} ds$$
$$= -L\left(\frac{1}{y}\right) + L(x) = L(x) + L(y)$$

6. (1) 정리 8.2.6에 의해 $F(x) = \int_{g(c)}^{g(x)} f(t) dt = \int_c^x f(g(t)) g'(t) dt$이므로 미적분학의 기본 정리 I에 의해 $F'(x) = f(g(x)) g'(x)$이다.

(2) (i) $\sin x^2$

(ii) $F(x) = -\int_1^{x^2} \sqrt{1+t^2}\, dt + \int_1^x \sqrt{1+t^2}\, dt = -\int_1^x \sqrt{1+t^4} \cdot 2t\, dt + \int_1^x \sqrt{1+t^2}\, dt$
이므로 $F'(x) = -2x\sqrt{1+x^4} + \sqrt{1+x^2}$이다.

7. 모든 점 $t \in [c, d]$에 대해 $g'(t) \neq 0$이므로 Darboux정리에 의해 g는 순증가이거나 순감소함수이다. 그러므로 g는 역함수 g^{-1}를 가지며 이때 g^{-1}는 $[g(c), g(d)]$상에서 미분가능하다. F를 연속함수 $f \circ g$의 원시함수라 두면, $F \circ g^{-1}$는 $[g(c), g(d)]$상에서 미분가능하고 다음이 성립한다.

$$(F \circ g^{-1})'(x) = F'(g^{-1}(x))(g^{-1})'(x)$$
$$= (f \circ g)(g^{-1}(x))(g^{-1})'(x) = f(x)(g^{-1})'(x)$$

따라서 $(F \circ g^{-1})' = f \circ (g^{-1})'$이고 $F' = f \circ g$이므로 미적분학의 기본정리 Ⅱ에 의해, 다음이 성립한다.

$$\begin{aligned}\int_{g(c)}^{g(d)} f(x)(g^{-1})'(x)dx &= \int_{g(c)}^{g(d)} (F \circ g^{-1})'(x)dx \\ &= (F \circ g^{-1})(g(d)) - (F \circ g^{-1})(g(c)) \\ &= F(d) - F(c) = \int_c^d f(g(t))dt\end{aligned}$$

8. $f(x) = \dfrac{1}{1+x}$이라 두고 $g(t) = \sqrt{t}\ (t \in [1, 9])$라 두면, $g'(t) = \dfrac{1}{2\sqrt{t}} > 0$이므로 문제 7을 적용할 수 있다. 따라서 $g^{-1}(x) = x^2$이므로 다음이 성립한다.

$$\begin{aligned}\int_1^9 \frac{1}{1+\sqrt{x}} dx = \int_1^9 \frac{1}{1+\sqrt{t}} dt &= \int_1^9 f(g(t))dt \\ &= \int_{g(1)}^{g(9)} f(x)(g^{-1})'(x)dx = \int_1^3 \frac{1}{1+x} \cdot 2xdx \\ &= 2\int_1^3 \left(1 - \frac{1}{1+x}\right)dx = 2[x - \ln(1+x)]_1^3 = 2(2 - \ln 2)\end{aligned}$$

9. $$\begin{aligned}\frac{d}{dx}\int_{g(x)}^{h(x)} f(t)dt &= \frac{d}{dx}\left[\int_0^{h(x)} f(t)dt - \int_0^{g(x)} f(t)dt\right] \\ &= \frac{d(h(x))}{dx}\frac{d}{d(h(x))}\int_0^{h(x)} f(t)dt - \frac{dg(x)}{dx}\frac{d}{d(g(x))}\int_0^{g(x)} f(t)dt \\ &= h'(x)f(h(x)) - g'(x)f(g(x))\end{aligned}$$

10. (1) $F'(x) = \dfrac{d}{dx}\displaystyle\int_{\sin x}^{\cos x} x^3 dx = -\cos^3 x \sin x - \sin^3 x \cos x = -\sin x \cos x$

(2) $F'(x) = 3x^2\sqrt{1+x^6} - 2x\sqrt{1+x^4}$

11. $2f(x)f'(x) = 2f(x)$이고 $f(x) \neq 0$이므로, $f'(x) = 1$이다. $f(x) = x + c$라 두면, $(x+c)^2 = 2\displaystyle\int_0^x (t+c)dt$이므로 $c = 0$이다. 그러므로 $f(x) = x$이다.

12. (1) $g(x) = x^2$이라 두면, $g'(x) = 2x$이므로 치환적분법에 의해 다음이 성립한다.

$$\int_0^1 x\sqrt{1+x^2}\, dx = \frac{1}{2}\int_0^1 \sqrt{1+g(x)}\, g'(x)dx = \frac{1}{2}\int_0^1 \sqrt{1+t}\, dt$$

$$=\left[\frac{1}{2}\frac{2}{3}(1+t)\sqrt{1+t}\right]_0^1=\frac{1}{3}(2\sqrt{2}-1)$$

(2) $t=g(x)=\sqrt{2x+3}$이라 두면, $x=\frac{1}{2}(t^2-3)$이고 $dx=tdt$이므로, 다음이 성립한다.

$$\int_0^1 x\sqrt{2x+3}\,dx=\int_{\sqrt{3}}^{\sqrt{5}}\frac{1}{2}(t^2-3)t^2dt=\frac{1}{2}\left[\frac{t^5}{5}-t^3\right]_{\sqrt{3}}^{\sqrt{5}}=\frac{3\sqrt{3}}{5}$$

연습문제 8.3

1. $\lim_{b\to\infty}\int_a^b\frac{1}{x}dx=\lim_{b\to\infty}[\ln x]_a^b=\lim_{b\to\infty}(\ln b-\ln a)=+\infty$ 이므로, 특이적분은 발산한다.

2. $\int_1^b\frac{1}{x^p}dx=\frac{1}{1-p}(b^{1-p}-1)$이므로, $p>1$이면 f는 $[1,\infty)$상에서 특이적분가능하고 $\int_1^\infty\frac{1}{x^p}dx=\frac{1}{p-1}$이다. $p=1$이면, 예제 8.15에 의해 f의 특이적분은 발산한다. 한편, $p<1$이면, $\lim_{b\to\infty}\int_1^b\frac{1}{x^p}dx=\lim_{b\to\infty}\frac{1}{1-p}(b^{1-p}-1)=+\infty$이므로 $[1,\infty)$상에서 f의 특이적분은 발산한다.

3. (1) $\int_{-\infty}^{\infty}\frac{1}{1+x^2}dx=\int_{-\infty}^0\frac{1}{1+x^2}dx+\int_0^\infty\frac{1}{1+x^2}dx$

$$=\lim_{c\to-\infty}[\mathrm{Tan}^{-1}x]_c^0+\lim_{d\to\infty}[\mathrm{Tan}^{-1}x]_0^d=-\lim_{c\to-\infty}(\mathrm{Tan}^{-1}c)+\lim_{d\to\infty}(\mathrm{Tan}^{-1}d)=\pi$$

(2) $\int_0^\infty e^{-x}dx=\lim_{b\to\infty}\int_0^b e^{-x}dx=\lim_{b\to\infty}(-e^{-b}+1)=1$

(3) $\int_{-1}^1\frac{1}{\sqrt{1-x^2}}dx=\lim_{\substack{a\to-1+\\b\to1-}}\int_a^b\frac{1}{\sqrt{1-x^2}}dx=\lim_{\substack{a\to-1+\\b\to1-}}[\mathrm{Sin}^{-1}x]_a^b=\frac{\pi}{2}-\left(-\frac{\pi}{2}\right)=\pi$

(4) $\int_0^\infty\frac{1}{x^2}dx=\lim_{\substack{a\to0+\\b\to\infty}}\int_a^b\frac{1}{x^2}dx=\lim_{\substack{a\to0+\\b\to\infty}}\left(-\frac{1}{b}+\frac{1}{a}\right)=+\infty$이므로, 특이적분은 발산한다.

4. $\lim_{x\to\infty}\frac{f(x)}{g(x)}=\alpha$라 두면, 가정으로부터 $\alpha>0$이므로 적당한 실수 $K>0$가 존재하여 $x\geq K$인 모든 점 x에 대해 $\left|\frac{f(x)}{g(x)}-\alpha\right|<\frac{\alpha}{2}$가 성립한다. $x\geq K$이면, $\frac{\alpha}{2}<\frac{f(x)}{g(x)}$이

므로 $0 \le \frac{\alpha}{2}g(x) < f(x) \le g(x)$가 성립하고 정리 8.3.8에 의하여 $\int_K^\infty g\,dx$가 수렴하면 $\int_K^\infty f\,dx$도 수렴하고, $\int_K^\infty f\,dx$가 수렴하면 $\int_K^\infty \frac{\alpha}{2}g\,dx$도 수렴하므로 $\int_K^\infty g\,dx$도 수렴한다. 그런데 가정으로부터 f와 g는 $[a, K]$상에서 리만적분가능하므로, $\int_a^\infty f\,dx$와 $\int_a^\infty g\,dx$의 특이적분가능성은 동치이다.

5. (1) $g(x) = \frac{1}{x^2}$이라 두면, $0 \le f(x) \le g(x)$이고 $\lim_{x\to\infty}\frac{f(x)}{g(x)} = \frac{1}{2} \ne 0$이다. 문제 2에 의해 g는 $[1, \infty)$상에서 특이적분가능하므로, 문제 4의 극한 비교판정법에 의해 f도 특이적분가능하다.

(2) $g(x) = \frac{1}{x^{3/2}}$이라 두면, (1)과 같은 방법에 의해 f도 특이적분가능하다.

6. $[a, \infty)$상에서 f의 특이적분의 정의에 의해 $\lim_{y\to\infty}\int_a^y f\,dx = \int_a^\infty f\,dx$이다. 따라서 임의의 실수 $\varepsilon > 0$에 대해 적당한 실수 $M > 0$이 존재하여 다음이 성립한다.

$$d \ge M,\quad y \in (a, \infty)\text{이면,}\quad \left|\int_a^y f\,dx - \int_a^\infty f\,dx\right| < \frac{\varepsilon}{2}$$

그러므로 $d \ge c \ge M$이면, $\left|\int_c^d f\,dx\right| < \left|\int_a^d f\,dx - \int_a^\infty f\,dx\right| + \left|\int_a^\infty f\,dx - \int_a^c f\,dx\right| < \varepsilon$이 성립한다.

역으로, 수열 $I : \mathbb{N} \to \mathbb{R}$을 $I(n) = \int_a^{a+n} f\,dx$로 정의하면, $\{I(n)\}$는 코시 수열이고, 또한 수렴하므로 그 극한을 $\lim_{n\to\infty} I(n) = L$이라고 하자. 그러면 임의의 실수 $\varepsilon > 0$에 대해 $N \ge M - a$인 적당한 자연수 N이 존재해 $n \ge N$인 모든 자연수 $n \in \mathbb{N}$에 대해 $|I(n) - L| < \varepsilon$을 만족한다. 따라서 $y \ge a + N(\ge M)$이면, 다음이 성립한다.

$$\left|\int_a^y f\,dx - L\right| \le \left|\int_a^{a+N} f\,dx - L\right| + \left|\int_{a+N}^y f\,dx\right| < 2\varepsilon$$

그러므로 정의 8.3.3으로부터, $\lim_{y\to\infty}\int_a^y f\,dx = L$이고 $[a, \infty)$상에서 f의 특이적분이 존재한다.

7. 함수 $f : [-1, 0) \cup (0, 1] \to \mathbb{R}$를 $f(x) = \frac{1}{x}$로 정의하면, $\lim_{\delta\to 0}\left(\int_{-1}^{-\delta} f\,dx + \int_\delta^1 f\,dx\right) = 0$

이나 $\lim_{\delta\to 0}\int_{-1}^{-\delta} f\,dx$와 $\lim_{\delta\to 0}\int_{\delta}^{1} f\,dx$는 발산한다. 그러므로 $\lim_{\delta\to 0}\left(\int_{-1}^{-\delta} f\,dx+\int_{\delta}^{1} f\,dx\right)\neq$ $\lim_{\delta\to 0}\int_{-1}^{-\delta} f\,dx+\lim_{\delta\to 0}\int_{\delta}^{1} f\,dx$이다.

연습문제 8.4

1. P를 $[0, 1]$의 n등분 분할이라 하면, $P=\left\{0, \frac{1}{n}, \cdots, \frac{n}{n}\right\}$이다. $f(x)=x^2=\alpha(x)$라 두면,

$$M_i=\sup\{f(x) : x_{i-1}\le x\le x_i\}=\frac{i^2}{n^2},$$
$$m_i=\inf\{f(x) : x_{i-1}\le x\le x_i\}=\frac{(i-1)^2}{n^2}$$

이고 $\Delta\alpha_i=\alpha(x_i)-\alpha(x_{i-1})=\frac{i^2}{n^2}-\frac{(i-1)^2}{n^2}=\frac{2i-1}{n^2}$이다. 한편,

$$\begin{aligned}U(f, P, \alpha)&=\sum_{i=1}^{n} M_i\Delta\alpha_i=\sum_{i=1}^{n}\frac{i^2}{n^2}\cdot\frac{(2i-1)}{n^2}\\&=\frac{1}{n^4}\left(\sum_{i=1}^{n}2i^3-\sum_{i=1}^{n}i^2\right)=\frac{3n^3+4n^2-1}{6n^3}\end{aligned}$$
$$L(f, P, \alpha)=\sum_{i=1}^{n} m_i\Delta\alpha_i=\frac{3n^3-4n^2+1}{6n^3}$$

이고 $U(f, P, \alpha)-L(f, P, \alpha)=\frac{8n^2-2}{6n^3}$이므로, 정리 8.4.3에 의해 $f\in\mathscr{R}_\alpha[0, 1]$이다. 따라서 다음이 성립하므로,

$$\overline{\int_0^1} f\,d\alpha=\inf U(f, P, \alpha)\le\lim_{n\to\infty}\frac{3n^3+4n^2-1}{6n^3}=\frac{1}{2},$$
$$\underline{\int_0^1} f\,d\alpha=\sup L(f, P, \alpha)\ge\lim_{n\to\infty}\frac{3n^3-4n^2+1}{6n^3}=\frac{1}{2}$$

$\frac{1}{2}\le\underline{\int_0^1} f\,d\alpha\le\overline{\int_0^1} f\,d\alpha\le\frac{1}{2}$이다. 즉,

$$\overline{\int_0^1} f d\alpha = \underline{\int_0^1} f d\alpha = \frac{1}{2}, \quad \int_0^1 f d\alpha = \int_0^1 x^2 dx^2 = \frac{1}{2}$$

2. 정리 8.4.7에 의해 $\int_0^1 (x^2+2)d\alpha = \int_0^1 (x^2+2)3x^2 dx = \frac{13}{5}$ 이다.

3. 정리 8.1.8와 유사하게 증명할 수 있다.

4. (1) 임의의 실수 $\varepsilon > 0$이 주어지면, 정리 8.4.3에 의해

$$U(f, P_1, \alpha) - L(f, P_1, \alpha) < \frac{\varepsilon}{2}, \quad U(f, P_2, \beta) - L(f, P_2, \beta) < \frac{\varepsilon}{2}$$

을 만족하는 $[a, b]$의 분할 P_1, P_2가 존재한다. $P = P_1 \cup P_2$라 두면, 다음이 성립한다.

$$U(f, P, \alpha) - L(f, P, \alpha) < \frac{\varepsilon}{2}, \quad U(f, P, \beta) - L(f, P, \beta) < \frac{\varepsilon}{2}$$

여기서 $U(f, P, \alpha+\beta) = U(f, P, \alpha) + U(f, P, \beta)$이고 $L(f, P, \alpha+\beta) = L(f, P, \alpha) + L(f, P, \beta)$이므로, 다음이 성립한다.

$$\begin{aligned} &U(f, P, \alpha+\beta) - L(f, P, \alpha+\beta) \\ &= [U(f, P, \alpha) - L(f, P, \alpha)] + [U(f, P, \beta) - L(f, P, \beta)] < \frac{\varepsilon}{2} + \frac{\varepsilon}{2} = \varepsilon \end{aligned}$$

그러므로 정리 8.4.3으로부터 $f \in \mathscr{R}_{\alpha+\beta}[a, b]$이다. 한편, 다음이 성립한다.

$$\begin{aligned} \int_a^b f d(\alpha+\beta) &= \infty \{U(f, P, \alpha+\beta) : P \in \mathscr{P}[a, b]\} \\ &= \inf \{U(f, P, \alpha) : P \in \mathscr{P}[a, b]\} + \inf \{U(f, P, \beta) : P \in \mathscr{P}[a, b]\} \\ &= \int_a^b f d\alpha + \int_a^b f d\beta \end{aligned}$$

(2) 임의의 실수 $\varepsilon > 0$에 대해 $f \in \mathscr{R}_\alpha[a, b]$이므로 $U(f, P, \alpha) - L(f, P, \alpha) < \frac{\varepsilon}{c}$을 만족하는 $[a, b]$의 분할 P가 존재한다. 여기서 $U(f, P, c\alpha) = cU(f, P, \alpha)$이고 $L(f, P, c\alpha) = cL(f, P, \alpha)$이므로 $U(f, P, c\alpha) - L(f, P, c\alpha) < \varepsilon$이 성립한다. 그러므로 $f \in \mathscr{R}_{c\alpha}[a, b]$이고 다음을 얻을 수 있다.

$$\int_a^b f d(c\alpha) = \inf \{U(f, P, c\alpha) : P \in \mathscr{P}[a, b]\}$$

$$=c\inf\{U(f,\ P,\ \alpha):P\in\mathscr{P}[a,\ b]\}=c\int_a^b f\,dx$$

5. (1) $P=\{x_0,\ x_1,\ \cdots,\ x_n\}$가 $[a,\ b]$의 임의의 분할일 때, $m_i=\inf\{f(x):x_{i-1}\le x\le x_i\}$, $M_i=\sup\{f(x):x_{i-1}\le x\le x_i\}$라 두면, $m\le m_i\le M_i\le M$이다. 따라서 $\sum_{i=1}^{n} m\Delta\alpha_i\le\sum_{i=1}^{n}m_i\Delta\alpha_i\le\sum_{i=1}^{n}M_i\Delta\alpha_i\le\sum_{i=1}^{n}M\Delta\alpha_i$로부터

$$m[\alpha(b)-\alpha(a)]\le L(f,\ P,\ \alpha)\le U(f,\ P,\ \alpha)\le M[\alpha(b)-\alpha(a)]$$

가 성립한다.

(2) (1)로부터 $m\le\dfrac{1}{\alpha(b)-\alpha(a)}\displaystyle\int_a^b f\,d\alpha\le M$이므로 $\mu=\dfrac{1}{\alpha(b)-\alpha(a)}\displaystyle\int_a^b f\,d\alpha$로 두면, $\displaystyle\int_a^b f\,d\alpha=\mu[\alpha(b)-\alpha(a)]$가 성립한다.

6. 임의의 실수 $\varepsilon>0$에 대해 $U(f,P,\alpha)-L(f,P,\alpha)<\varepsilon$을 만족하고, 점 $c\in[a,\ b]$를 분할점으로 품는 분할 $P=\{a=x_0,\ x_1,\ \cdots,\ x_r=c,\ \cdots,\ x_n=b\}$가 존재한다. 이 때 $P_1=\{x_0,\ x_1,\ \cdots,\ x_r=c\}$, $P_2=\{c=x_r,\ x_{r+1},\ \cdots,\ x_n=b\}$라 두면, $U(f,\ P,\ \alpha)=U(f,\ P_1,\ \alpha)+U(f,\ P_2,\ \alpha)$이고 $L(f,\ P,\ \alpha)=L(f,\ P_1,\ \alpha)+L(f,\ P_2,\ \alpha)$이다. $j=1,\ 2$에 대해

$$U(f,\ P_j,\ \alpha)-L(f,\ P_j,\ \alpha)\le U(f,\ P,\ \alpha)-L(f,\ P,\ \alpha)<\varepsilon$$

이므로, $f\in\mathscr{R}_\alpha[a,\ c]$이고 $f\in\mathscr{R}_\alpha[c,\ b]$이다. 한편, f는 $[a,\ c]$와 $[c,\ b]$, 그리고 $[a,\ b]$상에서 리만-스틸체스 적분가능하므로, 임의의 실수 $\varepsilon>0$이 주어지면 적당한 $[a,\ b]$의 분할 $P=\{x_0,\ x_1,\ \cdots,\ x_r=c,\cdots,\ x_n\}$가 존재하여 다음을 만족한다.

$$\left|S(f,\ P_1,\ \alpha)-\int_a^c f\,d\alpha\right|<\frac{\varepsilon}{3},\quad \left|S(f,\ P_2,\ \alpha)-\int_c^b f\,d\alpha\right|<\frac{\varepsilon}{3},$$
$$\left|S(f,\ P,\ \alpha)-\int_a^b f\,d\alpha\right|<\frac{\varepsilon}{3}$$

이 부등식으로부터 $i=1,\ 2,\ \cdots,\ n$이고 $x_{i-1}\le t_i\le x_i$인 점 t_i에 대해 다음이 성립한다.

$$\begin{aligned}&\left|\int_a^b f\,dx-\int_a^c f\,d\alpha-\int_c^b f\,d\alpha\right|\\&=\left|\left(\sum_{i=1}^{r}f(t_i)\Delta\alpha_i-\int_a^c f\,d\alpha\right)+\left(\sum_{i=r}^{n}f(t_i)\Delta\alpha_i-\int_c^b f\,d\alpha\right)-\left(\sum_{i=1}^{n}f(t_i)\Delta\alpha_i-\int_a^b f\,d\alpha\right)\right|\\&\le\left|S(f,\ P_1,\ \alpha)-\int_a^c f\,d\alpha\right|+\left|S(f,\ P_2,\ \alpha)-\int_c^b f\,d\alpha\right|+\left|S(f,\ P,\ \alpha)-\int_a^b f\,d\alpha\right|\end{aligned}$$

$$< \frac{\varepsilon}{3}+\frac{\varepsilon}{3}+\frac{\varepsilon}{3}=\varepsilon$$

따라서 $\varepsilon > 0$은 임의의 실수이므로, $\int_a^b f d\alpha = \int_a^c f d\alpha + \int_c^b f d\alpha$이다.

7. 문제 6과 정리 8.4.7에 의해 다음이 성립한다.

$$\int_0^3 f d\alpha = \int_0^1 f d\alpha + \int_1^2 f d\alpha + \int_2^3 f d\alpha = \int_0^1 f\alpha' dx + \int_1^2 f\alpha' dx + \int_2^3 f\alpha' dx$$
$$= \int_0^1 e^x 2x dx + \int_1^2 2e^x dx + \int_2^3 e^x dx = e^3 + e^2 - 2e + 2$$

8. $\int_{-1}^2 x^3 d(|x|^5) = \int_{-1}^0 x^3 d(-x^5) + \int_0^2 x^3 d(x^5) = -5\int_{-1}^0 x^7 dx + 5\int_0^2 x^7 dx = \frac{5}{8} + 160$

연습문제 8.5

1. $P = \{x_0, x_1, \cdots, x_n\}$를 $[a, b]$의 임의의 분할이라 하면,

$$\sum_{i=1}^n |F(x_i) - F(x_{i-1})| = \sum_{i=1}^n \left| \int_{x_{i-1}}^{x_i} f(t) dt \right| \le \sum_{i=1}^n \int_{x_{i-1}}^{x_i} |f(t)| dt = \int_a^b |f| dt$$

이므로 $V_a^b(F) \le \int_a^b |f| dt < \infty$이다.

2. 각 자연수 $n \in \mathbb{N}$에 대해 $P_n = \left\{0, \frac{1}{2n}, \frac{1}{2n-1}, \cdots, \frac{1}{3}, \frac{1}{2}, 1\right\}$을 $[0, 1]$의 분할이라 하면 다음이 성립한다.

$$V(\alpha, P_n) = \sum_{i=1}^{2n} |\alpha(x_i) - \alpha(x_{i-1})|$$
$$= \left|\frac{1}{2n} - 0\right| + \left|0 - \frac{1}{2n}\right| + \left|\frac{1}{2n-2} - 0\right| + \left|0 - \frac{1}{2n-2}\right| + \cdots + \left|\frac{1}{2} - 0\right| + \left|0 - \frac{1}{2}\right|$$
$$= 2\sum_{i=1}^n |\alpha(x_{2(i-1)})| = \sum_{i=1}^n \frac{1}{i}$$

따라서 $V_0^1(\alpha) = \infty$이고 $\alpha \notin BV[0, 1]$이다. 그러나 α는 $[0, 1]$상에서 연속함수이다.

3. α는 $[0, 1]$상에서 증가함수이므로, 정리 8.5.1에 의해 $\alpha \in BV[0, 1]$이다.

제 9 장
함수열과 함수항급수

제9장에서는 함수열과 함수항급수의 점별수렴과 평등수렴을 정의하고 그들의 관계성을 다룬다. 그리고 함수열과 함수항급수의 각 함수들이 특정한 성질(연속성, 미분가능성, 적분가능성)을 가질 때, 극한함수도 그 성질(연속성, 미분가능성, 적분가능성)을 보존하는지를 조사한다.

9.1 점별수렴과 평등수렴

이 절에서는 함수열을 정의하고, 함수열의 수렴에 대해 두 가지 개념인 점별수렴과 평등수렴의 성질을 논하기로 한다.

〈정의 9.1.1〉

$D \subseteq \mathbb{R}$이고 각 자연수 $n \in \mathbb{N}$에 대해 함수 $f_n : D \to \mathbb{R}$가 정의되어 있을 때, 함수들의 나열인 $f_1, f_2, \cdots, f_n, \cdots$을 D상에서 정의된 함수열(sequence of functions defined on D)이라고 하고, $\{f_n\}$으로 나타낸다.

〈정의 9.1.2〉

$\{f_n\}$이 $D\subseteq\mathbb{R}$상에서 정의된 함수열일 때, 각 점 $x\in D$에 대응되는 함수값수열 $\{f_n(x)\}$가 수렴하면, 함수열 $\{f_n\}$은 D상에서 **점별수렴**(pointwise convergence) 또는 간단히 **수렴**한다고 한다. 이때 새로운 함수 $f:D\to\mathbb{R}$을

$$f(x)=\lim_{n\to\infty}f_n(x)$$

로 정의하면, 이 함수 f를 $\{f_n\}$의 **점별극한함수**(pointwise limit function), 또는 간단히 극한함수라 하고, 다음과 같이 나타낸다.

$$f=\lim_{n\to\infty}f_n \quad \text{또는} \quad f_n\to f$$

[주] (1) 함수열 $\{f_n\}$의 점별수렴성은 각 점 $x\in D$에 대응하는 실수열 $\{f_n(x)\}$의 수렴성과 같은 의미이다.

(2) 함수열 $\{f_n\}$이 점별수렴하면 정의 9.1.2에서 정의한 점별극한함수 f도 유일하다.

예제 9.1 각 자연수 $n\in\mathbb{N}$에 대해 함수 $f_n:[0,1]\to\mathbb{R}$를 $f_n(x)=x^n$으로 정의하면, 함수열 $\{f_n\}$은 $[0,1]$상에서 점별수렴함을 보여라.

풀이 $0\le x<1$일 때 $\lim_{n\to\infty}f_n(x)=\lim_{n\to\infty}x^n=0$이며, $x=1$일 때 $\lim_{n\to\infty}f_n(x)=\lim_{n\to\infty}1=1$이므로 함수열 $\{f_n\}$은 $[0,1]$상에서 점별수렴하고, 그 극한함수 $f:[0,1]\to\mathbb{R}$는 다음과 같이 정의된다(그림 9.1.1 참고).

$$f(x)=\begin{cases}0, & 0\le x<1\\ 1, & x=1\end{cases}$$

■

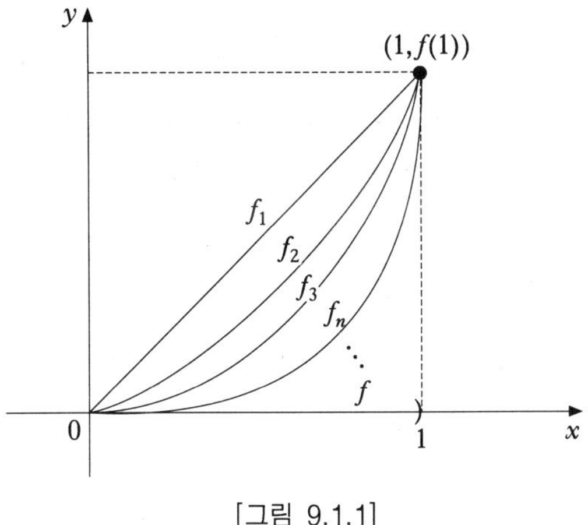

[그림 9.1.1]

예제 9.2 각 자연수 $n \in \mathbb{N}$에 대해 함수 $f_n : \mathbb{R} \to \mathbb{R}$를 $f_n(x) = \dfrac{x}{n}$로 정의하면, 함수열 $\{f_n\}$은 $\mathbb{R}$상에서 함수 $f \equiv 0$에 점별수렴함을 보여라.

풀이 각 점 $x \in \mathbb{R}$에 대해

$$\lim_{n \to \infty} f_n(x) = \lim_{n \to \infty} \left(\frac{x}{n} \right) = x \cdot \lim_{n \to \infty} \frac{1}{n} = x \cdot 0 = 0$$

이므로 함수열 $\{f_n\}$은 $\mathbb{R}$상에서 함수 $f \equiv 0$(즉, 모든 점 $x \in \mathbb{R}$에 대해 $f(x) = 0$)에 점별수렴한다(그림 9.1.2 참고). ■

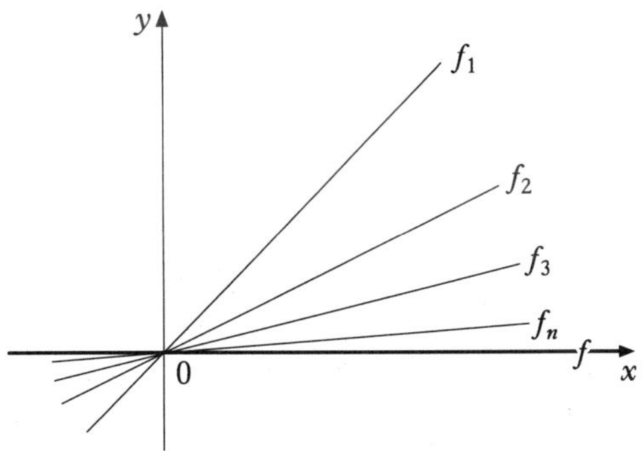

[그림 9.1.2]

정리 9.1.1 $D(\subset \mathbb{R})$상에서 정의된 함수열 $\{f_n\}$이 함수 f에 점별수렴할 필요충분조건은 고정된 각 점 $x \in D$와 임의의 실수 $\varepsilon > 0$에 대해 적당한 자연수 $N(x, \varepsilon)$가 존재하여 $n \geq N(x, \varepsilon)$인 모든 자연수 $n \in \mathbb{N}$에 대해 다음이 성립한다.

$$|f_n(x) - f(x)| < \varepsilon$$

증명 함수열 $\{f_n\}$의 점별수렴성은 고정된 각 점 $x \in D$에 대응하는 수열 $\{f_n(x)\}$의 수렴성으로 정의되기 때문에 쉽게 증명된다. ■

예제 9.3 예제 9.1의 함수열 $\{f_n\}$이 $(-1, 1]$상에서는 점별수렴함을 정리 9.1.1을 이용해 보여라.

풀이 (i) $x=0$와 $x=1$인 경우 : 임의의 실수 $\varepsilon > 0$에 대해 $N(x, \varepsilon) = 1$로 택하면 모든 자연수 $n \in \mathbb{N}$에 대해 $|x^n - 0| = 0 < \varepsilon$이고 $|x^n - 1| = 0 < \varepsilon$이 성립한다.

(ii) $-1 < x < 0$와 $0 < x < 1$인 경우 : 각 점 x와 임의의 실수 $\varepsilon > 0$에 대해 $N(x, \varepsilon) > \dfrac{\ln \varepsilon}{\ln |x|}$를 만족하는 자연수 $N(x, \varepsilon)$을 택하면 $n \geq N(x, \varepsilon)$인 모든 자연수 $n \in \mathbb{N}$에 대해 $|x^n - 0| < \varepsilon$이 성립한다.

그러므로 (i)과 (ii)에 의해서 함수열 $\{f_n\}$은 $(-1, 1]$상에서 다음과 같이 정의된 극한함수 f에 점별수렴한다(그림 9.1.3 참고).

$$f(x) = \begin{cases} 0, & -1 < x < 1 \\ 1, & x = 1 \end{cases}$$ ■

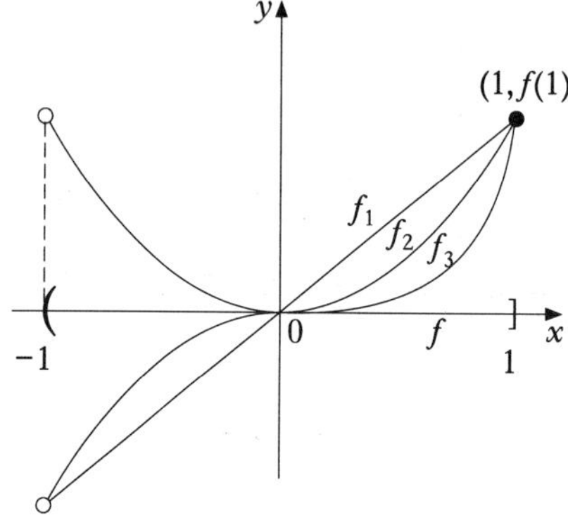

[그림 9.1.3]

예제 9.4 예제 9.2의 함수열 $\{f_n\}$이 $\mathbb{R}$상에서 함수 $f\equiv 0$에 점별수렴함을 정리 9.1.1을 이용하여 보여라.

풀이 각 점 $x\in\mathbb{R}$와 임의의 실수 $\varepsilon>0$에 대해 부등식 $N(x,\ \varepsilon)>\dfrac{|x|}{\varepsilon}$를 만족하는 적당한 자연수 $N(x,\ \varepsilon)$가 존재하여 $n\geq N(x,\ \varepsilon)$인 모든 자연수 $n\in\mathbb{N}$에 대해 다음이 성립한다.

$$|f_n(x)-f(x)|=\left|\frac{x}{n}-0\right|=\left|\frac{x}{n}\right|\leq\frac{|x|}{N(x,\ \varepsilon)}<\varepsilon$$

그러므로 함수열 $\{f_n\}$은 $\mathbb{R}$상에서 함수 $f\equiv 0$에 점별수렴한다. ■

따름정리 9.1.2 함수열 $\{f_n\}$가 D상에서 점별수렴하지 않을 필요충분조건은 어떤 점 $x_0\in D$가 존재해서 수열 $\{f_n(x_0)\}$의 극한이 존재하지 않는 것이다.

예제 9.5 각 자연수 $n\in\mathbb{N}$에 대해 함수 $f_n:[-1,\ 0]\to\mathbb{R}$를 $f_n(x)=x^n$으로 정의하면, 함수열 $\{f_n\}$은 점 $x=-1$에서 수열 $\{f_n(-1)\}=\{(-1)^n\}$이 수렴하지 않는다. 따라서 따름정리 9.1.2에 의해 함수열 $\{f_n\}$은 $[-1, 0]$상에서 점별수렴하지 않는다(그림 9.1.4 참고). ■

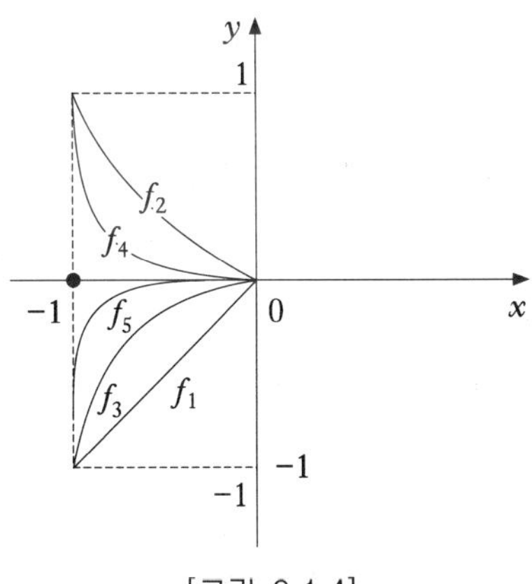

[그림 9.1.4]

〈정의 9.1.3〉

$D \subseteq \mathbb{R}$상에서 정의된 함수열 $\{f_n\}$과 $f: D \to \mathbb{R}$를 함수라 하자. 임의의 실수 $\varepsilon > 0$에 대해 적당한 자연수 $N(\varepsilon)$이 존재해서 $n \geq N(\varepsilon)$인 모든 자연수 $n \in \mathbb{N}$과 모든 점 $x \in D$에 대해 다음이 성립하면,

$$|f_n(x) - f(x)| < \varepsilon$$

함수열 $\{f_n\}$은 D상에서 함수 f에 **평등수렴**(uniform convergence)한다고 하고, 다음과 같이 나타낸다(그림 9.1.5 참고).

$$f_n \xrightarrow{U} f \text{ 또는 } f_n \rightrightarrows f$$

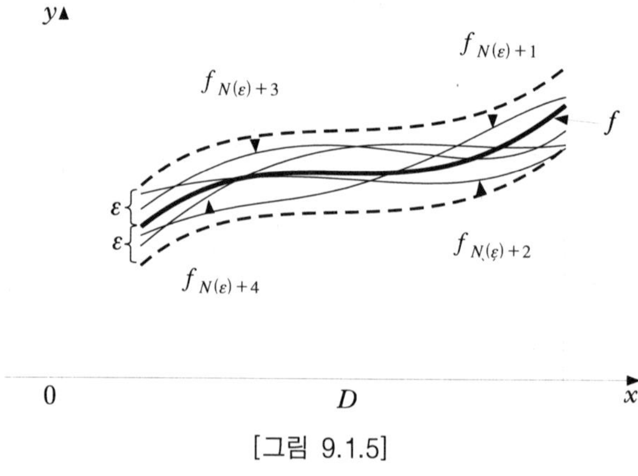

[그림 9.1.5]

[주] 함수열 $\{f_n\}$의 점별수렴의 경우에는 동일한 크기의 실수 $\varepsilon > 0$에 대해서도 각 점 $x \in D$의 위치가 다르면 대응되는 자연수 $N(x, \varepsilon)$가 다르게 된다. 그러나 함수열 $\{f_n\}$의 평등수렴의 경우에는 자연수 $N(x, \varepsilon)$는 $\varepsilon > 0$의 크기에 따라 결정되는 것이지 점 $x \in D$의 위치에는 관계가 없다. 그래서 자연수 $N(x, \varepsilon)$을 자연수 $N(\varepsilon)$으로 표현한다.

예제 9.6 $0 < b < 1$일 때 각 자연수 $n \in \mathbb{N}$에 대해 함수 $f_n: [0, b] \to \mathbb{R}$를 $f_n(x) = x^n$으로 정의하면, 함수열 $\{f_n\}$은 $[0, b]$상에서 함수 $f \equiv 0$에 평등수렴

함을 보여라.

풀이 임의의 실수 $\varepsilon>0$에 대해 $N(\varepsilon)>\log_b \varepsilon$을 만족하는 자연수 $N(\varepsilon)$을 택하면, $n\geq N(\varepsilon)$인 모든 자연수 $n\in\mathbb{N}$과 모든 점 $x\in[0, b]$에 대해 다음이 성립한다.

$$|x^n-0|=b^n\leq b^{N(\varepsilon)}<\varepsilon$$

따라서 함수열 $\{f_n\}$은 $[0, b]$상에서 함수 $f\equiv 0$에 평등수렴한다. ■

예제 9.7 각 자연수 $n\in\mathbb{N}$에 대해 함수 $h_n:\mathbb{R}\to\mathbb{R}$를 $h_n(x)=\dfrac{\sin(nx+n)}{n}$으로 정의하면, 함수열 $\{h_n\}$은 $\mathbb{R}$상에서 함수 $h\equiv 0$에 평등수렴함을 보여라.

풀이 임의의 실수 $\varepsilon>0$에 대해 $\dfrac{1}{N(\varepsilon)}<\varepsilon$를 만족하는 자연수 $N(\varepsilon)$가 존재한다. 따라서 $n\geq N(\varepsilon)$인 모든 자연수 $n\in\mathbb{N}$과 모든 실수 $x\in\mathbb{R}$에 대해

$$|h_n(x)-h(x)|=\left|\frac{\sin(nx+n)}{n}\right|\leq\frac{1}{n}\leq\frac{1}{N(\varepsilon)}<\varepsilon$$

이므로, 함수열 $\{h_n\}$은 $\mathbb{R}$상에서 함수 $h\equiv 0$에 평등수렴한다(그림 9.1.6 참고). ■

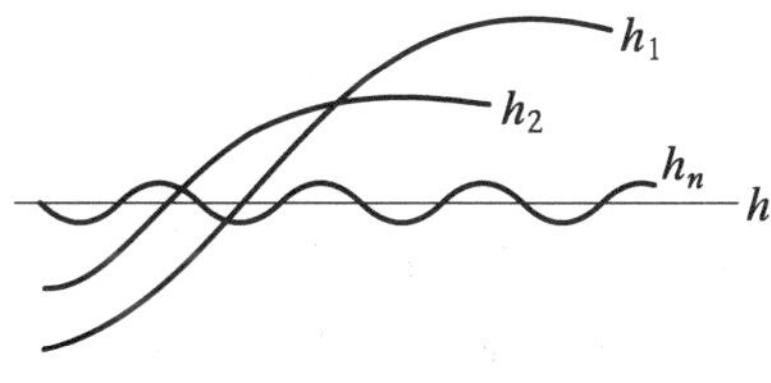

[그림 9.1.6]

예제 9.8 각 자연수 $n\in\mathbb{N}$에 대해 함수 $f_n:\mathbb{R}\to\mathbb{R}$를 $f_n(x)=\dfrac{x}{1+n^2x^2}$으로 정의하면, 함수열 $\{f_n\}$은 $[0, 1]$상에서 함수 $f\equiv 0$에 평등수렴함을 보여라.

풀이 각 점 $x\in[0, 1]$에 대해 $\lim\limits_{n\to\infty}f_n(x)=0$이고 다음이 성립하므로,

$$0\leq f_n(x)=\frac{1}{2n}\cdot\frac{2nx}{1+n^2x^2}\leq\frac{1}{2n}$$

함수열 $\{f_n\}$은 $[0, 1]$상에서 함수 $f\equiv 0$에 평등수렴한다. ■

정리 9.1.3 함수열 $\{f_n\}$이 평등수렴하면, $\{f_n\}$은 점별수렴한다.

증명 함수열 $\{f_n\}$이 평등수렴하면 정의역의 모든 원소에 대해 성립하는 자연수 $N(\varepsilon)$이 존재하므로 점별수렴한다. ■

[주] 정리 9.1.3의 역은 성립하지 않는다(예제 9.2, 예제 9.10 참고).

정리 9.1.4 (평등수렴에 관한 Cauchy 판정법) $\{f_n\}$을 $D \subseteq \mathbb{R}$상에서 정의된 함수열이라 하자. $\{f_n\}$이 D상에서 함수 $f : D \to \mathbb{R}$에 평등수렴할 필요충분조건은 임의의 실수 $\varepsilon>0$에 대해 적당한 자연수 $N(\varepsilon)$이 존재해서 m, $n \geq N(\varepsilon)$인 모든 자연수 $m, n \in \mathbb{N}$과 모든 점 $x \in D$에 대해 다음이 성립한다.

$$|f_m(x) - f_n(x)| < \varepsilon$$

증명 함수열 $\{f_n\}$가 D상에서 함수 f에 평등수렴한다고 하자. 그러면 임의의 실수 $\varepsilon>0$에 대해 적당한 자연수 $H(\varepsilon/2)$이 존재하여 $n \geq H(\varepsilon/2)$인 모든 자연수 $m, n \in \mathbb{N}$과 모든 점 $x \in D$에 대해

$$|f_n(x) - f(x)| < \frac{\varepsilon}{2}$$

을 만족한다. 따라서 $H(\varepsilon/2) = N(\varepsilon)$이라고 두면, $m, n \geq N(\varepsilon)$인 모든 자연수 $m, n \in \mathbb{N}$과 모든 점 $x \in D$에 대해 다음이 성립한다.

$$|f_m(x) - f_n(x)| \leq |f_m(x) - f(x)| + |f_n(x) - f(x)| < \varepsilon$$

역으로, 함수열 $\{f_n\}$은 임의의 실수 $\varepsilon>0$에 대해 적당한 자연수 $N(\varepsilon)$이 존재해서 m, $n \geq N(\varepsilon)$인 모든 자연수 $m, n \in \mathbb{N}$과 모든 점 $x \in D$에 대해

$$|f_m(x) - f_n(x)| < \frac{\varepsilon}{2} \tag{9.1.1}$$

을 만족한다고 하자. 그러면, 각 점 $x \in D$에 대해 $\{f_n(x)\}$는 $\mathbb{R}$에서의 코시 수열이고 정리 4.4.13에 의해 $\{f_n(x)\}$는 수렴한다. 따라서 각 점 $x \in D$에 대해

$$f(x) = \lim_{n \to \infty} f_n(x)$$

로 극한함수 $f : D \to \mathbb{R}$를 정의할 수 있다. 식 (9.1.1)에서 n을 고정시키고 $m \to \infty$이면, 모든 점 $x \in D$에 대해 다음이 성립한다.

$$\lim_{m \to \infty} |f_n(x) - f_m(x)| = |f_n(x) - f(x)| \le \frac{\varepsilon}{2} < \varepsilon$$

따라서 $n \ge N(\varepsilon)$인 모든 자연수 $n \in \mathbb{N}$과 모든 점 $x \in D$에 대해

$$|f_n(x) - f(x)| < \varepsilon$$

이므로, 함수열 $\{f_n\}$은 D상에서 함수 f에 평등수렴한다. ■

따름정리 9.1.5 $\{f_n\}$을 $D \subseteq \mathbb{R}$상에서 정의된 함수열이라고 하자. $\{f_n\}$이 D상에서 함수 $f : D \to \mathbb{R}$에 평등수렴하지 않을 필요충분조건은 적당한 실수 $\varepsilon_0 > 0$에 대해 함수열 $\{f_n\}$의 부분함수열 $\{f_{n_k}\}$와 D에서의 수열 $\{x_k\}$가 존재해서 모든 자연수 $k \in \mathbb{N}$에 대해 다음이 성립한다.

$$|f_{n_k}(x_k) - f(x_k)| \ge \varepsilon_0$$

예제 9.9 각 자연수 $n \in \mathbb{N}$에 대해 함수 $f_n : (-1, 1] \to \mathbb{R}$가 $f_n(x) = x^n$으로 정의하면, 함수열 $\{f_n\}$은

$$f(x) = \begin{cases} 0, & -1 < x < 1 \\ 1, & x = 1 \end{cases}$$

로 정의된 함수 $f : (-1, 1] \to \mathbb{R}$에 평등수렴하지 않음을 따름정리 9.1.5를 이용하여 보여라.

풀이 $\varepsilon_0 = \dfrac{1}{2}$, $n_k = k$, $x_k = \left(\dfrac{1}{2}\right)^{1/k}$이라 두면, 따름정리 9.1.5에 의해 다음이 성립한다.

$$|f_{n_k}(x_k) - f(x_k)| = |f_k(x_k)| = \frac{1}{2}$$

따라서 함수열 $\{f_n\}$는 $(-1, 1]$상에서 함수 f에 평등수렴하지 않는다. ■

예제 9.10 예제 9.2의 함수열 $\{f_n\}$은 $\mathbb{R}$상에서 함수 $f\equiv 0$에 평등수렴하지 않음을 따름정리 9.1.5를 이용하여 보여라.

풀이 $\varepsilon_0=1$, $n_k=k$, $x_k=k$라 두면, 따름정리 9.1.5에 의해 다음이 성립한다.

$$|f_{n_k}(x_k)-f(x_k)|=|f_k(x_k)-f(x_k)|=\left|\frac{k}{k}-0\right|=1$$

따라서 함수열 $\{f_n\}$는 $\mathbb{R}$상에서 함수 $f\equiv 0$에 평등수렴하지 않는다. ■

예제 9.11 각 자연수 $n\in\mathbb{N}$에 대해 함수 $f_n:\mathbb{R}\to\mathbb{R}$를 $f_n(x)=\dfrac{nx}{1+n^2x^2}$로 정의하면, 함수열 $\{f_n\}$은 $\mathbb{R}$상에서 함수 $f\equiv 0$에 평등수렴하지 않음을 보여라.

풀이 $\varepsilon_0=\dfrac{1}{2}$, $n_k=k$, $x_k=\dfrac{1}{k}$이라 두면, 따름정리 9.1.5에 의해

$$|f_{n_k}(x_k)-f(x_k)|=|f_k(x_k)-f(x_k)|=\frac{1}{2}$$

이다. 따라서 함수열 $\{f_n\}$은 $\mathbb{R}$상에서 함수 $f\equiv 0$에 평등수렴하지 않는다(그림 9.1.7 참고). ■

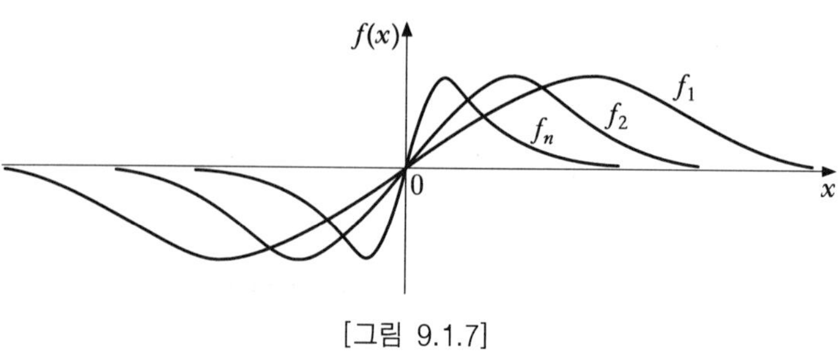

[그림 9.1.7]

예제 9.12 각 자연수 $n\in\mathbb{N}$에 대해 함수 $g_n:\mathbb{R}\to\mathbb{R}$을 $g_n(x)=\dfrac{x^2+nx}{n}$로 정의하면, 함수열 $\{g_n\}$은 항등함수 $g:\mathbb{R}\to\mathbb{R}$에 점별수렴하지만 평등수렴하지는 않음을 보여라.

풀이 $\lim_{n\to\infty} g_n(x) = \lim_{n\to\infty} \frac{x^2+nx}{n} = x + \lim_{n\to\infty} \frac{x^2}{n} = x$이므로, $\{g_n\}$은 항등함수 g에 점별수렴한다. 그러나 $n_k = k$, $x_k = -k$라 두면, $g_{n_k}(x_k) = 0$이고 $g(x_k) = -k$이다. 따라서

$$|g_{n_k}(x_k) - g(x_k)| = |0-(-k)| = k$$

이므로, 따름정리 9.1.5에 의해 함수열 $\{g_n\}$은 항등함수 g에 평등수렴하지 않는다(그림 9.1.8 참고). ■

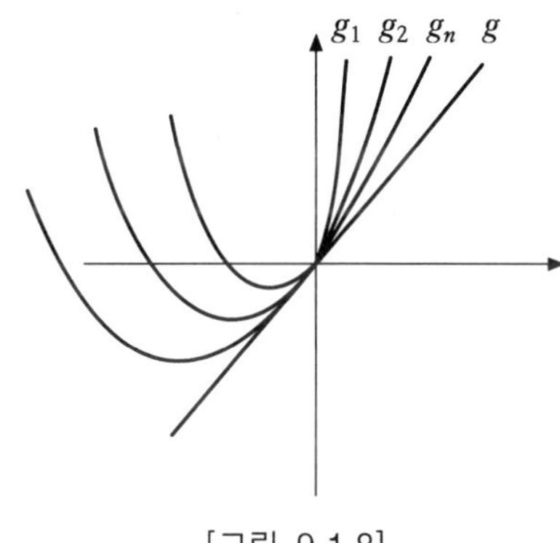

[그림 9.1.8]

〈정의 9.1.5〉

함수 f가 D상에서 유계이면, D상에서 f의 **평등노름**(uniform norm)을 다음과 같이 정의한다.

$$\|f\|_D = \sup\{|f(x)| : x \in D\}$$

보조정리 9.1.6 임의의 실수 $\varepsilon > 0$과 모든 점 $x \in D$에 대해 다음이 성립한다.

$$\|f\|_D \le \varepsilon \iff |f(x)| \le \varepsilon.$$

증명 모든 점 $x \in D$에 대해 $|f(x)| \le \|f\|_D$이므로 $\|f\|_D \le \varepsilon$이면, $|f(x)| \le \varepsilon$이다. 역으로, 모든 점 $x \in D$에 대해 $|f(x)| \le \varepsilon$이면, 실수 $\varepsilon \in \mathbb{R}$은 $\{|f(x)| : x \in D\}$의 상계이므로 상한 $\sup\{|f(x)| : x \in D\}$은 $\|f\|_D$보다 크거나 같다. ■

정리 9.1.7 $D \subseteq \mathbb{R}$이고 $f_n : D \to \mathbb{R}$가 유계인 함수이면, 다음 명제들은 서로 동치이다.

(1) 유계함수열 $\{f_n\}$가 D상에서 함수 $f : D \to \mathbb{R}$에 평등수렴한다.

(2) $\| f_n - f \|_D \to 0$이다.

증명 (1)⇒(2) : 유계함수열 $\{f_n\}$가 D상에서 함수 f에 평등수렴한다면, 임의의 실수 $\varepsilon > 0$에 대해 자연수 $N(\varepsilon)$이 존재하여 $n \geq N(\varepsilon)$인 모든 자연수 $n \in \mathbb{N}$과 모든 점 $x \in D$에 대해 $|f_n(x) - f(x)| < \varepsilon$이 성립한다. 따라서 극한함수 f도 유계이고, $n \geq N(\varepsilon)$인 모든 자연수 $n \in \mathbb{N}$에 대해 다음이 성립한다.

$$\begin{aligned} \| f_n - f \|_D &= \sup \{ |(f_n - f)(x)| : x \in D \} \\ &= \sup \{ |f_n(x) - f(x)| : x \in D \} \leq \varepsilon \end{aligned}$$

따라서 $\varepsilon > 0$은 임의의 실수이므로 $\| f_n - f \|_D \to 0$이다.

(2)⇒(1) : $\| f_n - f \|_D \to 0$이면, 임의의 실수 $\varepsilon > 0$에 대해 적당한 자연수 $N(\varepsilon)$이 존재해서 $n \geq N(\varepsilon)$인 모든 자연수 $n \in \mathbb{N}$에 대해 $\| f_n - f \|_D < \varepsilon$이 성립한다. 따라서 보조정리 9.1.6에 의해 $n \geq N(\varepsilon)$인 모든 자연수 $n \in \mathbb{N}$과 모든 점 $x \in D$에 대해 $|f_n(x) - f(x)| < \varepsilon$이 성립한다. 그러므로 함수열 $\{f_n\}$은 D상에서 함수 f에 평등수렴한다. ■

예제 9.13 각 자연수 $n \in \mathbb{N}$에 대해 함수 $f_n : [0, 1] \to \mathbb{R}$을 $f_n(x) = \dfrac{x}{n}$로 정의하면, 함수열 $\{f_n\}$은 $[0, 1]$상에서 함수 $f \equiv 0$에 평등수렴함을 정리 9.1.7을 이용하여 보여라.

풀이 $\| f_n - f \|_{[0,1]} = \sup \left\{ \left| \dfrac{x}{n} - 0 \right| : x \in [0, 1] \right\} = \sup \left\{ \left| \dfrac{x}{n} \right| : x \in [0, 1] \right\} = \dfrac{1}{n} \to 0$이므로 정리 9.1.7에 의해 함수열 $\{f_n\}$는 $[0, 1]$상에서 함수 $f \equiv 0$에 평등수렴한다. ■

[주] 함수열 $\{f_n\}$이 평등수렴하기 위해서는 유계성이 필요조건이다. 예를 들면, 수열 $\{f_n(x)\} = \left\{ \dfrac{x}{n} \right\}$는 $\mathbb{R}$상에서는 유계가 아니므로 $f \equiv 0$에 평등수렴하지 않지만 (예제 9.10 참고), 주어진 함수열이 $[0, 1]$상에서는 유계이므로 $f \equiv 0$에 평등수렴한다(예제 9.13 참고).

예제 9.14 각 자연수 $n \in \mathbb{N}$에 대해 $g_n : [0, 1] \to \mathbb{R}$를 $g_n(x) = x^n$으로 정의된 함수이면, 함수열 $\{g_n\}$는 $[0, 1]$상에서

$$g(x) = \begin{cases} 0, & 0 \le x < 1 \\ 1, & x = 1 \end{cases}$$

으로 정의된 함수 $g : [0, 1] \to \mathbb{R}$에 평등수렴하지 않음을 정리 9.1.7을 이용해서 보여라.

풀이 함수열 $\{g_n - g\}$는 $[0, 1]$상에서 유계이고, 다음이 성립한다.

$$\| g_n - g \|_{[0,1]} = \sup \{ | g_n(x) - g(x) | : x \in [0, 1] \} = 1$$

따라서 $\| g_n - g \|_{[0,1]}$는 0에 수렴하지 않으므로 정리 9.1.7에 의해 함수열 $\{g_n\}$은 $[0, 1]$상에서 함수 g에 평등수렴하지 않는다. ■

예제 9.15 예제 9.12의 함수열 $\{g_n\}$을 정리 9.1.7에 적용하면, 평등수렴 여부를 확인할 수 없다. 왜냐하면, 함수 $g_n(x) - g(x) = \dfrac{x^2}{n}$은 $\mathbb{R}$상에서 유계가 아니기 때문이다. 그러나 정의역을 $D = [0, 8]$로 제한하면,

$$\| g_n - g \|_{[0,8]} = \sup \left\{ \frac{x^2}{n} : x \in [0, 8] \right\} = \frac{64}{n} \to 0$$

이므로 함수열 $\{g_n\}$은 $D = [0, 8]$상에서 항등함수 g에 평등수렴한다. ■

예제 9.16 예제 9.7에서 $h_n(x) = \dfrac{\sin(nx+n)}{n}$로 정의된 함수열 $\{h_n\}$는 $\mathbb{R}$상에서 $h \equiv 0$에 평등수렴함을 정리 9.1.7을 이용하여 보여라.

풀이

$$\begin{aligned} \| h_n - h \|_{\mathbb{R}} &= \sup \left\{ \left| \frac{1}{n} \sin(nx+n) - 0 \right| : x \in \mathbb{R} \right\} \\ &= \frac{1}{n} \sup \left\{ | \sin(nx+n) | : x \in \mathbb{R} \right\} \le \frac{1}{n} \to 0 \end{aligned}$$

이므로 함수열 $\{h_n\}$은 $\mathbb{R}$상에서 함수 $h \equiv 0$에 평등수렴한다. ■

연습문제 9.1

1. 다음 주어진 집합 D상에서 함수열들이 평등수렴함을 증명하여라.

(1) $\left\{\dfrac{\sin nx}{1+nx}\right\}$, $D=(a, \infty)$, $a>0$ (2) $\{xe^{-nx}\}$, $D=[0, \infty)$

(3) $\left\{\dfrac{x}{1+nx}\right\}$, $D=(0, 1)$ (4) $\left\{\dfrac{x^n}{1+x^n}\right\}$, $D=[0, 1)$

2. 문제 1의 (1)에서 정의역을 $D=[0, \infty)$으로 변경하면, 평등수렴하지 않음을 증명하여라.

3. $D=(-1, 1)$상에서 $f_n(x)=\sum_{k=0}^{n} x^k$로 정의된 함수열 $\{f_n\}$의 수렴여부를 확인하고, 극한 함수를 구하여라.

4. 집합 D상에서 정의된 평등수렴하는 두 함수열 $\{f_n\}$과 $\{g_n\}$의 극한함수를 각각 f와 g라고 할 때, 함수열 $\{f_n+g_n\}$은 D상에서 $f+g$에 평등수렴함을 증명하여라.

5. 모든 자연수 $n\in\mathbb{N}$에 대해 함수 $f_n : D\to\mathbb{R}$이 D상에서 유계라고 하자. 유계함수열 $\{f_n\}$가 극한함수 $f : D\to\mathbb{R}$에 평등수렴하면, f도 유계임을 증명하여라.

6. 두 유계인 함수열 $\{f_n\}$과 $\{g_n\}$이 D상에서 각각 함수 f와 g에 평등수렴하면, $\{f_n g_n\}$도 D상에서 fg에 평등수렴함을 증명하여라.

7. 임의의 실수 $x\in\mathbb{R}$에 대해 $f_n(x)=x+\dfrac{1}{n}$이고 $f(x)=x$일 때, 함수열 $\{f_n\}$은 $\mathbb{R}$상에서 f에 평등수렴하나, $\{f_n{}^2\}$은 $\mathbb{R}$상에서 f^2에 평등수렴하지 않음을 증명하여라.

8. f, g, h가 D상에서 정의된 유계함수일 때, 다음이 성립함을 증명하여라.

$$\|f-h\|_D \le \|f-g\|_D + \|g-h\|_D$$

9. $D(\subset\mathbb{R})$에서 정의된 함수열 $\{f_n\}$이 D상에서 정의된 함수 f에 점별수렴할 때,

$M_n = \sup\{|f_n(x) - f(x)| : x \in D\}$이라고 하자. 이때, 함수열 $\{f_n\}$이 D상에서 함수 f에 평등수렴할 필요충분조건은 $\lim_{n \to \infty} M_n = 0$임을 증명하여라.

9.2 함수열의 미분과 적분

이 절에서는 각 항들이 어떤 성질(연속성, 미분가능성, 적분가능성)을 갖는 함수열이 점별수렴 및 평등수렴할 때, 그 극한함수도 그 성질들을 보존하는지를 다룬다.

예제 9.17 예제 9.1에서 다룬 함수열 $\{f_n\}$의 각 함수 $f_n(x) = x^n$은 $[0, 1]$상에서 연속이고, 극한함수

$$f(x) = \begin{cases} 0, & 0 \le x < 1 \\ 1, & x = 1 \end{cases}$$

에 점별수렴하지만, 극한함수 f는 $x=1$에서 불연속이다. 그러므로 연속함수열 $\{f_n\}$은 $[0, 1]$상에서 극한함수 f에 점별수렴하지만, 극한함수 f는 $[0, 1]$상에서 연속함수가 아니다. ■

정리 9.2.1 $D \subseteq \mathbb{R}$에서 정의된 연속함수열 $\{f_n\}$이 D상에서 정의된 극한함수 $f : D \to \mathbb{R}$에 평등수렴하면, 극한함수 f도 D상에서 연속이다.

증명 연속함수열 $\{f_n\}$이 함수 f에 평등수렴하므로, 임의로 실수 $\varepsilon > 0$에 대해 적당한 자연수 N가 존재해서 $n \ge N$인 모든 자연수 $n \in \mathbb{N}$과 모든 점 $x \in D$에 대해

$$|f_n(x) - f(x)| < \frac{\varepsilon}{3}$$

이 성립한다. 한편, 임의의 점 $c \in D$에 대해 함수 f_N는 D상에서 연속이므로 주어진 실수 $\varepsilon > 0$에 대해 적당한 실수 $\delta > 0$가 존재해서 $|x - c| < \delta$이고 $x \in D$이면,

$$|f_N(x)-f_N(c)|<\frac{\varepsilon}{3}$$

이 성립한다. 따라서 $|x-c|<\delta,\ x\in D$이고 $n\geq N$인 모든 자연수 $n\in\mathbb{N}$에 대해

$$\begin{aligned}|f(x)-f(c)| &\leq |f(x)-f_N(x)|+|f_N(x)-f_N(c)|+|f_N(c)-f(c)| \\ &< \frac{1}{3}\varepsilon+\frac{1}{3}\varepsilon+\frac{1}{3}\varepsilon=\varepsilon\end{aligned}$$

이 성립하므로 함수 f는 점 c에서 연속이다. 이때, c는 D의 임의의 점이므로, f는 D상에서 연속인 함수가 된다(그림 9.2.1 참고). ■

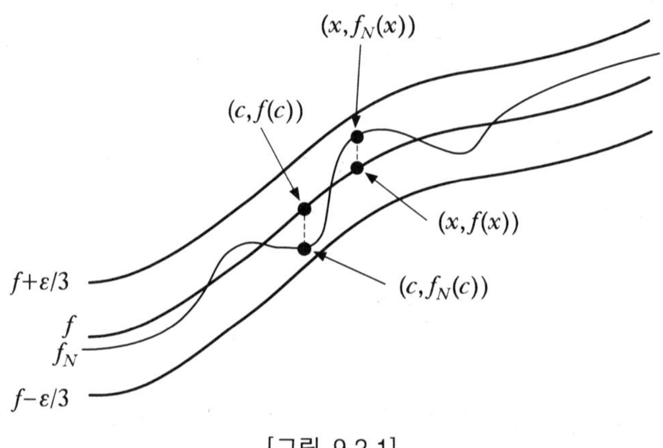

[그림 9.2.1]

[注] (1) 정리 9.2.1에서 점 c가 D의 집적점이면, 다음의 등식이 성립한다.

$$\begin{aligned}\lim_{x\to c}\lim_{n\to\infty}f_n(x) &= \lim_{x\to c}\left(\lim_{n\to\infty}f_n(x)\right)=\lim_{x\to c}f(x)=f(c) \\ &= \left(\lim_{n\to\infty}f_n\right)(c)=\lim_{n\to\infty}f_n(c)=\lim_{n\to\infty}\lim_{x\to c}f_n(x)\end{aligned}$$

따라서 두 극한기호 $\lim\limits_{x\to c}$와 $\lim\limits_{n\to\infty}$가 서로 교환가능함을 알 수 있다.

(2) 정리 9.2.1의 평등수렴성은 연속함수열의 극한함수가 연속이기 위한 충분조건이지 필요조건은 아니다(예제 9.11).

예제 9.18 모든 자연수 $n\in\mathbb{N}$에 대해 함수 $f_n:[0,1]\to\mathbb{R}$을 다음과 같이 정의하면,

$$f_n(x) = \begin{cases} x, & 0 \le x \le \dfrac{1}{n} \\ 0, & \dfrac{1}{n} < x \le 1 \end{cases}$$

각 f_n은 점 $x = \dfrac{1}{n}$에서 불연속인 유계함수이다. 그러나 함수열 $\{f_n\}$이 평등수렴하는 극한함수 $f \equiv 0$는 유계인 연속함수임을 보여라.

풀이
$$\begin{aligned} \| f_n - 0 \|_{[0,1]} &= \sup\{|f_n(x)| : x \in [0, 1]\} \\ &= \max\left[\sup\left\{|f_n(x)| : x \in \left[0, \frac{1}{n}\right]\right\}, \sup\left\{|f_n(x)| : x \in \left(\frac{1}{n}, 1\right]\right\}\right] \\ &= \max\left[\sup\left\{x : x \in \left[0, \frac{1}{n}\right]\right\}, \sup\left\{0 : x \in \left(\frac{1}{n}, 1\right]\right\}\right] \\ &= \max\left[\frac{1}{n}, 0\right] = \frac{1}{n} \end{aligned}$$

이므로 $\lim_{n \to \infty} \| f_n - 0 \|_{[0,1]} = \lim_{n \to \infty} \dfrac{1}{n} = 0$이다. 따라서 정리 9.1.7에 의해 함수열 $\{f_n\}$은 함수 $f \equiv 0$에 평등수렴한다. 즉, 함수열 $\{f_n\}$은 모두 유계이고 점 $x = \dfrac{1}{n}$에서 불연속이지만, 평등수렴하는 극한함수 $f \equiv 0$는 $[0, 1]$상에서 연속이며 유계이다. ■

예제 9.19 구간 I상에서 정의된 미분가능함수열 $\{f_n\}$이 I상에서 극한함수 f에 점별수렴한다고 할 때, 그 극한함수 f가 I상에서 미분불가능한 예를 들어라.

풀이 각 자연수 $n \in \mathbb{N}$에 대해 함수 $f_n : [0, 2] \to \mathbb{R}$가 $f_n(x) = \dfrac{1-x}{1+x^n}$로 정의되었을 때, 임의의 점 $x \in [0, 1]$이면 $f_n(x) \to 1-x$이고, 점 $x \in (1, 2]$이면 $f_n(x) \to 0$이다. 따라서 $\{f_n\}$은 다음과 같이 정의된 극한함수 $f : [0, 2] \to \mathbb{R}$에 점별수렴한다.

$$f(x) = \begin{cases} 1-x, & 0 \le x \le 1 \\ 0, & 1 < x \le 2 \end{cases}$$

그러나 각 자연수 $n \in \mathbb{N}$에 대한 함수 f_n은 $[0, 2]$상에서 미분가능하지만, 극한함수 f는 $x = 1$에서 미분불가능이다. ■

예제 9.20 구간 I상에서 정의된 미분가능한 함수열 $\{f_n\}$이 I에서 극한함수 f에 평등수렴한다고 하자. 그 극한함수 f가 I에서 미분가능하지만, 도함수열 $\{f_n'\}$가 도함수 f'에 점별수렴하지 않는 예를 찾아라.

풀이 자연수 $n=1, 2, \cdots$에 대해 함수 $f_n : [0, 2\pi] \to \mathbb{R}$을 다음과 같이 정의하면,

$$f_n(x) = \frac{\sin nx}{\sqrt{n}}$$

$|\sin nx| \le 1$이므로, 모든 점 $x \in [0, 2\pi]$에 대해서 $f(x) = \lim_{n\to\infty} f_n(x) = 0$이다. 따라서 함수열 f_n는 $[0, 2\pi]$상에서 $f \equiv 0$에 평등수렴하고 $f'(x)=0$이다. 한편 $f_n'(x) = \sqrt{n}\cos nx$이므로 $\{f_n'\}$은 $[0, 2\pi]$상에서 f'에 점별수렴하지 않는다. 왜냐하면 $n\to\infty$일 때, $f_n'(0) = \sqrt{n} \to \infty$이고, $f_n'(\pi) = \sqrt{n}\cos n\pi = \sqrt{n}(-1)^{n+1}$이므로 $\{f_n'\}$은 $[0, 2\pi]$상에서 f'에 점별수렴하지 않는다. ■

예제 9.21 $[0, 1]$상에서 $g_n(x) = \dfrac{\sin nx}{n}$ $(n \in \mathbb{N})$로 정의하면, 모든 점 $x \in [0, 1]$에 대해 $\left|\dfrac{\sin nx}{n} - 0\right| \le \dfrac{1}{n}$이므로 함수열 $\{g_n\}$는 $[0, 1]$상에서 $g \equiv 0$에 평등수렴한다. 그러나 도함수의 함수값수열 $\{g_n'(x)\} = \{\cos nx\}$는 $g'(x)=0$에 수렴하지 않으므로 $\{g_n'\}$는 $[0, 1]$상에서 g'에 평등수렴하지 않는다.

[주] 예제 9.21은 함수열이 평등수렴하는 극한함수를 갖더라도 도함수열은 점별수렴도 하지 않는 경우를 보여준다.

정리 9.2.2 각 자연수 $n \in \mathbb{N}$에 대해 함수 $f_n : [a, b] \to \mathbb{R}$가 미분가능할 때, 함수열 $\{f_n\}$이 다음 두 조건을 만족한다고 하자.

(i) 미분가능함수열 $\{f_n\}$이 어떤 점 $x_0 \in [a, b]$에 대해서 $\{f_n(x_0)\}$가 수렴하고,

(ii) 도함수열 $\{f_n'\}$가 $[a, b]$상에서 평등수렴한다.

그러면 다음이 성립한다.

(1) $\{f_n\}$은 $[a, b]$상에서 어떤 함수 $f : [a, b] \to \mathbb{R}$에 평등수렴한다.

(2) f가 $[a, b]$상에서 미분가능이면, 모든 점 $x \in [a, b]$에서 다음이 성립한다.

$$\lim_{n \to \infty} f_n'(x) = f'(x)$$

증명 (1) $\varepsilon > 0$을 임의의 실수라고 하자. 조건 (i)과 (ii)에 의해 수열 $\{f_n(x_0)\}$가 수렴하고, 도함수열 $\{f_n'\}$가 $[a, b]$상에서 평등수렴하므로, 주어진 $\varepsilon > 0$에 대해 적당한 자연수 N가 존재하여 $m, n \geq N$인 모든 자연수 $m, n \in \mathbb{N}$에 대해

$$|f_n(x_0) - f_m(x_0)| < \frac{\varepsilon}{2}$$

이고, 모든 점 $x \in [a, b]$에 대해 다음이 성립한다.

$$|f_n'(x) - f_m'(x)| < \frac{\varepsilon}{2(b-a)}$$

여기서 $m, n \geq N$에 대한 함수 $f_n - f_m$에 대해 평균값정리를 적용하면, 임의의 두 점 $x, t \in [a, b]$에 대해

$$|f_n(x) - f_m(x) - f_n(t) + f_m(t)| \leq \frac{|x-t|\varepsilon}{2(b-a)} \leq \frac{\varepsilon}{2} \tag{9.2.1}$$

이 성립한다. 한편,

$$|f_n(x) - f_m(x)| \leq |f_n(x) - f_m(x) - f_n(x_0) + f_m(x_0)| + |f_n(x_0) - f_m(x_0)|$$

이므로, 모든 점 $x \in [a, b]$과 $m, n \geq N$인 모든 자연수 $m, n \in \mathbb{N}$에 대해

$$|f_n(x) - f_m(x)| < \varepsilon$$

이 성립한다. 따라서 $\{f_n\}$는 $[a, b]$상에서 평등수렴하고, 그 극한함수 $f : [a, b] \to \mathbb{R}$를 $\lim_{n \to \infty} f_n(x) = f(x)$로 정의하면, $\{f_n\}$는 $[a, b]$상에서 함수 f에 평등수렴한다.

(2) 임의의 점 $x \in [a, b]$을 고정하고 $t \neq x$인 점 $t \in [a, b]$에 대해

$$g_n(t) = \frac{f_n(t) - f_n(x)}{t - x}, \quad g(t) = \frac{f(t) - f(x)}{t - x} \tag{9.2.2}$$

로 정의하면, 각 자연수 $n \in \mathbb{N}$에 대해 f_n은 $[a, b]$상에서 미분가능한 함수이므로 다음이 성립한다.

$$\lim_{t \to x} g_n(t) = f_n'(x)$$

한편, 부등식 (9.2.1)에 의해 $m, n \geq N$인 모든 자연수 $m, n \in \mathbb{N}$에 대해

$$|g_n(t) - g_m(t)| < \frac{\varepsilon}{2(b-a)}$$

이 성립하므로, 함수열 $\{g_n\}$은 $[a, b] - \{x\}$상에서 평등수렴한다. 또한 $\{f_n\}$은 f에 평등수렴하므로, 식 (9.2.2)에 의해 $\{g_n\}$은 $[a, b] - \{x\}$상에서 h에 평등수렴하게 되고, 다음이 성립한다.

$$f'(x) = \lim_{x \to t} g(t) = \lim_{x \to t} \lim_{n \to \infty} g_n(x) = \lim_{n \to \infty} \lim_{x \to t} g_n(x) = \lim_{n \to \infty} f_n'(t) \quad ■$$

예제 9.22 각 자연수 $n \geq 2$에 대해 함수 $h_n : [0, 1] \to \mathbb{R}$을 다음과 같이 정의하면,

$$h_n(x) = \begin{cases} n^2 x, & 0 \leq x \leq \dfrac{1}{n} \\ 2n - n^2 x, & 1/n \leq x \leq \dfrac{2}{n} \\ 0, & \dfrac{2}{n} \leq x \leq 1 \end{cases}$$

함수열 $\{h_n\}$은 명백히 $[0, 1]$상에서 극한함수 $h \equiv 0$에 점별수렴함을 보여라(그림 9.2.2 참고).

풀이 모든 자연수 $n \in \mathbb{N}$에 대해 $\lim_{n \to \infty} h_n(0) = h(0) = 0$이다. 한편, $x_0 > 0$이면, 아르키메디언 성질에 의해 $\dfrac{1}{N} < x_0$인 자연수 N가 존재한다. 그러므로 다음이 성립한다.

$$n > N \text{이면 } h_n(x_0) = 0 \Rightarrow \lim_{n \to \infty} h_n(x_0) = h(x_0) = 0$$

즉, 함수열 $\{h_n\}$은 $[0, 1]$상에서 함수 $h \equiv 0$에 점별수렴한다. 함수열 $\{h_n\}$의 각 항 h_n은 $[0, 1]$상에서 연속함수이므로 $[0, 1]$상에서 리만적분가능하고 그 적분값은 $n \geq 2$인 모든 자연수 $n \in \mathbb{N}$에 대해

$$\int_0^1 h_n\,dx=1$$

이다. 그러나 점별극한함수 $h\equiv 0$는 $[0, 1]$상에서 리만적분값이 $\int_0^1 h\,dx=0$이다. 그러므로 $\lim_{n\to\infty}\int_0^1 h_n dx=1\neq 0=\int_0^1 h\,dx$이다. ■

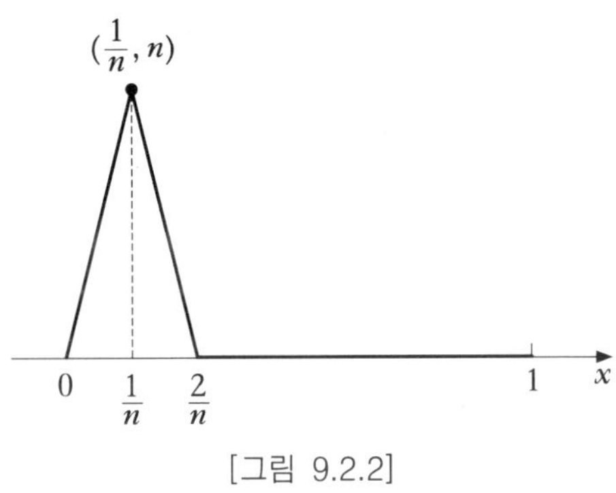

[그림 9.2.2]

[주] 예제 9.22는 리만적분가능한 함수열 $\{h_n\}$의 점별극한함수 h가 리만적분가능하지만, 적분값 수열 $\left\{\int_0^1 h_n dx\right\}$은 $\int_0^1 h\,dx$에 수렴하지 않음을 보이고 있다.

예제 9.23 $[0, 1]$상에서 아래와 같이 정의된 함수 g_n과 g에 대해서 함수열 $\{g_n\}$은 리만적분가능하며 적분값은 $\int_0^1 g_n dx=0$ (여기서 $n\in\mathbb{N}$)이지만, 점별극한함수인 Dirichlet함수 g는 $[0, 1]$상에서 리만적분가능하지 않다.

$$g_n(x)=\begin{cases} 1, & x\in\{0\}\cup\left\{\dfrac{m}{n} : m\leq n,\ m,\ n\in\mathbb{N}\right\} \\ 0, & \text{그 이외의 점,} \end{cases}$$

$$g(x)=\begin{cases} 1, & x\in[0, 1]\cap\mathbb{Q} \\ 0, & x\in[0, 1]\cap\mathbb{Q}^c \end{cases}$$ ■

예제 9.24 Q를 $[0, 1]$내에 속하는 유리수 전체집합이라 하면 가산집합이므로 $Q=\{r_n : n\in\mathbb{N}\}$으로 나타낼 수 있다. 이때 각 자연수 $n\in\mathbb{N}$에 대해 $Q_n=$

$\{r_1, r_2, \cdots, r_n\}$이라 하고 함수 $f_n : [0, 1] \to \mathbb{R}$을 다음과 같이 정의하면,

$$f_n(x) = \begin{cases} 1, & x \in Q_n \\ 0, & x \in [0, 1] - Q_n \end{cases}$$

f_n은 리만적분가능하고 함수열 $\{f_n\}$은 $[0, 1]$상에서 다음과 같이 정의된 극한 함수 f에 점별수렴하나, f는 리만적분가능하지 않다.

$$f(x) = \begin{cases} 1, & x \in Q \\ 0, & x \in [0, 1] - Q \end{cases}$$ ■

정리 9.2.3 리만적분가능한 함수열 $\{f_n\}$이 $[a, b]$상에서 극한함수 $f : [a, b] \to \mathbb{R}$에 평등수렴하면, f는 $[a, b]$상에서 리만적분가능하고, 다음이 성립한다.

$$\lim_{n \to \infty} \int_a^b f_n \, dx = \int_a^b f \, dx$$

증명 함수열 $\{f_n\}$이 $[a, b]$상에서 함수 f에 평등수렴하므로, 임의의 실수 $\varepsilon > 0$에 대해 적당한 자연수 N이 존재하여 $n \geq N$인 모든 자연수 $n \in \mathbb{N}$과 모든 점 $x \in [a, b]$에 대해 다음이 성립한다.

$$|f_n(x) - f(x)| < \frac{\varepsilon}{3(b-a)} \tag{9.2.3}$$

한편, f_N는 리만적분가능하므로, 적당한 분할 $P \in \mathscr{P}[a, b]$가 존재하여

$$U(f_N, P) - L(f_N, P) < \frac{\varepsilon}{3}$$

을 만족한다. P에 대한 함수 $f - f_N$의 리만상합과 리만하합은 식 (9.2.3)으로부터

$$U(f - f_N, P) \leq \frac{\varepsilon}{3}, \qquad L(f - f_N, P) \geq -\frac{\varepsilon}{3}$$

을 얻을 수 있고, 더 나아가

$$U(f, P)-L(f, P) \le U(f-f_N, P)+U(f_N, P)-L(f_N, P)-L(f-f_N, P)$$
$$\le \frac{\varepsilon}{3}+\frac{\varepsilon}{3}+\frac{\varepsilon}{3}=\varepsilon$$

이므로, f는 $[a, b]$상에서 리만적분가능하고, $n \ge N$인 모든 자연수 $n \in \mathbb{N}$에 대해

$$\left|\int_a^b f_n(t)dt-\int_a^b f(t)dt\right| \le \int_a^b |f_n(t)-f(t)|dt < \varepsilon$$

이 성립한다. 따라서 $\lim_{n\to\infty}\int_a^b f_n dx=\int_a^b f\,dx$이다. ■

[주] (1) $\{f_n'\}$가 극한함수 f에 점별수렴하고 $\lim_{n\to\infty}\int_a^b f_n dx=\int_a^b f\,dx$이더라도, 반드시 함수열 $\{f_n\}$이 $[a, b]$상에서 f에 평등수렴하지는 않는다.

(2) 적분가능한 함수열 $\{f_n\}$이 $[a, b]$상에서 함수 f에 평등수렴하면, 다음과 같이 극한기호 $\lim_{n\to\infty}$와 적분 기호 $\int$이 서로 교환가능하다.

$$\lim_{n\to\infty}\int_a^b f_n dx=\int_a^b f\,dx=\int_a^b \left(\lim_{n\to\infty} f_n\right)dx$$

연습문제 9.2

1. 연속함수에 평등수렴하지만, 자신들은 어떤 점에서도 연속이 아닌 함수열의 예를 들어라.

2. 함수 $f:\mathbb{R}\to\mathbb{R}$가 평등연속이라 하자. 각 자연수 $n\in\mathbb{N}$에 대해 함수 $f_n:\mathbb{R}\to\mathbb{R}$을 $f_n(x)=f\left(x+\frac{4}{n}\right)$로 정의하면, 함수열 $\{f_n\}$은 f에 평등수렴함을 증명하여라.

3. 각 자연수 $n\in\mathbb{N}$에 대해 함수 $f_n:[0, 2]\to\mathbb{R}$이 $f_n(x)=\dfrac{x^n}{1+x^n}$로 정의될 때, 연속함수열 $\{f_n\}$의 극한함수 f를 구하고, 또한 함수열 $\{f_n\}$이 f에 평등수렴하지는 않음을 증명하여라.

4. $[0, 1]$상에서 $f_n(x)=\dfrac{x^n}{n}$으로 정의된 함수열 $\{f_n\}$에 대해서 다음을 보여라.

(1) 함수열 $\{f_n\}$이 평등수렴함을 보이고, $x=1$에서의 극한함수값을 구하여라.

(2) 도함수열 $\{f_n'\}$는 평등수렴하지는 않으나 점별수렴함을 보이고, $x=1$에서의 극한함수값을 구하여라.

(3) 위의 두 극한함수값을 비교하고, 극한함수값이 평등수렴과 어떤 관련이 있는지 설명하여라.

5. $[0, \infty)$상에서 $f_n(x)=\dfrac{e^{-nx}}{n}$로 정의된 함수열 $\{f_n\}$에 대해 다음을 논하라.

(1) 함수열 $\{f_n\}$가 $[0, \infty)$상에서 평등수렴함을 보이고, 극한함수를 구하여라.

(2) 도함수열 $\{f_n'\}$의 수렴 여부를 결정하여라.

(3) $\left(\lim\limits_{n\to\infty} f_n\right)'$와 $\lim\limits_{n\to\infty} f_n'$를 비교 설명하여라.

6. 각 자연수 $n\in\mathbb{N}$에 대해 $f_n(x)=x^n$으로 정의된 함수 $f_n:[0, 1]\to\mathbb{R}$의 함수열 $\{f_n\}$에 대해 $\lim\limits_{n\to\infty}\displaystyle\int_0^1 f_n\,dx=\int_0^1 \lim_{n\to\infty} f_n\,dx$가 성립함을 증명하여라.

7. $\lim\limits_{n\to\infty}\displaystyle\int_1^2 e^{-nx^2}dx=0$임을 증명하여라.

8. 함수열 $\{f_n\}$가 $I=[a, b]$상에서 함수 f에 수렴하고, 도함수열 $\{f_n'\}$는 I상에서 연속이며 함수 g에 평등수렴한다고 하면, 다음이 성립함을 보여라.

(1) $f(x)-f(a)=\displaystyle\int_a^x g(t)\,dt$ (여기서 $x\in I$)

(2) $f'(x)=g(x)$ (여기서 $x\in I$)

9.3 함수항급수

이 절에서는 함수항급수에 대해 점별수렴과 평등수렴을 조사하고, 함수항급수의 특수한 경우인 멱급수의 수렴성 여부를 다룬다.

〈정의 9.3.1〉

$\{f_n\}$을 $D \subset \mathbb{R}$상에서 정의된 함수열이라 하자. $\{f_n\}$의 각 항을 합(+)의 기호로 연결된 식

$$f_1 + f_2 + \cdots + f_n + \cdots = \sum_{n=1}^{\infty} f_n$$

을 D상에서 정의된 함수항급수(series of functions)라 하고, 모든 자연수 $n \in \mathbb{N}$에 대해 함수 $s_n : D \to \mathbb{R}$을

$$s_n(x) = f_1(x) + f_2(x) + \cdots f_n(x) = \sum_{k=1}^{n} f_k(x)$$

로 정의하면, $\{s_n\}$을 $\sum_{n=1}^{\infty} f_n$의 **부분합의 함수열**이라 말한다. 또, $\{s_n\}$이 D상에서 함수 f에 점별수렴 [평등수렴]하면, $\sum_{n=1}^{\infty} f_n$은 D상에서 f에 **점별수렴 [평등수렴]**한다고 하고, f를 $\sum_{n=1}^{\infty} f_n$의 합(sum)이라 부르며, $f = \sum_{n=1}^{\infty} f_n$로 나타낸다.

정리 9.3.1 $\{f_n\}$이 $D \subseteq \mathbb{R}$상에서 정의된 연속함수열이라 하자. 함수항급수 $\sum_{n=1}^{\infty} f_n$이 D상에서 극한함수 f에 평등수렴하면, f도 D상에서 연속이다.

증명 $\sum_{n=1}^{\infty} f_n$의 부분합 $s_n = f_1 + f_2 + \cdots + f_n$는 연속함수이고, $\sum_{n=1}^{\infty} f_n$이 D상에서 f에 평등수렴하므로 정리 9.2.1에 의해 극한함수 f는 D상에서 연속이다. ■

정리 9.3.2 각 자연수 $n \in \mathbb{N}$에 대해 함수 $f_n : [a, b] \to \mathbb{R}$가 미분가능할 때, 함수항급수 $\sum_{n=1}^{\infty} f_n$이 다음 두 조건을 만족한다고 하자.

(i) 어떤 점 $x_0 \in (a, b)$에 대해 급수 $\sum_{n=1}^{\infty} f_n(x_0)$가 수렴하고,

(ii) $\sum_{n=1}^{\infty} f_n'$가 $[a, b]$상에서 평등수렴한다.

그러면, 다음이 성립한다.

(1) $\sum_{n=1}^{\infty} f_n$은 $[a, b]$상에서 어떤 함수 $f : [a, b] \to \mathbb{R}$에 수렴한다.

(2) f가 $[a, b]$상에서 미분가능하며, $[a, b]$상에서 $\sum_{n=1}^{\infty} f_n' = f'$이다.

증명 자연수 $n \in \mathbb{N}$에 대해 $s_n : [a, b] \to \mathbb{R}$을 $s_n(x) = \sum_{k=1}^{n} f_k(x)$로 정의하고, 이 함수열 $\{s_n\}$에 대해 정리 9.2.2를 적용하면 결론을 얻을 수 있다. ■

정리 9.3.3 $\{f_n\}$을 $[a, b]$상에서 정의된 리만적분가능한 함수열이라 하자. 그때 $\sum_{n=1}^{\infty} f_n$이 $[a, b]$상에서 극한함수 f에 평등수렴하면, f는 $[a, b]$상에서 리만적분가능하고 다음이 성립한다.

$$\int_a^b f dx = \sum_{n=1}^{\infty} \int_a^b f_n \, dx.$$

증명 각 자연수 $n \in \mathbb{N}$에 대해 $s_n : [a, b] \to \mathbb{R}$을 $s_n(x) = \sum_{k=1}^{n} f_k(x)$로 정의하고, 이 함수열 $\{s_n\}$에 대해 정리 9.2.3을 적용하면 결론을 얻을 수 있다. ■

정리 9.3.4 (함수항급수의 평등수렴에 관한 Cauchy의 판정법)

$\{f_n\}$을 D상에서 정의된 함수열이라 하자. $\sum_{n=1}^{\infty} f_n$가 D상에서 평등수렴할 필요충분조건은 임의의 실수 $\varepsilon > 0$에 대해 적당한 자연수 N이 존재해 $n > m \geq N$인

모든 자연수 $m, n \in \mathbb{N}$과 모든 점 $x \in D$에 대해 다음이 성립한다.

$$\left| \sum_{k=m+1}^{n} f_k(x) \right| < \varepsilon \tag{9.3.1}$$

증명 함수항급수 $\sum_{k=m+1}^{n} f_k$의 부분합의 함수열 $\{s_n\}$가 D상에서 함수 f에 평등수렴한다고 하자. 그러면 임의의 실수 $\varepsilon > 0$에 대해 적당한 자연수 N이 존재하여 $n \geq N$인 모든 자연수 $n \in \mathbb{N}$과 모든 점 $x \in D$에 대해

$$|s_n(x) - f(x)| < \frac{\varepsilon}{2}$$

이 성립한다. 따라서 $n > m \geq N$인 모든 자연수 $m, n \in \mathbb{N}$과 모든 점 $x \in D$에 대해 다음이 성립한다.

$$\begin{aligned} \left| \sum_{k=m+1}^{n} f_k(x) \right| &= |s_n(x) - s_m(x)| \\ &\leq |s_n(x) - f(x)| + |f(x) - s_m(x)| \\ &< \frac{\varepsilon}{2} + \frac{\varepsilon}{2} = \varepsilon \end{aligned}$$

역으로, 식 (9.3.1)이 성립한다고 하자. 그러면 임의의 실수 $\varepsilon > 0$에 대해 적당한 자연수 N이 존재해 $n > m \geq N$인 모든 자연수 $n, m \in \mathbb{N}$과 모든 점 $x \in D$에 대해

$$\left| \sum_{k=m+1}^{n} f_k(x) \right| < \frac{\varepsilon}{2}$$

이다. 따라서 $\sum_{k=m+1}^{n} f_k(x) = s_n(x) - s_m(x)$이므로 $\{s_n(x)\}$는 코시 수열이고, 정리 4.4.13에 의해 수열 $\{s_n(x)\}$는 수렴한다. 따라서 함수 $f : D \to \mathbb{R}$를 다음과 같이 정의하면,

$$f(x) = \lim_{n \to \infty} s_n(x)$$

모든 점 $x \in D$와 $m \geq N$을 만족하는 모든 자연수 $m \in \mathbb{N}$에 대해

$$|s_m(x) - f(x)| = \left| \sum_{k=1}^{m} f_k(x) - \sum_{k=1}^{\infty} f_k(x) \right|$$

$$= \left| \sum_{k=m+1}^{\infty} f_k(x) \right| = \lim_{n \to \infty} \left| \sum_{k=m+1}^{n} f_k(x) \right|$$
$$\le \frac{\varepsilon}{2} < \varepsilon$$

이 성립하고, 정리 9.1.4에 의해 $\{s_n\}$은 D상에서 f에 평등수렴하므로 주어진 함수항급수도 평등수렴한다. ■

정리 9.3.5 (Weierstrass의 M-판정법) $\{f_n\}$을 D상에서 정의된 함수열이고 모든 자연수 $n \in \mathbb{N}$과 모든 점 $x \in D$에 대해

$$|f_n(x)| \le M_n$$

을 만족하는 수열 $\{M_n\}$이 존재한다고 하자. 급수 $\sum_{n=1}^{\infty} M_n$이 수렴하면, 함수항급수 $\sum_{n=1}^{\infty} f_n$는 D상에서 평등수렴한다.

증명 $\sum_{n=1}^{\infty} M_n$이 수렴하므로, 임의의 실수 $\varepsilon > 0$에 대해 적당한 자연수 N이 존재해 $n > m \ge N$인 모든 자연수 $n, m \in \mathbb{N}$에 대해

$$M_{m+1} + \cdots + M_n = \sum_{k=m+1}^{n} M_k < \varepsilon$$

이 성립한다. 한편, 모든 자연수 $n \in \mathbb{N}$과 점 $x \in D$에 대해 $|f_n(x)| \le M_n$이므로, 다음이 성립한다.

$$\left| \sum_{k=m+1}^{n} f_k(x) \right| \le \sum_{k=m+1}^{n} |f_k(x)| \le \sum_{k=m+1}^{n} M_k < \varepsilon$$

따라서 정리 9.3.4에 의해 함수항급수 $\sum_{n=1}^{\infty} f_n$은 D상에서 평등수렴한다. ■

예제 9.25 함수항급수 $\sum_{n=1}^{\infty} \frac{1}{n^2 + x^2}$은 $[0, \infty)$상에서 평등수렴함을 보여라.

풀이 모든 점 $x \in [0, \infty)$와 모든 자연수 $n \in \mathbb{N}$에 대해

$$\frac{1}{n^2+x^2} \le \frac{1}{n^2}$$

이고 $\sum_{n=1}^{\infty} \frac{1}{n^2}$이 수렴하므로, Weierstrass의 M-판정법에 의해 함수항 급수 $\sum_{n=1}^{\infty} \frac{1}{n^2+x^2}$은 $[0, \infty)$상에서 평등수렴한다. ■

예제 9.26 $\mathbb{R}$상에서 정의된 다음 두 함수항급수는 각각 $\mathbb{R}$상에서 평등수렴함을 보여라.

$$\sum_{n=1}^{\infty} \frac{\sin nx}{n^2}, \qquad \sum_{n=1}^{\infty} \frac{\cos nx}{n^2}$$

풀이 모든 자연수 $n \in \mathbb{N}$과 모든 점 $x \in \mathbb{R}$에 대해

$$\left| \frac{\sin nx}{n^2} \right| \le \frac{1}{n^2}, \qquad \left| \frac{\cos nx}{n^2} \right| \le \frac{1}{n^2}$$

이 성립한다. 따라서 $\sum_{n=1}^{\infty} \frac{1}{n^2}$이 수렴하므로, Weierstrass의 M-판정법에 의해 주어진 함수항급수들은 $\mathbb{R}$상에서 평등수렴한다. ■

정리 9.3.6 R은 멱급수 $\sum_{n=0}^{\infty} a_n x^n$의 수렴반경이고 I는 수렴구간 $(-R, R)$에 포함되는 유계인 폐구간이면, $\sum_{n=1}^{\infty} a_n x^n$는 I상에서 평등수렴한다.

증명 $I \subset (-R, R)$이므로 모든 점 $x \in I$에 대해 $|x| < cR$을 만족하는 양수 $c < 1$가 존재한다. 따라서 $\frac{1}{R} = \limsup_{n \to \infty} |a_n|^{\frac{1}{n}} < \frac{c}{|x|}$이므로 충분히 큰 자연수 $n \in \mathbb{N}$에 대해 $|a_n|^{\frac{1}{n}} \le \frac{c}{|x|}$. 즉 $|a_n x^n| \le c^n$이 성립한다. 그런데 $c < 1$이므로, Weierstrass의 M-판정법에 의해 주어진 멱급수 $\sum_{n=1}^{\infty} a_n x^n$는 I상에서 평등수렴한다. ■

정리 9.3.7 멱급수 $\sum_{n=0}^{\infty} a_n(x-t)^n$의 수렴반경을 R이라 하고, $|x-t|<R$인 모든 점 x에 대해 $f(x)=\sum_{n=0}^{\infty} a_n(x-t)^n$이라 하자. 그러면 다음이 성립한다.

(1) $0<r<R$이면, $\sum_{n=0}^{\infty} a_n(x-t)^n$은 $[t-r, t+r]$상에서 평등수렴한다.

(2) f는 $(t-R, t+R)$상에서 연속인 함수이다.

(3) f는 $(t-R, t+R)$상에서 미분가능하고 $x\in(t-R, t+R)$이면,

$$f'(x)=\sum_{n=1}^{\infty} na_n(x-t)^{n-1}$$

이고 $\sum_{n=1}^{\infty} na_n(x-t)^{n-1}$은 $[t-r, t+r]$ 상에서 평등수렴한다.

(4) $[a, b]\subset(t-R, t+R)$이면, $f\in\mathscr{R}[a, b]$이고 $\sum_{n=0}^{\infty} a_n\int_a^b (x-t)^n dx$는 수렴하며, 다음이 성립한다.

$$\int_a^b f dx=\sum_{n=0}^{\infty} a_n\int_a^b (x-t)^n dx$$

증명 (1) $|x-t|<r$이면 $|a_n(x-t)^n|\le |a_n|r^n$이다. 그런데 $0<r<R$이므로 $\sum_{n=0}^{\infty}|a_n|r^n$은 수렴하고, 정리 9.3.6에 의해 $\sum_{n=0}^{\infty} a_n(x-t)^n$은 $[t-r, t+r]$상에서 평등수렴한다.

(2) $0<r<R$이라 하고 각 자연수 $n\in\mathbb{N}$에 대해

$$s_n(x)=\sum_{k=1}^{\infty} a_k(x-t)^k$$

이라 두면, $\{s_n\}$은 연속함수열이고 $[t-r, t+r]$상에서 f에 평등수렴한다. 그러므로 정리 9.3.1에 의해 극한함수 f는 $[t-r, t+r]$상에서 연속이다. f가 $0<r<R$인 모든 r에 대해 $[t-r, t+r]$에서 연속이므로 f는 $(t-R, t+R)$상에서 연속이다.

(3) $0<r<R$이라 하자. $\sum_{n=1}^{\infty} na_n(x-t)^{n-1}$의 수렴반경은 $\sum_{n=0}^{\infty} a_n(x-t)^n$의 수렴반경과 같으므로 (1)에 의해 $\sum_{n=1}^{\infty} na_n(x-t)^{n-1}$은 $[t-r, t+r]$상에서 평등수렴한다. 정리 9.3.2의 (2)에 의해 f는 $[t-r, t+r]$상에서 미분가능하고

$$f'(x)=\sum_{n=1}^{\infty}na_n(x-t)^{n-1}$$

이다. 이것은 $0<r<R$인 모든 실수 $r\in\mathbb{R}$에 대해 성립하므로 (3)의 결과를 얻을 수 있다.

(4) 정리 9.3.3에 의해 쉽게 증명된다. ■

예제 9.27 기하급수 $1-x+x^2-\cdots\cdots=\dfrac{1}{1+x}$ (여기서 $|x|<1$)에 대해 정리 9.3.7 (3)과 (4)를 적용하여라.

풀이 정리 9.3.7 (3)을 적용하면, 다음이 성립한다.

$$-1+2x-3x^2+\cdots\cdots=\frac{d}{dx}\left(\frac{1}{1+x}\right)=\frac{-1}{(1+x)^2}\quad(\text{여기서 } |x|<1)$$

또한, $\displaystyle\int_0^x\frac{1}{1+t}dt=\ln(1+x)\ (x>-1)$이므로, 정리 9.3.7 (4)에 의해

$$\ln(1+x)=\int_0^x\frac{1}{1+t}dt=\sum_{n=1}^{\infty}(-1)^{n+1}\frac{x^n}{n}\quad(\text{여기서 } |x|<1)$$

임을 알 수 있다. ■

따름정리 9.3.8 두 멱급수 $\sum_{n=0}^{\infty}a_n(x-t)^n$과 $\sum_{n=0}^{\infty}b_n(x-t)^n$이 $|x-t|<R$에서 수렴하고 $\sum_{n=0}^{\infty}a_n(x-t)^n=\sum_{n=0}^{\infty}b_n(x-t)^n$이면, $a_n=b_n\ (n=0,1,2,\cdots)$이다.

증명 $f(x)=\sum_{n=0}^{\infty}a_n(x-t)^n=\sum_{n=0}^{\infty}b_n(x-t)^n$이라 두자. $f(t)=a_0$이고 $f(t)=b_0$이므로 $a_0=b_0$을 얻는다. 정리 9.3.7 (3)에 의해 $|x-t|<R$에 대해

$$\sum_{n=1}^{\infty}na_n(x-t)^{n-1}=f'(x)=\sum_{n=1}^{\infty}nb_n(x-t)^{n-1}$$

이므로, $a_1=f'(t)=b_1$을 얻는다. 같은 방법으로, $a_2=b_2$, $a_3=b_3$, …을 얻을 수 있다.

따름정리 9.3.9 (Taylor 급수) 멱급수 $\sum_{n=0}^{\infty} a_n(x-t)^n$의 수렴반경을 R이라 하자. $|x-t|<R$에 대해 $f(x)=\sum_{n=0}^{\infty} a_n(x-t)^n$라고 두면, 다음이 성립한다.

$$a_n = \frac{f^{(n)}(t)}{n!}, \qquad f(x) = \sum_{n=0}^{\infty} \frac{f^{(n)}(t)}{n!}(x-t)^n$$

증명 각 자연수 $m \in \mathbb{N}$에 대해 정리 9.3.7 (3)을 m번 적용하면

$$f^{(m)}(x) = \sum_{n=m}^{\infty} n(n-1) \cdots (n-m+1)a_n(x-t)^{n-m}$$

이므로, 다음이 성립한다.

$$f^{(m)}(t) = a_m m! + \sum_{n=m+1}^{\infty} n(n-1) \cdots (n-m+1)a_n 0^{n-m} = a_m m!$$

그러므로 $a_n = \frac{f^{(n)}(t)}{n!}$이고 $f(x) = \sum_{n=0}^{\infty} \frac{f^{(n)}(t)}{n!}(x-t)^n$이다. ■

따름정리 9.3.10 (이항정리) m이 임의의 실수이고 $|x|<1$이면, 다음 급수는 $(1+x)^m$의 매클로린 급수이다.

$$(1+x)^m = 1 + \sum_{n=1}^{\infty} \frac{m(m-1)\cdots(m-n+1)}{n!} x^n$$

증명 $a_n = \frac{m(m-1)\cdots(m-n+1)}{n!} x^n$로 두면, 다음이 성립하므로,

$$\lim_{n\to\infty} \left| \frac{a_{n+1}}{a_n} \right| = |x| \lim_{n\to\infty} \frac{|m-n|}{n+1} = |x|$$

비판정법에 의해 $|x|<1$일 때 $\sum_{n=1}^{\infty} a_n$은 수렴한다. 여기서

$$f(x) = 1 + \sum_{n=1}^{\infty} a_n$$

이라 두었을 때, $|x| < 1$이면 $f(x) = (1+x)^m$임을 밝히고자 한다. 정리 9.3.7 (3)에 의해

$$f'(x) = m + \sum_{n=2}^{\infty} \frac{m(m-1)\cdots(m-n+1)}{(n-1)!} x^{n-1},$$

$$xf'(x) = \sum_{n=1}^{\infty} n \cdot \frac{m(m-1)\cdots(m-n+1)}{n!} x^n$$

이므로, $(1+x)f'(x) = m\left[1 + \sum_{n=1}^{\infty} \frac{m(m-1)\cdots(m-n+1)}{n!} x^n\right] = mf(x)$이다. 따라서

$$\frac{d}{dx}\ln f(x) = \frac{f'(x)}{f(x)} = \frac{m}{1+x}$$

이고 $\frac{d}{dx}\ln(1+x)^m = \frac{m}{1+x}$이므로 $f'(x) = \frac{d}{dx}(1+x)^m$이다. 그런데 $f(0) = 1$이므로

$$f(x) = (1+x)^m \qquad (|x| < 1)$$

을 얻는다. 따라서 따름정리 9.3.9에 의해 $f(x)$는 $(1+x)^m$의 매클로린 급수이다. ■

예제 9.28 $\frac{1}{\sqrt{1+x}}$을 따름정리 9.3.10을 이용해서 멱급수로 나타내어라.

풀이 $\frac{1}{\sqrt{1+x}} = (1+x)^{-\frac{1}{2}}$이므로 따름정리 9.3.10에서 $m = -\frac{1}{2}$인 경우이다. 따라서 $|x| < 1$일 때 매클로린 급수를 구하면, 다음과 같다.

$$\begin{aligned}\frac{1}{\sqrt{1+x}} &= 1 - \frac{1}{2}x + \frac{(-\frac{1}{2})(-\frac{1}{2}-1)}{2!}x^2 + \cdots \\ &\quad + \frac{(-\frac{1}{2})(-\frac{3}{2})\cdots(-\frac{1}{2}-n+1)}{n!}x^n + \cdots \\ &= 1 - \frac{1}{2}x + \frac{1\cdot 3}{2^2\cdot 2!}x^2 + \cdots + (-1)^n\frac{1\cdot 3\cdot \cdots \cdot (2n-1)}{2^n\cdot n!}x^n + \cdots\end{aligned}$$

■

정리 9.3.11 (평등수렴에 대한 Abel의 판정법) $\{f_n\}$은 D상에서 정의된 함수열이고 $\sum_{n=1}^{\infty} f_n$는 D상에서 평등수렴한다고 하자. 또한 $\{g_n\}$이 D상에서 평등유계인 함수열이고, 모든 자연수 $n \in \mathbb{N}$과 모든 점 $x \in D$에 대해 $g_{n+1}(x) \le g_n(x)$이면, $\sum_{n=1}^{\infty} f_n\, g_n$은 D상에서 평등수렴한다.

증명 $m \le k$을 만족하는 자연수 $m,\ k \in \mathbb{N}$에 대해 다음과 같이 두면,

$$s_{m,k}(x) = \sum_{i=m}^{k} f_i(x)$$

$f_k(x) = s_{m,k}(x) - s_{m,k-1}(x)$이다. 여기서 자연수 $m,\ n \in \mathbb{N}$이 $m < n$을 만족하면, 다음이 성립한다.

$$\begin{aligned}
&\sum_{k=m+1}^{n} f_k(x) g_k(x) \\
&= \sum_{k=m+1}^{n} (s_{m+1,k}(x) - s_{m+1,k-1}(x)) g_k(x) \\
&= \sum_{k=m+1}^{n} s_{m+1,k}(x) g_k(x) - \sum_{k=m+1}^{n} s_{m+1,k-1}(x) g_k(x) \\
&= \sum_{k=m+1}^{n} s_{m+1,k}(x) g_k(x) - \sum_{k=m+1}^{n} s_{m+1,k}(x) g_{k+1}(x) + s_{m+1,n}(x) g_{n+1}(x) \\
&= \sum_{k=m+1}^{n} s_{m+1,k}(x) [g_k(x) - g_{k+1}(x)] + s_{m+1,n}(x) g_{n+1}(x)
\end{aligned}$$

그런데 $\{g_n\}$은 평등유계이므로, 적당한 양수 M이 존재해서 모든 점 $x \in D$와 모든 자연수 $n \in \mathbb{N}$에 대해 $|g_n(x)| \le M$이 성립한다. 또한 $\sum_{i=m}^{k} f_n$는 평등수렴하므로 임의의 실수 $\varepsilon > 0$에 대해 적당한 자연수 N이 존재해 $n > m \ge N$인 모든 자연수 $m,\ n \in \mathbb{N}$에 대해 다음이 성립한다.

$$\left| \sum_{k=m+1}^{n} f_k(x) \right| < \frac{\varepsilon}{3M}$$

따라서, $n > m \ge N$인 모든 자연수 $m,\ n \in \mathbb{N}$에 대해

$$
\begin{aligned}
&\left|\sum_{k=m+1}^{n} f_k(x)g_k(x)\right| \\
&= \left|\sum_{k=m+1}^{n} s_{m+1,k}(x)[g_k(x)-g_{k+1}(x)]+s_{m+1,n}(x)g_{n+1}(x)\right| \\
&\le \sum_{k=m+1}^{n} |s_{m+1,k}(x)|\,|g_k(x)-g_{k+1}(x)| + |s_{m+1,n}(x)|\,|g_{n+1}(x)| \\
&\le \frac{\varepsilon}{3M}\sum_{k=m+1}^{n}[g_k(x)-g_{k+1}(x)]+\frac{\varepsilon}{3M}M \\
&= \frac{\varepsilon}{3M}(M+M)+\frac{\varepsilon}{3}=\varepsilon
\end{aligned}
$$

이 성립하고, 정리 9.3.4에 의해 함수항급수 $\sum_{n=1}^{\infty} f_n g_n$은 D상에서 평등수렴한다. ■

따름정리 9.3.12 (Abel의 정리) $\sum_{n=0}^{\infty} a_n$이 수렴하는 급수이면, $\sum_{n=0}^{\infty} a_n x^n$은 $[0, 1]$ 상에서 평등수렴한다.

증명 정리 9.3.11에서 $x \in [0, 1]$에 대해 $f_n(x)=a_n$, $g_n(x)=x^n$이라 두면, 결론을 얻을 수 있다. ■

따름정리 9.3.13 (Abel의 극한에 관한 정리) $\sum_{n=0}^{\infty} a_n$이 수렴하는 급수이고 모든 점 $x \in [0, 1]$에 대해 $f(x)=\sum_{n=0}^{\infty} a_n x^n$이면, 다음이 성립한다.

$$\lim_{x\to 1} f(x) = f(1) = \sum_{n=0}^{\infty} a_n$$

증명 따름정리 9.3.12에 의해 $\sum_{n=0}^{\infty} a_n x^n$은 $[0, 1]$상에서 평등수렴한다. 따라서 정리 9.3.1에 의해 점 $x=1$에서 f는 연속이므로 주어진 결론을 얻을 수 있다. ■

따름정리 9.3.14 멱급수 $\sum_{n=0}^{\infty} a_n x^n$이 어떤 실수 $r \neq 0$에 대해 수렴한다고 하자. $|x| < |r|$ 또는 $x=r$에 대해 $f(x)=\sum_{n=0}^{\infty} a_n x^n$이면, 다음이 성립한다.

$$\lim_{x \to r} f(x) = f(r) = \sum_{n=0}^{\infty} a_n r^n$$

증명 모든 점 $x \in [0, 1]$에 대해 $g(x)=\sum_{n=0}^{\infty} a_n r^n x^n$라 하면, 따름정리 9.3.13에 의해

$$\lim_{x \to 1} g(x) = g(1) = \sum_{n=0}^{\infty} a_n r^n$$

이다. 여기서 $h(x)=\frac{x}{r}$는 $x=r$에서 연속이고 g는 $x=1$에서 연속이다. 그러므로 합성함수 $f=g \circ h$는 $x=r$에서 연속이므로 주어진 결론을 얻을 수 있다. ■

예제 9.29 급수 $\sum_{n=1}^{\infty} \frac{(-1)^{n+1}}{n}$이 주어지고, 모든 점 $x \in [0, 1]$에 대해 $f(x)=\sum_{n=1}^{\infty} \frac{(-1)^{n+1}}{n} x^n$이면, $\lim_{x \to 1} f(x)=f(1)=\sum_{n=1}^{\infty} \frac{(-1)^{n+1}}{n}$임을 Abel의 극한에 관한 정리를 이용해 보여라.

풀이 $\sum_{n=1}^{\infty} \frac{(-1)^{n+1}}{n}$는 수렴하는 급수이고, $\ln(1+x)=\sum_{n=1}^{\infty} \frac{(-1)^{n+1}}{n} x^n$ (여기서 $|x| < 1$)이다. 그런데 로그함수는 $(0, \infty)$상에서 연속이므로 $\lim_{x \to 1} \ln(1+x) = \ln 2$이다. 그러므로 다음이 성립한다.

$$\lim_{x \to 1} \sum_{n=1}^{\infty} \frac{(-1)^{n+1}}{n} x^n = \ln 2 = \sum_{n=1}^{\infty} \frac{(-1)^{n+1}}{n}$$ ■

연습문제 9.3

1. $\mathbb{R}$의 부분집합 D상에서 정의된 함수항급수가 아래과 같이 정의되었을 때, 점별

수렴 또는 평등수렴하는지를 조사하여라.

(1) $\sum_{n=0}^{\infty} \frac{1}{x^n+1}$, $D=[0, \infty)$ (2) $\sum_{n=0}^{\infty} \frac{1}{(nx)^2}$, $D=\mathbb{R}-\{0\}$

(3) $\sum_{n=0}^{\infty} \frac{(-1)^n}{n+x}$, $D=[0, \infty)$ (4) $\sum_{n=0}^{\infty} \frac{x^n}{x^n+1}$, $D=[0, \infty)$

2. 급수 $\sum_{n=1}^{\infty} a_n$이 절대수렴할 때, 급수 $\sum_{n=1}^{\infty} a_n \sin nx$는 평등수렴함을 증명하여라.

3. $|x|<R$에 대해 $f(x)=\sum_{n=1}^{\infty} a_n x^n$라고 하자. $|x|<R$에 대해 $f(x)=f(-x)$이면, 모든 홀수 n에 대해 $a_n=0$임을 증명하여라.

4. $\mathrm{Tan}^{-1} x=\sum_{n=0}^{\infty}(-1)^n \frac{x^{2n+1}}{2n+1}$ $(|x|<1)$임을 증명하여라.

5. 모든 자연수 $n\in\mathbb{N}$과 모든 점 $x\in D$에 대해 $|f_n(x)| \le |g_n(x)|$이고 $\sum_{n=1}^{\infty}|g_n|$이 D상에서 평등수렴하면, $\sum_{n=1}^{\infty} f_n$도 평등수렴함을 증명하여라.

6. f_k, g_k가 $D\subset\mathbb{R}$상에서 정의된 함수들이라 하자. 모든 자연수 $n\in\mathbb{N}$과 모든 점 $x\in D$에 대해 $\left|\sum_{k=1}^{n} f_k(x)\right| \le M<+\infty$이고 $\{g_k\}$가 0에 평등수렴하면, $\sum_{n=1}^{\infty} f_n g_n$도 D상에서 평등수렴함을 증명하여라.

7. $f(x)$를 다음 급수의 합이라고 하자. 정리 9.3.7을 이용하여 $f'(x)$, $\int_0^x f(t)dt$의 값을 구하여라.

(1) $\sum_{n=0}^{\infty} \frac{(-1)^n}{n+1} x^n$ (2) $\sum_{n=0}^{\infty}(n+1)x^n$

(3) $\sum_{n=0}^{\infty} \frac{1}{n^2+1} x^{n+1}$ (4) $\sum_{n=1}^{\infty} \frac{5}{n} x^{n^2}$

연습문제 풀이

연습문제 9.1

1. (1) 각 자연수 $n\in\mathbb{N}$에 대해 $f_n(0)=0$이고, $x>0$이면 $|f_n(x)-0|<\dfrac{1}{nx}\to 0$이므로 $\left\{\dfrac{\sin nx}{1+nx}\right\}$는 정의역 $D=(a,\ \infty)$상에서 평등수렴한다.

   (2) 각 자연수 $n\in\mathbb{N}$에 대해 $f_n(0)=0$이다. $x>0$이면, $0<e^{-x}<1$이고 $0\le e^{-nx}=(e^{-x})^n\to 0$이므로 $0\le xe^{-nx}=x(e^{-x})^n\to x\cdot 0=0$이다. 그러므로 $\{xe^{-nx}\}$은 정의역 $D=[0,\ \infty)$상에서 평등수렴한다.

   (3) 임의의 실수 $\varepsilon>0$에 대해 자연수 N을 $\dfrac{1}{\varepsilon}<N$이 되도록 택하면, $n\ge N$인 모든 자연수 $n\in\mathbb{N}$에 대해 $\left|\dfrac{x}{1+nx}-0\right|=\left|\dfrac{x}{1+nx}\right|<\left|\dfrac{x}{nx}\right|=\dfrac{1}{n}\le\dfrac{1}{N}<\varepsilon$이 성립하고 함수열 $\left\{\dfrac{x}{1+nx}\right\}$은 $(0,\ 1)$상에서 $f\equiv 0$에 평등수렴한다.

   (4) 각 자연수 $n\in\mathbb{N}$에 대해 $|f_n(x)|\le x^n\to 0$이므로 $\left\{\dfrac{x^n}{1+x^n}\right\}$은 $D=[0,\ 1)$상에서 평등수렴한다.

2. 만약 $x\in[a,\ \infty)$이면, $|f_n(x)|\le\dfrac{1}{na}$이다. 그러나 $f_n\!\left(\dfrac{1}{n}\right)=\dfrac{\sin 1}{2}>0$이므로 함수열 $\left\{\dfrac{\sin nx}{1+nx}\right\}$는 정의역 $D=[0,\ \infty)$상에서는 평등수렴하지 않는다.

3. $\displaystyle\lim_{n\to\infty}f_n(x)=\lim_{n\to\infty}\sum_{k=0}^{n}x^k=\lim_{n\to\infty}\frac{1-x^{n+1}}{1-x}=\frac{1}{1-x}$

4. $f_n\xrightarrow{U}f$이고 $g_n\xrightarrow{U}g$라 하면, 임의의 실수 $\varepsilon>0$에 대해 적당한 자연수 $N_1,\ N_2$가 각각 존재하여 모든 점 $x\in D$에 대해 $n\ge N_1$이면 $|f_n(x)-f(x)|<\dfrac{\varepsilon}{2}$이고, $n\ge N_2$이면 $|g_n(x)-g(x)|<\dfrac{\varepsilon}{2}$을 만족한다. 이 때 $n\ge\max\{N_1,\ N_2\}$이면, 다음이 성립하므로

$$|f_n(x)+g_n(x)-f(x)-g(x)|\le|f_n(x)-f(x)|+|g_n(x)-g(x)|<\frac{\varepsilon}{2}+\frac{\varepsilon}{2}=\varepsilon$$

   $\{f_n+g_n\}$은 D상에서 $f+g$에 평등수렴한다.

5. $\varepsilon=1$이라고 하면, 평등수렴의 정의에 의해 충분히 큰 자연수 N이 존재해서 점 $x\in D$이

면 $|f_N(x)-f(x)|<1$이 성립한다. 그런데 함수 f_N은 유계이므로 모든 점 $x \in D$에 대해 $|f_N(x)| \le M$을 만족시키는 실수 $M>0$을 택할 수 있다. 따라서 모든 점 $x \in D$에 대해 $|f(x)| \le |f(x)-f_N(x)|+|f_N(x)| \le 1+M$이므로 f는 유계이다.

6. D상에서 $\{f_n(x)\}$와 $\{g_n(x)\}$가 M에 의해 유계이므로, $|g_n(x)| \le M$이고 그러면 $|f(x)| \le M$이다. 따라서 점 $x \in D$에 대해

$$\begin{aligned} |f_n(x)g_n(x)-f(x)g(x)| &= |f_n(x)g_n(x)-f(x)g_n(x)+f(x)g_n(x)-f(x)g(x)| \\ &= |g_n(x)(f_n(x)-f(x))+f(x)(g_n(x)-g(x)| \\ &\le |g_n(x)||f_n(x)-f(x)|+|f(x)||g_n(x)-g(x)| \\ &\le M(|f_n(x)-f(x)|+| \ g_n(x)-g(x)|) \end{aligned}$$

이므로, 정리 9.1.7과 문제 5에 의해 $\{f_n g_n\}$은 D상에서 fg에 평등수렴한다.

7. 모든 점 $x \in \mathbb{R}$에 대해 $|f_n(x)-f(x)|=\dfrac{1}{n}$이다. 따라서 $\{f_n\}$은 $\mathbb{R}$상에서 f에 평등수렴하나 $|f_n{}^2(n)-f^2(n)| \ge 2$이므로 $\{f_n{}^2\}$은 $\mathbb{R}$상에서 f^2에 평등수렴하지 않는다.

8. $$\begin{aligned} \| f-h \|_D &= \sup_{x\in D} |(f-h)(x)| = \sup_{x\in D} |f(x)-g(x)+g(x)-h(x)| \\ &\le \sup_{x\in D} (|f(x)-g(x)|+|g(x)-h(x)|) \\ &\le \sup_{x\in D} |f(x)-g(x)|+\sup_{x\in D} |g(x)-h(x)| = \| f-g \|_D + \| g-h \|_D \end{aligned}$$

9. $f_n \xrightarrow{U} f$라고 하면, 임의의 실수 $\varepsilon>0$에 대해 적당한 자연수 N가 존재하여 $n \ge N$이면 모든 점 $x \in D$에 대해 $M_n=|f_n(x)-f(x)|<\varepsilon$이 성립한다. 따라서 $n \ge N$이면 $|M_n-0|=M_n<\varepsilon$이 성립하므로 $\lim\limits_{n\to\infty} M_n=0$이다. 역으로 $\lim\limits_{n\to\infty} M_n=0$이면 $\lim\limits_{n\to\infty} \| f_n - f \| =0$이다.

연습문제 9.2

1. 각 자연수 $n \in \mathbb{N}$에 대해 함수 $f_n : \mathbb{R} \to \mathbb{R}$을 $f_n(x)=\begin{cases} \dfrac{1}{n}, & x \in \mathbb{Q} \\ 0, & x \in \mathbb{Q}^c \end{cases}$로 정의하면, 함수 f_n은 모든 점에서 불연속이다. 그러나 함수 $f : \mathbb{R} \to \mathbb{R}$를 $f(x)=0$로 정의하면

f는 $\{f_n\}$의 극한함수가 되고 또한 연속함수가 된다. 그런데 $\lim_{n\to\infty} \| f_n - f \|_{\mathbb{R}} = \lim_{n\to\infty} \sup_{x\in\mathbb{R}} |f_n(x) - f(x)| = \lim_{n\to\infty} \frac{1}{n} = 0$이므로 함수열 $\{f_n\}$은 f에 평등수렴한다.

2. f가 $\mathbb{R}$상에서 평등연속이므로 주어진 실수 $\varepsilon > 0$에 대해 적당한 실수 $\delta > 0$가 존재해서 임의의 실수 $x, y \in \mathbb{R}$에 대해 $|x-y| < \delta$이면 $|f(x) - f(y)| < \varepsilon$이 성립한다. 그런데 따름정리 3.4.7에 의해 $\frac{4}{n} < \delta$를 만족하는 자연수 $n \in \mathbb{N}$가 존재하므로, 임의의 점 $x \in \mathbb{R}$에 대해 $|f_n(x) - f(x)| = \left| f\left(x + \frac{4}{n}\right) - f(x) \right| < \varepsilon$이 성립한다. 그러므로 $f_n \xrightarrow{U} f$이다.

3. $0 \le x < 1$일 때 $\lim_{n\to\infty} \frac{x^n}{1+x^n} = 0$, $x = 1$일 때 $\lim_{n\to\infty} \frac{x^n}{1+x^n} = \frac{1}{2}$이고, $1 < x \le 2$일 때 $\lim_{n\to\infty} \frac{x^n}{1+x^n} = 1$이므로, $f(x) = \begin{cases} 1, & 0 \le x < 1 \\ \frac{1}{2}, & x = 1 \\ 1, & 1 < x \le 2 \end{cases}$ 로 정의된 함수 $f : [0, 2] \to \mathbb{R}$는 $\{f_n\}$의 극한함수이고, f는 불연속이다. 따라서 정리 9.2.1에 의해 함수열 $\{f_n\}$은 $[0, 2]$ 상에서 함수 f에 평등수렴하지 않음을 알 수 있다.

4. (1) $\lim_{n\to\infty} \| f_n - 0 \|_{[0,1]} = \lim_{n\to\infty} \sup\{|f_n(x)| : x \in [0, 1]\} = \lim_{n\to\infty} \sup\left\{\left|\frac{x^n}{n}\right| : x \in [0, 1]\right\}$ $\le \lim_{n\to\infty} \frac{1}{n} = 0$이다. 따라서 평등수렴 극한함수는 $f \equiv 0$이고 $f(1) = 0$이다.

(2) 도함수값 수열 $\{f_n{}'(x)\}$는 $\{x^{n-1}\}$이므로, 예제 9.14에서 보였듯이 평등수렴하지는 않으나, 점별수렴 극한함수는 $f'(x) = \begin{cases} 0, & 0 \le x < 1 \\ 1, & x = 1 \end{cases}$ 이고 $f'(1) = 1$이다.

(3) $\lim_{n\to\infty} f(1) = \left(\lim_{n\to\infty} f_n\right)(1) = 0$이고 $\lim_{n\to\infty} f_n{}'(1) = 1$이므로 함수열 $\left\{\frac{x^n}{n}\right\}$ 자신은 평등수렴하나 도함수열 $\{x^{n-1}\}$은 평등수렴하지 않는 하나의 예이다.

5. (1) $\| f_n \|_{[0,\infty]} = \sup\{|f_n(x)| : x \in [0, \infty)\} = \sup\left\{\left|\frac{e^{-nx}}{n}\right| : x \in [0, \infty)\right\} = \frac{1}{n}$ $= \sup\left\{\left|\frac{1}{e^{nx}}\right| : x \in [0, \infty)\right\} \le \frac{1}{n} \to 0$이므로 $f_n \xrightarrow{U} 0$이다.

(2) $f_n{}'(x) = -e^{-nx}$ (여기서 $n \in \mathbb{N}$, $x \in [0, \infty)$)이므로 $\lim_{n\to\infty} f_n{}'(x) = \begin{cases} -1, & x = 0 \\ 0, & x \ne 0 \end{cases}$ 이다. 따라서 $\{f_n{}'\}$는 평등수렴하지 않고, 점별수렴한다.

(3) $(\lim_{n\to\infty} f_n)'(0)=0$이고, $\lim_{n\to\infty} f_n{}'(0)=-1$이다.

6. $\lim_{n\to\infty}\int_0^1 f_n\,dx=\lim_{n\to\infty}\int_0^1 x^n\,dx=\lim_{n\to\infty}\frac{1}{n+1}=0$이고 $\int_0^1\lim_{n\to\infty} f_n\,dx=\int_0^1 f\,dx=0$ 이다.
여기서 f는 $f(x)=\begin{cases}0, & 0\le x<1\\ 1, & x=1\end{cases}$ 로 정의된 리만적분가능한 함수이다.

7. $f_n(x)=e^{-nx^2}$이라 하면, 함수 f_n은 $[1, 2]$상에서 감소하며 연속이고 유계이다. 한편 $\| f_n-0\|_{[1,2]}=\| f_n\|_{[1,2]}=\sup\{|f_n(x)| : x\in[1, 2]\}=\sup\{|e^{-nx^2}| : x\in[1, 2]\}$ $=e^{-n}\to 0$이다. 따라서 유계함수열 $\{f_n\}$은 $f\equiv 0$에 평등수렴하므로, 다음이 성립한다.

$$\lim_{n\to\infty}\int_1^2 e^{-nx^2}dx=\int_1^2\lim_{n\to\infty} e^{-nx^2}dx=\int_1^2 0\,dx=0$$

8. (1) 미적분학의 기본정리 Ⅱ로부터 $\int_a^x f_n{}'dt=f_n(x)-f_n(a)$이므로 정리 9.2.3에 의해

$$\begin{aligned}\int_a^x g(t)dt&=\int_a^x(\lim_{n\to\infty} f_n{}'(t))dt=\lim_{n\to\infty}\int_a^x f_n{}'(t)dt=\lim_{n\to\infty}(f_n(x)-f_n(a))\\&=f(x)-f(a)\end{aligned}$$

(2) (1)의 양변을 x에 관해 미분하면 모든 점 $x\in I$에 대해 $g(x)=f'(x)$가 성립한다.

연습문제 9.3

1. (1) $0\le x\le 1$인 경우는 급수가 발산한다. $1<x<\infty$인 경우는 급수가 수렴한다. 그러므로 $a>1$에 대해 $[a, \infty)$상에서는 평등수렴한다.
(2) 주어진 급수는 $x\ne 0$에 대해서는 수렴한다. 그러나 $\mathbb{R}-\{0\}$상에서는 평등수렴하지 않는다. 왜냐하면, $x_n=\frac{1}{n}$이면 $f_n(x_n)=1$이기 때문이다.
(3) $x\ge 0$이면 주어진 급수는 교대급수이고 $|s(x)-s_n(x)|\le\frac{1}{(n+1)}$이기 때문에 수렴한다. 그러므로 주어진 급수는 평등수렴한다.
(4) $0\le f_n(x)\le x^n$이므로 주어진 급수는 $[0, 1)$상에서 수렴하고, $a\in(0, 1)$인 $[0, a]$ 상에서는 평등수렴한다. $x_n=1-\frac{1}{n}$을 택하면, $[0, 1)$상에서는 평등수렴하지 않는다.

2. $|\sin nx|\le 1$이므로 $M_n=|a_n|$으로 택하여 정리 9.3.5를 적용하면 된다.

3. 두 급수 $\sum_{n=1}^{\infty} a_n x^n$와 $\sum_{n=1}^{\infty} b_n x^n$가 어떤 구간상에서 같은 함수 f에 수렴하면, 모든 자연수 $n \in \mathbb{N}$에 대해 $a_n = b_n$이 성립된다는 사실로부터 모든 자연수 $n \in \mathbb{N}$에 대해 $a_n = (-1)^n a_n$이 성립해야 하므로 n이 홀수일 때 $a_n = 0$이다.

4. $|x| < 1$일 때 $\dfrac{1}{1+x^2} = 1 - x^2 + x^4 - \cdots + (-1)^n x^{2n} + \cdots = \sum_{n=0}^{\infty} (-1)^n x^{2n}$이므로 정리 9.3.7 (4)에 의해 다음이 성립한다.

$$\mathrm{Tan}^{-1} x = \int_0^x \frac{dt}{1+t^2} = \int_0^x \sum_{n=0}^{\infty} (-1)^n t^{2n} dt = \sum_{n=0}^{\infty} \int_0^x (-1)^n t^{2n} dt = \sum_{n=0}^{\infty} (-1)^n \frac{x^{2n+1}}{2n+1}$$

5. $\sum_{n=1}^{\infty} |g_n|$이 D상에서 평등수렴한다고 하면 정리 9.3.4에 의해 $\left| \sum_{k=m+1}^{\infty} g_k \right| < \varepsilon$이다. 그런데 모든 자연수 $n \in \mathbb{N}$과 모든 점 $x \in D$에 대해 $|f_n(x)| \le |g_n(x)|$이므로 $\left| \sum_{k=m+1}^{\infty} f_k \right| \le \left| \sum_{k=m+1}^{\infty} g_k \right|$이고 $\sum_{n=1}^{\infty} f_n$도 평등수렴한다.

6. 부분합 공식과 가정에 의해 다음이 성립한다.

$$\begin{aligned}\left| \sum_{k=m}^{n} f_k(x) g_k(x) \right| &= \left| \sum_{k=m}^{n} f_k(x) g_n(x) + \sum_{k=m}^{n-1} \sum_{j=m}^{k} f_j(x)(g_k(x) - g_{k+1}(x)) \right| \\ &\le 2M|g_n(x)| + 2M \left| \sum_{k=m}^{n-1} (g_k(x) - g_{k+1}(x)) \right| = 2M|g_m(x)|\end{aligned}$$

따라서, 함수열 $\{g_m\}$가 D 상에서 0에 평등수렴함으로 정리 9.3.4에 의해 $\sum_{n=1}^{\infty} f_n g_n$는 D 상에서 평등수렴한다.

7. (1) $f'(x) = \sum_{n=1}^{\infty} \dfrac{(-1)^n n}{n+1} x^{n-1}$, $\int_0^x f(t)dt = \sum_{n=0}^{\infty} \dfrac{(-1)^n}{(n+1)(n+2)} x^{n+2}$

(2) $f'(x) = \sum_{n=1}^{\infty} n(n+1) x^{n-1}$, $\int_0^x f(t)dt = \sum_{n=0}^{\infty} x^n$

(3) $f'(x) = \sum_{n=1}^{\infty} \dfrac{n+1}{n^2+1} x^2$, $\int_0^x f(t)dt = \sum_{n=0}^{\infty} \dfrac{x^{n+2}}{(n^2+1)(n+2)}$

(4) $f'(x) = \sum_{n=1}^{\infty} 5n x^{n^2-1}$, $\int_0^x f(t)dt = \sum_{n=1}^{\infty} \dfrac{5x^{n^2+1}}{n(n^2+1)}$

제 10 장
거리공간

제10장에서는 거리공간, 개집합, 폐집합, 거리공간에 정의된 사상의 극한, 근방과 연속, 거리공간의 완비성에 관한 정의와 성질들을 소개한다.

10.1 거리공간의 정의

3장에서 $\mathbb{R}$ 상에서의 두 점 x, y 사이의 거리를 절대값 함수를 이용해 $|x-y|$로 정의하였다. 이 절에서는 이러한 거리개념이 일반 집합에서도 정의될 수 있도록 일반화시키고 다양한 거리공간의 예를 다룬다.

〈정의 10.1.1〉

X를 집합이라 하자. 함수 $d: X \times X \to \mathbb{R}$가 다음 네 조건을 만족할 때, d를 X의 거리(metric) 또는 거리함수(metric function)라 한다.

(M1) $d(x, y) \geq 0$

(M2) $d(x, y) = 0 \iff x = y$

(M3) $d(x, y) = d(y, x)$ (대칭성)

(M4) $d(x, z) \leq d(x, y) + d(y, z)$ (삼각부등식)

거리 d가 정의된 집합 X를 거리공간(metric space)이라 하고, (X, d)로 나타내거나 또는, 간단히 X로 나타낸다.

[주] 조건 (M2)는 임의의 점 $x \in X$에 대해 $d(x, x)=0$이고 $x \neq y$이면, $d(x, y)>0$임을 의미한다.

예제 10.1 실수 전체집합 $\mathbb{R}$상에서 다음과 같이 정의된 함수 d가 거리함수인지를 판별하여라.

(1) $d(x, y)=|x^2-y^2|$

(2) $d(x, y)=|x^3-y^3|$

(3) $d(x, y)=e^{\frac{1}{|x-y|}}$

풀이 (1) $d(2, -2)=|2^2-(-2)^2|=0$이나 $2 \neq -2$이므로 (M2)가 성립하지 않는다. 그러므로 $d(x, y)=|x^2-y^2|$로 정의된 함수 d는 거리함수가 아니다.

(2) $d(x, y)=|x^3-y^3| \geq 0$는 명백하다. $d(x, y)=|x^3-y^3|=0$이면 $x=y$이고, $x=y$이면 $d(x, y)=0$이므로 (M2)가 성립한다. 절대값의 성질에 의해 (M3)가 성립하고

$$\begin{aligned} d(x, z) &= |x^3-z^3| = |x^3-y^3+y^3-z^3| \\ &\leq |x^3-y^3|+|y^3-z^3| = d(x, y)+d(y, z) \end{aligned}$$

이므로, (M4)가 성립한다. 그러므로 $d(x, y)=|x^3-y^3|$로 정의된 d는 거리함수이다.

(3) $d(x, x)$는 정의가 되지 않으므로, (M2)가 성립하지 않는다. 그러므로 d는 거리함수가 될 수 없다. ■

예제 10.2 실수 전체집합 $\mathbb{R}$상에서 함수 d를 다음과 같이 정의하면,

$$d(x, y)=|x-y|$$

$(\mathbb{R}, d)$는 거리공간임을 보여라. 이 공간을 **보통거리공간**(usual metric space)이라 한다.

풀이 (M1) $d(x, y) = |x-y| \geq 0$

(M2) $d(x, y) = |x-y| = 0 \iff x-y=0 \iff x=y$

(M3) $d(x, y) = |x-y| = |y-x| = d(y, x)$

(M4) $d(x, z) = |x-z| \leq |x-y| + |y-z| = d(x, y) + d(y, z)$ ■

정리 10.1.1 (Schwarz 부등식) 임의의 실수 $a_i, b_i \in \mathbb{R}(i=1, 2, \cdots, n)$에 대해 다음의 부등식이 성립한다.

$$\left(\sum_{i=1}^{n} a_i b_i\right)^2 \leq \left(\sum_{i=1}^{n} a_i^2\right)\left(\sum_{i=1}^{n} b_i^2\right)$$

증명 $n=2$일 때

$$\begin{aligned}&(a_1^2+a_2^2)(b_1^2+b_2^2)\\&=(a_1b_1+a_2b_2)^2+\frac{1}{2}\{(a_1b_2-a_2b_1)^2+(a_2b_1-a_1b_2)^2\}\end{aligned}$$

이므로, Schwarz 부등식이 성립한다. 자연수 $n>2$에 대해서도 일반적으로

$$\sum_{i=1}^{n} a_i^2 \sum_{i=1}^{n} b_i^2 = \left(\sum_{i=1}^{n} a_i b_i\right)^2 + \frac{1}{2}\sum_{i \neq j}(a_i b_j - a_j b_i)^2$$

이 성립하므로, 다음이 성립한다.

$$\left(\sum_{i=1}^{n} a_i b_i\right)^2 \leq \left(\sum_{i=1}^{n} a_i^2\right)\left(\sum_{i=1}^{n} b_i^2\right)$$ ■

예제 10.3 $\mathbb{R}^n$상의 두 점 $x=(x_1, x_2, \cdots, x_n)$, $y=(y_1, y_2, \cdots, y_n)$에 대해 d_2를 다음과 같이 정의하면,

$$d_2(x, y) = \sqrt{\sum_{i=1}^{n} |x_i - y_i|^2}$$

$(\mathbb{R}^n, d_2)$은 거리공간임을 보여라. 이 공간을 n차원 유클리드거리공간(Euclid metric space)이라 한다.

풀이 $0 \le d_2(x, y)$이므로, (M1)이 성립한다.

$$\begin{aligned} d_2(x, y)=0 &\iff \sqrt{\sum_{i=1}^{n}|x_i-y_i|^2}=0 \\ &\iff |x_i-y_i|^2=0 \\ &\iff x_i=y_i \qquad (i=1, 2, \cdots, n) \\ &\iff x=y \end{aligned}$$

이므로 (M2)가 성립하고, 절대값 함수의 대칭성에 의해 (M3)도 성립한다. (M4)를 증명하기 위해 Schwarz 부등식을 적용하면,

$$\begin{aligned} d_2(x, y)^2 &= \sum_{i=1}^{n}|x_i-y_i|^2 \le \sum_{i=1}^{n}(|x_i-z_i|+|z_i-y_i|)^2 \\ &\le \sum_{i=1}^{n}|x_i-z_i|^2+2\sqrt{\sum_{i=1}^{n}|x_i-z_i|^2}\sqrt{\sum_{i=1}^{n}|z_i-y_i|^2}+\sum_{i=1}^{n}|z_i-y_i|^2 \\ &= d_2(x, z)^2+2d_2(x, z)d_2(z, y)+d_2(z, y)^2 \\ &= \{d_2(x, z)+d_2(z, y)\}^2 \end{aligned}$$

을 얻을 수 있다. 따라서 $d_2(x, y) \ge 0$이고 $d_2(x, z)+d_2(z, y) \ge 0$이므로, 윗 부등식으로부터 다음이 성립한다.

$$d_2(x, y) \le d_2(x, z)+d_2(z, y)$$ ■

예제 10.4 공집합이 아닌 집합 X 상에서 함수 $d: X \times X \to \mathbb{R}$를 다음과 같이 정의하면

$$d(x, y)=\begin{cases} 0, & (x=y) \\ 1, & (x \ne y) \end{cases}$$

(X, d)는 거리공간임을 보여라. 이 공간을 이산거리공간(discrete metric space)이라 한다.

풀이 X의 임의의 두 점 x, y에 대해 $0 \le d(x, y)$이므로 (M1)이 성립한다. 정의에 의해 $d(x, y)=0$인 경우는 $x=y$인 경우밖에 없으므로, 다음이 성립한다.

$$d(x, y)=0 \iff x=y$$

(M3)는 명백하므로 (M4)를 증명하자. x, y를 X의 임의의 점이라 하면, $d(x, y)=0$ 또는 $d(x, y)=1$이다. $d(x, y)=0$일 때는 임의의 점 $z \in X$에 대해

$$d(x, y)=0 \leq d(x, z)+d(z, y)$$

이 성립한다. 또한 $d(x, y)=1$일 때는 $x \neq y$이므로 임의의 점 $z \in X$에 대해서 $x \neq z$ 또는 $y \neq z$이다. 왜냐하면, $x=z$이고 $y=z$이면 $x=y$이기 때문이다. 따라서 $d(x, z)+d(y, z) \geq 1$이므로, 다음이 성립한다.

$$d(x, y)=1 \leq d(x, z)+d(z, y)$$

■

예제 10.5 (X, d)를 거리공간이라 하자. X상의 두 점 x, y에 대하여 실수값함수 d_0를 다음과 같이 정의하면,

$$d_0(x, y)=\frac{d(x, y)}{1+d(x, y)}$$

d_0는 거리함수이고 (X, d_0)은 거리공간임을 보여라.

증명 X의 두 점 x, y에 대해 $d_0(x, y) \geq 0$이므로, (M1)이 성립한다. $d_0(x, y)=0$이면, $d(x, y)=0$이다. 또 다음이 성립하므로, (M2)가 성립한다.

$$d_0(x, y)=0 \iff d(x, y)=0 \iff x=y$$

(M3)는 d가 X상에서 거리함수이므로 명백하다. (M4)의 증명을 위해 $f(t)=\frac{t}{1+t}$ (단, $t \in (-1, \infty)$)로 정의하면, f는 $(-1, \infty)$상에서 미분가능하고, 모든 점 t에 대해 $f'(t)>0$이므로 f는 증가함수이다. 따라서 임의의 세 점 $x, y, z \in X$에 대해서 $d(x, y) \leq d(x, z)+d(z, y)$이므로,

$$\frac{d(x, y)}{1+d(x, y)} \leq \frac{d(x, z)+d(z, y)}{1+d(x, z)+d(z, y)}$$

이 성립하고 다음을 얻는다.

$$\begin{aligned} d_0(x, z)+d_0(z, y) &= \frac{d(x, z)}{1+d(x, z)}+\frac{d(z, y)}{1+d(z, y)} \\ &\geq \frac{d(x, z)+d(z, y)}{1+d(x, z)+d(z, y)} \end{aligned}$$

$$\geq \frac{d(x, y)}{1+d(x, y)} = d_0(x, y)$$

그러므로 함수 d_0는 거리함수이고, (X, d_0)는 거리공간이다. ■

〈정의 10.1.2〉

f가 집합 X상에서 실수값함수라 하자. 모든 점 $t \in X$에 대해서 $|f(t)| \leq M$인 실수 $M > 0$이 존재하면, 함수 f는 X상에서 유계(bounded)라 하고, 다음과 같이 나타낸다.

$$\sup\{|f(t)| : t \in X\} < +\infty$$

[주] 함수 $f : X \to \mathbb{R}$가 유계라는 의미는 $\mathbb{R}$의 부분집합인 $f(X)$가 유계라는 의미이다.

예제 10.6 X는 공집합이 아니고 $B(X)$는 X상에서 정의된 유계인 실수값함수 전체집합이라 하자. $B(X)$에 속하는 임의의 함수 f, g에 대해서 d를 다음과 같이 정의하면,

$$d(f, g) = \sup\{|f(t) - g(t)| : t \in X\}$$

d는 거리함수이고 $B(X)$는 거리공간임을 보여라.

증명 $B(X)$에 속하는 임의의 함수 f, g에 대하여 다음이 성립하므로,

$$\begin{aligned} d(f, g) &= \sup\{|f(t) - g(t)| : t \in X\} \\ &\leq \sup\{|f(t)| : t \in X\} + \sup\{|g(t)| : t \in X\} \\ &< +\infty \end{aligned}$$

d는 $B(X) \times B(X)$에서 $\mathbb{R}$에로의 실수값함수로서 유계이다. $0 \leq d(f, g)$이므로 (M1)이 성립하고,

$$\begin{aligned} d(f, g) = 0 &\iff \sup\{|f(t) - g(t)| : t \in X\} = 0 \\ &\iff |f(t) - g(t)| = 0 \quad (t \in X) \\ &\iff f(t) = g(t) \quad\quad\; (t \in X) \\ &\iff f = g \end{aligned}$$

이므로 (M2)가 성립한다. (M3)는 명백하며, 임의의 함수 $h \in B(X)$에 대해

$$\begin{aligned} d(f, g) &= \sup\{|f(t)-g(t)| : t \in X\} \\ &\le \sup\{|f(t)-h(t)| + |h(t)-g(t)| : t \in X\} \\ &\le \sup\{|f(t)-h(t)| : t \in X\} + \sup\{|h(t)-g(t)| : t \in X\} \\ &= d(f, h) + d(h, g) \end{aligned}$$

이므로, (M4)가 성립한다. ■

연습문제 10.1

※ (X, d)를 거리공간이라 하고 $x, y, z, w \in X$일 때, 문제 1과 2를 증명하여라.

1. $|d(x, y)-d(z, y)| \le d(x, z)$

2. $|d(x, y)-d(z, w)| \le d(x, z)+d(y, w)$

3. $[0, 1]$상에서 유계인 연속함수의 집합을 $C([0, 1])$로 나타내자. 임의의 함수 $x, y \in C([0, 1])$에 대해 d_1과 d_2를 다음과 같이 정의하면,

$$d_1(x, y) = \max\{|x(t)-y(t)| : t \in [0, 1]\}$$

$$d_2(x, y) = \int_0^1 |x(t)-y(t)|\, dt$$

d_1, d_2는 각각 $C([0, 1])$상에서 거리함수임을 증명하여라.

4. $\mathbb{R}^n$상의 두 점 x, y에 대해 실수값함수 d_∞를 다음과 같이 정의하면,

$$d_\infty(x, y) = \max\{|x_1-y_1|, |x_2-y_2|, \cdots, |x_n-y_n|\}$$

$(\mathbb{R}^n, d_\infty)$는 거리공간이 됨을 증명하여라.

5. $\mathbb{R}^2$상의 두 점 x, y에 대해 실수값함수 $d_{1/2}$을 다음과 같이 정의하면,

$$d_{1/2}(x, y) = (\sqrt{|x_1 - y_1|} + \sqrt{|x_2 - y_2|})^2$$

$d_{1/2}$은 $\mathbb{R}^2$상에서 거리함수가 되지 않음을 증명하여라.

6. $i=1, 2, \cdots$에 대해 (X_i, d_i)를 거리공간이라 하자. 직적집합 $\prod_{i=1}^{\infty} X_i$의 두 점 $x=(x_1, x_2, \cdots)$, $y=(y_1, y_2, \cdots)$에 대해 실수값함수 d를 다음과 같이 정의하면,

$$d(x, y) = \sum_{i=1}^{\infty} \frac{1}{i!} \frac{d_i(x_i, y_i)}{1 + d_i(x_i, y_i)}$$

$(\prod_{i=1}^{\infty} X_i, d)$는 거리공간이 됨을 증명하여라.

※ p, q를 $p, q > 1$, $\frac{1}{p} + \frac{1}{q} = 1$인 두 수라 할 때, 문제 7, 8, 9의 부등식을 증명하여라.

7. $a, b \geq 0$일 때, 다음이 성립한다.

$$a^{\frac{1}{p}} b^{\frac{1}{q}} \leq \frac{a}{p} + \frac{b}{q}$$

8. (**Hölder**의 부등식) $a_i, b_i \geq 0 (i=1, 2, \cdots, n)$일 때, 다음이 성립한다.

$$\sum_{i=1}^{n} a_i b_i \leq \left(\sum_{i=1}^{n} a_i^p\right)^{\frac{1}{p}} \left(\sum_{i=1}^{n} b_i^q\right)^{\frac{1}{q}}$$

9. (**Minkowski**의 부등식) $a_i, b_i \geq 0 (i=1, 2, \cdots, n)$일 때, 다음이 성립한다.

$$\left(\sum_{i=1}^{n} (a_i + b_i)^p\right)^{\frac{1}{p}} \leq \left(\sum_{i=1}^{n} a_i^p\right)^{\frac{1}{p}} + \left(\sum_{i=1}^{n} b_i^p\right)^{\frac{1}{p}}$$

10. $\mathbb{R}^n$상의 두 점 x, y에 대해 실수값함수 d_p를 다음과 같이 정의하면,

$$d_p(x, y) = \left(\sum_{i=1}^{n} |x_i - y_i|^p\right)^{\frac{1}{p}} \qquad (\text{여기서 } 1 \leq p < \infty)$$

$(\mathbb{R}^n, d_p)$는 거리공간이 됨을 증명하여라.

11. $\sum_{i=1}^{\infty} |x_i| < \infty$을 만족하는 실수열 $x=\{x_i\}$ 전체집합을 l^1이라고 하자. l^1의 두 원소 x, y에 대해 실수값함수 d_1를 다음과 같이 정의하면,

$$d_1(x, y)=\sum_{i=1}^{\infty} |x_i-y_i|$$

(l^1, d_1)은 거리공간이 됨을 증명하여라.

12. $\sum_{i=1}^{\infty}|x_i|^2<\infty$을 만족하는 실수열 $x=\{x_i\}$ 전체집합을 l^2이라 하자. l^2의 두 원소 x, y에 대해 실수값함수 d_2를 다음과 같이 정의하면,

$$d_2(x, y)=(\sum_{i=1}^{\infty}|x_i-y_i|^2)^{\frac{1}{2}}$$

(l^2, d_2)는 거리공간이 됨을 증명하여라.

13. 문제 11과 12의 두 집합 l^1, l^2에 대해 $l^1 \subset l^2$임을 증명하여라.

10.2 개집합

$\mathbb{R}$에서 개구간 (a, b)를 거리공간에 일반화시킨 개구를 정의하고 이들의 합집합을 개집합으로 도입한다. 이 절에서는 다양한 거리공간에서 개구와 개집합의 예, 내점, 외점, 경계점의 도입과 더불어 개집합의 유용한 성질들을 다룬다.

〈정의 10.2.1〉

거리공간 (X, d)의 한 점 x_0와 양수 r에 대해

$$S_r(x_0)=\{x\in X : d(x_0, x)<r\} \quad [S_r[x_0]=\{x\in X : d(x_0, x) \le r\}]$$

을 중심이 x_0이고 반지름이 r인 개구(open sphere) [폐구(closed sphere)]라 한다.

[주] d를 $\mathbb{R}$상에서의 보통거리라 하면, 개구 $S_r(x_0)=(x_0-r,\ x_0+r)$는 $\mathbb{R}$에서의 개구간이고, 폐구 $S_r[x_0]=[x_0-r,\ x_0+r]$는 폐구간이다.

예제 10.7 $\mathbb{R}^2$상에서 정의된 2차원 유클리드거리함수 d_2(예제 10.3 참고), 이산거리함수 d(예제 10.4 참고)와 점 $x=(x_1,\ x_2)$, $y=(y_1,\ y_2)\in\mathbb{R}^2$에 대해

$$d_\infty(x,\ y)=\max\{|x_1-y_1|,\ |x_2-y_2|\}$$

로 정의된 거리함수 d_∞에 대해, 중심이 원점 0이고 반지름이 r인 개구 $S_r(0)$를 각각 구하여라.

풀이 (i) 보통거리공간 $(\mathbb{R}^2,\ d)$에서 반지름이 r인 개구 $S_r(0)$는 다음과 같다(그림 10.2.1 참고).

$$\begin{aligned} s_r(0) &= \{x=(x_1,\ x_2)\in\mathbb{R}^2 : d_2(0,\ x)<r\} \\ &= \{x=(x_1,\ x_2)\in\mathbb{R}^2 : \sqrt{x_1^2+x_2^2}<r\} \end{aligned}$$

(ii) 이산거리공간 $(\mathbb{R}^2,\ d)$에서 개구

$$S_r(0)=\begin{cases}\{0\}, & r\le 1\\ \mathbb{R}^2, & r>1\end{cases}$$

는 두 종류 뿐이다. 왜냐하면, 두 점 $x,\ y$의 거리가 1보다 작은 경우는 $d(x,\ y)=0$인 경우밖에 없으므로 $x=y$이고, r이 1보다 클 때는 모든 점 $x,\ y\in\mathbb{R}^2$에 대해서 $d(x,\ y)<r$이기 때문에 이산거리공간에서의 개구는 한 점 집합과 전체 집합뿐이다.

(iii) 거리공간 $(\mathbb{R}^2,\ d_\infty)$에서 개구 $S_r(0)$를 구하면, 다음과 같다(그림 10.2.2 참고).

$$\begin{aligned} s_r(0) &= \{x=(x_1,\ x_2)\in\mathbb{R}^2 : d_\infty(0,\ x)<r\} \\ &= \{x=(x_1,\ x_2)\in\mathbb{R}^2 : \max\{|x_1|,\ |x_2|\}<r\} \end{aligned}$$

■

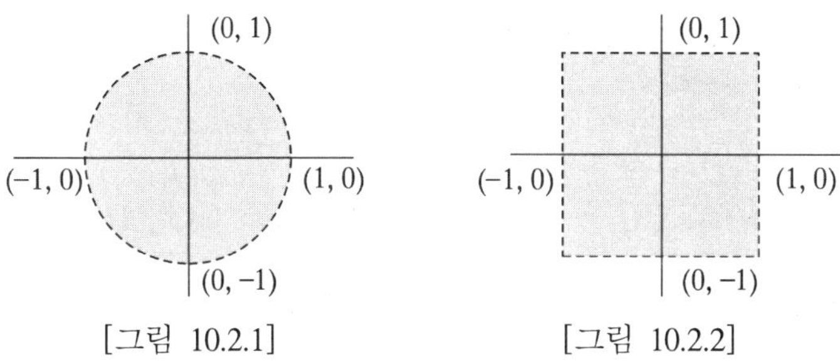

[그림 10.2.1] [그림 10.2.2]

〈정의 10.2.2〉

A를 거리공간 X의 부분집합이라 하자.

(1) 양수 r이 존재하여 $S_r(x) \subset A$일 때, x를 A의 **내점**(interior point)이라 한다.

(2) 양수 r이 존재하여 $S_r(y) \subset A^c$일 때, y를 A의 **외점**(exterior point)이라 한다.

(3) A의 내점도 외점도 아닌 X의 점 z를 A의 **경계점**(boundary point)이라 한다. 즉, z를 중심으로 하는 모든 개구가 A와 A^c의 점을 동시에 품을 때, z를 A의 **경계점**이라 한다.

이때, A의 내점 전체집합을 Int A, A의 외점 전체집합을 Ext A, 경계점 전체집합을 Bdy A로서 나타낸다.

[주] 1. 위 정의는 X의 각 점과 집합 $A \subset X$와의 관계를 분류한 것으로 $X = \text{Int } A \cup \text{Ext } A \cup \text{Bdy } A$임을 알 수 있다.

2. 점 x의 모든 개구 $S_r(x)$는 x를 포함하므로, Int $A \subset A$이다.

3. $x \not\in \text{Int } A$는 모든 점 x의 개구 $S_r(x)$에 대해 $S_r(x) \cap (X - A) = \varnothing$임을 의미이다.

4. 정의에 의해, Ext $A = \text{Int } A^c$이다.

예제 10.8 이산거리공간 $X = \{a, b, c, d, e\}$상에서 X의 부분집합 $A = \{a, b, c\}$의 Int A, Bdy A, Ext A를 구하여라.

풀이 X가 이산거리공간이므로, 각 점 $x \in X$에 대해 가장 작은 개구는 $S_1(x) = \{x\}$이다. 그러므로 $x \in$ Int A일 필요충분조건은 $S_1(x) \subset A$ 즉, $x \in A$인 것이다. 따라서 $S_1(a) = \{a\} \subset \{a, b, c\}$이므로 a는 A의 내점이고, b와 c도 같은 방법으로 A의 내점이다. $S_1(d) = \{d\} \subset \{d, e\} = A^c$이므로 d는 A의 외점이고, 마찬가지로 e도 A의 외점이다.

따라서 Int $A=\{a, b, c\}$, Ext $A=\{d, e\}$이다. 한편, Bdy $A=X-(\text{Int } A \cup \text{Ext } A)$이므로, Bdy $A=\varnothing$이다. ■

예제 10.9 보통거리공간 $\mathbb{R}$에서 집합 $A=[0, 1)$의 Int A, Ext A, Bdy A를 구하여라.

풀이 점 x가 $0<x<1$일 때 $r=\min\{x, 1-x\}$라 두면,

$$S_r(x)=(x-r, x+r) \subset (x-x, x+(1-x))=(0, 1)$$

이므로 $x \in \text{Int } A$이다. 점 $x<0$이면

$$S_{-x}(x)=(x-(-x), x+(-x))=(2x, 0) \subset A^c$$

이고, 점 $x>1$이면

$$S_{x-1}(x)=(x-(x-1), x+(x-1))=(1, 2x-1) \subset (1, \infty) \subset A^c$$

이므로 $x \in \text{Ext } A$, 따라서 Int $A=(0, 1)$이고 Ext $\text{A}=(-\infty, 0) \cup (1, \infty)$이므로, Bdy $A=\{0, 1\}$이다. ■

〈정의 10.2.3〉

G를 거리공간 X의 부분집합이라 하자. G의 임의의 점 x에 대하여 양수 r이 존재하여 $S_r(x) \subset G$를 만족할 때, G를 X의 **개집합**(open set)이라 한다.

[주] $\mathbb{R}$에서의 거리함수는 언급이 없으면, $\mathbb{R}$은 보통거리공간(예제 10.2)이고 $\mathbb{R}^n$은 n차원 유클리드거리공간(예제 10.3)으로 간주한다.

예제 10.10 [0, 1), (0, 1], [0, 1]은 $\mathbb{R}$에서 개집합이 아님을 보여라.

풀이 [0, 1)에서 0을 중심으로 하는 모든 개구 $S_r(0)$은 $-\frac{r}{2}$을 포함하지만 $-\frac{r}{2} \not\in [0, 1)$이므로 항상 $S_r(0) \not\subset [0, 1)$이다. 그러므로 개집합의 정의에 의해 [0, 1)은 개집합이 아니다. 같은 이유로, (0, 1], [0, 1]도 개집합이 아니다. ■

예제 10.11 2차원 유클리드거리공간 $\mathbb{R}^2$에서 집합 $A=\{(x, y) \in \mathbb{R}^2 : x<y\}$은 개집합임을 보여라.

증명 임의의 점 $(x_0, y_0) \in A$에 대해 $r = y_0 - x_0$라 하면, $r > 0$이고 $S_{\frac{r}{2}}((x_0, y_0)) \subset A$이다. 실제로 $(x, y) \in S_{\frac{r}{2}}((x_0, y_0))$이면, $|x - x_0|^2 + |y - y_0|^2 < \frac{r^2}{4}$이므로 $|x - x_0| < \frac{r}{2}$이고 $|y - y_0| < \frac{r}{2}$이다. 따라서 다음이 성립하므로,

$$x < \frac{r}{2} + x_0 = \frac{y_0 + x_0}{2} = -\frac{r}{2} + y_0 < y$$

$(x, y) \in A$이고 A는 개집합이다. ■

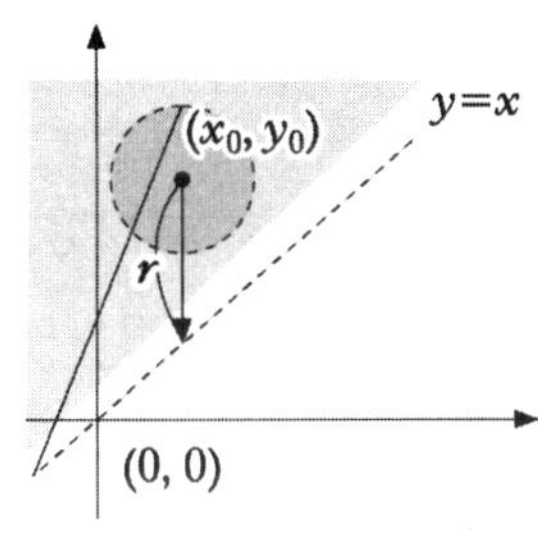

[그림 10.2.3]

> **정리 10.2.1** G가 개집합이기 위한 필요충분조건은 $\text{Int}\, G = G$가 성립한다.

증명 정의로부터 명백하다. ■

[주] 예제 10.9에서 $\text{Int}\,[0, 1) = (0, 1)$이므로 $[0, 1)$은 보통거리공간 $\mathbb{R}$에서 개집합이 아니다.

> **정리 10.2.2** 거리공간에서 모든 개구는 개집합이다.

증명 x를 거리공간 X의 한 점이라 하고 r를 임의의 양수라 하자. y를 개구 $S_r(x)$의 임의의 점이라 하면, $r - d(x, y) > 0$이므로 ε을 $0 < \varepsilon \le r - d(x, y)$되도록 잡으면 $S_\varepsilon(y) \subset S_r(x)$가 성립한다. 왜냐하면, 임의의 점 $z \in S_\varepsilon(y)$에 대해

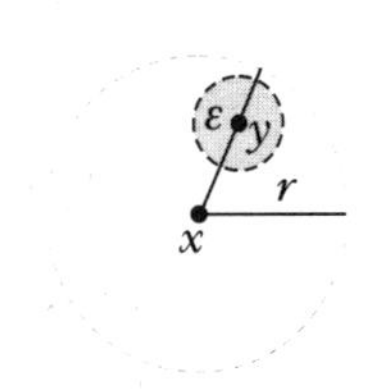

[그림 10.2.4]

$$\begin{aligned} d(x, z) &\le d(x, y) + d(y, z) < d(x, y) + \varepsilon \\ &< d(x, y) + r - d(x, y) = r \end{aligned}$$

이므로, 점 z는 $S_r(x)$에 속한다. ■

정리 10.2.3 개집합 G는 개구의 합집합으로 나타내어진다.

증명 G의 임의의 점을 x라 하자. G가 개집합이므로 점 x를 중심으로 하고 반지름이 충분히 작은 개구 $S(x)$를 택하면 G에 포함된다. 따라서 $\{x\} \subset S(x) \subset G$로부터 $G = \bigcup_{x \in G} \{x\} \subset \bigcup_{x \in G} \mathrm{S}(x) \subset G$이다(예제 2.13 참고). 즉,

$$G = \bigcup_{x \in G} \mathrm{S}(x)$$ ■

정리 10.2.4 X를 거리공간이라 하면, 다음이 성립한다.

(O1) 전체집합 X와 공집합 $\varnothing$는 모두 개집합이다.

(O2) 개집합의 임의의 합집합은 개집합이다.

(O3) 유한개 개집합의 교집합은 개집합이다.

증명 (O1) X에 속하는 임의의 점을 중심으로 하는 어떠한 개구도 X에 포함되므로 X는 개집합이다. 또, $\varnothing \subset \mathrm{Int}\ \varnothing$이므로 정리 10.2.1에 의해서 공집합 $\varnothing$는 개집합이다.

(O2) 각 G_μ를 개집합이라 하자. $\bigcup_\mu G_\mu = \varnothing$일 때는 (O1)에 의해 명백하므로 $\bigcup_\mu G_\mu \neq \varnothing$이라 하자. $\bigcup_\mu G_\mu$의 임의의 점을 x라 하면, 적당한 μ에 대해서 $x \in G_\mu$이다. G_μ는 개집합이므로 적당한 양수 r에 대한 개구 $S_r(x)$가 존재해서 $S_r(x) \subset G_\mu$를 만족한다. 따라서 다음이 성립하므로,

$$S_r(x) \subset G_\mu \subset \bigcup_\mu G_\mu$$

$\bigcup_\mu G_\mu$도 개집합이다.

(O3) $G_1, G_2, \cdots, G_n$을 개집합이라 하고 $G = G_1 \cap G_2 \cap \cdots \cap G_n$이라 하자. 점 $x \in G$이면, 모든 $i = 1, 2, \cdots, n$에 대해서 점 $x \in G_i$이다. 그런데 각 $i = 1, 2, \cdots, n$에 대해 G_i는 개집합이므로 점 x의 개구 $S_{r_i}(x)$가 존재해서 $S_{r_i}(x) \subset G_i$이 성립한다. 따라서 r을 $r = \min\{r_1, r_2, \cdots, r_n\}$으로 잡으면, 다음이 성립한다.

$$S_r(x) = \bigcap_{i=1}^{n} S_{r_i}(x) \subset \bigcap_{i=1}^{n} G_i = G$$

따라서 $\bigcap_{i=1}^{n} G_i = G$는 개집합이다. ■

예제 10.12 X가 이산거리공간이면, X의 모든 부분집합은 개집합임을 보여라.

풀이 X에서 한 점으로 이루어진 집합 $\{x\}$는 예제 10.7에 의해 개구 $S_1(x)$이다. 또한 정리 10.2.2에 의해 $S_1(x)=\{x\}$는 개집합이다. A를 X의 부분집합이라 하면,

$$A = \bigcup_{x \in A} \{x\} = \bigcup_{x \in A} S_1(x)$$

이므로 정리 10.2.4의 (O2)에 의해 A는 개집합이다. ■

> **정리 10.2.5** Int A는 A에 포함되는 개집합 중 가장 큰 집합이다. 즉, G가 개집합이고 $G \subset A$이면, $G \subset \text{Int}\, A \subset A$이다.

증명 먼저, $S_r(x) \subset A$이면 $S_r(x) \subset \text{Int}\, A$임을 증명하도록 한다. $S_r(x)$의 임의의 점 y에 대해 개구는 개집합이므로 y를 중심으로 하는 충분히 작은 개구 $S_{r'}(y)$를 취하면, $S_{r'}(y) \subset S_r(x)$가 성립한다. 따라서 점 $y \in S_{r'}(y) \subset A$이므로 y는 A의 내점이다. 또한, y는 $S_r(x)$의 임의의 점이므로 $S_r(x) \subset \text{Int}\, A$이다.

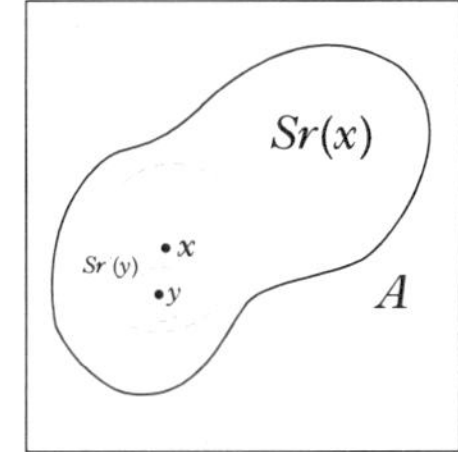

다음, Int A가 개집합임을 증명하자. Int $A = \varnothing$이면, Int A는 개집합이 된다. Int $A \neq \varnothing$이면, 임의의 점 $x \in \text{Int}\, A$에 대해 x를 중심으로 하는 개구 $S_r(x)$가 존재해서 $S_r(x) \subset A$가 성립한다. 앞의 증명에 의해 $S_r(x) \subset \text{Int}\, A$이고 x는 Int A의 임의의 점이므로 Int A는 개집합이다.

마지막으로, Int A는 A에 포함되는 가장 큰 개집합임을 증명한다. $G \subset A$인 개집합 G가 있다고 하자. 점 $x_0 \in G$라 하면, G는 개집합이기 때문에 $S_r(x_0) \subset G \subset A$인 개구 $S_r(x_0)$가 존재하므로, 점 $x_0 \in \text{Int}\, A$이다. 그러므로 $G \subset \text{Int}\, A$이다. ■

예제 10.13 (X, d)가 거리공간이고 d_0를 예제 10.5에서 정의한 X상의 거리함수라 하자. 이때 두 거리공간 (X, d)와 (X, d_0)가 동일한 개집합을 가짐을 증명하여라.

풀이 양수 $r<1$에 대해

$$d_0(x, y) = \frac{d(x, y)}{1 + d(x, y)}$$

이므로, $d_0(x, y) < r$과 $d(x, y) < \frac{r}{1-r}$은 서로 동치이다. 즉,

$$\left\{y : d(x, y) < \frac{r}{1-r}\right\} = \{y : d_0(x, y) < r\}$$

이다. 그러므로 A를 X의 임의의 부분집합이라고 하면, 거리 d에 의한 A의 내점과 d_0에 의한 A의 내점은 서로 일치한다. 정리 10.2.1에 의해 두 거리공간 (X, d)와 (X, d_0)는 동일한 개집합을 갖는다. ■

연습문제 10.2

1. 자연수 전체집합 $\mathbb{N}$의 원소 x, y에 대해 거리함수 d를 다음과 같이 정의하면,

$$d(x, y) = |x - y|$$

$\mathbb{N}$의 임의의 부분집합은 개집합임을 증명하여라.

2. (X, d)를 거리공간, $A \subset X$이라 하자. 다음의 (1) ~ (4)를 증명하여라.

(1) $\text{Ext}\, A = \text{Int}\, A^c$ (2) $\text{Int}(\text{Int}\, A) = \text{Int}\, A$

(3) $\text{Int}(\text{Ext}\, A) = \text{Ext}\, A$ (4) $A \cup \text{Bdy} A = (\text{Ext}\, A)^c$

3. (X, d)를 거리공간, $A \subset X$이라 하자. 이때 A가 개집합이기 위한 필요충분조건은 $A \cap \text{Bdy} A = \varnothing$임을 증명하여라.

4. d, d'을 X상의 두 거리함수라 하자. 두 양수 c_1, c_2와 두 점 $x, y \in X$에 대해

$$c_1 d(x, y) \leq d'(x, y) \leq c_2 d(x, y)$$

을 만족하면, 두 거리 함수 d와 d'는 동등(equivalence)하다고 하며, $d \simeq d'$로 나타낸다. 이 관계 $\simeq$는 동치관계임을 증명하여라.

5. $\mathbb{R}^n$상의 두 점 x, y에 대해 거리함수를 다음과 같이 정의하면,

$$d_p(x, y) = \left(\sum_{i=1}^{n} |x_i - y_i|^p \right)^{\frac{1}{p}} \qquad (\text{여기서 } 1 \le p < \infty)$$

$$d_\infty(x, y) = \max\{|x_1 - y_1|, |x_2 - y_2|, \cdots, |x_n - y_n|\}$$

두 거리 d_p, $d_\infty (1 \le p < \infty)$는 동등함을 증명하여라.

6. X상의 두 거리함수 d, d'가 동등하면, 거리공간 (X, d)와 (X, d')는 동일한 개집합을 가짐을 증명하여라.

7. $z = (z_1, z_2, \cdots) \in l^2$이라 하자. 이때 l^2의 부분집합

$$A = \{x = (x_1, x_2, \cdots) : x_i < |z_i|, i = 1, 2, \cdots\}$$

은 개집합이 아님을 증명하여라.

8. C, D를 n차원 유클리드 거리공간 $\mathbb{R}^n$의 두 부분집합이라 하자. D가 개집합이면, 집합

$$C + D = \{x + y : x \in C, y \in D\}$$

도 개집합임을 증명하여라.

9. (X, d)를 거리공간이고 $A \subset X$이라 하자. 이때 A가 개집합이기 위한 필요충분조건은 임의의 개집합 B에 대하여 $A \cap B$가 항상 개집합임을 증명하여라.

10. 거리공간 (X, d)에서 X의 개부분집합들의 무한교집합은 개집합이 아닌 예를 찾아라.

10.3 폐집합

폐집합은 개집합의 여집합으로 정의되었지만 점열의 수렴성과 함수의 연속성에서

개집합에 못지않은 중요한 역할을 한다. 이 절에서는 6장에서 다룬 집적점 개념을 거리공간에 일반화시키고 도집합과 폐포의 관계 및 집합들 사이의 거리를 다룬다.

〈정의 10.3.1〉

A를 거리공간 X의 부분집합이라 하자. 임의의 양수 $r>0$에 대해 다음이 성립할 때,

$$S_r(x)\cap(A-\{x\})\neq\varnothing$$

점 x를 집합 A의 **집적점**(cluster point)이라 한다. A의 집적점 전체의 집합을 A의 **도집합**(derived set)이라 하고, A'로 나타낸다. 적당한 점 x의 개구 $S_r(x)$에 대해서 다음이 성립할 때,

$$S_r(x)\cap A=\{x\}$$

점 x를 A의 **고립점**(isolated point)이라 한다.

[주] (1) $X=\mathbb{R}$이고 d가 보통거리이면, $S_r(x)\cap(A-\{x\})=\{y\in A : 0<|x-y|<r\}$이므로 정의 6.1.1에서의 집적점 정의와 같다. 그러므로 위 정의는 $\mathbb{R}$에서 집적점을 거리공간에 일반화한 것이다.

(2) A의 고립점은 정의에 의해 A에 속하지만 A의 집적점이 아닌 점을 말한다.

예제 10.14 실수 전체집합 $\mathbb{R}$에서 $A=\left\{1, \frac{1}{2}, \frac{1}{3}, \cdots\right\}$의 집적점은 0뿐이므로 $A'=\{0\}$이고, 모든 자연수 $n\in\mathbb{N}$에 대해 $\frac{1}{n}$은 A의 고립점이다. 또한 $\mathbb{Z}=\{0, \pm1, \pm2, \cdots\}$은 어떤 실수도 집적점으로 갖지 않으나, $\mathbb{Q}=\left\{\frac{q}{p} : p, q\in\mathbb{Z}, p\neq0\right\}$는 모든 실수를 집적점으로 갖는다(예제 6.4 참고).

〈정의 10.3.2〉

F를 거리공간 X의 부분집합이라 하자. F의 집적점이 모두 F에 포함될 때, 즉 $F'\subset F$일 때, F를 **폐집합**(closed set)이라 한다.

[주] 자신의 도집합이 공집합인 집합은 폐집합이다.

예제 10.15 거리공간 X에서 폐구 $S_r[x_0]$는 폐집합임을 보여라.

풀이 점 x가 $S_r[x_0]$의 집적점이라 하면, 임의의 양수 $\varepsilon > 0$에 대해

$$S_\varepsilon(x) \cap (S_r[x_0] - \{x\}) \neq \varnothing$$

이 성립하므로 $y \in S_\varepsilon(x)$이고 $y \in (S_r[x_0] - \{x_0\})$인 점 y가 존재한다. 여기서

$$d(x, x_0) \leq d(x, y) + d(y, x_0) < \varepsilon + r$$

이고 ε은 임의의 양수이므로 $d(x, x_0) \leq r$이 성립한다. 즉 $x \in S_r[x_0]$이다. 그러므로 폐집합 정의 10.3.2에 의해 $S_r[x_0]$는 폐집합이다. ■

정리 10.3.1 거리공간 X상에서 X와 공집합 $\varnothing$는 폐집합이다.

증명 $\varnothing' = \varnothing$이다. 왜냐하면, 임의의 점 x와 개구 $S_r(x)$에 대해

$$S_r(x) \cap (\varnothing - \{x\}) = S_r(x) \cap \varnothing = \varnothing$$

이므로, 점 x는 $\varnothing$의 집적점이 아니다. 그러므로 $\varnothing' = \varnothing \subset \varnothing$, 즉 $\varnothing$는 폐집합이다. 또, 집합 A의 집적점은 거리공간 X의 점이므로 $A' \subset X$이다. X의 도집합 X'도 X에 포함되므로 X는 폐집합이다. ■

정리 10.3.2 F가 거리공간 X의 부분집합일 때, 다음 명제들은 서로 동치이다.
(1) F가 폐집합이다.
(2) F의 여집합 F^c는 개집합이다.

증명 (1)$\Rightarrow$(2) : F를 폐집합이라 하고, 정의에 의해 F^c가 개집합임을 보이기 위해 점 x를 F^c의 임의의 점이라 하자. $F' \subset F$이고 $x \notin F$이므로 점 x는 F의 집적점이 아니다. 그러므로 충분히 작은 개구 $S_r(x)$에 대해서 다음이 성립한다.

$$S_r(x) \cap (F - \{x\}) = S_r(x) \cap F = \varnothing$$

따라서 $S_r(x) \subset F^c$이고 점 x는 F^c의 임의의 점이므로 F^c는 개집합이다.

(2)$\Rightarrow$(1) : F^c를 개집합이라 하자. F가 폐집합임을 증명하기 위해서 먼저 $F^c \subset (F')^c$ 임을 보이자. 만약 점 $x \in F^c$이면, F^c는 개집합이므로 $S_r(x) \subset F^c$를 만족하는 개구 $S_r(x)$가 존재한다. 따라서 다음이 성립하므로,

$$S_r(x) \cap (F - \{x\}) = S_r(x) \cap F = \varnothing$$

점 x는 F의 집적점이 아니다. 즉 $x \in (F')^c$이다. 대우를 취하면, F의 모든 집적점은 F에 속하므로 F는 폐집합이다. ■

[주] $G = (G^c)^c$이므로 G가 개집합이면, G^c는 폐집합이다.

예제 10.16 $\mathbb{R}$에서 $\mathbb{N}$은 폐집합임을 보여라.

풀이 $\mathbb{R} - \mathbb{N} = (-\infty, 1) \cup \left(\bigcup_{n=1}^{\infty} (n, n+1) \right)$이고, 모두 개구간은 $\mathbb{R}$에서 개집합이므로 정리 10.2.4에 의해 $\mathbb{R} - \mathbb{N}$는 개집합이다. 정리 10.3.2에 의해 $\mathbb{N}$는 $\mathbb{R}$에서 폐집합이다. ■

> **정리 10.3.3** X를 거리공간이라 하면, 다음이 성립한다.
> (C1) X와 공집합 $\varnothing$는 폐집합이다.
> (C2) 임의 개의 폐집합들의 교집합은 폐집합이다.
> (C3) 유한개의 폐집합들의 합집합은 폐집합이다.

증명 (C1)은 정리 10.3.1에서 증명되었다. (C2)와 (C3)은 정리 10.3.2에 정리 10.2.4와 드 모르강 법칙을 적용하면 쉽게 증명된다. ■

예제 10.17 X를 거리공간이라 하자. X의 유한집합 $A = \{x_1, x_2, \cdots, x_n\}$은 폐집합임을 증명하여라.

풀이 먼저, 한 점의 집합 $\{x\}$가 폐집합임을 증명하기 위해 $\{x\}' = \varnothing$임을 보이자.

$$S_1(x) \cap (\{x\} - \{x\}) = S_1(x) \cap \varnothing = \varnothing$$

이므로, 점 x는 $\{x\}$의 집적점이 아니다. 또 $x \neq y$인 점 y도 $\{x\}$의 집적점이 아니다.

왜냐하면, $d(x, y) > 0$이므로 $d(x, y) = r > 0$이라 하자.

$$S_r(y) \cap (\{x\} - \{y\}) = S_r(y) \cap \{x\} = \varnothing$$

이므로 점 $y \notin \{x\}'$이다. 즉, $\{x\}' = \varnothing$이므로 $\{x\}' \subset \{x\}$가 성립하고 정의에 의해 $\{x\}$는 폐집합이다. 또한

$$A = \bigcup_{i=1}^{n} \{x_i\}$$

이므로, 정리 10.3.3의 (C3)에 의해서 A는 폐집합이다. ■

〈정의 10.3.3〉

A를 거리공간 X의 부분집합이라 하자. 점 x를 중심으로 하는 임의의 개구 $S_r(x)$에 대해서 $S_r(x) \cap A \neq \varnothing$이면, x를 A의 **촉점**(adherent point)이라 한다. A의 촉점 전체의 집합을 A의 **폐포**(closure)라 하고, $\overline{A}$로 나타낸다.

[주] 1. $x \in A$이면, $x \in S_r(x) \cap A \neq \varnothing$이므로 $x \in \overline{A}$이다. 즉 $A \subset \overline{A}$이다.
2. $x \in A'$이면, $S_r(x) \cap (A - \{x\}) \neq \varnothing$이므로 $x \in \overline{A}$이다. 따라서 $A' \subset \overline{A}$이다.

예제 10.18 $\mathbb{R}$에서 $\mathbb{Q}$의 폐포 $\overline{\mathbb{Q}} = \mathbb{R}$임을 보여라.

풀이 임의의 실수 $x \in \mathbb{R}$에 대해 임의의 개구 $S_r(x) = (x-r, x+r)$은 유리수를 항상 포함하므로, $S_r(x) \cap \mathbb{Q} \neq \varnothing$이다. 따라서 x는 $\mathbb{Q}$의 촉점이므로 $\mathbb{R} \subset \overline{\mathbb{Q}}$가 성립한다. ■

정리 10.3.4 A를 거리공간 X의 부분집합이라 하면, $\overline{A} = A \cup A'$이다.

증명 $\overline{A} \supset A \cup A'$은 정의에 의해 분명하므로, $\overline{A} \subset A \cup A'$임을 증명하면 된다. 만약 $x \in \overline{A}$이면, x는 A의 촉점이므로 정의 10.3.3에 의하여 모든 양수 $r > 0$에 대해 다음이 성립한다.

$$S_r(x) \cap A \neq \varnothing$$

이때 $x \notin A$이면,

$$S_r(x) \cap (A - \{x\}) = S_r(x) \cap A \neq \varnothing$$

이므로 x는 A의 집적점이 된다. 따라서 x는 A에 속하거나 A에 속하지 않으면 A'에 속한다. 즉 $x \in A \cup A'$이다. 그러므로 $\overline{A} = A \cup A'$이다. ■

정리 10.3.5 F가 거리공간 X의 부분집합일 때, 다음 명제들은 서로 동치이다.

(1) F가 폐집합이다.

(2) $F = \overline{F}$이다.

증명 (1)⇒(2) : F를 폐집합이라 하자. 정의 10.3.1로부터 $F' \subset F$이다. 따라서 정리 10.3.4를 이용하면, $\overline{F} = F \cup F' \subset F$이므로 $F = \overline{F}$이다.

(2)⇒(1) : $F = \overline{F}$라 하면, $\overline{F} = F \cup F'$이므로 $F' \subset F$이다. 그러므로 F는 폐집합이다. ■

정리 10.3.6 A를 거리공간 X의 부분집합이라 하면, $\overline{A}$는 A를 품는 최소의 폐집합이다.

증명 먼저, $\overline{A}$가 폐집합임을 증명하기 위해서는 $(\overline{A})^c$가 개집합임을 증명하면 된다. 점 $x \in (\overline{A})^c$이면, x는 A의 촉점이 아니므로

$$S_r(x) \cap A = \varnothing$$

인 개구 $S_r(x)$가 존재한다. 이때 $S_r(x)$에 속하는 점 y도 A의 촉점이 아니다. 왜냐하면, y를 중심으로 하고 $S_r(x)$에 포함되는 작은 개구 $S_\varepsilon(y)$을 취하면, $S_\varepsilon(y) \cap A = \varnothing$이 되기 때문이다. 이와 같이 $S_r(x)$에 포함되는 점은 모두 A의 촉점이 아니므로, $S_r(x) \subset (\overline{A})^c$이다. 여기서 점 x는 $(\overline{A})^c$의 임의의 점이므로 $(\overline{A})^c$은 개집합이다.

다음, $\overline{A}$가 A를 품는 최소의 폐집합임을 증명하자. F가 A를 품는 폐집합이라 하면, 정의 10.3.1로부터 $A' \subset F'$이고 $F' \subset F$이므로 $A' \subset F$이다. 따라서 $\overline{A} = A \cup A' \subset F \cup F = F$이므로 $\overline{A}$는 A를 품는 최소의 폐집합이다. ■

예제 10.19 집합 $A = \left\{1, \frac{1}{2}, \frac{1}{3}, \cdots, \frac{1}{n}, \cdots\right\}$에 대해 A의 도집합 A'과 A의 폐포 $\overline{A}$

를 구하여라(예제 6.4 참고).

풀이 임의의 양수 $r>0$에 대해 $\frac{1}{n}<r$인 자연수 $n\in\mathbb{N}$을 잡으면,

$$\frac{1}{n}\in(-r,\ r)\cap A=S_r(0)\cap(A-\{0\})$$

이므로 $S_r(0)\cap(A-\{0\})\neq\varnothing$이다. 그러므로 0은 A의 집적점이다. $x\neq 0$인 점 x는 충분히 작은 개구 $S_r(x)$에 대해서는 $S_r(x)\cap(A-\{x\})=\varnothing$이 되므로 A의 집적점이 아니다. 따라서 $A'=\{0\}$이고 $\overline{A}=A\cup A'$이므로 A의 폐포는

$$\overline{A}=\left\{0,\ 1,\ \frac{1}{2},\ \cdots,\ \frac{1}{n},\ \cdots\right\}$$

이다. 여기서 $A\neq\overline{A}$이므로 정리 10.3.5에 의해 A는 폐집합이 아님을 알 수 있다. ■

예제 10.20 $(X,\ d)$가 이산거리공간이고 $A\subset X$이라 하면, Int $A=A=\overline{A}$임을 보여라.

풀이 예제 10.12에 의해 $X-A$는 개집합이므로 A는 폐집합이다. 정리 10.3.6에 의해 $\overline{A}$는 A를 품는 최소의 폐집합이므로, $\overline{A}=A$이다. 또한 A는 개집합이고 정리 10.2.5에 의해 Int A는 A에 품기는 가장 큰 개집합이므로 Int $A=A$이다. ■

예제 10.21 n차원 유클리드거리공간 $\mathbb{R}^n$상에서 A를 폐집합, B를 유한집합이라 하자. 다음과 같이 정의된 집합

$$A+B=\{x+y : x\in A,\ y\in B\}$$

는 폐집합임을 증명하여라.

풀이 $B=\{x_1,\ x_2,\ \cdots,\ x_n\}$이라 하면, $A+B=\bigcup_{i=1}^{n}(A+\{x_i\})$로 나타내진다. 따라서 각 $A+\{x_i\}$가 폐집합임을 증명하면 된다. 임의의 점 $x\in\overline{A+\{x_i\}}$이라 하자. $x=(x-x_i)+x_i$이므로 $y=x-x_i$로 두면, 연습문제 10.2의 8번 증명으로부터, 개구 $S_r(x)$와 $S_r(y)+\{x_i\}$는 서로 같다. 그러므로 다음이 성립한다.

$$S_r(x)\cap(A+\{x_i\})=(S_r(y)+\{x_i\})\cap(A+\{x_i\})\neq\varnothing$$

이것으로부터 $S_r(y)\cap A\neq\varnothing$이고, $r>0$은 임의의 양수이므로 $y\in\overline{A}$이다. 또한 A는

폐집합이므로 $y \in A$이다. 따라서 $x = y + x_i \in A + \{x_i\}$이고 $\overline{A+\{x_i\}} = A + \{x_i\}$이므로, $A + \{x_i\}$는 폐집합이고, $A+B = \bigcup_{i=1}^{n}(A + \{x_i\})$도 폐집합이다. ■

〈정의 10.3.4〉

A와 B가 거리공간(X, d)의 부분집합이라 하자.

(1) A와 B의 거리 $H(A, B)$를 다음과 같이 정의한다.

$$H(A, B) = \inf\{d(x, y) : x \in A, y \in B\}$$

(2) 한 점 x의 거리 $D(x, A)$를 다음과 같이 정의한다.

$$D(x, A) = \inf\{d(x, y) : y \in A\}$$

(3) A의 직경(diameter) $\delta(A)$를 다음과 같이 정의한다.

$$\delta(A) = \sup\{d(x, y) : x, y \in A\}$$

(4) $\delta(A) < \infty$일 때, 집합 A는 유계(bounded)라고 한다.

[주] $x \in A$이면, $D(x, A) = 0$이지만 역은 성립하지 않는다. 예를 들면, $A = (0, 1)$라 두면 $D(1, A) = 0$이지만 $1 \notin A$이다.

예제 10.22 (X, d)를 거리공간이고 $A \subset X$이라 하자. 이때 다음이 성립함을 보여라.

$$\delta(A) = \delta(\overline{A})$$

풀이 $A \subset \overline{A}$로부터 $\delta(A) \leq \delta(\overline{A})$이다. 만약 $\delta(A) < \delta(\overline{A})$이라 하면, $d(x, y) > \delta(A)$를 만족하는 점 $x, y \in \overline{A}$가 존재한다. 여기서 ε을 $d(x, y) - 2\varepsilon > \delta(A)$인 양수라 하면, 점 $x, y \in \overline{A}$이므로 $S_\varepsilon(x) \cap A \neq \varnothing$이고 $S_\varepsilon(y) \cap A \neq \varnothing$가 성립한다. $x' \in S_\varepsilon(x)$, $y' \in S_\varepsilon(y)$인 A의 점 x', y'를 택하면, 다음이 성립한다.

$$\begin{aligned} d(x', y') &\geq d(x, y) - d(x, x') - d(y, y') \\ &> d(x, y) - 2\varepsilon \\ &> \delta(A) \end{aligned}$$

이것은 $\delta(A)$의 정의에 모순이므로, $\delta(A)=\delta(\overline{A})$이다. ■

예제 10.23 (X, d)를 거리공간이고 $A\subset X$이라 하자. 점 a가 A의 경계점이기 위한 필요충분조건은 다음이 성립함을 증명하여라.

$$D(a, A^c)=D(a, A)=0$$

풀이 $a\in \mathrm{Bdy}\, A$이면, $a\notin \mathrm{Int}\, A$이고 $a\notin \mathrm{Ext}\, A$이므로 임의의 양수 $r>0$에 대해

$$S_r(a)\cap A^c\neq\varnothing \text{이고} \quad S_r(a)\cap A\neq\varnothing$$

가 성립한다. $x\in S_r(a)\cap A^c$, $y\in S_r(a)\cap A$인 점 x, y를 택하면,

$$D(a, A^c)\leq d(a, x)<r\text{이고} \quad D(a, A)\leq d(a, y)<r$$

을 만족한다. 여기서 r은 임의의 양수이므로 다음이 성립한다.

$$D(a, A^c)=0=D(a, A)$$

역으로, 점 $a\in \mathrm{Int}\, A$라 하면, $S_r(a)\subseteq A$인 양수 $r>0$이 존재한다. 따라서 $S_r(0)\not\subseteq A^c$이므로, $D(a, A^c)\neq 0$이다. 이것은 $D(a, A^c)=0$에 모순이므로 $a\notin \mathrm{Int}\, A$이다. 다시, 점 $a\in \mathrm{Ext}\, A$라 하면, $S_r(0)\subseteq A^c$인 양수 $r>0$이 존재한다. 따라서 $S_r(0)\not\subseteq A$이므로, $D(a, A)\neq 0$이다. 이것은 $D(a, A)=0$에 모순이므로, $a\notin \mathrm{Ext}\, A$이다. 그러므로 두 경우에 의하면 a는 A의 외점도 내점도 아니므로 a는 A의 경계점이다. ■

연습문제 10.3

1. 거리공간에서 폐부분집합들의 무한합집합은 폐집합이 아닌 예를 들어라.

2. (X, d)를 거리공간이고 $A\subset X$라고 하자. 점 x가 A의 집적점이면, 모든 개구 $S_r(x)$는 A의 점을 무수히 많이 포함함을 증명하여라.

3. A, B를 거리공간 (X, d)의 부분집합이라 하자. 다음의 (1), (2)를 증명하여라.

(1) $A \subset B \Rightarrow \overline{A} \subset \overline{B}$ (2) $\overline{A \cup B} = \overline{A} \cup \overline{B}$

4. (X, d)를 거리공간이고 $A \subset X$이라 하자. 다음을 증명하여라.

$$\overline{A} = \cap \{F : F\text{는 폐집합}, A \subset F\}$$

5. (X, d)를 거리공간이고 $A \subset X$이라 하자. 다음을 증명하여라.

$$\overline{A} = \{x : D(x, A) = 0\}$$

6. (X, d)는 거리공간이고 $A \subset X$이라 하자. 다음을 증명하여라.

$$\overline{A} = \bigcap_{r>0} \bigcup_{x \in A} S_r(x)$$

7. A, B를 거리공간 (X, d)의 부분집합이라 하자. 다음을 증명하여라.

$$H(A, B) = H(\overline{A}, \overline{B})$$

8. (X, d)를 거리공간이라 하자. A를 X의 유한부분집합이라 하고 B를 X의 폐부분집합이라 할 때, $A \cap B = \varnothing$이면 $H(A, B) > 0$임을 증명하여라.

9. $B([0, 1])$을 $[0, 1]$상에서 유계인 실수값함수들의 집합이라 하자. 집합

$$A = \{f \in B([0, 1]) : f(0) = f(1) = 0\}$$

은 폐집합임을 증명하여라.

10. l^2의 부분집합

$$B = \{x = \{x_i\} : |x_i| \leq 1,\ i = 1, 2, \cdots\}$$

은 폐집합임을 증명하여라.

11. A가 거리공간 (X, d)의 부분집합이고 점 $x \in X$라 하자. 이때 모든 점 $a \in A$에 대하여 $d(a, x) \leq M$이면, 집합 A는 유계임을 증명하여라.

10.4 극한과 근방

이 절에서는 4장과 6장에서 다루었던 $\mathbb{R}$에서의 수열의 극한 개념을 거리공간 X에서 점열의 극한개념으로 일반화시키고 극한의 유일성, 점열의 수렴과 집적점과의 관계, 집합의 조밀성 등을 다룬다.

〈정의 10.4.1〉

(X, d)를 거리공간, $\{x_n\}$을 X의 점열(sequence)이라 하고 x를 X의 한 점이라 하자. 임의의 양수 $\varepsilon > 0$에 대해 적당한 자연수 N이 존재해서 다음이 성립할 때,

$$n \geq N\text{이면} \quad d(x_n, x) < \varepsilon$$

점열 $\{x_n\}$은 x에 **수렴한다**(converge)고 하고, $x_n \to x$ 또는 $\lim_{n\to\infty} x_n = x$로 나타낸다. 이때 x를 점열 $\{x_n\}$의 극한(limit)이라 한다.

[주] X가 보통거리공간 $\mathbb{R}$이면, 위 정의는 정의 4.1.2와 같으므로 수열의 극한 개념을 거리공간에 확장시킨 개념이다.

예제 10.24 (X, d)를 거리공간이라 하자. 점열 $\{x_n\}$이 점 x에 수렴할 때, 그 극한 x는 유일함을 증명하여라(정리 4.1.1 참고).

풀이 점열 $\{x_n\}$이 점 x와 다른 점 y에도 수렴한다고 하자. $x \neq y$이므로 $d(x, y) = \varepsilon > 0$이다. 그런데 $\{x_n\}$이 점 x에 수렴하므로, 적당한 자연수 N_1에 대해 다음이 성립한다.

$$n \geq N_1\text{이면} \quad d(x_n, x) < \frac{\varepsilon}{2}$$

또 $\{x_n\}$은 점 y에도 수렴하므로, 적당한 자연수 N_2가 존재하여 다음이 성립한다.

$$n \geq N_2\text{이면} \quad d(x_n, y) < \frac{\varepsilon}{2}$$

그러므로 $m \geq \max\{N_1, N_2\}$ 인 모든 자연수 $m \in \mathbb{N}$에 대해 다음이 성립한다.

$$\varepsilon = d(x, y) \le d(x, x_m) + d(x_m, y) < \frac{\varepsilon}{2} + \frac{\varepsilon}{2} = \varepsilon$$

이것은 모순이다. 따라서 $x=y$이고, 점열 $\{x_n\}$은 단 한 점에 수렴한다. ■

예제 10.25 (X, d)를 거리공간이라 하자. 점열 $\{x_n\}$이 점 x에 수렴하고 점 $y \in X$이라 하자. 이때 모든 자연수 $n \in \mathbb{N}$에 대하여 $d(y, x_n) \le M$을 만족하는 양수 M이 존재함을 증명하여라(정리 4.1.4 참고).

풀이 점열 $\{x_n\}$이 점 x에 수렴하므로 $\varepsilon = 1$에 대해 적당한 자연수 N가 존재해서

$$n \ge N \text{이면} \quad d(x_n, x) < 1$$

이 성립한다. 따라서 $n > N$인 모든 자연수 $n \in \mathbb{N}$에 대해 다음이 성립한다.

$$d(y, x_n) \le d(y, x) + d(x, x_n) < d(y, x) + 1$$

$M = \max\{d(y, x_1), \cdots, d(y, x_N), d(y, x) + 1\}$로 두면, 모든 자연수 $n \in \mathbb{N}$에 대하여 $d(y, x_n) \le M$이다. ■

[주] 정리 4.1.4에서 $\mathbb{R}$에서의 수열 $\{x_n\}$이 점 x에 수렴하면, $\{x_n\}$은 유계임을 보였다. 이것은 위의 예제에서 $X = \mathbb{R}$이고 d가 보통거리함수이며 $y=0$인 경우이다.

정리 10.4.1 A를 거리공간 X의 부분집합이라 하자. 점 x가 A의 집적점이기 위한 필요충분조건은 다음의 두 조건을 만족하는 점열 $\{x_n\}$이 존재한다.

(1) $\{x_n\} \subset A - \{x\}$ (2) $x_n \to x$

증명 $x \in A'$이라 하자. 각 자연수 $n = 1, 2, \cdots$에 대해서

$$S_{1/n}(x) \cap (A - \{x\}) \ne \varnothing$$

이므로, $S_{1/n}(x) \cap (A - \{x\})$에 속하는 한 점 x_n를 택할 수 있다. $n = 1, 2, \cdots$에 대해서 $d(x, x_n) < \dfrac{1}{n}$이고 $x_n \in A - \{x\}$이므로, $\{x_n\} \subset A - \{x\}$이고 $x_n \to x$이다.
역으로, 점열 $\{x_n\}$이 조건 (1)과 (2)를 만족한다고 하자. 점 x를 중심으로 하는 임의의 개구 $S_r(x)$에 대해서 $x_n \to x$이므로,

$$n \geq N\text{이면} \quad x_n \in S_r(x)$$

되는 자연수 N가 존재한다. 여기서 $x_N \in A - \{x\}$이므로 $x_N \in S_r(x) \cap (A - \{x\})$이다. 따라서 $S_r(x) \cap (A - \{x\}) \neq \varnothing$이므로, x는 A의 집적점이다. ■

정리 10.4.2 A가 거리공간 X의 부분집합이면, 다음 명제들은 서로 동치이다.

(1) $x \in \overline{A}$이다.

(2) 점 x에 수렴하는 A의 점열 $\{x_n\}$이 존재한다.

증명 (1)⇒(2) : $x \in \overline{A}$이라 하자. $\overline{A} = A \cup A'$이므로, $x \in A$일 때는 A의 점열 $\{x, x, \cdots\}$를 택하면, 이 점열은 x에 수렴한다. 또한, $x \in A'$이면 정리 10.4.1로부터 $\{x_n\} \subset A - \{x\}$이고 $x_n \to x$인 점열 $\{x_n\}$가 존재하므로 (2)의 결과를 얻을 수 있다.

(2)⇒(1) : $\{x_n\} \subset A$이고 $x_n \to x$이라 하자. 만약 $\{x_n\} \subset A - \{x\}$이면, 정리 10.4.1로부터, $x \in A'$이다. 만약 $\{x_n\} \not\subset A - \{x\}$이면, $x_N = x$되는 자연수 N가 존재하게 되는데 $\{x_n\} \subset A$이므로 $x \in A$이다. 따라서 $\overline{A} = A \cup A'$이므로 $x \in \overline{A}$이다. ■

[주] (1) 예제 10.18에 의해 $\overline{\mathbb{Q}} = \mathbb{R}$이므로, 임의의 실수 x에 수렴하는 유리수 수열 $\{r_n\}$이 항상 존재한다.

(2) A가 폐집합일 필요충분조건은 $\{x_n\} \subset A$이고 $x_n \to x$이면, $x \in A$이다.

예제 10.26 $\{x_n\}$을 거리공간 X의 점열이라 하자. $\{x_n\}$의 모든 부분점열 $\{x_{n_i}\}$이 수렴하고, 그 극한이 모두 같은 점 x일 때, $\{x_n\}$은 x에 수렴함을 보여라.

풀이 결론을 부정하면, 수렴의 정의로부터, 적당한 $\varepsilon > 0$이 존재하여 어떤 자연수 i에 대해서 자연수 $n_i \in \mathbb{N}$가 존재해서 $d(x, x_{n_i}) \geq \varepsilon$이고 $n_1 < n_2 < \cdots$되게 할 수 있다. 가정으로부터, $\{x_{n_i}\}$는 x에 수렴하는 부분점열을 갖기 때문에, $d(x, x_{n_i}) < \varepsilon$을 만족하는 점 $x_{n_i} \in X$가 존재한다. 이것은 $d(x, x_{n_i}) \geq \varepsilon$에 모순이다. 따라서 $\{x_n\}$은 x에 수렴한다. ■

예제 10.27 $\{x_n\}$을 거리공간 (X, d)의 점열이라 하고 W를 점열 $\{x_n\}$의 수렴하는 부분점열들의 극한들의 집합이라 하자. 즉, $z \in W$이면, $\{x_n\}$의 부분점열 $\{x_{n_i}\}$

가 존재하여 $x_{n_i} \to z$를 만족한다고 하자. 이때 W는 폐집합임을 증명하여라.

풀이 $\{x_n\}$이 수렴하는 부분점열을 갖지 않을 때는 $W=\varnothing$이기 때문에 이것은 폐집합이다. $W \neq \varnothing$일 때는 정리 10.4.2를 이용하여 $\overline{W} \subset W$임을 증명하면 된다. $z \in \overline{W}$이면, 정리 10.4.2에 의해 z에 수렴하는 W의 점열 $\{z_m\}$이 존재한다. 각 $z_m \in \overline{W}$은 $\{x_n\}$의 부분점열의 극한이므로, $\{x_n\}$의 원소 x_{n_m}이 존재해서 $d(z_m, x_{n_m}) < \dfrac{1}{m}$이고, $n_1 < n_2 < \cdots$이 되게 할 수 있다. 그러므로

$$d(x_{n_m}, z) \le d(x_{n_m}, z_m) + d(z_m, z) < \frac{1}{m} + d(z_m, z)$$

로부터, $m \to \infty$이면 $d(x_{n_m}, z) \to 0$이므로, 가정에 의해서 $z \in W$임을 알 수 있다. 따라서 $\overline{W} \subset W$이므로 W는 폐집합이다. ■

〈정의 10.4.2〉

(X, d)는 거리공간이고 $A \subset X$이라 하자. $\overline{A}=X$일 때, A는 X에서 조밀(dense)하다고 한다.

[주] 유리수 집합 $\mathbb{Q}$와 무리수 집합 $\mathbb{Q}^c$는 보통거리공간 $\mathbb{R}$에서 조밀하다. 그러나 이산거리공간 $\mathbb{R}$에서는 모든 부분집합 $A \subset \mathbb{R}$에 대해 $\overline{A}=A$이므로, 조밀한 집합은 $\mathbb{R}$ 자신뿐이다.

예제 10.28 A를 거리공간 (X, d)에서 조밀한 집합이라 하자. 이때 $\text{Int}\,A=\varnothing$이면, A^c도 X에서 조밀함을 보여라.

풀이 $\overline{A^c} \subset X$은 항상 성립하므로 점 $x \in X$일 때 $x \in \overline{A^c}$임을 증명하면 된다. $x \in X$이라 하고 ε을 임의의 양수라 하자. $\overline{A}=X$이므로 x는 A의 촉점이다. 따라서 $S_{\frac{\varepsilon}{2}}(x) \cap A \neq \varnothing$이므로, $y \in S_{\frac{\varepsilon}{2}}(x) \cap A$인 점 y가 존재한다. 여기서 $\text{Int}\,A=\varnothing$이므로, y는 A의 내점이 아니다. 따라서 $z \in S_{\frac{\varepsilon}{2}}(y)$인 $z \in A^c$가 존재하고 다음이 성립하므로,

$$d(x, z) \le d(x, y) + d(y, z) < \frac{\varepsilon}{2} + \frac{\varepsilon}{2} = \varepsilon$$

$S_\varepsilon(x) \cap A^c \neq \varnothing$이다. 따라서 ε은 임의의 양수이므로, x는 $\overline{A^c}$의 원소이다. ■

[주] $\mathbb{R}$에서 유리수 전체집합 $\mathbb{Q}$는 조밀하고 $\text{Int}\, \mathbb{Q} = \varnothing$이므로, $\mathbb{Q}^c$도 $\mathbb{R}$에서 조밀하다.

〈정의 10.4.3〉

(X, d)는 거리공간이고 $A \subset X$이라 하자. A가 $\text{Int}\,(\overline{A_n}) = \varnothing$인 집합 A_n의 가산개의 합집합으로 나타내질 때, A를 **제1범주집합**(first cacategory set)이라 한다. 즉,

$$A = \bigcup_{n=1}^{\infty} A_n \text{이고} \quad \text{Int}\,(\overline{A_n}) = \varnothing \quad (n = 1, 2, \cdots)$$

일 때를 말한다. 제1범주집합이 아닌 집합을 **제2범주집합**(second category set)이라 한다.

[주] (1) 제1범주집합들의 가산개의 합집합도 제1범주집합이다.

(2) $\mathbb{R}$에서 각 점 $x \in \mathbb{R}$에 대해 $\overline{\{x\}} = \{x\}$이므로, $\mathbb{R}$의 가산부분집합은 $\mathbb{R}$에서 제1범주집합이다.

(3) 유리수 전체집합 $\mathbb{Q}$는 $\mathbb{R}$에서 제1범주집합이다.

(4) 무리수 전체집합 $\mathbb{Q}^c$가 $\mathbb{R}$에서 제1범주집합이면, (3)에 의해 $\mathbb{R}$도 제1범주집합이다.

예제 10.29 (X, d)를 거리공간이고 A를 X의 제1범주집합이라 하자. 이때 A는 제2범주집합을 품지 않음을 보여라.

풀이 $B \subset A$이라 하자. A는 제1범주집합이므로, $n = 1, 2, \cdots$에 대해 다음이 성립하는

$$A = \bigcup_{n=1}^{\infty} A_n, \quad \text{Int}\,(\overline{A_n}) = \varnothing$$

점열 $\{A_n\}$가 존재한다. 따라서

$$B = B \cap A = B \cap \left(\bigcup_{n=1}^{\infty} A_n\right) = \bigcup_{n=1}^{\infty} (B \cap A_n),$$

$$\text{Int}\,(\overline{B \cap A_n}) \subset \text{Int}\,(\overline{A_n}) = \varnothing$$

이므로, $\text{Int}(\overline{B \cap A_n}) = \varnothing$ 이다. 그러므로 B는 제1범주집합임을 알 수 있다. ■

〈정의 10.4.4〉

(X, d)를 거리공간이라 하자.

(1) 점 $x \in X$를 품는 개집합을 점 **x의 근방**(neighborhood of x)이라 한다.

(2) ε이 양수일 때, x의 개구 $S_\varepsilon(x)$를 점 x의 **ε-근방**(ε-neighborhood)이라 한다.

(3) A가 X의 부분집합일 때, A를 품는 개집합을 **A의 근방**이라 한다.

[주] (1) $\{1\}$은 이산거리공간 $\mathbb{R}$에서는 1의 근방이지만 보통거리공간 $\mathbb{R}$에서는 1의 근방이 아니다.

(2) $(0, 3) \cup (5, 6)$은 1의 근방이다.

(3) $\mathbb{R}$에서 $(0, 1)$은 0의 근방은 아니지만 $(0, 1)$에 속하는 점의 근방이다.

예제 10.30 (X, d)는 거리공간이고 $A \subset X$이라 하자. 임의의 양수 $c > 0$에 대해

$$G = \{x : D(x, A) < c\}$$

는 A의 근방임을 보여라.

풀이 집합 G가 A를 품는 개집합임을 증명하면 된다. 점 $a \in A$이면,

$$D(a, A) \le d(a, a) = 0 < c$$

이므로 $a \in G$이다. 따라서 $A \subset G$이므로 다음에는 G가 개집합임을 증명한다. 점 $z \in G$이라 하자. 그러면 $r = D(z, A) < c$이므로, $r + \varepsilon < c$인 양수 ε에 대해서 $S_\varepsilon(z) \subset G$가 성립한다. 실제로 $y \in S_\varepsilon(z)$라 하면, 임의의 점 $a \in A$에 대하여

$$D(y, A) \le d(y, a) \le d(y, z) + d(z, a)$$

이므로, 다음이 성립한다.

$$D(y, A) \le d(y, z) + D(z, A) < \varepsilon + r < c$$

따라서 $y \in G$이므로 G는 개집합이다. ■

연습문제 10.4

1. (X, d)를 거리공간, A를 X의 폐부분집합이라 하고 $x \in X$라 하자. 이때 집합

$$F = \{z \in X : d(x, z) = D(x, A)\}$$

는 폐부분집합임을 증명하여라.

2. $\{x_n\}$을 거리공간 (X, d)의 유계인 점열이라 하자. 이때 양수 $r > 0$에 대해 집합

$$D = \left\{x \in X : \overline{\lim_{n \to \infty}} d(x_n, x) = r\right\}$$

는 폐부분집합임을 증명하여라.

3. F를 거리공간 X의 폐부분집합이라 하자. 그러면 다음 성질을 만족하는 가산개의 개집합 $G_1, G_2, \cdots$가 존재함을 증명하여라.

   (1) $G_1 \supset G_2 \supset \cdots$

   (2) $G_k \supset \overline{G_{k+1}} \quad (k = 1, 2, \cdots)$

   (3) $\bigcap_{k=1}^{\infty} G_k = F$

4. (X, d)를 거리공간이고 $A \subset X$이라 하자. 이때 $\text{Int}(\overline{A}) = \varnothing$일 필요충분조건은 X의 공집합이 아닌 개집합은 A와 만나지 않는 개구를 품는 것임을 증명하여라.

5. l^2에서 조밀한 가산집합을 구하여라.

6. A를 거리공간 (X, d)에서 조밀한 부분집합이라 하자. $\{x_n\}$을 X의 점열이고 점 $x \in X$일 때, 임의의 점 $z \in A$에 대해 다음이 성립하면,

$$\lim_{n \to \infty} d(x_n, z) = d(x, z)$$

$x_n \to x$임을 증명하여라.

10.5 사상의 연속

6.3절에서 다루었던 실변수 실값함수의 연속개념을 거리공간으로 확장시켜 도입하고 점열의 수렴성과 함수의 연속성과의 관계, 연속과 동치인 개념, 등거리 사상을 다룬다.

〈정의 10.5.1〉

(X, d_1), (Y, d_2)이 거리공간이고, f를 X에서 Y에로의 사상이라 하자. 임의의 실수 $\varepsilon > 0$에 대해 적당한 실수 $\delta > 0$가 존재해서

$$d_1(x, x_0) < \delta \text{이면} \quad d_2(f(x), f(x_0)) < \varepsilon$$

이 성립하면, f를 점 $\boldsymbol{x_0}$에서 연속(continuous at x_0)이라 한다. X의 각 점에서 f가 연속일 때, f를 $\boldsymbol{X}$상에서 연속(continuous on X) 또는 간단히 연속이라 한다.

[주] (1) 정의 10.5.1을 개구를 써서 나타내면, f가 점 x_0에서 연속이라는 것은 $f(x_0)$가 중심이고 반지름이 $\varepsilon > 0$인 임의의 개구 $S_\varepsilon(f(x_0))$에 대하여 점 x_0를 중심으로 하고 반지름이 $\delta > 0$인 적당한 개구 $S_\delta(x_0)$가 존재해서 $f(S_\delta(x_0)) \subset S_\varepsilon(f(x_0))$일 때를 말한다. 또한 $x \to x_0$이면 $f(x) \to f(x_0)$로도 나타낸다.

(2) $X \subset \mathbb{R}$이고 $Y = \mathbb{R}$일 때 위 정의는 정의 6.3.1과 일치한다. 즉, 위 정의는 실수값 함수의 연속개념을 거리공간의 사상에 일반화시킨 개념이다.

정리 10.5.1 X, Y를 거리공간이고 f를 X에서 Y에로의 사상이라 하면, 다음 명제들은 서로 동치이다.

(1) f는 점 x_0에서 연속이다.

(2) $x_n \to x_0$이면 $f(x_n) \to f(x_0)$이다.

증명 (1)⇒(2) : 사상 f가 점 x_0에서 연속이고 X상에서 $x_n \to x_0$이라 하자. $f(x_0)$를 중심으로 하고 반지름이 $\varepsilon > 0$인 개구 $S_\varepsilon(f(x_0))$을 택하면, (1)로부터 점 x_0를 중심으로 하고 반지름이 $\delta > 0$인 적당한 개구 $S_\delta(x_0)$가 존재하여 다음이 성립한다.

$$f(S_\delta(x_0)) \subset S_\varepsilon(f(x_0))$$

한편, $x_n \to x_0$이므로, 적당한 자연수 N가 존재하여 $n \geq N$인 모든 $n \in \mathbb{N}$에 대해서 점 $x_n \in S_\delta(x_0)$이다. 따라서 $n \geq N$인 모든 자연수 $n \in \mathbb{N}$에 대해서 $f(x_n) \in S_\varepsilon(f(x_0))$이다. 따라서 $\varepsilon > 0$은 임의의 실수이므로 $f(x_n) \to f(x_0)$이다.

(2)⇒(1) : $x_n \to x_0$이면 항상 $f(x_n) \to f(x_0)$임을 가정하자. 이때 사상 f가 점 x_0에서 연속이 아니라고 하면, $f(x_0)$를 중심으로 하는 적당한 개구 $S_\varepsilon(f(x_0))$가 존재해서 x_0를 중심으로 하는 어떤 개구 $S_\delta(x_0)$에 대해서도 이것의 상 $f(S_\delta(x_0))$은 $S_\varepsilon(f(x_0))$에 포함되지 않는다. 따라서 $n=1, 2, \cdots$에 대해서 $f(S_{1/n}(x_0)) \not\subset S_\varepsilon(f(x_0))$이므로

$$x_n \in S_{1/n}(x_0), \quad f(x_n) \notin S_\varepsilon(f(x_0))$$

되는 점 x_n을 잡을 수 있다. 각 $n \in \mathbb{N}$에 대해 $x_n \in S_{1/n}(x_0)$이므로 $x_n \to x_0$이나 어떤 자연수 $n \in \mathbb{N}$에 대해서도 $f(x_n) \notin S_\varepsilon(f(x_0))$이므로 $f(x_n) \not\to f(x_0)$이다. 이것은 가정에 모순이다. 따라서 사상 f는 점 x_0에서 연속이다. ■

[주] $X \subset \mathbb{R}$이고 $Y = \mathbb{R}$이면, 위 정리는 연속에 대한 수열판정법이다(정리 6.3.2 참고).

따름정리 10.5.2 X, Y를 거리공간이고 f를 X에서 Y에로의 사상이라 하자. $\{x_n\}$을 X의 점열이고 $x \in X$라 하면, 다음 명제들은 서로 동치이다.

(1) f는 X상에서 연속이다.

(2) $x_n \to x$이면 $f(x_n) \to f(x)$이다.

예제 10.31 X를 거리공간이고, f, g를 X에서 X에로의 연속사상이라 하자. 모든 점 $x \in X$에 대해서 다음과 같이 정의된 합성사상 $f \circ g$는 연속임을 보여라.

$$(f \circ g)(x) = f(g(x))$$

풀이 $x_n \to x$라 하자. g는 연속이므로, 정리 10.5.1에 의해서 $g(x_n) \to g(x)$이다. 또 f도 연속이므로, $f(g(x_n)) \to f(g(x))$이다. 따라서 합성사상 $f \circ g$는 연속이다. ■

예제 10.32 X를 거리공간이고, $n=1, 2, \cdots$에 대해서 f_n을 X상에서 정의된 연속

인 실수값함수라 하자. 이때 X상의 실수값함수 f에 대해 다음이 성립하면,

$$\lim_{n\to\infty} \sup\{|f_n(x)-f(x)| : x\in X\}=0$$

f는 X상에서 연속함수임을 보여라(정리 9.2.1 참고).

풀이 $\varepsilon>0$을 임의의 양수라 하자. $n\to\infty$일 때 $\sup\{|f_n(x)-f(x)| : x\in X\}\to 0$이므로, 자연수 N가 존재하여 모든 $x\in X$에 대해 다음이 성립한다.

$$n\geq N\text{이면}\quad |f_n(x)-f(x)|<\frac{\varepsilon}{3}$$

한편, f_N는 연속함수이므로, 임의의 $x_0\in X$에 대해 적당한 $\delta>0$가 존재하여

$$x\in S_\delta(x_0)\text{이면}\quad |f_N(x)-f_N(x_0)|<\frac{\varepsilon}{3}$$

이 성립한다. 따라서 $x\in S_\delta(x_0)$이면,

$$\begin{aligned}|f(x)-f(x_0)| &\leq |f(x)-f_N(x)|+|f_N(x)-f_N(x_0)|+|f_N(x_0)-f(x_0)|\\ &<\frac{\varepsilon}{3}+\frac{\varepsilon}{3}+\frac{\varepsilon}{3}=\varepsilon\end{aligned}$$

이므로 $f(x)\in S_\varepsilon(f(x_0))$이다. 함수 f는 임의의 점 x_0에서 연속이므로, X상에서 연속이다. ■

[주] (1) $\lim_{n\to\infty}\sup\{|f_n(x)-f(x)| : x\in X\}=0$이면, $\{f_n\}$는 f에 평등수렴한다.

(2) $B(X)$를 거리공간 X상의 유계인 실수값함수의 집합이라 하고, $C(X)$를 유계이고 연속인 실수값함수들의 집합이라 하자.

예제 10.33 $C(X)$는 거리공간 $B(X)$의 폐부분집합임을 증명하여라.

풀이 $\{f_n\}\subset C(X)$이고 $B(X)$에서 $f_n\to f$이라 하자. 이때 $f\in C(X)$임을 보이면 된다. $B(X)$ 상에서 $f_n\to f$이므로, 다음이 성립한다.

$$d(f_n, f)=\sup\{|f_n(x)-f(x)| : x\in X\}\to 0$$

따라서 예제 10.32로부터 f는 연속함수이므로 $f\in C(X)$이다. ■

정리 10.5.3 X, Y를 거리공간이고 f를 X에서 Y에로의 사상이라 하면, 다음 명제들은 서로 동치이다.
(1) f가 X에서 연속이다.
(2) G가 Y의 개집합이면 $f^{-1}(G)$도 X의 개집합이다.

증명 (1)⇒(2) : 사상 f가 X상에서 연속이고 G가 Y의 개집합이라 할 때, $f^{-1}(G)$가 X의 개집합임을 증명하면 된다. $f^{-1}(G)$가 공집합이면, $f^{-1}(G)$은 당연히 개집합이므로 $f^{-1}(G)$는 공집합이 아니라고 하자. 점 x를 $f^{-1}(G)$의 임의의 점이라 하면 $f(x)\in G$이고, G는 개집합이므로 $f(x)$를 중심으로 하는 개구 $S_\varepsilon(f(x))$가 존재해서 G에 포함된다. 여기서 f는 연속이므로, 적당한 개구 $S_\delta(x)$가 존재해서

$$f(S_\delta(x)) \subset S_\varepsilon(f(x))$$

이 성립한다. $S_\varepsilon(f(x)) \subset G$이므로 $f(S_\delta(x)) \subset G$이다. 즉, $S_\delta(x) \subset f^{-1}(G)$이다. 따라서 $f^{-1}(G)$는 개집합이다.

(2)⇒(1) : 집합 G가 Y의 임의의 개집합이면, $f^{-1}(G)$도 X의 개집합이라고 가정하자. x를 X의 임의의 점이라 하고 $f(x)$를 중심으로 하는 임의의 개구 $S_\varepsilon(f(x))$를 잡으면, $S_\varepsilon(f(x))$는 개집합이므로 가정에 의해 $f^{-1}(S_\varepsilon(f(x)))$도 개집합이다. 따라서 $x\in f^{-1}(S_\varepsilon(f(x)))$이므로 적당한 개구 $S_\delta(x)$가 존재해서 다음이 만족한다.

$$S_\delta(x) \subset f^{-1}(S_\varepsilon(f(x)))$$

즉, $f(S_\delta(x)) \subset S_\varepsilon(f(x))$이므로, f는 점 x에서 연속이다. 이때 x는 X의 임의의 점이므로 f는 X상에서 연속이다. ■

예제 10.34 X, Y, Z가 거리공간이고 f, g는 각각 $f : X \to Y$, $g : Y \to Z$인 함수라 하자. f와 g가 연속이면, 합성함수 $g \circ f : X \to Z$도 연속임을 정리 10.5.3을 이용하여 보여라.

풀이 G를 Z의 개집합이라 하면, g가 연속이므로 $g^{-1}(G)$는 Y의 개집합이다. 또한 $f : X \to Y$도 연속이므로, $f^{-1}(g^{-1}(G))$는 X의 개집합이다. 여기서 $(g \circ f)^{-1}(G) = f^{-1}(g^{-1}(G))$이므로, $g \circ f$는 정리 10.5.3에 의해 연속이다. ■

따름정리 10.5.4 사상 f가 X상에서 연속이기 위한 필요충분조건은 F가 Y의 폐집합이면 $f^{-1}(F)$도 X의 폐집합이다.

증명 사상 f를 X상에서 연속이라 하고 F를 Y의 폐집합이라 하자. F^c는 Y의 개집합이고 f는 X에서 연속이므로, 정리 10.5.3으로부터, $f^{-1}(Y-F)$는 X의 개집합이다. 여기서

$$f^{-1}(Y-F)=f^{-1}(Y)-f^{-1}(F)=X-f^{-1}(F)$$

이므로 $X-f^{-1}(F)$는 X의 개집합이다. 따라서 $f^{-1}(F)$는 X의 폐집합이다.
역도 정리 10.5.3을 이용하여 같은 방법으로 증명할 수 있다. ■

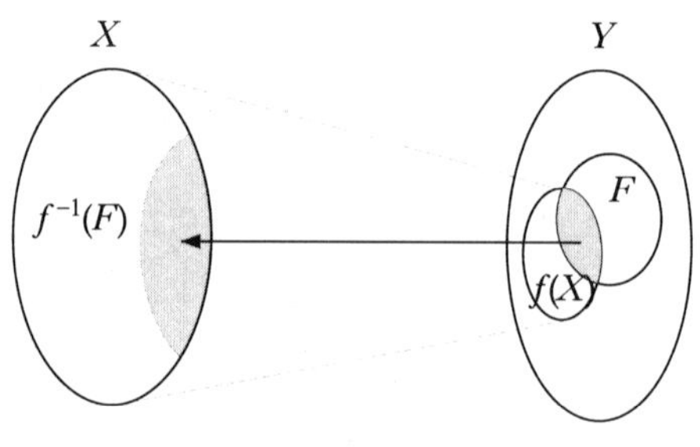

[그림 10.5.1]

예제 10.35 X, Y을 거리공간이고 f를 X에서 Y에로의 사상이라 하면, 다음 명제들은 서로 동치임을 보여라.

(1) f가 X상에서 연속이다.

(2) S가 Y의 개구이면 $f^{-1}(S)$는 X의 개집합이다.

풀이 (1)$\Rightarrow$(2) : 정리 10.5.3으로부터 명백하다.

(2)$\Rightarrow$(1) : G를 Y의 개집합이라면, 정리 10.2.3의 개집합 성질에 의해 G는 개구의 합집합으로 나타내지므로 $G=\bigcup_a S_a$로 쓸 수 있다. G에 대한 f의 역상은 다음과 같다.

$$f^{-1}(G)=f^{-1}(\bigcup_a S_a)=\bigcup_a f^{-1}(S_a)$$

가정으로부터 $f^{-1}(S_a)$는 개집합이고 개집합의 합집합도 개집합이므로, $f^{-1}(G)$는 개집합이다. 따라서 정리 10.5.3으로부터 사상 f는 X상에서 연속이다. ■

[주] $f : X \to \mathbb{R}$가 거리공간에서 정의된 실수값함수이면, $\mathbb{R}$에서의 개구는 개구간 (a, b)이므로 f의 연속성은 $f^{-1}((a, b))$가 개집합임을 보임으로써 증명될 수 있다.

예제 10.36 X를 거리공간이고 f를 X에서 $\mathbb{R}$에로의 사상이라 하자. 임의의 실수 $c \in \mathbb{R}$에 대해 다음 두 집합

$$\{x : f(x) < c\}, \quad \{x : f(x) > c\}$$

이 개집합이면, 사상 f는 X상에서 연속임을 보여라.

풀이 $\mathbb{R}$에서 개구는 개구간이고, 개구간 (a, b)는 반개구간 $(-\infty, b)$와 $(a, +\infty)$의 교집합으로 나타내어진다. 따라서 역상의 성질로부터,

$$\begin{aligned} f^{-1}((a, b)) &= f^{-1}((-\infty, b)) \cap (a, +\infty)) \\ &= f^{-1}((-\infty, b)) \cap f^{-1}((a, +\infty)) \end{aligned}$$

이므로

$$f^{-1}((-\infty, b)) = \{x : f(x) < b\}, \quad f^{-1}((a, +\infty)) = \{x : f(x) > a\}$$

가 개집합이면, $f^{-1}((a, b))$도 개집합이 된다. 따라서 예제 10.35에 의해서 사상 f는 X에서 연속이다. ■

<정의 10.5.2>

(X, d_1), (Y, d_2)를 거리공간이고 f를 X에서 Y위로의 사상이라 하자. 임의의 점 $x, x' \in X$에 대해

$$d_1(x, x') = d_2(f(x), f(x'))$$

이 만족하면, f를 등거리사상(isometric mapping)이라 하고, X와 Y를 등거리적(isometric)이라고 한다.

[주] X에서 Y에로의 사상 f가 Y위로의 사상이 아니더라도 X에서 $f(X)$위로의 등거리사상이면, 일반적으로 f를 X에서 Y에로의 등거리사상이라 하고, $f(X)$를 X의 등거리상(isometric image)이라 한다.

예제 10.37 X를 거리공간이라 하자. 각 점 $x \in X$에 대해 X상의 실수값함수 f_x를 다음과 같이 정의하면,

$$f_x(y) = d(y, x) - d(y, x_0)$$

$F(x) = f_x$인 사상 F는 X에서 $C(X)$에로의 등거리사상임을 증명하여라.

풀이 먼저, 함수 f_x가 $C(X)$의 원소임을 증명하자.

$$\begin{aligned}\sup\{|f_x(y)| : y \in X\} &= \sup\{|d(y, x) - d(y, x_0)| : y \in X\} \\ &\leq \sup\{|d(x, x_0)| : y \in X\} \\ &= d(x, x_0)\end{aligned}$$

이므로, f_x는 X상에서 유계이다. 따라서 $f_x \in B(X)$이다.

다음, $y_n \to y$이라 하면,

$$f_x(y_n) = d(y_n, x) - d(y_n, x_0) \;\to\; d(y, x) - d(y, x_0) = f_x(y)$$

이므로 정리 10.5.1에 의해 f_x가 연속임을 알 수 있다. 즉 $f_x \in C(X)$이다.

마지막으로, F가 등거리사상임을 증명한다. $x_1,\ x_2 \in X$이라 하면,

$$\begin{aligned}|f_{x_1}(y) - f_{x_2}(y)| &= |d(y, x_1) - d(y, x_0) - d(y, x_2) + d(y, x_0)| \\ &= |d(y, x_1) - d(y, x_2)| \leq d(x_1, x_2)\end{aligned}$$

이므로, 다음 식이 성립한다.

$$d(f_{x_1}, f_{x_2}) = \sup\{|f_{x_1}(y) - f_{x_2}(y)| : y \in X\} \leq d(x_1, x_2)$$

역으로, $d(f_{x_1}, f_{x_2}) = \sup\{|f_{x_1}(y) - f_{x_2}(y)| : y \in X\}$에서 $y = x_1$이라 하면, 다음이 성립한다.

$$\begin{aligned}d(f_{x_1}, f_{x_2}) &= \sup\{|f_{x_1}(y) - f_{x_2}(y)| : y \in X\} \\ &\geq |f_{x_1}(x_1) - f_{x_2}(x_1)| \\ &= |d(x_1, x_1) - d(x_1, x_0) - d(x_1, x_2) \\ &= |-d(x_1, x_2)| \\ &= d(x_1, x_2)\end{aligned}$$

따라서 $d(F(x_1), F(x_2))=d(x_1, x_2)$이므로 F는 등거리사상이다. ■

연습문제 10.5

1. X를 거리공간이고, f, g를 X상에서 연속함수라 하자. 모든 점 $x\in X$에 대해

$$(f+g)(x)=f(x)+g(x),\ (f\cdot g)(x)=f(x)\cdot g(x)$$

로 정의된 함수 $f+g$, $f\cdot g$는 X상에서 연속임을 증명하여라.

2. X, Y를 거리공간이고 f, g를 X에서 Y에로의 연속사상이라 하자. $A\subset X$일 때, 다음 명제들은 서로 동치임을 보여라.
   (1) 모든 점 $x\in A$에 대해서 $f(x)=g(x)$이다.
   (2) 모든 점 $x\in \overline{A}$에 대해서 $f(x)=g(x)$이다.

3. X를 거리공간이고 f를 X에서 X에로의 연속사상이라 하자. 모든 점 $x\in A$에 대해 다음과 같이 정의된 함수 g는 X상에서 연속임을 증명하여라.

$$g(x)=d(x, f(x))$$

4. X를 거리공간이고 f를 X상에서 연속인 사상이라 하면, X의 모든 부분집합 A에 대하여 $f(\overline{A})\subset\overline{f(A)}$가 성립함을 증명하여라.

5. X를 거리공간이고 f를 X상에서 연속사상이라 하자. 그러면 다음 집합 F는 폐집합임을 증명하여라.

$$F=\{x\in X : f(x)=x\}$$

6. X를 거리공간이고 f, g를 X상에서 정의된 연속인 실수값함수라 하자. 모든 점 $x\in X$에 대해서 다음과 같이 정의된 함수 $f\vee g$, $f\wedge g$는 X상에서 연속임을 증명하여라.

$$(f\vee g)(x)=\max\{f(x), g(x)\},\ (f\wedge g)(x)=\min\{f(x), g(x)\}$$

7. X를 거리공간이고 $\{f_k\}$을 X상에서 연속함수열로서 모든 점 $x \in X$와 $k=1, 2, \cdots$에 대해서 $|f_k(x)| \leq 1$을 만족한다고 하자. 이때 모든 점 $x \in X$에 대해 다음과 같이 정의된 함수 f는 X상에서 연속함수임을 증명하여라.

$$f(x) = \sum_{k=1}^{\infty} 2^{-k} f_k(x)$$

※ (X, d_1), (Y, d_2)가 거리공간이고, $f : X \to Y$는 X에서 Y에로의 사상이라 하자. 임의의 실수 $\varepsilon > 0$에 대해 적당한 $\delta > 0$가 존재하여

$$d_1(x, y) < \delta \text{이면} \qquad d_2(f(x), f(y)) < \varepsilon$$

를 만족할 때, f는 X상에서 **평등연속(또는 균등연속)**이라고 한다.

8. (X, d)를 거리공간이고 $A \subset X$이라 하자. 거리 $D(x, A)$는 점 x의 함수로서 평등연속임을 증명하여라.

9. 거리공간 (X, d)에서 서로 소(disjoint)인 두 폐집합은 서로 소인 개집합들에 의해 분리됨을 증명하여라.

10.6 완비성

실수계에서는 $\mathbb{R}$의 완비성을 공리로 생각하였다. 이 절에서는 거리공간에서 코시 점열을 이용하여 완비성을 도입하고 Cantor의 정리, 축소사상, Banach의 부동점정리를 다룬다.

〈정의 10.6.1〉

$\{x_n\}$을 거리공간 (X, d)의 점열이라 하자. 임의의 실수 $\varepsilon > 0$에 대해 적당한 자연수 N가 존재하여

$$m,\ n \geq N \text{이면} \quad d(x_m,\ x_n) < \varepsilon$$

을 만족하면, $\{x_n\}$을 코시 점열(Cauchy sequence)이라 한다.

[주] (1) X=ℝ일 때, 위 정의는 정의 4.4.2와 일치한다.

(2) 수렴하는 점열은 모두 코시 점열이지만, 역은 성립하지 않는다. 예를 들면, $\left\{\frac{1}{n}\right\}$은 코시 점열이지만, $X=(0,\ 1)$에서 수렴하지 않는다.

예제 10.38 X를 거리공간이고 $\{x_n\}$을 X에서 코시 점열이라 하자. 이때 $\{x_n\}$이 수렴하는 부분점열을 가지면 $\{x_n\}$은 수렴함을 보여라(보조정리 4.4.12 참고).

풀이 $\{x_n\}$의 수렴하는 부분점열을 $\{x_{n_k}\}$이라 하고 그 극한을 x_0라고 가정하자. $\{x_n\}$가 X에서의 코시 점열이므로 임의의 실수 $\varepsilon > 0$에 대해 적당한 자연수 N가 존재하여

$$m,\ n \geq N \text{이면} \qquad d(x_m,\ x_n) < \frac{\varepsilon}{2}$$

을 만족한다. 그런데 부분점열 $\{x_{n_k}\}$는 점 x_0에 수렴하므로, 적당한 자연수 $n_k \in \mathbb{N}$에 대해

$$d(x_{n_k},\ x_0) < \frac{\varepsilon}{2}$$

이 되게 할 수 있다. 따라서 $n_k,\ n \geq N$에 대해

$$d(x_n,\ x_0) \leq d(x_n,\ x_{n_k}) + d(x_{n_k},\ x_0) < \frac{\varepsilon}{2} + \frac{\varepsilon}{2} = \varepsilon$$

이 성립하므로 점열 $\{x_n\}$은 점 x_0에 수렴한다. ■

〈정의 10.6.2〉

거리공간 X에서의 모든 코시 점열 $\{a_n\}$이 X의 어떤 점에 수렴할 때, X를 완비(complete)라고 한다.

정리 10.6.1 실수공간 $\mathbb{R}$은 완비이다.

증명 $\{a_n\}$을 $\mathbb{R}$에서의 코시 수열이라 하면, 임의의 실수 $\varepsilon>0$에 대해 적당한 자연수 N가 존재해서

$$m,\ n \ge N \text{이면 } |a_n - a_m| < \varepsilon \tag{10.6.1}$$

이 성립한다. 특히, $n \ge N$이면 $|a_n - a_N| < \varepsilon$이므로 다음이 성립한다.

$$a_N - \varepsilon < a_n < a_N + \varepsilon$$

따라서 수열 $\{a_n\}$은 유계이고 Bolzano–Weierstrass 정리에 의해 유계인 수열은 수렴하는 부분수열 $\{a_{n_k}\}$을 가지므로 $\lim_{k\to\infty} a_{n_k} = L$이라고 두자. 한편, 식 (10.6.1)에서 a_m을 a_{n_k}로 택하면

$$n,\ n_k \ge N \text{이면 } |a_n - a_{n_k}| < \varepsilon$$

이므로, $k\to\infty$로 하면 $|a_n - L| \le \varepsilon$을 얻는다. 따라서 $\lim_{n\to\infty} a_n = L$이다. ■

[주] 정리 10.6.1과 관련하여 정리 4.4.13을 참고.

예제 10.39 공집합이 아닌 X에 대해서 $B(X)$를 X상에서 정의된 유계인 실수값함수의 집합이라 하자. 거리 d를 예제 10.6에서 주어진 거리함수로 정의하면, $B(X)$는 완비거리공간임을 보여라.

풀이 $\{f_n\}$을 $B(X)$에서의 코시 점열이라 하자. 그러면 임의의 실수 $\varepsilon>0$에 대하여 적당한 자연수 N가 존재해 다음이 성립한다.

$$m,\ n \ge N \text{이면 } d(f_m, f_n) < \varepsilon$$

그런데 $d(f_m, f_n) = \sup_{t\in X} \{|f_m(t) - f_n(t)| : t \in X\}$이므로, 임의의 점 $t\in X$에 대해

$$|f_m(t) - f_n(t)| < \varepsilon \tag{10.6.2}$$

이다. 이것으로부터 $\{f_n(t)\}$는 $\mathbb{R}$에서의 코시 수열이고, 정리 10.6.1에 의해 $\{f_n(t)\}$의 극한 $f(t)$가 존재한다. 따라서 t는 X의 임의의 점이므로 극한함수 f는 X에서 $\mathbb{R}$

에로의 함수가 되고 $\lim_{n\to\infty} f_n(t) = f(t)$이다.

다음, $f \in B(X)$이고 $d(f_n, f) \to 0$임을 밝히자. 식 (10.6.2)에서 $m \to \infty$로 하면,

$$\lim_{m\to\infty} |f_m(t) - f_n(t)| = |f(t) - f_n(t)| \le \varepsilon$$

이다. $t \in X$는 임의의 점이므로 $n \ge N$인 자연수 $n \in \mathbb{N}$에 대해

$$d(f, f_n) = \sup\{|f(t) - f_n(t)| : t \in X\} \le \varepsilon$$

이 성립하며, 이것은 $d(f, f_n) \to 0$을 의미한다. 한편,

$$\sup\{|f(t)| : t \in X\} \le \sup\{|f(t) - f_N(t)| : t \in X\} + \sup\{|f_N(t)| : t \in X\}$$

로부터, f가 유계임도 알 수 있다. 그러므로 $f \in B(X)$이고, $B(X)$는 완비이다. ■

예제 10.40 이산거리공간 (X, d)는 완비임을 보여라.

증명 $\{x_n\}$을 이산거리공간 X에서의 코시 점열이라 하자. 그러면 $\varepsilon = 1$에 대해 적당한 자연수 N가 존재해

$$m, n \ge n_0\text{이면} \quad d(x_m, x_n) < 1$$

이 성립하므로, $d(x_m, x_n) = 0$이다. 즉 $x_m = x_n$이므로 코시 점열 $\{x_n\}$은 $n \ge N$인 모든 자연수 $n \in \mathbb{N}$에 대해 $x_n = x$로 정의된 점열이다. 임의의 실수 $\varepsilon > 0$에 대해

$$n \ge N\text{이면} \quad d(x_n, x) = d(x, x) = 0 < \varepsilon$$

이므로, $x_n \to x$이다. 그러므로 이산거리공간 (X, d)는 완비이다. ■

[주] (1) (X, d_1), (Y, d_2)를 거리공간이라 하자. 직적집합 $X \times Y$의 두 점 (x_1, y_1), (x_2, y_2) 사이의 거리 d를 다음과 같이 정의하면,

$$d((x_1, y_1), (x_2, y_2)) = \sqrt{d_1(x_1, x_2)^2 + d_2(y_1, y_2)^2}$$

$X \times Y$는 거리공간이 된다(예제 10.3 참고).

(2) 위의 거리 d로부터 다음 부등식이 성립한다.

$$\max\{d_1(x_1, x_2),\ d_2(y_1, y_2)\} \le d((x_1, y_1),\ (x_2, y_2))$$
$$\le d_1(x_1, x_2) + d_2(y_1, y_2)$$

(3) 위에서 정의된 거리 함수 d 외에 직적집합 $X \times Y$상에 다음과 같은 거리함수를 생각할 수 있다.

$$d((x_1, y_1),\ (x_2, y_2) = d_1(x_1, x_2) + d_2(y_1, y_2)$$
$$d_\infty((x_1, y_1),\ (x_2, y_2) = \max\{d_1(x_1, x_2),\ d_2(y_1, y_2)\}$$

정리 10.6.2 (X, d_1), (Y, d_2)가 완비거리공간이면, $X \times Y$도 완비거리공간이다.

증명 $X \times Y$에서의 임의의 코시 점열을 $\{(x_n, y_n) : n = 1, 2, \cdots\}$이라 하자. 그러면 임의의 실수 $\varepsilon > 0$에 대한 자연수 $n_0 \in \mathbb{N}$가 존재하여

$$n,\ m \ge n_0 \text{이면} \quad d((x_n, y_n),\ (x_m, y_m)) < \varepsilon$$

이 성립한다. 이때

$$d_1(x_n, x_m) \le d((x_n, y_n),\ (x_m, y_m)) < \varepsilon,$$
$$d_2(y_n, y_m) \le d((x_n, y_n),\ (x_m, y_m)) < \varepsilon$$

이므로 $\{x_n\}$과 $\{y_n\}$은 각각 X와 Y에서의 코시 점열이다. 그런데 X, Y는 각각 완비이므로 $x_n \to x$, $y_n \to y$인 극한 $x \in X$, $y \in Y$가 존재한다. 따라서 임의의 실수 $\varepsilon > 0$에 대하여 적당한 자연수 N가 존재해 다음이 성립한다.

$$n \ge N \text{이면} \quad d_1(x_n, x) < \frac{\varepsilon}{2},\ d_2(y_n, y) < \frac{\varepsilon}{2}$$

그러므로 $n \ge N$이면,

$$d((x_n, y_n),\ (x, y)) \le d_1(x_n, x) + d_2(y_n, y) < \varepsilon$$

이고 $X \times Y$는 완비이다. ■

따름정리 10.6.3 n차원 유클리드거리공간 $\mathbb{R}^n$은 완비이고, 복소평면 $\mathbb{C}$도 완비이다.

증명 $\mathbb{R}$이 완비이므로 정리 10.6.2와 수학적귀납법에 의해 $\mathbb{R}^n$도 완비이다. $\mathbb{C}$는 $\mathbb{R}^2$의 등거리사상에 의한 상으로 생각할 수 있으므로 완비이다. ■

〈정의 10.6.3〉

A를 공집합이 아닌 거리공간 (X, d)의 부분집합이라 하자. 모든 점 $x, y \in A$에 대해 함수 $d_A : A \times A \to \mathbb{R}$를

$$d_A(x, y) = d(x, y)$$

로 정의하면, d_A는 A에서의 거리함수가 되고, (A, d_A)를 (X, d)의 **부분공간**(subspace)이라 한다.

예제 10.41 (A, d_A)를 (X, d)의 부분공간이라 하고, G_A를 A의 부분집합이라 하자. G_A가 부분공간 (A, d_A)에서 개집합일 필요충분조건은 $G_A = A \cap G$ 되는 X의 개집합 G가 존재함을 보여라.

풀이 먼저, 점 $x \in A$이고 양수 $r > 0$일 때, A의 개구를 $S_r(x : d_A)$, X의 개구를 $S_r(x : d)$로 각각 나타내면, $S_r(x : d_A) = A \cap S_r(x : d)$이다. 왜냐하면,

$$\begin{aligned} S_r(x : d_A) &= \{y \in A : d_A(x, y) < r\} \\ &= \{y \in A : d(x, y) < r\} \\ &= A \cap \{y \in X : d(x, y) < r\} \\ &= A \cap S_r(x : d) \end{aligned}$$

이기 때문이다. G_A를 A의 개집합이라 하면, 정리 10.2.3에 의해 G_A는 A의 개구들의 합집합 $\bigcup_i S(x_i : d_A)$으로 표현된다. 여기서 $G = \bigcup_i S(x_i : d)$라 두면, 다음이 성립한다.

$$\begin{aligned} A \cap G &= A \cap \left(\bigcup_i S(x_i : d)\right) \\ &= \bigcup_i (A \cap S(x_i : d)) \\ &= \bigcup_i S(x_i : d_A) = G_A \end{aligned}$$

역으로, G가 X의 개집합이라 하면, G는 X의 개구들의 합집합 $\bigcup_i S(x_i : d)$으로 표현된다. 따라서

$$A \cap G = A \cap (\bigcup_i S(x_i : d)) = \bigcup_i S(x_i : d_A)$$

이므로 $\bigcup_i S(x_i : d_A) = G_A$라 두면, G_A는 A의 개집합이 된다. ■

정리 10.6.4 X를 완비거리공간이고, A를 X의 부분공간이라 하자. A가 완비이기 위한 필요충분조건은 A가 폐집합이다.

증명 먼저, 부분공간 A를 완비공간이라 하자. 정리 10.4.2의 [주] (2)에 의해 $\{x_n\} \subset A$이고 $x_n \to x$일 때, $x \in A$임을 증명하면 A는 폐집합이다. 수렴하는 점열은 모두 코시 점열이므로 $\{x_n\}$은 부분공간 A의 코시 점열이다. A는 완비이므로 $x \in A$이다. 따라서 A는 폐집합이다.
역으로, A를 폐집합이라 하자. A의 임의의 코시 점열을 $\{x_n\}$이라 하면, X는 완비이므로 $\{x_n\}$은 X의 한 점 x에 수렴한다. 정리 10.4.2에 의해서 $x \in \overline{A} = A$이므로 A는 완비이다. ■

예제 10.42 X를 거리공간이라 하면, $C(X)$는 완비임을 보여라.

증명 정리 10.6.4, 예제 10.33, 예제 10.39를 이용하면 된다. 즉, $C(X)$는 완비공간 $B(X)$의 폐집합이므로 $C(X)$도 완비이다. ■

정리 10.6.5 (Cantor의 정리) X를 완비거리공간이라 하자. $\{F_n\}$을 X의 공집합이 아닌 폐집합들의 감소집합열, 즉,

$$F_1 \supset F_2 \supset F_3 \supset \cdots \supset F_n \supset \cdots$$

이고, $n \to \infty$일 때 $\delta(F_n) \to 0$이라 하면, 다음 집합 F는 오직 한 점만을 갖는다.

$$F = \bigcap_{n=1}^{\infty} F_n$$

증명 $\delta(F_n) \to 0$로부터 F는 서로 다른 두 점을 포함할 수 없다. 즉, 많아야 한 점을 품고 있으므로 F가 공집합이 아님을 보이면 된다. 각 F_n에서 각각 한 점 x_n을 택하면 $F_1 \supset F_2 \supset F_3 \supset \cdots$이고, $\delta(F_n) \to 0$이므로 $\{x_n\}$은 코시 점열이 된다. 그런데 X는 완비이므로 $x_n \to x$인 $x \in X$가 존재한다. 임의의 자연수 $n_0 \in \mathbb{N}$를 택하면, $x_n \in F_n$이므로 $n \ge n_0$에 대해서 $x_n \in F_{n_0}$이다. 즉, $k \to \infty$일 때

$$\{x_{n_0},\ x_{n_0+1},\ \cdots\} \subset F_{n_0}, \quad x_{n_0+k} \to x$$

이고, F_{n_0}가 폐집합이므로 $x \in F_{n_0}$이다. $n_0 \in \mathbb{N}$는 임의의 자연수이므로 점 x는 모든 F_n에 포함된다. 따라서 $x \in F = \bigcap_{n=1}^{\infty} F_n$이다. ■

예제 10.43 $X = [0,\ 1]$이라 하자. $F_n = \left[0,\ \dfrac{1}{n}\right]$ $(n=1,\ 2,\ \cdots)$이면, $\bigcap_{n=1}^{\infty} F_n = \{0\}$임을 보여라.

풀이 X는 완비공간 $\mathbb{R}$의 폐부분집합이므로 X는 완비이고 $\{F_n\}$은 폐집합들의 감소집합열이므로 정리 10.6.5에 의해 $\bigcap_{n=1}^{\infty} F_n$는 오직 한 점으로 이루어진 집합이다. 즉, $\bigcap_{n=1}^{\infty} F_n = \{0\}$이다. ■

[주] (1) 예제 10.43에서 $G_n = \left(0,\ \dfrac{1}{n}\right)$ $(n=1,\ 2,\ \cdots)$이라 하면, $n \to \infty$일 때 $\delta(G_n) \to 0$이지만 $\bigcap_{n=1}^{\infty} G_n = \varnothing$이다. 여기서, 각 G_n는 $X = [0,\ 1]$에서 폐집합이 아니므로 정리 10.6.5를 적용할 수 없다.

(2) $X = (0,\ 2)$라 하자. $H_n = \left(0,\ \dfrac{1}{n}\right]$ $(n=1,\ 2,\ \cdots)$은 X상에서 폐집합이다. 왜냐하면, H_n의 여집합 $\left(\dfrac{1}{n},\ 2\right)$는 X 상에서 개집합이기 때문이다. 그러나 $n \to \infty$일 때 $\delta(H_n) \to 0$이나 $\bigcap_{n=1}^{\infty} H_n = \varnothing$이다. 왜냐하면, $X = (0,\ 2)$는 완비가 아니므로 정리 10.6.5가 적용되지 않는다. ■

예제 10.44 X를 완비거리공간이고 $\{A_n\}$을 $X = \bigcup_{n=1}^{\infty} A_n$인 X의 부분집합열이라 하면, 다음을 만족하는

$$\mathrm{Int}(\overline{A_{n_0}}) \neq \varnothing$$

$A_{n_0} \in \{A_n\}$가 존재함을 보여라.

풀이 모든 자연수 $n \in \mathbb{N}$에 대해서 $\overline{A_n}$은 내점을 갖지 않는다고 하자. 즉, Int $(\overline{A_n}) = \varnothing$이라 하자. $\overline{A_1}$은 내점을 갖지 않으므로, X의 공집합이 아닌 모든 개집합 G에 대해서 $G \cap (\overline{A_1})^c \neq \varnothing$이다. $G = X$라 두면, $X - \overline{A_1}$는 공집합이 아닌 개집합이다. 따라서 $A_1 \cap G_1 = \varnothing$인 반지름이 1보다 작은 개구 G_1이 존재한다. 여기서, 반지름이 개구 G_1의 $\dfrac{1}{2}$이고 중심이 G_1과 같은 폐구를 F_1이라 하자. 또한, $\overline{A_2}$도 내점을 갖지 않으므로, $A_2 \cap G_2 = \varnothing$이고 $G_2 \subset \mathrm{Int}(F_1)$인 반지름이 $\dfrac{1}{2}$보다 작은 개구 G_2가 존재한다. 여기서 중심이 G_2의 중심과 같고 반지름이 개구 G_2의 $\dfrac{1}{2}$인 폐구를 F_2라 한다. 다시, $\overline{A_3}$는 내점을 갖기 않으므로, $A_3 \cap G_3 = \varnothing$이고 $G_3 \subset \mathrm{Int}(F_2)$인 반지름이 $\dfrac{1}{4}$보다 작은 개구 G_3가 존재한다. 여기서 중심이 G_3과 같고 반지름이 G_3의 $\dfrac{1}{2}$인 폐구를 F_3이라 한다. 이런 방법을 계속하면, X의 공집합이 아닌 폐집합들의 감소열 $\{F_n\}$을 얻고 $\delta(F_n) \to 0$이다. X는 완비거리공간이므로, Cantor의 정리로부터 $F = \bigcap_{n=1}^{\infty} F_n$은 한 점의 집합 $\{x_0\}$가 된다. x_0은 모든 F_n에 속하므로, x_0는 G_n에도 속한다. 그러나 $A_n \cap G_n = \varnothing$이므로 $x_0 \notin A_n$이다. 이것은 $X = \bigcup_{n=1}^{\infty} A_n$에 모순이다. 따라서 $\mathrm{Int}(\overline{A_{n_0}}) \neq \varnothing$인 $A_{n_0} \in \{A_n\}$가 존재한다. ■

[주] 예제 10.44에 의해 완비거리공간은 제2범주 집합임을 알 수 있다.

〈정의 10.6.4〉

X를 거리공간이고 f를 X에서 X에로의 사상이라 하자. 임의의 점 $x, y \in X$에 대해

$$d(f(x), f(y)) \leq \alpha d(x, y)$$

을 만족하는 실수 $\alpha \in [0, 1)$가 존재할 때, f를 X상에서 축소사상(contraction mapping)이라 한다.

정리 10.6.6 (Banach의 부동점정리 : Banach's Fixed Point Theorem)
X를 완비거리공간이라 하자. f가 X에서 X에로의 축소사상이면, f의 유일한 부동점 $x \in X$가 존재한다. 즉, $f(x)=x$가 되는 점 x가 존재하면, 이러한 x는 오직 하나 존재한다.

증명 임의의 점 $x_0 \in X$에 대해서

$$x_1 = f(x_0),\ x_2 = f(x_1) = f^2(x_0),\ \cdots,\ x_n = f(x_{n-1}) = f^n(x_0),\ \cdots$$

로 두면, 축소사상의 정의로부터 적당한 실수 $\alpha \in [0, 1)$에 대해 다음이 성립한다.

$$\begin{aligned} d(x_{n+1}, x_n) &= d(f(x_n)), f(x_{n-1})) \le \alpha\ d(x_n, x_{n-1}) \\ &= \alpha d(f(x_{n-1}), f(x_{n-2})) \le \alpha^2 d(x_{n-1}, x_{n-2}) \\ &\le \cdots \\ &\le \alpha^n d(x_1, x_0) \end{aligned}$$

따라서 $m > n$일 때, 삼각부등식을 반복 사용하면 다음을 얻는다.

$$\begin{aligned} & d(x_m, x_n) \\ & \le d(x_m, x_{m-1}) + d(x_{m-1}, x_{m-2}) + \cdots + d(x_{n+1}, x_n) \\ & \le \alpha^{m-1} d(x_1, x_0) + \alpha^{m-2} d(x_1, x_0) + \cdots + \alpha^n d(x_1, x_0) \\ & = \alpha^n (1 + \alpha + \cdots + \alpha^{m-n-1})\ d(x_1, x_0) \\ & \le \frac{\alpha^n}{1-\alpha} d(x_1, x_0) \end{aligned}$$

그러므로 $m > n$이고 $n \to \infty$일 때 $d(x_m, x_n) \to 0$이므로, $\{x_n\}$은 코시 점열이다. 그런데 X는 완비이므로, $x_n \to x$인 점 $x \in X$가 존재한다. 이 점 x가 f의 부동점이라는 것은 f의 연속성으로부터

$$f(x) = f(\lim_{n \to \infty} x_n) = \lim_{n \to \infty} f(x_n) = \lim_{n \to \infty} x_{n+1} = x$$

이므로, x는 f의 부동점임을 알 수 있다.
다음, 부동점의 유일성을 증명하자. 서로 다른 두 점 $x, y \in X$가 f의 부동점이라 하면

$$d(x, y) = d(f(x), f(y)) \le \alpha d(x, y)$$

가 성립한다. $d(x, y) > 0$이므로 윗식의 양변을 $d(x, y)$으로 나누면 $1 \le \alpha$로 되어 $0 \le \alpha < 1$에 모순된다. 그러므로 사상 f의 부동점은 오직 하나이다. ■

예제 10.45 X를 완비거리공간이고 f를 X에서 X에로의 사상이라 하자. 어떤 자연수 $n \in \mathbb{N}$에 대해 f^n는 X상에서 축소사상이라 하자. 즉, 임의의 점 $x, y \in X$에 대해 다음을 만족하는 실수 α(여기서 $0 \le \alpha < 1$)이 존재한다고 하자.

$$d(f^n(x), f^n(y)) \le \alpha d(x, y)$$

그러면 f도 X에서 유일한 부동점을 가짐을 증명하여라.

풀이 정리 10.6.6으로부터, $f^n(x_0) = x_0$로 되는 점 x_0가 유일하게 존재한다. 따라서

$$f^n(f(x_0)) = f(f^n(x_0)) = f(x_0)$$

이므로, $f(x_0)$도 f^n의 부동점임을 알 수 있다. f^n의 부동점은 유일하므로, $f(x_0) = x_0$이고 점 x_0는 f의 부동점이 된다. 만일 f가 서로 다른 부동점을 갖는다면, f^n도 서로 다른 부동점을 갖게 되므로 사상 f^n이 유일한 부동점을 갖는다는 것에 모순이다. ■

연습문제 10.6

1. $\left\{\frac{1}{n}\right\}$은 코시 수열임을 증명하여라.

2. (X, d_X), (Y, d_Y)를 거리공간이고, f를 X에서 Y에로의 평등연속사상이라 하자. $\{x_n\}$가 X에서의 코시 점열이면, $\{f(x_n)\}$도 Y에서의 코시 점열임을 증명하여라.

3. $\{x_n\}$, $\{y_n\}$을 거리공간 X에서 코시 점열이라 하면, $\{d(x_n, y_n)\}$은 실수공간 $\mathbb{R}$에서의 코시 수열임을 증명하여라.

4. $i=1, 2, \cdots$에 대해서 (X_i, d_i)을 완비거리공간이라 하자. 직적집합 $X = \prod_{i=1}^{\infty} X_i$의 두 점 $x = (x_1, x_2, \cdots)$, $y = (y_1, y_2, \cdots)$에 대해 거리 d를 다음과 같이 정의하면,

$$d(x, y)=\sum_{i=1}^{\infty} \frac{1}{i!} \frac{d_i(x_i, y_i)}{1+d_i(x_i, y_i)}$$

$X=\prod_{i=1}^{\infty} X_i$는 완비거리공간임을 증명하여라.

5. l^1는 완비거리공간임을 증명하여라.

6. l^2는 완비거리공간임을 증명하여라.

7. (X, d)는 유계인 완비거리공간이고 f는 다음 성질을 만족하는 X상의 연속사상이라 하자. 즉 적당한 α(여기서 $0 \le \alpha < 1$)가 존재하여 모든 점 $x \in X$에 대해서 $A=\{x, f(x), f^2(x), \cdots\}$인 X의 부분집합 A에 대하여 $\delta(f(A)) \le \alpha\ \delta(A)$이다. 이때 f는 부동점을 가짐을 증명하여라. 여기서 $\delta(A)$는 A의 지름을 나타낸다.

8. 3차방정식 $x^3+4x-2=0$은 0과 1 사이에서 실근을 갖는다. 함수 $f(x)=\frac{1}{4}(2-x^3)$은 $[0, 1]$상에서 축소사상임을 보이고, f의 부동점이 주어진 방정식의 근임을 증명하여라.

연습문제 풀이

연습문제 10.1

1. 임의의 점 $x, y, z \in X$에 대해 $d(x, y) \leq d(x, z)+d(z, y)$이므로, 다음이 성립하고

$$d(x, y)-d(z, y) \leq d(x, z)$$

또한, $d(z, y) \leq d(z, x)+d(x, y)$이므로

$$-d(x, z) \leq d(x, y)-d(z, y)$$

이다. 그러므로 위의 두 부등식으로부터 다음 식을 얻는다.

$$-d(x, z) \leq d(x, y)-d(z, y) \leq d(x, z)$$

즉, $|d(x, y)-d(z, y)| \leq d(x, z)$이다.

2. 임의의 점 $x, y, z, w \in X$에 대하여 문제 1에 의해 다음이 성립한다.

$$\begin{aligned} |d(x, y)-d(z, w)| &= |d(x, y)-d(z, y)+d(z, y)-d(z, w)| \\ &\leq |d(x, y)-d(z, y)|+|d(y, z)-d(w, z)| \\ &\leq d(x, z)+d(y, w) \end{aligned}$$

3. $C([0, 1])$에서의 d_1은 $B([0, 1])$에서 정의된 예제 10.6의 거리함수 d와 일치하므로 거리함수이다. d_2에 대해서 (M1)~(M4)가 성립함을 보인다. $d_2(x, y) \geq 0$이고

$$d_2(x, y)=0 \iff \int_0^1 |x(t)-y(t)|=0 \iff x(t)=y(t) \quad (t\in[0, 1]) \iff x=y$$

이므로 (M2)가 만족한다. (M3)는 절대값 함수의 성질에 의해 명백하다. 또한, 임의의 점 $z\in C([0, 1])$에 대해 $|x(t)-y(t)| \leq |x(t)-z(t)|+|z(t)-y(t)|$이므로

$$\begin{aligned} d_2(x, y) &= \int_0^1 |x(t)-y(t)|\,dt \leq \int_0^1 |x(t)-z(t)|\,dt+\int_0^1 |z(t)-y(t)|\,dt \\ &= d_2(x, z)+d_2(z, y) \end{aligned}$$

이 성립하고, (M4)가 만족된다.

4. x, y, z를 $\mathbb{R}^n$의 원소라 하면 $d_\infty(x, y)$는 실수값함수로서 $0 \leq d_\infty(x, y)$이다. 또

$$d_\infty(x, y)=0 \Longleftrightarrow \max\{|x_1-y_1|, \cdots, |x_n-y_n|\}=0$$
$$\Longleftrightarrow x_i=y_i \ (i=1, 2, \cdots, n) \Longleftrightarrow x=y$$

이므로, (M2)가 성립하고 (M3)는 정의에 의해 명백하다. (M4)을 증명하자.

$$\begin{aligned} d_\infty(x, y) &= \max\{|x_i-y_i| : i=1, 2, \cdots, n\} \\ &\le \max\{|x_i-z_i|+|z_i-y_i| : i=1, 2, \cdots, n\} \\ &\le \max\{|x_i-z_i| \, | i=1, 2, \cdots, n\}+\max\{|z_i-y_i| : i=1, 2, \cdots, n\} \\ &= d_\infty(x, z)+d_\infty(z, y) \end{aligned}$$

이므로, (M4)가 성립한다.

5. $x=(0, 0)$, $y=(1, 1)$, $z=(0, 1)$이라 두면, $d_{1/2}(x, y)=4$이고 $d_{1/2}(x, z)+d_{1/2}(z, y)=2$이므로, (M4)가 성립하지 않는다.

6. $$0 \le d(x, y) = \sum_{i=1}^{\infty} \frac{1}{i\,!} \frac{d_i(x_i, y_i)}{1+d_i(x_i, y_i)} \le \sum_{i=1}^{\infty} \frac{1}{i\,!} = e-1$$

이므로, d는 (M1)을 만족하는 실수값함수이다. 다음은,

$$d(x, y)=0 \Longleftrightarrow d_i(x_i, y_i)=0 \ (i=1, 2, \cdots)$$
$$\Longleftrightarrow x_i=y_i \ (i=1, 2, \cdots) \Longleftrightarrow x=y$$

이므로, (M2)는 증명되었다. (M3)는 명백하므로 (M4)를 증명하자.

$$\frac{d_i(x_i, y_i)}{1+d_i(x_i, y_i)} \le \frac{d_i(x_i, z_i)}{1+d_i(x_i, z_i)} + \frac{d_i(z_i, y_i)}{1+d_i(z_i, y_i)} \ (i=1, 2, \cdots)$$

이므로, 양변에 $\frac{1}{i!}$을 곱하여 i에 대해서 더하면

$$\sum_{i=1}^{\infty} \frac{1}{i\,!} \frac{d_i(x_i, y_i)}{1+d_i(x_i, y_i)} \le \sum_{i=1}^{\infty} \frac{1}{i\,!} \frac{d_i(x_i, z_i)}{1+d_i(x_i, z_i)} + \sum_{i=1}^{\infty} \frac{1}{i\,!} \frac{d_i(z_i, y_i)}{1+d_i(z_i, y_i)}$$

로 되어 $d(x, y) \le d(x, z)+d(z, y)$가 얻어진다. 따라서 (M4)가 성립한다.

7. $0<t<1$인 실수 $t\in\mathbb{R}$에 대하여 함수 $f(x)=x^t-tx-(1-t)$을 생각한다. $f(x)$의 증감을 조사하면, $x \ge 1$에서 $f(x) \le 0$임을 알 수 있다. $a=0$ 또는 $b=0$일 때는 결론이 명백하므로, $a, b>0$이라고 가정하자.

(ⅰ) $a \geq b$일 때, $x=\frac{a}{b}$, $t=\frac{1}{p}$이라 두면 $\left(\frac{a}{b}\right)^{\frac{1}{p}} \leq \frac{1}{p}\cdot\frac{a}{b}+\left(1-\frac{1}{p}\right)$이다. $1-\frac{1}{p}=\frac{1}{q}$ 이므로, 양변에 b를 곱하면 $a^{\frac{1}{p}}b^{\frac{1}{q}} \leq \frac{a}{p}+\frac{b}{q}$이다.

(ⅱ) $b > a$일 때, $x=\frac{b}{a}$, $t=\frac{1}{q}$로 두면 (ⅰ)의 경우와 같은 결론을 얻을 수 있다.

8. $\sum_{i=1}^{n} a_i^{\,p}=0$ 또는 $\sum_{i=1}^{n} b_i^{\,q}=0$일 때는 결론은 명백하다. 그러므로 $\sum_{i=1}^{n} a_i^{\,p} \neq 0$, $\sum_{i=1}^{n} b_i^{\,q} \neq 0$ 이라 가정하자. $x_i=\left(a_i \Big/ \left(\sum_{i=1}^{n} a_i^{\,p}\right)^{\frac{1}{p}}\right)^p$, $y_i=\left(b_i \Big/ \left(\sum_{i=1}^{n} b_i^{\,q}\right)^{\frac{1}{q}}\right)^q$로 두고 문제 7을 이용하면, 다음 식을 얻는다.

$$\sum_{i=1}^{n} a_i b_i \Big/ \left(\sum_{i=1}^{n} a_i^{\,p}\right)^{\frac{1}{p}}\left(\sum_{i=1}^{n} b_i^{\,q}\right)^{\frac{1}{q}} \leq \frac{1}{p}+\frac{1}{q}=1$$

9. 문제 8로부터, $\sum_{i=1}^{n}(a_i+b_i)^p = \sum_{i=1}^{n} a_i(a_i+b_i)^{p-1}+\sum_{i=1}^{n} b_i(a_i+b_i)^{p-1}$

$$\leq \left(\sum_{i=1}^{n} a_i^{\,p}\right)^{\frac{1}{p}}\left(\sum_{i=1}^{n}(a_i+b_i)^{pq-q}\right)^{\frac{1}{q}}+\left(\sum_{i=1}^{n} b_i^{\,p}\right)^{\frac{1}{p}}\left(\sum_{i=1}^{n}(a_i+b_i)^{pq-q}\right)^{\frac{1}{q}}$$

을 얻는다. $pq-q=p$이므로

$$\sum_{i=1}^{n}(a_i+b_i)^p \leq \left(\sum_{i=1}^{n}(a_i+b_i)^p\right)^{\frac{1}{q}}\left\{\left(\sum_{i=1}^{n} a_i^{\,p}\right)^{\frac{1}{p}}+\left(\sum_{i=1}^{n} b_i^{\,p}\right)^{\frac{1}{p}}\right\}$$

이고, 이 양변을 $\left(\sum_{i=1}^{n}(a_i+b_i)^p\right)^{\frac{1}{q}}$로서 나누면 결론을 얻는다.

10. $p=1$일 때는 명백하므로 $1<p<\infty$의 경우를 증명하면 된다. (M1), (M2), (M3)은 예제 10.3과 같은 방법을 이용하면 된다. (M4)는 Minkowski의 부등식으로부터 얻어진다. 즉, 다음 식이 성립한다.

$$d_p(x,\ y)=\left(\sum_{i=1}^{n}|x_i-y_i|^p\right)^{\frac{1}{p}} \leq \left(\sum_{i=1}^{n}(|x_i-z_i|+|z_i-y_i|)^p\right)^{\frac{1}{p}}$$

$$\leq \left(\sum_{i=1}^{n}|x_i-z_i|^p\right)^{\frac{1}{p}}+\left(\sum_{i=1}^{n}|z_i-y_i|^p\right)^{\frac{1}{p}}=d_p(x,\ z)+d_p(z,\ y)$$

11. $x,\ y \in l^1$이라 하면,

$$\sum_{i=1}^{\infty} |x_i - y_i| \leq \sum_{i=1}^{\infty} (|x_i| + |y_i|) = \sum_{i=1}^{\infty} |x_i| + \sum_{i=1}^{\infty} |y_i| < \infty$$

이므로, $0 \leq d_1(x,\ y) < \infty$이다. 또

$$d_1(x,\ y) = 0 \iff x_i = y_i \ \ (i = 1,\ 2,\ \cdots) \iff x = y$$

이므로, (M2)는 증명되고 (M3), (M4)도 명백하다.

12. $x,\ y \in l^2$이라 하자. Minkowski의 부등식을 이용하면, 임의의 자연수 $n \in \mathbb{N}$에 대하여

$$\left(\sum_{i=1}^{n} |x_i - y_i|^2\right)^{\frac{1}{2}} \leq \left(\sum_{i=1}^{n} (|x_i| + |y_i|^2\right)^{\frac{1}{2}} \leq \left(\sum_{i=1}^{n} |x_i|^2\right)^{\frac{1}{2}} + \left(\sum_{i=1}^{n} |y_i|^2\right)^{\frac{1}{2}}$$
$$\leq \left(\sum_{i=1}^{\infty} |x_i|^2\right)^{\frac{1}{2}} + \left(\sum_{i=1}^{\infty} |y_i|^2\right)^{\frac{1}{2}} < \infty$$

이므로, 다음이 성립한다.

$$\left(\sum_{i=1}^{\infty} |x_i - y_i|^2\right)^{\frac{1}{2}} \leq \left(\sum_{i=1}^{\infty} |x_i|^2\right)^{\frac{1}{2}} + \left(\sum_{i=1}^{\infty} |y_i|^2\right)^{\frac{1}{2}} < \infty$$

(M1)~(M3)는 명백하다. (M4)를 증명하자. $x,\ y,\ z \in l^2$이라 하면,

$$d_2(x,\ y) = \left(\sum_{i=1}^{n} |x_i - y_i|^2\right)^{\frac{1}{2}} \leq \left(\sum_{i=1}^{n} |x_i - z_i|^2\right)^{\frac{1}{2}} + \left(\sum_{i=1}^{n} |z_i - y_i|^2\right)^{\frac{1}{2}}$$
$$\leq \left(\sum_{i=1}^{\infty} |x_i - z_i|^2\right)^{\frac{1}{2}} + \left(\sum_{i=1}^{\infty} |z_i - y_i|^2\right)^{\frac{1}{2}}$$
$$= d_2(x,\ z) + d_2(z,\ y)$$

이므로 (M4)가 성립한다.

13. $x \in l^1$이라 하면, $\sum_{i=1}^{\infty} |x_i| < \infty$이다. 그러므로 적당한 자연수 $n_0 \in \mathbb{N}$가 존재하여 $n_0 \leq n$이면 $|x_n| < 1$이다. 따라서 $|x_n|^2 \leq |x_n|$이므로

$$\sum_{i=1}^{\infty} |x_i|^2 = \sum_{i=1}^{n_0-1} |x_i|^2 + \sum_{i=n_0}^{\infty} |x_i|^2 \le \sum_{i=1}^{n_0-1} |x_i|^2 + \sum_{i=n_0}^{\infty} |x_i| < \infty$$

이다. 이것은 $x \in l^2$을 의미한다.

연습문제 10.2

1. $x \in \mathbb{N}$이라 하고 $0 < r \le 1$이라 하면, $S_r(x) = (x-r, x+r) \cap \mathbb{N} = \{x\}$이므로 한 점 집합 $\{x\}$는 개집합이다. A를 $\mathbb{N}$의 부분집합이라 하면, $A = \bigcup_{x \in A} \{x\}$이고 정리 10.2.4에 의해 개집합의 합집합은 개집합이므로 A는 개집합이다.

2. (1) 정의 10.2.2로부터 A의 외점은 A^c의 내점이므로 $\text{Ext } A = \text{Int}(A^c)$이다.
   (2) $\text{Int } A$는 정리 10.2.5로부터 개집합이므로 정리 10.2.1에 의해 $\text{Int}(\text{Int } A) = \text{Int } A$이다.
   (3) $\text{Ext } A = \text{Int}(A^c)$이므로 $\text{Ext } A$는 개집합이다. 따라서 정리 10.2.1에 의해 $\text{Int}(\text{Ext } A) = \text{Ext } A$이다.
   (4) $(A \cup \text{Bdy } A)^c = A^c \cap (\text{Bdy } A)^c = A^c \cap \{(\text{Int } A) \cup (\text{Ext } A)\}$
   $= (A^c \cap \text{Int } A) \cup (A^c \cap \text{Ext } A) = \varnothing \cup (A^c \cap \text{Ext } A) = \text{Ext } A$

3. A가 개집합이면 $\text{Int } A = A$이고, $\text{Bdy } A \cap \text{Int } A = \varnothing$이므로 $A \cap \text{Bdy } A = \varnothing$이다. 역으로, $A \cap \text{Bdy } A = \varnothing$이면, $A \cap (\text{Int } A)^c \cap (\text{Ext } A)^c = \varnothing$이고 다음 식이 성립한다.

$$A^c \cup \text{Int } A \cup \text{Ext } A = X$$

그러므로 $A \cap (A^c \cup \text{Int } A \cup \text{Ext } A) = A \cap X = A$이다. 여기서

$$(A \cap A^c) \cup (A \cap \text{Int } A) \cup (A \cap \text{Ext } A) = \text{Int } A$$

이므로, $\text{Int } A = A$이다. 따라서 A는 개집합이다.

4. $c_1 = c_2 = 1$이라 두면, $d \simeq d$는 명백하다. $d \simeq d'$이라 하면,

$$c_1 d(x, y) \le d'(x, y) \le c_2 d(x, y)$$

인 양수 c_1, c_2가 존재한다. 따라서

$$\frac{1}{c_2} d'(x, y) \le d(x, y) \le \frac{1}{c_1} d'(x, y)$$

이 성립하므로, $d' \simeq d$이다. $d \simeq d'$이고 $d' \simeq d''$일 때, $d \simeq d''$임을 위와 같이 하여 증명할 수 있다.

5. $x,\ y \in \mathbb{R}^n$이고 $1 \le p < \infty$이라 하면,

$$\max\{|x_i - y_i| : 1 \le i \le n\} \le \left(\sum_{i=1}^{n} |x_i - y_i|^p\right)^{\frac{1}{p}} \le n^{\frac{1}{p}} \max\{|x_i - y_i| : 1 \le i \le n\}$$

이므로 $d_\infty(x, y) \le d_p(x, y) \le n^{\frac{1}{p}} d_\infty(x, y)$이다. 따라서 $d_\infty \simeq d_p$이다. 문제 4에서 $\simeq$는 동치관계이므로, $d_p \simeq d_\infty$이다.

6. $d \simeq d'$이므로, $c_1 d(x, y) \le d'(x, y) \le c_2 d(x, y)$인 양수 $c_1,\ c_2$가 존재한다고 가정하자. $A \subset X$를 d에 관한 개집합이라 하고 점 x를 A의 임의의 점이라 하면, $\{y : d(x, y) < r\} \subset A$ 되는 양수 $r > 0$이 존재한다.

$$\{y : d'(x, y) < c_1 r\} \subset \{y : d(x, y) < r\} \subset A$$

이므로, A는 d'에 관해서도 개집합이다.
역도 같은 방법으로 증명된다.

7. 각 자연수 $i \in \mathbb{N}$에 대해서 $y_i = |z_i| - \frac{1}{2^i}$이라 두면, Minkowski의 부등식으로부터 다음을 얻는다.

$$\sum_{i=1}^{n} |y_i|^2 \le \sum_{i=1}^{n}\left(|z_i| + \frac{1}{2^i}\right)^2 \le \left\{\left(\sum_{i=1}^{n} |z_i|^2\right)^{\frac{1}{2}} + \left(\sum_{i=1}^{n} \left|\frac{1}{2^i}\right|^2\right)^{\frac{1}{2}}\right\}^2$$
$$\le \left\{\left(\sum_{i=1}^{n} |z_i|^2\right)^{\frac{1}{2}} + \sqrt{\frac{1}{3}}\right\}^2 < \infty$$

따라서 $\sum_{i=1}^{\infty} |y_i|^2 < \infty$이므로, $y = \{y_i\} \in l^2$이고 $y \in A$이다. 이 y가 A의 내점이 아님을 증명하자. 만일 y를 A의 내점이라 하면, $S_r(y) \subset A$ 되는 $r > 0$이 존재한다. 더욱이 $\left(\sum_{i=n_0}^{\infty}\left(\frac{1}{2^i}\right)^2\right)^{\frac{1}{2}} < r$이 되도록 자연수 $n_0 \in \mathbb{N}$을 잡고 $x = \{x_i\}$를 다음과 같이 정의하면,

$$x_i = \begin{cases} y_i & i = 1, 2, \cdots, n_0 - 1 \\ |z_i| & i = n_0, n_0 + 1, \cdots \end{cases}$$

$x=\{x_i\}\in l^2$이나 $x\not\in A$이다. 그런데 다음식이 성립하므로,

$$d(y,\ x)=\left(\sum_{i=n_0}^{\infty}\left(\frac{1}{2^i}\right)^2\right)^{\frac{1}{2}}<r$$

$x\in S_r(y)\subset A$이다. 이것은 모순이므로 y는 A의 내점이 아니다.

8. 먼저, $x\in C$에 대해 $\{x\}+D$가 개집합임을 증명한다. $x+y\in\{x\}+D$라 하자. D가 개집합이므로 $S_r(y)\subset D$인 양수 $r>0$이 존재하고 $S_r(x+y)=\{x\}+S_r(y)$이다. 왜냐하면 $z\in S_r(x+y)$이면

$$d_2(y,\ z-x)=\left(\sum_{i=1}^{n}|y_i-z_i+x_i|^2\right)^{\frac{1}{2}}=\left(\sum_{i=1}^{n}|y_i+x_i-z_i|^2\right)^{\frac{1}{2}}=d_2(x+y,\ z)<r$$

이므로, $z-x\in S_r(y)$이다. 따라서 $z=x+(z-x)\in\{x\}+S_r(y)$이다.
역으로, $x+z\in\{x\}+S_r(y)$이면, $d(x+z,\ x+y)=d(z,\ y)<r$이므로 $x+z\in S_r(x+y)$가 성립한다. 따라서 $S_r(x+y)=\{x\}+S_r(y)$이고 $S_r(y)\subset D$로부터

$$S_r(x+y)=\{x\}+S_r(y)\subset\{x\}+D$$

이므로 $\{x\}+D$는 개집합이다. 한편, 다음이 성립하므로,

$$C+D=\bigcup_{x\in C}(\{x\}+D)$$

정리 10.2.4의 (O2)로부터 $C+D$는 개집합이다.

9. A가 개집합이라 하자. B가 개집합이므로 정리 10.2.4의 (O3)으로부터 $A\cap B$는 개집합이다. 역으로, 임의의 개집합 B에 대해 $A\cap B$가 항상 개집합이라 가정하면, X는 개집합이므로 $A\cap X=A$는 개집합이다.

10. $\bigcap_{r=1}^{\infty}\left(-\frac{1}{n},\ \frac{1}{n}\right)=\{0\}$이고 $\{0\}$는 폐집합이다(연습문제 3.5의 문제 4 참고).

연습문제 10.3

1. $I_n = \left[\frac{1}{n}, 1-\frac{1}{n}\right]$ $(n=3, 4, \cdots)$이라 두면, $\bigcup_{n=3}^{\infty} I_n = \bigcup_{n=3}^{\infty} \left[\frac{1}{n}, 1-\frac{1}{n}\right] = (0, 1)$이고(연습문제 3.5의 문제 4 참고), 각 자연수 $n=3, 4, \cdots$에 대해서 $\left[\frac{1}{n}, 1-\frac{1}{n}\right]$은 $\mathbb{R}$ 상에서 폐집합이나, 이들의 무한 합집합 (0, 1)은 $\mathbb{R}$ 상에서 폐부분집합이 아니다.

2. x가 A에서 집적점이라 하고 $S_r(x)$를 임의의 개구라 하자. 정의 10.3.1에 의해서

$$S_r(x) \cap (A - \{x\}) \neq \varnothing$$

이므로, $x_1 \in S_r(x) \cap (A - \{x\})$인 x_1을 잡을 수 있다. $d(x, x_1) = r_1$이라 두면, $x \neq x_1$이므로 $r_1 > 0$이다. $S_{r_1}(x) \cap (A - \{x\}) \neq \varnothing$이므로, $S_{r_1}(x) \cap (A - \{x\})$에 속하는 원소 x_2가 존재하는데, 이때 $x_2 \neq x_1$이고 $x_2 \neq x$이다. 이와 같은 방법을 계속하면,

$$x_n \in S_{r_{n-1}}(x) \cap (A - \{x\}), \quad r_{n-1} = d(x, x_{n-1})$$

를 만족하는 서로 다른 원소들의 점열 $\{x_1, x_2, \cdots\}$을 잡을 수 있다. 여기서 $x_n \in S_{r_{n-1}}(x) \subset S_r(x)$ $(n=1, 2, \cdots)$이므로 $S_r(x)$는 x와 다른 무수히 많은 A의 점 $x_1, x_2, \cdots$를 품는다.

3. (1) $x \in \overline{A}$이라 하면, 임의의 양수 r에 대하여 $S_r(x) \cap A \neq \varnothing$이다. 따라서 $A \subset B$로부터 $S_r(x) \cap A \subset S_r(x) \cap B \neq \varnothing$이므로, $x \in \overline{B}$이다.

   (2) $A \subset \overline{A}$, $B \subset \overline{B}$이므로 $A \cup B \subset \overline{A} \cup \overline{B}$이다. (1)에 의해 $\overline{A \cup B} \subset \overline{\overline{A} \cup \overline{B}}$이고 여기서 $\overline{A} \cup \overline{B}$는 폐집합이므로 $\overline{\overline{A} \cup \overline{B}} = \overline{A} \cup \overline{B}$이다. 따라서 $\overline{A \cup B} \subset \overline{A} \cup \overline{B}$이다. 한편 (1)에 의해 $\overline{A} \subset \overline{A \cup B}$, $\overline{B} \subset \overline{A \cup B}$이므로, $\overline{A} \cup \overline{B} \subset \overline{A \cup B}$이다. 그러므로 $\overline{A} \cup \overline{B} = \overline{A \cup B}$이다.

4. $B = \cap\{F : F$는 폐집합, $F \supset A\}$이라 하면, (C2)로부터 B는 폐집합이다. 한편 $B \supset A$이므로 $B = \overline{B} \supset \overline{A}$이다.

   역으로, $\overline{A}$는 A를 품는 하나의 폐집합이므로, $B \subset \overline{A}$이다. 그러므로 $B = \overline{A}$이다.

5. 점 $x \in \overline{A}$이라 하면, 임의의 양수 r에 대하여 $S_r(x) \cap A \neq \varnothing$이다. 따라서 $a \in S_r(x) \cap A$되는 점 a에 대해 $D(x, A) \leq d(x, a) < r$이 성립한다. $r > 0$은 임의의 양수이므로 $D(x, A) = 0$이다.

   역으로, $D(x, A) = 0$이라 하면, 하한의 정의에 의해, 임의의 양수 $r > 0$에 대해

$d(x, a) < r$인 $a \in A$가 존재하므로 $S_r(x) \cap A \neq \varnothing$이다. 따라서 $x \in \overline{A}$이다.

6. 점 $a \in \overline{A}$이라 하면 임의의 양수 r에 대하여 $S_r(a) \cap A \neq \varnothing$이다. 따라서 $d(x, a) < r$인 점 $x \in A$가 존재한다. 그러므로 $a \in \bigcup_{x \in A} S_r(x)$이다. 이것은 임의의 양수 $r > 0$에 대하여 전부 성립하므로, 점 $a \in \bigcap_{r>0} \bigcup_{x \in A} S_r(x)$이다.
   역으로, $a \in \bigcap_{r>0} \bigcup_{x \in A} S_r(x)$이라 하자. 임의의 양수 $r > 0$에 대해 점 $a \in \bigcup_{x \in A} S_r(x)$이므로, $D(a, A) \leq d(a, x) < r$이 성립한다. 그러므로 $D(a, A) = 0$이고 문제 5에 의해 점 $a \in \overline{A}$이다.

7. $H(A, B) \geq H(\overline{A}, \overline{B})$임은 명백하다. 한편, 임의의 양수 r에 대하여 $H(\overline{A}, \overline{B})$의 정의로부터 $H(\overline{A}, \overline{B}) + \dfrac{r}{2} > d(x, y)$되는 $x \in \overline{A}$, $y \in \overline{B}$가 존재한다. 또 $x \in \overline{A}$, $y \in \overline{B}$이므로, $u \in A$, $v \in B$가 존재해서 $d(x, u) < \dfrac{r}{4}$, $d(y, v) < \dfrac{r}{4}$되게 할 수 있다. 따라서

$$d(u, v) < d(u, x) + d(x, y) + d(y, v) < \frac{r}{2} + d(x, y)$$

   이므로, $H(\overline{A}, \overline{B}) > d(x, y) - \dfrac{r}{2} > d(u, v) - r \geq H(A, B) - r$이다. $r > 0$은 임의의 양수이므로, $H(\overline{A}, \overline{B}) \geq H(A, B)$가 성립한다.

8. $x \in A$이라 하면 $x \notin B = \overline{B}$이므로 문제 5로부터 $D(x, B) > 0$이다. A가 유한집합이므로, 다음이 성립한다.

$$H(A, B) = \min\{D(x, B) : x \in A\} > 0$$

9. $g \in \overline{A}$이라 하면 임의의 양수 r에 대하여 $S_r(g) \cap A \neq \varnothing$이다. 이것은

$$\sup\{|g(x) - f(x)| : x \in [0, 1]\} < r$$

   되는 $f \in A$가 존재함을 의미한다.

$$|g(0)| = |g(0) - f(0)| < r, \ |g(1)| = |g(1) - f(1)| < r$$

   이고 $r > 0$은 임의의 양수이므로, $|g(0)| = |g(1)| = 0$가 되어 $g \in A$이다. 따라서 A는 폐집합이다.

10. B^c가 개집합임을 밝히자. $y = \{y_i\} \in B^c$이라 하면, 적당한 자연수 $i_0 \in \mathbb{N}$에 대해서

$|y_{i_0}|>1$이다. $r=|y_{i_0}|-1$로 두면 $S_{\frac{r}{2}}(y)\subset B^c$이다. 실제로, $x=\{x_i\}\in S_{\frac{r}{2}}(y)$이면 $\sum_{i=1}^{\infty}|x_i-y_i|^2<\frac{r^2}{4}$이므로 $|x_{i_0}-y_{i_0}|<\frac{r}{2}$이다. 따라서 $|y_{i_0}|-|x_{i_0}|\le|y_{i_0}-x_{i_0}|<\frac{r}{2}$이다. 따라서

$$-|x_{i_0}|<\frac{r}{2}-|y_{i_0}|=\frac{r}{2}-(r+1)=-\left(1+\frac{r}{2}\right)$$

이고 $|x_{i_0}|>1+\frac{r}{2}>1$이므로, $x\in B^c$이다. 그러므로 B^c는 개집합이다.

11. $a,\ b\in A$라 하자. 가정에 의해서 $d(a,b)\le d(a,x)+d(x,b)\le 2M$이므로 $\delta(A)=\sup\{d(a,b):a,\ b\in A\}\le 2M$이다. 따라서 집합 A는 유계이다.

연습문제 10.4

1. 정리 10.4.2를 이용하기 위해 점열 $\{z_n\}\subset F$이고 $z_n\to z$이라 하자. 집합 $F\subset\overline{A}=A$이므로 $\{z_n\}\subset A$, $z_n\to z$이고, A가 폐집합이므로 점 $z\in A$이다. 한편,

$$d(x,z)\le d(x,z_n)+d(z_n,z)=D(x,A)+d(z_n,z)$$

이고 $\lim_{n\to\infty}d(z_n,z)=0$이므로, $d(x,z)\le D(x,A)$이다. 한편, $D(x,A)$의 정의로부터 $d(x,z)\ge D(x,A)$이므로, $d(x,z)=D(x,A)$이다. 즉, $z\in F$이다. 그러므로 F는 폐집합이다.

2. $D=\varnothing$이면, D는 폐집합이므로 $D\ne\varnothing$라 하자. $\{z_i\}\subset D$, $z_i\to z$이라 하면, 각 자연수 $i\in\mathbb{N}$에 대하여

$$\overline{\lim_{n\to\infty}}\,d(z,x_n)\le\overline{\lim_{n\to\infty}}\,(d(z,z_i)+d(z_i,x_n))\le d(z,z_i)+r$$

이므로, $i\to\infty$이면 $\overline{\lim_{n\to\infty}}\,d(z,x_n)\le r$을 얻는다. 같은 방법으로, 다음을 얻는다.

$$\begin{aligned}r=\overline{\lim_{n\to\infty}}\,d(z_i,x_n)&\le\overline{\lim_{n\to\infty}}\,(d(z_i,z)+d(z,x_n))\\&\le d(z_i,z)+\overline{\lim_{n\to\infty}}\,d(z,x_n)\end{aligned}$$

따라서 $r \leq \overline{\lim_{n\to\infty}}\, d(z, x_n)$이므로, $\overline{\lim_{n\to\infty}}\, d(z, x_n) = r$이고 점 $z \in D$이다. 그러므로 D는 폐집합이다.

3. 예제 10.30으로부터, $G_k = \left\{x : D(x, F) < \frac{1}{k}\right\} (k = 1, 2, \cdots)$는 개집합이다.

(1) 집합 $G_k (k = 1, 2, \cdots)$의 정의로부터 명백하다.

(2) $x \in \overline{G_{k+1}}$이라 하자. x는 G_{k+1}의 촉점이므로 $x_n \to x$되는 점열 $\{x_n\} \subset G_{k+1}$이 존재한다. $0 < \varepsilon < \frac{1}{k} - \frac{1}{k+1}$되는 양수 $\varepsilon > 0$을 택하면, $x_n \to x$이므로, 충분히 큰 자연수 $n_0 \in \mathbb{N}$에 대해서는 $d(x, x_{n_0}) < \varepsilon$이다. 이 n_0에 대해서 $D(x_{n_0}, F) < \frac{1}{k+1}$이므로 $d(x_{n_0}, y_{n_0}) < \frac{1}{k+1}$인 $y_{n_0} \in F$가 존재한다. 따라서

$$D(x, F) \leq d(x, y_{n_0}) \leq d(x, x_{n_0}) + d(x_{n_0}, y_{n_0}) < \varepsilon + \frac{1}{k+1} < \frac{1}{k}$$

이므로, 점 $x \in G_k$이다. 따라서 $\overline{G_{k+1}} \subset G_k$이다.

(3) $x \in \bigcap_{k=1}^{\infty} G_k$이라 하면, 모든 자연수 $k \in \mathbb{N}$에 대하여 $D(x, F) < \frac{1}{k}$이다. 따라서 $D(x, F) = 0$이므로, 연습문제 10.3의 문제 5에 의해 $x \in \overline{F} = F$이다. 그러므로 $\bigcap_{k=1}^{\infty} G_k \subset F$이다. 한편 $x \in F$이면 $D(x, F) = 0$이므로, 모든 자연수 $k \in \mathbb{N}$에 대해 점 $x \in G_k$이다. 따라서 $F \subset \bigcap_{k=1}^{\infty} G_k$가 성립한다.

4. $\mathrm{Int}(\overline{A}) = \varnothing$이고 G는 공집합이 아닌 개집합이라 하자. 정리 10.2.5에 의해 $G \not\subset \overline{A}$이므로, $x \not\in \overline{A}$인 G내의 점 x가 존재한다. $x \not\in \overline{A}$이므로 적당한 양수 $r_1 > 0$에 대해 $S_{r_1}(x) \cap A = \varnothing$이 성립한다. 여기서 G는 x를 포함하는 개집합이므로 충분히 작은 x의 개구 $S_{r_2}(x)$를 품으므로 $r = \min\{r_1, r_2\}$라 두면, $S_r(x) \subset G$이고 $S_r(x) \cap A = \varnothing$이 성립한다. 역으로, G가 공집합이 아닌 개집합이면 A와 만나지 않는 개구 $S_r(x)$를 품는다고 하자. $S_r(x) \subset G$이므로 $x \in G$이고, $S_r(x) \cap A = \varnothing$이므로 $x \not\in \overline{A}$이다. 즉 $G \not\subset \overline{A}$이고 $\mathrm{Int}\,\overline{A}$는 $\overline{A}$에 품기는 가장 큰 개집합이므로 $\mathrm{Int}\,\overline{A} = \varnothing$이다.

5. $K_n = \{(r_1, r_2, \cdots, r_n, 0, \cdots) : r_1, r_2, \cdots \in \mathbb{Q}\}$로 두면, K_n은 가산집합이고 $K_n \subset l^2$이다. $S = \bigcup_{n=1}^{\infty} K_n$이라 하면, S는 가산집합이고 $\overline{S} = l^2$이다.

6. $\varepsilon > 0$을 임의의 실수라 하고 $d(x, z) < \frac{\varepsilon}{3}$인 점 $z \in A$를 택한다. 이 점 z에 대하여 가정으로 부터 자연수 $n_0 \in \mathbb{N}$가 존재하여 $n \geq n_0$이면 $|d(x_n, z) - d(x, z)| < \frac{\varepsilon}{3}$을 만족하게 된다. 즉, $n \geq n_0$이면,

$$d(x_n, x) \leq d(x_n, z) + d(z, x) < d(x, z) + \frac{\varepsilon}{3} + d(z, x) < \varepsilon$$

이므로, $x_n \to x$이다.

연습문제 10.5

1. $x_n \to x$이라 하자. 이때, f, g가 점 x에서 연속이므로, $f(x_n) \to f(x)$, $g(x_n) \to g(x)$이다. 따라서

$$|(f+g)(x) - (f+g)(x_n)| \leq |f(x) - f(x_n)| + |g(x) - g(x_n)| \to 0$$

이 성립하므로, 함수 $f+g$는 X상에서 연속이다. 또한

$$\begin{aligned} &|(f \cdot g)(x) - (f \cdot g)(x_n)| \\ &\leq |f(x)g(x) - f(x_n)g(x)| + |f(x_n)g(x) - f(x_n)g(x_n)| \\ &\leq |g(x)||f(x) - f(x_n)| + |f(x_n)||g(x) - g(x_n)| \to 0 \end{aligned}$$

이므로 함수 $f \cdot g$도 X상에서 연속이다.

2. (2)$\Rightarrow$(1)은 명백하므로 (1)$\Rightarrow$(2)임을 보이기 위해 $x \in \overline{A}$이라 하자. 정리 10.4.2로부터, $x_n \to x$인 점열 $\{x_n\} \subset A$가 존재한다. f와 g는 연속이므로, 다음이 성립한다.

$$\begin{aligned} d(f(x), g(x)) &\leq d(f(x), f(x_n)) + d(f(x_n), g(x_n)) + d(g(x_n), g(x)) \\ &= d(f(x), f(x_n)) + d(g(x_n), g(x)) \to 0 \end{aligned}$$

따라서 $f(x) = g(x)$이다.

3. $x_n \to x$이라 하면, f는 연속함수이므로, 다음이 성립한다.

$$\begin{aligned} |g(x) - g(x_n)| &= |d(x, f(x)) - d(x_n, f(x_n))| \\ &= |d(x, f(x)) - d(x_n, f(x)) + d(x_n, f(x)) - d(x_n, f(x_n))| \end{aligned}$$

$$\leq |d(x, f(x)) - d(x_n, f(x))| + |d(f(x), x_n) - d(f(x_n), x_n)|$$
$$\leq d(x, x_n) + d(f(x), f(x_n)) \to 0$$

그러므로 함수 g는 따름정리 10.5.2에 의해 X상에서 연속이다.

4. $x \in \overline{A}$이면 $x_n \to x$인 A의 점열 $\{x_n\}$가 존재한다. f는 연속함수이므로, $f(x_n) \to f(x)$이다. 여기서 $f(x_n) \in f(A)$ $(n=1, 2, \cdots)$이므로, $f(x) \in \overline{f(A)}$이다.

5. $x_n \in F$이고 $x_n \to x$이라 하자. f는 연속함수이므로, $f(x_n) \to f(x)$이다. 여기서

$$d(f(x), x) \leq d(f(x), f(x_n)) + d(f(x_n), x_n) + d(x_n, x)$$
$$= d(f(x), f(x_n)) + d(x_n, x) \to 0$$

이므로, $x \in F$이다. 그러므로 F는 폐집합이다.

6. $a \in \mathbb{R}$이라 하면, 다음이 성립한다.

$$\{x : (f \vee g)(x) > a\} = \{x : \max\ \{f(x), g(x)\} > a\}$$
$$= \{x : f(x) > a\} \cup \{x : g(x) > a\},$$
$$\{x : (f \vee g)(x) < a\} = \{x : \max\{f(x), g(x)\} < a\}$$
$$= \{x : f(x) < a\} \cap \{x : g(x) < a\}$$

여기서 $\{x : (f \vee g)(x) > a\}$, $\{x : (f \vee g)(x) < a\}$는 X의 개집합이므로, 예제 10.36으로부터 함수 $f \vee g$는 X상에서 연속임을 알 수 있다.
같은 방법으로 하면, 함수 $f \wedge g$도 X상에서 연속이다.

7. $F_n(x) = \sum_{k=1}^{n} 2^{-k} f_k(x)$이라 하면, F_n는 연속함수이다. 또 $n \to \infty$이면

$$|f(x) - F_n(x)| = \left| \sum_{k=n+1}^{\infty} 2^{-k} f_k(x) \right| \leq \sum_{k=n+1}^{\infty} 2^{-k} \to 0$$

이므로, F_n은 함수 f에 평등수렴한다. 그러므로 f는 X상에서 연속함수이다.

8. $x, y \in X$이고 $a \in A$이라 하자. $D(x, A) = \inf\{d(x, a) \mid a \in A\} \leq d(x, a)$이므로, 다음이 성립한다.

$$D(x, A) - d(x, y) \leq d(x, a) - d(x, y) \leq d(y, a)$$

이때 a는 A의 임의의 점이므로 우변에 하한을 취하면, $D(x, A) - d(x, y) \leq D(y, A)$이

다. 즉, $D(x, A)-D(y, A) \le d(x, y)$이다. 같은 방법으로, 다음을 얻는다.

$$D(y, A)-D(x, A) \le d(x, y)$$

따라서 이 두 식으로부터 다음이 성립한다.

$$|D(x, A)-D(y, A)| \le d(x, y)$$

그러므로 임의의 실수 $\varepsilon>0$에 대하여 $\delta=\varepsilon$로 잡으면, 임의의 점 $x, y \in X$에 대해 $d(x, y)<\delta$이면,

$$|D(x, A)-D(y, A)| \le d(x, y)<\varepsilon$$

이 성립한다. 그러므로 $f(x)=D(x, A)$로 정의된 함수 f는 X상에서 평등연속이다.

9. A, B를 서로 소인 폐집합이라 하고, 두 집합

$$U=\{x \in X \mid D(x, A)<D(x, B)\},\ V=\{x \in X \mid D(x, B)<D(x, A)\}$$

라 하자. 그러면 $U \cap V=\varnothing$이다. $A \subset U$임을 증명하기 위해 점 $x \in A$라 하자. $x \notin B$이고 B가 폐집합이므로, $D(x, B)>0=D(x, A)$이다. 따라서 $x \in U$이고 $A \subset U$이다. 같은 방법으로, $B \subset V$이다. U와 V가 개집합임을 보이기 위해서

$$g(x)=D(x, A)-D(x, B)$$

라 하자. g는 X에서 $\mathbb{R}$에로의 연속사상이고, $U=g^{-1}((-\infty, 0))$이므로 U는 개집합이다. 같은 방법으로, V도 개집합임을 알 수 있다.

연습문제 10.6

1. 임의의 양수 $\varepsilon>0$에 대해서 $\dfrac{1}{\sqrt{\varepsilon}}<N$인 자연수 N을 택하면, $n \ge N$인 모든 자연수 $n \in \mathbb{N}$에 대해

$$d(x_n, x_{n+1})=\left|\frac{1}{n}-\frac{1}{n+1}\right|=\frac{1}{n(n+1)}<\frac{1}{N^2}<\varepsilon$$

이므로, $\left\{\dfrac{1}{n}\right\}$은 코시 수열이다(연습문제 4.4의 문제 9 참고).

2. $\{x_n\}$를 X에서 임의의 코시 점열이고, $\varepsilon>0$을 임의의 실수라고 하자. f가 X상에서 평

등연속사상이므로, 주어진 $\varepsilon > 0$에 대해서 적당한 $\delta > 0$가 존재해서 임의의 점 x, $y \in X$에 대해

$$d_X(x, y) < \delta \text{ 이면 } \quad d_Y(f(x), f(y)) < \varepsilon$$

가 성립한다. 그런데 $\{x_n\}$가 코시 점열이므로, $\delta > 0$에 대해 적당한 자연수 N가 존재해서 다음이 성립한다.

$$n, \ m \geq N \text{ 이면 } \quad d_x(x_n, x_m) < \delta$$

따라서 n, $m \geq N$에 대해서 $d_Y(f(x_n), f(x_m)) < \varepsilon$이므로 $\{f(x_n)\}$는 Y에서의 코시 점열이다(정리 6.5.5 참고).

3. $$\begin{aligned} |d(x_n, y_n) - d(x_m, y_m)| &\leq |d(x_n, y_n) - d(x_m, y_n)| + |d(x_m, y_n) - d(x_m, y_m)| \\ &\leq |d(x_n, x_m)| + |d(y_n, y_m)| \end{aligned}$$

   으로부터, $\{d(x_n, y_n)\}$가 코시 수열임을 알 수 있다.

4. X가 거리공간임을 이미 연습문제 10.1의 6번에서 증명했으므로 완비임을 증명한다. $\{x^{(n)}\}$을 X에서의 코시 점열이라 하자. 여기서 $x^{(n)} = (x_1^{(n)}, x_2^{(n)}, \cdots)$이라 두면, 정의로부터 $\varepsilon > 0$에 대하여 적당한 자연수 $n_0 \in \mathbb{N}$가 존재하여

$$m, \ n \geq n_0 \text{ 이면 } d(x^{(m)}, x^{(n)}) = \sum_{i=1}^{\infty} \frac{1}{i!} \frac{d_i(x_i^{(m)}, x_i^{(n)})}{1 + d_i(x_i^{(m)}, x_i^{(n)})} < \varepsilon \qquad (*)$$

   이 성립한다. 따라서 각 자연수 $i \in \mathbb{N}$에 대하여

$$\frac{1}{i!} \frac{d_i(x_i^{(m)}, x_i^{(n)})}{1 + d_i(x_i^{(m)}, x_i^{(n)})} < \varepsilon$$

   이 성립하므로 $\{x_i^{(n)}\}$는 X_i에서의 코시 점열임을 알 수 있다. 그런데 X_i는 완비이므로, $\lim_{n \to \infty} x_i^{(n)} = x_i^{(0)}$인 $x_i^{(0)} \in X_i$가 존재한다. $x^{(0)} = (x_1^{(0)}, x_2^{(0)}, \cdots) \in X$라 하면, 식 $(*)$으로부터 m, $n \geq n_0$일 때, 임의의 자연수 $k \in \mathbb{N}$에 대하여 다음이 성립하므로,

$$\sum_{i=1}^{k} \frac{1}{i!} \frac{d_i(x_i^{(m)}, x_i^{(n)})}{1 + d_i(x_i^{(m)}, x_i^{(n)})} \leq d(x^{(m)}, x^{(n)}) < \varepsilon$$

   $m \to \infty$로 하면

$$\sum_{i=1}^{k} \frac{1}{i!} \frac{d_i(x_i^{(0)}, x_i^{(n)})}{1+d_i(x_i^{(0)}, x_i^{(n)})} \le \varepsilon$$

이 성립한다. 여기서 k는 임의의 자연수이므로, $k \to \infty$로 하면 다음 식을 얻는다.

$$\sum_{i=1}^{\infty} \frac{1}{i!} \frac{d_i(x_i^{(0)}, x_i^{(n)})}{1+d_i(x_i^{(0)}, x_i^{(n)})} \le \varepsilon$$

$n \ge n_0$일 때, $d(x^{(0)}, x^{(n)}) \le \varepsilon$이므로 $\prod_{i=1}^{\infty} X_i$에서 $x^{(n)} \to x^{(0)}$이다.

7. $x \in X$이라 하고 $A = \{x, f(x), f^2(x), \cdots\}$이라 하자. 부등식 $\delta(f(A)) \le \alpha\delta(A)$로부터 $\delta(f^n(A)) \le \alpha^n\delta(A)$이다. 즉,

$$\delta(\{f^n(x), f^{n+1}(x), \cdots\}) \le \alpha^n\delta(A)$$

이고 $0 \le \alpha < 1$이므로, $\{f^n(x)\}$가 코시 점열임을 알 수 있다. 여기서 X는 완비거리공간이므로, $f^n(x) \to x_0$되는 점 $x_0 \in X$가 존재한다. 따라서 f는 연속이므로, 다음이 성립하고

$$f(x_0) = f(\lim_{n\to\infty} f^n(x)) = \lim_{n\to\infty} f^{n+1}(x) = x_0$$

점 x_0는 f의 부동점이다.

8. $g(x) = x^3 + 4x - 2$는 $\mathbb{R}$ 상에서 연속함수이고 $g(0) = -2 < 0$이고 $g(1) = 3 > 0$이므로, 0과 1 사이에서 실근을 가진다. 또한 임의의 두 점 $x, y \in [0, 1]$에 대해

$$\begin{aligned} |f(x) - f(y)| &= \left| \frac{1}{4}(2-x^3) - \frac{1}{4}(2-y^3) \right| \\ &= \frac{1}{4}|x^3 - y^3| = \frac{1}{4}(x^2 + xy + y^2)|x-y| \le \frac{3}{4}|x-y| \end{aligned}$$

이므로, f는 $[0, 1]$상에서 축소사상이다. $[0, 1]$은 완비거리공간이므로 Banach의 부동점정리에 의해 $f(x_0) = x_0$되는 점이 존재한다. 따라서 $\frac{1}{4}(2 - x_0^3) = x_0$이므로, $x_0^3 + 4x_0 - 2 = 0$이다. 그러므로 $f(x)$의 부동점 x_0는 $g(x) = 0$의 근이 된다.

찾아보기

강미광 : 동의대학교 자연과학대학 수학과 교수
mee@deu.ac.kr

강신민 : 경상대학교 자연과학대학 수학·정보통계학부 수학전공 교수
smkang@gnu.ac.kr

김성식 : 동의대학교 자연과학대학 수학과 교수
sskim@deu.ac.kr

조열제 : 경상대학교 사범대학 수학교육과 교수
yjcho@gnu.ac.kr

기초해석학 (개정판)

2008년 3월 3일 초판 발행
2012년 9월 5일 개정판 2쇄 발행

저 자 / 강미광 · 강신민 · 김성식 · 조열제
발행자 / 오판근
발행처 / 교우사

주 소 / 서울 동대문구 제기2동 148-19 교우빌딩 2층
전 화 / 925-2861~2, 편집부 / 925-2825
팩 스 / 925-2860

E-mail / kyowoo@kyowoo.co.kr
http://www.kyowoo.co.kr

등록 / 1994. 3. 24 제6-0256호

ISBN 978-89-8172-729-1 (93410)

값 30,000 원